Python 3 自动化软件发布系统
——Django 2 实战

陈　刚　王洪军　编著

北京航空航天大学出版社

内 容 简 介

本书以最新的 Python 3.6 以上版本为编程语言,以 Django 2.1 以上版本为 Web 框架,通过一步一步详细讲解,实现一个自动化软件部署系统,并将所有代码开源托管在 Github 网站上。

书中不但讲解了 Python 的基础知识、Django 的模型、视图、模板之间的关系,而且还通过实战项目,介绍了 Django REST Framework 的开发步骤、Django Channels 实现 WebSocket 的编程技巧,以及 Django TestCase、Mock 等测试用例的编写。

除此之外,对于 IT 公司在 DevOps 转型过程中涉及的 GitLab、Jenkins、SaltStack 等 CI/CD 工具的安装配置,以及自动化软件部署系统与之进行交互的 API,都有较深入的讲解。

本书适合运维研发领域的人员,或是有一定 Python 基础但又想深入学习 Python Web 开发的广大 IT 人员阅读参考。

图书在版编目(CIP)数据

Python 3 自动化软件发布系统:Django 2 实战 / 陈刚,王洪军编著. -- 北京:北京航空航天大学出版社,2020.1

ISBN 978 - 7 - 5124 - 3057 - 0

Ⅰ.①P… Ⅱ.①陈… ②王… Ⅲ.①软件工具-程序设计 Ⅳ.①TP311.561

中国版本图书馆 CIP 数据核字(2019)第 181993 号

版权所有,侵权必究。

Python 3 自动化软件发布系统
——Django 2 实战
陈 刚 王洪军 编著
责任编辑 刘晓明

*

北京航空航天大学出版社出版发行

北京市海淀区学院路 37 号(邮编 100191) http://www.buaapress.com.cn
发行部电话:(010)82317024 传真:(010)82328026
读者信箱:emsbook@buaacm.com.cn 邮购电话:(010)82316936
三河市华骏印务包装有限公司印装 各地书店经销
开本:710×1 000 1/16 印张:46.75 字数:996 千字
2020 年 1 月第 1 版 2020 年 1 月第 1 次印刷 印数:3 000 册
ISBN 978 - 7 - 5124 - 3057 - 0 定价:119.00 元

若本书有倒页、脱页、缺页等印装质量问题,请与本社发行部联系调换。联系电话:(010)82317024

前　言

正如看电影要关注 IMDB 评分，看书要看亚马逊评分，听音乐要关注 Billboard，在编程的世界里，我们也需要关注 TIOBE(The Importance Of Being Earnest)。

TIOBE 编程社区索引是编程语言流行度的指标。索引每月更新一次。评级基于全球技术工程师、课程和第三方供应商的数量。流行的搜索引擎，如谷歌、必应、雅虎、维基百科、亚马逊、YouTube 和百度，用于计算评级。

流行，意味着应用广泛，职位需求多，更容易获取编程资源，从这种维度上讲，其更值得学习。

2018 年 9 月，Python 首次进入 TIOBE 指数前三(长期霸榜前两名的为 C 和 Java)。

2019 年 1 月，TIOBE 宣布：Python 成为 2018 年度编程语言(第一次是在 2010 年)。Python 已成为当今大学中最常被教授的首选语言，在统计、AI 编程、脚本编写、系统测试等领域均排名第一。此外，Python 还在 Web 编程和科学计算领域处于领先地位。

Python 语言即将结束从版本 2 到 3 的不兼容漫长升级(2020 年 1 月 1 日，官方不再提供对 Python 2 版本的升级支持)，且核心开发人员已表示，Python 4 只是 Python 3.10 之后的平稳升级版本。可以预见，Python 这条"大蟒蛇"，还会继续在计算机编程的各个领域里兴风作浪，勇往直前，成为一条"贪食蛇"。

所以，对于一个 IT 编程人员来说，不是要不要学 Python 的问题，而是何时开始学的问题。本书即可引领你进入 Python 的 Web 开发的世界！

本书定位

笔者希望带领读者学习五个方面的知识：① 了解 Python 基础知识；② 清楚 Django 开发的流程；③ 学习 Django 常见第三方模板的开发；④ 实现一个自动化软件部署系统(分为两个主要模板，自动化部署项目名称为 Manabe，其实时日志读取模块的项目名为 mablog)；⑤ 安装配置 DevOps 中 CI/CD(Continuous Integration/Continuous Deployment——持续集成/交付)领域经常使用的开源工具。

这五个方面，市面上都有很多专著专门讲解其中某一方面的知识，而想把这五个方面的所有知识点都清楚、透彻地做全面讲解，显然是不太现实的。

所以，为了使读者能切实学习到在运维研发这一工作岗位上要求的知识，本书中对这五个知识模板做了不同程度的强弱处理，主线始终围绕实战型的自动化部署系统。

Python 基础知识：这个方面，现在市面上已有很多比较好的入门书籍，网络上也有不少好的开源书籍及连载，所以笔者只点明主要的知识点，以示例代码的方式，快速讲解自动化部署系统中涉及的编码知识。这方面没有涉及的内容，希望读者在日常工作中，不断地汲取更多的知识，让自己的内功修炼不断地升级。

Django 开发套路：作为一个基于 Python 的 Web 开发框架，Django 开发中，既会涉及前端 HTML、CSS、JS 的知识，也会涉及后端的 MTV 的知识（M——Model 模型、T——Template 模板、V——View 视图），这方面的内容也是蛮多的。我们在组织本书内容时，会以一个比较简短的 BBS 原型功能为主线，讲解 Django 的开发实现方式。更深的知识点，网上可以参照的书籍不是很多（印象中，西文的 Packtpub 出版的 *Django 2 by Example*、图灵翻译电子书《精通 Django》这两本入门不错），所以需要读者再仔细阅读 Django 的官方文档。幸好，官网已开始有中文文档了。

Django 第三方模板使用：这方面的知识，主要涉及的是 Django REST Framework 和 Django Channels。一个讲 REST API 开发，一个讲 WebSocket 实时应用，都是现代 Web 开发不得不会的技能。在讲解这些知识时，以笔者个人的学习经历来看，单纯地讲解，或是简单地介绍示例代码，都不会让读者能有多深的理解。所以，我们将结合具体的自动化部署系统代码，把这两者的应用讲明白。

自动化软件部署系统：作为本书的主线，这部分内容是绝对要作为重点讲解的，不但会在每章说明设计的思路，还会有代码段详细讲解主要代码的作用，以及每个功能设计完成之后都有对应的网页截图。书中贴的代码段都有 Github 上对应的文件名称，并且附有行号。应特别注意的是，因为书中有的代码段是选取 Github 上文件中的代码片段，所以行号主要是作为代码解释之用，并不对应于真正的文件行号。一定要特别注意这个规则！另外，自动化软件部署系统的前端 UI，我们选用的是网上免费开源的 H-ui 的管理框架，这部分内容放在附录里单独讲解。

CI/CD 的工具：这是我们自动化部署系统的周边配套工具，主要包括 GitLab、Jenkins、SaltStack 三个工具。没有这些工具，我们的系统就跑不起来。而没有自动化系统，这些工具却可以通过手工操作实现。所以，这部分内容，也是作为一个运维研发人员必须要熟悉的（但运维研发不需要对这些工具做日常运维和功能管理，这原则上是同部门其他同事的职责）。我们对这部分内容，会讲解其安装、配置、日常管理。同时，由于我们的自动化部署系统需要对接这些工具的 API 接口，所以，对于这三个工具的 API 也会做系统调用范围内的讲解。

本书内容

第 1 章：首先以简短完整的示例代码，从 Python 基本数据类型开始，系统地讲解了 Python 这种编程语言中的数据类型、顺序、分支选择语句、循环语句。然后，对函数的类的知识也做了梳理。因为自动化软件部署系统中使用了线程池，所以在本章，进程池和线程池的并发编程也会涉及到。本章接下来讲解的内容，就是 Python 的模板化及测试方面的内容。这也是我们写代码时必须要了解的。需要说明的是，本书除了在第 1 章讲解 Python 的测试内容外，还比较全面地讲解了 Django 的测试。Django 部分的测试内容，没有单独成章节，而是作为一些章节的补充，放置于最后面。Model 测试、View 测试、Form 测试、Mock 测试、API 测试、Channels 连接测试，这些测试用例，都会讲解到。

第 2 章：从本章开始，重点讲 Django 这个 Web 开发框架的内容，包括后面的自动化软件部署系统，也是在 Django 框架基础之上实现的。在本章中，先讲解了关于 Web 和 HTTP 协议的常识，HTML、CSS、JS 代码的作用；之后，在 Web 开发中引入 Django 介绍。在介绍 Django 框架时，以循序渐进的方式，逐步引入 Django 的视图、URL 路由、模板和模型数据库的学习。这个学习过程，不是一下就全部推向读者，而是进行了知识点隔离，在进行前面知识讲解的同时，不会涉及后面知识点的内容。这种讲解方法，我们认为是一种更有效的学习方式。在了解了 Django 的主要知识之后，本章还会介绍 Django 的表单及开箱即用的后台管理界面，这些知识，可以让读者更快速、更规范地进行 Django 的 Web 开发。

第 3 章：本章主要介绍自动化软件部署系统的工作流，它也是一种 Devops 的运作流程。有了这个流程模型，在进行后面的代码编写时，才能既见树木，又见森林。在本章开始，写了几个简单的开发示例代码（主要是 Java），并进行了经典的编译打包和部署操作。这个手工操作的过程，会在后面用自动化的方法来实现。在有了示例代码之后，本章接着讲解如何将示例代码使用 GitLab 来管理源代码，使用 Jenkins 来自动编译源代码生成软件包，使用 SaltStack 来远程拉取软件包并进行启停部署。本章最后，还讲解了 GitLab 及 Jenkins 的主要 API 接口，这些接口，我们会在后面的开发时，使用第三方功能模块进行配置和调用。

第 4 章：从本章开始，正式进入软件自动化部署系统的实战开发。在本章中，我们规划好此项目的目录结构，使用 Django 命令建好相关的 App 应用，实现全面数据库的设计。在设计每个数据表时，都会讲解这个数据表的作用、每个字段的意义。更重要的是，再结合第 2 章的知识点，使用 Django orm 为每个数据表生成一批模拟数据。有了这些数据，就可以更深入地理解 orm 技巧，更深入地理解部署系统数据库，并且后面开发的每一个 UI 网页，都有充足的演示数据。

第 5 章：本章讲解从代码上实现自动化用户管理功能。其主要功能是用户的注册、登录、退出、修改密码和邮箱、忘记密码时的找回、登录时的验证码实现等。由于这些内容涉及了前端和后端开发的知识融合，所以在本章开始，会先讲解 Web 开发中 Cookie 及 Session 的知识。然后，再系统地讲解 Django 内置的用户管理功能。Manabe 项目的用户管理功能，就是在结合 Django 内置功能及自定义功能之上实现的。在实现用户管理功能的相关代码时，我们会按照表单代码、视图代码、模板代码及路由注册代码这四大步骤（有的功能块可能没有表单内容），细致地讲解代码的主要内容。

第 6 章：在本章中，主要讲解自动化软件部署系统中应用和服务器的录入。有了这两个功能，再加上合适的权限管理，就能让不同的用户参与到系统的建设中来，让运维研发人员专注于系统的开发和功能的完善，而系统数据的准备性和扩展性就留给不同的部门分别负责。在技术上，本章系统地讲解了 Django 开发技术中的类视图（class based view）、自定义的四级用户权限设计、zTree 的前端库用于实现权限树形展示、Select 2 前端库用于多用户的方便选择；在最后，还示范了 Django 中的 Model 测试、View 测试及 Form 测试用例的编写。

第 7 章：在本章，实现了发布单的新建、软件编译功能。其中，在编译软件时，调用了 Python 的第三方库操作 Jenkins 的 API 接口，有了这个功能之后，发布系统就可以将 Jenkins 隐藏于幕后，减轻一般研发人员亲自操作 Jenkins 的负担。

第 8 章：环境流转，是我们在实际工作中遇到的一个功能。可能有的公司不需要，但知道如何实现这一功能，相信对读者会有一定的启发。一个发布系统有了环境流转功能，并对它进行权限管理，就可以将开发、测试、运维三种角色串连起来，形成自动化部署的流水线操作。

第 9 章：在本章，实现了自动化部署的核心功能——软件部署。同样，我们会以视图、网页模板、URL 路由的方式进行层层推进实现。对三个最重要的函数，deploy_cmd()、deploy()、cmd_run() 的代码，也进行了细致的讲解。其中，涉及到调用 saltstack api 的内容，也进行了相应的封装。在发布过程中，涉及的服务器和应用的数据表字段变化，都有细致入微的实现。在实现发布的同时，服务启停作为一个附加而常用的功能，也可以进行功能上的实现。当然，这些都是基于第 6 章的权限管理机制来进行控制的。本章末尾，发布的历史记录功能，也都一一实现。

第 10 章：在本章，我们使用了 Django Channels 这样一个较新的 WebSocket 技术，解决了软件发布过程中的实时日志读取的问题。为了示范分模板的调用，在本章中，我们启动了一个名为 mablog 的新的 Django 项目。这个项目的主要目的有两个：一是实现写入日志的 API，供第 9 章的软件发布时调用；二是使用 WebSocket 的实时双向连接推送技术，把日志作为消费者，在一个连接中实时地从服务器推向浏览器。相对于间隔循环的 Ajax，它的优势可以说是相当明显的。但由于这是一个新的异步技术实现，需要读者在熟悉了 Django 的常规同步编程之后，才能继续本章的学习。在本章接下来的部分，讲解如何使用 Daphne 在生产中部署 mablog 项目，以及如何编写 Channels 连接的测试用例。

第11章：本章主要讲解如何使用Django REST Framework（DRF）进行RESTful API接口的开发。在本章中，首先讲述了DRF的安装配置，以及为了安全而设计的Token认证实现。然后，基于DRF的Viewset集成快速开发功能，实现了用户App应用，以及服务器的API接口开发。其间，涉及到的序列化技术、外键引用技术、Token生成及获取、URL注册规则都有实战级的演示。最后，还使用了Requests库进行Post、Get请求测试，介绍了如何进行DRF的测试用例的编写。

第12章：作为本书的最后一章，首先实现了Django中的Logging日志记录功能，接着使用百度echarts技术，实现了一个简单的发布单数据编译曲线图和柱状图。用户可以在此基础上，实现更多的系统统计和图表功能。Django的生产环境部署，也是一个必不可少的学习内容。在本章，我们示例了在生产环境中推荐的uwsgi、gunicorn的安装及运行，以及前端Nginx代码的配置。同时，为了对接新兴的Docker容器技术，在本章还实现了Nginx镜像，以及支持Uwsgi、Gunicorn、Channels模板的镜像。最后，介绍了如何使用Coverage这个工具，实现Django开发中的代码覆盖率测试报告。

附录1：详细讲解了Python 3.6在Windows系统下的安装、Django 2.1的安装配置、Pycharm开发IDE的基本配置使用。对于日常开发中的Python虚拟环境管理——当前流行的基于内置Venv模板及Pipenv都有所涉及。

附录2：现在，很多公司的代码管理平台都从Svn切换到GitLab。这个附录，就讲解了GitLab的安装、服务启停和常用功能的使用，如新增项目及项目组、新增用户及授权。

附录3：Jenkins在中小企业几乎已成为CI工具的代名词，我们的自动化部署系统也是调用Jenkins的API来生成软件包的。在本附录中，首先演示了如何使用Docker容器来快速安装一个Jenkins示例服务器。然后，进行初步的管理配置。接着，介绍了Jenkins新版中的Pipeline的语法入门。有了这些基础知识，就能理解自动化部署系统中的Jenkins方面的内容了。

附录4：在自动化部署系统中，我们使用了一个名为H-ui的开源前端管理框架，用于快速生成所有网页的模板。在本附录中，重点讲解了这个H-ui前端框架的主要组件。然后，将自动化部署系统的前端网页，按子模板形式进行了划分。有了这些基础知识，在看正文时，前端代码部分就很好地对接起来了。除此之外，对于实践开发过程中使用的三个主要前端库——jQuery、zTree、Select 2，也进行了简单的讲解。

附录5：这是本书最后一个附录，讲解了目前最流行的企业Docker仓库管理工具——Harbor。其安装、配置、用户管理、项目管理过程，都以实践的形式一一呈现。最后，还进行了Docker上传及下载的测试。读者可以结合第12章的几个镜像，学习如何将企业内容实现Docker镜像的管理。这对于现在的运维及运维研发人员，都可以说是一个基本技能了，故在最后，涉及到了块的内容。

代码规范

本书涉及的代码有三种,下面一一说明其显示规范。

1. 命令行

书中的命令行,以 BKB 小五号字体,加粗强调显示。如下示例:

python manage.py runserver

2. 命令输出

命令的输出,以 BKB 小五号字体,加粗强调显示。如下示例:

Performing system checks...

System check identified no issues (0 silenced).
September 15, 2018 - 22:07:46
Django version 2.1, using settings 'manabe.settings'
Starting development server at http://127.0.0.1:8000/
Quit the server with CTRL-BREAK.

3. 程序代码

程序代码的显示,首先会分行,然后给出此代码所有 Github 的 URL 链接地址。此地址以 BKB 小五号字体、加粗、斜体强调显示。紧接着给出代码内容,每一行代码左边都会有连续的行号,整个代码块以浅灰色为底。代码内容如果强调不为完整文件或内容,会有"…"省略号出现。如果代码内容强调为一个完整的类或函数或文件,则不会涉及"…"省略号。总之,一切最终代码,以 Github 上的为准。

这里需要再次强调的是,代码块中的行号,是为了在接续的代码解释中方便解释之用,并不代表此代码块在 Github 文件中真正的行号。这样做的原因是,我们常常需要将 Github 中的一个代码文件,在不同的页面拆成不同的代码块来解释。如果特别强调行号的对应关系,反而会让读者在阅读书中的每一个代码块时,有不连贯的感觉;而且在代码解释中,也会有支离破碎的数字,因而,我们会采用每个代码块自我连续的行号处理方案。这是读者在看本书代码和 Github 上代码时,需要特别注意的地方。如下示例:

https://github.com/aguncn/manabe/blob/master/manabe/appinput/views.py

```
01  class AppInputListView(ListView):
02      template_name = 'appinput/list_appinput.html'
03      paginate_by = 10
04
05      def get_queryset(self):
06          if self.request.GET.get('search_pk'):
```

```
07                  search_pk = self.request.GET.get('search_pk')
08                  return App.objects.filter(
09                      Q(name__icontains = search_pk) |
10                      Q(package_name__icontains = search_pk))
11              return App.objects.all()
12
13          def get_context_data(self, **kwargs):
14              context = super().get_context_data(**kwargs)
15              context['now'] = timezone.now()
16              context['is_admin_group'] = is_admin_group(self.request.user)
17              context['current_page'] = "appinput-list"
18              context['current_page_name'] = "App 应用列表"
19              query_string = self.request.META.get('QUERY_STRING')
20              if 'page' in query_string:
21                  query_list = query_string.split('&')
22                  query_list = [elem for elem in query_list if not elem.startswith('page')]
23                  query_string = '?' + "&".join(query_list) + '&'
24              elif query_string is not None:
25                  query_string = '?' + query_string + '&'
26              context['current_url'] = query_string
27              return context
```

代码解释：

第 2 行：template_name，指明此视图要渲染的模板是 appinput/list_appinput.html。

第 3 行：paginate_by：指明每页显示 10 个 App 服务。更多的服务列表，以分页的方式呈献。

第 5～11 行：get_queryset 方法，此方法，定义了……

读者对象

本书不是一本细致讲解 Python 的入门书，所以希望读者具有一定的 Python 基础，有过使用 Python 开发脚本或是其他应用的经验，至少，也应该看过网上几篇入门版的教程。*A Byte of Python*（《简明 Python 教程》）这本入门级教程，值得推荐。

另外，也希望读者能有一点运维经验，对 Linux 系统的操作较熟悉。

能满足以上两点要求的 IT 从业人员，都可以是本书的读者对象。

致　　谢

首先，感谢北京航空航天大学出版社的剧艳婕编辑，是她让我们有机会系统地总结自己的技能，并能高效地把本书推送到读者面前。

==

本书写作过程,适逢家中新增二宝。妻子潘永日夜操心,孝云大姐不辞辛劳;我则陪伴甚少,无以为报。遥想家母魏恩枢,艰难时代,自学缝纫起家,养大我兄弟姐妹四人,个中强韧,不言而喻。本书如果有小小成就,要归功于这天下无私而伟大的母爱!

陈　刚

==

感谢亲人,感谢朋友!

王洪军

==

感谢公司领导和同事对我们平时工作的支持和理解。

在写作本书时,两位作者参考了网上的大量文档,由于这些文档相互引用的情况比较多,所以本书并未能逐个列举出所有参考资料。在此一一感谢这些朋友,是他们,让这个 IT 世界更美好。

纠　错

限于作者能力有限,书中错误在所难免。如果读者发现其中错误,欢迎发送到作者邮箱 aguncn@163.com。请以 xxx 章节 xx 页的内容或代码有错误为标题。

陈　刚　王洪军
2019 年 7 月

目 录

第1章 Python 基础 ... 1
1.1 Python 基本数据类型的常用操作 ... 5
- 1.1.1 数字(Number)——人生不能只会做减法 ... 6
- 1.1.2 字符串(String)——一入编码深似海 ... 8
- 1.1.3 列表(List)——古龙之七种武器 ... 10
- 1.1.4 元组(Tuple)——一颗不变心 ... 14
- 1.1.5 字典(Dictionary)——键值 CP ... 15
- 1.1.6 集合(Set)——我们的集合无悖论 ... 16

1.2 顺序、分支及循环语句 ... 17
- 1.2.1 顺序编程——知所先后,则近道矣 ... 18
- 1.2.2 分支语句——《交叉小径的花园》 ... 19
- 1.2.3 循环——《恐怖游轮》 ... 21

1.3 函数和类 ... 22
- 1.3.1 函数——好莱坞原则 ... 22
- 1.3.2 类——有没有对象,都累 ... 25

1.4 并发编程 ... 28
- 1.4.1 进程池示例——《低俗小说》 ... 28
- 1.4.2 线程池示例 ... 30

1.5 模块化 ... 31
1.6 测试 ... 34
1.7 小结 ... 39

第2章 Django 基础 ... 42
2.1 Web 及 HTTP ... 42
- 2.1.1 Web 简介 ... 42
- 2.1.2 HTTP 协议 ... 43
- 2.1.3 HTTP 协议方法 ... 44

- 2.2 HTML、CSS、JavaScript 45
  - 2.2.1 HTML 45
  - 2.2.2 CSS 45
  - 2.2.3 JS(JavaScript) 46
  - 2.2.4 Python、Django 是怎么和 Web 搭上关系的 46
- 2.3 Django 简介及 Web 实现 48
  - 2.3.1 Django 简介 48
  - 2.3.2 Python 的 Web 服务器 49
  - 2.3.3 Django 模块实现 Web 服务器 49
- 2.4 Django 新建项目应用及运行机制 50
  - 2.4.1 新建 Django 项目应用 50
  - 2.4.2 Django 目录及文件分析 51
  - 2.4.3 Django 框架的工作机制 53
- 2.5 Django 视图 55
  - 2.5.1 基于函数的视图 55
  - 2.5.2 Django 的 HttpRequest 对象 58
  - 2.5.3 Django HttpRequest 对象中的 QueryDict 对象 59
  - 2.5.4 Django 的 HttpResponse 对象 59
- 2.6 Django 路由 URL 61
  - 2.6.1 UrlConf 简介 61
  - 2.6.2 UrlConf 的 Urlpatterns 62
  - 2.6.3 UrlConf 的路由分发 63
  - 2.6.4 UrlConf 的反向解析 64
  - 2.6.5 UrlConf 的命名空间 65
- 2.7 Django 模板 Template 66
  - 2.7.1 Django Template Language 简介 67
  - 2.7.2 Django Template 加载配置及基本使用 69
  - 2.7.3 Django Template 的 Render 快捷使用 71
- 2.8 Django 模型 Model 72
  - 2.8.1 Model ORM 73
  - 2.8.2 Model 示例 73
  - 2.8.3 ORM 常用 Field 及属性 77
  - 2.8.4 Django Shell 操作 ORM 79
  - 2.8.5 函数视图操作 ORM(显示 board 列表) 81
  - 2.8.6 函数视图操作 ORM(显示指定 board 的 topic 列表) 83
  - 2.8.7 函数视图操作 ORM(新增 topic) 85
  - 2.8.8 函数视图操作 ORM(指定 board 的 topic 内容) 88
  - 2.8.9 类视图操作 ORM(显示 board 列表) 90
  - 2.8.10 Model 的底层数据库连接配置 92

2.9　Django 表单 Form ··· 93
2.10　Django 后台管理 Admin ··· 95
　　2.10.1　Admin 界面登录 ··· 95
　　2.10.2　应用 Model 的注册 ··· 96
　　2.10.3　Model Admin 自定义管理界面 ······································ 98
2.11　Django 测试 ·· 99
2.12　小　结 ·· 100

第 3 章　自动化软件发布工作流 ·· 101

3.1　示例项目 ·· 102
　　3.1.1　编写示例代码 ··· 102
　　3.1.2　编译项目 ··· 105
　　3.1.3　手工运行 ··· 106
　　3.1.4　其他示例代码 ··· 107
3.2　使用 GitLab 保存源代码 ·· 109
　　3.2.1　建立用户和项目组 ··· 109
　　3.2.2　建立项目 ··· 113
　　3.2.3　将本地代码推送到 GitLab 中 ··· 115
3.3　使用 Jenkins 编译项目 ·· 120
3.4　使用 Nginx 作为软件仓库 ·· 125
　　3.4.1　Jenkins 和 Nginx 服务器之间免密码登录 ························· 126
　　3.4.2　安装并配置 Nginx 服务器 ··· 128
　　3.4.3　安装 Jenkins 插件 ··· 128
　　3.4.4　配置 Jenkins Pipeline ··· 129
　　3.4.5　验　证 ··· 130
3.5　使用 SaltStack 推送服务端脚本 ·· 132
　　3.5.1　Salt Master 及 Salt Minion 的安装 ·································· 132
　　3.5.2　通过 Salt Master 远程执行脚本命令 ······························· 134
　　3.5.3　Salt-API 配置 ··· 137
　　3.5.4　实现远程拉取软件、启停服务的脚本范例 ······················· 146
　　3.5.5　测　试 ··· 151
3.6　Jenkins REST API 使用讲解 ··· 153
　　3.6.1　Jenkins 原生 API 的获取 ··· 154
　　3.6.2　Python-Jenkins 库的安装 ·· 159
　　3.6.3　Python-Jenkins 的常用方式 ··· 160
　　3.6.4　封装一个 Python 脚本，实现自动化编译软件 ··················· 163
3.7　GitLab REST API 使用讲解 ·· 167
　　3.7.1　Python-GitLab 的安装、配置 ··· 167
　　3.7.2　Python-GitLab 常用功能使用 ··· 169

3.7.3 使用 Python-GitLab 获取 Zep-Backend-Java 文件列表 …………… 174
3.8 小 结 ……………………………………………………………………… 175

第 4 章 自动化发布的数据库模型 …………………………………………… 176

4.1 功能展示 ………………………………………………………………… 176
　　4.1.1 用户管理 …………………………………………………………… 176
　　4.1.2 应用 App 的管理 …………………………………………………… 176
　　4.1.3 服务器的管理 ……………………………………………………… 178
　　4.1.4 应用权限的管理 …………………………………………………… 178
　　4.1.5 发布单的新建及软件包编译 ……………………………………… 179
　　4.1.6 环境流转 …………………………………………………………… 179
　　4.1.7 软件发布 …………………………………………………………… 180
　　4.1.8 软件流转及发布历史 ……………………………………………… 181
4.2 新建项目及 App ………………………………………………………… 181
　　4.2.1 新建目录，通过 Pip 安装相关模块 ……………………………… 181
　　4.2.2 新建项目及相关 App ……………………………………………… 181
　　4.2.3 生成数据及管理员密码 …………………………………………… 182
　　4.2.4 启动 Django 服务并验证 ………………………………………… 184
　　4.2.5 与 PyCharm 集成 ………………………………………………… 185
4.3 调整文件内容 …………………………………………………………… 186
　　4.3.1 中文及时区 ………………………………………………………… 186
　　4.3.2 App 注册 …………………………………………………………… 187
　　4.3.3 URL 路由调整 ……………………………………………………… 189
4.4 Django Models 的抽象基类 …………………………………………… 190
4.5 应用数据表 ……………………………………………………………… 192
　　4.5.1 models.py 文件内容 ……………………………………………… 192
　　4.5.2 将应用数据表迁移进数据库 ……………………………………… 196
　　4.5.3 生成模拟数据 ……………………………………………………… 198
4.6 环境数据表 ……………………………………………………………… 204
　　4.6.1 models.py 文件内容 ……………………………………………… 204
　　4.6.2 将环境数据表迁移进数据库 ……………………………………… 204
　　4.6.3 生成模拟数据 ……………………………………………………… 206
4.7 服务器数据表 …………………………………………………………… 207
　　4.7.1 models.py 文件内容 ……………………………………………… 207
　　4.7.2 将服务器数据表迁移进数据库 …………………………………… 209
　　4.7.3 生成模拟数据 ……………………………………………………… 211
4.8 发布单状态数据表 ……………………………………………………… 212
　　4.8.1 models.py 文件内容 ……………………………………………… 213
　　4.8.2 将发布状态数据表迁移进数据库 ………………………………… 213

4.8.3 生成模拟数据 ……………………………………………………… 215
4.9 发布单数据表 …………………………………………………………… 216
    4.9.1 models.py 文件内容 …………………………………………… 216
    4.9.2 将发布单数据表迁移进数据库 ………………………………… 220
    4.9.3 生成模拟数据 …………………………………………………… 221
4.10 权限管理数据表 ………………………………………………………… 224
    4.10.1 models.py 文件内容 …………………………………………… 225
    4.10.2 将权限数据表迁移进数据库 …………………………………… 226
    4.10.3 生成模拟数据 …………………………………………………… 228
4.11 历史记录数据表 ………………………………………………………… 231
    4.11.1 models.py 文件内容 …………………………………………… 231
    4.11.2 将历史数据表迁移进数据库 …………………………………… 232
4.12 理解 Django Migrate（数据迁移）…………………………………… 233
    4.12.1 Migrate 原理 …………………………………………………… 234
    4.12.2 理解更新 models.py 文件的原理 ……………………………… 236
    4.12.3 重置 migration ………………………………………………… 238
4.13 小 结 …………………………………………………………………… 239

第 5 章 用户注册登录及密码管理 ………………………………………… 241

5.1 用户管理简介 …………………………………………………………… 241
5.2 Web 开发中的 Cookie 及 Session ……………………………………… 242
    5.2.1 Cookie …………………………………………………………… 242
    5.2.2 Session …………………………………………………………… 243
5.3 中间件（Middleware）及预安装（INSTALLED_APPS）…………… 245
    5.3.1 Django 框架中的 Middleware …………………………………… 245
    5.3.2 Django 框架中的 INSTALLED_APPS …………………………… 248
5.4 用户管理 ………………………………………………………………… 249
    5.4.1 用户注册 ………………………………………………………… 250
    5.4.2 用户认证 ………………………………………………………… 250
    5.4.3 用户登录 ………………………………………………………… 250
    5.4.4 用户退出 ………………………………………………………… 251
    5.4.5 修改密码 ………………………………………………………… 251
5.5 用户组管理 ……………………………………………………………… 252
5.6 Django 权限功能 ………………………………………………………… 253
    5.6.1 权限管理简介 …………………………………………………… 253
    5.6.2 用户权限 ………………………………………………………… 254
    5.6.3 用户组权限 ……………………………………………………… 256
5.7 Manabe 用户注册 ………………………………………………………… 256
    5.7.1 用户注册表单 …………………………………………………… 257

5.7.2　用户注册视图 ··· 260
　　5.7.3　用户注册模板 ··· 262
　　5.7.4　用户注册路由 ··· 267
5.8　Manabe 用户登录及退出 ··· 268
　　5.8.1　用户登录表单 ··· 268
　　5.8.2　用户登录视图 ··· 269
　　5.8.3　用户登录模板 ··· 270
　　5.8.4　用户登录路由 ··· 272
5.9　Manabe 邮箱更改 ·· 272
　　5.9.1　邮箱更改表单 ··· 273
　　5.9.2　邮箱更改视图 ··· 274
　　5.9.3　邮箱更改模板 ··· 275
　　5.9.4　邮箱更改路由 ··· 276
5.10　Manabe 密码更改 ··· 277
　　5.10.1　密码更改表单 ·· 277
　　5.10.2　密码更改视图 ·· 279
　　5.10.3　密码更改模板 ·· 280
　　5.10.4　密码更改路由 ·· 281
5.11　Manabe 通过邮箱重置密码 ·· 281
　　5.11.1　Django 邮件发送功能启用 ···································· 282
　　5.11.2　密码重置路由注册 ·· 283
　　5.11.3　密码重置模板 ·· 284
　　5.11.4　Django 内置视图总结 ·· 291
5.12　Manabe 登录验证码 ··· 294
5.13　Manabe 首页 ··· 297
　　5.13.1　网站首页视图 ·· 298
　　5.13.2　网站模板 ·· 298
　　5.13.3　Django 内置视图总结 ·· 301
5.14　小　结 ·· 302

第 6 章　应用录入和服务器录入 ·· 303

6.1　App 服务录入页面 ··· 303
　　6.1.1　App 服务网页功能展示 ··· 303
　　6.1.2　录入、编辑、展示的 URL 设置 ·································· 306
　　6.1.3　App 录入的视图 ··· 308
　　6.1.4　App 录入的表单 ··· 312
　　6.1.5　App 录入的模板 ··· 318
　　6.1.6　App 录入的浏览器验证 ··· 323
6.2　App 服务编辑页面 ··· 323

  6.2.1 App 编辑视图 ……………………………………………………… 323
  6.2.2 App 编辑模板文件 …………………………………………………… 325
 6.3 App 服务列表展示 ……………………………………………………………… 328
  6.3.1 App 服务列表视图 …………………………………………………… 328
  6.3.2 App 服务列表模板文件 ……………………………………………… 330
 6.4 App 服务详情页面 ……………………………………………………………… 336
  6.4.1 App 服务详情视图 …………………………………………………… 336
  6.4.2 App 服务详情模板 …………………………………………………… 337
 6.5 App 服务权限设计 ……………………………………………………………… 339
  6.5.1 Rightadmin 权限模块的路由 ………………………………………… 340
  6.5.2 Rightadmin 权限显示 ………………………………………………… 342
  6.5.3 Rightadmin 权限显示后端的实现 …………………………………… 345
  6.5.4 Rightadmin 权限编辑功能模板 ……………………………………… 346
  6.5.5 Rightadmin 权限编辑后端的实现 …………………………………… 349
  6.5.6 Rightadmin 权限调用的实现 ………………………………………… 351
 6.6 服务器的录入、编辑、展示 …………………………………………………… 354
  6.6.1 服务器模块的 URL 路由设置 ……………………………………… 355
  6.6.2 服务器的录入视图类、Form 表单文件及模板 …………………… 356
  6.6.3 服务器的编辑视图类及模板 ………………………………………… 364
  6.6.4 服务器的展示视图类及模板 ………………………………………… 368
  6.6.5 服务器的详情视图类及模板 ………………………………………… 373
 6.7 Django Model 测试 …………………………………………………………… 375
 6.8 Django View 测试 ……………………………………………………………… 377
 6.9 Django Form 测试 ……………………………………………………………… 378
 6.10 小 结 ……………………………………………………………………… 381

第 7 章 生成发布单 …………………………………………………………… 382

 7.1 发布单介绍 ……………………………………………………………………… 383
 7.2 新建发布单 ……………………………………………………………………… 384
  7.2.1 新建发布单表单 ……………………………………………………… 384
  7.2.2 新建发布单视图 ……………………………………………………… 388
  7.2.3 新建发布单模板 ……………………………………………………… 390
  7.2.4 新建发布单路由 ……………………………………………………… 393
 7.3 发布单列表 ……………………………………………………………………… 394
  7.3.1 发布单列表视图 ……………………………………………………… 395
  7.3.2 发布单列表模板 ……………………………………………………… 396
  7.3.3 发布单列表路由 ……………………………………………………… 399
 7.4 编译程序包 ……………………………………………………………………… 400
  7.4.1 编译视图 ……………………………………………………………… 400

7.4.2 编译模板 405
7.4.3 编译路由 410
7.4.4 程序包检测 410
7.5 发布单详情 412
7.5.1 发布单详情视图 412
7.5.2 发布单详情模板 413
7.5.3 发布单详情路由 414
7.6 通过上传方式新建发布单 414
7.6.1 发布单上传表单 415
7.6.2 发布单上传视图 417
7.6.3 发布单上传模板 421
7.6.4 发布单上传路由 424
7.7 小结 425

第 8 章 环境流转　426

8.1 环境流转列表 426
8.1.1 环境流转列表视图 427
8.1.2 环境流转列表模板 429
8.1.3 环境流转列表路由 434
8.2 环境流转功能 435
8.2.1 环境流转功能视图 435
8.2.2 环境流转模板 438
8.2.3 环境流转 JS 439
8.2.4 环境流转路由 441
8.3 环境流转历史 442
8.3.1 环境流转历史视图 442
8.3.2 环境流转历史模板 444
8.3.3 环境流转历史路由 448
8.4 小结 448

第 9 章 软件发布　449

9.1 发布首页展示 449
9.1.1 发布首页视图类 449
9.1.2 发布首页模板文件 452
9.1.3 发布首页路由设置 456
9.2 发布详情页展示 457
9.2.1 发布详情页视图类 457
9.2.2 发布详情页模板 459
9.2.3 发布详情页的 JS 代码 466

9.2.4　发布详情页路由	467
9.3　发布功能实现	468
9.3.1　浏览器的 JS 获取发布参数,并发布到后端	469
9.3.2　deploy_cmd 函数解析发布参数	471
9.3.3　deploy 函数启动 Python 的线程池	474
9.3.4　cmd_run 函数操作 Salt-API	476
9.3.5　cmd_run 运行过程中调用的日志读/写及数据表更新	482
9.3.6　服务启停脚本的实现	487
9.4　服务启停首页展示	495
9.4.1　服务启停首页视图类	495
9.4.2　服务启停首页网页模板	496
9.4.3　服务启停首页路由设置	500
9.5　服务启停详情页展示	500
9.5.1　服务启停详情视图类	501
9.5.2　服务启停详情网页模板	503
9.5.3　服务启停详情路由	510
9.6　部署历史实现	510
9.6.1　部署历史视图函数	511
9.6.2　部署历史网页模板	512
9.6.3　部署历史路由设置	516
9.7　Django Mock 测试	516
9.8　小结	518

第 10 章　使用 Django Channels 实现基于 WebSocket 的实时日志　519

10.1　WebSocket 协议简介	520
10.1.1　客户端(浏览器)WebSocket	520
10.1.2　后台服务端 WebSocket	523
10.1.3　Django Channels 名词解释	523
10.2　Django Channels 项目(mablog)安装配置	526
10.2.1　Pip 安装 Channels 模块	526
10.2.2　新建 mablog 项目	527
10.3　mablog 数据库 Model 简介	529
10.3.1　设计 models.py	529
10.3.2　将 models.py 的内容更新到数据库	530
10.4　日志写入实现	531
10.4.1　wslog 的路由设置	533
10.4.2　wslog 的 log_add 函数	533
10.4.3　wslog 的 log_add 函数的测试	534
10.5　实时日志读取实现	535

10.5.1	日志读取的路由设置	536
10.5.2	日志读取的视图函数	536
10.5.3	日志读取的网页模板	536

10.6 使用 Django Channels 实现后端 WebSocket ... 541
    10.6.1 改造 settings.py 文件 ... 541
    10.6.2 新增 asgi.py 文件 ... 544
    10.6.3 新增 routing.py 文件 ... 545
    10.6.4 新增 consumers.py 文件,实现 Channels 消费者函数 ... 546
    10.6.5 测试 ASGI 服务器 ... 548
    10.6.6 分析客户端的 JS 代码 ... 549

10.7 Django Channels 生产环境运行配置 ... 551
10.8 Django Channels 测试 ... 552
10.9 小 结 ... 553

第 11 章 使用 Django REST Framework 开发 API 接口 ... 554

11.1 RESTful API 及 Django REST Framework 简介 ... 555
    11.1.1 RESTful 关键字 ... 556
    11.1.2 Django REST Framework 简介 ... 557

11.2 DRF 安装配置 ... 558
    11.2.1 安装 DRF ... 558
    11.2.2 配置 DRF ... 558

11.3 查看和修改用户 Token ... 560
    11.3.1 获取和更新 Token 的视图函数 ... 560
    11.3.2 获取和更新 Token 的网页模板 ... 561
    11.3.3 获取和更新 Token 的 URL 路由 ... 561
    11.3.4 增加网页右上角查看 Token 的链接 ... 562
    11.3.5 通过网页测试查看和修改用户 Token 的功能 ... 562

11.4 手工建立一个 API 的 Django App 应用 ... 563
    11.4.1 新增 API 的目录及文件 ... 563
    11.4.2 在 settings.py 文件里新增应用 ... 565
    11.4.3 测试 api-token-auth 功能 ... 566

11.5 实现查看用户的 RESTful API ... 566
    11.5.1 序列化和反序列化 User 数据表字段 ... 567
    11.5.2 生成 User 视图集合类 ... 568
    11.5.3 为 User 的 API 注册访问路由 ... 569

11.6 实现查看发布单的 RESTful API ... 571
    11.6.1 序列化 DeployPool 数据表字段 ... 571
    11.6.2 生成 DeployPool 视图集合类 ... 572
    11.6.3 为发布单的 API 注册访问路由 ... 573

- 11.7 实现查看、新增和修改服务器的 RESTful API ·········· 575
  - 11.7.1 序列化 Server 数据表字段 ·········· 575
  - 11.7.2 生成 Server 视图集合类 ·········· 576
  - 11.7.3 为 Server API 注册访问路由 ·········· 579
  - 11.7.4 使用 Requests 库测试 Server API ·········· 580
- 11.8 实现查看、新增和修改 App 服务应用的 RESTful API ·········· 582
  - 11.8.1 序列化 App 服务应用数据表字段 ·········· 582
  - 11.8.2 生成 App 服务应用视图集合类 ·········· 582
  - 11.8.3 为 App 服务应用 API 注册访问路由 ·········· 584
- 11.9 Django REST Framework API 测试 ·········· 585
- 11.10 小 结 ·········· 588

第 12 章 Django 日志和数据统计及生产环境部署 ·········· 589

- 12.1 Django Logging 日志模块 ·········· 590
  - 12.1.1 Logging 日志模块简介 ·········· 590
  - 12.1.2 为 Manabe 加上日志功能 ·········· 592
- 12.2 统计自动化部署系统的数据 ·········· 594
  - 12.2.1 按天统计发布单的视图及路由 ·········· 595
  - 12.2.2 按天统计发布单的类视图、网页模板及 echarts 代码 ·········· 597
  - 12.2.3 Top 10 组件发布单统计 ·········· 600
- 12.3 Django 生产服务器部署 ·········· 604
  - 12.3.1 WSGI 协议 ·········· 604
  - 12.3.2 uWSGI 服务器介绍 ·········· 605
  - 12.3.3 uWSGI 服务器部署 ·········· 605
  - 12.3.4 支持 uWSGI 的 Nginx 服务器部署 ·········· 607
  - 12.3.5 Gunicorn 服务器介绍 ·········· 610
  - 12.3.6 Gunicorn 服务器部署 ·········· 610
  - 12.3.7 支持 Gunicorn 的 Nginx 服务器部署 ·········· 612
- 12.4 为 Manabe 应用制作 Docker 镜像 ·········· 613
  - 12.4.1 制作包含配置及静态资源的 Nginx 镜像 ·········· 613
  - 12.4.2 制作包含 uWSGI 及 Gunicorn、Channels 的镜像 ·········· 615
  - 12.4.3 制作 Manabe 的 uWSGI 的专用镜像 ·········· 617
  - 12.4.4 制作 Manabe 的 Gunicorn 的专用镜像 ·········· 618
- 12.5 为 Mablog 应用制作 Docker 镜像 ·········· 619
- 12.6 Coverage——Django 代码覆盖率测试 ·········· 621
- 12.7 小 结 ·········· 623

附录 1 Django 2.1 开发环境配置 ·········· 624

- 附 1.1 Python 3.6.6 安装配置（Windows） ·········· 624

附 1.1.1 下　载 ………………………………………………… 624
附 1.1.2 安　装 ………………………………………………… 625
附 1.1.3 运行 Python 3 ………………………………………… 626
附 1.1.4 Python IDLE 基本操作 ……………………………… 626
附 1.2 Django 2.1 安装 …………………………………………… 628
附 1.3 Python 虚拟环境管理 …………………………………… 628
附 1.3.1 内置 venv 模块 ……………………………………… 629
附 1.3.2 pipenv ………………………………………………… 630
附 1.4 新建一个 Django 的 demo 项目 ………………………… 632
附 1.5 PyCharm 安装配置 ……………………………………… 632
附 1.5.1 PyCharm 安装 ………………………………………… 633
附 1.5.2 PyCharm 配置 ………………………………………… 634
附 1.6 Are You Ready ……………………………………………… 637
附 1.6.1 PEP 8 ………………………………………………… 637
附 1.6.2 Pythonic ……………………………………………… 639

附录 2 GitLab 安装配置 ……………………………………… 640

附 2.1 源代码管理简介 …………………………………………… 640
附 2.2 GitLab 安装 ……………………………………………… 641
附 2.2.1 配置 yum 源 ………………………………………… 641
附 2.2.2 更新本地 yum 缓存 ………………………………… 642
附 2.2.3 安装 GitLab 社区版 ………………………………… 642
附 2.2.4 修改外部 URL ……………………………………… 642
附 2.2.5 启动 GitLab ………………………………………… 642
附 2.3 GitLab 服务初始化及 TortoiseGit 客户端使用 ………… 643
附 2.3.1 更改 GitLab 管理员密码,登录系统 ………………… 643
附 2.3.2 新建一个 GitLab 项目 ……………………………… 644
附 2.3.3 在 Windows 下使用 TortoiseGit 操作 GitLab ……… 645
附 2.4 GitLab 系统管理 ………………………………………… 655
附 2.4.1 新增项目组 …………………………………………… 655
附 2.4.2 新增项目 ……………………………………………… 657
附 2.4.3 新增用户 ……………………………………………… 658
附 2.4.4 项目赋权 ……………………………………………… 659
附 2.4.5 权限明细 ……………………………………………… 661

附录 3 Jenkins 安装配置 ……………………………………… 663

附 3.1 Jenkins 特性 ……………………………………………… 664
附 3.2 安　装 ……………………………………………………… 664
附 3.2.1 下　载 ………………………………………………… 664

附 3.2.2 运行 ··· 665
附 3.2.3 验证 ··· 666
附 3.3 配置 ··· 666
　附 3.3.1 获取初始管理员密码 ··· 666
　附 3.3.2 安装推荐插件 ··· 667
　附 3.3.3 创建管理员 ··· 667
　附 3.3.4 实例配置 ··· 667
附 3.4 Jenkins Pipeline ·· 669
　附 3.4.1 Pipeline 特性——Pipeline as Code ·································· 670
　附 3.4.2 Pipeline 基本概念 ·· 670
　附 3.4.3 创建一个 Pipeline 示例 ·· 670
　附 3.4.4 Pipeline 语法参考 ·· 673
附 3.5 Jenkins 系统配置 ··· 678

附录 4　H-ui 前端使用入门 ·· 680

附 4.1 H-ui 的主要组件 ··· 681
　附 4.1.1 表格(http://www.h-ui.net/Hui-3.3-table.shtml) ················· 681
　附 4.1.2 按钮(http://www.h-ui.net/Hui-3.5-button.shtml) ··············· 682
　附 4.1.3 表单(http://www.h-ui.net/Hui-3.4-form.shtml) ················· 682
　附 4.1.4 警告(http://www.h-ui.net/Hui-4.8-alert.shtml) ················· 684
　附 4.1.5 模态对话框(http://www.h-ui.net/Hui-4.10-modal.shtml) ······· 684
　附 4.1.6 便签和标号(http://www.h-ui.net/Hui-4.6-labelBadge.shtml) ··· 685
　附 4.1.7 tooltip 效果(http://www.h-ui.net/Hui-4.25-tooltip.shtml) ····· 686
　附 4.1.8 标题(http://www.h-ui.net/Hui-3.1-typography.shtml) ········· 686
附 4.2 H-ui.admin 的主要网页 ·· 687
　附 4.2.1 Admin 主页面 ·· 687
　附 4.2.2 Admin 网页代码主要框架 ··· 688
附 4.3 将 Admin 网页合成进 Django 模板 ······································· 690
　附 4.3.1 网页顶部导航 header.html ·· 690
　附 4.3.2 侧边导航 sidemenu.html ··· 692
　附 4.3.3 内部顶部导航 topnav.html ·· 695
　附 4.3.4 统一的页脚本 footer.html ··· 695
　附 4.3.5 全局基本网页模板 template.html ···································· 696
　附 4.3.6 继承网页的基本应用，index.html ···································· 698
附 4.4 jQuery、zTree 及 Select 2 库的使用 ······································· 701
　附 4.4.1 jQuery(网址:http://jquery.com/) ·································· 702
　附 4.4.2 zTree(网址:http://www.treejs.cn/) ······························· 703
　附 4.4.3 Select 2(网址:https://select2.org/) ······························· 705
附 4.5 注意事项 ·· 707

附录 5　Harbor 容器私有镜像仓库安装配置 ·· 708
　附 5.1　安装 Docker 及 Docker-Compose ·· 709
　　附 5.1.1　Docker 的安装 ·· 710
　　附 5.1.2　Docker-Compose 的安装 ·· 710
　附 5.2　安装 Harbor ·· 711
　附 5.3　Harbor 的日常管理 ·· 716
　　附 5.3.1　用户管理 ·· 716
　　附 5.3.2　仓库管理及远程复制 ·· 717
　　附 5.3.3　配置管理 ·· 718
　　附 5.3.4　项目管理 ·· 719
　附 5.4　测试 Docker 镜像上传和下载 ·· 720
　　附 5.4.1　更改 Docker 仓库配置 ·· 720
　　附 5.4.2　上传镜像到 Harbor 仓库 ·· 721
　　附 5.4.3　从 Harbor 仓库获取指定镜像 ·· 722

第 1 章

Python 基础

> 却到帝都重富贵,请君莫忘浪淘沙。
> ——白居易《浪淘沙》

在任何一门语言中,常用的基本数据类型、分支语句、循环语句、进程线程、单元测试等等,都是语言开发中的基础,它们相当于战场上士兵的子弹、野外求生套装的瑞士军刀、雷神手中的锤、队长身后的盾。如果不熟练掌握,做好运维研发就只能是一句空话。

本章中,将会重温关于 Python 的基础知识,希望读者在看过之后,能将以前 Python 零散的知识点完全串联起来,形成 Python 比较系统的知识,能大概熟悉不同的设计需要用到哪些 Python 来实现。

由于本书是以 Django 框架开发一个自动化软件部署系统为目标,所以不会详细说明 Python 语言的每一个细节,而是引导读者在短时间内建立一个系统的知识框架,框架的内容包括 Python 基础知识、Django 基础知识、如何从头开始设计一个部署系统、如何搭建 Jenkins、如何安装使用 GitLab、如何操作 SaltStack、如何使用自己的部署平台将这些串联起来。

当我们在头脑中有了这些系统框架认知之后,希望能在以后的实际工作中举一反三,触类旁通。而一个一个专题知识点,读者可以通过搜索工具,找网络材料进行填充,因为有些语法或实现,会随着版本及时间发生一些更新。"授人以鱼,不如授人以渔"。掌握如何学一门计算机语言,如何使用语言提供的语法来解决实际问题,而不是学会一门新的语言,才是编写本书的初衷。

关于 Python 的诞生,网上流传着以下两种说法,一种富于传奇而流传广泛,一种因为朴实而被人相信:

① Python 语言的创始人,吉多·范·罗苏姆(Guido van Rossum)在 1989 年圣诞节期间,在阿姆斯特丹,为了打发圣诞节的无趣时光,决心开发一个新的脚本解释程序,而在给自己新创造的计算机语言起名字的时候,由于他是英国六人喜剧团体——巨蟒剧团(Monty Python)的忠实粉丝,所以,就把此计算机语言的名字命名为 Python。这就是 Python 计算机语言名字的由来,它是一种看似很凶猛的蟒蛇的名字。

② 1989 年,吉多·范·罗苏姆还是荷兰的 CWI(Centrum voor Wiskunde en Informatica，国家数学和计算机科学研究院）的一名研究人员，对解释型语言 ABC 有着丰富的设计经验，这个语言同样也是在 CWI 开发的。但是他不满足于 ABC 有限的开发能力，他所期望的工具有一些是用于完成日常系统管理任务的，而且他还希望能够访问 Amoeba 分布式操作系统的系统调用。尽管吉多·范·罗苏姆也曾想过为 Amoeba 开发专用语言，但是创造一种通用的程序设计语言显然更加明智，于是在 1989 年末，Python 在罗苏姆手中诞生了。

至于读者，面对 Python 早期诞生的"罗生门"：一边是程序天才的玩赏之物，一边是不断思索的结晶。请自行选择一种说法，并相信它。毕竟对于只知道一种说法的人，您至少在这个问题上，更有发言权。Python 语言的 Logo 如图 1-1 所示。

图 1-1　Python 的 Logo

世上语言千千万，为什么选择 Python 3 呢？这个问题包含了两层含义：第一，为什么不选择 Java、JavaScript、Go 而选择 Python？第二，为什么不选择 Python 2 而选择 Python 3？

对于第一层含义，是出于环境、兴趣、情结的选择。不同的程序员，每一种语言，都可以自由前后排序。问题由此演变成："为什么选择 Java？""为什么选择 Go""为什么选择 JavaScript？"，等等。

"Life is short，You need Python."（人生苦短，我用 Python）是 Python 程序员的名言！

"php 是世界上最好的语言"是 php 程序员的自豪！

"Write Once，Run Anywhere."（一次编写，到处运行）是 Java 的底气！

"21 世纪的 C 语言"是 Go 的雄心！

"Web 全栈开发"是 JavaScript 的呐喊！

此处略去 C、C++、C♯、Ruby、Groovy、Scala、Julia、Rust 等其他成百上千的编程语言。这些语言，都有各自的信众，都有自己所擅长解决问题的场景，所以笔者认为，对于一个程序开发的有志者来说，只是先学什么、后学什么的问题，而不是非此即彼的选择。换家公司或换个项目，可能你就需要换一种新的语言。

当然，对于本书读者来说，Python 才是当下的选择！网上有信奉者一度认为：Python 是简洁、优雅、有"钱"途、全能的编程语言。

下面就历数一下 Python 的强项。

- 简略易学：Python 语言相对于 Java、C++来说，属于比较简单的一种编程语言，它重视的是怎么处理问题，而不是编程语言的语法和数据结构。正是由于 Python 语言简单易学，所以，现已有越来越多的初学者挑选 Python 语言作为编程的入门语言，并且 Python 也越来越受到国家教育部门的重视。例如，浙江省 2017 年的高中信息技能改革中，"算法与程序设计"课程运用

Python 语言替换原有的 VB 语言。山东省在 2018 年的初中计算机教材中,都加入了 Python 程序设计的内容。

- 语法美丽:Python 语言力求代码简练、美丽。在 Python 语言中,选用缩进来标识代码块,经过削减无用的大括号,使得代码的可读性明显增强。阅览一段优秀的 Python 代码就感觉像是在读英语一样,它使你能够专注于处理问题,而不必太纠结编程语言自身的语法。

- 丰厚强壮的库:Python 语言声称自带电池(Battery Included),其含义是 Python 语言的类库十分全面,包括了处理各种问题的类库。无论完成什么功能,都有现成的类库能够运用。如果一个功能比较特别,规范库没有供给相应的支撑,那么,很大概率也会有相应的开源项目供给了相似的功能。合理运用 Python 的类库和开源项目,能够快速地实现功能,满足设计的需求。如果你在实现应用中,暂时没有发现合适的库,不要先急着自己写代码,先上 https://pypi.org/ 搜搜看,这里是 Python 库的官方大本营。

- 开发效率高:Python 的各个长处是相得益彰的。例如,Python 语言由于有了丰厚强壮的类库,所以,Python 的开发效率能够明显提高。相对于 C、C++ 和 Java 等编译语言,Python 开发者的效率提高了数倍。完成相同的功能,Python 代码的文件往往只有 C、C++ 和 Java 代码的 1/5~1/3。尽管 Python 语言具有许多吸引人的特性,各大互联网公司广泛运用 Python 语言,但很大程度上是由于 Python 语言开发效率高这个特色。开发效率高的语言,能够更好地满足互联网快速迭代的需求,因而 Python 语言在互联网公司的运用十分广泛。

- 运用范围广泛:Python 语言的另一大长处就是运用范围广泛,工程师能够运用 Python 做许多的工作。例如,Web 开发、网络编程、自动化运维、Linux 体系管理、数据剖析、科学核算、人工智能、机器学习等。Python 语言介于脚本语言和体系语言之间,依据需求,既能够将它作为一门脚本语言来编写脚本,也能够将它作为一个体系语言来编写程序。特别是目前市面上最火的 AI 和深度学习技术,大多也是以 Python 语言作为教学示例的。

而对于第二层含义,为什么选择 Python 3?答案就不言而喻了,现在绝对是到了放弃 Python 2 的时候了!众所周知,Python 2 第一个版本的发布时间为 2001 年,到 2020 年就不再维护。Python 3 发布于 2008 年,到现在已有超过 10 年的时间。Python 的各个主要应用都早已纷纷以 Python 3 的版本进行改写或开发。就以本书的 Django 开发框架为例,Django 1.11.x 是支持 Python 2.7 的最后版本,Django 2 只支持 Python 3.5 和 3.6(Django 2 对 Python 3.4 于 2019 年 3 月结束支持,因此 Django 2 也将是最后一个支持 Python 3.4 的版本)。所以,Python 3 版本是我们最佳的选择,而本书所有代码都是基于最新的 Python 3.6.6 版本进行开发,并调试通过的。

图1-2就是Django官方的版本开发计划。

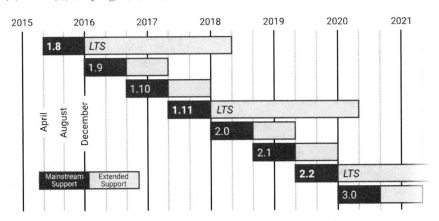

图1-2 Django框架开发计划

下面列出Python 2和Python 3的核心类差异及废弃类差异,使读者在面对Python 2的旧代码时,能有个改造的大致思路。

以下为核心类差异:
- Python 3对Unicode字符的原生支持,Python 2中使用ASCII码作为默认编码方式导致string有两种类型str和unicode,Python 3只支持unicode的string。
- Python 3采用的是绝对路径的方式进行import。Python 2中相对路径的import会导致标准库导入变得困难(想象一下,同一目录下有file.py,如何同时导入这个文件和标准库file?)。Python 3中这一点将被修改,如果还需要导入同一目录的文件,则必须使用绝对路径,否则只能使用相关导入的方式来进行导入。
- Python 2中存在老式类和新式类的区别,Python 3统一采用新式类。新式类声明要求继承object,必须用新式类应用多重继承。
- Python 3使用更加严格的缩进。Python 2的缩进机制中,1个tab和8个space是等价的,所以在缩进中可以同时允许tab和space在代码中共存。这种等价机制会导致部分IDE使用存在问题。Python 3中1个tab只能找另外一个tab替代,因此tab和space共存会导致报错:
TabError:inconsistent use of tabs and spaces in indentation。

以下为废弃类差异:
- print语句被Python 3废弃,统一使用print函数。
- exec语句被Python 3废弃,统一使用exec函数。
- execfile语句被Python 3废弃,推荐使用exec(open("./filename").read())。
- 不相等操作符"< >"被Python 3废弃,统一使用"!="。

- long 整数类型被 Python 3 废弃,统一使用 int。
- xrange 函数被 Python 3 废弃,只有 range,修改 Python 3 中 range 的机制能提高大数据集的生成效率。
- Python 3 中这些方法不再返回 list 对象:dictionary 关联的 keys()、values()、items()、zip()、map()、filter(),但是可以通过 list 强行转换。
- 迭代器 iterator 的 next()函数被 Python 3 废弃,统一使用 next(iterator)。
- raw_input 函数被 Python 3 废弃,统一使用 input 函数。
- 字典变量的 has_key 函数被 Python 3 废弃,统一使用 in 关键词。
- file 函数被 Python 3 废弃,统一使用 open 来处理文件,可以通过 io.IOBase 检查文件类型。
- apply 函数被 Python 3 废弃。
- 异常 StandardError 被 Python 3 废弃,统一使用 Exception。

本章主要技术知识点包括:
- Python 基本数据类型及常用操作。
- 分支、循环语法。
- 函数及类。
- 进程、线程入门示例。
- 模块化组织。
- 测试。

1.1　Python 基本数据类型的常用操作

　　Python 程序开发语言的基本数据类型有六种:Number(数字)、String(字符串)、List(列表)、Tuple(元组)、Dictionary(字典)、Set(集合)。我们需要的是掌握这些数据类型的基本操作方法,让这些数据能有"增删查改"的能力,以便满足日常开发的需要。这些方法相当多,且每个类型都会有自己独有的操作方法,所以没有必要记住每个方法,只需要有大概的印象,需要时,可以再通过网络查找来具体地实现。限于本书篇幅,我们在讲解时,主要以示例代码为主,结合精要的讲解,使读者快速温习 Python 的基础知识。如果读者以后工作中用得着,在本书工作系统知识的积累下,百度几篇帖子就可以快速上手。当然,如果以后有机会,笔者也许会再出一本专门讲解 Python 的计算机图书,到时候,将每个语法细节和丰富的示例结合起来,也是一件快事!

　　总之,先要有解决问题的思路,再去实现合适的编码。

　　笔者也想在这里讲一下,我们有时经常挂在嘴边的"数据结构和算法"与基本的数据类型之间的关系。读过程杰的那本《大话数据结构与算法》的读者,可能会记得里面的一句提问:"现在,主流语言都已实现常用的数据结构和算法,我们为什么还要学'数据结构和算法'这门课程呢?"

对于这个问题,笔者觉得对于语言初学者来说,满足工作中的使用就好,普通程序员的日常开发任务重、工期紧,经常加班也只能刚刚满足业务进度而已。所以也很少需要自己从头写个双向链表,或是自己从底层来实现单向或双向队列。这一切,需要用时,Python都能给出对应的包去操作实现。

但对于一个资深或是具有钻研精神的程序员来说,需要去了解Python内置的数据操作方法是如何实现的,各种实现之间有何优劣,以及不同的算法适合的场景是什么;如果一定要自己去实现一个Python数据结构,应该如何入手?唯有带着这些问题去编程,才能拉开和初学者的差距,进入资深程序员的行列;否则,如果在日常开发中,只满足于够用,那么一个十年的程序员和一个两年的程序员,水平并没有太大的差异。

所以,对于一个日常开发的程序员来说,数据结构和算法可以很简单,只要会用列表、字典、元组、集合、排序函数等即可。对于一个高级资源程序员来说,当你想实现自己高效的链表、并发调度、有向无环图、双向队列的时候,数据结构和算法也可能很复杂。

1.1.1 数字(Number)——人生不能只会做减法

不知何时起,网络上流行一句鸡汤文:人生要学会做减法。当然,在一些合适的场景,或是对于特定的人,这句话会很贴切。但如果单单提出这样一个口号,是没有什么说服力的。这就像是一个人先要胖,才有资格去减肥一样。所以,我们宁愿相信这句话:人生不能只会做减法,最好啥方法都要会。试想一下,要是Python只实现了减法,我们还会去学吗?

Python支持以下不同的数值类型:
- int(有符号整数):它们通常被称为整数。它们是没有小数点的正或负整数。Python 3中的整数是无限大小的。Python 2有为非浮点数准备的int和long类型。int类型的最大值不能超过sys.maxint,而且这个最大值是平台相关的。可以通过在数字的末尾附上一个L来定义长整型,显然,它比int类型表示的数字范围更大。在Python 3里,只有一种整数类型int,大多数情况下,它很像Python 2里的长整型。由于已经不存在两种类型的整数,所以就没有必要使用特殊的语法去区别它们。
- float(浮点实数值):也称为浮点数,它们表示实数,并用小数点分开整数和小数部分。
- complex(复数):复数以a+bJ的形式表示,其中a和b是浮点,J(或j)表示 −1的平方根(虚数)。数字的实部是a,虚部是b。

Python的数字运算除了支持常用的加减乘除、取模、取余运算之外,还支持更多的数学函数、随机数函数、三角函数。如果你是用Python做数据领域的工作,还会接触更专业的 NumPy、SciPy、Pandas 等库,它们能实现高级的专业运算。

下面,我们打开 IDEL,进行如下练习,来熟悉数字的常用运算(IDEL 的安装使用,参见附录1)。

```
>>> 2 + 2      # 加
4
>>> 50 - 5     # 减
45
>>> 5 * 6      # 乘
30
>>> 18 / 3     # 除
6.0
>>> 17 % 3     # 求余
2
>>> 17 // 3    # 求模
5
>>> 5 ** 2     # 乘方
25
```

以上就是 Python 数字的基本数学运算,这里是以整数为示例的。如果涉及浮点小数的运算规则,读者在正式编码之前,最好先在 IDEL 里多做几个测试。

```
>>> import math         # 导入数学计算库
>>> abs(-23)            # 求绝对值
23
>>> math.ceil(4.3)      # 向上取整
5
>>> math.floor(4.3)     # 向下取整
4
>>> max(23,45,56)       # 求最大值
56
>>> min(23,45,56)       # 求最小值
23
>>> pow(5,3)            # 求幂
125
>>> math.sqrt(256)      # 求平方根
16.0
```

以上这些函数,在日常开发中也会用得上。它们有的是内置函数,有的是属于 math 库里的函数。希望读者能掌握这些知识点。当然,最详细和准确的数据计算用法,读者还是要以 Python 的官方文档为准。毕竟,每一次版本升级,都会伴随一些语法或功能的变更。这些变更,是为了让我们更有效率地开发软件,或是其运行性能更好。如果读者在使用 Python 时,版本与本书的 3.6.6 版本不一致,可以到

https://www.python.org/doc/官网查看相关文档。

1.1.2　字符串(String)——一入编码深似海

关于 Python 的字符串操作,如果读者经历过 2.x 版本时代,就会理解为什么标题为"一入编码深似海"了。比如:在每个 py 文件的第一行,需要加上 ♯ coding=utf-8;如果字符串中有中文,前面要加上字母 u;还得面对 str 和 unicode 类型到底如何区分的问题,真有"一入侯门深似海,从此萧郎是路人"之感。

Python 3 中最重要的新特性可能就是将文本(text)和二进制数据做了更清晰的区分。文本总是用 unicode 进行编码,以 str 类型表示;而二进制数据以 bytes 类型表示。在 Python 3 中,不能以任何隐式方式将 str 和 bytes 类型混合使用。不可以将 str 和 bytes 类型进行拼接,不能在 str 中搜索 bytes 数据(反之亦然),也不能将 str 作为参数传入需要 bytes 类型参数的函数(反之亦然)。

当计算机在工作时,字符在计算机的内存中统一是以 unicode 编码的。但只有往硬盘保存或者基于网络传输时,才能确定输入的字符是英文还是中文,这就是 unicode 转换成其他编码格式的过程。

因此,在做编码转换时,通常需要以 unicode 作为中间编码,即先将其他编码的字符串解码(decode)成 unicode,再从 unicode 编码(encode)成另一种编码。

decode 的作用是将其他编码的字符串转换成 unicode 编码,如:

str1.decode('gbk'),表示将 gbk 编码的字符串 str1 转换成 unicode 编码。

encode 的作用是将 unicode 编码转换成其他编码的字符串,如:

str2.encode('gbk'),表示将 unicode 编码的字符串 str2 转换成 gbk 编码。

经由以上简单论述可知,转码的时候一定要先搞明白,字符串 str 究竟是什么编码格式,先 decode 成 unicode,再 encode 成其他编码,如图 1-3 所示。

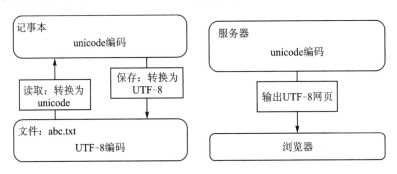

图 1-3　Python 编码解码思路图

经过上面的分析,以后面对此类的问题时,可以机械地记住如下原则:

打开文件,或是从网上接收到内容,是解码操作;保存文件,或经过网络传送,要先有编码操作。

字符串的操作方法很多。但这些操作还是可以进行大致归类的,比如,转换类、判断类、查找类、切割类。如果以前接触过其他语言,就会发现,这里的大多数方法与 Java、JavaScript、Go、Php 语言里的字符串方法大同小异,变化的只是语法,不变的是解决问题的手段,即如何把一个字符串转换成另一个字符串,或是将多个字符串结合成自己想象的字符串。

下面打开 IDEL,进行如下练习,来熟悉字符串的常用操作(IDEL 安装使用参见附录1)。

```
>>> 'Hello, Python'.lower()
'hello, python'
>>> 'Hello, Python'.upper()
'HELLO, PYTHON'
```

#lower()方法,会将所有字母转换成小写。upper()方法,会将所有字母转换成大写。

```
>>> 'hello, python'.title()
'Hello, Python'
>>> 'Hello, Python'.swapcase()
'hELLO, pYTHON'
```

#title()方法,会将单词首字母大写且其他字母小写。swapcase()方法,会将字符串的大小写转换。

```
>>> '123'.isdigit()
True
>>> 'abc'.isalpha()
True
```

#isdigit()方法,判断是否全为数字。isalpha()方法,判断是否全为字母。

```
>>> 'xyabxyxy'.count('xy')
3
```

#count()方法,统计字符串中子串出现的次数。

```
>>> 'abcxyz'.startswith('abc')
True
>>> 'abcxyz'.endswith('abc')
False
```

#startswith()方法,判断字符串是否以子串结尾。endswith()方法,判断字符串是否以子串结尾。

```
>>> 'xyz' in 'abxycd'
False
```

#in，用来判断字符串中是否包含子串。

```
>>> 'abcxyzoxy'.replace('xy','XY')
'abcXYzoXY'
```

#replace()方法，用来将字符串方法中前面的子串替换为后面的子串。

```
>>> '1,2,3'.split(',')
['1', '2', '3']
```

#split()方法，将字符串按方法中指定的分割符，分割为列表。

```
>>> '  spacious  '.strip()
'spacious'
```

#strip()方法，移除字符串左右两边的空白符号。

```
>>> 'fox' + 'tiger'
'fox tiger'
```

#可用加号合并字符串。

```
>>> 'cat' * 5
'catcatcatcatcat'
```

#可用乘号重复生成字符串。

以上只有部分方法。以下网址里有 Python 全部的字符串操作方法：
https://docs.python.org/3.6/library/stdtypes.html?highlight=isupper#string-methods。

1.1.3 列表(List)——古龙之七种武器

　　金庸、古龙、梁羽生，是笔者学生时代喜爱的三大武侠小说名家。其中，古龙先生的小说，以其犀利有力的文字风格和自由无羁的浪子情怀，深深吸引过笔者。《七种武器》是其重要的系列作品，分别是指《长生剑》《孔雀翎》《碧玉刀》《多情环》《霸王枪》《离别钩》《英雄无泪》(最后一部，存留争议)。七种令人闻风丧胆、不可思议的武器，七段完全独立的故事，令人叹为观止，不能掩卷。

　　在此引用古龙先生的小说作为副题，意指 Python 中列表的地位和重要性，堪比《七种武器》在古龙小说中的重要性；另一意，也指列表的操作千变万化，用熟之后，犹如七种武器傍身，日常程序开发，定能如鱼得水，游刃有余。

　　列表是最常用的 Python 数据类型，列表的数据项不需要具有相同的类型。列表中的每个元素都分配一个数字——它的位置或索引，第一个索引是0，第二个索引是1，以此类推。列表序列可以进行的操作包括索引、切片、加、乘、检查成员。此外，Python 已经内置确定序列的长度以及确定最大和最小的元素的方法。

　　在学习列表等数据类型时，笔者个人的心得体会就是：记住每个属性或方法太繁琐。主要的操作大类都是为了能实现数据结构的"增""删""改""查",以及探明数据本身的属性。有了这个纲目在心,余下的学习只是在于不断地熟悉细节。

下面,打开 IDEL,进行如下练习,来熟悉列表的常用操作。

```
>>> names = ['a','b','c', 2018, 'python']
```

#定义一个列表,可用上面的形式,也可用 names = []来定义一个空列表。

```
>>> names = ['a','b','c', 2018, 'python']
>>> names.append('new_item')
>>> names
['a', 'b', 'c', 2018, 'python', 'new_item']
```

#在列表的末尾,追加一个新元素。

```
>>> names = ['a', 'b', 'c', 2018, 'python', 'new_item']
>>> names.remove('b')
>>> names
['a', 'c', 2018, 'python', 'new_item']
>>> del names[4]
>>> names
['a', 'c', 2018, 'python']
>>> names.pop()
'python'
>>> names
['a', 'c', 2018]
```

#remove()删除指定列表中的指定元素。del()删除指定下标的元素。pop()删除(弹出)列表的最后一个元素。

```
>>> names = ['a', 'c', 2018]
>>> names.insert(1, 'hello')
>>> names
['a', 'hello', 'c', 2018]
```

#在列表的指定下标处,插入新的元素。

```
names = ['a', 'hello', 'c', 2018]
>>> info = [25, 'address']
>>> names.extend(info)
>>> names
['a', 'hello', 'c', 2018, 25, 'address']
```

#extend()方法,可以用来拼接两个列表,形成一个长的列表。

```
>>> names = ['a', 'hello', 'c', 2018, 25, 'address']
>>> names[2] = 'new_2'
```

```
>>> names
['a', 'hello', 'new_2', 2018, 25, 'address']
```

#修改列表指定下标的元素。

```
>>> names = ['a', 'hello', 'new_2', 2018, 25, 'address']
>>> names.index('address')
5
>>> names.index('dfdf')
Traceback (most recent call last):
  File "<pyshell#40>", line 1, in <module>
    names.index('dfdf')
ValueError: 'dfdf' is not in list
```

#index()方法,查找列表中指定元素所在的下标值。如不存在,则返回显示ValueError: 'xxx' is not in list。

```
>>> names = ['a', 'hello', 'new_2', 2018, 25, 'address']
>>> names.count('a')
1
```

#count()方法,统计列表中指定元素的数量。

```
>>> names = ['a', 'hello', 'new_2', 2018, 25, 'address']
>>> names.reverse()
>>> names
['address', 25, 2018, 'new_2', 'hello', 'a']
```

#reverse()方法,反转列表的顺序。

```
>>> names = ['a', 'b', 'c', 'python', 'new_item']
>>> names.sort()
>>> names
['a', 'b', 'c', 'new_item', 'python']
>>> names = [1, 87, 45, 23, 5, 89]
>>> names.sort()
>>> names
[1, 5, 23, 45, 87, 89]
>>> names = ['67', 32, 7, '1']
>>> names.sort()
Traceback (most recent call last):
  File "<pyshell#55>", line 1, in <module>
    names.sort()
TypeError: '<' not supported between instances of 'int' and 'str'
```

#sort()方法,将列表进行排序。需要记住的是,只有列表中所有元素的类型相

同时,才能进行排序,否则会报错。

```
>>> names = ['a', 'b', 'c', 'python', 'new_item']
>>> names[-1]
'new_item'
>>> names[1:]
['b', 'c', 'python', 'new_item']
>>> names[2:4]
['c', 'python']
```

♯可对列表进行切片处理,[-1]返回最后一个元素,[1:]返回下标 1 之后的所有元素,[2:4]返回下标 2 到 4 之间的元素。

```
>>> names = ['a', 'b', 'c', 'python', 'new_item']
>>> names.clear()
>>> names
[]
```

♯clear()方法用来清空所有元素。

```
>>> names = ['a', 'b', 'c', 'python', 'new_item']
>>> for name in names:
        print(name)
a
b
c
python
new_item
```

♯遍历列表的操作,在日常中经常使用。

```
>>> names = ['a', 'b', 'c', 'python', 'new_item']
>>> len(names)
5
>>> max(names)
'python'
>>> min(names)
'a'
```

♯Python 还有一些函数可用于列表。len()函数用于返回列表的长度,max()和 min()函数用于返回列表的最大值、最小值(ascii 编码排序)。

以上操作,并不是列表操作方法的全部。更多信息,可以参看 Python 官方文档(https://www.python.org/doc/)。这里只是给读者一个大概的印象,知道列表能做哪些操作。真正在后面的编程中,这是需要灵活组合运用的。真的编程高手,就是要天天用心于此。"我用时间耗得起!"欧阳修笔下的《卖油翁》早已参透真谛:"无他,但手熟尔"。笔者还在这条路上前行,邀请您一起来吧。

1.1.4 元组(Tuple)——一颗不变心

"世界幻变我始终真心,尽管那天际黑暗地摇路陷。我对你热爱更是天高与海深,只想你温馨地控制我命运。"歌神张学友的这首歌——《一颗不变心》,可是笔者当年很钟意的流行金曲呢。如果我们边哼这首歌,边来学习 Python 的元组(Tuple),是很应景的。因为在 Python 中,列表和元组最大的区别就是:元组中的元素都是只读的,具有不变性。

下面,就跟着我们一起练习一下元组的常用操作吧。

```
>>> tup = (shanghai, 'beijing', 'hangzhou', 'chongqing')
```

#定义一个元组。就算是只定义一个元素,也需要在元素后面加上逗号。

```
tup = (shanghai,)
>>> tup = (shanghai, 'beijing', 'hangzhou', 'chongqing')
>>> tup[1]
'beijing'
>>> tup[1:]
('beijing', 'hangzhou', 'chongqing')
```

#可通过下标访问元组中的元素。也可通过切片方式,生成新的元组。

```
>>> tup1 = (shanghai, 'beijing', 'hangzhou', 'chongqing')
>>> tup2 = ('A', 'B', 'C', 'D')
>>> tup1 + tup2
(shanghai, 'beijing', 'hangzhou', 'chongqing', 'A', 'B', 'C', 'D')
```

#多个元组可以进行相加,生成新的元组。

```
>>> tup = (shanghai, 'beijing', 'hangzhou', 'chongqing')
>>> 'chongqing' in tup
True
```

#判断某一元素是否在指定元组中。

```
>>> tups = (shanghai, 'beijing', 'hangzhou', 'chongqing')
>>> for tup in tups:
        print(tup)
shanghai
beijing
hangzhou
Chongqing
```

#遍历元组,语法和列表是一模一样的。

```
>>> tup = (shanghai, 'beijing', 'hangzhou', 'chongqing')
>>> len(tup)
4
>>> max(tup)
shanghai
>>> min(tup)
'beijing'
```

♯len()函数用于返回元组的长度,max()和 min()函数分别用于返回元组的最大值、最小值(以 ASCII 码排序)。

1.1.5 字典(Dictionary)——键值 CP

作为一个跟不上流行词的人来说,第一次听到 CP 这两个字母,笔者是懵圈的(想想第一次听到网络流行的 IP 这两个字母时,自然地以为是计算机的 IP 地址)。截至写书时,又开始流行 C 位出道了。后来,笔者认真地在网上查了一下:CP——配对(英文:Coupling,日文:カップリング),简称 CP,表示人物配对关系。本意是指有恋爱关系的同仁配对,主要运用于二次元 ACGN 同仁圈,近年来在三次元等其他场合也开始广泛使用。

CP! 配对! 这不正是 Python 中字典的含义吗? 一个键匹配一个值,如树上鸟儿成双对,又如夫妻双双把家还。希望读者还能以这种联想的方式来学习各种技术,相信会快很多,且不容易忘。

除了列表以外,字典(Dictionary)是 Python 之中第二灵活的内置数据结构类型。列表是有序的,字典是无序的。它们之间主要的差别是:字典当中的元素是通过键来存取的,列表是通过偏移量来存取的。与列表不同,保存在字典中的项并没有特定的顺序。对字典的灵活运用,也是 Python 的基本功之一。

下面,我们一起来练一练吧。

```
dict = {'Tom': 23, 'Mary': 18, 'Jerry': 19}
```

♯定义一个字典。可用 dict={}来定义一个空字典。

```
>>> dict = {'Tom': 23, 'Mary': 18, 'Jerry': 19}
>>> dict['Tom']
23
```

♯可用字典的键获取字典中对应的值。

```
>>> dict = {'Tom': 23, 'Mary': 18, 'Jerry': 19}
>>> dict['Mary'] = 13
>>> dict['Mary']
13
```

♯通过字典的键,修改字典的值。

```
>>> dict = {'Tom': 23, 'Mary': 18, 'Jerry': 19}
>>> dict['Sky'] = 25
>>> dict
{'Tom': 23, 'Mary': 18, 'Jerry': 19, 'Sky': 25}
```

♯通过新增字典中没有的键值,可为字典新增元素。

```
>>> dict = {'Tom': 23, 'Mary': 18, 'Jerry': 19}
>>> del dict['Jerry']
>>> dict
{'Tom': 23, 'Mary': 18}
```

♯可用 del 删除字典中的指定键。

```
>>> dict = {'Tom': 23, 'Mary': 18, 'Jerry': 19}
>>> len(dict)
3
```

♯可用 len 计算字典中的元素总数。

```
>>> dict = {'Tom': 23, 'Mary': 18, 'Jerry': 19}
>>> dict.keys()
dict_keys(['Tom', 'Mary', 'Jerry'])
```

♯keys 内置函数,返回字典的所有键的列表。

字典还有以下常用内置函数可用:

dict.clear()	♯删除字典内所有元素。
dict.copy()	♯返回一个字典的浅复制。
dict.fromkeys()	♯创建一个新字典,以序列 seq 中元素作为字典的键,val
	♯为字典所有键对应的初始值。
dict.get(key, default=None)	♯返回指定键的值,如果值不在字典中,则返
	♯回 default 值。
dict.items()	♯以列表返回可遍历的(键,值)元组数组。
dict.keys()	♯以列表返回一个字典所有的键。
dict.setdefault(key, default=None)	♯和 get()类似,字典无此键,将会添
	♯加键并设为 default。
dict.update(dict2)	♯把字典 dict2 的键/值对更新到 dict 里。
dict.values()	♯以列表返回字典中的所有值。

1.1.6 集合(Set)——我们的集合无悖论

提起数学意义上的集合,首先就会想到罗素悖论,罗素悖论的一个通俗化的等价例子,就是如下这个理发师悖论。

在某个城市中有一位理发师,他的广告词是这样写的:"本人的理发技艺十分高超,誉满全城。我将为本城所有不给自己刮脸的人刮脸,我也只给这些人刮脸。我对各位表示热诚欢迎!"来找他刮脸的人络绎不绝,自然都是那些不给自己刮脸的人。可是,有一天,这位理发师从镜子里看见自己的胡子长了,他本能地抓起了剃刀。他能不能给他自己刮脸呢? 如果他不给自己刮脸,他就属于"不给自己刮脸的人",他就要给自己刮脸;而如果他给自己刮脸了,他又属于"给自己刮脸的人",他就不该给自己刮脸。

但,今天我们要讲述的 Python 里的集合——Set,倒是不需要这样纠结的。因为它是在剪除了数学完全意义的集合之后,实现了一些集合基本的运行的数据类型。学过高等数学的读者,对这个 Set 的运算(交集、并集、差集等),应该是熟悉的。如果有不熟悉的读者,网上学习一下,基本的运算还是很容易理解的。

Python 集合(Set)是一个无序不重复元素的序列。可以使用大括号{ }或者 set()函数创建集合。注意:创建一个空集合必须用 set(),而不是{ },因为{ }是用来创建一个空字典的。

下面,通过示例代码来演示一下 Set 的基本操作:

```
>>> sa = {11, 22, 33}
>>> sb = {22, 44, 66}
>>> st = sa.intersection(sb)
>>> print(st)
{22}
```

\#intersection 方法,用来求交集。

```
>>> sa = {11, 22, 33}
>>> sb = {22, 44, 66}
>>> st = sa.union(sb)
>>> print(st)
{33, 66, 22, 11, 44}
```

\#union 方法,用来求并集。

```
>>> sc = {123, 456, 789}
>>> sc.discard(456)
>>> print(sc)
{123, 789}
```

\#discard 方法,用来删除集合中的元素。remove()、pop()方法也与之相似。

1.2 顺序、分支及循环语句

任何一种编程语言,都离不开顺序、循环、分支这三大类概念。理解这三种概念是学好一门编程语言的基础。如果我们观察并思考日常生活细节、公司办事流程、人生起落沉浮、观念变化无常、婚恋爱恨情仇、电影起承转合,就会发现这些规律进行的内在模式,大约也不离顺序、循环、分支这几个套路,"运用之妙,存乎一心"。

顺序:就是告诉计算机按顺序一个一个地执行。拿炒菜来说,先洗净铁锅,将锅放在燃气灶上,打开炉火,倒入调和油,烧热后,放入空心菜(笔者喜欢),加入盐,炒熟之后出锅,就是一个顺序执行的例子。

循环:就是告诉计算机重复执行某些动作,直到满足某种条件为止。老式烧水,就是一个循环的例子。将冷水盛到水壶里,点火烧水。每隔两分钟,看看水有没有沸腾;每隔两分钟,看看水有没有沸腾;每隔两分钟,看看水有没有沸腾……水沸腾了,关火,将水倒入暖水瓶。

分支:就是告诉计算机,在 A 情况下执行动作 1,在 B 情况下执行动作 2。进超市买抽纸,如果"清风"打折,就买"清风";如果"心相印"打折,就买"心相印";如果"维达"打折,就买"维达"。中年男人省钱过家家,就是一个活生生的分支的例子。

具体到 Python 这种语言,顺序就是默认实现依次往下的代码,循环主要有 for、while,分支主要就是 if elif else。下面一一介绍其主要知识点。

1.2.1 顺序编程——知所先后,则近道矣

上大学那会儿,曾自研过四书,《大学》名列四书之首,自认为进大学,读《大学》,乃大学生必做之事。开篇首句"大学之道,在明明德,在亲民,在止于至善。"这是笔者现在都还能记诵的原文。"知所先后,则近道矣。"这是《大学》中的另一句话。天地万物皆有本有末,凡事都有开始和终了,能够明白本末、终始的先后顺序,就能接近大学所讲的修己治人的道理了。

"知所先后,则近道矣。"——顺序很重要,一步一步向前,自然可以到达理想之国度。

顺序编程,可以说是人们最能接受的编程方式了。其代表的线性思考,流畅自然,万古如此。在 Python、node.js 语法里,很多程序员也会花费很多心思,将一些异步非线性的代码改造成类似同步的、线性呈现的代码。只因为流程化、瀑布式的思维,已根植于人类基因编码之中。

马克思把人类社会历史划分为依次更替的五种社会形态:原始社会、奴隶社会、封建社会、资本主义社会、共产主义社会(社会主义社会是它的第一阶段)。在佛教的时空观中,过去世、现在世、未来世,称为三世。在佛教成立的当初,释迦牟尼佛称为现在佛,在释迦牟尼佛以前的一切佛称为过去佛,在释迦牟尼佛以后成佛的称为未来佛。这些思想里,都呈现出了典型的线性顺序思考模式。

下面就献上一段 Python 的顺序执行代码文件,通过比照输入和输出,顺序执行应该是最容易理解的。

对于顺序编程,也可以这样说:没有流程控制的语句,就是顺序语句。

在很多编程的书籍里,顺序编程都不会专门讲解。"日用而不自知""自然得太自然,无须解释",这些都是程序员的大忌。"keep curiosity, keep exploration",才应该是我们追求的目标。

这类和项目无关的练习代码,我们会单独地放在一个Github目录中。但我们提倡读者自己亲自实践,在自己的计算机上手打输入,加深学习的印象。

https://github.com/aguncn/django-python-auto-deploy-book/blob/master/ch1/ch1-1.py

```
01  # coding = utf-8
02
03  # 演示Python顺序编程
04
05  print('大学之道,在明明德,在亲民,在止于至善。')
06
07  a = 43
08  print(a)
09  b = 'skr skr skr'
10  c = ('cake', 'icecream', 'wine')
11  print(b, c)
12  d = ['Nicholas', 'Jay', 'Harlem', 'LiJian']
13  e = {'name':'RICH', 'age': 2}
14  print(d, e)
15
16  print('知所先后,则近道矣')
```

编辑好此文件,保存为ch1-1.py文件,然后,可以在Windows命令行中运行此段代码:

```
Python ch1-1.py
```

输出如下:

```
大学之道,在明明德,在亲民,在止于至善。
43
skr skr skr ('cake', 'icecream', 'wine')
['Nicholas', 'Jay', 'Harlem', 'LiJian'] {'name': 'RICH', 'age': 2}
知所先后,则近道矣
```

当然,也可以使用附录1中讲的IDEL或是Pycharm打开此文件,然后运行它。结果都应该是一样的。

1.2.2　分支语句——《交叉小径的花园》

《交叉小径的花园》是阿根廷作家博尔赫斯创作的一部带有科幻色彩的小说。博尔赫斯用小径分岔的花园造了一座迷宫。小说其实写的是两个故事,但博尔赫斯却把它们巧妙地糅合在了一起。文章的主线是：主人公是个间谍，正被人追杀，他要把他所知道的秘密报告给他的头头，然后文章的大部分内容都在讲他与一名汉学博士讨论关于迷宫与时空的哲学。本来汉学博士是与本故事无关的，但他们讨论到：在小径分岔的花园里，我们在这一刻相遇是朋友，下一刻相遇就是敌人，无数的时刻有无数的你我，我们以何种方式相遇是很不确定的。

Python 中的分支选择语句，细细思量一下，不正如《交叉小径的花园》一样吗？当计算机代码运行到选择结构时，会判断条件的 True/False，根据条件判断的结果，选择对应的分支继续执行，如图 1-4 所示。

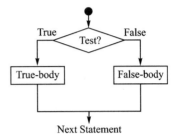

图 1-4 分支选择模型图

图 1-4 只是一个单分支 if...else 的结构图示。在 Python 中，还有多分支 if...elif...elif...else 结构。此外，Python 中还有一个 if...in...语句，来判断一个元素是否在指定集合的内部。下面分别演示。

https://github.com/aguncn/django-python-auto-deploy-book/blob/master/ch1/ch1-2.py

```
01  # coding = utf-8
02
03  # 演示 Python 选择分支编程
04
05  a = 100
06  b = 110
07  if a == b:
08      print('true')
09  else:
10      print('false')
11
12  a = 12
13  b = 23
14  if a > b:
15      print('apple')
16  elif a < b:
17      print('banana')
18  else:
19      print('equal')
20
21  a = ['Nicholas', 'Jay', 'Harlem', 'LiJian']
22  if 'Jay' in a:
23      print('Jay is in the list')
24  else:
25      print('Jay is not in the list')
```

编辑好此文件,保存为 ch1-2.py 文件,然后,可以在 Windows 命令行中运行此段代码:

Python ch1-2.py

输出如下:

false
banana
Jay is in the list

1.2.3 循环——《恐怖游轮》

《恐怖游轮》是一部彻头彻尾的循环电影,兼具惊悚。电影的开头,女主同朋友出海游玩,发现一艘漂泊在海上的游轮,在游轮上他们遭到了枪击,同伴都被打死,女主在不断努力下最终反杀凶手,但却惊奇地发现凶手竟然就是自己。她为何再次循环,而又为何要来杀死之前的自己和同伴呢?

将此电影名放在这里作为副标题,贴切合适,吸睛且能加深记忆。学习计算机不就是这样吗? 不断地重复学习,每次都有未知的神秘感和刺激感。

而 Python 中的循环语句和电影中的循环题材,也是可以类比的:一次次重复相同的际遇,但每次都有一点点的不同。和电影不一样的是,在影片中,主角很有可能陷入万劫不复的永世轮回,跳不出三生三世的循环。而计算机程序,很少会是死循环,一般都会有一个满足循环退出的条件,如图 1-5 所示。

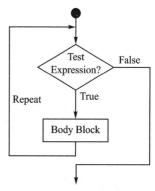

图 1-5 循环模型图

Python 的循环有两种,一种是 for...in 循环,它可以依次把列表、元组或字典中的每个元素迭代出来;另一种是 while 循环,只要条件满足,就不断循环,条件不满足时退出循环。比如要输出一个列表里的每一个元素,可以用 for...in 循环实现。比如要计算 1 000 以内所有偶数之和,可以用 while 循环实现。这两种循环的代码示例如下:

https://github.com/aguncn/django-python-auto-deploy-book/blob/master/ch1/ch1-3.py

```
01  # coding=utf-8
02
03  # 演示 Python 循环编程
04
05  a = ['Nicholas', 'Jay', 'Harlem', 'LiJian']
06  for item in a:
```

```
07      print(item)
08
09
10  n = 1
11  sum = 0
12  while n <1000:
13      if n % 2 == 0:
14          sum + = n
15      n + = 1
16  print(sum)
```

编辑好此文件，保存为 ch1-3.py 文件，然后，可以在 Windows 命令行中运行此段代码：

Python ch1-3.py

输出如下：

Nicholas
Jay
Harlem
LiJian
249500

Python 循环中，还有两个关键字：break 和 continue。break 的意思为结束循环，执行循环之后的代码。continue 的意思为结束当前循环，执行下一轮循环。此处不再演示。熟悉的朋友，可以跳过不理；不熟悉的朋友，可以再去网上搜索几篇这方面的专题进行操练。

1.3 函数和类

函数和类是撑起程序代码的主要骨架，对于市面的主要编程语言，这个规则都是适用的。一个学代码的工程师，就算是知道再多的算法，熟悉每一个数据类型，但如果不能理解函数和类，是看不懂程序代码的。所以，这个知识点，读者需要重点掌握。当然，再次重申，本书并不是一本专门介绍 Python 基础编程知识的书，我们假定读者已了解 Python 的基础语法，看过一些相关书籍，所以不会在这里事无巨细地讲述所有函数和类的知识点，而只会讲述函数和类的常用方法（读者在网上搜索一下便知。Python 的函数和类，都有不少书专门讲解）。

1.3.1 函数——好莱坞原则

函数是组织好的、可重复使用的、用来实现单一或相关联功能的代码段。它能提高应用的模块性和代码的重复利用率。

可以将函数设计思路和著名的"好莱坞原则(Hollywood Principle,HP)"做类比,必能加深理解。在世界电影中心,美国西海岸加州的好莱坞,那些大牌明星的经纪人一般都很忙,他们不想被打扰,往往会说:"Don't call me, I'll call you."翻译为:"不要联系我,我会联系你。"这就是我们所言的好莱坞原则。

好莱坞原则一般在软件工程的设计模式之中,和依赖注入的讲解结合得比较紧密,即告诉开发者不要主动去构建依赖对象,而是在需要的时候依赖注入容器把对象提供过来。用在这里,是用其另一层含义,即当一个基本函数定义好之后,它总会被其他代码调用(函数之间,当然可以形成调用链,这里的基本函数,指的是不会再调用其他函数的函数)。

Python 提供了许多内建函数,比如 print()、len()、del()。但也可以自己创建函数,这被叫作用户自定义函数。以下是自定义函数的简单规则:

- 函数代码块以 def 关键词开头,后接函数标识符名称和圆括号()。
- 任何传入参数和自变量都必须放在圆括号中间,圆括号之间可以用于定义参数。
- 函数的第一行语句可以选择性地使用文档字符串——用于存放函数说明。
- 函数内容以冒号起始,并且缩进。
- return[表达式]结束函数,选择性地返回一个值给调用方。不带表达式的 return 相当于返回 None。

https://github.com/aguncn/django-python-auto-deploy-book/blob/master/ch1/ch1-4.py

```
01    # coding = utf-8
02
03    # 演示 Python 基本函数,计算一个数字的 n 次方,n 默认为 2
04
05
06    def involution(x,n = 2):
07        s = 1
08        while n > 0:
09            n = n - 1
10            s = s * x
11        return s
12
13    print(involution(16))
14    print(involution(7,3))
```

编辑好此文件,保存为 ch1-4.py 文件,然后,可以在 Windows 命令行中运行此段代码:

Python ch1-4.py

输出如下:

256

343

在 Python 中定义一个函数,可以用必选参数、默认参数、可变参数、关键字参数和命名关键字参数,这 5 种参数都可以组合使用。但是请注意,参数定义的顺序必须是:必选参数、默认参数、可变参数、命名关键字参数和关键字参数。

上面,演示了必选参数和默认参数。接下来,说说可变参数和关键字参数。

定义可变参数和定义一个 list 或 tuple 参数相比,仅仅在参数前面加了一个"*"号。在函数内部,参数 numbers 接收到的是一个 tuple,因此,函数代码完全不变。但是,调用该函数时,可以传入任意个参数,包括 0 个参数。而关键字参数允许传入 0 个或任意个含参数名的参数,这些关键字参数在函数内部自动组装为一个 dict,它在参数前面加"**"符号。下面,举一个用到了两者的示例。

https://github.com/aguncn/django-python-auto-deploy-book/blob/master/ch1/ch1-5.py

```
01  # coding=utf-8
02
03  # 演示 Python 可变参数(*)和关键字参数(**)
04
05  def calc(*numbers):
06      sum = 0
07      for n in numbers:
08          sum = sum + n * n
09      return sum
10
11  print(calc(1, 2))
12  print(calc())
13
14  def person(name, age, **kw):
15      print('name:', name, 'age:', age, 'other:', kw)
16
17  person('Michael', 30)
18  person('Adam', 45, gender='M', job='Engineer')
```

编辑好此文件,保存为 ch1-5.py 文件,然后,可以在 Windows 命令行中运行此段代码:

Python ch1-5.py

输出如下:

5

0

```
name: Michael age: 30 other: {}
name: Adam age: 45 other: {'gender': 'M', 'job': 'Engineer'}
```

看了上面这个示例,以后再写 Django 时遇到 def get(self, request, * args, **kwargs)这样的函数定义,相信读者不会懵圈了吧。

1.3.2 类——有没有对象,都累

网上有一个笑话,是这样的:

面试官:"熟悉哪种语言?"应聘者:"Python。"

面试官:"知道什么叫类么?"应聘者:"我这人实在,工作努力,不知道什么叫累。"

面试官:"知道什么是继承么?"应聘者:"我是孤儿,没什么可以继承的。"

面试官:"知道什么叫对象么?"应聘者:"知道,不过我工作努力,上进心强,暂时还没有打算找对象。请问这和 Python 有什么关系?"

上面的调侃,实是外行对编程行话的错误理解。真正编程领域的面向对象编程,已是 IT 界的主流,每一个有志学习编程的同行,对于面向对象的理解程度,都是决定程序员水平高低的重要依据,所以各大公司招聘程序员时,肯定会有涉及到面向对象编程的面试题。

类(Class)官方给出的解释是用来描述具有相同的属性和方法的对象的集合。它定义了该集合中每个对象所共有的属性和方法。对象是类的实例。

公认的类有三大特性:封装、继承、多类。封装是指类将本来松散的变量定义和函数定义,根据操作对象的相似性,集合在了一起,方便了使用、维护、重构。继承,可以让 Python 的功能以叠加的方式实现,既体现了类的层次关系,实现子类的新功能,也可以复用父类的代码和功能。Python 中的多态和 Java 以及 C++中的多态有点不同,Python 中的变量是动态类型的,在定义时不用指明其类型,它会根据需要在运行时确定变量的类型。

下面通过几个示例代码,来了解 Python 的类和对象的基本用法。

https://github.com/aguncn/django-python-auto-deploy-book/blob/master/ch1/ch1-6.py

```
01  # coding = utf-8
02
03  # 演示 Python 类的初始化,实例化
04
05  class Person:
06      def __init__(self, name, location):
07          self.name = name
08          self.location = location
09
10      def get_info(self):
11          print("person's name is {} at {}".format(self.name, self.location))
```

```
12
13   person1 = Person("Mike","London")
14   person2 = Person("XiaoMin","Shanghai")
15   person1.get_info()
16   person2.get_info()
```

代码解释：

第 6～8 行：使用构造方法 __init__，实例化了两个变量 self.name 和 self.name。

第 10～12 行：使用 get_info()方法，输出这两个变量信息。

第 13～14 行：实例化两个类变量 person 1 和 person 2。

第 15～16 行：调用类实例中的 get_info()方法，输出各自实例的信息。

编辑好此文件，保存为 ch1-6.py 文件，然后，可以在 Windows 命令行中运行此段代码：

Python ch1-6.py

输出如下：

person's name is Mike at London
person's name is XiaoMin at Shanghai

https://github.com/aguncn/django-python-auto-deploy-book/blob/master/ch1/ch1-7.py

```
01   # coding = utf-8
02
03   # 演示 Python 类的继承
04
05   class Person:
06       def __init__(self, name, location):
07           self.name = name
08           self.location = location
09
10       def get_info(self):
11           print("person's name is {} at {}.".format(self.name, self.location))
12
13   class Student(Person):
14       def __init__(self, name, location, age):
15           super().__init__(name, location)
16           self.age = age
17
18       def get_info(self):
19           print("student's name is {} at {}, age is {}."
20                 .format(self.name, self.location, self.age))
21
```

```
22    person1 = Person("Mike","London")
23    person2 = Person("XiaoMin","Shanghai")
24    person1.get_info()
25    person2.get_info()
26
27    student1 = Student("Tom","Beijing", "16")
28    student2 = Student("Jerry","Guangdong", "18")
29    student1.get_info()
30    student2.get_info()
```

代码解释:

第13~20行:Student类继承自Person类,初始化方法实现了继承,也复写了get_info()方法。

编辑好此文件,保存为ch1-7.py文件,然后,可以在Windows命令行中运行此段代码:

Python ch1-7.py

输出如下:

person's name is Mike at London.

person's name is XiaoMin at Shanghai.

student's name is Tom at Beijing, age is 16.

student's name is Jerry at Guangdong, age is 18.

当然,Python类中还有其他高级功能,这里没有涉及,比如,@property、@classmethod、@staticmethod这些装饰器的用法等,希望读者在以后的工作和学习中逐步学会。

关于类的功能和作用,有必要多讲几句。

在本章的前几节中讲过"数据结构和算法"是如何切入到Python数据类型中的。现在,讲讲Python的类是如何与"设计模式"挂勾的。在软件工程中,设计模式是为了解决面向对象系统中重要和重复的设计封装在一起的一种代码实现框架,可以使得代码更加易于扩展和调用。它一般是软件设计问题的推荐方案。其重点是描述如何组织代码和使用最佳实践来解决常见的设计问题。需谨记在心的一点是:设计模式是高层次的方案,并不关注具体的实现细节,比如算法和数据结构。对于正在尝试解决的问题,何种算法和数据结构最优,则由软件工程师自己把握。

而设计模式在落地实践中,都是与各种编程语言中的类或函数结合来达成目标的。

Python的相关书籍中,一般会将设计模式分为三个大类:创建型、结构型、行为型。而每一个大类里,又分为很多具体的模式,如工厂模式、适配器模式、代理模式、观察者模式等。读者如果学习过这些内容,就会发现它们一般都是在讲类与类如何有效地联结在一起；如何在合适的时间进行类的实例化；对象之间如何传递参数，形成一个特定的模式。

所以，Python 的类的知识点，如果掌握不好，设计模式肯定是会受影响的。至于如何能精通设计模式，单靠练习是不够的。只有不断地接触不同类型的应用，写不同的代码，眼界宽了，应用场景遇到得多了，才会理解不同的设计模式的用武之地。

1.4 并发编程

在讲 Python 的并发编程之前，需要厘清几个概念：进程、线程及它们之间的区别。

1. 进　程

以一个整体的形式暴露给操作系统管理，里面包含对各种资源的调用、内存对各种资源管理的集合，这就可以称为进程。进程要操作 CPU，必须要先创建一个线程。一个进程可以并发多个线程，每条线程执行不同的任务。启动一个进程的时候，会自动启动一个主线程。

2. 线　程

线程是操作系统最小的调度单位，是一串指令的集合，所有在同一个进程里的线程是共享同一块内存空间的。进程里的第一个线程就是主线程。启动线程比启动进程快。

3. 进程与线程的区别

进程间的内存是独立的。父进程创建子进程，子进程只是克隆一份父进程。一个进程里的线程是共享同一块内存空间的。启动线程比启动进程快。同一个进程的线程之间可以直接交流，两个进程想通信，必须通过一个中间代理来实现。创建新线程很简单，而创建新进程则需要对其父进程进行一次克隆，一个线程可以控制和操作同一进程里的其他线程，但是进程只能操作子进程。

笔者个人理解两者之间的区别在于：进程是面向操作系统的，而线程是面向 CPU 的。

Python 支持的并发分为多线程并发与多进程并发。从概念上来说，多进程并发即运行多个独立的程序，优势在于并发处理的任务都由操作系统管理，不足之处在于程序与各进程之间的通信和数据共享不方便；多线程并发则由程序员管理并发处理的任务，这种并发方式可以方便地在线程间共享数据。Python 对多线程和多进程的支持都比一般编程语言更高级，最小化了需要我们完成的工作量。

1.4.1 进程池示例——《低俗小说》

昆汀·塔伦蒂诺导演的那部影片《低俗小说》，在 Imdb Top 250 里，就没跌出过

10名以外。其开创性的格局和叙事手法,巧妙融合了暴力美学、人性与社会意识,对惯常思维进行重新解构,使其获得了前所未有的赞誉。如果你看过,那么就会知道这部电影的多线叙事技巧和Python并发编程的模型不谋而合。几条不同叙事线平行进行,偶尔还有剧情同步信号,看过让人大呼过瘾!该片也让布鲁斯·威利的电影事业进入第二个巅峰状态。有空看看吧,或许回过头来再学Python的并发编程,会有更通透的感觉呢。

  Python标准库为我们提供了threading和multiprocessing模块以编写相应的多线程/多进程代码,但是当项目达到一定的规模,频繁创建/销毁进程或者线程是非常消耗资源的,这个时候就要编写自己的线程池/进程池,以空间换时间。但从Python 3.2开始,标准库为我们提供了concurrent.futures模块,它提供了ThreadPoolExecutor和ProcessPoolExecutor两个类,实现了对threading和multiprocessing的进一步抽象,对编写线程池/进程池提供了直接的支持。

  下面用一个简单的示例,来了解一下Python的多进程编程。

https://github.com/aguncn/django-python-auto-deploy-book/blob/master/ch1/ch1-8.py

```
01  # coding = utf-8
02
03  # 演示Python类的多进程
04  from concurrent.futures import ProcessPoolExecutor
05
06  URLS = ['http://www.163.com',
07          'https://www.baidu.com/',
08          'https://github.com/',
09          'http://www.sohu.com',]
10  def load_url(url):
11      print('{} page is show.'.format(url))
12
13  executor = ProcessPoolExecutor(max_workers = 3)
14
15  if __name__ == '__main__':
16
17      for url in URLS:
18          future = executor.submit(load_url,url)
19      print('主线程')
```

代码解释:

第13行:构造一个进程线对象。

第17~18行:使用submit方法来往进程池中加入一个task,submit返回一个future对象,对于future对象可以简单地理解为一个在未来完成的操作。由于进程池异步提交了任务,主线程并不会等待进程池里创建的进程执行完毕,所以执行了

print('主线程').

编辑好此文件,保存为 ch1-8.py 文件。注意,这程序不能在 Windows 的 IDEL 里直接用 F5 运行,需要切换到命令行,在代码所在的目标运行如下命令:

python ch1-8.py

输出如下:

主线程
http://www.163.com page is show.
https://www.baidu.com/ page is show.
https://github.com/ page is show.
http://www.sohu.com page is show.

1.4.2 线程池示例

读者看下面的代码,会发现它几乎和 ch1-8 的代码一模一样,只是将导入模块从 ProcessPoolExecutor 切换到了 ThreadPoolExecutor。这说明 Python 的开发者已尽最大努力,将并发编程代码的一致性做到了近乎极致!

https://github.com/aguncn/django-python-auto-deploy-book/blob/master/ch1/ch1-9.py

```
01  # coding = utf-8
02
03  # 演示 Python 类的多线程
04  from concurrent.futures import ThreadPoolExecutor
05
06  URLS = ['http://www.163.com',
07          'https://www.baidu.com/',
08          'https://github.com/',
09          'http://www.sohu.com',]
10  def load_url(url):
11      print('{} page is show.'.format(url))
12
13  executor = ThreadPoolExecutor(max_workers = 3)
14
15  if __name__ == '__main__':
16
17      for url in URLS:
18          future = executor.submit(load_url,url)
19      print('主线程')
```

代码解释:

第 13 行:构造一个线程线对象。

编辑好此文件,保存为 ch1-9.py 文件。注意,这程序不能在 Windows 的 IDEL 里直接用 F5 运行,需要切换到命令行,在代码所在的目标运行如下命令:

```
python ch1-9.py
```

由于是同属于一个进程的线程,所以 print(主线程)随系统调用时间的不同,出现的顺序也不定。输出如下:

http://www.163.com page is show.
https://www.baidu.com/ page is show.
https://github.com/ page is show.
主线程
http://www.sohu.com page is show.

Python 的并发编程,这里只介绍了冰山的一角,更多的知识,需要大家平时不断地练习和积累。

除了上面这个简单的多进程、多线程示例之外,Python 的并发知识还有 GIL、多进程及线程各自适用的场景,并发之间的同步信号及锁机制、yield 协程等。

在自动化发布平台中,在向很多 salt minion 客户端推送操作命令时,也会用到并发技术。由于这里是属于 IO 应用型,所以会选择用前面介绍的线程池技术来实现。

1.5 模块化

在计算机程序的开发过程中,随着程序代码越写越多,在一个文件里代码就会越来越长,越来越不容易维护。

为了编写可维护的代码,我们把很多函数分组,分别放到不同的文件里,这样,每个文件包含的代码就相对较少,很多编程语言都采用这种组织代码的方式。在 Python 中,一个 .py 文件就称为一个模块(module)。

使用模块有什么好处呢?

最大的好处首先是大大提高了代码的可维护性;其次,编写代码不必从零开始。当一个模块编写完毕时,就可以被其他地方引用。我们在编写程序的时候,也经常引用其他模块,包括 Python 内置的模块和来自第三方的模块。

使用模块还可以避免函数名和变量名冲突。相同名字的函数和变量完全可以分别存放在不同的模块中,因此,我们自己在编写模块时,不必考虑名字会与其他模块冲突。但是也要注意,尽量不要与内置函数名字冲突。

下面通过示例,来了解一下 Python 中模块的使用。

https://github.com/aguncn/django-python-auto-deploy-book/blob/master/ch1/moduleA.py

```
01  # coding = utf-8
02
03  # 演示 Python 的模块导入
04
```

```
05    def say(message = 'world'):
06        print('hello, {}'.format(message))
```

将此文件保存在 moduleA.py 文件中。

https://github.com/aguncn/django-python-auto-deploy-book/blob/master/ch1/ch1-10.py

```
01    # coding = utf - 8
02
03    # 演示 Python 的模块导入
04
05    import moduleA
06
07    moduleA.say()
08    moduleA.say("python")
```

将此文件保存在与 moduleA.py 同一目录的 ch1-10.py 文件中。

可以看到,在 ch1-10.py 文件中,导入了前面写好的 moduleA 模块。然后,调用了两次 moduleA 中的方法,一次使用了默认的 message 参数,另一次使用了自定义的 message 参数。输出如下:

```
hello, world
hello, python
```

内置模块的使用,在日常 Python 开发中扮演着很重要的角色。除了 Python 的语法之外,内置模块就是我们主要的学习对象。其实,前面已学习了一些模块的知识了,只是没有专门抽取出知识点而已。如前面代码中的 import math, from concurrent.futures import ThreadPoolExecutor 这些语句,都是导入了系统内置的模块,快速地生成我们所需要的功能。除了以上这两个,datetime、os、sys、shutil、json、random、logging、re 等都是经常会用到的模块,用来快速解决在时间处理、系统属性、文件读/写、json 序列化、随机数、日志正则方面遇到的问题。

下面以几个示例演示一下模块的导入与使用。真正工作当中用到的模块,只要看官方文档及网上的示例,就可以快速掌握。

```
>>> from datetime import datetime, timedelta
>>> datetime.now()  # 获取当前时间
datetime.datetime(2018, 9, 5, 21, 50, 20, 266696)
>>> datetime.now() + timedelta(hours = 4)  # 获取当前时间加 4 小时之后的时间
datetime.datetime(2018, 9, 6, 1, 51, 23, 113291)
>>> a = datetime.now()
>>> print(a.year)  # 获取年
2018
>>> print(a.month)  # 获取月
9
```

```
>>> print(a.day)  # 获取日
5
```

datetime 模板,用来处理日期及时间。Python 还有另一个关于时间日期的模块:time。这两个模块的侧重点不同,time 更加侧重于 Linux 时间戳。

```
>>> import random
>>> print(random.randrange(1, 10))
2
```

random 模块主要用来生成随机数。

```
>>> import os
>>> print(os.getcwd)
<built-in function getcwd>
>>> print(os.getcwd())
D:\book-code\ch1
>>> os.mkdir('test_dir')
>>> print(os.listdir())
['ch1-1.py', 'ch1-10.py', 'ch1-2.py', 'ch1-3.py', 'ch1-4.py', 'ch1-5.py', 'ch1-6.py', 'ch1-7.py', 'ch1-8.py', 'ch1-9.py', 'mathfunc.py', 'moduleA.py', 'moduleMock.py', 'test_dir', 'test_mathfunc.py', 'test_mock.py', '__pycache__']
>>> print(os.path.isfile('ch1-1.py'))
True
```

os 模块主要是用来进行一些系统操作,其中因 Windows 和 Linux 的不同,会呈现一些差异。如果从事运维的读者做日常脚本的处理,os 和 shuitl 这两个模块的使用应该是必不可少的。

你也许还想到,如果不同的人编写的模块名相同怎么办? 为了避免模块名冲突,Python 又引入了按目录来组织模块的方法,称为包(package)。而我们经常使用的一些第三方模块,就是按包的形式组织的。之前,我们一直用 pip 来进行安装;而现在,官网建议可以用 pipenv 这个包来进行虚拟 Python 及第三方软件包的管理。这个 pipenv 的安装配置,已在附录 1 中进行了详细讲解,这里不再赘述。

如果没有安装这个包而使用一个第三方包时,会报如下错误:

```
>>> import requests
Traceback (most recent call last):
  File "<pyshell#12>", line 1, in <module>
    import requests
ModuleNotFoundError: No module named 'requests'
```

此时,使用 pip install requests(非 pipenv 管理的 Python 环境)或是 pipenv install requests(pipenv 管理的虚拟环境)之后,就可以使用这个模块来进行网络请

求了。

请注意,每一个包目录下面都会有一个__init__.py的文件,这个文件是必须存在的,否则,Python就把这个目录当成普通目录,而不是一个包。__init__.py可以是空文件,也可以有Python代码,因为__init__.py本身就是一个模块。

1.6 测 试

测试,作为软件开发中必需的流程,是软件质量保证最重要的手段,它本身就是一个分工很强的专业工种。在国内,规模小一些的公司,可能对测试的重视程度没那么高,为了加快企业产品的上线迭代,开发、测试、上线、运维,可能都由同一个团队甚至是同一个人负责。一旦公司规模做大,独立的软件测试部门、独立的测试人员配备就是必不可少的了,测试人员也有可能换上一个更高端的名字——QE(Quality Engineer,质量保证工程师)。

测试,也是一个有点让外行甚至是专业人员时时感到模糊的领域。这主要体现在两个方面:

① 测试术语众多,如单元测试、集成测试、接口测试、自动化测试、人工测试、UI测试、服务测试、用户接受度测试、冒烟测试、回归测试等,不一而足;而这些术语中,有的是关于技术的(如单元测试),有的是关于测试本身业务的(如冒烟测试、回归测试),有的是关于测试场景的(如集成测试、接口测试、UI测试)。所以,这些术语并没有体现正交性,真正有志于此的读者,还需要自行梳理测试体系。

② 测试本身的工作,在开发、测试、运维、产品、运营之间会相互渗透。需要解决以下问题:开发的同时需不需要写测试,写哪些测试? 运维人员要不要对服务应用的正常启动做必要的测试? 产品和运营需不需要对软件产品做必要的验收测试? 公司专业测试部门的最终使命是什么? 如果软件不能做到百分之百消灭bug,那谁会背bug的锅? 如何立体全方位地保证软件产品的品质?

当然,本书的大部分读者并不是专门从事测试的技术人员,所以,我们只会集中讲述对于开发人员来说最重要的测试——单元测试,它是指对软件中的最小可测试单元(一个模块、一个函数或者一个类)进行检查和验证。因为IT领域的共识就是:单元测试,是一种白盒测试,必须由软件的开发人员进行;而其他形形色色的测试,则可以归于黑盒测试,因为接口测试、集成测试等,本质上都是一种对软件代码不可见的、基于功能或用户场景的测试。所以,单元测试是掌握每种编程语言必学的课题,是保护开发者的强力护盾,每个程序员都要在时间允许的情况下尽可能多地写单元测试。限于本书课题,笔者不会提Python的doctest,或是Python中其他专业的测试框架nose、pytest,而只会讲述Python写单元中大多数都会用到的unittest和mock。

Python单元测试(unittest)中最核心的四个概念是:test case、test suite、test

runner、test fixture。图1-6展示了Python的unittest的类之间的调用关系。

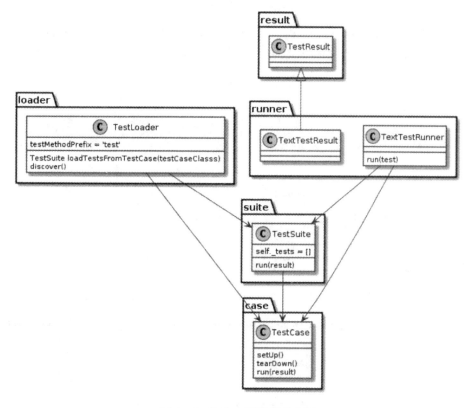

图1-6 Python测试类关系图

- 一个TestCase的实例就是一个测试用例。什么是测试用例呢？就是一个完整的测试流程，包括测试前准备环境的搭建(setUp)、执行测试代码(run)，以及测试后环境的还原(tearDown)。单元测试的本质也就在这里，一个测试用例是一个完整的测试单元，通过运行这个测试单元，可以对某一个问题进行验证。
- 而多个测试用例集合在一起，就是TestSuite，而且TestSuite也可以嵌套TestSuite。
- TestLoader是用来加载TestCase到TestSuite中的，其中有几个loadTestsFrom__()方法，就是从各个地方寻找TestCase，创建它们的实例，然后添加到TestSuite中，再返回一个TestSuite实例。
- TextTestRunner是来执行测试用例的，其中的run(test)会执行TestSuite/TestCase中的run(result)方法。

测试的结果会保存到TextTestResult实例中，包括运行了多少测试用例、成功了多少、失败了多少等信息。

● 而对一个测试用例环境的搭建和销毁,是一个 fixture。
下面,展示一下 Python 的 unittest 的基本用法:

https://github.com/aguncn/django-python-auto-deploy-book/blob/master/ch1/mathfunc.py

```
01   # 测试 Python 的 unittest 模块
02
03   def add(a, b):
04       return a + b
05
06   def minus(a, b):
07       return a - b
08
09   def multi(a, b):
10       return a * b
11
12   def divide(a, b):
13       return a/b
```

将此文件保存在 mathfunc.py 文件中。

https://github.com/aguncn/django-python-auto-deploy-book/blob/master/ch1/test_mathfunc.py

```
01   import unittest
02   from mathfunc import *
03
04   # 测试 Python 的 unittest 模块
05   class TestMathFunc(unittest.TestCase):
06       """Test mathfuc.py"""
07
08       def test_add(self):
09           """Test method add(a, b)"""
10           self.assertEqual(3, add(1, 2))
11           self.assertNotEqual(3, add(2, 2))
12
13       def test_minus(self):
14           """Test method minus(a, b)"""
15           self.assertEqual(1, minus(3, 2))
16
17       def test_multi(self):
18           """Test method multi(a, b)"""
19           self.assertEqual(6, multi(2, 3))
20
21       def test_divide(self):
```

```
22              """Test method divide(a, b)"""
23              self.assertEqual(2, divide(6, 3))
24              self.assertEqual(2.5, divide(5, 2))
25
26     if __name__ == '__main__':
27         unittest.main()
```

将此文件保存在与 mathfunc.py 同一目录的 test_mathfunc.py 文件中。然后，可以在 Windows 命令行中运行此段代码。

Python test_mathfunc.py

输出如下：

....

Ran 4 tests in 0.057s

OK

注意，如果这个测试在 Python 2 版本下，是会有一个测试用例出错的。就是 5/2，会取整得到 2；而在 Python 3 下，这个测试则完全没有问题，因为它会自动进行转换。

下面，讲讲 Python 中的 mock 测试。

为什么要使用 mock？

场景模拟 1：比如有 A 和 B 两个模块，A 模块中有调用到 B 模块的方法，但是很不幸，B 模块中被 A 模块调用的方法由于一定的原因需要被修改，然而我们又不想影响 A 模块的功能测试，所以就用到了单元测试模块 unittest 中的 mock 模块；mock 模块就是模拟出一个假的 B 模块。

场景模拟 2：有时需要为单元测试的初始设置准备一些其他的资源，但是这些资源又不太经常使用或者是使用起来比较笨拙，此时就可以定义一个 mock 对象来模拟一个需要使用的资源；mock 对象用于代替测试的准备资源。

下面用两个类的测试，来说明 mock 的基本用法：

https://github.com/aguncn/django-python-auto-deploy-book/blob/master/ch1/moduleMock.py

```
01   # 测试 Python mock
02
03   class AddSum():
04
05       # 函数没实现
06       def sum(self):
07           pass
```

```
08
09    class Computer:
10        def __init__(self):
11            self.__price = 5000
12
13        def get_name(self, brand):
14            return brand
15
16        def get_price(self):
17            return self.__price     return a/b
```

将此文件保存在 moduleMock.py 文件中。

https://github.com/aguncn/django-python-auto-deploy-book/blob/master/ch1/test_mock.py

```
01    # 测试 Python mock
02
03    from unittest import mock
04    import unittest
05
06    from moduleMock import AddSum, Computer
07
08    class TestCount(unittest.TestCase):
09
10        def test_add(self):
11            addsum = AddSum()
12            # add 函数没开始写时,可以先 mock 一个值
13            addsum.sum = mock.Mock(return_value=13)
14            result = addsum.sum(8,5)
15            self.assertEqual(result,13)
16
17
18    class PersonTest(unittest.TestCase):
19        def test_should_get_price(self):
20            pc = Computer()
21
22            # 不 mock 时,get_price 应该返回 5000
23            self.assertEqual(pc.get_price(), 5000)
24
25            # mock 掉 get_price 方法,让它返回 2000
26            pc.get_price = mock.Mock(return_value=2000)
27            self.assertEqual(pc.get_price(), 2000)
28
```

```
29
30    if __name__ == '__main__':
31        unittest.main()
```

将此文件保存在与 moduleMock.py 同一目录的 test_mock.py 文件中。然后，可以在 Windows 命令行中运行此段代码。

Python test_mathfunc.py

输出显示测试通过：

..

Ran 2 tests in 0.059s

OK

以上的 mock，还只是针对代码内的对象之间调用的测试。如果我们的代码调用了其他非 Python 的服务，甚至是互联网上的资源，而其他服务资源还没有开发好，或是公司内网不能访问互联网，怎么办呢？

此时，可以使用一些第三方的 Mock Server 或是 Httpmock 这样的模块，自己实现一些模拟的返回值。这样一来，我们开发代码的进度，就不会强制依赖于其他服务的开发进度了。

1.7 小 结

本章有针对性地讲解了 Python 的基础语法知识，希望读者能结合附录中的 Python 环境搭建知识，在自己的计算机上练一练。动动手，就能把知识点更容易地记住。

本章所讲的类型都是比较单一的应用，在实际编程中，往往要结合几个数据类型一起来应用，才能达到实际的工作目的。

有了这些积累以后，下一章，我们将进军 Django，掌握好 Django 的 Web 开发能力，是我们能做自己的软件发布平台的另一个知识台阶。

在结束本章之前，让我们了解一下"Python 之禅"吧（在 IDEL 里，导入即可）。

The Zen of Python(Python 之禅), by Tim Peters
Beautiful is better than ugly.

♯ 优美胜于丑陋。（Python 以编写优美的代码为目标。）

Explicit is better than implicit.

♯ 明了胜于晦涩。（优美的代码应当是明了的，命名规范，风格相似。）

Simple is better than complex.

♯简洁胜于复杂。(优美的代码应当是简洁的,不要有复杂的内部实现。)

Complex is better than complicated.

♯复杂胜于凌乱。(如果复杂不可避免,那代码间也不能有难懂的关系,要保持接口简洁。)

Flat is better than nested.

♯扁平胜于嵌套。(优美的代码应当是扁平的,不能有太多的嵌套。)

Sparse is better than dense.

♯间隔胜于紧凑。(优美的代码有适当的间隔,不要奢望一行代码解决问题。)

Readability counts.

♯可读性很重要。(优美的代码是可读的。)

Special cases aren't special enough to break the rules.
Although practicality beats purity.

♯即便假借特例的实用性之名,也不可违背这些规则。(这些规则至高无上。)

Errors should never pass silently.
Unless explicitly silenced.

♯不要包容所有错误,除非你确定需要这样做。(精准地捕获异常,不写 except:pass 风格的代码。)

In the face of ambiguity, refuse the temptation to guess.

♯当存在多种可能时,不要尝试去猜测。

There should be one -- and preferably only one -- obvious way to do it.

♯应尽量找一种,最好是唯一一种明显的解决方案。(如果不确定,就用穷举法。)

Although that way may not be obvious at first unless you're Dutch.

♯虽然这并不容易,因为你不是 Python 之父。(这里的 Dutch 是指 Guido。)

Now is better than never.
Although never is often better than *right* now.

♯做也许好过不做,但不假思索就动手还不如不做。(动手之前要细思量。)

If the implementation is hard to explain, it's a bad idea.
If the implementation is easy to explain, it may be a good idea.

♯如果你无法向人描述你的方案,那肯定不是一个好方案;反之亦然。(方案测评标准。)

Namespaces are one honking great idea —let's do more of those!

♯命名空间是一种绝妙的理念,我们应当多加利用。(倡导与号召。)

第 2 章

Django 基础

> 机中锦字论长恨,楼上花枝笑独眠。
> ——皇甫冉《春思》

Django 是一个用 Python 实现的 Web 开发框架。在第 1 章中,相信读者对 Python 已有了一些了解。在深入学习 Django 之前,对于 Web 服务器、HTTP、HTML、JavaScript、CSS 等知识点的了解,也是不可绕过的。

这是为什么呢?现在不是说 Python 包打天下,是万能语言,啥都可以实现吗,为什么做一个网站,还要学习 Web、HTTP 这些知识呢?

这是因为 Python 只是一门计算机语言,作为计算机语言,它就具有很强的通用性,所以我们才会在各行各业中都看到 Python 应用的身影。但是,Web 互联网,却是一个特定的计算机应用(不要以为互联网=计算机)。它是基于 HTTP 协议的一门很具体的计算机网络应用,因为现在网络为王,移动为王,所以在开发的计算机应用中,Web 网站就占了绝大部分。如果要开发网站,必须将 Python 代码与 HTML 等代码结合起来,才能形成一个完整的 Web 应用。

那么,什么是 Web 呢?它和 HTTP 协议、网站又是什么关系呢?这些都是在学习 Django 开发之前,必须要了解的内容。

在此之后,就可以一步一步地学习如何使用 Django 来开发 Web 网站了。

本章所涉及的知识点如下:
- HTTP、HTML、CSS、JavaScript 基础;
- Django 的简介;
- Django 表单和路由功能;
- Django 模型、模板、视图功能;
- Django 后台管理用户管理。

2.1 Web 及 HTTP

2.1.1 Web 简介

Web(WWW,World Wide Web)即全球广域网,也称为万维网,它是一种基于超文本和 HTTP 的、全球性的、动态交互的、跨平台的分布式图形信息系统。它是建立在 Internet 上的一种网络服务，为浏览者在 Internet 上查找和浏览信息提供了图形化的、易于访问的直观界面，其中的文档及超级链接将 Internet 上的信息节点组织成一个互为关联的网状结构。Web 的发明者是蒂姆·伯纳斯·李（Tim Berners-Lee）。

Web 分为 Web 客户端和 Web 服务器程序。WWW 可以让 Web 客户端（常用浏览器）访问浏览 Web 服务器上的页面。它是一个由许多互相链接的超文本组成的系统，通过互联网访问。在这个系统中，每个有用的事物，称为一样"资源"，并且用一个全局"统一资源标识符（URI）"标识；这些资源通过超文本传输协议（HTTP, Hyper-Text Transfer Protocol）传送给用户，而后者通过点击链接来获得资源。其最简单的连接关系如图 2-1 所示。

在图 2-1 中，HTTP Client 一般就是指 IE、CHROME、OPERA、FIREFOX 这样的浏览器，而请求 HTTP 服务的过程，就是在浏览器的地址栏里输入网址，然后回车即可。从来没有用过计算机的外行，一天之内，也应该能学会吧。而 HTTP Server 呢？如何来实现一个 HTTP 的网站呢？要解决这些问题，就有必要来了解一下 HTTP 了。

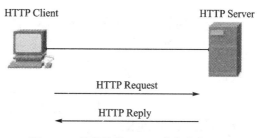

图 2-1 最简单的 HTTP 请求响应连接

2.1.2 HTTP 协议

HTTP 协议定义 Web 客户端如何从 Web 服务器请求 Web 页面，以及服务器如何把 Web 页面传送给客户端。HTTP 协议采用了请求/响应模型。客户端向服务器发送一个请求报文，请求报文包含请求的方法、URL、协议版本、请求头部和请求数据。服务器以一个状态行作为响应，响应的内容包括协议的版本、成功或者错误代码、服务器信息、响应头部和响应数据。

以下是 HTTP 请求/响应的步骤。

1. 客户端连接到 Web 服务器

一个 HTTP 客户端，通常是浏览器，与 Web 服务器的 HTTP 端口（默认为 80）建立一个 TCP 套接字（socket）连接。关于 TCP 套接字的知识点，此处不作扩展，读者可以自行百度（http://www.baidu.com）进行深入了解。

2. 发送 HTTP 请求

通过 TCP 套接字，客户端向 Web 服务器发送一个文本的请求报文，一个请求报文由请求行、请求头部、空行和请求数据 4 部分组成。例如：

```
POST /user HTTP/1.1        //请求行
Host:www.baidu.com
Content-Type:application/x-www-form-urlencoded
Connection:Keep-Alive
User-agent:Mozilla/5.0.//以上是请求头部
(此处必须有一空行)        //空行分割 header 和请求内容
name=world 请求数据
```

3. 服务器接受请求并返回 HTTP 响应

Web 服务器解析请求,定位请求资源。服务器将资源复本写到 TCP 套接字,由客户端读取。一个响应由状态行、响应头部、空行和响应数据 4 部分组成。例如:

```
HTTP/1.1 200 OK
Date:Sat,31 Dec 2005 23:59:59 GMT
Content-Type:text/html;charset=ISO-8859-1
Content-Length:122

<html>
… </html>
```

4. 释放 TCP 连接

若 connection 的模式为 close,则服务器主动关闭 TCP 连接,客户端被动关闭连接,释放 TCP 连接;若 connection 的模式为 keepalive,则该连接会保持一段时间,在该时间内可以继续接收请求。

5. 客户端浏览器解析 HTML 内容

客户端浏览器首先解析状态行,查看表明请求是否成功的状态代码。然后解析每一个响应头,响应头告知以下为若干字节的 HTML 文档和文档的字符集。客户端浏览器读取响应数据 HTML,根据 HTML 的语法对其进行格式化,并在浏览器窗口中显示。

2.1.3 HTTP 协议方法

下面来了解一下 HTTP 协议和服务器交互的方法。

最基本的有 4 种,分别是 GET、POST、PUT、DELETE。一个 URL 地址用于描述一个网络上的资源,而 HTTP 中的 GET、POST、PUT、DELETE 就对应着对这个资源的查、改、增、删 4 个操作。最常见的就是 GET 和 POST 了。GET 一般用于获取/查询资源信息,而 POST 一般用于更新资源信息。

我们看看 GET 和 POST 的区别。

GET 提交的数据会放在 URL 之后,以"?"分割 URL 和传输数据,参数之间以"&"相连,如 GetPosts.do?name=test1&id=123456。POST 方法是把提交的数据放在 HTTP 包的 Body 中。

GET 提交的数据大小有限制（因为浏览器对 URL 的长度有限制），而 POST 方法提交的数据没有限制。

以 GET 方式提交数据，会带来安全问题，比如一个登录页面，通过 GET 方式提交数据时，用户名和密码将出现在 URL 上，如果页面可以被缓存或者其他人可以访问这台机器，就可以从历史记录获得该用户的账号和密码。

2.2 HTML、CSS、JavaScript

抽丝剥茧到这里，读者会发现，HTTP 协议是比较固定的套路，而 HTML 响应数据才是网站存在的灵魂。接下来的问题就是，HTML 是怎么回事呢？常听说的 HTML 5、CSS、JS 三者是什么关系呢？

一个网页主要由三部分组成。

HTML——结构，决定网页的结构和内容（"是什么"）；

CSS——表现（样式），设定网页的表现样式（"什么样子"）；

JavaScript（JS）——行为，控制网页的行为（"做什么"）。

下面简要讲述一下这三个技术，因为本书不是专门讲这些知识的，但为了内容的连贯性，所以这里只是简单点一下。

2.2.1 HTML

HTML 即超文本标记语言（Hyper Text Markup Language），是用来描述网页的一种语言。超文本标记语言的结构包括"头"（head）部分和"主体"（body）部分，其中"头"部分提供关于网页的信息，"主体"部分提供网页的具体内容。

HTML 是网页内容的载体。内容就是网页制作者放在页面上想要让用户浏览的信息，可以包含文字、图片、视频等。它被用来结构化信息，例如标题、段落和列表等，也可用来在一定程度上描述文档的外观和语义。1982 年由蒂姆·伯纳斯·李创建，由 IETF 用简化的 SGML（标准通用标记语言）语法进行进一步发展的 HTML，后来成为国际标准，由万维网联盟（W3C）维护。其版本进化最新为 HTML 5。

例如：

<html>与</html>之间的文本描述网页；

<body>与</body>之间的文本是可见的页面内容；

<h1>与</h1>之间的文本被显示为标题；

<p>与</p>之间的文本被显示为段落。

2.2.2 CSS

CSS 即层叠样式表（Cascading Style Sheets），是一种用来表现 HTML（标准通

用标记语言的一个应用)或 XML(标准通用标记语言的一个子集)等文件样式的计算机语言。CSS 不仅可以静态地修饰网页,还可以配合各种脚本语言动态地对网页各元素进行格式化。其最新版本为 CSS 3。

实际上 CSS 代码都是由一些最基本的语句构成的。它的基本语句语法的结构是这样的:

选择符{属性:属性值}。例如:

#yangshi{width: 156px;height:25px;}

在网页制作时采用 CSS 技术,可以有效地对全站页面有共同性质属性的布局、字体、颜色、背景和其他效果属性实现更加精确的控制。只要对网页 HTML 里相应的 CSS 代码做一些简单的修改,就可以改变同一页面或整站用到此"选择类"的网页的外观和格式样式。例如:

```
<style type="text/css">
    h1 {color:red}
    p{color:blue}
</style>
```

2.2.3 JS(JavaScript)

JavaScript 是一种基于对象和事件驱动并具有相对安全性的客户端脚本语言,同时也是一种广泛用于客户端 Web 开发的脚本语言,常用来给 HTML 网页添加动态功能,比如响应用户的各种操作。它也是一种高级编程语言,通过解释执行,是一种动态类型、面向对象的语言。它是一种基于原型、函数先行的语言,是一种多范式的语言。它支持面向对象编程、命令式编程以及函数式编程。它提供语法来操控文本、数组、日期以及正则表达式等,不支持 I/O,比如网络、存储和图形等,但这些都可以由它的宿主环境提供支持。

JavaScript 脚本语言由于具有效率高、功能强大等特点,在表单数据合法性验证、网页特效、交互式菜单、动态页面、数值计算等方面均获得了广泛的应用。

现代的浏览器,对 JS 的支持越来越强,前端的 JS 功能,也越来越框架化,如现在流行的前端 JS 框架 React、Vue.js、Angular 等。

JavaScript 虽然只是一种脚本语言,但是它的功能却十分强大。这里,只介绍了 JS 的前端应用。其后端应用 node.js,就留给读者自己去了解吧。例如:

```
<script type="text/javascript">    document.write("Hello World!")
</script>
```

而学习 HTML、CSS、JS 最有效的方法,除了精通技术点之外,就是不断地分析不同网页的实现,了解优秀网页的设计。

2.2.4 Python、Django 是怎么和 Web 搭上关系的

下面讲一讲 Python 是怎么和 Web 网站搭上关系的。

Web 开发主要经历了下面几个阶段：
- 静态 Web 页面：由文本编辑器直接编辑并生成静态的 HTML 页面，如果要修改 Web 页面的内容，就需要再次编辑 HTML 源文件。早期的互联网 Web 页面就是静态的，使用的主要技术，就是上面讲过的 HTML、CSS 和 JS（JavaScript）。
- CGI：由于静态 Web 页面无法与用户交互，比如用户填写了一个注册表单，静态 Web 页面就无法处理。要处理用户发送的动态数据，出现了 CGI（Common Gateway Interface，通用网关接口），CGI 是使用多进程来服务 URL 请求，资源占用很严重，早期 CGI 主要是用 C、C++/Perl 等语言开发。
- ASP/JSP/PHP：由于 Web 的应用特点是修改频繁，用 C、C++ 这样的低级语言非常不适合 Web 开发；而脚本语言由于开发效率高，与 HTML 结合紧密，因此，迅速取代了 CGI 模式。ASP 是微软推出的用 VBScript 脚本编程的 Web 开发技术，而 JSP 用 Java 来编写脚本，PHP 本身则是开源的脚本语言。
- MVC：为了解决直接用脚本语言嵌入 HTML 导致的可维护性差的问题，Web 应用也引入了 MVC（Model View Controller）模式，来简化 Web 开发。ASP 发展为 ASP.NET、JSP 和 PHP，也有一大堆 MVC 框架。

处理 HTTP 请求就是根据请求方式、请求 URL 和查询字符串等的不同去编写对应的处理函数。如果自己一个一个去判断这些入参的不同未免太麻烦了。我们需要上框架。

Web 框架是设计用来简化 Web 开发生命周期的软件框架。框架的存在使我们不必重新发明轮子，并帮助我们在开发新的网站时减轻一些开销。通常框架提供用于访问数据库、管理 sessions 和 cookies，创建显示 HTML 的模板以及促进代码重用的库。事实上框架不是开箱即用的软件，而是工具的集合。例如，我们可能会发现用于访问数据库、管理会话和 cookie、创建模板以显示 HTML 页面等的库。

框架的存在使建立一个网站更快、更容易。通常框架提供的工具涵盖了常见的 CRUD 操作。几乎所有要构建的站点都必须与数据库交互。框架通常提供了一些这样做的方法，而不必每次想要创建、读取、更新或删除记录时都编写自己的 SQL。

简单来说，Web 框架就是为了简化 Web 开发的。那么如何选择一个框架呢？每个框架都有其优点和缺点，因此必须对每个框架进行评估，以确定哪个最适合我们站点的需要。

Python 比 Web 早诞生，作为一种解释型的脚本语言，开发效率高，非常适合用来做 Web 开发。Python 已经有上百种 Web 开发框架，有很多成熟的模板技术，选择 Python 开发 Web 应用，不但开发效率高，而且运行速度快。

而 Python 的 Web 框架——Django，在最新的 Web 开发浪潮下，也诞生了自己的 MTV（Model Template View）模式，它可以让我们更快、更规范地开发自己的

Web 应用。接下来,进入本章的主角——Django 的学习吧。

2.3 Django 简介及 Web 实现

2.3.1 Django 简介

Django 是从真实世界的应用中成长起来的,它是由堪萨斯(Kansas)州 Lawrence 城中的一个网络开发小组编写的。它诞生于 2003 年秋天,那时 Lawrence Journal-World 报纸的程序员 Adrian Holovaty 和 Simon Willison 开始用 Python 来编写程序。

当时他们的 World Online 小组制作并维护当地的几个新闻站点,并在以新闻界特有的快节奏开发环境中逐渐发展。这些站点包括 LJWorld.com、Lawrence.com 和 KUsports.com,记者(或管理层)要求增加的特征或整个程序都能在计划时间内快速地建立,这些时间通常只有几天或几个小时。因此,Adrian 和 Simon 开发了一种节省时间的网络程序开发框架,这是在截止时间前能完成程序的唯一途径。

2005 年的夏天,当这个框架开发完成时,它已经用来制作了很多个 World Online 的站点。当时 World Online 小组中的 Jacob Kaplan-Moss 决定把这个框架发布为一个在 BSD 许可证下的开源软件。

顺便一提,Django 是以比利时的吉普赛爵士吉他手 Django Reinhardt 来命名的。

那么,Django 有什么特别之处呢?对于初学者来说,它是一个 Python Web 框架,这意味着你可以受益于各种各样的开源库包。Python 软件包资料库(pypi)拥有超过 11.6 万个软件包(2017 年 9 月 6 日的数据)。当你想要解决一个特定的问题的时候,可能有人已经为它实现了一个库来供你使用。

Django 的开发得到了 Django 软件基金会的支持,并且由 Jetbrains 和 Instagram 等公司赞助。

Django 现在已经存在了相当长的一段时间了。到现在为止,活跃的项目开发时间已经超过 13 年,这也证明了它是一个成熟、可靠和安全的网络框架。

按经典套路来说,学习 Django 可以按照 URL、视图、模板、模型这个流程,一个一个地来学习,但网上类似的教程很多。读者可以看看 *Django Book*、*Tangle with Django*。通过这个过程,读者就可以掌握 Django 的使用了。

如果这里也按这个方式来介绍,可能和网上教程大都雷同,写着写着就会参照别人的文档。在这里,笔者想用另一种方式来介绍 Django 的使用,算是对经典学习过程的一种补充吧。

我们介绍 Django 的方式,是逐步推进的方式。第一步,为读者讲解不用 Django,只用 Python 如何建立一个最简单的 Web 服务器。第二步,在一个单一文件里,通过导入 Django 模块的方式，实现一个 Web 服务器。第三步，使用 Django 提供的脚手架命令，以正规的方式来实现一个 Django Web 网站，在入门之后，我们再逐步引入视图、URL、模板、模型功能，以屏蔽的学习方法，慢慢进入 Django 的世界。以这个思路来介绍 Django，使对 Django 不熟悉的读者，也可以较低的学习门槛入门。

2.3.2 Python 的 Web 服务器

不使用 Django，只使用 Python，能快速建立一个 Web 服务器吗？

来试一下吧。在安装了 Python 3 的计算机上，以任何目录，运行如下命令：

```
python -m http.server
```

输出：

```
Serving HTTP on 0.0.0.0 port 8000 (http://0.0.0.0:8000/) ...
```

访问 http://127.0.0.1:8000/，显示如图 2-2 所示，一条命令就实现了 Web 服务器，神奇吧。

注意，这是 Python 3 的用法，而在 Python 2 中，这个模块的名称为 SimpleHTTPServer，所以命令也相应更改为：

```
python -m SimpleHTTPServer
```

在这个服务器上，我们已实现了一个基本的 HTTP Web 服务器。

图 2-2　一条命令实现的 Python Web 服务器

2.3.3 Django 模块实现 Web 服务器

在这一步，将进入 Django 的世界。使用最简的 Django 功能，全部手写，在一个文件之内，实现一个 Web 应用。

将以下文件保存为 testdjango.py。

```
01  import sys
02  from django.conf import settings
03  from django.urls import path
04  from django.http import HttpResponse
05
06  settings.configure(
07      DEBUG = True,
08      ROOT_URLCONF = __name__,
```

```
09    )
10
11    def index(request):
12        return HttpResponse('hello, python!')
13
14    urlpatterns = [
15        path('', index),
16    ]
17
18    if __name__ == '__main__':
19        from django.core.management import execute_from_command_line
20        execute_from_command_line(sys.argv)
```

代码解释:

第6~9行:定义了Django的settings里的配置参数。

第11~12行:定义了一个index函数,此函数返回一个HttpResponse对象。

第14行:定义了一个URL,注册了一个默认路径,此路径的处理函数为index。

然后,在当前目录下运行如下命令:

`python testdjango.py runserver`

通过127.0.0.1:8000即可访问到此应用,如图2-3所示。

图2-3 单文件Django实现Hello网站

前面两个示例,可以快速生成一个Web应用,但这个应用是光秃秃的静态网站,功能不强。可以看出,最基本的Django功能,很轻易就可以实现。若想进一步使用更多的功能,如何办?

那就推荐使用Django的相关命令来生成更专业的Web应用。

2.4 Django新建项目应用及运行机制

2.4.1 新建Django项目应用

为了开始讲解更专业的Django应用,在D盘下新建一个GIT目录。进入此目录,运行如下命令,新建一个Django的演示项目(本章以此项目演示一个BBS基本应用,它的最终代码已存放到 Github 上,访问地址为 https://github.com/aguncn/django_demo_project)。

django-admin startprojectdjango_demo_project

然后,进入此目录,运行如下命令,在 myproject 项目下,新建一个 App 应用。

django-admin startappbbs

通过这两条命令,一个最基本的 Django 项目就建立好了。

Django 自带了一个简单的网络服务器。在开发过程中非常方便,所以无需安装任何其他软件即可在本地运行项目。可以通过执行以下命令来测试一下它:

python manage.py runserver

现在,可以忽略终端中出现的迁移错误,这将在稍后讨论。

访问 http://127.0.0.1:8000/,出现如图 2-4 所示界面,说明一个 Django 项目正在运行。

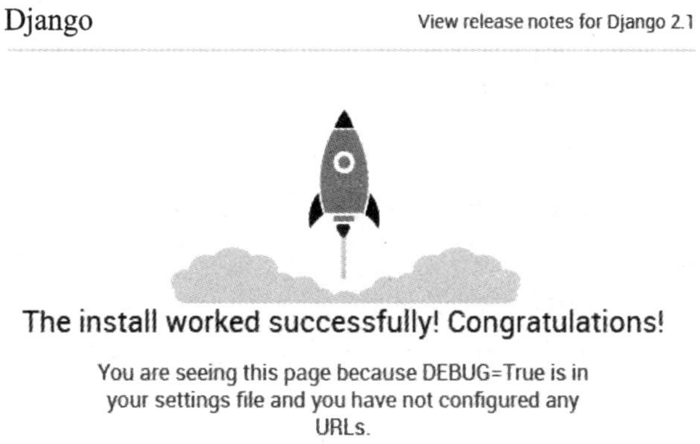

图 2-4　Django 标准的 demo 网页

2.4.2　Django 目录及文件分析

在 Django 的哲学中,有两个重要的概念:Project 和 App。

① Project:是配置和应用程序的集合。一个项目可以由多个应用程序或一个应用程序组成。如果没有一个 Project,就无法运行 Django 应用程序。

② App:是一个可以完成某件事情的 Web 应用程序。一个应用程序通常由一组 models(数据库表)、views(视图)、templates(模板)、tests(测试)组成。

到现在为止,django_demo_project 项目下的目录树如图 2-5 所示。

下面一个一个讲解文件夹内的每个文件的作用(.gitignore、license 文件为 Github 项目自带的文件,不讲解)。

① manage.py:[项目根目录]。使用 django-admin 命令行工具的快捷方式。它

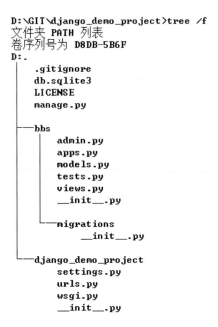

图 2-5 Django 应用标准的目录树

用于运行与我们项目相关的管理命令。我们将使用它来运行开发服务器、运行测试、创建迁移等。在第 4 章做数据模拟时,会扩展这里的管理命令。

② django_demo_project 目录。每个 Django 项目都会有和项目名同名的目录,这里面放置了影响项目的全局性的文件。

③ __init__.py:[django_demo_project 目录]。这个空文件告诉 Python,这个文件夹是一个 Python 包。

④ settings.py:[django_demo_project 目录]。这个文件包含了所有的项目配置。将来我们会一直提到这个文件。这里的变动,影响范围会波及整个项目。如数据库配置、时区、static 目录等,都是在这个文件里配置。

⑤ urls.py:[django_demo_project 目录]。这个文件负责映射我们项目中的路由和路径。例如,如果想在访问 URL/about/ 时显示某些内容,则必须先在这里做映射关系。

⑥ wsgi.py:[django_demo_project 目录]。该文件是用于部署的简单网关接口。你可以暂且先不用关心它的内容,就先让它在那里就好了。在后面章节学习 WSGI 协议时,会再次提到此文件。

bbs 目录。在 Django 项目里,每新建一个应用,就会生成一个同名的应用目录。

① migrations/:[bbs 目录]。在这个文件夹里,Django 会存储一些文件以跟踪在 models.py 文件中创建的变更,用来保持数据库和 models.py 的同步。

② admin.py:[bbs 目录]。这个文件为一个 Django 内置的应用程序 Django

Admin 的配置文件。如果在这里注册了 models.py 中的数据表,那么在 Admin 管理后台,就可以编辑数据表中的记录了。

③ apps.py:[bbs 目录]。这是应用程序本身的配置文件。我们不在这里做过多扩展,只是使用了里面的 config 配置名称。

④ models.py:[bbs 目录]。这里是定义 Web 应用程序数据实例的地方。models 会由 Django 自动转换为数据库表。

⑤ tests.py:[bbs 目录]。这个文件用来写当前应用程序的单元测试。更专业的单元测试,会包括很多测试用例。这个 tests.py 文件,就会扩展为一个 tests 目录。

⑥ views.py:[bbs 目录]。这是处理 Web 应用程序请求(request)/响应(resopnse)周期的文件。

2.4.3　Django 框架的工作机制

当了解了 Django 如何创建新的项目和应用,且了解了 Django 的主要目录结构和文件作用之后,接下来,读者需要了解 Django 这个 Web 框架处理 HTTP 请求的机制。这样,才能在今后的学习中,随时能举纲张目,不会迷失在细节里。

Django 对 HTTP 的请求回应的过程如下:

① 用户通过浏览器请求一个页面。

② 请求到达 Request Middlewares,中间件对 Request 做一些预处理或者直接响应请求。

③ URLConf 通过 urls.py 文件和请求的 URL 找到相应的 View。

④ View Middlewares 被访问,它同样可以对 Request 做一些处理或者直接返回 Response。

⑤ 调用 View 中的函数。

⑥ View 中的方法可以选择性地通过 Models 访问底层的数据。

⑦ 所有的 Model-to-DB 的交互都是通过 Manager 完成的。

⑧ 如果需要,Views 可以使用一个特殊的 Context。

⑨ Context 被传给 Template 用来生成页面。

a. Template 使用 Filters 和 Tags 去渲染输出。

b. 输出被返回到 View。

c. HTTP Response 被发送到 Response Middlewares。

d. 任何 Response Middlewares 都可以丰富 Response 或者返回一个完全不同的 Response。

e. Response 返回到浏览器,呈现给用户。

上面的处理流程,结合下面的图 2-6、图 2-7,希望读者已对 Django 框架的工作流程有了大致的理解。如果现在没吃透细节,也没有关系。待读者阅读完本书的所有章节,再回过头来品味这两张图,相信会有更多的收获。

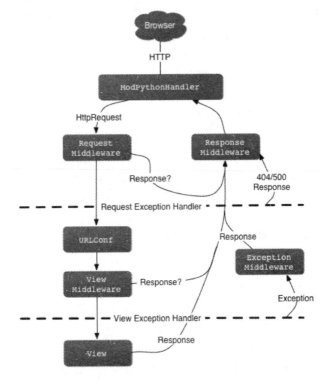

图 2-6　Django 框架处理流程(粗略)

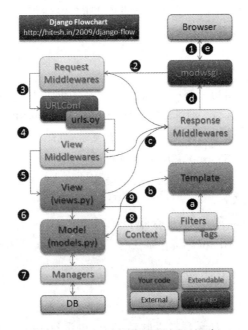

图 2-7　Django 框架处理流程(细致)

2.5 Django 视图

在 2.4 节,学习 Django 的工作机制时,发现 Djagno 最主要的几个部分分别是:Middleware(中间件,包括 Request、View、Exception、Response)、URLConf(URL 映射关系)、Template(模板系统)。接下来的内容,就会一个一个地去实践这些知识点。

如果将 Middleware 组件进行分拆,再引入 View 与数据库交互时的 Model 模型内容,就会得出 Django 框架的主要知识模块,如图 2-8 所示。

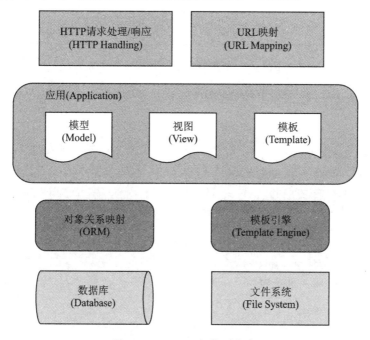

图 2-8 Django 架构总览图

2.5.1 基于函数的视图

在 2.4 节中,最基本的 Django 应用已生成,目录及文件都已创建好了。现在开始逐步引入 Django 新的功能。先引入视图这一功能。

视图是接收 HttpRequest 对象并返回一个 HttpResponse 对象的 Python 函数。接收 Request 作为参数并返回 Response 作为结果。这个流程必须记住!在 Django 整个功能图中,这一节使用的功能如图 2-9 所示(虚线表示功能暂未启用)。

项目仍以上一节的代码为基础,这一次实践中,我们暂时不会用到模板、模型,而只使用路由和视图来实现一个简单的 Web 访问服务。操作步骤如下:

① 在 settings.py 里的 INSTALL-APPS 加入新建的 App。

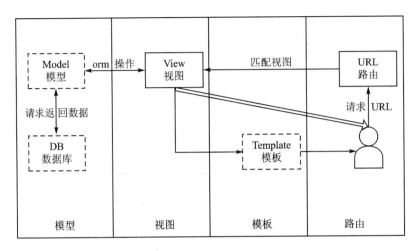

图 2-9 使用 Django 视图和路由功能

https://github.com/aguncn/django_demo_project/blob/master/django_demo_project/settings.py

```
01  …
02  INSTALLED_APPS = [
03      'django.contrib.admin',
04      'django.contrib.auth',
05      'django.contrib.contenttypes',
06      'django.contrib.sessions',
07      'django.contrib.messages',
08      'django.contrib.staticfiles',
09      'bbs.apps.BbsConfig',
10  ]
11  …
```

代码解释：

第 9 行：bbs 应用目录中都包含了 apps.py 文件，用于保存该应用的相关信息。将此类添加到工程 settings.py 中的 INSTALLED_APPS 列表中，表明注册安装具备此配置属性的应用。在 Django 1.7 版本以前，也可以直接用 bbs 这样的应用去注册，但新版本的 Django 还是建议写成 bbs.apps.BbsConfig。其中，使用点来分割目录、文件及方法的规则，源自 Python 中定义模块路径的写法。读者以后遇到类似的定位，只需要在计算机中转换成目录文件及文件内的方法函数即可。

② 在 bbs 目录下的 views.py 中生成一个 index 函数。

https://github.com/aguncn/django_demo_project/blob/master/bbs/views.py

```
01  from django.http import HttpResponse
02
```

```
03    def index(request):
04        return HttpResponse("hello, django!")
```

代码解释：

第 3~4 行：当一个页面被请求时，Django 创建一个包含请求元数据的 HttpRequest 对象。然后 Django 调入合适的视图，把 HttpRequest 作为视图函数的第一个参数传入。每个视图函数都使用 HttpRequest 对象作为第一个参数，通常称之为 Request，并返回一个 HttpResponse 对象。关于 HttpRequest 和 HttpResponse 的技术细节，在接下来的小节里，马上会讲到。实现了这样一个输入/输出的函数，我们就称之为一个 Django 函数视图。

③ 在 myproject 的 url.py 里加入此 View 的路由。

https://github.com/aguncn/django_demo_project/blob/master/django_demo_project/urls.py

```
01    from django.contrib import admin
02    from django.urls import path
03    from bbs import views as bbs_view
04
05    urlpatterns = [
06        path('admin/', admin.site.urls),
07        path('index/', bbs_view.index, name='index'),
08    ]
```

代码解释：

第 3 行：引入 bbs 应用模块里的 view.py 文件，为避免引入其他 view.py 文件导致的冲突，为此文件取一个 bbs_view 的别名。

第 7 行：将 bbs 目录下的 views.py 文件中的 index 函数，注册为一个 Django 的 URL 实例。这样一来，当浏览器访问/index/这个 URL 时，Django 就会将这个 URL 做进一步处理，交给 index 这个函数视图了。如果读者使用过 Django 1.x 版本，或是以后见到用 Django 1.x 开发的代码，就会注意到，从 Django 2.x 版本以后，使用的都是新式的 URL 配置，使用 path 代替了以前的 URL，而模块的路径也发生了变化。以前的位置是 django.conf.urls url，而现在的位置是 django.urls path。新式的 URL 配置，写法更精简、更智能。

④ 此时，在 D:\django_demo_project 目录下，运行 python manage.py runserver 命令启动 Django 服务器，访问 http://127.0.0.1:8000/index/，出现如图 2-10 所示的网页，表明代码正确。

如果读者将此小节的内容与 2.3.3 小节的内容相比，会发现，Django 的脚手架命令，只是将不同功能分配到了不同的文件，设置专门在 settings.py 文件中，路由专门在 urls.py 中，视图专门在 views.py 中；不同的应用，也分为不同的文件夹等。这

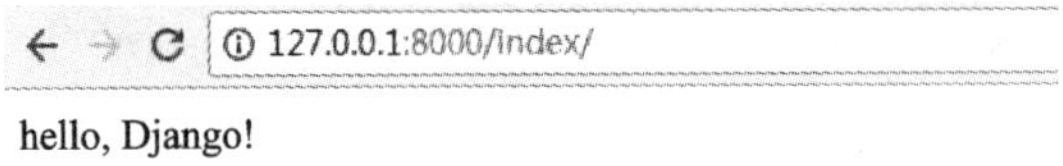

图 2-10 使用 Django 视图和路由功能实现的 Hello 网页

样的划分,会让我们更容易地开发和维护一个 Django 项目。

视图在 Django 中的实现,分为 FBV(Function Base Views),就是在视图中使用函数处理请求,以及 CBV(Class Base Views),就是在视图中使用类处理请求。在本小节,使用了 FBV 的方式,在后面介绍 Models 的章节中,会演示使用 CBV 的实现方式,同时,在 Manabe 项目中,大量地使用了 CBV。

2.5.2 Django 的 HttpRequest 对象

通过 2.4 节的学习可知:基于 Django 的 Web 服务器接收到 HTTP 协议的请求后,会根据报文创建 HttpRequest 对象,视图函数的第一个参数是 HttpRequest 对象,如前文中的 Index(Request),在 django.http 模块中定义了 HttpRequest 对象的 API 属性。

在此,我们列出 HttpRequest 对象的主要属性和方法,读者以后使用到时,可以备查。

1. 属 性

下面除非特别说明,属性都是只读的。

- path:一个字符串,表示请求的页面的完整路径,不包含域名。
- method:一个字符串,表示请求使用的 HTTP 方法,常用值包括 'GET'、'POST'。
- encoding:一个字符串,表示提交的数据的编码方式,如果为 None,则表示使用浏览器的默认设置,一般为 utf-8。

这个属性是可写的,可以通过修改它来修改访问表单数据使用的编码,接下来对属性的任何访问都将使用新的 encoding 值。

- get:一个类似于字典的对象,包含 get 请求方式的所有参数。
- post:一个类似于字典的对象,包含 post 请求方式的所有参数。
- files:一个类似于字典的对象,包含所有的上传文件。
- cookies:一个标准的 Python 字典,包含所有的 cookie、键和值都为字符串。
- session:一个既可读又可写的类似于字典的对象,表示当前的会话,只有当 Django 启用会话的支持时才可用。

2. 方 法

- is_ajax():如果请求是通过 XMLHttpRequest 发起的,则返回 True。

2.5.3　Django HttpRequest 对象中的 QueryDict 对象

在 HttpRequest 对象中，GET 和 POST 属性得到的都是 django.http.QueryDict 所创建的实例。这是一个 Django 自定义的类似字典的类，用来处理同一个键带多个值的情况。

在 Python 原始字典中，当一个键出现多个值的时候会发生冲突，只保留最后一个值。而在 HTML 表单中，通常会发生一个键有多个值的情况，例如 <select multiple>（多选框）就是一个很常见的情况。

request.POST 和 request.GET 的 QueryDict 在一个正常的请求/响应过程中是不可变的。若要获得可变的版本，需要使用 copy() 方法。其主要属性及方法如下：

1. GET 属性

- QueryDict 类型的对象。
- 包含 get 请求方式的所有参数。
- 与 URL 请求地址中的参数对应，位于"?"后面。
- 参数的格式是键值对，如 key1=value1。
- 多个参数之间，使用"&"连接，如 key1=value1&key2=value2。
- 键是开发人员定下来的，值是可变的。

2. POST 属性

- QueryDict 类型的对象。
- 包含 post 请求方式的所有参数。
- 与 form 表单中的控件对应。
- 控件要有 name 属性，则 name 属性的值为键，value 属性的值为键，构成键值对提交。
- 对于 checkbox 控件，name 属性一样为一组，当控件被选中后会被提交，存在一键多值的情况。
- 键是开发人员定下来的，值是可变的。

2.5.4　Django 的 HttpResponse 对象

在 Django 中，HttpRequest 对象由 Django 自动创建，HttpResponse 对象由程序员创建，每个视图都会返回一个 HttpResponse 对象。

在 django.http 模块中定义了 HttpResponse 对象的 API，其主要包含属性、方法、继承子类、简写函数如下：

1. 属　　性

- content：表示返回的内容，字符串类型。

- charset：表示 Response 采用的编码字符集、字符串类型。
- status_code：响应的 HTTP 响应状态码。
- content-type：指定输出的 MIME 类型。

2. 方　法

- init ：使用页内容实例化 HttpResponse 对象。
- write(content)：以文件的方式写。
- flush()：以文件的方式输出缓存区。
- set_cookie(key, value='', max_age=None, expires=None)：设置 Cookie。
- delete_cookie(key)：删除指定 key 的 Cookie，如果 key 不存在，则什么也不发生。

3. 子类 HttpResponseRedirect

- 重定向，服务器端跳转。
- 构造函数的第一个参数，用来指定重定向的地址。

4. 子类 JsonResponse

- 返回 json 数据，一般用于异步请求。
- 帮助用户创建 JSON 编码的响应。
- 参数 data 是字典对象。
- JsonResponse 的默认 Content-Type 为 application/json。

5. 简写函数 render(request、template_name[，context])

- 结合一个给定的模板和一个给定的上下文字典，并返回一个渲染后的 HttpResponse 对象。
- request：该 request 用于生成 Response。
- template_name：要使用的模板的完整名称。
- context：添加到模板上下文的一个字典，视图将在渲染模板之前调用它。

6. 重定向 redirect(to)

- 为传递进来的参数返回 HttpResponseRedirect。
- 推荐使用反向解析。

7. get_object_or_404(klass、args、* kwargs)

- 通过模型管理器或查询集调用 get()方法，如果没找到对象，则不引发模型的 DoesNotExist 异常，而是引发 Http404 异常。

8. get_list_or_404(klass、args、* kwargs)

- 和第 7 条类似，但可以在过滤多个对象时使用。

2.6　Django 路由 URL

笔者使用过很多不同语法的不同框架，如 spring、beego、laravel、express、flask 等，每个语言和框架都有适合解决特定问题的优势。其中的 URL，也是每个框架的基本功能。但说到最优雅、最易维护和扩展，个中翘楚，还属 Django 的 URL。

在 2.5 节中，只介绍了 Djagno 的 URL 最基础的功能，核心代码如下：

```
01    ...
02    urlpatterns = [
03        path('admin/', admin.site.urls),
04        path('index/', bbs_view.index, name = 'index'),
05    ]
```

上面的代码，只涉及了 urlpatterns 和 path 关键字。现在就来系统介绍 URL 的全部功能，可能有点早；但如果不在这里作一个全面的讲解，又担心知识太碎片化，读者不好拼接所有的知识点，所以笔者只好在此先插入 URL 的内容。如果有的读者一下子消化不了，也没有关系，只要跟上章节的学习进度，在后面需要用到 URL 的知识时，可以再回到这里来加强学习。

Django 的 URL 功能，可以说是在 models 层、view 层、url 层，都实现统一形式，path、include、reverse、resolve、get_absolute__url 结合 namespace，使我们在制作 URL 时，正向解析和反向解析都易如反掌，千变万化，又不失规范优雅。特别是在 Django 2.0 发布以后，简化了形式，且做到了向下兼容。下面就来慢慢了解这些内容。

2.6.1　UrlConf 简介

URL 配置（UrlConf）就像 Django 所支撑网站的目录。它的本质是 URL 与要为该 URL 调用的 view 函数之间的映射表；也就是告诉 Django，对于哪个 URL 调用哪段代码。

Django 处理接收到 URL 的流程如下：

① 首先确定使用的 UrlConf 模块，默认情况下使用的是 settings.py 中 ROOT_URLCONF 对应的模块。如果接收到的 HttpRequest 经由 middleware 配置了 UrlConf 属性，则就会使用该属性配置的模块。

② Django 在该模块中查找 Urlpatterns 变量，这个变量必须是 django.urls.path() 或者 django.urls.re_path() 实例的列表。

③ Django 按顺序匹配 Urlpatterns 中的模式，使用首先匹配到的模式。

④ 匹配到模式后，会执行该模式对应的视图函数，或者视图类，并把以下参数传递过去：

- HttpRequest 实例。
- 如果匹配到的模式没有返回 named group,则正则表达式返回的匹配内容就会作为 positional arguments。
- 路径表达式匹配到的 named part 作为 keyword arguments,会被 django.urls.path()和 django.urls.re_path()所指定的 kwargs 所覆盖。

⑤ 如果没有匹配到模式,或者处理过程中抛出了异常,则 Django 会调用处理异常的视图。

2.6.2 UrlConf 的 Urlpatterns

urls.py 中默认就有 Urlpatterns,可以把它看作一个存放了映射关系的列表。Django 2.x 中常用的是 path()方法,还可以使用 re_path()方法来兼容 1.x 版本中的 url()方法。这里只讲述 path 方法的用法。

本小节,将会用以下虚构的 URL 文件作为示例讲解。

```
01    from django.contrib import admin
02    from django.urls import path
03
04    from bbs import views as bbs_view
05
06    urlpatterns = [
07        path('bbs/2019/', bbs_view.special_case_2019, name = 'bbs_year_2019'),
08        path('bbs/<int:year>/', bbs_view.year_archive, name = 'bbs_year_archive'),
09        path('bbs/<int:year>/<int:month>/', bbs_view.month_archive),
10        path('bbs/<int:year>/<int:month>/<slug:slug>/', bbs_view.bbs_detail),
11    ]
```

函数 path()具有四个参数,其中有:两个必选参数 route 和 view,两个可选参数 kwargs 和 name,即路由和视图是必选参数。其与旧版本参数的主要区别就在于 url()是要写正则表达式(regex)的,而 path()是写的路由(route)。接下来主要看一下 path()函数的四个参数含义。

1. route[必选参数]

route 是一个匹配 URL 的准则(类似正则表达式)。当 Django 响应一个请求时,它会从 Urlpatterns 的第一项开始,按顺序依次匹配列表中的项,直到找到匹配的项。

这些准则不会匹配 GET 和 POST 参数或域名。例如,UrlConf 在处理请求 https://localhost/bbs/2019/时,会尝试匹配上面第 7 行的路由;处理请求 https://localhost/bbs/2019/?page=3 时,也只会尝试匹配第 7 行的路由。

2. view[必选参数]

当 Django 找到了一个匹配的准则时,就会调用这个特定的视图函数,并传入一个 HttpRequest 对象作为第一个参数,被"捕获"的参数以关键字参数的形式传入。

3. kwargs[可选参数]

任意一个关键字参数都可以作为一个字典传递给目标视图函数。

4. name[可选参数]

为你的 URL 取名能使你在 Django 的任意地方唯一地引用它,尤其是在模板中。这个有用的特性允许你只改一个文件就能全局地修改某个 URL 模式。

Path 的 route 字符串中,可以使用"< >"获取符合条件的字符串,转换成对应数据类型传递给 views 处理函数中的变量名,这个带有< >的字符串,称为 path 转换器。例如第 8~10 行的<int:year>匹配 int 类型的变量,传递给 bbs_view 处理函数中的 year 变量。如果没有提供数据类型,则直接把对应字符串传递下去(不包括"/")。注意路径不需要加"/"前缀。

默认情况下,Django 内置下面的路径转换器:
- str:匹配任何非空字符串,但不含"/",默认使用。
- int:匹配 0 和正整数,返回一个 int 类型。
- slug:可理解为注释、后缀、附属等概念,是 URL 在最后的一部分解释性字符。该转换器匹配任何 ASCII 字符以及连接符和下划线。
- uuid:匹配一个 uuid 格式的对象。为了防止冲突,规定必须使用连字符,所有字母必须小写,例 0863561d3-9527-633c-b9b6-8a032e1565f0。返回一个 UUID 对象。
- path:匹配任何非空字符串,重点是可以包含路径分隔符"/"。

这个转换器可以帮助你匹配整个 URL 而不是一段一段的 URL 字符串。

2.6.3 UrlConf 的路由分发

在同一 Django 项目中有多个 App 应用,如果大家共有一个 URL,那么在根 urls.py 中就要写巨多的 urls 映射关系。这样看起来很不灵活,而且杂乱无章,容易造成混淆。这时就需要使用路由分发让每个 App 拥有自己单独的 URL,方便以后的维护管理。也就是在每个 App 里,各自创建一个 urls.py 路由模块,然后从根路由出发,将 App 所属的 URL 请求全部转发到相应的 urls.py 模块中。

路由转发使用的是 include()方法,所以需要导入,它的参数是转发目的地路径的字符串,路径以圆点分割。

每当 Django 遇到 include()(来自 django.urls.include())时,都会去掉 URL 中匹配的部分,并将剩下的字符串发送给 include 的 UrlConf 做进一步处理,也就是转发到二级路由中去。

比如,首先,在项目根 urls.py 中写入 urls 映射条目。注意要导入 include 方法。

path('app1/',include("app01.urls")),

然后,要在 app01 下创建一个 urls.py 文件,用来处理请求的 URL,使之与 views 建立映射。

```
urlpatterns = [
path('index/', views.index),
]
```

我们会在稍后的 Manabe 实践中,大量应用此技巧,希望读者在以后的开发工作中,也能利用路由分发来实现对 URL 的管理。

2.6.4　UrlConf 的反向解析

在使用 Django 项目时,一个常见的需求是获得 URL 的最终形式,以用于嵌入到生成的内容(视图或显示给用户的 URL 等)中,或者用于处理服务器端的导航(重定向等)。

作为开发者,你也不会希望硬编码这些 URL,因为这样容易导致一定程度上产生过期的 URL。你会希望设计一种与 UrlConf 毫不相关的专门的 URL 生成机制或者直接不用硬编码的方式。

Django 提供了一个解决方案,使得 URL 映射器是 URL 设计的唯一存储库。用你的 UrlConf 提供给它,然后它可以在两个方向上使用:

① 从用户/浏览器请求的 URL 开始,它调用正确的 Django 视图,提供它可能需要的任何参数以及从 URL 中提取的值。

② 从相应的 Django 视图的标识以及将传递给它的参数的值开始,获取关联的 URL。

第①种是我们在前几节讨论过的用法,可以称之为 URL 正向解析。第②种是所谓的 URL 反向解析、反向 URL 匹配、反向 URL 查询或者 URL 反转。

Django 提供了用于执行 URL 反转的工具,以匹配需要 URL 的不同图层。如要正常使用 URL 反转功能,需要在 urls.py 中起一个别名 name(name=自定义的别名);如果有多个 App 应用,最好和下节要讲的 URL 名称空间结合起来。

① 在 templates 模板中:使用 URL 模板标签(URL '别名')。

② 在 Python 代码中:使用该 reverse()函数。

③ 在与处理 Django 模型实例的 URL 相关的更高级别的代码中:使用 get_absolute_url()方法(也就是在模型 model 中)。

例如,一个最简单的 URL 定义如下:

```
01    from django.urls import path
02    from bbs import views as bbs_view
```

```
03
04    urlpatterns = [
05        path('bbs/2019/', bbs_view.special_case_2019, name = 'bbs_year_2019'),
06    ...
07    ]
```

那么,如果想在模板中跳转到此 URL,则使用如下语法:

<a href = "{% url 'bbs_year_2019' %}"> 2019 bbs </a>

如果想在 view 中跳转到此 URL,则使用如下语法(需要 from django.urls import reverse):

return HttpResponseRedirect(reverse('bbs_year_2019'))

而在 models.py 中,则使用的语法类似如下(前提是先定义好带参数的 bbs_view):

def get_absolute_url(self):
return reverse('bbs_view',args = [self.slug])

2.6.5 UrlConf 的命名空间

命名空间(namespace)是表示标识符的可见范围。一个标识符可在多个命名空间中定义,它在不同命名空间中的含义是互不相干的。这样,在一个新的命名空间中可定义任何标识符,它们不会与任何已有的标识符发生冲突,因为已有的定义都处于其他命名空间中。如果读者以前接触过 Java 开发,那么对于命名空间的概念是很好理解的。如果读者又接触过 k8s 集群,那么 namespace 的隔离作用在这里也是类似的。

如果 name 没有作用域,则 Django 在反解 URL 时,会在项目全局顺序搜索,当查找到第一个 name 指定的 URL 时,立即返回。

在开发项目时,会经常使用 name 属性反解出 URL。当不小心在不同的 App 的 urls 中定义相同的 name 时,可能会导致 URL 反解错误。为了避免这种事情发生,引入了命名空间。

想象一下,如果 A 同事开发的应用 A 里有一个 URL,命名为 index;而 B 同事开发的应用 B 里也有一个 URL,同样命名为 index,那么,Django 应该如何区分这两个 URL 呢?

Django 给出的解决方案就是命名空间。

按上面路由分发的思路,A 在自己应用的 urls.py 文件中,新增一个 app_name='A' 的命名空间;而 B 在自己应用的 urls.py 文件中,新增一个 app_name='B' 的命名空间。

经过这样一区分，如果想在模板中跳转到 A 的 index URL，则使用如下语法：

<a href = "{% url 'A:index' %}"> A index </a>

如果想在模板中跳转到 B 的 index URL，则使用如下语法：

<a href = "{% url 'B:index' %}"> B index </a>

如果想在 View 视图中跳转到 A 的 index URL，则使用如下语法：

return HttpResponseRedirect(reverse('A:index'))

如果想在 View 视图中跳转到 B 的 index URL，则使用如下语法：

return HttpResponseRedirect(reverse('B:index'))

至于网上文档所称的应用程序命名空间和实例命名空间的区别，初学者暂时不必去了解，那样会把自己绕晕的。等你真正将两个 URL 指向同一个 View 时，再来学习也不迟。

2.7　Django 模板 Template

本节代码仍以 2.6 节为基础。在这一节，使用两种方法，即基于函数和类的方法来实现一个带模板功能的 Django 服务。涉及的 Django 功能如图 2-11 所示。

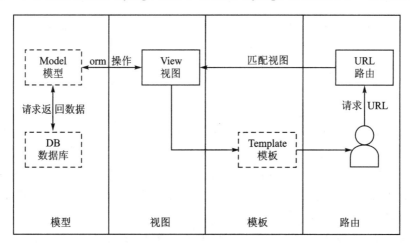

图 2-11　使用 Django 视图、模板和路由功能

Django 模板是一些文本字符串，它既可以存在于文件当中（用于持久化），也可以存在于内存当中（用于测试），其作用是把文档的表现与数据区分开。模板定义了一些占位符和基本的逻辑（模板标签），并规定如何显示文档。而 Django 会使用模板引擎来将一些上下文填充到占位符中。通常，模板用于生成 HTML，不过 Django 模板可以生成任何基于文本的格式。

使用模板大致有以下几个优点：
- 将业务逻辑的 Python 代码和页面设计的 HTML 代码分离。
- 使代码更干净整洁，更容易维护。
- 使 Python 程序员和 HTML/CSS 程序员分工协作，提高生产效率。
- 将 HTML 代码分离出来，使其能够复用。

Django 新建项目完成后，在 settings 文件中的 Template 变量中，配置了一个默认的模板引擎，即 django.template.backends.django.DjangoTemplates，此引擎支持 Django Template Language(DTL)。Django 1.8 还支持另一个流行的模板引擎——Jinja 2。如果没有特别的理由更换后端，则应该使用 DTL。如果编写的是可插入式应用，而且带有模板，则更应该如此。

Django 包含模板的 contrib 应用，如 django.contrib.admin，使用的就是 DTL。本章的所有示例都将使用 DTL。

2.7.1 Django Template Language 简介

在视图中使用 Django 模板之前，先说明一下 DTL，了解它的工作方式。若想在 Python 代码中使用 Django 的模板系统，基本方式如下：先以字符串的形式提供原始的模板代码，创建 Template 对象。然后在 Template 对象上调用 render()方法，传入一系列变量(上下文)。返回的是完全渲染模板后得到的字符串，模板中的变量和模板标签已经根据上下文求出值了。

下面，进入 D:\GIT\django_demo_project\目录，运行 python manage shell 命令进入支持 Django 的 Shell。

进入此 Shell 后，运行如下示例，以便了解 DTL 的基本工作机制。

```
01   >>> from django.template import Template, Context
02   >>> bbs = {'title': 'first post', 'content': 'bbs is free mind tool.'}
03   >>> t = Template('{{ bbs.title }} content is  {{ bbs.content }}.')
04   >>> c = Context({'bbs': bbs})
05   >>> t.render(c)
06   'first post content is  bbs is free mind tool..'
```

代码解释：

第 1 行：导入我们需要的 Template 和 Context 模块。

第 2 行：定义一个 bbs 字典变量，在真正开发当中，上下文的变量是相当灵活的。

第 3 行：创建一个模板对象，使用{{}}来作变量占位 tag。

第 4 行：将上下文实例化为第 2 行定义的 bbs 变量。

第 5 行：在模板对象上调用 render()方法，传递 Context 实例。这是返回渲染后的模板的方法，这样会替换模板变量为真实的值和执行块标签。

第 6 行：可以看到，模板对象中的占位标签，已被 Context 中的真实变量替换。

相信经过上面逐行说明,读者已了解了 Django Template 的核心工作机制。接下来,简要介绍一下 DTL 的几大知识点,留给读者以后备查。笔者一直认为,在学习的过程中,系统地了解到一门学问涉及的所有知识版图范围是相当重要的,因为这决定了一个人的视野。

当然,万法归一,一通万法。有人先学细节,最后再来作拼图;有人先大而化之地系统学习,需要应用时再进入细节。万千法门,适合自己即最好。

DTL 的模板变量、常用模板标签和过滤器如表 2-1 所列。

表 2-1 模板变量、常用模板标签和过滤器

类 别	细 分	代 码
模板变量	普通变量	{{ name }}
	对象变量	{{ bbs.title }} (使用点号访问对象属性和方法,方法不加括号)
常用模板标签	if 标签	{% if %}{% endif %}
	for 标签	{% for item in items %}{% endfor %}
	相等判断	{% ifequal x y %}{% endifequal %} {% ifnotequal x y %}{% endifnotequal %}
	注释	{# 单行注释 #} {% comment %} 多行注释 {% endcomment %}
过滤器	全小写	{{ name|lower }}
	全大写	{{ name|upper }}
	首字母大写	{{ name|title }}
	第一个元素	{{ users_list|first }}
	最后一个元素	{{ users_list|last }}
	返回长度	{{ word|length }}
模板引用		{% include url %}
模板继承	块(block)	{% block block_name %}{% endblock %}
	继承母板	{% extends url %}
	静态文件	{% load static %}
csrf_token		{% csrf_token %}

有了以上语法,相信读者对于模板代码的阅读,就不存在任何障碍了。

本节讲的,只是如何在 Django Shell 中使用模板,那么如何在项目中正确使用模板功能呢?请看下一小节。

2.7.2　Django Template 加载配置及基本使用

平时我们开发项目时,都会将模板存为一个 HTML 文件,然后通过 Django Template 加载机制,将这些模板加载进内存,以备渲染。为了从文件系统中加载模板,Django 提供了便利而强大的 API,力求去掉模板加载调用和模板自身的冗余。若想使用这个模板加载 API,首先要告诉框架模板的存储位置。这个位置在 settings.py 文件中,找到 TEMPLATES 设置。它的值是一个列表,分别针对各个模板引擎。

https://github.com/aguncn/django_demo_project/blob/master/django_demo_project/settings.py

```
01    ...
02    TEMPLATES = [
03        {
04            'BACKEND': 'django.template.backends.django.DjangoTemplates',
05            'DIRS': [],
06            'APP_DIRS': True,
07            'OPTIONS': {
08                'context_processors': [
09                    'django.template.context_processors.debug',
10                    'django.template.context_processors.request',
11                    'django.contrib.auth.context_processors.auth',
12                    'django.contrib.messages.context_processors.messages',
13                ],
14            },
15        },
16    ]
17    ...
```

BACKEND 的值是一个点分 Python 路径,指向实现 Django 模板后端 API 的模板引擎类。Django 默认实现的内置后端有 django.template.backends.django.DjangoTemplates 和 django.template.backends.jinja2.Jinja2。

因为多数引擎从文件中加载模板,所以各个引擎的顶层配置包含三个通用的设置:

① DIRS 定义一个目录列表,模板引擎按顺序在其中查找模板源文件。

② APP_DIRS 设定是否在安装的应用中查找模板。按约定,APPS_DIRS 设为 True 时,DjangoTemplates 会在 INSTALLED_APPS 中的各个应用里查找名为 templates 的子目录。这样,即使 DIRS 为空,模板引擎也能查找应用模板。

③ OPTIONS 是一些针对后端的设置。

下面就通过这种方式,来实现一个带模板功能的 Web 服务网页。

① 在 bbs 目录下的 view.py 文件里,加入一个新的视图函数 password_reset。

https://github.com/aguncn/django_demo_project/blob/master/bbs/views.py

```
01    from django.template.loader import get_template
02    from django.http import HttpResponse
03
04    def password_reset(request):
05        user = {'username': 'CK Wong', 'email': 'CK@demo.com'}
06        t = get_template('bbs/password_reset.html')
07        context = {'user': user}
08        # 在 Django 1.1 版本中可以直接传入 Context 对象,
09        # 在 1.11 后只能传入字典
10        html = t.render(context)
11        return HttpResponse(html)
```

代码解释:

第 1 行:导入 get_template 方法。

第 2 行:导入 HttpResponse 方法。

第 6 行:调用 get_template 方法,生成一个 templates 实例,指定的模板为 bbs 目录下的 password_reset.html,这个文件的定位到底在哪里,请见接下来的解释。

第 10 行:使用 template 实例的 render 方法,指定参数为一个字典。

第 11 行:此函数返回为一个 HttpResponse 对象,成为一个视图。

② 在 bbs 下新建目录 templates,在 templates 目录下新建 bbs 目录,在 bbs 目录下新建一个模板文件 password_reset.html。

https://github.com/aguncn/django_demo_project/blob/master/bbs/templates/bbs/password_reset.html

```
01    <!DOCTYPE html>
02    <html lang = "en">
03    <head>
04        <meta charset = "UTF-8">
05        <title> password_reset </title>
06    </head>
07    <body>
08    <pre>
09        Hi there,
10
11        Someone asked for a password reset for the email address {{ user.email }}.
12        Follow the link below:
13
14        In case you forgot your Django Boards username: {{ user.username }}
15
```

16	If clicking the link above doesn't work, please copy and paste the URL
17	in a new browser window instead.
18	</pre>
19	</body>
20	</html>

代码解释：

这是一个简单的 HTML 网页模板，其中第 11 行和第 14 行，指定了两个需要替换的模板变量。

因为在 settings.py 文件的 TEMPLASTES 中，已将 'APP_DIRS' 变量设置为 True，所以，当 Django 框架寻找网页模板时，会在当前应用的 templates 下寻找指定的模板文件。

在此例中，指定的模板路径为 bbs/password_reset.html，那么，它的真实路径就是[项目根目录]/bbs/temlates/bbs/password_reset.html。

这样的方案，比将所有模板文件放在一个大的 templates 目录下，显得更灵活可控，每个应用，都只需要维护好自己的模板文件即可。由于模板指定了应用的目录，也不用担心自己的模板文件名称和其他应用的模板雷同冲突的问题。

③ 在 django_demo_project 目录的 Urls.py 文件里，新加入 path 实例。

https://github.com/aguncn/django_demo_project/blob/master/django_demo_project/urls.py

```
01   urlpatterns = [
02       ...
03       path('password_reset/', bbs_view.password_reset, name='password_reset'),
04   ]
```

④ 在浏览器里访问 http://127.0.0.1:8000/password_reset/，网页如图 2-12 所示即为实践成功。

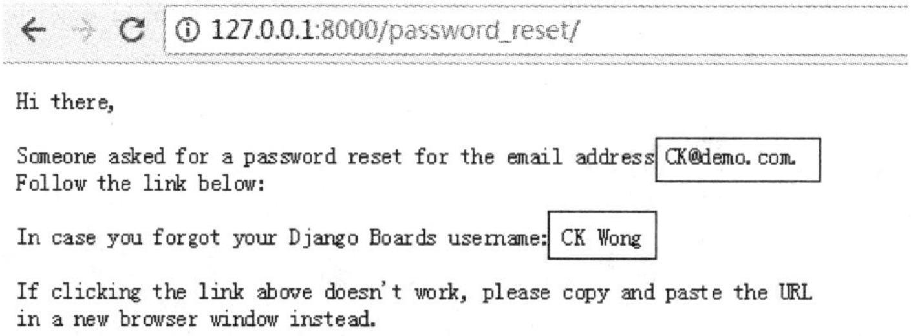

图 2-12　使用 Django 视图、模板和路由功能实现的 Hello 网页

2.7.3　Django Template 的 Render 快捷使用

在 2.7.2 小节，我们知道如何加载模板、填充上下文、返回 HttpResponse 对象

了,这么做的结果是渲染一个模板,是为了让读者了解 Django 加载及在浏览器中渲染模板的过程。只有一步一步地理解了这个过程,在随后的学习中,才能打好坚实的基础,做到知其然,知其所以然。

其实,在 Django 的开发过程中,根据上下文渲染一个网页模板是一个最经常要实现的操作,因为 Django 框架的开发者们提供了一种更简单的快捷方式,只需一行代码就能做到。这个简单方式是 django.shortcuts 模块中名为 render() 的函数。

render() 函数中的第一个参数是请求对象;第二个参数是模板名称;第三个参数可选,是一个字段,用于创建传给模板的上下文。如果不指定第三个参数,则 render() 使用一个空字典。

在本小节,我们就来更改一下上一小节的代码,使用更简单的 render() 函数来实现。

将 bbs 目录下 view.py 文件中的 password_reset() 函数更改如下:

https://github.com/aguncn/django_demo_project/blob/master/bbs/views.py

```
01  from django.shortcuts import render
02
03  def password_reset(request):
04      user = {'username': 'CK Wong', 'email': 'CK@demo.com'}
05      return render(request, 'bbs/password_reset.html', {'user': user})
```

如果读者再用浏览器访问 http://127.0.0.1:8000/password_reset/,则会发现网页输出和上一小节一模一样,但代码却精简到了一行。

希望读者以后遇到类似的简单网页模板渲染时,尽可能地使用 render() 函数。

还有一个类似的函数 render_to_response(),这个函数所有的模板路径为 django.shortcuts.render_to_response。自 Django 1.3 开始,render() 方法是 render_to_response() 的一个崭新的快捷方式,前者会自动使用 RequestContext,而后者必须编码出来,这是最明显的区别,当然前者更简洁。render_to_response() 在 2.0 版后已移除,所以读者如果在代码里遇到这个函数,应注意在 Django 2.x 版本中进行相应的替换。

2.8 Django 模型 Model

经过前面章节的知识铺垫,我们可以顺理成章地进入 Django 最复杂的模型功能的学习了。在 Django 总体功能中,Model 模型的位置如图 2-11 所示。

Model 可以说是 Django 最核心的功能了,你无法想象一个不需要保存数据的 Web 应用,也无法想象一个当服务器断电之后,就丢失了所有数据的网站。而 Model 的功能,就可以将网站重要的数据进行落地持久化保存成数据库里的记录,并且在需要的时候,随时将数据从数据库的记录中调出来展示给用户。

2.8.1　Model ORM

在 Django 的框架设计中采用了 MTV 模型，即 Model、Template、Viewer。Model 相对于传统的三层或者 MVC 框架来说就相当于数据处理层，它主要负责与数据的交互。在使用 Django 框架设计应用系统时，需要注意的是，Django 默认采用的是 ORM 框架中的 Codefirst 模型（根据代码中的类自动生成数据库的表），也就是说开发人员只需要专注于代码的编写，而不需要过多地关注数据库层面的东西，这样可以把开发人员从数据库中解放出来。

那么，什么是 ORM 呢？Object Relational Mapping（关系对象映射），其操作本质上会根据对接的数据库引擎，翻译成对应的 SQL 语句；所有使用 Django 开发的项目无需关心程序底层使用的是 MySQL、Oracle 还是 Sqlite，都会以同样的操作实现。

与 ORM 作对比的，常常是原生 SQL。如果 Django 中使用原生 SQL，会导致 SQL 语句重复率很高，利用率不高。如果业务逻辑生变，原生 SQL 更改起来比较多，且容易忽略一些 Web 安全问题，如 SQL 注入等。但使用 ORM 做数据库的开发可以有效地减小重复 SQL 语句的概率，写出来的模型也更加直观、清晰。ORM 转换成底层数据库操作指令确实会有一些开销。但从实际的情况来看，这种性能损耗很少（不足 5%），只要不是对性能有严苛的要求，综合考虑开发效率、代码的阅读性，带来的好处要远远大于性能损耗，而且项目越大，作用越明显。使用 ORM，可以轻松地写出复杂的查询。Django 封装了底层的数据库实现，支持多个关系数据库引擎，包括流行的 MySQL、PostgreSQL 和 SQLite，可以非常轻松地切换数据库。

Django 项目中的所有模型都是 django.db.models.Model 类的子类。每个类都将被转换为数据库表。每个字段由 django.db.models.Field 子类（内置在 Django core）的实例表示，它们将被转换为数据库的列，而且每个 orm 实例都表示为数据库表里的一行数据。

每个 Django 模型都带有一个特殊的属性，称之为模型管理器（Model Manager）。可以通过属性 objects 来访问这个管理器，它主要用于数据库操作。而每次操作模型管理器，都会返回一个 QuerySet 类型的结果。

2.8.2　Model 示例

理论说得再多，也是苍白的，对于技术来说，实践才能出真知，实战才能让技术人员有所收获。在本小节，以一个小型的论坛为原型，来讲述一下 Django Models 的内容（参照 https://github.com/sibtc/django-beginners-guide 的数据库结构）。整个项目的构思是维护几个论坛版块（Board），每个版块就像一个分类一样。在指定的版块中，用户可以通过创建新主题（Topic）开始讨论，其他用户参与讨论或回复（Post）。

- Board:版块；
- Topic:主题；

- Post:帖子(主题的回复或评论)。

对于 Board 模型,将从两个字段开始:name 和 description。name 字段必须是唯一的,应避免有重复的名称。description 用于说明这个版块是做什么用的。

Topic 模型包括四个字段:subject 表示主题内容;last_update 用来定义话题的排序;starter 用来识别谁发起的话题;board 用于指定它属于哪个版块。

Post 模型有一个 message 字段,用于存储回复的内容;created_at 在排序时用(最先发表的帖子排在最前面);updated_at 告诉用户是否更新了内容,同时,还需要有对应的 User 模型的引用;以及 Post 是由谁创建的和由谁更新的。

最后是 User 模型,包括 username、password、email、is_superuser 标志,因为这几乎是我们现在要使用的所有东西。

需要注意的是,我们不需要创建 User 模型,因为 Django 已经在 contrib 包中内置了 User 模型,可以直接拿来用。

在 bbs 目录下的 models.py 文件里,输入以下内容,实现这四个 Model 的创建。

https://github.com/aguncn/django_demo_project/blob/master/bbs/models.py

```
01  from django.db import models
02  from django.contrib.auth.models import User
03  from django.utils.text import Truncator
04
05  class Board(models.Model):
06      name = models.CharField(max_length=30, unique=True)
07      description = models.CharField(max_length=100)
08
09      def __str__(self):
10          return self.name
11
12  class Topic(models.Model):
13      subject = models.CharField(max_length=255)
14      last_updated = models.DateTimeField(auto_now_add=True)
15      board = models.ForeignKey(Board, related_name='topics',
16                                on_delete=models.CASCADE)
17      starter = models.ForeignKey(User, related_name='topics',
18                                  on_delete=models.CASCADE)
19      views = models.PositiveIntegerField(default=0)
20
21      def __str__(self):
22          return self.subject
23
24  class Post(models.Model):
25      message = models.TextField(max_length=4000)
```

```
26      topic = models.ForeignKey(Topic, related_name = 'posts',
27                          on_delete = models.CASCADE)
28      created_at = models.DateTimeField(auto_now_add = True)
29      updated_at = models.DateTimeField(null = True)
30      created_by = models.ForeignKey(User, related_name = 'posts',
31                          on_delete = models.CASCADE)
32      updated_by = models.ForeignKey(User, null = True, related_name = '+',
33                          on_delete = models.CASCADE)
34
35      def __str__(self):
36          truncated_message = Truncator(self.message)
37          return truncated_message.chars(30)
```

代码解释：

第5~10行：定义了一个继承自 models.Model 的 Board 类，它对应于数据库当中的一个表。

第6行：定义了一个名称为 name 的字段，字段类型为 CharField，这个类为 django.db.models.Field 类的子类。关于 Field 类的介绍，接下来的章节就会涉及。在 name 中，限制了最大字符串长度为30（max_length），且 name 字段内容在整个数据表中必须具有唯一性（unique）。关于 Fields 中的属性介绍，也会随着 Fields 类一并介绍。

第9~10行：在 Board 类里，定义了一个 __str__ 方法，它用于定义默认的显示字段。

第14行：定义了一个日期型字段——DateTimeField。其中的 auto_now_add＝True 属性，表示此字段不用提供日期数值，框架会自动将当前的日期加入数据库。

第15~16行：在 Topic 数据表中定义了一个指向 Board 的外键，related_name 属性用于指定反向查询的名称，即通过它，可以查询出属于每个 Board 的 Topic。on_delete 的属性定义了级联删除，即当删除一个 Board 时，其所属的所有 Topic 也会一并删除。

第32~33行：在 Post 模型中，该 updated_by 字段设置 related_name＝'+'。这提示 Django 不需要这种反向关系，所以它会被忽略。

其他的代码，读者结合上一段的叙述和前段的解释，相信可以轻易地理解。

最后，读者可能会有疑问：''每个数据表常用的主键/ ID 呢？''如果我们没有为模型指定主键，Django 会自动为我们生成，所以这里没有必要显示定义。

在定义好 models.py 文件之后，先在项目根目录运行如下命令，它会记录我们对 models.py 的所有改动，并且将这个改动迁移到 migrations 这个文件下生成一个文件。

```
python manage.py makemigrations
```

输出如下：

```
Migrations for 'bbs':
    bbs\migrations\0001_initial.py
        - Create model Board
        - Create model Post
        - Create model Topic
        - Add field topic to post
        - Add field updated_by to post
```

从输出信息中看到，此次的命令，已在 bbs 目录的 migrations 目录下，生成了一个名为 0001_initial.py 的文件，如果用户查看此文件的内容，就会发现其记录的就是 models.py 文件里的变更记录。接下来，再运行如下命令，把这些改动作用到数据库也就是执行 migrations 中新改动的迁移文件更新数据库，比如创建数据表，或者增加字段属性。

```
python manage.py migrate
```

输出如下：

```
Operations to perform:
  Apply all migrations: admin, auth, bbs, contenttypes, sessions
Running migrations:
  Applying contenttypes.0001_initial... OK
  Applying auth.0001_initial... OK
  Applying admin.0001_initial... OK
  Applying admin.0002_logentry_remove_auto_add... OK
  Applying admin.0003_logentry_add_action_flag_choices... OK
  Applying contenttypes.0002_remove_content_type_name... OK
  Applying auth.0002_alter_permission_name_max_length... OK
  Applying auth.0003_alter_user_email_max_length... OK
  Applying auth.0004_alter_user_username_opts... OK
  Applying auth.0005_alter_user_last_login_null... OK
  Applying auth.0006_require_contenttypes_0002... OK
  Applying auth.0007_alter_validators_add_error_messages... OK
  Applying auth.0008_alter_user_username_max_length... OK
  Applying auth.0009_alter_user_last_name_max_length... OK
  Applying bbs.0001_initial... OK
  Applying sessions.0001_initial... OK
```

从上面的输出可以看出，由于我们从来没有运行过这个命令，所以 Django 会先将本身提供的数据库设置同步到数据库，同时，也将 bbs.0001_initial 同步到了数据库中。

经过以上操作，我们已在应用的 migrations 文件夹下记录了 models.py 的改动,并且将其改动同步到了数据库当中。以后,每一次对 models.py 的操作,都要同时运行这两个命令,以保证数据库的同步操作。

2.8.3 ORM 常用 Field 及属性

在继续进行下一步实践之后,这里先插入一个 ORM 常用的 Field 的知识点,以便读者更全面地了解 Django ORM 支持的数据类型及常用设置。

ORM 常用字段类型如下：

① CharField:字符串类型,映射到数据库中会转换成 varchar 类型,使用时必须传入 max_length 属性以定义该字符串的最大长度;如果超过 254 个字符,就不建议使用 CharField 了,此时建议使用 TextField。

② EmailField:在数据库底层也是一个 varchar 类型,默认最大长度是 254 个字符。当然也可以自己传递 max_length 参数,这个 Field 在数据库层面不会限制一定要传递符合 email 条件的字符串,只是以后在使用 ModelForm 表单验证时,会起作用。

③ UrlField:类似于 CharField,在数据库底层也是一个 varchar 类型,只不过只能用来存储 URL 格式的字符串,并且默认的 max_length 是 200,同 EmailField。

④ FloatField:浮点数类型,映射到数据库中会变成 double 类型。

⑤ IntegerField:整数类型,映射到数据库中会变成 11 位的 int 类型。

⑥ BooleanField:布尔类型(True/False),映射到数据库中会变成长度只有 1 位的 tinyint 类型,这个 Field 不接受 null 参数。要想使用 null 的布尔类型的字段,就要使用 NullBooleanField。

⑦ AutoField:自增长类型,映射到数据库中是 11 位的整数,使用此字段时,必须传递 primary_key=True,否则在生成迁移脚本文件时,就会报错;一个模型不能有两个自增长字段。一般情况下我们用不到这个字段,如果不定义主键,Django 会自动为我们生成 id 字段作为主键。

⑧ DateTimeField:日期时间类型,在 Python 中对应的是 datetime.datetime 类型,在映射到数据库中也是 datetime 类型。使用这个 Field 可以传递以下几个参数：

a. auto_now=True:在每次这个数据保存的时候,都使用当前的时间。比如作为一个记录修改日期的字段。

b. auto_now_add=True:在每条数据第一次被添加进去的时候,都使用当前的时间,比如作为一个记录第一次入库的字段。

⑨ DateField:日期类型,用法同 DateTimeField,在 Python 中对应的是 datetime.date 类型,在映射到数据库中是 date 类型。

⑩ TimeField:时间类型,用法同 DateTimeField,在 Python 中对应的是 datetime.time 类型,在映射到数据库中是 time 类型。

⑪ FileField:用来存储文件。

⑫ ImageField:用来存储图片文件。

⑬ TextField:大量的文本类型。

Field 的常用参数如下:

① null:标识是否可以为空,默认是 False。在使用字符串相关的 Field(CharField/TextField/URLField/EmailField)的时候,官方推荐尽量不要使用这个参数,也就是保持默认值 False。因为 Django 在处理字符串相关的 Field 时,即使这个 Field 的 null=False,如果没有给这个 Field 传递任何值,那么 Django 也会使用一个空的字符串""""来作为默认值存储进去。因此如果再使用 null=True,Django 会产生两种空值的情形(NULL 或者空字符串)。如果想要在表单验证的时候允许这个字符串为空,那么建议使用 blank=True。如果你的 Field 是 BooleanField,由于 BooleanField 不接受 null 参数,因此如果想要设置这个字段可以为空的 bool 类型,那么对应的可空的 bool 类型字段则为 NullBooleanField。

② blank:标识这个字段在表单验证的时候是否可以为空,默认是 False。这个和 null 是有区别的,null 是一个纯数据库级别的;而 blank 是表单验证级别的。

③ db_column:这个字段在数据库中的名字。如果没有设置这个参数,那么将会使用模型中属性的名字。

④ db_index:标识这个字段是否为索引字段。

⑤ default:默认值。可以是一个值,或者是一个函数,但是不支持 lambda 表达式,并且不支持列表/字典/集合等可变的数据结构。在用函数作为值传递给 default 时,只能传递函数名,不需要加括号。

⑥ primary_key:是否为主键,与 AutoField/BigAutoField 连用,默认是 False。

⑦ unique:在表中这个字段的值是否唯一,若是,则在数据库中就是唯一约束,一般是设置手机号码/邮箱等。

⑧ choices:在一个范围内选择出一项,这个属性可以在 Django Admin 中显示下拉框,连在一定程序上避免连表查询。

模型中 Meta 配置:

对于一些模型级别的配置,可以在模型中定义一个类,叫作 Meta。然后在这个类中添加一些类属性来控制模型的作用。比如我们想要在数据库映射的时候使用自己指定的表名,而不是使用模型的名称,那么可以在 Meta 类中添加一个 db_table 的属性。示例代码如下:

```
class Book(models.Model):
    name = models.CharField(max_length = 20,null = False)
    desc = models.CharField(max_length = 100,null = True,blank = True)
    class Meta:
        db_table = 'book_model'
```

以下将对 Meta 类中的一些常用配置进行解释:

- db_table：模型映射到数据库中的表名。如果没有指定这个参数，那么在映射的时候将会使用模型所在 App 的名称加上模型名的小写来作为默认的表名。
- ordering：设置提取数据的排序方式，因为可以按照多个字段以优先关系进行排序，所以需要传递一个字段的列表。在提取数据时，可以根据列表中字段从前到后（优先级从高到低）的方式排序，排序默认为正序，如果需要哪个字段按倒序排列，则可以在这个字段前面加上"-"。

2.8.4 Django Shell 操作 ORM

在 2.7.1 小节中，已学过了如何进入 Django 的 Shell 界面，在本小节，继续用这种方法来学习 ORM 的操作。

这样安排有两个考量：一是我们还没有学习如何操作 Django Admin 管理后台，我们的数据库里没有数据，就无法做下一步的实践；而使用 Django Shell，就可以手工插入相关数据。二是通过 Django Shell，读者可以比较细致地了解一些 ORM 的语法测试，更有利于接下来在视图中使用 ORM 功能的学习。

下面，我们进入 D:\GIT\django_demo_project\ 目录，运行 Python Manage Shell 命令进入支持 Django 的 Shell。

进入此 Shell 后，先运行如下示例，以便了解 ORM 的基本操作。

```
01    >>> from bbs.models import Board
02    >>> board = Board(name='Java', description='build once, run anywhere.')
03    >>> board.save()
04    >>> board.id
05    1
06    >>> board.name
07    'Java'
08    >>> board.description
09    'build once, run anywhere.'
10    >>> board.description = 'build windows, run on linux.'
11    >>> board.save()
12    >>> board = Board.objects.create(name='Python', description='life is short, use python.')
13    >>> board.id
14    2
15    >>> Board.objects.all()
16    <QuerySet [<Board: Java>, <Board: Python>]>
17    >>> Board.objects.get(name='Python')
18    <Board: Python>
19    >>> Board.objects.filter(id__lt=3)
20    <QuerySet [<Board: Java>, <Board: Python>]>
```

代码解释:

第 1 行:从 bbs 目录的 models 文件中,导入 Board 数据表。

第 2 行:实例化一个 Board 对象——Board。

第 3 行:将这个对象保存到数据库。

第 4～9 行:从这个对象中获取所有字段的值。

第 10～11 行:同样,可以修改这个对象的值,注意,要再次调用 save() 方法之后才生效。

第 12 行:如果不想先实例化,再调用 save() 方法保存,那么可以直接使用 create() 方法,直接就保存到数据库当中了。

第 15 行:使用 objects 管理器的 all() 方法,可以返回包含所有记录的 QuerySet。

第 17 行:使用 objects 管理器的 get() 方法,返回的是一条唯一数据表的记录(其中 name='Python',就决定了数据表里只有一条记录)。

第 19 行:使用 objects 管理器的 filter() 方法,返回的是满足过滤条件的 QuerySet(id__lt=3,表示的过滤条件是 id 的值小于 3)。

上面是一个简单的例子,接下来,我们加大点难度,看看如何实现与外键有关的数据库操作。因为在新增 topic 及 post 时,都涉及到用户,所以需要先运行如下命令,新增一个管理员用户:

```
python manage.py createsuperuser
```

假设我们新增的用户名为 admin。接着,就可以使用 python manage.py shell 进行如下操作了。

```
01  >>> from bbs.models import Board, Topic, Post
02  >>> from django.contrib.auth.models import User
03  >>> user = User.objects.get(username='admin')
04  >>> board = Board.objects.get(name='Python')
05  >>> topic = Topic(subject='first Python subject', board=board, starter=user)
06  >>> topic.save()
07  >>> post = Post(message="python is very good.", topic=topic, created_by=user)
08  >>> post.save()
09  >>> board.topics.all()
10  <QuerySet [<Topic: first Python subject>]>
11  >>> topic.posts.all()
12  <QuerySet [<Post: python is very good.>]>
```

代码解释:

第 1～2 行:导入必要的 Models 中的数据表。

第 3 行:获取一个用户名为 admin 的 user 实例。

第 4 行:获取一个名称为 Python 的 board 实例。

第 5 行：按 topic 数据表的要求，填充相关字段。注意，board 和 starter 是用对应的实例对象去填充的。

第 6 行：保存 topic 实例。

第 7 行：按 post 数据表的要求，填充相关字段。注意，topic 和 created_by 是用对应的实例对象去填充的。

第 8 行：保存 post 实例。

第 9 行：利用 topic 中的 board 外键的 related_name 的关系，可以获取一个 board 下面的所有 topic。这里利用的正是 models.py 中的 Topic 数据表：board = models.ForeignKey(Board, related_name='topics', ...)这行定义。

第 11 行：利用 post 中的 topic 外键的 related_name 的关系，可以获取一个 topic 下面的所有 post。这里利用的正是 models.py 中的 Post 数据表：topic = models.ForeignKey(Topic, related_name='posts', ...)这行定义。

通过前面两个实际的操作学习，读者应该了解 ORM 操作的一般套路了吧。更多的 ORM 操作技巧，需要经历更多的实际场景，才能不断提高。

有了前面的技巧铺垫，我们的数据库里 Board、Topic、Post 都至少有一条数据了。接下来，就可以使用 ORM，结合 UrlConf、视图、模板来实现一个最低功能的 BBS 了（这里不涉及任何前端美化工作）。

2.8.5 函数视图操作 ORM（显示 board 列表）

① 在 bbs/views.py 里新增一个 boards_list 函数。

https://github.com/aguncn/django_demo_project/blob/master/bbs/views.py

```
01    def boards_list(request):
02        boards = Board.objects.all()
03        return render(request, 'bbs/boards_list.html', {'boards': boards})
```

代码解释：

第 2 行：使用使用 objects 管理器的 all 方法，获取 Board 表中的所有记录。如果读者会使用 SQL，这条 ORM 略相当于［SELECT id, name, description FROM Board］。

第 3 行：使用 render 这个快捷方法，渲染 boards_list.html 模板，传递一个 boards 上下文，而此上下文，就是第 2 行的列表。

② 在 bbs/templates/bbs/下，新增一个上文提到的模板文件 boards_list.html。

https://github.com/aguncn/django_demo_project/blob/master/bbs/templates/bbs/boards_list.html

```
01    <!DOCTYPE html>
02    <html lang="en">
```

```
03    <head>
04        <meta charset = "UTF-8">
05        <title> boards_list </title>
06    </head>
07    <body>
08        <ul>
09        {% for board in boards %}
10            <li> <a href = "{% url 'board_topics' board.pk %}">
11                {{ board.id }}. {{ board.name }} </a> <br />
12                {{ board.description }} </li>
13        {% endfor %}
14        </ul>
15    </body>
16 </html>
```

代码解释：

这里，我们以最简单的方式，实现了一个显示所有 board 名称及描述的列表。

第 9～13 行：实现了循环读取每一条 board 的功能。for 标签功能见表 2-1。

第 10 行：显示指定的 board 的 URL，在下一小节实现，写法参照 2.6.2 小节理解。注意，我们为这个 URL 指定了一个参数，这个参数是需要名为 board_topics 的 URL 来捕获的。

第 11～12 行：{{ board.id }}这样的模板变量，用于显示 board 的 id、名称及描述。

③ 在 django_demo_project/里，新增一条 URL 路由实例。

https://github.com/aguncn/django_demo_project/blob/master/django_demo_project/urls.py

```
01  urlpatterns = [
02  ...
03      path('boards_list/', bbs_view.boards_list, name = 'boards_list'),
04  ...
05  ]
```

④ 在浏览器里访问 http://127.0.0.1:8000/boards_list/，效果如图 2-13 所示（因为我们在 2.8.4 小节中，已加了这些数据）。

图 2-13　使用 Django 视图、模型、模板和路由功能实现的 Hello 网页

2.8.6 函数视图操作 ORM(显示指定 board 的 topic 列表)

① 在 bbs/views.py 里新增一个 board_topics 函数。

https://github.com/aguncn/django_demo_project/blob/master/bbs/views.py

```
01   def board_topics(request, pk):
02       board = Board.objects.get(id=pk)
03       topics = board.topics.all()
04       return render(request,
05                     'bbs/board_topics.html',
06                     {'board': board, 'topics': topics})
```

代码解释:

第1行:由于我们在此函数的 URL 中捕获了一个 pk 参数,所以,将其传递到了函数。

第2行:使用 objects 管理器的 get 方法,获取指定的 board 实例。如果读者会使用 SQL,这条 ORM 略相当于[SELECT id, name, description FROM Board where id=pk]。

第3行:使用 Topic 数据表中 board 外键的 related_name(topics),获取了指定 board 的所有 topic。

第4行:使用 render 这个快捷方法,渲染 board_topics.html 模板,传递一个 board 及 topics 上下文。

② 在 bbs/templates/bbs/下,新增一个上文提到的模板文件 board_topics.html。

https://github.com/aguncn/django_demo_project/blob/master/bbs/templates/bbs/board_topics.html

```
01   <div class="table table-striped mb-4">
02       <a href="{% url 'new_topic' board.pk %}">发新贴</a>
03   </div>
04   <p/>
05   <table class="table">
06       <thead class="thead-dark">
07           <tr>
08               <th> Topic </th>
09               <th> Starter </th>
10               <th> Replies </th>
11               <th> Last Update </th>
12           </tr>
13       </thead>
14       <tbody>
```

```
15        {% for topic in topics %}
16          <tr>
17            <td>
18              <p class = "mb-0">
19                <a href = "{% url 'topic_posts' board.pk topic.pk %}">{{ topic.subject }}</a>
20              </p>
21            </td>
22            <td class = "align-middle">{{ topic.starter.username }}</td>
23            <td class = "align-middle">{{ topic.replies }}</td>
24            <td class = "align-middle">{{ topic.last_updated }}</td>
25          </tr>
26        {% endfor %}
27      </tbody>
28    </table>
29    <p/>
30    <div class = "table table-striped mb-4">
31      <a href = "{% url 'boards_list' %}"> BBS 列表 </a>
32    </div>
```

代码解释:

第2行:发贴功能,在接下来实现。

第15~26行:实现了循环读取每一条topic的功能。

第19行:显示指定的topic内容的URL,并为这个URL传递了两个参数。

第22行:{{ topic.starter.username }}这样的模板变量,用于显示topic中的starter这个外键数据表中的username字段名称(即User数据表的usrname名称)。这种写法,希望读者能学习好,因为它可以支持更长的链式写法,灵活地在网页上显示指定的内容。

③ 在django_demo_project/中,新增一条URL路由实例。

https://github.com/aguncn/django_demo_project/blob/master/django_demo_project/urls.py

```
01  urlpatterns = [
02    ...
03    path('boards/<pk>/', bbs_view.board_topics, name = 'board_topics'),
04    ...
05  ]
```

④ 在浏览器里点击图2-13中的Python链接,效果如图2-14所示(因为我们在2.8.4小节中已加了这些数据)。

图 2-14 函数视图操作 ORM 的网页(读取批量数据)

2.8.7 函数视图操作 ORM(新增 topic)

① 在 bbs/目录下,新增一个 forms.py 文件。

https://github.com/aguncn/django_demo_project/blob/master/bbs/forms.py

```
01    from django import forms
02    from bbs.models import Topic
03
04    class NewTopicForm(forms.ModelForm):
05        message = forms.CharField(
06            widget = forms.Textarea(
07                attrs = {'rows': 5,
08                         'placeholder': 'What is on your mind? '}
09            ),
10            max_length = 4000,
11            help_text = 'The max length of the text is 4000.')
12
13        class Meta:
14            model = Topic
15            fields = ['subject', 'message']
```

代码解释:

我们在这里实现一个 Django 的 ModelForm。关于表单的知识会在 2.9 节讲述,读者在这里可以理解为网页里的一个<form></form>之间的内容。

② 在 bbs/views.py 里新增一个 new_topic 函数。

https://github.com/aguncn/django_demo_project/blob/master/bbs/views.py

```
01    def new_topic(request, pk):
02        board = get_object_or_404(Board, pk = pk)
03        user = User.objects.get(pk = 1)
04        if request.method == 'POST':
05            form = NewTopicForm(request.POST)
06            if form.is_valid():
07                topic = form.save(commit = False)
```

```
08              topic.board = board
09              topic.starter = user
10              topic.save()
11              Post.objects.create(
12                  message = form.cleaned_data.get('message'),
13                  topic = topic,
14                  created_by = user
15              )
16              return redirect('topic_posts',
17                              pk = pk,
18                              topic_pk = topic.pk)
19          else:
20              form = NewTopicForm()
21          return render(request, 'bbs/new_topic.html',
22                        {'board': board, 'form': form})
```

代码解释：

第 1 行：由于在此函数的 URL 中捕获了一个 pk 参数，所以，将其传递到了函数。

第 2 行：get_object_or_404 这个方法，相当于使用 objects 管理器的 get 方法，但同时判断了出错的情况，如果有数据，则与 get 方法一样返回；如果没有找到数据，则直接给网页返回 404 错误。

第 4～18 行：如果在网页中以 POST 方法提交数据，则这里的逻辑上会保存这个 topic 的数据，之后，URL 会跳转到这个新的 topic。因为用户有新增 topic 时，subject 是属于 Topic 数据表，而 message 是属于 Post 数据表，所以这里作了分开保存。form.is_valid()这样的方法，一并留到 2.9 节讲 Django 表单知识时再分析。

第 20 行：如果在网页中以 GET 方法请求此 URL，则调用 render 方法，并指定一个新的 form。

③ 在 bbs/templates/bbs/下，新增一个上文提到的模板文件 new_topic.html。

https://github.com/aguncn/django_demo_project/blob/master/bbs/templates/bbs/

```
01  <li> <a href = "{% url 'boards_list' %}"> Boards </a> </li>
02  <li> <a href = "{% url 'board_topics' board.pk %}"> {{ board.name }} </a> </li>
03  <li> New topic </li>
04
05  <form method = "post">
06      {% csrf_token %}
07      {% if form.non_field_errors %}
08          <div>
09              {% for error in form.non_field_errors %}
10                  <p> {{ error }} </p>
```

```
11          {% endfor %}
12        </div>
13      {% endif %}
14
15      <div>
16        {{ form.subject.label_tag }}
17        {{ form.subject }}
18        {% for error in form.subject.errors %}
19          <div>
20            {{ error }}
21          </div>
22        {% endfor %}
23        {% if form.subject.help_text %}
24          <small>
25            {{ form.subject.help_text|safe }}
26          </small>
27        {% endif %}
28      </div>
29
30      <div>
31        {{ form.message.label_tag }}
32        {{ form.message }}
33        {% for error in form.message.errors %}
34          <div>
35            {{ error }}
36          </div>
37        {% endfor %}
38        {% if form.message.help_text %}
39          <small>
40            {{ form.message.help_text|safe }}
41          </small>
42        {% endif %}
43      </div>
44      <button type = "submit"> 发贴 </button>
45    </form>
```

代码解释:

第1~2行:如果用户不准备发新贴了,则提供一个返回前两级网页的 URL 链接。

第5~45行:实现了一个 form 表单,我们逐条渲染 form 表单里的每个字段,并且将是否有错误提示也一并渲染。更快速的表单渲染方式,见 2.9 节。快速地渲染表单,失去了灵活性,笔者一般喜欢分别定义,只是代码多点,但感觉可自定义且可控每一项。

第6行:{% csrf_token %},这是为了增加表单的安全性而设计的token。

④ 在django_demo_project/里,新增一条URL实例。

https://github.com/aguncn/django_demo_project/blob/master/django_demo_project/urls.py

```
01    urlpatterns = [
02        ...
03        path('boards/<pk>/new/', bbs_view.new_topic, name = 'new_topic'),
04        ...
05    ]
```

⑤ 浏览器里点击图2-14中的发新贴,效果如图2-15所示。

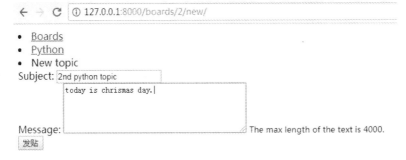

图2-15 函数视图操作ORM的网页(新增数据)

2.8.8 函数视图操作ORM(指定board的topic内容)

① 在bbs/views.py中新增一个board_topics函数。

https://github.com/aguncn/django_demo_project/blob/master/bbs/views.py

```
01    def topic_posts(request, pk, topic_pk):
02        topic = Topic.objects.get(pk = topic_pk, board__pk = pk)
03        posts = topic.posts.all()
04        return render(request, 'bbs/posts.html',
05                      {'board_pk': pk,
06                       'topic': topic,
07                       'posts': posts})
```

代码解释:

第1行:由于在此函数的URL中捕获了两个参数,一个是board的pk,一个是topic的pk,所以,将其传递到了函数。

第2行:使用objects管理器的get方法,获取指定的topic实例。

第 3 行:使用 Post 数据表中 topic 外键的 related_name(posts),获取了指定 topic 的所有 post。

第 4～7 行:使用 render 这个快捷方法,渲染 posts.html 模板,传递了相关上下文。

② 在 bbs/templates/bbs/下,新增一个上文提到的模板文件 posts.html。

https://github.com/aguncn/django_demo_project/blob/master/bbs/templates/bbs/posts.html

```
01    <div>
02        <a href = "{% url 'board_topics' board_pk %}">
03        {{ topic.board }} </a>
04        --- {{ topic.subject }}
05    </div>
06    {% for post in posts %}
07    <div class = "card - body p - 3">
08    <div class = "row">
09        <div class = "col - 10">
10        <div class = "row mb - 3">
11            <div class = "col - 6">
12                <strong class = "text - muted">
13                    {{ post.created_by.username }}
14                </strong>
15            </div>
16            <div class = "col - 6 text - right">
17                <small class = "text - muted">
18                    {{ post.created_at }}
19                </small>
20            </div>
21        </div>
22            {{ post.message }}
23        </div>
24    </div>
25    </div>
26
27    {% endfor %}
```

代码解释:

第 2 行:建立一个 URL 链接,可以回到本 board。

第 6～27 行:实现了循环读取 topic 的第一个 post 的内容。

第 13 行:{{ post.created_by.username }}这样的模板变量,用于显示 topic 中的 created_by 这个外键数据表中的 username 字段名称(即 User 数据表的 username

名称)。这种写法,希望读者能学习好,因为它可以支持更长的链式写法,灵活地在网页上显示指定的内容。

③ 在 django_demo_project/ 中,新增一条 URL 实例。

https://github.com/aguncn/django_ demo _ project/blob/master/django_ demo_ project/urls.py

```
01    urlpatterns = [
02      ...
03      path('boards/<pk>/topics/<topic_pk>/',
              bbs_view.topic_posts, name='topic_posts'),
04      ...
05    ]
```

④ 在浏览器中点击图 2-14 中的贴子列表,效果如图 2-16 所示(因为我们在 2.8.7 小节中,已加了这个贴子)。

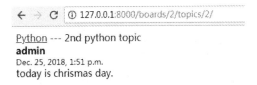

图 2-16　函数视图操作 ORM 的网页(读取单条数据)

2.8.9　类视图操作 ORM(显示 board 列表)

前面演示的都是用函数视图来操作的 ORM,读者会发现,其实很多 ORM 操作,都是用相同的套路来实现的。

Python 是一个面向对象的编程语言,如果只用函数来开发,那么有很多面向对象的优点(继承、封装、多态)就错失了。所以 Django 在后来加入了 Class-BasedView,可以让我们用类写 View。这样做的优点是不但提高了代码的复用性,可以使用面向对象的技术,比如 Mixin(多继承),而且可以用不同的函数针对不同的 HTTP 方法处理,而不是通过很多 if 判断,提高了代码的可读性。下面,就来实现一个简单的类视图。

① 在 bbs/views.py 里新增一个 BoardList 类。

https://github.com/aguncn/django_demo_project/blob/master/bbs/views.py

```
01    class BoardList(ListView):
02        model = Board
03        context_object_name = 'boards'
04        template_name = 'bbs/boards_list.html'
```

代码解释:

第 1 行:BoardList 类继承一个通用的 ListView 类。更多的通用类,稍后说明。

第2行:此类视图使用的 Model 为 Board。

第3行:重定义类视图的上下文变量名为 boards,不然,默认的为 object_list。

第4行:定义此视图使用的模板同样为 boards_list.html。为了和函数视图保持兼容,这里定义的上下文和模板名称与函数视图中的一模一样。

② 不用新建模板文件,就使用 bbs/templates/bbs/boards_list.html 作为模板。

③ 在 django_demo_project/中,新增一条 URL 实例(注意,我们在类视图后加了 as_view 方法)。

https://github.com/aguncn/django_demo_project/blob/master/django_demo_project/urls.py

```
01  urlpatterns = [
02      ...
03      path('boards_list_view/', bbs_view.BoardList.as_view(), name = 'boards_list_view'),
04      ...
05  ]
```

④ 浏览器里访问 http://127.0.0.1:8000/boards_list_view/,效果同图 2-14 一模一样,这里就不再展示了。

下面,来简单总结一下 Django 中的类视图,如表 2-2 所列。

表 2-2　Django 中的类视图

类　别	名　称
基本视图	TemplateView; RedirectView
通用显示视图	DetailView; ListView
通用编辑视图	FormView; CreateView; UpdateView; DeleteView
通用日期视图	ArchiveIndexView; YearArchiveView; MonthArchiveView; WeekArchiveView; DayArchiveView; TodayArchiveView; DateDetailView

要理解 Django 的 class-based-view（以下简称 cbv），首先要明白 Django 引入 cbv 的目的是什么。在 Django 1.3 之前，generic view（也就是所谓的通用视图）使用的是 function-based-view（fbv），亦即基于函数的视图。有人认为 fbv 比 cbv 更 Pythonic，其实不然。Python 的一大重要特性就是面向对象，而 cbv 更能体现 Python 的面向对象。cbv 是通过 class 的方式来实现视图方法的。class 相对于 function，更能利用多态的特性，因此更容易从宏观层面上将项目内的比较通用的功能抽象出来。cbv 的实现原理通过看 Django 的源码就很容易明白，大体就是由 URL 路由到这个 cbv 之后，通过 cbv 内部的 dispatch 方法进行分发，将 get 请求分发给 cbv.get 方法处理，将 post 请求分发给 cbv.post 方法处理，其他方法类似。怎么利用多态呢？cbv 里引入了 Mixin 的概念。Mixin 就是写好了的一些基础类，然后通过不同的 Mixin 组合成为最终想要的类。

所以，理解 cbv 的基础是，理解 Mixin。Django 中使用 Mixin 来重用代码，一个 View Class 可以继承多个 Mixin，但是只能继承一个 View（包括 View 的子类），推荐把 View 写在最右边，多个 Mixin 写在左边。

在后面的自动化部署系统实现代码中，会大量地用到类视图，到时我们再来一个一个地学习、理解。

2.8.10 Model 的底层数据库连接配置

本节最后一个内容，让我们来聊一聊 Django 的数据库连接配置吧。读者可能心存一个疑惑：我们一直没有指定数据库，Django 用的是啥数据库呀？

这个秘密就藏在 django_demo_project 目录下的 settings.py 文件中。如果再仔细看看这个文件，会发现里面已默认了一段数据库的配置。

https://github.com/aguncn/django_demo_project/blob/master/django_demo_project/settings.py

```
01  ...
02  DATABASES = {
03      'default': {
04          'ENGINE': 'django.db.backends.sqlite3',
05          'NAME': os.path.join(BASE_DIR, 'db.sqlite3'),
06      }
07  }
08  ...
```

从上面的配置可以看出，Django 已为我们配置好了一个 sqlite3 的数据库引擎，使用的文件就是项目根目录下的 db.sqlite3。

SQLite 是一个产品级数据库。SQLite 被许多公司用于成千上万的产品，如所有 Android 和 iOS 设备、主流的 Web 浏览器、Windows 10、MacOS 等。

但 SQLite 不能与 MySQL、PostgreSQL 或 Oracle 等数据库进行比较。大容量的网站、密集型写入的应用程序、大的数据集、高并发性的应用使用 SQLite,最终都会导致问题。

我们将在开发项目期间使用 SQLite,因为它很方便,不需要安装其他任何东西。当我们将项目部署到生产环境时,再将其切换到其他数据库(比如 MySQL)。对于简单的网站,这种做法没什么问题。但对于复杂的网站,建议在开发和生产中使用相同的数据库。

如果要将 Django 的后端连接数据库配置为 MySql,则只需要将 settings.py 中的 DATABASES 配置修改为如下内容即可:

```
01  DATABASES = {
02      'default': {
03          'ENGINE': 'django.db.backends.mysql',
04          'NAME': 'bbs',
05          'HOST':'127.0.0.1',
06          'PORT':'3306',
07          'USER':'root',
08          'PASSWORD':'root_password',
09      }
10  }
```

注意几点:
① 需要提前在 mysql 中建好数据库。
② 需要用 pip 安装类似 pymsql 的模块。
③ 以上是最低配置,在生产环境中需要更详细的配置,请参考更多文档。

2.9　Django 表单 Form

在 2.8.7 小节中,提前使用了一个 Django 的 Form 表单功能,当时的代码如下:

https://github.com/aguncn/django_demo_project/blob/master/bbs/forms.py

```
01  from django import forms
02  from bbs.models import Topic
03
04  class NewTopicForm(forms.ModelForm):
05      message = forms.CharField(
06          widget = forms.Textarea(
07              attrs = {'rows': 5,
08                  'placeholder': 'What is on your mind?'}
09          ),
```

```
10            max_length = 4000,
11            help_text = 'The max length of the text is 4000.')
12
13        class Meta:
14            model = Topic
15            fields = ['subject', 'message']
```

在本节,我们就来多了解一下关于 Django Form 的一些知识。Django Form 是 Django 的表单处理库。依赖 HttpRequest,它具有如下特点:
- 快速自动生成 HTML 表单;
- 表单数据校验;
- 错误信息提示;
- 自动转换为 Python 数据格式。

Django 的 Form 为我们提供了一些常用的内置字段,如 BooleanField、CharField、ChoiceField、DateField、DateTimeField、EmailField、FileField、FloatField、ImageField 等。而在每个 Field 里,也提供了 labels、wigets、error_messages 等参数。其中,wigets 参数用于控制 Form 在网页中的样式,需要好好掌握。

在 2.8.7 小节中,没有使用表单内置的渲染功能,而是手工一个字段一个字段地进行布置。其实,在有些标准化的展示中,Form 表单可以支持更快的渲染方式:
- {{ form.as_table }} 将表单渲染成一个表格元素,每个输入框作为一个 <tr> 标签。
- {{ form.as_p }} 将表单的每个输入框包裹在一个 <p> 标签内 tags。
- {{ form.as_ul }} 将表单渲染成一个列表元素,每个输入框作为一个 <li> 标签。

Django 表单的后台验证过程如图 2-17 所示。

① 函数 full_clean() 依次调用每个 field 的 clean() 函数,该函数针对 field 的 max_length、unique 等约束进行验证,如果验证成功则返回值,否则抛出 ValidationError 错误。如果有值返回,则放入 Form 的 cleaned_data 字典中。

② 如果每个 field 的内置 clean() 函数都没有抛出 ValidationError 错误,则调用以 clean_ 开头、以 field 名字结尾的自定义 field 验证函数。验证成功和失败的处理方式同步骤①。

③ 调用 form 的 clean() 函数。注意,这里是 Form 的 clean(),而不是 field 的 clean()。如果 clean 没有错误,那么它将返回 cleaned_data 字典。

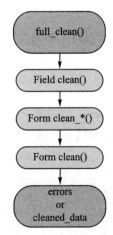

图 2-17 Django 表单的后台验证过程

④ 如果到这一步没有 ValidationError 错误抛出,那么 cleaned_data 字典就填满了有效数据;否则 cleaned_data 不存在,Form 的另外一个字典 errors 填上验证错误。在 template 中,每个 field 获取自己错误的方式是:{{ form.username.errors }}。

⑤ 如果有错误,则 is_valid()返回 False,否则返回 True。

希望读者结合上面的内容和 2.8.7 小节中 view.py 里的代码,深入理解这一验证过程。限于篇幅,这里不再列举更多的示例,在后面的实践章节,还会有 Form 的代码供读者学习参考。

2.10 Django 后台管理 Admin

Django 作为一个 Web 框架,相比于其他框架来说,还有一个开发者很喜欢的功能。它提供了一个开箱即用的后台管理功能,即平时俗称的 Django Admin。有了这个管理功能,当我们建好 Model 之后,就可以在后台的 Web 界面上进行数据库的增删查改了,这将大大方便平时的数据管理。这一节就主要学习这一功能的使用。

2.10.1 Admin 界面登录

① 在前面的实践中,我们已运行了 python manage.py migrate 命令,将 Django 自带的数据表合并进了数据库,并且在 2.8.4 小节运行过 python manage.py createsuperuser,创建了管理员(假设用户名/密码:admin/admin)。这样就可以通过访问 http://127.0.0.1:8000/admin/这个 URL,看到 Admin 的登录界面,如图 2-18 所示。

图 2-18 Django 后台管理登录界面

② 在登录界面中输入用户名和密码,就进入了 Admin 的 UI 界面;而且,在这个界面中,可以对系统的用户和用户组进行增删改查,很是方便,如图 2-19、图 2-20 所示。

图 2-19　Django 后台首页

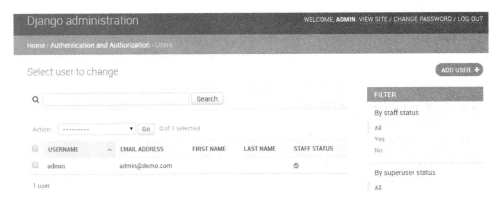

图 2-20　Django 后台的用户操作界面

那么，怎样才能对应用的数据库进行管理呢？这就是下一小节要讲解的内容。

2.10.2　应用 Model 的注册

在通过 python manage.py startapp 命令，创建了 Django 的应用之后，会在 App 的目录下面生成一个 admin.py 文件。这个文件默认是空的。正是通过这个文件，我们可以将自己创建的 Model 注册到 Django Admin 的后台管理界面上。

① 打开 bbs 目录下的 admin 文件，输入以下内容：

https://github.com/aguncn/django_demo_project/blob/master/bbs/admin.py

```
01  from django.contrib import admin
02  from bbs.models import Board, Topic, Post
03
04  @admin.register(Board)
05  class BoardAdmin(admin.ModelAdmin):
06      pass
07
08  @admin.register(Topic)
```

```
09    class TopicAdmin(admin.ModelAdmin):
10        pass
11
12    @admin.register(Post)
13    class PostAdmin(admin.ModelAdmin):
14        pass
```

代码解释：

第 4 行：注册后台管理数据库，有两种方法：admin.site.register(Board) 和使用装饰器的 @admin.register(Board)。在这里，我们选用了后面才推出的装饰器方法。毕竟，后出来的肯定有更好的理由，它可以让注册方法和自定义 Model 管理功能紧靠在一起。

② 重启一次 Django 测试服务器。

③ 再次登录 Admin 就会看到，我们自定义的 Board、Topic、Post 数据表，已出现在后台管理界面上，且同样可以进行每条记录的管理，如图 2-21、图 2-22 所示。

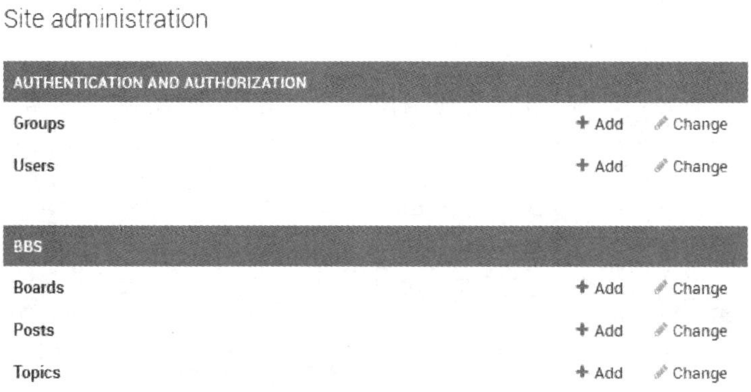

图 2-21　将应用的模板注册到 Django 后台管理

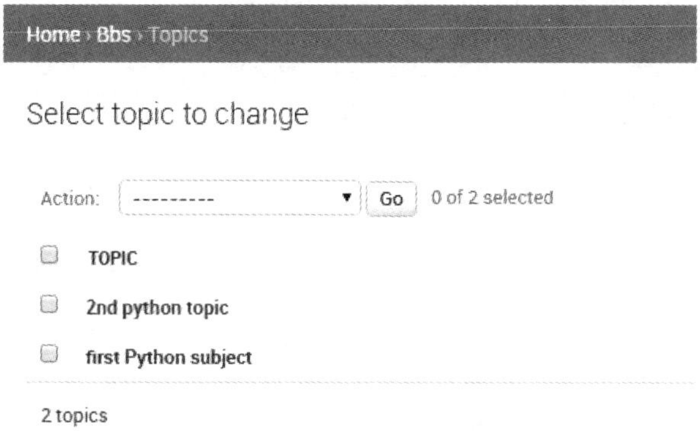

图 2-22　通过 Django 后台可管理应用数据

2.10.3 Model Admin 自定义管理界面

上面,我们已实现了后台管理的基本功能,但是 Django 还为我们提供了更多。它可以让我们自定义一些表现形式,实现更方便的搜索、导航、外键的显示。

我们将 2.10.2 小节的 TopicAdmin 更改为如下内容,其作用已在注释中说明了。

```
01  ...
02  @admin.register(Topic)
03  class TopicAdmin(admin.ModelAdmin):
04      # 显示的标签字段,字段不能是 ManyToManyField 类型
05      list_display = ('subject', 'board', 'starter', 'views', 'last_updated')
06      # 设置每页显示多少条记录,默认是100条
07      list_per_page = 20
08      # 设置默认可编辑字段
09      # list_editable = ['subject']
10      # 排除一些不想被编辑的 fields,没有在列表的不可被编辑
11      fields = ('subject', 'board')
12      # 设置哪些字段可以点击进入编辑界面
13      # list_display_links = ('board',)
14      # 进行数据排序,负号表示降序排序
15      ordering = ('-id',)
16      # 显示过滤器
17      list_filter = ('board', 'subject', 'starter')
18      # 显示搜索框,搜索框大小写敏感
19      search_fields = ('subject',)
20      # 详细时间分层筛选
21      date_hierarchy = 'last_updated'
22      # 外键新开窗口选择
23      raw_id_fields = ('board', 'starter')
24  ...
```

这时,我们再去看看后台管理,会发现它更容易编辑和导航了,如图 2-23、图 2-24 所示。

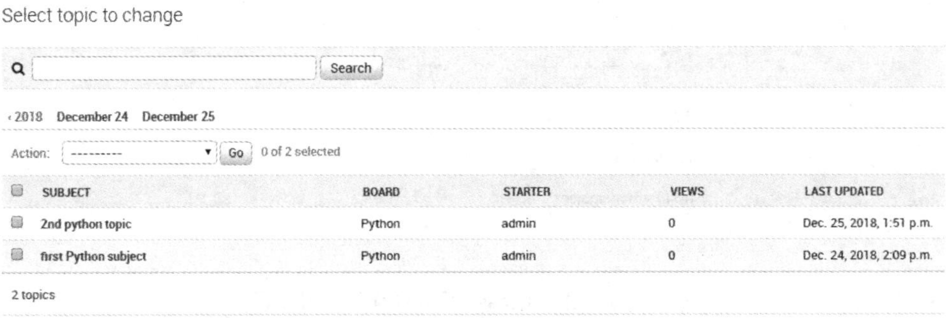

图 2-23 自定义应用数据的显示及搜索过滤

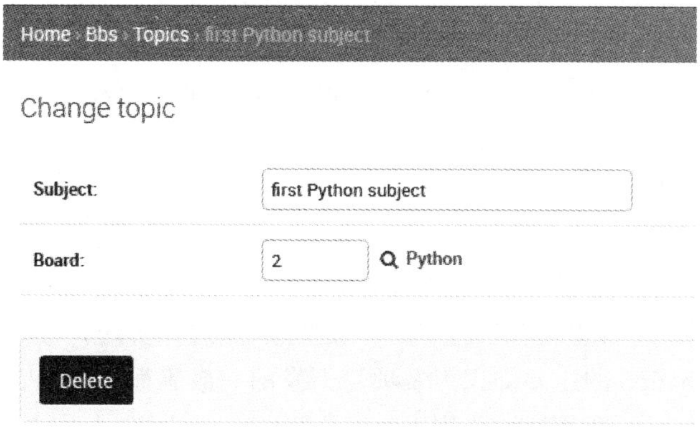

图 2-24 在管理后台可直接删除应用数据

2.11 Django 测试

在第 1 章的 1.6 节,我们简单讲解了 Python 的测试语法,那么,如何对 Django 进行单元测试呢?

关于 Django 测试的知识点组织形式,我们决定以一种分散的形式来讲解。在第 1 章的末尾,增加了一小节关于测试的内容,以使读者慢慢地学会如何写 Manabe 的测试用例,由此及彼,学会一般 Django 项目测试的套路。

单元测试用例写得越多越好,但在一般的工作当中,留给开发人员写测试用例的时间不是很多,毕竟 TDD(Test-Driven Development,测试驱动开发)的开发模式在国内还没有普及。所以,我们会将测试用例集中于 Django 的三个主要方面:Model、View 和 Form,辅以 Mock 和 API 测试。

在单元测试方面,Django 继承 Python 的 unittest.TestCase,实现了自己的 django.test.TestCase,编写测试用例通常从这里开始。测试代码通常位于 App 的 tests.py 文件中。如果测试用例较多,也可以在 App 下新建 tests 文件夹,在这个文件夹内,按测试用例的大类,分文件存放。比如,我们的 Manabe 项目,就是在 test_models.py、test_views.py、test_forms.py 这样的文件中存放的。

可以用以下几种方式运行单元测试:

python manage.py test:执行所有的测试用例。

python manage.py test app_name:执行该 App 的所有测试用例。

python manage.py test app_name.case_name:执行指定的测试用例。

python manage.py test app_name.case_name.method:执行指定的测试用例的方法。

关于 Django 的单元测试,还有以下两项需要提前了解:

- 对于每一个测试方法都会将 TestCase 类中的 setUp() 和 tearDown() 方法执行一遍。
- 单独新建一个测试数据库来进行数据的测试,默认在测试完成后销毁。

2.12 小　结

在本章,我们学习了 Django 这个 Python Web 框架的主要内容。但限于篇幅,不可能面面俱到。还希望读者从网络上多找些教程,进行实践。

待熟悉了 Django 的主要知识点及项目开发的一般流程之后,就可以进入下一章的学习了。在第 3 章,我们暂时告别 Python 和 Django,而看一看如何为自动化软件部署、建立一个合适的工作流。

第 3 章

自动化软件发布工作流

> 春风得意马蹄疾,一日看尽长安花。
> ——孟郊《登科后》

在学习了 Python 和 Django 的基础知识之后,在本章,将梳理一下自动化软件发布的工作流。在梳理完成工作流之后,对接下来的软件开发才不会迷失方向。

因为我们定位自己是设计自动化软件部署系统的人,而不是使用这个系统的人,所以,对于系统的每一步,都需要深入了解,才能理解代码的含义。

软件自动化发布,是建立在手工软件发布很成熟的基础之上的,并且是对公司的软件包结构、服务器操作系统标准化之后形成的。相对于手工部署,自动化软件部署效率更高,操作更标准化,节约人力物力,并且可以记录每一次的发布细节。所以它要求的技能更高,要求系统开发人员不但要懂运维,还要懂开发。

下面用图 3-1 来展示自动化软件发布系统 Manabe 的工作流。

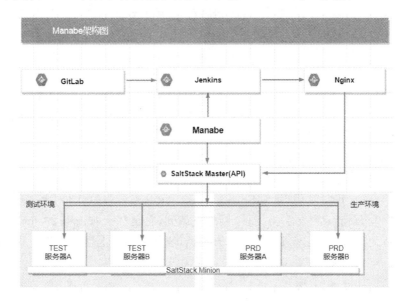

图 3-1 Manabe 软件部署组件图

当程序员将代码上传到 GitLab 之后，通过在 Manabe 中新建一个发布单，并编译此发布单，Manabe 就会通过 Jenkins 的 API，远程地从 GitLab 上拉取指定代码，并编译生成软件包，上传到 Nginx 软件仓库中。

在需要发布的时候，Manabe 将通过 SaltStack 组件远程执行脚本，命令指定的服务器从 Nginx 仓库拉取指定版本的软件包，并实现每个服务器上的软件包的备份、更新、部署、服务启停等标准操作。

接下来，本章的技术内容都会围绕这个图中的各个子系统展开，并且会以手工操作的方式，走完一遍操作，熟悉各个子系统的使用及原理。主要知识点如下：

- Java 等示例代码的编写；
- 将代码上传到 GitLab；
- 使用 Jenkins 的 Pipeline 编译软件包；
- 使用 Nginx 存放软件包；
- 通过 SaltStack 推送命令，启停示例应用；
- 熟悉 GitLab、Jenkins 及 SaltStack 的 API 使用。

3.1　示例项目

在本节，我们设计一个简单的示例代码，在全书都会用这个代码来演示自动化软件发布的各个方面。通过这个示例，相信读者可以在实际工作中触类旁通，真正地将它用于自己的工作之中。

在现在 DevOps 的大潮之下，运维和研发、测试的技能领域都在相互渗透着。在运维方面懂一些主要框架、主要语言（Java、Python、Go、Node.js、Php、Ruby）的基本用法，对于今后的工作是大有裨益的。不求精，但至少主要的实现原理、示例代码实现，还是可以轻松搞定的。

在示例代码的选择上，我们使用目前最火的微服务框架——springboot，编写一个极简的 Web 应用。这个应用只包含一个 URL，但它会从不同的环境配置文件中读取配置变量，显示在网页中。

3.1.1　编写示例代码

在本示例中，我们使用 STS（Spring Tool Suite）来开发这个应用。这个软件可以在 http://spring.io/tools/sts 这个网址下载到，它是基于 eclipse 的 spring 框架定制的。具体使用方法，大家可以查看官方文档，或是从网络上搜索教程。我们的示例是一个 maven 项目，这里只讲解主要的实现代码。

文件结构如图 3-2 所示。

Pom.xml 文件内容如下：

https://github.com/aguncn/django-python-auto-deploy-book/blob/master/ch3/javademo/pom.xml

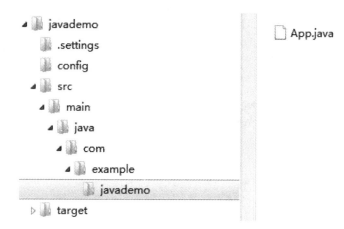

图 3-2 示例项目文件结构图

```
01  <project xmlns = "http://maven.apache.org/POM/4.0.0"
02    xmlns:xsi = "http://www.w3.org/2001/XMLSchema-instance"
03    xsi:schemaLocation = "http://maven.apache.org/POM/4.0.0
04    http://maven.apache.org/xsd/maven-4.0.0.xsd">
05    <modelVersion> 4.0.0 </modelVersion>
06
07    <groupId> com.example </groupId>
08    <artifactId> javademo </artifactId>
09    <version> 0.0.1-SNAPSHOT </version>
10    <packaging> jar </packaging>
11
12    <name> javademo </name>
13    <url> http://maven.apache.org </url>
14
15    <properties>
16      <project.build.sourceEncoding> UTF-8 </project.build.sourceEncoding>
17    </properties>
18    <parent>
19      <groupId> org.springframework.boot </groupId>
20      <artifactId> spring-boot-starter-parent </artifactId>
21      <version> 1.3.4.RELEASE </version>
22    </parent>
23    <dependencies>
24      <dependency>
25        <groupId> org.springframework.boot </groupId>
26        <artifactId> spring-boot-starter-web </artifactId>
27      </dependency>
```

```
28        </dependencies>
29
30        <build>
31            <plugins>
32                <plugin>
33                    <groupId>org.springframework.boot</groupId>
34                    <artifactId>spring-boot-maven-plugin</artifactId>
35                </plugin>
36            </plugins>
37        </build>
38
39    </project>
```

代码解释：

第 10 行：我们生成的软件包为 jar 包。

第 18～22 行：我们使用的 spring-boot 版本为 1.3.4。

第 24～27 行：使用了一个依赖 starter：spring-boot-starter-web。

第 32～34 行：spring-boot-maven-plugin 这个编译插件，是为了解决单独运行 jar 时的 MANIFEST 错误问题。

App.java 的内容如下：

https://github.com/aguncn/django-python-auto-deploy-book/blob/master/ch3/javademo/src/main/java/com/example/javademo/App.java

```
01    package com.example.javademo;
02
03    import org.springframework.boot.SpringApplication;
04    import org.springframework.boot.autoconfigure.EnableAutoConfiguration;
05    import org.springframework.stereotype.Controller;
06    import org.springframework.web.bind.annotation.RequestMapping;
07    import org.springframework.web.bind.annotation.ResponseBody;
08    import org.springframework.beans.factory.annotation.Value;
09
10
11    @Controller
12    @EnableAutoConfiguration
13    public class App {
14
15        @Value("${test.env}")
16        private String env;
17
18        @Value("${test.db}")
```

```
19        private String db;
20
21        @RequestMapping("/hello")
22        @ResponseBody
23        String home() {
24            return "env:" + env + " /hello, db:" + db;
25        }
26
27        public static void main(String[] args) throws Exception {
28            SpringApplication.run(App.class, args);
29        }
30
31    }
```

代码解释：

第 11 行：为了极致精简，我们将 controller 也写到了 main 函数的主文件中。

第 15～19 行：使用了 @Value 注解，来读取配置文件中的变量。而配置文件，我们放在项目根目录的 config 文件中，在部署时，需要将 config 文件夹和 jar 软件放在同一个目录下，才能正常读取（配置文件的位置和读取方法有多种，这里只选一种，毕竟本书不是 Java 方面的专业书籍）。

第 21～25 行：定义了一个 url：/hello。它会将 env 变量名称和 db 变量名称显示出来。

config 文件夹下包括两个文件：application-test.properties 和 application-prd.properties，文件都是与环境相关的。内容如下：

https://github.com/aguncn/django-python-auto-deploy-book/blob/master/ch3/javademo/config/application-prd.properties

```
01  test.env = 'PRD'
02  test.db  = 'PRD DATABASE'
```

https://github.com/aguncn/django-python-auto-deploy-book/blob/master/ch3/javademo/config/application-test.properties

```
01  test.env = 'TEST'
02  test.db  = 'TEST DATABASE'
```

可以看到，这两个变量正是我们在 app.java 中读取的变量。这些文件，已放到 Github 的相关章节中。

3.1.2 编译项目

在测试项目可以运行之后，使用 maven 命令，生成可执行的 jar 软件包。

```
mvn package -Dmaven.test.skip=true
```

也可以在 STS 中，右击 pom.xml 文件进行编译。

生成的软件包如果没有特别定义，一般都是位于项目 target/目录下，软件包名为 javademo-1.0.jar，记住这种规则很重要。因为在之后的 Jenkins 上进行编译设置时，这些细节都会用到。

3.1.3 手工运行

如果用户的计算机上没有开发 Java 的环境，也可以从我们的 GitLab 上直接获取这个 jar 文件，跟着进行如下操作，但 Java 的运行环境则是必需的。

在得到软件包和配置文件之后，可以先进行手工安装测试。将 javademo-1.0.jar 软件包和 config 目录转移到一个单独目录下，然后进行 Windows 的 cmd 命令行界面。

先运行如下命令：

java - jar javademo - 1.0.jar -- spring.profiles.active = test

如无意外，会看到类似如图 3-3 所示的界面。

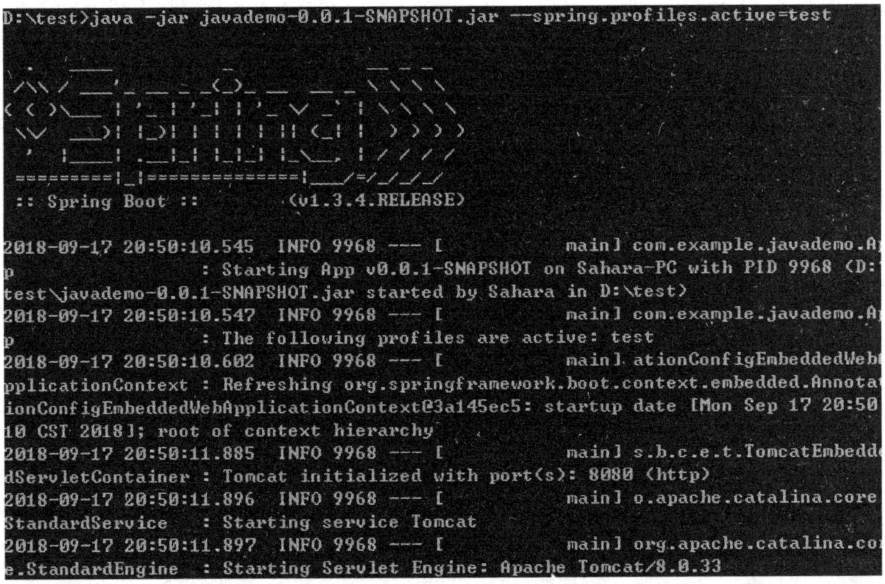

图 3-3　运行 Java 示例项目

启动浏览器，访问网址 http://127.0.0.1:8080/hello，可以看到如图 3-4 所示的输出。

可以看到，由于我们启动时指定了 test 环境，所以显示的是 test 的变量。

然后，在命令行界面使用 Ctrl+C 组合键，停止 Java 服务，再运行如下命令：

java - jar javademo - 0.0.1 - SNAPSHOT.jar -- spring.profiles.active = prd

启动浏览器，访问网址，可以看到如图3-5所示的输出。

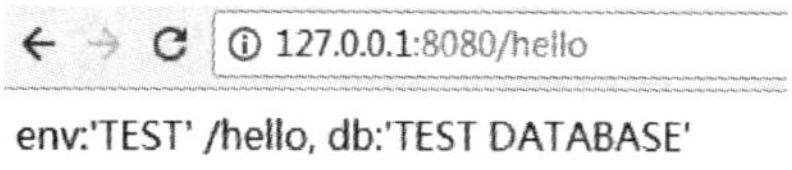

图3-4 测试参数下的输出

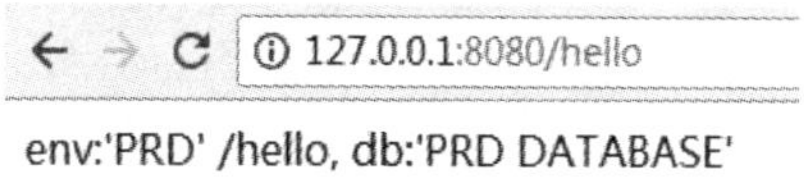

图3-5 生产参数下的输出

正如我们预料的那样，由于启动参数指定了prd环境，故网页显示的是prd变量。

示例项目的代码暂时完成，接下来，我们转向GitLab的配置、Jenkins的编译、Nginx的软件存放。我们要将刚才除了源代码编辑之外的其他步骤进行标准化，形成CI/CD工作流当中的一环。

如果将此步骤标准化完成，以后就不用再一次又一次地输入maven命令，找位置存放软件包了，并且每一次的编译都能完整保存。

3.1.4 其他示例代码

为了让软件发布平台更有通用性，在此也同时演示一下其他语言开发的示例代码。读者籍此也可以看看其他代码分别是什么样的。这里，我们仅使用最简单的Hello World功能。

1. Go代码

https://github.com/aguncn/django-python-auto-deploy-book/blob/master/ch3/go_demo/main.go

```
01    package main
02
03    import (
04        "fmt"
05        "log"
06        "net/http"
07    )
08
09    func helloHandler(w http.ResponseWriter, r * http.Request) {
10
11        str := "Hello go world !"
12        fmt.Fprintf(w, str)
13    }
14
15    func main() {
16        ht := http.HandlerFunc(helloHandler)
17        if ht != nil {
18            http.Handle("/hello", ht)
```

```
19      }
20      fmt.Println("go server start at port :9999!")
21      err := http.ListenAndServe(":9999", nil)
22      if err != nil {
23          log.Fatal("ListenAndServe: ", err.Error())
24      }
25  }
```

由于 Go 语言是编译型语言，所以，以上代码需要经过编译，生成适合平台的可执行文件，在这里，没有使用环境变量。

如果读者没有在计算机上安装 Go 语言的开发和编译环境，我们已将相应的可执行文件放于 https://github.com/aguncn/django-python-auto-deploy-book/blob/master/ch3/go_demo/ 目录下，Windows 版（go_Demo.exe）和 Linux 版（go_demo），读者可以查询。

在将 go_demo 文件运行起来之后，访问服务器网址（假定本机）：http://127.0.0.1:9999/hello，输出为"Hello go world!"即可正常启动。

2. Python 代码

https://github.com/aguncn/django-python-auto-deploy-book/blob/master/ch3/python_demo/python_demo.py

```
01  from http.server import HTTPServer, BaseHTTPRequestHandler
02  import json
03
04  data = {'result': 'this is a python test'}
05  host = ('localhost', 9527)
06
07  class Resquest(BaseHTTPRequestHandler):
08      def do_GET(self):
09          self.send_response(200)
10          self.send_header('Content-type', 'application/json')
11          self.end_headers()
12          self.wfile.write(json.dumps(data).encode())
13
14  if __name__ == '__main__':
15      server = HTTPServer(host, Resquest)
16      print("Starting server, listen at: %s:%s" % host)
17      server.serve_forever()
```

将上面的文件，保存为 python_demo.py，然后，在安装了 Python 3 的环境下，运行命令：

```
python python_demo.py
```

浏览器访问:http://127.0.0.1:9527/hello,如果看到网页输出为{"result":"this is a python test"}即运行正常。

3. Node.js 代码

https://github.com/aguncn/django-python-auto-deploy-book/blob/master/ch3/node_demo/node_demo.js

```
01    var http = require('http');
02
03    http.createServer(function (request, response) {
04
05        //发送 HTTP 头部
06        // HTTP 状态值: 200 : OK
07        //内容类型: text/plain
08        response.writeHead(200, {'Content-Type': 'text/plain'});
09
10        //发送响应数据 "Hello World"
11        response.end('Hello node.js World\n');
12    }).listen(30000);
13
14    //终端打印如下信息
15    console.log('Server running at http://127.0.0.1:30000/');
```

将上面的文件保存为 node_demo.py,然后,在安装了 node.js 的环境下,运行命令:

node node_demo.js

浏览器访问:http://127.0.0.1:3000/,如果看到网页输出为 Hello node.js World 即运行正常。

3.2 使用 GitLab 保存源代码

GitLab 的安装和使用,读者可以查看附录 3 的内容。此处将直接演示如何将上面的代码存入 GitLab 中。

3.2.1 建立用户和项目组

在 GitLab 中,首先建立一个 Jenkins 用户,新建一个 ZEP-BACKEND 项目组。然后,将这个用户放入项目组中,用这个用户来打通 GitLab 和 Jenkins 之间的互信,Jenkins 使用这个用户从 GitLab 中拉取代码进行编译。

① 使用管理员登录 GitLab 中,单击顶部的一个扳手图标,进入系统管理界面,如图 3-6 所示。

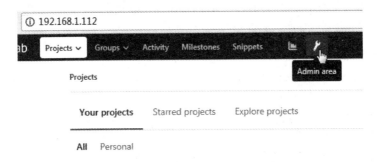

图 3-6 进入 GitLab 管理界面

② 点击如图 3-7 所示的 New user 按钮。

③ 输入必选项目，然后单击 Create user 按钮，建立 Jenkins 用户，如图 3-8 所示。

④ 在 GitLab 的正常使用中，为了安全起见，所有后台管理增加的用户，都是通过邮件发送给对方，让对方通过邮箱中的链接，来更新用户密码。由于我们

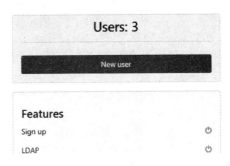

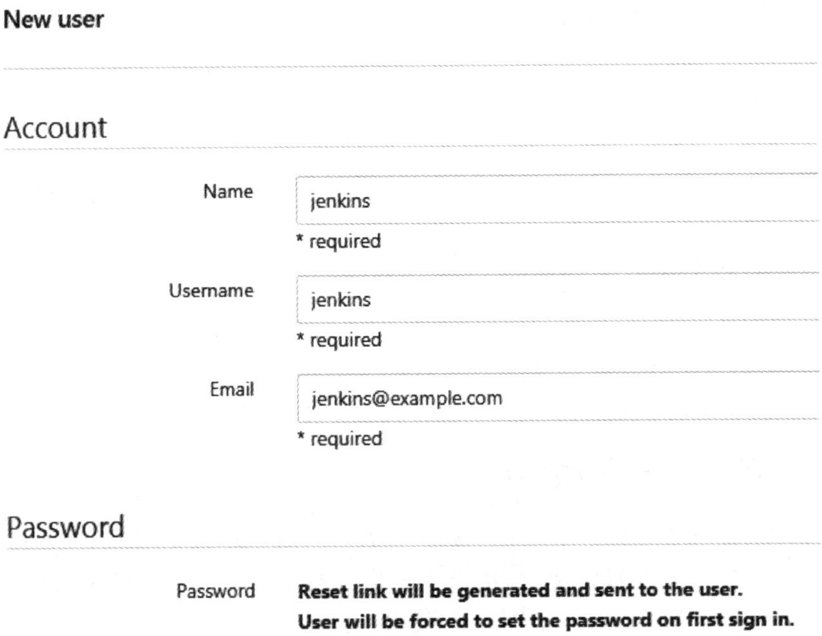

图 3-7 GitLab 新增用户按钮

图 3-8 GitLab 新增用户

测试时没有使用邮箱验证,所以,直接通过 Create user 按钮中的 users 链接进入用户管理界面,更改 Jenkins 用户密码,如图 3-9、图 3-10 所示。在真正的生产环境,还是建议用户严格按照推荐方式进行操作。

图 3-9 GitLab 更改用户密码(1)

图 3-10 GitLab 更改用户密码(2)

⑤ 建立好用户之后,开始建立项目组。单击页面顶部的加号"+"图标,在下拉菜单中选择 Group,如图 3-11 所示。

⑥ 在建立项目组的界面里,输入 ZEP-BACKEND 项目组信息,在 Visibility Level 中,选择 Private,表示这个项目只有项目组里的用户才可以浏览或者更新代码,而不是任何人都有权限。然后单击 Create group 按钮保存,如图 3-12 所示。

⑦ 项目组已建好,下面将 Jenkins 用户加入到 ZEP-BACKEND 项目组的管理员中(真正工作中,不建议将这个用户加入到管理员,但我们测试时,如果不是管理员,就没有权限去建立 master 分支,会让我们的演示不那么顺畅),操作如图 3-13 所

图 3-11　GitLab 新增项目组按钮

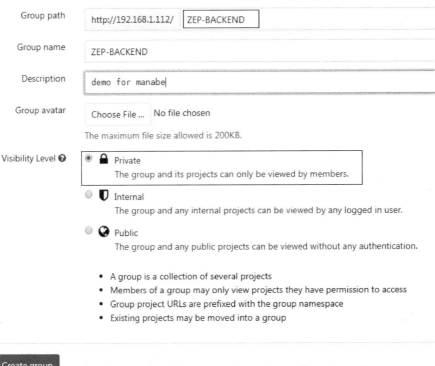

图 3-12　GitLab 新增项目组

示，至此，我们完成了第一步的操作。Jenkins 用户自动拥有了 ZEP-BACKEND 项目组下所有项目的管理员权限。

同样按上面的流程操作，建立 ZEP-FRONT、ABC-BACKEND、ABC-FRONT 项目组，这里就不一一演示了，希望读者自己建立好。将 Jenkins 用户加入到这些项目组的管理员当中，以利于后续操作。

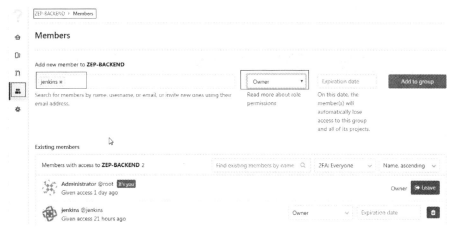

图 3-13 GitLab 指定项目组管理员

3.2.2 建立项目

接着,需要在 ZEP-BACKEND 项目组中新建一个 ZEP-BACKEND-JAVA 项目,这个项目,就是 3.3.1 小节的示例代码项目。操作如下:

① 在首页中右上角,首先单击 New project 按钮,按如下信息输入,注意,在 GitLab 服务器的地址之后,需要选择 ZEP-BACKEND 这个项目组,同样,在 Visibility Level 中,选择 Private 选项,权允许项目组成员进入。然后单击 Create project 按钮,就建立了 ZEP-BACKEND-JAVA 项目,如图 3-14 所示。

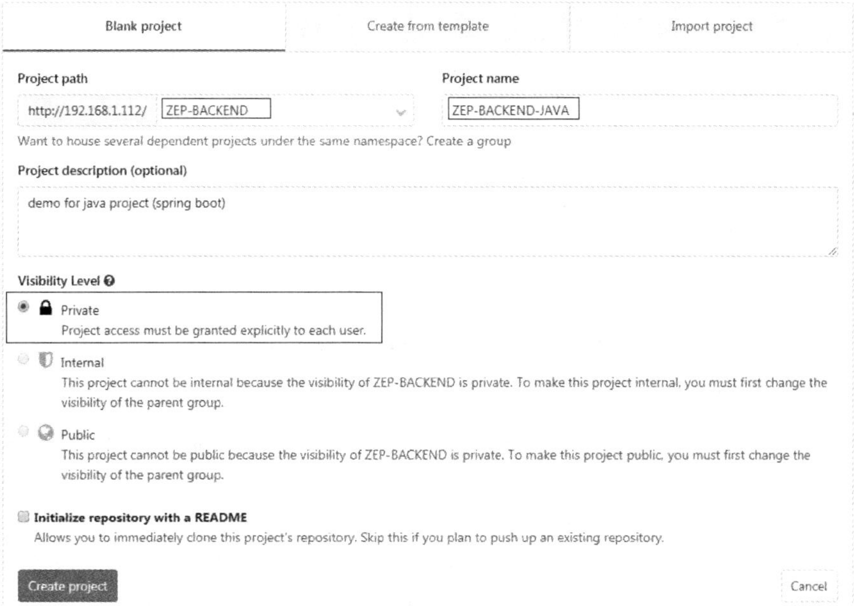

图 3-14 GitLab 新增项目

② 建好项目之后，当我们进入 GitLab 界面，选顶部 Projects→Your projects 时，网页展示如图 3-15 所示，表示我们已建好此项目。

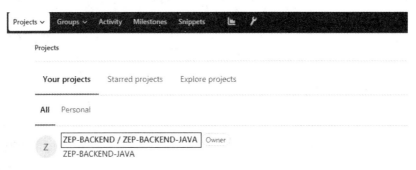

图 3-15　GitLab 显示项目组内项目

③ 当进入 ZEP-BACKEND-JAVA 项目右边导航，在 settings 设置下的 member 成员列表中查看用户时，会发现，我们的 Jenkins 已在其管理员名单中了，如图 3-16 所示。

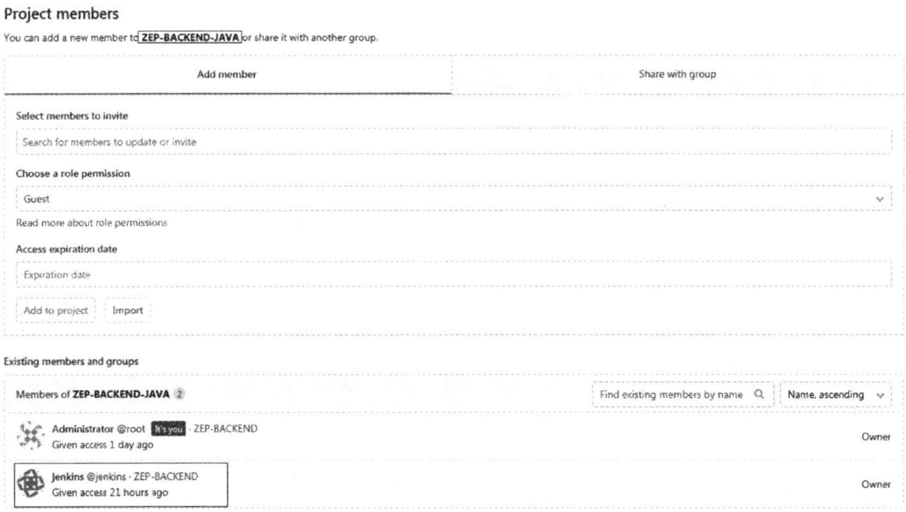

图 3-16　GitLab 查看项目管理人员

除了将用户加入项目组，让用户在整个项目组有权限之外，GitLab 为了灵活管理用户，还在每个项目的 member 管理页面里，单独设置了增加用户的功能。值得注意的是，在单个项目下增加用户，其权限仅存在于本项目，而不会扩散到整个项目组。这样的二维用户体系，可以让我们更好地维护所有用户的权限。

比如，在现实场景中，一个大项目组中的某一个项目的工期非常紧，需要临时抽调其他部门的程序员来协助开发。这时，就可以将此临时用户只授予此项目的权限，并且设置一个过期时间，以保证项目的安全性。

3.2.3 将本地代码推送到 GitLab 中

万事具备,只欠代码!下面,我们会将 3.2.2 小节基于 Spring Boot 框架的 Java 代码上传到项目中。总体步骤为:将 GitLab 的项目代码克隆到本地,在本地修改之后,先提交到本地,再远程推送到 GitLab 上。分两步提交的原因是:GitLab 是一个分布式源代码管理工具,第一次的代码提交,只是将代码的变化提交到了本地仓库,而 GitLab 上的代码还没有更新。只有经过第二步提交之后,代码才会更新到 GitLab 项目仓库中。当其他研发人员要获取项目更新时,才能获取更改的部分。这样,研发人员之间代码才能彼此同步更新。记住这样的原则,其他研发人员不会直接到你的计算机上来更新代码,而都是通过 GitLab 服务器统一更新代码的。操作如下:

① 获取 ZEP-BACKEND-JAVA 的 GitLab 地址(为求演示,这里使用的是 HTTP,而不是 SSH)。在本示例中,git 地址为:http://192.168.1.112/ZEP-BACKEND/ZEP-BACKEND-JAVA.git,如图 3-17 所示。

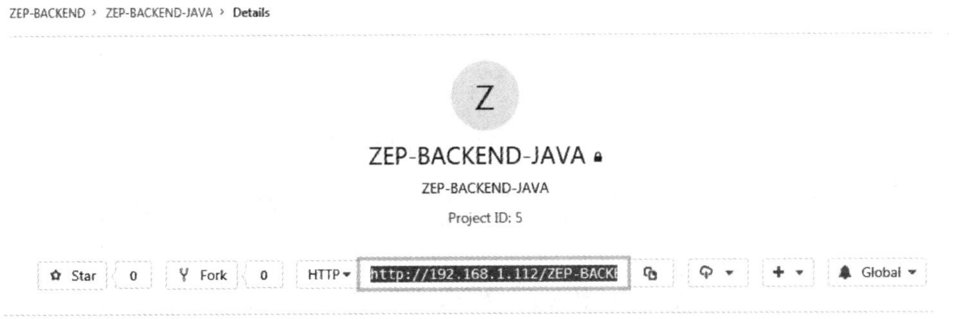

图 3-17 获取 GitLab 项目地址

② 在本地计算机上选定一目录作为 Git 目录,然后右击,选择 Git Clone,将此代码克隆到本地。如果有用户名和密码方面的问题,可在 Git 地址中引入用户名。如 http://jenkins@192.168.1.112/ZEP-BACKEND/ZEP-BACKEND-JAVA.git。输入密码,就可以得到 git 代码的本地备份了,如图 3-18、图 3-19 所示。

由于这是我们新建的一个项目,所以这个目录除了有限的几个文件外,几乎为空。这一步操作说明,我们的代码的管理中心,一直是在 GitLab 上,而不是在本地。除了通过从 GitLab 上克隆来产生代码目录之外,还可以通过 git init 命令来生成 GitLab 项目的初始目录,然后,通过 git push 命令来将此目录提交到 GitLab 上。这种方式,要求用户熟练地掌握 git 命令。大家可以通过网上文档,来实现这种方式的项目创建。此处就不演示了。

将 3.2.2 小节的 Java 代码拷贝到 GitLab 的项目目录,然后,在鼠标右键打开的快捷菜单中选择 Git Commit→master,选择好文件,写上注释之后,将 Java 代码提交到本地代码库。注意,在此处操作时,应该知道,这就是前面所说的二次提交当中的

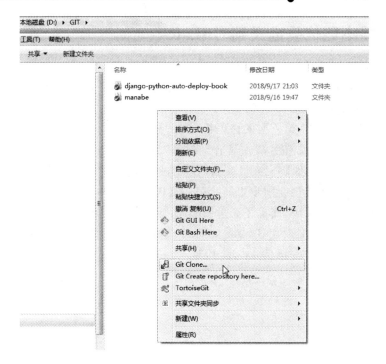

图 3-18　通过 Git 克隆项目

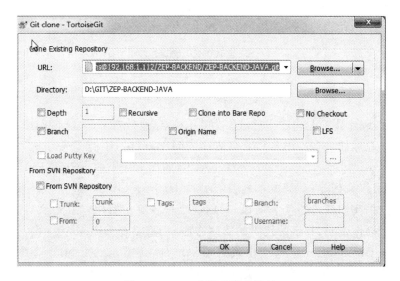

图 3-19　Git 克隆项目的地址

第一次提交。对于一个 Git 生手，经常有的疑问就是：明明已将代码提交到 master 分支了，为什么其他同事还看不到我的代码更新呢？头脑里有了牢牢的两次提交概念之后，就会知道，这只是将我本次更新提交到了本地仓库，没有经过第二次的远程 GitLab 仓库提交代码，其他同事是暂时看不到所做的代码修改的，如图 3-20、图 3-21 所示。

自动化软件发布工作流

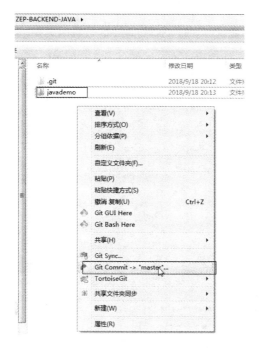

图 3-20　通过 Git 提交代码更改

图 3-21　填写 Git 代码提交注释信息

还有,提交的 message 注释一定要简单、清晰、达意,并且要标注自己的用户名及修改日期。

③ 本地提交完成之后,在其界面上单击 Push 按钮,就可以将本地代码提交到 GitLab 仓库。如果本地提交时,没有同时进行远程推送,可以在项目目录右击来进行代码提交。这时的提交,即前面所说的第二次提交。在这次提交完成之后,你所开发的本地代码就和 GitLab 上完全一致了。其他同事如果查看最新代码,就能看到你提交的代码了,如图 3-22、图 3-23 所示。

图 3-22　Git 提交代码到本地的过程

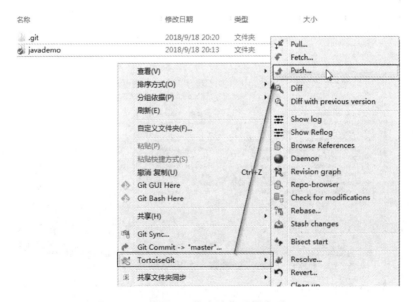

图 3-23　使用 Git 将本地代码提交到 GitLab

这里又有一个开发规范问题了,依各个公司不同,规范不同。这个规范就是:多久提交一次代码到 GitLab 上合适?有的公司要求员工每天提交一次,不管开发到了哪个阶段,这样的规范,可以保证个人因各种原因的代码损失量不会超过一天。有的公司要求完成了每一个需求,经过了本地单元测试,就提交一次代码,这样,可以在 GitLab 和 Jenkins 之间用 Web Hook 互相勾连,提交一次代码就引发 Jenkins 构架,连锁引发其他集成测试,测试不通过就立即返工,加快开发进度。还有的要求一天提交三五次,都是可以的,这样可以最大限度地减少代码的损失,并加快同事之间的代码互通。具体哪种规范为宜,这不是技术问题,而是一个判断、取舍的问题。作出决断的,往往不在运维这个部门。

另外,这里操作时,还有一个小细节需要留心。就是当你改完本地代码,想提交到 GitLab 时,即发现提交不了,因为其他同事已提交了更新代码,而你的本地中有些其他同事的代码且是老版。遇到这种情况,就需要先从 GitLab Pull 拉取最新的代码,然后,再将自己的代码进行第二次提交。

当然,如果拉取了同事的代码,发现其他人的代码和你在这一版写的代码冲突了,就需要解决代码冲突之后,再提交。

所以,软件的功能,都是为了现实场景而设计的。掌握的场景越多,经验越丰富,对软件的功能就会越了解。

在本节的 GitLab 中并没有讲到软件分支及合并,因为这是另外一个大的内容,本书暂不涉及。

④ 提交成功之后,进入 GitLab,就可以验证提交的代码,如图 3-24 所示。

图 3-24　GitLab 显示新提交的代码

用同样的操作,把其他的 Go、Python、Node.js 代码也放入到各自的项目中。

3.3 使用 Jenkins 编译项目

在完成 GitLab 代码的提交之后,接下来,在 Jenkins 中进行 CI 集成操作。Jenkins 的安装和操作教程,在附录 4 中已有说明,不再重述。这里有一个细节值得注意:因为 Docker 版的 Jenkins 本身没有集成 Maven 软件,所以在制作一些 Java 项目时,Maven 命令就会出错。这里是先在宿主机上安装好 Maven 程序,再将宿主机的 Maven 挂进 Docker 容器(-v /usr/local//maven:/usr/local/maven)。Docker 命令如下:

```
docker run -itd -p 8088:8080 -v /jenkins-data:/var/jenkins_home
   -v /usr/local//maven:/usr/local/maven
   --name='jenkins'
   jenkins/jenkins:2.141-alpine
```

在正式使用时,须有更有效率的方式达成。操作步骤如下:

① 用管理员身份登录,建立流水线型的任务,名为 ZEP-BACKEND-JAVA,如图 3-25 所示。

图 3-25 新增一个 Jenkins 流水线(Pipeline)项目

② 后期要使用 Manabe 通过 Jenkins API 传过来的参数进行构建,使用的参数如表 3-1 所列。

表 3-1　参数、说明及默认值

参　　数	说　　明	默认值
Git_url	Git 地址	http://192.168.1.112/ZEP-BACKEND/ZEP-BACKEND-JAVA.git
branch_build	编译版本	master
package_name	软件包名	javademo-1.0.jar
Zip_package_name	压缩包名	javademo-1.0.tar.gz
app_name	应用名称	ZEP-BACKEND-JAVA
deploy_version	发布单号	deploy_version
dir_build_file	编译目录	javademo

在上面的参数设计中,我们争取让其适用于不同语言的项目,如果这个目标达不成,至少要让其适用于相同语言的项目,也至少需要对同一个语言,生成同一种软件包(war 包或 jar 包)的项目适用。绝对不可取的是,对公司每一个项目,都建立一个 Pipeline 流水线任务,这样的任务,对现实没有一定的抽象度,标准化程序不高,一有变动,就会涉及巨大的工作量。我们宁愿多设计一个不用的参数,也不要在需要灵活性时,发现没有参数可用。

在 Jenkins 的设置位置如图 3-26 所示。

图 3-26　输入 Jenkins 项目配置信息

③ 最重要的步骤就是制作 Pipeline。我们当前使用的脚本如下:

Python 3 自动化软件发布系统——Django 2 实战

https://github.com/aguncn/manabe/blob/master/manabe/config/jenkins_demo_pipeline

```
01  pipeline {
02      agent {
03          node { label "master" }
04      }
05      stages {
06          stage('Prepare Git Code') {
07              steps {
08                  echo "Preparing begin.."
09                  sh "rm -rf ${WORKSPACE}/*"
10                  git branch: '${branch_build}',
11                  credentialsId: 'gitlab_jenkins',
12                  url: '${git_url}'
13                  echo 'Preparing end..'
14              }
15          }
16          stage("Build") {
17              steps {
18                  dir("${WORKSPACE}/${dir_build_file}") {
19                      echo "Build begin.."
20                      sh "/usr/local/maven/bin/mvn
21                      package -Dmaven.test.skip=true"
22                      sh "cp target/${package_name} ./"
23                      sh "tar -zcvf ${zip_package_name} ${package_name} config/"
24                      echo 'Build end..'
25                  }
26              }
27          }    stage("scp package to nginx") {
28              steps {
29                  echo 'scp nginx begin..'
30                  echo 'scp nginx end..'
31              }
32          }
33      }
34  }
```

代码解释：

第3行：label "master"：表示使用主节点编译。

第9行：${WORKSPACE}：这种不是我们明显传入的变量，就是系统内置的一些变量。

第12行：${git_url}：这种类似Shell的变量插值，正是我们传递给Jenkins的变量。

第23行:因为我们的软件包包含配置文件,所以用 tar 将软件和配置压缩起来。

第18行:dir("${WORKSPACE}/${dir_build_file}")这样的语法,表示的是 cd 到某个目录。延伸说明:

上述由于还没有讲到 Nginx 服务器,所以没有将软件包做进一步的传送,只是简单进行了 echo 输出。等讲完 Nginx 的设置之后,再回来完善这一脚本。

在生产级的应用中,通常还会包括一些自动化测试、代码覆盖等,在此完成。

④ 接着,进行一次模拟手工,单击左边栏的 Build with Parameters 进行编译,如图 3-27 所示。

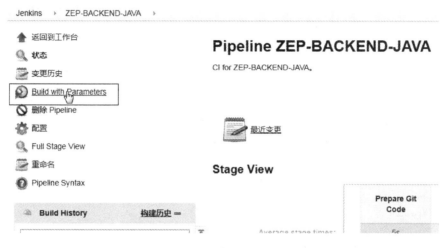

图 3-27 手工触发 Jenkins 编译

⑤ 如果是第一次编译,maven 会从远程拉取 jar 包,这一过程很费时间,所以需要长时间地等候,第一次拉取得到 jar 包都会缓存在 maven 在本地的一个临时目录仓库中,下一次如果版本没有更新,就不会再次进行远程拉取了。所以一旦经过第一次编译,以后就很快了。如果我们看看 Jenkins 的 console 输出,就会看到,Jenkins 是严格按我们的 Pipeline 脚本在进行自动化操作。由于输出太长,这里只截留一些关键输出:

```
Started by user root
Running in Durability level: MAX_SURVIVABILITY
[Pipeline] node
Running on Jenkins in /var/jenkins_home/workspace/ZEP - BACKEND - JAVA
[Pipeline] {
[Pipeline] stage
[Pipeline] { (Prepare Git Code)
[Pipeline] echo
hahaha
```

[Pipeline] sh

[ZEP-BACKEND-JAVA] Running shell script

+ rm -rf /var/jenkins_home/workspace/ZEP-BACKEND-JAVA/Readme /var/jenkins_home/workspace/ZEP-BACKEND-JAVA/javademo /var/jenkins_home/workspace/ZEP-BACKEND-JAVA/javademo@tmp

[Pipeline] git

> git rev-parse --is-inside-work-tree # timeout=10

Fetching changes from the remote Git repository

> git config remote.origin.url http://192.168.1.112/ZEP-BACKEND/ZEP-BACKEND-JAVA.git # timeout=10

Fetching upstream changes from http://192.168.1.112/ZEP-BACKEND/ZEP-BACKEND-JAVA.git

> git --version # timeout=10

············

Downloaded from central: https://repo.maven.apache.org/maven2/com/google/guava/guava/18.0/guava-18.0.jar (2.3 MB at 282 kB/s)

[INFO] --

[INFO] BUILD SUCCESS

[INFO] --

[INFO] Total time: 03:19 min

[INFO] Finished at: 2018-09-17T15:21:28Z

[INFO] --

[Pipeline] }

[Pipeline] // dir

[Pipeline] }

[Pipeline] // stage

[Pipeline] stage

[Pipeline] { (scp package to nginx)

[Pipeline] echo

DockerPush..

[Pipeline] echo

DockerPush end..

[Pipeline] }

[Pipeline] // stage

[Pipeline] }

[Pipeline] // node

[Pipeline] End of Pipeline

Finished: SUCCESS

⑥ 当编译完成之后，软件包就生成了。同时在 Jenkins 的前端也提供了图表，用于显示编译的进度和时间。在图 3-28 中，Prepare Git Code 平均花费 5 s，Build 平均花费 37 s，scp package to nginx 平均花费 133 ms。这三个阶段，就是我们在 Pipeline 脚本中定义的三个阶段,并且随着编译次数越来越多,平均值就会越来越准确。

最近变更

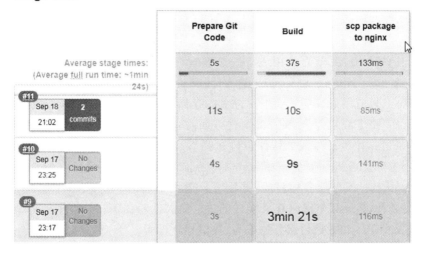

图 3-28　Jenkins 中显示项目编译统计信息

⑦ 在上面的 pipeline 中,有一个 GitLab 的参数 credentialsId: 'gitlab_jenkins' 设置这里没有讲,其实,这一步,就是将 GitLab 的用户名和密码输入到 Jenkins 凭据中,避免密码明文,如图 3-29 所示。

图 3-29　Jenkins 中的用户名和密码管理

3.4　使用 Nginx 作为软件仓库

在我们这个自动化发布系统的设计中,当使用 Jenkins 生成软件包之后,会放在一个软件版本仓库里存起来,而不会如网上很多文档演示的那样直接启动服务器。

网上文档演示的直接在 Jenkins 里远程启动服务器，确实是最快速的实现。作为快速开发的小型公司来说，是无可厚非的，但它需要操作 Jenkins 的人有足够的责任心，且缺少其他同事的再次确认。但如果公司规模扩张，要将软件发布纳入 IT 工作流程，同时要对接第三方平台（如 jira），或是向第三方提供数据（如监控报警），那么直接在 Jenkins 里发布，就显得比较仓促了。

因此，在我们的系统里，CI 是一部分，CD 是另一部分，且研发、运维、测试、形成产品都能知道开发和部署的进度。这就是我们设计这个平台的初衷。

我们的软件仓库，就直接用 Nginx 来实现（当下一阶段生成 Docker 镜像时，仓库的功能就改为 Harbor 来实现）。这个 Nginx 里存放了公司所有项目的所有版本的历史软件包，所以最好配置一个比较大的存储空间，并且，这个 Nginx 提供了浏览软件，可以直接下载软件包，做一些文件方面的验证。

将 Jenkins 中编译生成的软件包传递到 Nginx 服务器上，大致要经过以下几个步骤：首先打通 Jenkins 服务器和 Nginx 服务器之间的 ssh 免密码登录，在服务器上安装好 Nginx，定义好服务根目录，并设置目录浏览权限。Jenkins 中安装对应的传送软件的插件，将 ssh 免密码登录生成的 rsa 私钥设置在 Jenkins 系统里。然后，完成 Jenkins 的 Pipeline 最后部分的编写，测试通过即可。下面，我们就来一步一步地实现吧。

3.4.1　Jenkins 和 Nginx 服务器之间免密码登录

假定 Jenkins 服务器的 IP 为 192.168.1.112，Nginx 服务器的 IP 为 192.168.1.111。

① 登录 Jenkins 服务器，在 root 用户目录下，执行如下命令，生成 rsa 算法的公钥和私钥。

```
ssh-keygen -t rsa
```

在需要输入的地方，全部直接回车。输出类似如下：

```
Generating public/private rsa key pair.
Enter file in which to save the key (/root/.ssh/id_rsa):
Enter passphrase (empty for no passphrase):
Enter same passphrase again:
Your identification has been saved in /root/.ssh/id_rsa.
Your public key has been saved in /var/root/.ssh/id_rsa.pub.
The key fingerprint is:
SHA256:fFrRr2xbGo7cY9e7oi5tdkojOgsKgI+IgIldkqA93Z4 root@55f51468e37e
The key's randomart image is:
+---[RSA 2048]----+
|.               |
|.oo.    .       |
```

```
|.  =  o.  ..       |
|+ o +  . o  ..     |
|B.    E S o .      |
|=  o         + ..  |
|+ ..   .  ...o = ..|
| . . . . .ooO + B. |
| .    oo B = Oo. oo|
+----[SHA256]-------+
```

② 在 Jenkins 上,通过远程命令,在 Nginx 服务器上建立相关目录。命令如下:

ssh root@192.168.1.111 "mkdir .ssh;chmod 0700 .ssh"

上面这个命令,需要输入 Nginx 上的 root 的服务。

③ 将 Jenkins 上的公钥拷贝到 Nginx 上 root 的指定目录。命令如下:

scp ~/.ssh/id_rsa.pub root@192.168.1.111:.ssh/id_rsa.pub

上面这个命令,也需要输入 Nginx 上的 root 的服务。

④ 登录 Nginx 服务器,生成一个 authorized_keys,并设置 600 权限。

touch /root/.ssh/authorized_keys
chmod 600 ~/.ssh/authorized_keys

⑤ 将从 Jenkins 拷贝过来的公钥文件的内容追加到 autorized_keys 文件中。

cat /root/.ssh/id_rsa.pub >> /root/.ssh/authorized_keys

⑥ 至此,我们完成了 Jenkins 到 Nginx 服务器的免密码登录。如果我们在 Jenkins 上执行如下命令,就会直接登录到 Nginx 服务器上了。

ssh root@192.168.1.111

如果读者不是很明白其中的原理,建议先将这几步多操作几次,并死记下来。然后,再通过网上其他深度文档来理解这里的机制。因为网络发展到今天,安全已成为一个很重要的话题,而在 IT 安全技术中,基于非对称加密的 RSA 算法,绝对居于一个中心主宰的地位。HTTPS/SSL、电子签名、SSH 认证很多领域,都是以非对称的加密算法为基础的。RSA 算法本身很复杂,但其基本原理(超大互质数乘积分解)、工程化实现(公钥私钥)却需要我们熟练掌握。

⑦ 现在,我们将 Jenkins 上的 RSA 私钥的内容拷贝出来,因为在 Jenkins 的 SSH Agent 插件设置时,需要用到。在本例中,生成的 RSA 私钥内容如下:

```
01    -----BEGIN RSA PRIVATE KEY-----
02    MIIEpAIBAAKCAQEA3HkpI7PC9rS0gR2DSpQXqF1SruNS+ayTorKxkf3GXVqPoz53
03    ...
04    czuDkupXXg/pZKO50x1lzjV0n4p6C6BfH6o3ukwVRClmGPMdKc5xPQ==
05    -----END RSA PRIVATE KEY-----
```

以上文件有省略,此文件即是 Jenkins 服务器上的/root/.ssh/目录下的 id_rsa 文件。

3.4.2 安装并配置 Nginx 服务器

① 登录 Nginx 服务,运行如下命令,在 yum 仓库里增加 epel 的仓库。

```
yum install epel-release
```

② 运行如下命令,安装 Nginx。

```
yum install nginx
```

③ 修改/etc/nginx/目录下的 nginx.conf 文件。为了测试方便,将 Nginx 服务的根目录维护/usr/share/nginx/html 不变。而将 location / {}段的内容更改如下:

```
01  location / {
02      autoindex on;  # 开启目录浏览
03      autoindex_format html;  # 以 html 风格将目录展示在浏览器中
04      autoindex_exact_size off;  # 切换为 off 后,以可读的方式显示文件大小
05      autoindex_localtime on;  # 以服务器的文件时间作为显示的时间
06      charset utf-8,gbk;  # 展示中文文件名
07  }
```

④ 启动 Nginx 服务。命令如下:

```
Service nginx start
```

⑤ 删除/usr/share/nginx/html 下所有文件,浏览器访问 http://192.168.1.111/,呈现如图 3-30 所示的界面。

图 3-30　Nginx 显示目录信息

3.4.3 安装 Jenkins 插件

① 以管理员身份登录 Jenkins 系统,在系统管理、插件管理的可选插件中,勾选 SSH Agent Plugin 插件进行安装,如图 3-31 所示。

② 由于 SSH Agent Plugin 需要做安全登录验证,所以,需要先设置好凭据。在 Jenkins 系统里,依次点击凭据、系统、全局凭据、新建,即可新建一个凭据。相关选项如图 3-32 所示。

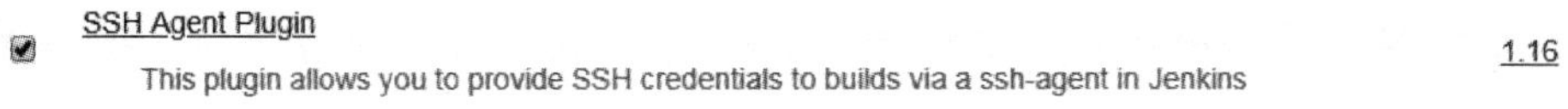

☑ **SSH Agent Plugin** 1.16
This plugin allows you to provide SSH credentials to builds via a ssh-agent in Jenkins

图 3-31 Jenkins 中安装 SSH Agent Plugin 插件

全局凭据 (unrestricted) › root (传文件)

范围	全局 (Jenkins, nodes, items, all child items, etc)
Username	root
Private Key	● Enter directly
	Key: -----BEGIN RSA PRIVATE KEY----- MIIEpAIBAAKCAQEA3HkpI7PC9rS0gR2DSpQXqF1SruNS+ayTorKxkf3GXVqPoz53 HuKEfo/wCfFbL19E+kzmswJX+PdefUnHoN1UeCmA0tV7CeF/DOkmtNDe1KxvXXdT AyXXQuNQQtDsfNvBe2Hg5q1kuUKgntD3MtHj1RqHelhY3E71J1/yReiFajcNs5Fk WEY8M5uPalgRvPYLZNM4CszKDZsESkXLqGQcjoanwGH7mhHl3HrJsbeaFoqFvU6m 3nI35KGesOGSOhlsxyp+y+nVT03MOYDr8t9t3YFIDT8roRbMKecKuLphSCHK42IC 5PE4k6AFCD5CVVX+bJkJOrxL8uURga0Rx/t0pwlDAQABAoIBABZ8VPHLN6spqu8w L1+/0tndCr3DeYb1TuldCDc3hq+muNeRW1zPBWxTCcw5zW77bHGKvkyrhIVj1UM5
Passphrase	
ID	nginx_root_rsa
描述	传文件

图 3-32 Jenkins 配置 SSH Agent Plugin 插件

图 3-32 中的 Private Key 即为我们前面保存的 RSA 私钥,将此凭据 ID 命名为 nginx_root_rsa。

3.4.4 配置 Jenkins Pipeline

根据前面的配置参数,可以完成前面未完成的 Pipeline 配置了。
ZEP-BACKEND-JAVA 的 Pipeline 全部内容如下:

https://github.com/aguncn/manabe/blob/master/manabe/config/jenkins_demo2_pipeline

```
01  pipeline {
02    agent {
03      node { label "master" }
04    }
05    stages {
06      stage('Prepare Git Code') {
07        steps {
08          echo "Preparing begin.."
09          sh "rm -rf ${WORKSPACE}/*"
10          git branch: '${branch_build}',
11            credentialsId: 'gitlab_jenkins',
12            url: '${git_url}'
```

```
13              echo 'Preparing end..'
14          }
15      }
16      stage("Build") {
17          steps {
18              dir("${WORKSPACE}/${dir_build_file}") {
19                  echo "Build begin.."
20                  sh "/usr/local/maven/bin/mvn package -Dmaven.test.skip=true"
21                  sh "cp target/${package_name} ./"
22                  sh "tar -zcvf ${zip_package_name} ${package_name} config/"
23                  echo 'Build end..'
24              }
25          }
26      }
27      stage("scp package to nginx") {
28          steps {
29              dir("${WORKSPACE}/${dir_build_file}") {
30                  echo "scp nginx  begin.."
31                  sshagent(credentials: ['nginx_root_rsa']) {
32                      sh "ssh root@192.168.1.111
33  mkdir -p /usr/share/nginx/html
34  /${app_name}/${deploy_version}/"
35                      sh "scp ${zip_package_name}
36  root@192.168.1.111:/usr/share/nginx/html
37  /${app_name}/${deploy_version}/"
38                  }
39
40                  echo 'scp nginx  end..'
41              }
42          }
43      }
44  }
45 }
```

加粗部分即为 sshagent 远程执行命令和传送文件的功能实现。(由于显示问题,这里将 sh 命令分行显示,实际上是一行的。我们的软件仓库目录,按应用服务名和发布单号分层存放。)

3.4.5 验　证

配置告一段落,现在将流程串联起来,实操一次。

① 在 Jenkins 的 ZEP-BACKEND-JAVA 任务中，单击 Build with Parameters。输入如图 3-33 所示。

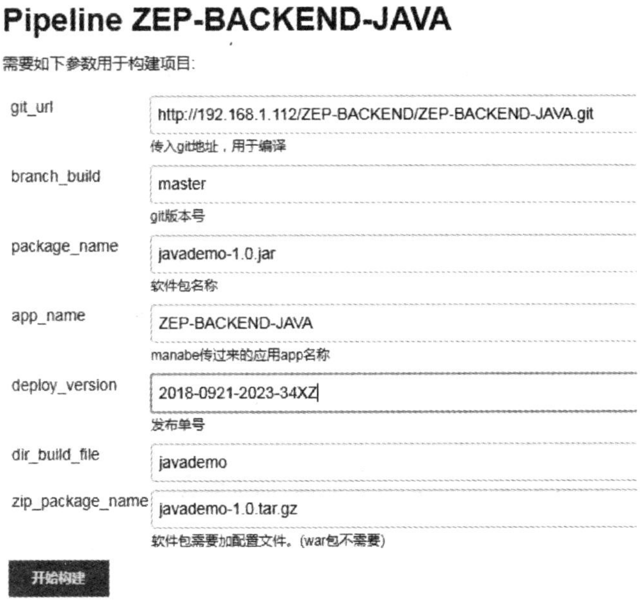

Pipeline ZEP-BACKEND-JAVA

需要如下参数用于构建项目：

- **git_url**: http://192.168.1.112/ZEP-BACKEND/ZEP-BACKEND-JAVA.git
  传入git地址，用于编译
- **branch_build**: master
  git版本号
- **package_name**: javademo-1.0.jar
  软件包名称
- **app_name**: ZEP-BACKEND-JAVA
  manabe传过来的应用app名称
- **deploy_version**: 2018-0921-2023-34XZ
  发布单号
- **dir_build_file**: javademo
- **zip_package_name**: javademo-1.0.tar.gz
  软件包需要加配置文件。(war包不需要)

开始构建

图 3-33　手工触发 Jenkins 编译，自定义参数

② 单击"开始构建"按钮，Jenkins 会按我们的设置，从 Git 按代码编译 jar 包，并且上传到 Nginx。

③ 查看控制台输出，证明 scp 命令完成。

```
[ssh-agent] Started.
[Pipeline] {
[Pipeline] sh
[javademo] Running shell script
 + ssh root@192.168.1.111
mkdir -p /usr/share/nginx/html
/ZEP-BACKEND-JAVA/2018-0921-2023-34XZ/
[Pipeline] sh
[javademo] Running shell script
 + scp javademo-1.0.tar.gz
root@192.168.1.111:/usr/share/nginx/html
/ZEP-BACKEND-JAVA/2018-0921-2023-34XZ/
$ ssh-agent -k
unset SSH_AUTH_SOCK;
unset SSH_AGENT_PID;
echo Agent pid 2671 killed;
```

```
[ssh-agent] Stopped.
[Pipeline] }
[Pipeline] // sshagent
[Pipeline] echoscp nginx  end..
```

④ 访问网址：http://192.168.1.111/ZEP-BACKEND-JAVA/2018-0921-2023-34XZ/，可以看到，软件包已放在正确的目录下，如图 3-34 所示。至此，Jenkins 到 Nginx 的工作流串联完成。

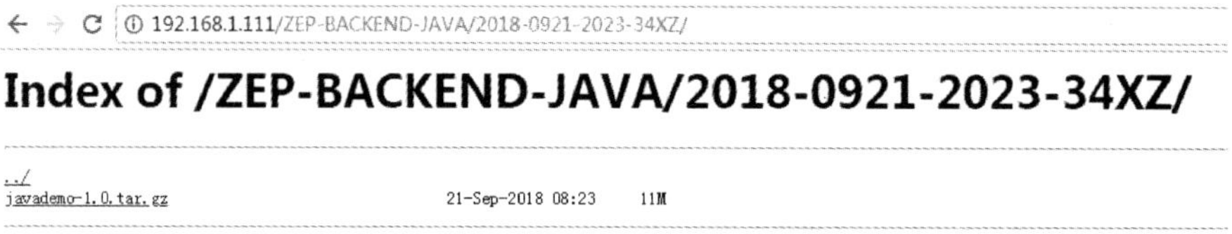

图 3-34 Nginx 中生成 Jenkins 编译后的安装包

3.5 使用 SaltStack 推送服务端脚本

当生成软件包，并放入软件仓库以后，就可以通过 SaltStack 来进行部署了。SaltStack 是一个比较新的自动化运维工具，可以实现计算机集群的配置管理和执行远程命令的功能。在我们的系统中，看重的是执行远程命令的功能。因为这个功能，可以让我们通过 Salt Master（甚至是 Salt HTTP API）向指定的服务器发布一组执行指令，实现我们需要的软件备份、服务停止、软件更新、服务重启、健康检查等功能。

关于 SaltStack 的基础知识，大家可以参看网络上的其他文档。至于我们为什么选择 SaltStack，也是基于以前的技术积累。另外一点，不是每个公司都推行 Ansible 那套基于用户名密码，或是 RSA 公私钥的登录，但是假如一个公司能推行 SaltStack 的安装，那就不用存在远程用户管理的事务了。当然，如果读者更熟悉 Ansible，在完全掌握整个部署流程和自动化软件发布系统的设计以后，从 SaltStack 到 Ansible 的转换也是比较容易的。

在本节，我们会进行实战演练，从 Salt Master、Salt Minon 的安装，Salt-API（HTTP REST API 方式）的配置，到远程推送上一节生成的 Java 软件包，并让软件启动起来。之后，在我们进行自动化软件发布平台的代码编写时，实际上就是模拟这一手工操作的过程。

3.5.1 Salt Master 及 Salt Minion 的安装

在我们的实验环境中，Salt Master 的 IP 地址为 192.168.1.111，Salt Minion 的地址为 192.168.1.112。这里只提供了一个 Minion 作为测试，在实际环境中，一个 Master 能管理近 3 000 台 Minion 服务器，规模也不算小了。

为了演示和讲解方便，下面的 Salt Master 和 Minion 的安装均为最小设置。在生产环境中，如果要用好 SaltStack，则需要进行设置调优，甚至双 Master 或是 Syndic 框架。

① 如果使用默认的 Yum 源安装，Salt 的版本会比较老旧。为了使用新的 SaltStack，首先更新 Master 和 Minion 机器的 Yum 软件源，由于我们使用的操作系统为 Centos 7 系统，故命令如下：

```
yum install -y https://repo.saltstack.com/yum/redhat/salt-repo-latest-2.el7.noarch.rpm
```

以上命令在 Master 和 Minion 上都要执行。

② 在 Master 上执行如下命令进行 Salt Master 的安装。

```
yum install salt-master
```

安装后的版本为 Salt Minion 2018.3.2(Oxygen)。

③ 在 Minion 上执行如下命令，进行 Salt Minion 的安装。

```
yum install salt-minion
```

④ 在 192.168.1.111 上启动 Master 服务，命令如下：

```
systemctl start salt-master.service
```

⑤ 192.168.1.112 上配置 Minion 并启动服务。

使用 Vim 打开 /etc/salt/minion 文件，更改以下两处：
- 将 #master: salt 行更改为 master:192.168.1.111（此处依读者自己的 Master IP 而定）。
- 将 #id: 行更改为 id：192.168.1.112（此处依读者自己的 Minion IP 而定）。

然后，执行如下命令启动 Salt Minion 服务：

```
systemctl start salt-minion.service
```

⑥ 此时，在 Master 服务器上运行如下命令，看是否有 Minion 加入请求。

```
salt-key -L
```

如果设置正确，则输出如下：

```
Accepted Keys:
Denied Keys:
Unaccepted Keys:
192.168.1.112
Rejected Keys:
```

⑦ 如果有 Minion 加入请求，运行如下命令，将此 Minion 加入 Master 管理。

```
salt-key -A
```

在接下来的对话 Proceed?[n/Y] 后,输入 y 即可。

⑧ 再次运行 salt-key-L 命令,就会看到 192.168.1.111 已在管理之中。

```
Accepted Keys:
192.168.1.112
Denied Keys:
Unaccepted Keys:
Rejected Keys:
```

⑨ 运行一个简单的 test.ping 来完成此次安装测试。命令如下:

```
salt '192.168.1.112' test.ping
```

如果 Salt Master 和 Salt Minion 之间连接正常,则输出如下:

```
192.168.1.112:
    True
```

这证明,我们的安装初步完成。

3.5.2 通过 Salt Master 远程执行脚本命令

SaltStack 的远程命令执行分为两个:cmd.run 和 cmd.script。这两个命令的执行机制还是有一些区别的。cmd.run 是将命令直接在 Salt Minion 上执行,适合日常的运维小操作。cmd.script 则是将指定的脚本拷贝到 Salt Minion 之后,再在 Salt Minion 上执行,适合比较复杂的自动化运维操作。而 salt.script 指定的脚本,则需要放在 salt:// 协议的目录下,或是 http://、ftp:// 等协议的目录下。这两个命令,在我们的自动化部署系统中都需要。依据实现软件推荐的不同方案,还有可能使用到 cp.get_file 或是 cp.get_dir,cp.get_url 命令,这三个远程推送文件和目录的命令,会将我们需要的文件推送到指定的 Minion 上去。

接下来,我们就分别手工操作一下这几种方式,为以后的自动化软件部署命令打下基础。

1. cmd.run

在 Salt Master(192.168.1.111)上执行命令:

```
salt '192.168.1.112' cmd.run 'ifconfig'
```

输出如下:

```
192.168.1.112:
    enp0s3: flags = 4163 <UP,BROADCAST,RUNNING,MULTICAST>  mtu 1500
            inet 192.168.1.112  netmask 255.255.255.0  broadcast 192.168.1.255
            inet6 fe80::9dd2:6328:839d:32c0  prefixlen 64  scopeid 0x20 <link>
```

```
        ether 08:00:27:9e:bb:46   txqueuelen 1000   (Ethernet)
        RX packets 4148   bytes 554053 (541.0 KiB)
        RX errors 0   dropped 0   overruns 0   frame 0
        TX packets 3848   bytes 302021 (294.9 KiB)
        TX errors 0   dropped 0 overruns 0   carrier 0   collisions 0

lo: flags = 73 <UP,LOOPBACK,RUNNING>   mtu 65536
        inet 127.0.0.1   netmask 255.0.0.0
        inet6 ::1   prefixlen 128   scopeid 0x10 <host>
        loop   txqueuelen 1   (Local Loopback)
        RX packets 6268   bytes 6632100 (6.3 MiB)
        RX errors 0   dropped 0   overruns 0   frame 0
        TX packets 6268   bytes 6632100 (6.3 MiB)
        TX errors 0   dropped 0 overruns 0   carrier 0   collisions 0
```

可以看出,ifconfig 命令是在指定的 Salt Minion(192.168.1.112)上执行后,返回给 Salt Master 显示的。大家也可以试一下:

```
salt '192.168.1.112' cmd.run 'ls'
salt '192.168.1.112' cmd.run 'mkdir -p /tmp/test/dir'
```

看看是不是在 Minion 上执行了对应的命令。

2. cmd.script

先建立一个简单的 test_script.sh 脚本文件,内容如下:

```
01   #!/bin/sh
02
03   ifconfig
04   ls /
05   mkdir -p /tmp/test/dir
```

可以看出,这几乎就是 cmd.run 中执行的命令,下面看看如何通过脚本远程推送执行。

SaltStack Master 上有一个默认的 salt:// 协议的文件服务器,路径指向为 /srv/salt 目录。现在,我们先建立一个 /srv/salt/scripts/ 目录,将 test_script.sh 文件拷贝到此目录下,然后运行如下命令:

```
salt '192.168.1.112' cmd.script salt://scripts/test_script.sh
```

输出如下:

```
192.168.1.112:
    ----------
    pid:
```

```
            16952
        retcode:
            0
        stderr:
        stdout:
            enp0s3: flags=4163 <UP,BROADCAST,RUNNING,MULTICAST>    mtu 1500
                    inet 192.168.1.112   netmask 255.255.255.0   broadcast 192.168.
1.255
                    inet6 fe80::9dd2:6328:839d:32c0   prefixlen 64   scopeid 0x20 <
link>
                    ether 08:00:27:9e:bb:46   txqueuelen 1000   (Ethernet)
                    RX packets 7056   bytes 894936 (873.9 KiB)
                    RX errors 0   dropped 0   overruns 0   frame 0
                    TX packets 5893   bytes 452099 (441.5 KiB)
                    TX errors 0   dropped 0 overruns 0   carrier 0   collisions 0

            lo: flags=73 <UP,LOOPBACK,RUNNING>   mtu 65536
                    inet 127.0.0.1   netmask 255.0.0.0
                    inet6 ::1   prefixlen 128   scopeid 0x10 <host>
                    loop   txqueuelen 1   (Local Loopback)
                    RX packets 8679   bytes 9035489 (8.6 MiB)
                    RX errors 0   dropped 0   overruns 0   frame 0
                    TX packets 8679   bytes 9035489 (8.6 MiB)
                    TX errors 0   dropped 0 overruns 0   carrier 0   collisions 0

        bin
        boot
        dev
        etc
        ...
        tmp
        usr
        var
        zookeeper_server.pid
```

可以看到,这三个命令,一样在 Minion 得到了执行,并得到了输出。这种方式的执行,可以让我们更方便地执行自动化程序高的脚本。

3. 通过 HTTP 协议执行 cmd.script

执行脚本,不但可以像上一步通过 salt:// 协议,也可以通过 http:// 协议执行,这样做的好处是,可以将执行脚本与 Salt 解耦,只依赖于 Salt 的命令。

将上一步的 test_script.sh 文件拷贝到 Nginx 服务器(192.168.1.111 上也部署

了这个服务)的/usr/share/nginx/scripts/目录下,然后执行如下命令:

salt '192.168.1.112' cmd.script http://192.168.1.111/scripts/test_script.sh

可以看到,输出和上一步是一样的。这里就不再展示了。

4. cp.get_file 和 cp.get_dir

除了远程执行脚本命令,有时也有将 SaltStack Master 上的文件分发到 Minion 上的需求,这时 cp.get_file 和 cp.get_dir 就可以派上用场了。这两个命令,使用的都是 salt://协议。

为了测试,先在/srv/salt/下建立 files 目录,然后在 files 目录建立一个 test_file 文件。

先运行如下命令:

salt '192.168.1.112' cp.get_file salt://files/test_file /tmp/

输出如下:

192.168.1.112:
    /tmp/test_file

然后,进入到 Salt Minion(192.168.1.112)的/tmp/目录下,可以看到 test_file 文件。

接下来,测试一下 cp.get_dir 功能。运行如下命令:

salt '192.168.1.112' cp.get_dir salt://files /tmp

输出如下:

192.168.1.112:
    - /tmp/files/test_file

可以看到,这个 files 目录及文件,已分发到目标 Minion 的/tmp/目录下去了。

3.5.3 Salt-API 配置

通过前面的介绍,我们就可以手工进行远程指定服务器的发布了。但如果集成在我们的自动化发布系统中,这种构架还是不完美的。它存在一个问题,就是耦合性太强了。在这种构架下,我们的自动化发布系统必须和 Salt Master 部署在同一个服务器上,调用 Salt 命令才能进行操作。这会让我们后期很难对自己的系统或是 Salt Master 进行升级和扩展。

有没有更好的方案呢?

幸好,SaltStack 软件为我们提供了另一种功能:以 REST API 的方式,通过 Salt-API 远程调用进行操作。有了这种命令调用方式,就可以将我们自己的软件发布系统和 Salt Master 服务分开部署,然后只要网络上互通,就可以远程调用命令。

它是不是比前一种方案更灵活呢？

下面，通过新的安装配置，来启用 Salt-API 方式的远程命令调用。

1. Salt-API 的安装

运行如下命令进行安装：

yum install salt-api

Salt-API 的运行，依赖于 Python-Cherrypy 模块，所以这个模块也会一并安装。

2. 生成自签名证书

为了安全，Salt-API 是以 https 的方式运行，所以应生成证书，随后配置在相关文件中。

进入 /etc/pki/tls/certs/ 目录，运行如下命令，一路回车，即生成一个自签名证书（期间，需要生成一个 pass phrase 加密短语，自行保存）：

Make testcert

如果正常，输出如下：

umask 77 ; \
/usr/bin/openssl genrsa -aes128 2048 > /etc/pki/tls/private/localhost.key
Generating RSA private key, 2048 bit long modulus
.... +++
.... +++
e is 65537 (0x10001)
Enter pass phrase:
Verifying - Enter pass phrase:
umask 77 ; \
/usr/bin/openssl req -utf8 -new -key /etc/pki/tls/private/localhost.key -x509 -days 365 -out /etc/pki/tls/certs/localhost.crt
Enter pass phrase for /etc/pki/tls/private/localhost.key:
You are about to be asked to enter information that will be incorporated
into your certificate request.
What you are about to enter is what is called a Distinguished Name or a DN.
There are quite a few fields but you can leave some blank
For some fields there will be a default value,
If you enter '.', the field will be left blank.

Country Name (2 letter code) [XX]:
State or Province Name (full name) []:
Locality Name (eg, city) [Default City]:
Organization Name (eg, company) [Default Company Ltd]:
Organizational Unit Name (eg, section) []:

```
Common Name (eg, your name or your server's hostname) []:
Email Address []:
```

这时,即在 /etc/pki/tls/certs/ 目录下生成了一个包含 RSA 公钥的 localhost.crt 证书,同时在 /etc/pki/tls/private/ 目录下生成了对应 RSA 算法的 locathost.key 私钥。

接着,进入 /etc/pki/tls/private/ 目录,运行如下命令,在相同目录下,会生成 locathost.key 对应的无密码私钥——localhost_nopass.key,这一过程,需要上一步输入的 pass phrase。

```
openssl rsa -in localhost.key -out localhost_nopass.key
```

记住 /etc/pki/tls/certs/localhost.crt 和 /etc/pki/tls/private/localhost_nopass.key 文件的位置,因为在 Salt-API 配置时,需要这两个文件作为 ssl 的配置。

3. 创建 Salt-API 用户及密码

接下来,需要创建一个用户,用于 Salt-API 的认证,以及进行 SaltStack 平台的命令调用前的认证。大家对于上一步和这一步的配置,不要懵圈,两者之间是有区别的:上一步,是为了 Salt-API 服务能启动运行而进行的证书配置,不涉及用户;而这一步,是为了让我们以后的自动化软件发布系统能远程调用 Salt-API 服务而建立的认证用户。切记!

输入以下命令,建立一个 Salt-API 用户:

```
useradd -M -s /sbin/nologin salt-api-client
```

输入以下命令,设置 Salt-API-Client 用户的密码(请记住这个密码,在以后自动化发布系统会用到):

```
passwd salt-api-client
```

输出如下:

```
Changing password for user salt-api-client.
New password:
Retype new password:
passwd: all authentication tokens updated successfully.
```

4. Salt-API 配置

在生成了证书及用户之后,就可以进行 Salt-API 服务的配置了。

Salt-API 的配置包括两个文件,第一个是 api.conf 文件,用来配置证书文件,启动 Salt-API 服务;另一个是 eauth.conf 文件,用来配置 Salt-API 的远程认证用户的权限。这两个文件位于 /etc/salt/master.d/ 这个目录之中,如果这个目录不存在,请提前创建好。

/etc/salt/master.d/api.conf 内容如下：

```
01  rest_cherrypy:
02    port: 8899
03    ssl_crt: /etc/pki/tls/certs/localhost.crt
04    ssl_key: /etc/pki/tls/private/localhost_nopass.key
```

可以看到，ssl_crt 和 ssl_key，这就是我们前面几步生成的那两个文件。

/etc/salt/master.d/eauth.conf 内容如下：

```
01  external_auth:
02    pam:
03      salt-api-client:
04        - .*
05        - '@wheel'
06        - '@runner'
07        - '@jobs'
```

可以看到，我们为 Salt-API-Client 设置了很大的权限，在生产需要时，可以调整权限。

经过上面的配置之后，重启 Salt-API 和 Salt-Master，让配置生效。

```
systemctl restart salt-api
systemctl restart salt-master
```

注意这个先后顺序，调整 Salt-API 的配置之后，必须要重启 Master 才会生效。

5. Salt-API 测试

在上面配置完成并启动服务后，先手工测试一下 Salt-API 的使用方法，了解一下流程，然后再对它进行封装。

首先，获取认证的 Token，命令如下（这里我们使用了已有的 Salt-API-Client 的用户密码）：

```
curl -sSk https://192.168.1.111:8899/login \
-H 'Accept: application/x-yaml' \
-d username=salt-api-client \
-d password=salt2018 -d eauth=pam
```

输出如下：

```
return:
- eauth: pam
  expire: 1537657250.307573
  perms:
  - .*
```

```
  - '@wheel'
  - '@runner'
  - '@jobs'
start: 1537614050.307571
token: 3ed19823d675edf81289a6df04142556e170b522
user: salt-api-client
```

接下来的测试,只要带上 Token,就可以远程执行 SaltStack 的相关命令了,如:

```
curl -k https://192.168.1.111:8899/ \
-H "Accept: application/x-yaml" \
-H "X-Auth-Token: 3ed19823d675edf81289a6df04142556e170b522" \
-d client = 'local' \
-d tgt = '192.168.1.112' \
-d fun = 'cmd.run' \
-d arg = 'ifconfig'
```

输出如下(以下格式是将\n 做了分行处理的,本来输出是连在一起的):

```
return:
- 192.168.1.112: "enp0s3: flags = 4163 <UP,BROADCAST,RUNNING,MULTICAST>    mtu 1500
       inet
    192.168.1.112   netmask 255.255.255.0   broadcast 192.168.1.255
       inet6 fe80::9dd2:6328:839d:32c0
       prefixlen 64   scopeid 0x20 <link>
       ether 08:00:27:9e:bb:46   txqueuelen
    1000  (Ethernet)
       RX packets 105426   bytes 13314101 (12.6 MiB)
       RX
    errors 0   dropped 0   overruns 0   frame 0
       TX packets 83769   bytes 5871433
    (5.5 MiB)
       TX errors 0   dropped 0 overruns 0   carrier 0   collisions 0
lo:
    flags = 73 <UP,LOOPBACK,RUNNING>    mtu 65536
       inet 127.0.0.1   netmask 255.0.0.0
       inet6 ::1   prefixlen 128   scopeid 0x10 <host>
       loop   txqueuelen
    1  (Local Loopback)
       RX packets 27154   bytes 21117950 (20.1 MiB)
       RX
    errors 0   dropped 0   overruns 0   frame 0
       TX packets 27154   bytes 21117950
    (20.1 MiB)
```

Python 3 自动化软件发布系统——Django 2 实战

```
           TX errors 0  dropped 0 overruns 0  carrier 0   collisions 0"
```

可以看到,通过 Salt-API 执行 cmd.run 命令,返回是正确的。

其他模块的执行与此类似,不再重复演示。

6. Salt-API 命令封装

通过上面的练习,相信读者对于通过 Salt-API 远程发布命令,已有一些印象了。但是,手工命令操作还是太麻烦,每次要获取 Token,然后用 Token 认证,并包装命令来执行。如果是一个程序员,看到这种操作,要实现自动化,则必须把这个操作封装起来,用代码实现。接下来,我们就尝试一下对 Salt-API 进行 Python 代码封装吧。

封装的 py 文件如下,如果现在看不太懂,没有关系,先有主观的代码流程印象,等到后面章节具体实现软件自动化发布时,再来细讲每个封装 API 的用法。

https://github.com/aguncn/manabe/blob/master/manabe/public/salt.py

```
01  # coding:utf-8
02  import requests
03  from requests.adapters import HTTPAdapter
04  import json
05
06  requests.packages.urllib3.disable_warnings()
07
08  requests_retry = requests.Session()
09  requests_retry.mount('http://', HTTPAdapter(max_retries = 3))
10  requests_retry.mount('https://', HTTPAdapter(max_retries = 3))
11
12
13  class SaltStack(object):
14      cookies = None
15      host = None
16
17      def __init__(self, host, username, password, port = '8000',
18                   secure = True, eproto = 'pam'):
19          proto = 'https' if secure else 'http'
20          self.host = '{}://{}:{}'.format(proto, host, port)
21
22          self.login_url = self.host + "/login"
23          self.logout_url = self.host + "/logout"
24          self.minions_url = self.host + "/minions"
25          self.jobs_url = self.host + "/jobs"
26          self.run_url = self.host + "/run"
27          self.events_url = self.host + "/events"
28          self.ws_url = self.host + "/ws"
```

```
29              self.hook_url = self.host + "/hook"
30              self.stats_url = self.host + "/stats"
31
32          if self.cookies is None:
33              try:
34                  r = requests_retry.post(self.login_url, verify = False,
35                                          data = {'username': username,
36                                                  'password': password,
37                                                  'eauth': eproto},
38                                          timeout = 3)
39                  if r.status_code == 200:
40                      self.cookies = r.cookies
41                  else:
42                      raise Exception('Error from source %s' % r.text)
43              except Exception as e:
44                  print(str(e))
45
46
47      def cmd_run(self, tgt, arg,
48                  expr_form = 'compound', fun = 'cmd.run', timeout = 600):
49          try:
50              r = requests_retry.post(self.host,
51                                      verify = False, cookies = self.cookies,
52                                      data = {'tgt': tgt,
53                                              'client': 'local',
54                                              'expr_form': expr_form,
55                                              'fun': fun,
56                                              'timeout': timeout,
57                                              'arg': arg})
58              if r.status_code == 200:
59                  return r.json()
60              else:
61                  raise Exception('Error from source %s' % r.text)
62          except Exception as e:
63              print(str(e))
64
65      def cmd_script(self, tgt, arg,
66                     expr_form = 'compound', fun = 'cmd.script'):
67          try:
68              r = requests_retry.post(self.host,
69                                      verify = False, cookies = self.cookies,
```

```
70                              data = {'tgt': tgt,
71                                      'client': 'local',
72                                      'expr_form': expr_form,
73                                      'fun': fun,
74                                      'arg': arg})
75              if r.status_code == 200:
76                  return r.json()
77              else:
78                  raise Exception('Error from source %s' % r.text)
79          except Exception as e:
80              print(str(e))
81
82
83      def cp_file(self, tgt, from_path, to_path,
84                  expr_form = 'compound', timeout = 60):
85          try:
86              if tgt and from_path and to_path:
87                  r = requests_retry.post(self.host, verify = False,
88                                          cookies = self.cookies,
89                                          data = {'tgt': tgt,
90                                                  'client': 'local',
91                                                  'fun': 'cp.get_file',
92                                                  'arg': [from_path, to_path],
93                                                  'timeout': timeout,
94                                                  'makedirs': 'True',
95                                                  })
96              else:
97                  data = {'return': 'Parameter is not enough.[API cp_file]'}
98                  return data
99              if r.status_code == 200:
100                 return r.json()
101             else:
102                 raise Exception('Error from source %s' % r.text)
103         except Exception as e:
104             print(str(e))
105
106     def cp_dir(self, tgt, arg,
107                 expr_form = 'compound', timeout = 500):
108         try:
109             if tgt and arg:
110                 r = requests_retry.post(self.host, verify = False,
```

```
111                                        cookies = self.cookies,
112                                        data = {'tgt': tgt,
113                                                'client': 'local',
114                                                'fun': 'cp.get_dir',
115                                                'arg': arg,
116                                                'timeout': timeout,
117                                                })
118             else:
119                 data = {'return': 'Parameter is not enough.[API cp_dir]'}
120                 return data
121             if r.status_code == 200:
122                 return r.json()
123             else:
124                 raise Exception('Error from source %s' % r.text)
125         except Exception as e:
126             print(str(e))
127
128
129
130 def demo():
131     sapi = SaltStack(host = "192.168.1.111",
132                      port = '8899',
133                      username = "salt-api-client",
134                      password = "salt2018",
135                      secure = True)
136     print(sapi.cmd_script(tgt = '192.168.1.112', arg = ["http://192.168.1.111/scripts/test_script.sh"]))
137
138 if __name__ == '__main__':
139     demo()
```

在上面的代码中,先将SaltStack的操作封装成了一个类,初始化时,需提供Salt Master主机IP、端口、认证用户和密码等信息;然后,在类内部,实现了常用的cmd_run、cmd_script、cp_file、cp_dir。最后,提供了一个测试的demo()函数。

7. Salt-API 封装后测试

在 Python 环境,运行上面的文件,demo()的输出如图 3-35 所示。

由于是 HTTP 返回,所以格式是以\n作为换行输出的,格式不是很直观,但还是可以看出,所有的命令都已执行完成。

这个输出与 salt '192.168.1.112' cmd.script http://192.168.1.111/scripts/test_script.sh 命令输出是一样的。

```
======================= RESTART: D:\telegram\hello.py =======================
{'return': [{'192.168.1.112': {'pid': 10664, 'retcode': 0, 'stderr': '', 'stdout
': 'enp0s3: flags=4163<UP,BROADCAST,RUNNING,MULTICAST> mtu 1500\n        inet 1
92.168.1.112  netmask 255.255.255.0  broadcast 192.168.1.255\n        inet6 fe80
::9dd2:6328:839d:32c0  prefixlen 64  scopeid 0x20<link>\n        ether 08:00:27:
9e:bb:46  txqueuelen 1000  (Ethernet)\n        RX packets 108077  bytes 13673994
 (13.0 MiB)\n        RX errors 0  dropped 0  overruns 0  frame 0\n        TX pac
kets 86194  bytes 6045630 (5.7 MiB)\n        TX errors 0  dropped 0 overruns 0
carrier 0  collisions 0\n\nlo: flags=73<UP,LOOPBACK,RUNNING>  mtu 65536\n
        inet 127.0.0.1  netmask 255.0.0.0\n        inet6 ::1  prefixlen 128  scopeid 0x
10<host>\n        loop  txqueuelen 1  (Local Loopback)\n        RX packets 27517
  bytes 21254182 (20.2 MiB)\n        RX errors 0  dropped 0  overruns 0  frame 0
\n        TX packets 27517  bytes 21254182 (20.2 MiB)\n        TX errors 0  drop
ped 0  overruns 0  carrier 0  collisions 0\n\nbin\nboot\ndev\netc\nhome\njenkins-
data\nlib\nlib64\nmedia\nmnt\nopt\nproc\nroot\nrun\nsbin\nsrv\nsys\ntmp\nusr\nva
r\nzookeeper_server.pid'}}]}
```

图 3-35 操作 SaltStack 的 demo 脚本输出

但这是通过远程 HTTP REST API 来操作 SaltStack 的,构架方案更为先进,以后的自动化软件部署,就会采取这种方案。

3.5.4 实现远程拉取软件、启停服务的脚本范例

到此,我们几乎已有了一个手工通过命令行进行软件发布的全部操作了。还缺最后一样:如何组合命令,将我们的软件包发到目标服务器,并进行启停操作。

这就是本小节的内容。

经过前面的讲解之后,对软件手工发布基本的工作流,相信大家已有一些眉目了,这里再梳理一下:

① 先在 GitLab 上建立项目目录。

② 将本地编写的代码上传到 GitLab。

③ 在 Jenkins 拉取 GitLab 里的项目进行编译,生成软件包,推送到软件 Nginx 仓库。

④ 在 Salt Master 上执行 SaltStack 命令,将脚本推送到指定 Salt Minion 服务器运行(带参数)。

⑤ 在 Salt Minion 的服务器执行参数脚本时,拉取 Nginx 上的软件包,并实现服务启停。

有了以上工作流,而且前面 4 步已讲解完成,现在,用一个极简的 Shell 脚本,来实现第⑤步。脚本内容如下:

https://github.com/aguncn/manabe/blob/master/manabe/config/start_demo.sh

```
01    #!/bin/bash
02
03    # app 部署根目录
04    APP_ROOT_HOME = "/app"
05    # app 软件包保存根目录
06    LOCAL_ROOT_STORE = "/var/ops"
```

```
07    # app 名称参数
08    PROJECT_NAME=$1
09    # env 环境参数
10    ENV=$2
11    # version 发布单参数
12    VERSION=$3
13    # app 软件包名单数
14    PACKAGE_NAME=$4
15    # port 服务端口参数
16    PORT=$5
17    # action 服务启停及部署参数
18    ACTION=$6
19    # deploy_type 部署类型参数
20    DEPLOY_TYPE=$7
21    # repo_url nginx 软件仓库地址参数
22    REPO_URL=$8
23    # app 压缩包名参数
24    ZIP_PACKAGE_NAME=$9
25
26    APP_HOME=$APP_ROOT_HOME/$1
27    LOCAL_STORE=$LOCAL_ROOT_STORE/$1/$3
28
29    LOG="$APP_HOME/$PROJECT_NAME.log"
30
31    RETVAL=0
32
33    pid_of_app() {
34        pgrep -f "java.*$PACKAGE_NAME"
35    }
36
37    # 先建立相关目录,再从 Nginx 上获取指定软件包,保存到指定目录
38    prepare() {
39        if [ ! -d $APP_HOME ];then
40            mkdir -p $APP_HOME
41        fi
42        if [ ! -d $LOCAL_STORE ];then
43            mkdir -p $LOCAL_STORE
44        fi
45
46        if [ -f "$LOCAL_STORE/$ZIP_PACKAGE_NAME" ];then
47            echo "$LOCAL_STORE/$ZIP_PACKAGE_NAME found."
```

```
48      else
49          wget -P \
50  $LOCAL_STORE $REPO_URL/$PROJECT_NAME/\
51  $VERSION/$ZIP_PACKAGE_NAME
52      fi
53      echo "$PROJECT_NAME prepare success."
54
55  }
56
57  # 清除目录已有文件,将软件解压到运行目录
58  deploy() {
59      rm -rf $APP_HOME/*
60      tar -xzvf $LOCAL_STORE/$ZIP_PACKAGE_NAME -C $APP_HOME
61      echo "$PROJECT_NAME deploy success."
62  }
63
64  # 启动应用,传递了 port 和 env 参数
65  start() {
66      pid='pid_of_app'
67      if [ -n "$pid" ]; then
68          echo "Project: $PROJECT_NAME (pid $pid) is running, kill first or restart."
69          return 1
70      fi
71
72      start=$(date +%s)
73      [ -e "$LOG" ] && cnt=`wc -l "$LOG" | awk '{ print $1 }'` || cnt=1
74
75      echo -n $"Starting $PROJECT_NAME: "
76
77      cd "$APP_HOME"
78      jarcount=`ls -l *.jar |wc -l`
79      if [ ! $jarcount = 1 ]; then
80          echo "more than one jar files in $APP_HOME"
81          return 1
82      fi
83  # 此处为真正启动命令
84  nohup java -jar "$APP_HOME/$(ls *.jar)" \
85  --server.port=$PORT \
86  --spring.profiles.active=$ENV >> "$LOG" 2>&1 &
87
```

```
 88     while { pid_of_app > /dev/null ; } &&
 89         ! { tail --lines=+ $cnt "$LOG" | grep -q 'Started App in' ; } ; do
 90         sleep 1
 91     done
 92
 93     pid =' pid_of_app'
 94     RETVAL = $?
 95     if [ $RETVAL = 0 ]; then
 96         end = $(date + %s)
 97         echo "start success in $(( $end - $start )) seconds with (pid $pid)"
 98     else
 99         echo "Start failure, please check $LOG \n"
100     fi
101     echo
102 }
103
104 stop() {
105     printf "Stopping $PROJECT_NAME: "
106
107     pid =' pid_of_app'
108     [ -n "$pid" ] && kill $pid
109     echo $pid
110     RETVAL = $?
111     cnt = 10
112     while [ $RETVAL = 0 -a $cnt -gt 0 ] &&
113         { pid_of_app > /dev/null ; } ; do
114         sleep 1
115         ((cnt--))
116     done
117     printf "stop success\n"
118 }
119
120 status() {
121     pid =' pid_of_app'
122     if [ -n "$pid" ]; then
123         echo "Project: $PROJECT_NAME (pid $pid) is success running..."
124         return 0
125     fi
126     echo "Project: $PROJECT_NAME is stopped"
127     return 1
128 }
```

```
129
130    case "$ACTION" in
131        prepare)
132            prepare
133            ;;
134        deploy)
135            deploy
136            ;;
137        start)
138            start
139            ;;
140        stop)
141            stop
142            ;;
143        status)
144            status
145            ;;
146        restart)
147            stop
148            start
149            ;;
150        *)
151            echo $"Usage: $0 {8 args}"
152            exit 1
153    esac
154
155    exit $RETVAL
```

在上面的脚本中，通过传递给脚本参数，主要实现了软件包的拉取、部署、服务的启停。因为有注释，此处不再多讲。

这个脚本，只是用于这里演示，而后面涉及到这个脚本的深入工作流程，且会增加备份、回滚操作，只部署配置或只配置软件包的操作，这里就不提示讲解了。

我们将这个脚本保存为 ZEP-BACKEND-JAVA.sh 文件，将其放到 Salt Minion 服务器上，在我们的实验环境中，就是 192.168.1.112 上。然后执行如下几个命令，证实脚本本身的逻辑是正确的。

命令：

sh ZEP-BACKEND-JAVA.sh ZEP-BACKEND-JAVA test 2018-0921-2023-34XZ javademo-1.0.jar 18080 stop tot http://192.168.1.111 javademo-1.0.tar.gz

输出：

Stopping ZEP-BACKEND-JAVA:
Success

命令：

sh ZEP-BACKEND-JAVA.sh ZEP-BACKEND-JAVA test 2018-0921-2023-34XZ javademo-1.0.jar 18080 start tot http://192.168.1.111 javademo-1.0.tar.gz

输出：

Starting ZEP-BACKEND-JAVA: success in 6 seconds with (pid 29987)

这时，使用 curl 命令访问一下：

curl http://192.168.1.112:18080/hello

输出：

env:'TEST'/hello, db:'TEST DATABASE'

这就证明我们的脚本已可以成功控制服务的启停了。

3.5.5 测 试

现在进入令人兴奋的真正测试阶段了，前面的准备，到现在终于有效果展示了。请将上一节的脚本保存为 ZEP-BACKEND-JAVA.sh，并将此文件上传至 Nginx 服务器的 /usr/share/nginx/html/scripts/ 目录下，在本书自己建立的实验环境中，就能以 http://192.168.1.111/scripts/ZEP-BACKEND-JAVA.sh 的方式访问这个文件。

依据前面获取的知识，通过 Salt-API 来操作脚本的测试步骤如下：

① Salt-API 命令封装后的 demo() 函数改写如下：

https://github.com/aguncn/manabe/blob/master/manabe/config/salt_demo.py

```
01  def demo():
02      sapi = SaltStack(host = "192.168.1.111",
03                      port = '8899',
04                      username = "salt-api-client",
05                      password = "salt2018",
06                      secure = True)
07      # 为了语义明晰,使用列表
08      attach_arg_list = [None] * 9
09      attach_arg_list[0] = "ZEP-BACKEND-JAVA"
10      attach_arg_list[1] = "test"
11      attach_arg_list[2] = "2018-0921-2023-34XZ"
12      attach_arg_list[3] = "javademo-1.0.jar"
```

```
13      attach_arg_list[4] = "18080"
14      attach_arg_list[5] = "stop"
15      attach_arg_list[6] = "tot"
16      attach_arg_list[7] = "http://192.168.1.111"
17      attach_arg_list[8] = "javademo-1.0.tar.gz"
18
19      # cmd_script 后面附加参数为字符串,所以要进行转换
20      attach_arg = ' '.join(attach_arg_list)
21
22      result = sapi.cmd_script(tgt = '192.168.1.112',
23                              arg = ["http://192.168.1.111/scripts/ZEP-BACK-END-JAVA.sh",
24                                     attach_arg])
25      print(result['return'][0]['192.168.1.112']['stdout'])
26
27  if __name__ == '__main__':
28      demo()
```

在接下来的测试中,需要模拟 attach_arg_list[5] = "stop"这个参数,将其分别置为 parepare,stop,deploy,start,status 这几个参数,看看是否可能通过 Salt-API 收到和本地执行一样的效果。

② 当 attach_arg_list[5] = "prepare"时,输出为

ZEP-BACKEND-JAVA prepare success.

③ 当 attach_arg_list[5] = "stop"时,输出为

Stopping ZEP-BACKEND-JAVA:29987
success

④ 当 attach_arg_list[5] = "deploy"时,输出为

javademo-1.0.jar
config/
config/application-prd.properties
config/application-test.properties
ZEP-BACKEND-JAVA deploy success.

⑤ 当 attach_arg_list[5] = "start"时,输出为

Starting ZEP-BACKEND-JAVA: success in 4 seconds with (pid 31545)

⑥ 当 attach_arg_list[5] = "status"时,输出为

Project:ZEP-BACKEND-JAVA (pid 31545) is running...

⑦ 这时,打开浏览器,访问 http://192.168.1.112:18080/hello,会看到如图 3-36

所示的界面。

env:'TEST' /hello, db:'TEST DATABASE'

图 3-36　Nginx 显示测试网页

这说明，我们已经可以真正通过 Python 代码来控制软件的发布了。在后面的章节，当真正进入 Django 框架，在发布的环节写自动化软件发布系统时，就是循环这样的思路来实现的。当然，那时，不用我们手工输入命令，而是在 Web 界面上通过点击鼠标来操作；而返回的结果，也是在网页上呈现的。

3.6　Jenkins REST API 使用讲解

经过本章的自动化软件发布工作流的介绍，我们已大体上知道了如何先进行手工脚本的发布流程。

但要进行自动化程度比较高的集成，还有两个关键知识点是需要打通的，这就是本节和下节的主要内容：对 Jenkins 和 GitLab 的 API 的使用。

通过 3.5 节的 Salt-API 的实操，大家应该已经见证了 API 的威力了吧。相比于传统运维每次部署或是操作都是以键盘输入命令，或是用鼠标点击来操作的，以代码操作 API 的感觉是不是高端多了？有没有进入程序员队列的感觉？

一般来说，公司的专业程序员，不太理解运维的事务；而运维人员，也没有程序员那么强的代码逻辑能力。所以，又懂代码逻辑，又能做实际运维的人，在各个公司都是会游刃有余的。也希望目前如日中天的微服务架构、DEVOPS 运动、容器技术更新，能将研发、测试、运维的领域做不同程序的融合，将 IT 技术生态带入到下一个新的高度。

所以，对于个人来说，有没有对各个 IT 系统的 API 的运用能力，是衡量运维人员能力的一条金线：之上，为道；之下，为术。

本节专门对 Jenkins 的几个 API 运用作一些讲解，了解了这几个 Jenkins API 之后，对于后面的设计是大有裨益的。

想象一下，在自动化软件发布系统中，当要为源代码生成编译过的软件包时，还要人为地进入 Jenkins，点击构建，生成软件包，那显得多 Low 呀？

为什么不是直接在新建的发布单旁边，点击一个编译按钮，就完成了操作呢？在点击按钮的背后，系统会将我们要编译的发布单以任务的形式远程发数据给 Jenkins 服务器，在 Jenkins 编译完成之后，将结果呈现在网页上。这一系列背后的动作，就是靠我们的软件发布系统与 Jenkins API 之间交互完成的。

一般来说，直接使用原生的 Jenkins API 是一个比较繁琐的过程，因为原生的 API，都是以操作原语的方式提供的。而我们在发布系统的开发过程中，会使用包装好的第三方 Python 库（Python-Jenkins 1.2.1 版本）来操作 Jenkins API，这样会更快速高效，且可以站在专业开发人员的高度上进行。（熟悉 K8S 的读者，可以回想一下，如果不是第二次深度开发，运维人员一般不会使用 K8S 的原生 API，而是使用经过包装后的 kubectl 命令。）

接下来就来经过一系列的实操，让读者对 Python-Jenkins 库的使用有一些体验。在后面章节，讲到如何用 Django 实现 Jenkins 自动打包时，还会涉及到这里的内容。

3.6.1 Jenkins 原生 API 的获取

一直使用各个开源系统 API 的用户，会发现 Jenkins 的 API 提供方式，真的很为用户着想。

一般系统的 API，会在一个专门的文档里，列出冗长而沉闷的 API，然后一个一个地标明其用法，并且列举几个示例。

Jenkins 的官方文档里，也有这方面的内容，大家可以通过 https://pythonhosted.org/jenkinsapi/ 查看。但同时，Jenkins 还在自己真正的应用中，为每个网页提供了实际 API 的输出，这就很可贵了。

比如，进入自己部署好的 Jenkins 首页（http://192.168.1.112:8088/），会在首页下面看到 REST API 的链接（http://192.168.1.112:8088/api/），在这个页面里，会对 Jenkins 常用的任务创建、状态获取等 API 的使用作介绍，并在开始时，列出 XML，JSON，PYTHON 的 API。如果点击其中的 Python API（http://192.168.1.112:8088/api/python?pretty=true），那么我们看到的就是通过 API 访问首页所返回的内容：

```
01  {
02    "_class" : "hudson.model.Hudson",
03    "assignedLabels" : [
04      {
05        "name" : "master"
06      }
07    ],
08    "mode" : "NORMAL",
09    "nodeDescription" : "Jenkins 的 master 节点",
10    "nodeName" : "",
11    "numExecutors" : 2,
12    "description" : None,
13    "jobs" : [
14      {
15        "_class" : "hudson.model.FreeStyleProject",
16        "name" : "ad",
17        "url" : "http://192.168.1.112:8088/job/ad/",
```

```
18          "color" : "notbuilt"
19      },
20      {
21          "_class" : "org.jenkinsci.plugins.workflow.job.WorkflowJob",
22          "name" : "Demo - Go",
23          "url" : "http://192.168.1.112:8088/job/Demo-Go/",
24          "color" : "blue"
25      },
26      {
27          "_class" : "org.jenkinsci.plugins.workflow.job.WorkflowJob",
28          "name" : "ZEP - BACKEND - JAVA",
29          "url" : "http://192.168.1.112:8088/job/ZEP-BACKEND-JAVA/",
30          "color" : "blue"
31      }
32  ],
33  "overallLoad" : {
34
35  },
36  "primaryView" : {
37      "_class" : "hudson.model.AllView",
38      "name" : "all",
39      "url" : "http://192.168.1.112:8088/"
40  },
41  "quietingDown" : False,
42  "slaveAgentPort" : 50000,
43  "unlabeledLoad" : {
44      "_class" : "jenkins.model.UnlabeledLoadStatistics"
45  },
46  "useCrumbs" : True,
47  "useSecurity" : True,
48  "views" : [
49      {
50          "_class" : "hudson.model.AllView",
51          "name" : "all",
52          "url" : "http://192.168.1.112:8088/"
53      }
54  ]
55  }
```

如果对比一下首页的内容就会发现，这样的 API 学习，给我们一个很直观的对应关系，如图 3-37 所示。

再比如，我们进入具体的任务网页（http://192.168.1.112:8088/job/ZEP-

图 3-37 与 Jenkins 的 API 对应的网页 A

BACKEND-JAVA/),这个 job 对应的 API 网址为 http://192.168.1.112:8088/job/ZEP-BACKEND-JAVA/api/python?pretty=true(请注意 API 网页和 HTML 网页的 URL 对应关系)。

API 页面内容如下:

```
01  {
02      "_class":"org.jenkinsci.plugins.workflow.job.WorkflowJob",
03      "actions" : [
04          ...
05          {
06              "_class" : "com.cloudbees.plugins.credentials.ViewCredentialsAction"
07          }
08      ],
09      "description" : "CI for ZEP-BACKEND-JAVA。\r\n",
10      "displayName" : "ZEP-BACKEND-JAVA",
11      "displayNameOrNull" : None,
12      "fullDisplayName" : "ZEP-BACKEND-JAVA",
13      "fullName" : "ZEP-BACKEND-JAVA",
14      "name" : "ZEP-BACKEND-JAVA",
15      "url" : "http://192.168.1.112:8088/job/ZEP-BACKEND-JAVA/",
16      "buildable" : True,
17      "builds" : [
```

```
18      {
19          "_class" : "org.jenkinsci.plugins.workflow.job.WorkflowRun",
20          "number" : 27,
21          "url" : "http://192.168.1.112:8088/job/ZEP-BACKEND-JAVA/27/"
22      },
23      {
24          "_class" : "org.jenkinsci.plugins.workflow.job.WorkflowRun",
25          "number" : 26,
26          "url" : "http://192.168.1.112:8088/job/ZEP-BACKEND-JAVA/26/"
27      },
28      ...
29      {
30          "_class" : "org.jenkinsci.plugins.workflow.job.WorkflowRun",
31          "number" : 2,
32          "url" : "http://192.168.1.112:8088/job/ZEP-BACKEND-JAVA/2/"
33      },
34      {
35          "_class" : "org.jenkinsci.plugins.workflow.job.WorkflowRun",
36          "number" : 1,
37          "url" : "http://192.168.1.112:8088/job/ZEP-BACKEND-JAVA/1/"
38      }
39  ],
40  "color" : "blue",
41  "firstBuild" : {
42      "_class" : "org.jenkinsci.plugins.workflow.job.WorkflowRun",
43      "number" : 1,
44      "url" : "http://192.168.1.112:8088/job/ZEP-BACKEND-JAVA/1/"
45  },
46  "healthReport" : [
47      {
48          "description" : "构建稳定性：最近 5 次构建中有 2 次失败",
49          "iconClassName" : "icon-health-40to59",
50          "iconUrl" : "health-40to59.png",
51          "score" : 60
52      }
53  ],
54  "inQueue" : False,
55  "keepDependencies" : False,
56  "lastBuild" : {
57      "_class" : "org.jenkinsci.plugins.workflow.job.WorkflowRun",
58      "number" : 27,
```

```
59          "url" : "http://192.168.1.112:8088/job/ZEP-BACKEND-JAVA/27/"
60        },
61        ...
62            "description" : "manabe 传过来的应用 app 名称",
63            "name" : "app_name",
64            "type" : "StringParameterDefinition"
65        },
66        {
67            "_class" : "hudson.model.StringParameterDefinition",
68            "defaultParameterValue" : {
69                "_class" : "hudson.model.StringParameterValue",
70                "name" : "deploy_version",
71                "value" : "deploy_version"
72            },
73            "description" : "发布单号",
74            "name" : "deploy_version",
75            "type" : "StringParameterDefinition"
76        },
77        {
78            "_class" : "hudson.model.StringParameterDefinition",
79            "defaultParameterValue" : {
80                "_class" : "hudson.model.StringParameterValue",
81                "name" : "dir_build_file",
82                "value" : "javademo"
83            },
84            "description" : "",
85            "name" : "dir_build_file",
86            "type" : "StringParameterDefinition"
87        },
88        {
89            "_class" : "hudson.model.StringParameterDefinition",
90            "defaultParameterValue" : {
91                "_class" : "hudson.model.StringParameterValue",
92                "name" : "zip_package_name",
93                "value" : "javademo-1.0.tar.gz"
94            },
95            "description" : "软件包需要加配置文件。(war 包不需要)",
96            "name" : "zip_package_name",
97            "type" : "StringParameterDefinition"
98        }
99     ]
```

```
100        }
101     ],
102     "queueItem" : None,
103     "concurrentBuild" : True,
104     "resumeBlocked" : False
105 }
```

这个 API 对应的网页如图 3-38 所示。

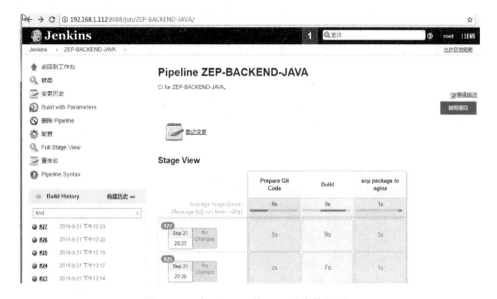

图 3-38　与 Jenkins 的 API 对应的网页 B

相信通过这个 API 和网页对照的方式,读者可以很快了解各个 API 提供的内容。希望读者可以进入各个不同的 Jenkins 网页,了解一下每个网页提供的 API。

3.6.2　Python-Jenkins 库的安装

在了解了 Jenkins 能提供的 API 之后,我们再学习一下如何用第三方库快速地开发基于 Jenkins API 的脚本。首先,进行 Python-Jenkins 库的安装。示范的版本为 Version 1.2.1,这也是 Jenkins 官方推荐的 Python 库,其官方文档的 URL 如下:

https://python-jenkins.readthedocs.io/en/latest/examples.html

① 使用 Pip 安装 Python-Jenkins,进入 Windows 的 command 命令行,命令如下:

`Pip install python-jenkins`

最后输出如下:

`Successfully installed multi-key-dict-2.0.3 pbr-4.2.0 python-jenkins-1.2.1`

② 安装完成之后,在 command 命令行下使用如下命令验证:

Python [回车键]
>>> Import jenkins

如果没有任何报错信息,则表示 Python-Jenkins 库安装成功。

3.6.3　Python-Jenkins 的常用方式

在安装完 Python-Jekins 之后,我们来操作几个 Jenkins 的 API,看看这个库的使用方法。以下的几个示例,都在 Python IDEL 里输入代码来测试。如果你对 IDEL 不熟悉,可以通过查看本书附录来了解。

① 获取登录用户及服务器版本。

```
01   import jenkins
02
03   server = jenkins.Jenkins('http://192.168.1.112:8088',
04                           username = 'root',
05                           password = 'adminadmin')
06   user = server.get_whoami()
07   version = server.get_version()
08   print('Hello % s from Jenkins % s' % (user['fullName'], version))
```

输出:

Hello root from Jenkins 2.141

② 创建一个视图 View,并获取它的配置。

```
01   import jenkins
02
03   server = jenkins.Jenkins('http://192.168.1.112:8088',
04                           username = 'root',
05                           password = 'adminadmin')
06   server.create_view('Manabe', jenkins.EMPTY_VIEW_CONFIG_XML)
07   view_config = server.get_view_config('Manabe')
08   print(view_config)
```

输出如下:

```
<? xml version = "1.1" encoding = "UTF - 8"? >
<hudson.model.ListView>
  <name> Manabe </name>
  <filterExecutors> false </filterExecutors>
  <filterQueue> false </filterQueue>
  <properties class = "hudson.model.View $ PropertyList"/>
```

```
  <jobNames>
    <comparator class = "hudson.util.CaseInsensitiveComparator"/>
  </jobNames>
  <jobFilters/>
  <columns>
    <hudson.views.StatusColumn/>
    <hudson.views.WeatherColumn/>
    <hudson.views.JobColumn/>
    <hudson.views.LastSuccessColumn/>
    <hudson.views.LastFailureColumn/>
    <hudson.views.LastDurationColumn/>
    <hudson.views.BuildButtonColumn/>
  </columns>
  <recurse> false </recurse>
</hudson.model.ListView>
```

同时,当我们查看 Jenkins 主页时,会发现多了一个名为 Manabe 的视图。Jenkins 里的视图,可以让我们更方便地组织同类任务,有点类似于操作系统的文件目录功能,如图 3-39 所示。

图 3-39　通过 Jenkins API 生成新的项目 Tab

③ 发布一次任务构建,这次是无参数的任务,并且返回当前编译的次数及编译信息。

```
01    import json
02    from time import sleep
03    import jenkins
04
05    # 设置 Jenkins 连接超时 5 秒
06    server = jenkins.Jenkins('http://192.168.1.112:8088',
```

```
07                              username = 'root',
08                              password = 'adminadmin',
09                              timeout = 5)
10
11   jenkins_job = 'Demo-Go'
12   arg_dic = {}
13
14   next_build_number = server.get_job_info(jenkins_job)['nextBuildNumber']
15   server.build_job(jenkins_job, arg_dic)
16   print(next_build_number)
17   sleep(10)
18   build_info = server.get_build_info(jenkins_job, next_build_number)
19   print(json.dumps(build_info, sort_keys = True,
20                    indent = 4, separators = (',', ':')))
```

输出如下：

```
10
{
    "_class":"org.jenkinsci.plugins.workflow.job.WorkflowRun",
    "actions":[
        {
            "_class":"hudson.model.CauseAction",
            "causes":[
                {
                    "_class":"hudson.model.Cause$UserIdCause",
                    "shortDescription":"Started by user root",
                    "userId":"root",
                    "userName":"root"
                }
            ]
        },
        ...
        {
            "_class":"org.jenkinsci.plugins.workflow.job.views.FlowGraphAction"
        },
        {},
        {}
    ],
    "artifacts":[],
    "building":false,
    "changeSets":[],
    "culprits":[],
```

```
"description":null,
"displayName":"#10",
"duration":610,
"estimatedDuration":619,
"executor":null,
"fullDisplayName":"Demo-Go #10",
"id":"10",
"keepLog":false,
"nextBuild":null,
"number":10,
"previousBuild":{
    "number":9,
    "url":"http://192.168.1.112:8088/job/Demo-Go/9/"
},
"queueId":70,
"result":"SUCCESS",
"timestamp":1537712547396,
"url":"http://192.168.1.112:8088/job/Demo-Go/10/"
}
```

同时,我们看到 Jenkins 的网页版里,相关任务的编译已触发且完成。由此可见,使用 API 操作 Jenkins,可以很好地与第三方平台进行集成,如图 3-40 所示。

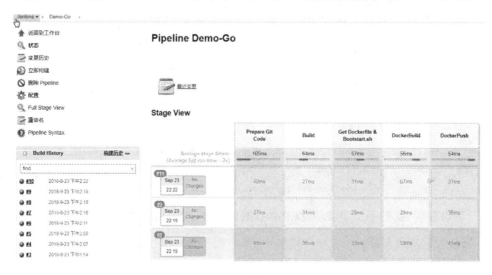

图 3-40　通过 Jenkins API 自动触发软件编译

3.6.4　封装一个 Python 脚本,实现自动化编译软件

在了解了 Python-Jenkins 库的简要操作之后,我们来设计一个脚本,让这个脚

本可以自动触发我们前面在 Jenkins 里定义好的 ZEP-BACKEND-JAVA 任务。

https://github.com/aguncn/manabe/blob/master/manabe/config/jenkins_api_demo.py

```
01  import json
02  from time import sleep
03  import jenkins
04
05  # 设置 Jenkins 连接超时 5 秒
06  server = jenkins.Jenkins('http://192.168.1.112:8088',
07                          username = 'root',
08                          password = 'adminadmin',
09                          timeout = 5)
10
11
12  jenkins_job = 'ZEP-BACKEND-JAVA'
13  arg_dic = {
14      'git_url': 'http://192.168.1.112/ZEP-BACKEND/ZEP-BACKEND-JAVA.git',
15      'branch_build': 'master',
16      'package_name': 'javademo-1.0.jar',
17      'app_name': 'ZEP-BACKEND-JAVA',
18      'deploy_version': '2018-0923-2232-24BP',
19      'dir_build_file': 'javademo',
20      'zip_package_name': 'javademo-1.0.tar.gz',
21  }
22
23  next_build_number = server.get_job_info(jenkins_job)['nextBuildNumber']
24  server.build_job(jenkins_job, arg_dic)
25  print(next_build_number)
26  sleep(10)
27  build_info = server.get_build_info(jenkins_job, next_build_number)
28  print(json.dumps(build_info, sort_keys = True,
29                   indent = 4, separators = (',', ':')))
```

可以看到，我们手工定义了 ZEP-BACKEND-JAVA 所需要的参数。输出如下：

```
29
{
    "_class":"org.jenkinsci.plugins.workflow.job.WorkflowRun",
    "actions":[
        {
            "_class":"hudson.model.ParametersAction",
            "parameters":[
```

```
                {
                    "_class":"hudson.model.StringParameterValue",
                    "name":"git_url",
                    "value":"http://192.168.1.112/ZEP-BACKEND/ZEP-BACKEND-JAVA.git"
                },
                {
                    "_class":"hudson.model.StringParameterValue",
                    "name":"branch_build",
                    "value":"master"
                },
                {
                    "_class":"hudson.model.StringParameterValue",
                    "name":"package_name",
                    "value":"javademo-1.0.jar"
                },
                {
                    "_class":"hudson.model.StringParameterValue",
                    "name":"app_name",
                    "value":"ZEP-BACKEND-JAVA"
                },
                {
                    "_class":"hudson.model.StringParameterValue",
                    "name":"deploy_version",
                    "value":"2018-0923-2232-24BP"
                },
                {
                    "_class":"hudson.model.StringParameterValue",
                    "name":"dir_build_file",
                    "value":"javademo"
                },
                {
                    "_class":"hudson.model.StringParameterValue",
                    "name":"zip_package_name",
                    "value":"javademo-1.0.tar.gz"
                }
            ]
        },
        {
            "_class":"hudson.model.CauseAction",
            "causes":[
                {
```

```
                "_class":"hudson.model.Cause$UserIdCause",
                "shortDescription":"Started by user root",
                "userId":"root",
                "userName":"root"
            }
        ]
    },
    ...
    ],
    "artifacts":[],
    "building":true,
    "changeSets":[],
    "culprits":[],
    "description":null,
    "displayName":"#29",
    "duration":0,
    "estimatedDuration":18195,
    "executor":{
        "_class":"hudson.model.OneOffExecutor"
    },
    "fullDisplayName":"ZEP-BACKEND-JAVA #29",
    "id":"29",
    "keepLog":false,
    "nextBuild":null,
    "number":29,
    "previousBuild":{
        "number":28,
        "url":"http://192.168.1.112:8088/job/ZEP-BACKEND-JAVA/28/"
    },
    "queueId":74,
    "result":null,
    "timestamp":1537713532940,
    "url":"http://192.168.1.112:8088/job/ZEP-BACKEND-JAVA/29/"
}
```

以上这些输出,在必要时,都可以将需要的信息入库,为我们提供代码及编译的追溯。

上面的操作完成之后,如果进入 Nginx 服务器,就会在相关目录下,看到已自动生成软件包了,如图 3-41 所示。

Jenkins API 的威力够强大吧!

```
← →  ⓘ 192.168.1.111/ZEP-BACKEND-JAVA/2018-0923-2232-24BP/

Index of /ZEP-BACKEND-JAVA/2018-0923-2232-24BP/

../
javademo-1.0.tar.gz              23-Sep-2018 10:39         11M
```

图 3 - 41　通过 Jenkins API 在 Nginx 下生成软件包

3.7　GitLab REST API 使用讲解

在了解了 Jenkins 的 API 和 Salt 的 API 之后，再来了解一下自动化工作流的最后一个系统，GitLab 的 API。

这个 GitLab 的 API 有什么用处呢？

现在看起来，好像 GitLab 的 API 对我们暂时没有用武之地，因为 Jenkins 已经帮我们打点了和 GitLab 交互的一切了，所以，我们在自动化发布时，已不需要直接和 GitLab 打交道了。其实不然，学习 GitLab 的 API，对我们而言有以下几个好处。第一，它可以加深我们对 GitLab 系统的了解，让我们可以更好地运维这个系统。第二，可以在自动化软件发布系统上，记录对每一次发布的源代码版本，可以让用户直接定位到发布时的代码。第三，如果我们之后想要在自动化系统里推出更多的功能（SQL 发布之类），就可以利用 GitLab 的 API 功能，直接读取 SQL 文件内容到我们的数据库，实现简单的 SQL 发布。

基于以上原因，这一节对 GitLab 的 API，也需要进行深入的学习和了解。

如何利用 GitLab 的 API 呢？

和 Jenkins 类似，GitLab 也提供了操作 API 的官方文档：https://docs.gitlab.com/ce/api/。但这个操作是统一标准的，通过 REST API 方式，支持主流的各种语言（Go、Java、JS、Python 等）。但为了在 Python 环境下更有效率、更规范、更自然地操作这些 API，我们这里也使用了一个第三方库 Python-GitLab 去操作这些 API，写作本书时，它的最新版本是 1.6.0。

接下来，让我们一步一步地学习 Python-GitLab 的用法吧。

3.7.1　Python-GitLab 的安装、配置

① 安装 Python-GitLab，运行如下命令：

```
pip install python - gitlab
```

输出如下内容，表示安装完成：

```
Installing collected packages: python - gitlab
```

```
Running setup.py install for python-gitlab ... done
Successfully installed python-gitlab-1.6.0
```

② 在使用 Python-GitLab 连接 GitLab 系统时，需要准备两个数据：网址和 Access Token。网址我们已经有了，对于笔者的测试环境，URL 为 http://192.168.1.112。而 Access Token 是 GitLab 用来认证接入的，需要在 GitLab 上配置。我们点击登录进去后，首先在主页的右上角，在下拉菜单中选择 Settings 设置，会出现用户的设置页。然后，在设置页里，点击右边导航的 Access Tokens，即进入了 Access Token 管理页面。在新开始的新系统里，没有 Access Token，需要新建一个。在输入了信息（名称、过期时间、API 范围）之后，系统就会为我们生成一个 Access Token 了，如图 3-42 所示。

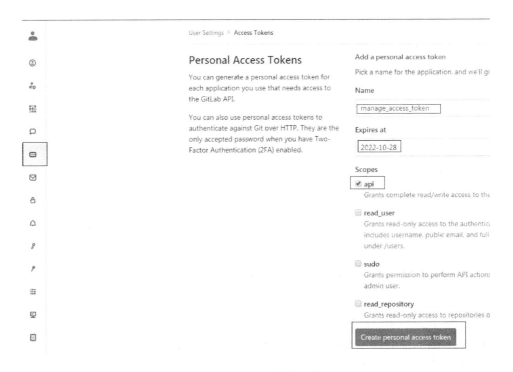

图 3-42 获取 GitLab 中的用户 Token

③ 请记住这个新生成的 Access Token，因为在接下来的测试中会用到。对于笔者的测试环境来说，本次生成的 Token 是：D98-t7HJpXxwhq8qbXcJ。记住，这个 Token 当时就要找个安全的地方保存下来。在这次显示之后，以后再进入这个页面，我们只知道有这个 Token 存在，但不能再知道 Token 的值了，如图 3-43 所示。

切记，如果丢失了再生成一个值，在测试环境问题不大，但如果在一个大的 IT 公司，分发替换 Token，也是有不小的工作量的。

Active Personal Access Tokens (1)				
Name	Created	Expires	Scopes	
manage_access_token	Sep 24, 2018	In about 4 years	api	Revoke

图 3－43　GitLab 中显示的用户 Token 信息

3.7.2　Python-GitLab 常用功能使用

在安装好 Python-GitLab 库，并生成好 Access Token 之后，就可以用它们来测试 GitLab API 提供的功能了。以下的几个示例，都在 Python IDEL 里输入代码来测试。如果你对 IDEL 不熟悉，可以通过查看本书附录来了解。

① 输出 GitLab 上所有项目组的 ID 及名称。

代码如下（URL 和 Token，前面都已知了，直接使用）：

```
01  # coding = utf - 8
02  # 导入 Python - GitLab 库
03  import gitlab
04
05  url = 'http://192.168.1.112'
06  token = 'D98 - t7HJpXxwhq8qbXcJ'
07
08  # 登录
09  gl = gitlab.Gitlab(url, token)
10
11  # 获取所有项目组列表(groups)
12  groups = gl.groups.list()
13  # 输出第一个项目组的 id，名称
14  for g in groups:
15      print(g.id, g.name)
```

输出如下：

```
6 ABC - BACKEND
7 ABC - FRONT
9 AKBY
2 BigProject
4 ZEP - BACKEND
5 ZEP - FRONT
```

笔者在测试环境上的 GitLab 项目组可能和读者的测试环境不一样，ID 也不一样，但希望读者能至少建立 ZEP-BACKEND、ABC-FRONT、ZEP-BACKEND、ZEP-FRONT、AKBY 这几个项目组来进行测试。

② 根据项目组 ID，获取此项目组下所有项目的 ID 和名称。

代码如下：

```
01  # coding = utf-8
02  # 导入 Python-GitLab 库
03  import gitlab
04
05  url = 'http://192.168.1.112'
06  token = 'D98-t7HJpXxwhq8qbXcJ'
07
08  # 登录
09  gl = gitlab.Gitlab(url, token)
10
11  # 获取指定 ID 的项目组
12  group = gl.groups.get(4)
13
14  # 获取指定项目组下所有项目的 ID、名称
15  projects = group.projects.list()
16  for p in projects:
17      print(p.id, p.name)
```

输出如下：

```
11 BACK-MONO
5 ZEP-BACKEND-JAVA
```

希望读者在 ZEP-BACKEND 项目组下，至少有一个名称为 ZEP-BACKEND-JAVA 的项目，在本章的开始，我们已为其生成了示例代码。在本书后续章节，我们也会以它为通用项目名进行演示。

③ 根据项目 ID 或项目组名加项目名，获取具体的项目信息。

代码如下：

```
01  # coding = utf-8
02  # 导入 Python-GitLab 库
03  import gitlab
04
05  url = 'http://192.168.1.112'
06  token = 'D98-t7HJpXxwhq8qbXcJ'
07
```

```
08    # 登录
09    gl = gitlab.Gitlab(url, token)
10
11    # 以下两种方式,同样输出
12    project_5 = gl.projects.get(5)
13    project_5 = gl.projects.get('ZEP-BACKEND/ZEP-BACKEND-JAVA')
14
15    # 以下两种方式,同样输出
16    project_9 = gl.projects.get(9)
17    project_9 = gl.projects.get('AKBY/ZEP-BACKEND-JAVA')
18
19    print(project_5.id, project_5.name,
20          project_5.http_url_to_repo)
21    print(project_9.id, project_9.name,
22          project_9.http_url_to_repo)
```

输出如下:

5 ZEP-BACKEND-JAVA http://192.168.1.112/ZEP-BACKEND/ZEP-BACKEND-JAVA.git

9 ZEP-BACKEND-JAVAhttp://192.168.1.112/AKBY/ZEP-BACKEND-JAVA.git

这里有一个需要注意的地方,GitLab 允许在不同的项目组下,建立同样的项目名。这里就模拟了这个场景,在 ZEP-BACKEND 和 AKBY 两个项目组下,都建立了同样的名为 ZEP-BACKEND-JAVA 的项目。在实际工作中,这种唯一性的区分是很重要的。建议读者以项目组加上项目名,来定位唯一的项目,而不要只用项目名称。这里,也是笔者曾经踩过的坑,希望读者以后少走弯路。

④ 读取指定项目下的文件。

代码如下:

```
01    # coding = utf-8
02    import json
03    # 导入 Python-GitLab 库
04    import gitlab
05
06    url = 'http://192.168.1.112'
07    token = 'D98-t7HJpXxwhq8qbXcJ'
08
09    # 登录
10    gl = gitlab.Gitlab(url, token)
11
12    project = gl.projects.get('ZEP-BACKEND/ZEP-BACKEND-JAVA')
13    items = project.repository_tree(path = 'javademo', ref = 'master')
```

```
14     for item in items:
15         print(json.dumps(item, sort_keys = True,
16                          indent = 4, separators = (',', ':')))
```

输出如下:

```
{
    "id":"2f66a1bbd3e078dc44f0ea449994e09050af9a1f",
    "mode":"040000",
    "name":".settings",
    "path":"javademo/.settings",
    "type":"tree"
}
{
    "id":"77975efe534ca88f13aa0beb118359e968bf107b",
    "mode":"040000",
    "name":"config",
    "path":"javademo/config",
    "type":"tree"
}
{
    "id":"c026e6a39f3e7c4b941f9841d89ba3339c209325",
    "mode":"040000",
    "name":"src",
    "path":"javademo/src",
    "type":"tree"
}
{
    "id":"cdcc1dd7932f64c1a9fcd1e0003cdf4c788cd4d1",
    "mode":"040000",
    "name":"target",
    "path":"javademo/target",
    "type":"tree"
}
{
    "id":"f619a5369d9d71cf1eb2ab2ca3540e64498e9baa",
    "mode":"100644",
    "name":".classpath",
    "path":"javademo/.classpath",
    "type":"blob"
}
{
    "id":"81d923d84818b0d5894d889ee85f7b44d2a7c571",
```

```
            "mode":"100644",
            "name":".project",
            "path":"javademo/.project",
            "type":"blob"
    }
    {
            "id":"e873f28321948a74c6f704c2f5fe9ca6b1c28be9",
            "mode":"100644",
            "name":"pom.xml",
            "path":"javademo/pom.xml",
            "type":"blob"
    }
```

我们这里，读取了 ZEP-BACKEND/ZEP-BACKEND-JAVA 项目 master 版本 javademo 目录下的所有文件和文件夹。注意此处的 mode 值：040000 为文件目录，100644 为文件。这种过滤，在以后可以作为判断标准。

⑤ 根据文件的 blob sha（上一节中的 ID）获取文件内容，并进行解码输出。

代码如下：

```
01    # coding = utf - 8
02    import base64
03    # 导入 Python - GitLab 库
04    import gitlab
05
06    url = 'http://192.168.1.112'
07    token = 'D98 - t7HJpXxwhq8qbXcJ'
08
09    # 登录
10    gl = gitlab.Gitlab(url, token)
11
12    # 获取项目
13    project = gl.projects.get('ZEP - BACKEND/ZEP - BACKEND - JAVA')
14    # 获取 javademo/config 目录下文件列表，版本为 master
15    items = project.repository_tree(path = 'javademo/config', ref = 'master')
16    for item in items:
17        # 获取 id 并进行内容输出
18        file_info = project.repository_blob(item['id'])
19        content = base64.b64decode(file_info['content'])
20        print(content.decode())
21        print(" === ({}) === ".format(item['path']))
```

输出如下:

test.env = 'PRD'
test.db = 'PRD DATABASE'
===(javademo/config/application-prd.properties)===
test.env = 'TEST'
test.db = 'TEST DATABASE'
===(javademo/config/application-test.properties)===

可以看到,输出的内容,和我们实现的文件内容是一样的。

3.7.3 使用 Python-GitLab 获取 Zep-Backend-Java 文件列表

有了上面的输出之后,就可以设计一个 Python 脚本,来获取 Zep-Backend-Java 项目下的所有文件列表。

https://github.com/aguncn/manabe/blob/master/manabe/config/gitlab_api_demo.py

```
01  # coding=utf-8
02  import base64
03  # 导入 Python-GitLab 库
04  import gitlab
05
06  url = 'http://192.168.1.112'
07  token = 'D98-t7HJpXxwhq8qbXcJ'
08
09  # 登录
10  gl = gitlab.Gitlab(url, token)
11
12  # 获取项目
13  project = gl.projects.get('ZEP-BACKEND/ZEP-BACKEND-JAVA')
14  # 获取 javademo/config 目录下文件列表,版本为 master
15  items = project.repository_tree(path='javademo', ref='master')
16
17  def get_all_files(path=None, ref='master'):
18      items = project.repository_tree(path=path, ref=ref)
19      for item in items:
20          if item['mode'] == '040000':
21              # 调用递归,实现目录递归输出
22              get_all_files(item['path'], ref)
23          if item['mode'] == '100644':
24              print("===({})===".format(item['path']))
25
26  get_all_files(path='javademo', ref='master')
```

输出如下：

```
=== (javademo/.settings/org.eclipse.core.resources.prefs) ===
=== (javademo/.settings/org.eclipse.jdt.core.prefs) ===
=== (javademo/.settings/org.eclipse.m2e.core.prefs) ===
=== (javademo/config/application-prd.properties) ===
=== (javademo/config/application-test.properties) ===
=== (javademo/src/main/java/com/example/javademo/App.java) ===
=== (javademo/target/javademo-0.0.1-SNAPSHOT.jar) ===
=== (javademo/.classpath) ===
=== (javademo/.project) ===
=== (javademo/pom.xml) ===
```

有了这些输出之后，进一步处理就很简单了。

3.8 小　结

本章主要讲解了自动化软件发布系统的工作流，并将工作流进行细致拆解，落实到一个一个的开源系统：GitLab、Jenkins 和 SaltStack。在示例代码的基础上，以实战的方式，实践每一个开源系统的手工操作。

为了了解自动化的程序，本章又讲解了三大开源系统的 API，并在 API 的基础上，用 Python 代码封装了常规的操作。这些内容，结合前两章的 Python 基础知识、Django 基础知识，就是我们进行后续自动化软件发布系统学习的知识基础。

只有充分了解了前三章的内容，读者才能跟上后面的开发内容的讲解。希望读者将前三章的内容多理解、多实战，将自己的技能提升到一个新的高度。

第 4 章

自动化发布的数据库模型

> 碧城十二曲阑干,犀辟尘埃玉辟寒。
> ——李商隐《碧城三首》

经过前面章节的铺垫学习、环境搭建,准备工作基本已完成。下面,可以正式进入自动化发布系统的学习了。

本章主要讲解本系统的数据库表的设计,以及每个字段的含义。希望读者在学完本章之后,可以掌握 Django 的 Model 模型设计的流程,理解主要的参数含义,一对多及多对多的关系设计;能自己根据业务需要,独立设计新的数据结构。

在本章的讲解中,将结合我们放置在 Github 上的开源项目——Manabe 项目 (https://github.com/aguncn/manabe)进行细致讲解,所以,源代码的引用也是以 Github 上的文件为准。

我们的数据表以应用数据表、服务器数据表、发布单数据表三者为主,辅以用户管理、权限管理表,以实现用户管理、权限管理、应用及服务器录入、发布单管理、部署服务器、启停服务器的功能。其中的数据表和功能实现,在随后的章节会一一呈现。

4.1 功能展示

在进行项目实战之前,先简述这个项目最终成型之后能实现的功能,并辅以截图,希望增强大家的学习兴趣,在读者的头脑里有一个知识框架,并对我们的数据库设计有个大概的印象。随后的章节,我们会一个一个地进行细致讲解。

4.1.1 用户管理

用户的注册、登录功能,主要用 Django 自带的 User 数据表实现。但用户的登录和注册,使用了自定义功能,前端页面采用 H-ui 的框架实现,如图 4-1 所示。

4.1.2 应用 App 的管理

其包括应用新增、展示及编辑,这主要是用 App 数据表进行管理。同时,权限管理的入口也在应用的列表页,增加了操作的便利性,如图 4-2、图 4-3 所示。

——自动化发布的数据库模型——

图 4-1　Manabe 用户登录

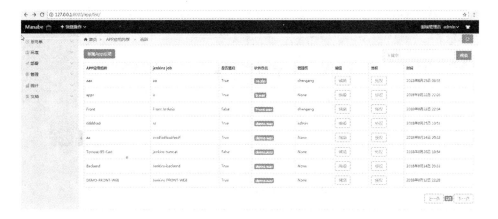

图 4-2　Manabe "新增 APP 应用"

图 4-3　Manabe 权限管理

4.1.3 服务器的管理

其包括服务器列表展示及录入，这主要是由 Server 数据表实现。服务器录入的权限由系统管理员所有，服务器列表的显示页会根据是否为系统管理员来显示编辑菜单的可用性，如图 4-4 所示。

图 4-4　Manabe 服务器显示

4.1.4 应用权限的管理

这主要是由 Action 及 Permission 数据表实现。软件发布权限分为三大类：新建发布单、流转发布单、软件发布，且权限会定义到应用的每个环境，如图 4-5 所示。

图 4-5　Manabe 新增权限用户

4.1.5 发布单的新建及软件包编译

这主要是由 DeployPoll 数据表实现。它是日常操作的主要界面，建立发布单时，只需要用户输入 Git 上的版本号及软件包的部署类型，就可以进入编译、流转和发布环节，如图 4-6、图 4-7 所示。

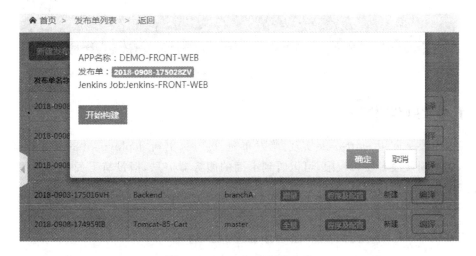

图 4-6 Manabe 发布单信息

图 4-7 Manabe 编译发布单

4.1.6 环境流转

环境流转功能，主要是基于软件发布中的审核角色制定。在发布软件的时候，大体上会遵循研发新建发布单，测试人员经过审核之后，才会流转给运维人员进行发布，并且每步都会生成历史记录，便于追踪回溯。如果研发或运维人员随意地发布，会造成测试过程的中断。当然，根据公司具体的 IT 流程，这一步也可自由变通，如图 4-8、图 4-9 所示。

图 4-8 Manabe 环境流转

图 4-9 Manabe 环境流转确认信息

4.1.7 软件发布

这主要是调用 SaltStack 实现,当发布完成之后,更新 deploypool 的相关数据字段。如果用户没有发布权限,可以看到上面的服务器信息,但没有下面的发布按钮,并且会提示此项目的管理员,如图 4-10 所示。

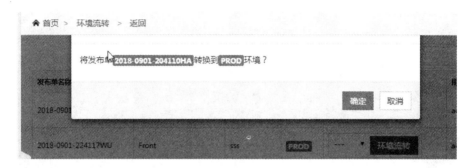

图 4-10 Manabe 软件发布界面

4.1.8 软件流转及发布历史

它们主要记录用户的操作，比如，哪个用户点击的流转，哪个用户在哪个时间点发布了哪些信息，这些记录，便于以后的追溯及统计。

4.2 新建项目及 App

下面为实践操作。以前章节或附录涉及的知识点，在此不会再特别强调。新的知识点，还是会一一说明。

4.2.1 新建目录，通过 Pip 安装相关模块

假定本章项目开始的目录为 D:\GIT\manabe。

① 进入 D:\GIT\manabe 目录，新建一个 requirements.txt 文件，内容如下：

https://github.com/aguncn/manabe/blob/master/requirements.txt

```
01    channels == 2.1.4
02    Django == 2.1.3
03    djangorestframework == 3.9.0
04    gunicorn == 19.9.0
05    PyMySQL == 0.9.2
06    python-jenkins == 1.4.0
07    Twisted == 18.9.0
08    uWSGI == 2.0.17.1
```

② 接着，运行如下命令，进入此虚拟环境，安装好所有的 Python 模块。

```
pip install -r requirements.txt
```

由于这里是单独开发一个项目，为了演示方便，暂未使用附录 1 介绍的 Pipenv 的方式来作开发环境的隔离。当然，如果计算机上有多个开发项目和环境，也可以自己使用 Pipenv 来进行环境管理。

4.2.2 新建项目及相关 App

接下来，我们会用 Django 管理命令，生成自动化发布平台的骨架代码，以方便后面快速开发。当然，这只是我们规划的当前的代码，如果以后在真正工作中遇到新的需求，以及新增功能，可以在这个骨架上新增 App。

① 运行如下新命令，生成一个新的项目。

```
django-admin startproject manabe
```

② 进入新生成的 Manabe 目录，运行如下命令，生成一系列的 App，用于服务器

管理：

python manage.py startapp serverinput

用于应用 App 管理：

python manage.py startapp appinput

用于发布单管理：

python manage.py startapp deploy

用于环境流转：

python manage.py startapp envx

用于权限管理：

python manage.py startapp rightadmin

用于公共函数及类的引用：

python manage.py startapp public

4.2.3　生成数据及管理员密码

到目前为止，我们已建立了自动化软件发布系统的程序骨架，接下来，我们将 Django 本身的数据表生成到 sqlite 数据库中，同时，初始化管理员密码。由于我们的 settings.py 中的 DATABASES 设置为 sqlite 3，所以不用任何额外设置，就可以生成数据库（关于如何将数据库更改为 mysql，后面会讲到）。

此外，由于我们处于开发阶段，用户的密码简单够用就好。所以我们会将 settings.py 文件中的 AUTH_PASSWORD_VALIDATORS 设置完成注释掉，如下所示：

https://github.com/aguncn/manabe/blob/master/manabe/manabe/settings.py

```
01   ...
02   # Password validation
03   # https://docs.djangoproject.com/en/2.1/ref/settings/#auth-password-validators
04   '''
05   AUTH_PASSWORD_VALIDATORS = [
06       {
07           'NAME': 'django.contrib.auth.password_validation.UserAttributeSimilarityValidator',
08       },
```

```
09        {
10            'NAME': 'django.contrib.auth.password_validation.MinimumLength-
Validator',
11        },
12        {
13            'NAME': 'django.contrib.auth.password_validation.CommonPassword-
Validator',
14        },
15        {
16            'NAME': 'django.contrib.auth.password_validation.NumericPassword-
Validator',
17        },
18    ]
19    '''
20    ...
```

① 运行如下命令,确认所有的 App 应用的数据表更改生效。

```
python manage.py makemigrations
```

由于我们还没有变更数据库,输出应为 No changes detected。

② 运行如下命令,将数据表的变更写入到数据库。

```
python manage.py migrate
```

见到如下输出,说明数据表已导入数据库中。

```
Operations to perform:
Apply all migrations: admin, auth, contenttypes, sessions
Running migrations:
Applying contenttypes.0001_initial... OK
Applying auth.0001_initial... OK
Applying admin.0001_initial... OK
Applying admin.0002_logentry_remove_auto_add... OK
Applying admin.0003_logentry_add_action_flag_choices... OK
Applying contenttypes.0002_remove_content_type_name... OK
Applying auth.0002_alter_permission_name_max_length... OK
Applying auth.0003_alter_user_email_max_length... OK
Applying auth.0004_alter_user_username_opts... OK
Applying auth.0005_alter_user_last_login_null... OK
Applying auth.0006_require_contenttypes_0002... OK
Applying auth.0007_alter_validators_add_error_messages... OK
Applying auth.0008_alter_user_username_max_length... OK
Applying auth.0009_alter_user_last_name_max_length... OK
Applying sessions.0001_initial... OK
```

③ 运行如下命令，按提示设置好管理员密码。

python manage.py createsuperuser

以下演示了超级管理的用户和密码均为 admin。

Username (leave blank to use 'sahara'): admin
Email address: admin@example.com
Password:
Password (again):
Superuser created successfully.

4.2.4　启动 Django 服务并验证

前面的工作告一段落，现在就启动这个 Django 应用，然后用浏览器来验证。
① 运行如下命令，启动我们的 Manabe 应用：

python manage.py runserver

输出：

Performing system checks...

System check identified no issues (0 silenced).
September 15, 2018 - 22:07:46
Django version 2.1, using settings 'manabe.settings'
Starting development server at http://127.0.0.1:8000/
Quit the server with CTRL-BREAK.

② 打开浏览器(推荐使用 chrome)，输入网址 http://localhost:8000/，能查看到一个小火箭，就说明我们安装成功，如图 4-11 所示。

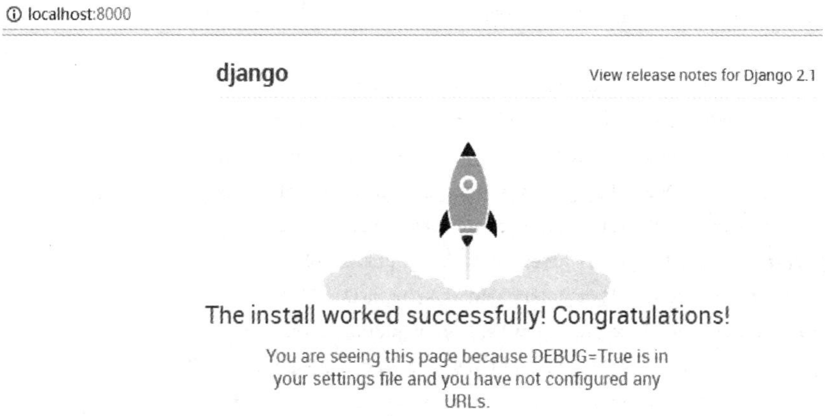

图 4-11　Django 的 demo 网页

③ 输入网址 http://localhost:8000/admin/,在出现的输入框里,输入管理员名称和密码,如果能进入数据库管理后台界面,则说明我们的前期工作已准备完成,如图 4-12 所示。

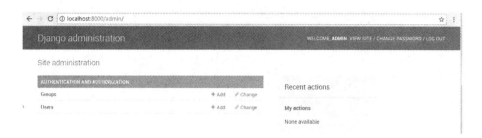

图 4-12 Django 的默认管理后台

4.2.5 与 PyCharm 集成

接下来,我们会将开发环境与 PyCharm 整合,这样一来,后期的代码开发工作主要就在 PyCharm 上进行。PyCharm 可以说是开发 Django 最好的 IDE,它会大大提高我们的开发效率。PyCharm 的安装和设置请见附录,我们这里直接进入整合。

① 打开 PyCharm 程序,点击 File→Open,将 D:\GIT\manabe\manabe 作为项目地址,如图 4-13 所示。

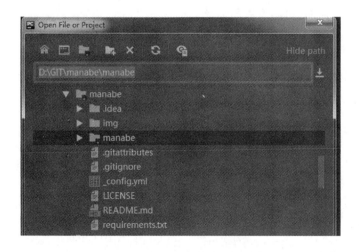

图 4-13 PyCharm 指定项目目录

② 当设置完成后,PyCharm 的编辑如图 4-14 所示,以后,读者就可以在这里进行编码。

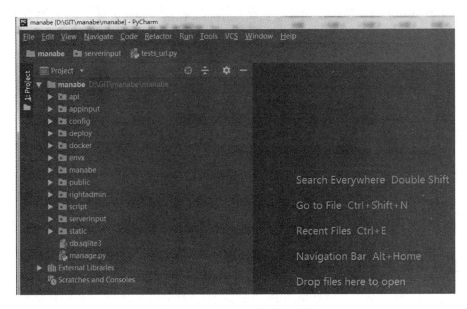

图 4-14　PyCharm 编辑主界面

4.3　调整文件内容

为了进行后面的操作，需要稍微调整一下相关文件的内容，扩散一下 Django 的设置，这样才能让我们继续进行接下来的分模块的开发，并能检测到我们对数据表的变更。

这里的调整，主要包括四个方面，中文及时区、App 注册、URL 路由、数据库引擎更改。

4.3.1　中文及时区

① 在 PyCharm 中打开 D:\GIT\manabe\manabe\manabe\settings.py 文件，找到如下两行：

```
LANGUAGE_CODE = 'en-us'
TIME_ZONE = 'UTC'
```

替换为如下两行：

```
LANGUAGE_CODE = 'zh-hans'
TIME_ZONE = 'Asia/Shanghai'
```

同时留意接下来的几行，如下所示：

```
USE_I18N = True
```

```
USE_L10N = True
USE_TZ = True
```

经过以上更改之后，后台管理会以中文显示，系统时区也会是东八区，与我们日常看到的一致；否则，可能会出现显示时间相差8小时的问题。

此外，关于时间的显示问题，不只与Django的设置有关，而且与Mysql的设置也有关。在日常实践中，如果我们使用了Mysql作为后端数据库，也会将Mysql中的system_time_zone设置为China Standard Time(CST)，time_zone设置为+00:00。

② 将settings.py文件中的DATABASES段的内容更改如下：

https://github.com/aguncn/manabe/blob/master/manabe/manabe/settings.py

```
01  ...
02  DATABASES = {
03      'default': {
04          'ENGINE': 'django.db.backends.sqlite3',
05          'NAME': os.path.join(BASE_DIR, 'db.sqlite3'),
06      }
07  }
08
09  # DATABASES = {
10  #     'default': {
11  #         'ENGINE': 'django.db.backends.mysql',
12  #         'NAME': 'manabe',
13  #         'HOST': 'localhost',
14  #         'PORT': '3306',
15  #         'USER': 'root',
16  #         'PASSWORD': 'password',
17  #     }
18  # }
19  ...
```

上面默认还是使用sqlite3的数据库，如果要使用Mysql，则将sqlite3注释掉，取消掉Mysql的注释即可。但使用Mysql的前提是要按上面的配置先建好数据库及用户密码。Mysql的安装和配置，这里就不展开了，请读者参考网上其他教程。

4.3.2 App注册

① 在PyCharm中打开manabe\settings.py文件。此文件路径是相对于Manabe的项目根路径而言的，本书后面的目录，都以此为标准。

② 找到如下几行：

```
01  INSTALLED_APPS = [
02      'django.contrib.admin',
```

```
03        'django.contrib.auth',
04        'django.contrib.contenttypes',
05        'django.contrib.sessions',
06        'django.contrib.messages',
07        'django.contrib.staticfiles',
08    ]
```

③ 将上面的内容替换为如下内容：

```
01   INSTALLED_APPS = [
02        'rest_framework',
03        'rest_framework.authtoken',
04        'django.contrib.admin',
05        'django.contrib.auth',
06        'django.contrib.contenttypes',
07        'django.contrib.sessions',
08        'django.contrib.messages',
09        'django.contrib.staticfiles',
10        'public.apps.PublicConfig',
11        'appinput.apps.AppinputConfig',
12        'deploy.apps.DeployConfig',
13        'envx.apps.EnvxConfig',
14        'rightadmin.apps.RightadminConfig',
15        'serverinput.apps.ServerinputConfig',
16        'api.apps.ApiConfig',
17    ]
```

以上的 App 注册，采用的是新的命名方式（老的方式，可以直接使用 'deploy'、'public'），它调用的是每个 App 下的 app.py 文件中的配置。在每个应用目录中都包含了 apps.py 文件，用于保存该应用的相关信息。其中常用的是两个属性：AppConfig.name 和 AppConfig.verbose_name。AppConfig.name 属性表示这个配置类是加载到哪个应用的，每个配置类必须包含此属性，默认自动生成。AppConfig.verbose_name 属性用于设置该应用的直观可读的名字，此名字在 Django 提供的 Admin 管理站点中会显示。

经过上面的操作之后，新增 App 的代码变化、数据表变更等，都会及时反馈到系统之中。当初，笔者在学习 Django 时，对数据表 models.py 文件的修改始终都不能生效，后来排错时才发现，是因为 INSTALLED_APPS 时没有将新建的 App 注册好。

这些 App 只是我们现在的系统设计方案里的，如果读者以后基于此系统代码再进行开发，创建了新的 App，同样记得要进行注册。

4.3.3　URL 路由调整

关于 Django 中 URL 路由的知识点，请读者参见第 2 章的内容。这里只作简单回顾：用户敲下你的网址并回车，生成请求；请求传递到 urls.py；Django 去 urlpatterns 中匹配链接（Django 会在匹配到第一个时就停下来）；一旦匹配成功，Django 便会给出相应的 View 页面（该页面可以为一个 Python 的函数，或者基于 View（Django 内置的）的类），也就是用户看到的页面；若匹配失败，则出现错误的页面。

下面进行实战式的操作。我们会将 Django 中单一的 URL 路由文件，扩展成多级 URL 路由，这样，我们在管理路由时就不会错乱。

① 我们在每个应用的目录下，都创建一个 urls.py 文件，用作那个 App 的路由。由于我们现在没有进行功能设计，只是搭建一个框架，所以，在每个 urls.py 中，只定义一个名为 urlpatterns 的空列表，以及一个 app_name，表示这个 App 的 namespace。以后需要时，我们再来逐个扩充每个列表的内容。如 appinput\urls.py 现在的内容如下：

```
01   from django.urls import path
02
03   app_name = 'appinput'
04   urlpatterns = []
```

② 6 个 App（appinput、deploy、envx、public、rightadmin、serverinput）的 urls.py 文件全生成之后，打开 manabe\urls.py 文件，在这个文件里，将刚才的 6 个 App 的 urls.py 文件都包括进来，其中使用了 Python 中的"＋＝"符号，它让所有的 urlpatterns 变量相加，形成一个巨大的 urlpatterns 变量，这样的写法，会让代码的语义更清晰。这样操作之后，我们以后设计每个 App 的 URL 路由时，只用操作 App 目录下面的 Urls.py 即可。而每次新建一个 App 之后，也最好用这种模式进行扩展。现在，manabe\urls.py 文件的内容如下：

https://github.com/aguncn/manabe/blob/master/manabe/manabe/urls.py

```
01   from django.contrib import admin
02   from django.urls import path, include
03   from django.views.generic import TemplateView
04   from django.contrib.auth.decorators import login_required
05   from django.contrib.auth.views import logout_then_login
06
07   urlpatterns = [
08       path('admin/', admin.site.urls),
09   ]
10   urlpatterns += [
```

```
11      path('public/', include('public.urls')),
12 ]
13 urlpatterns += [
14      path('app/', include('appinput.urls')),
15 ]
16 urlpatterns += [
17      path('server/', include('serverinput.urls')),
18 ]
19 urlpatterns += [
20      path('deploy/', include('deploy.urls')),
21 ]
22 urlpatterns += [
23      path('envx/', include('envx.urls')),
24 ]
25 urlpatterns += [
26      path('rightadmin/', include('rightadmin.urls')),
27 ]
```

此时,我们启动服务器:python manage.py runserver。再用浏览器访问http://localhost:8000,则会出现以下页面,如图4-15所示。这是因为我们已没有默认首页。在下一章,我们会再次制作好自己的首页。

图4-15 Django 的 404 debug 网页显示

4.4 Django Models 的抽象基类

在进行正式的系统数据库设计之前,还有一个操作要完成,这就是利用Model的继承来进行更有效率的开发。

Model 抽象类

Django 中的 Model 继承与 Python 中的类继承非常相似,只不过要选择具体的实现方式:是让父 Model 拥有独立的数据库,还是让父 Model 只包含基本的公共信息,而这些信息只能由子 Model 呈现。

Django 中有三种继承关系:

① 通常,你只是想用父 Model 来保存那些不想在子 Model 中重复录入的信息。父类是不使用的,也就是不生成单独的数据表,这种情况下使用抽象基类继承 Abstract base classes。

② 如果你想从现有的 Model 继承并让每个 Model 都有自己的数据表,那么使用多重表继承 Multi-table inheritance。

③ 如果你只想在 Model 中修改 Python-level 级的行为,而不涉及字段改变,那么代理 Model (Proxy models) 适用于这种场合。

具体解释如下。

(1) Abstract base classes

如果你想把某些公共信息添加到很多 Model 中,抽象基类就显得非常有用。编写完基类之后,在 Meta 内嵌类中设置 abstract=True,该类就不能创建任何数据表。然而如果将它作为其他 Model 的基类,那么该类的字段就会被添加到子类中。抽象基类和子类如果含有同名字段,就会导致错误(Django 将抛出异常)。

(2) Meta 继承

创建抽象基类的时候,Django 会将你在基类中所声明的有效的 Meta 内嵌类作为一个属性。如果子类没有声明它自己的 Meta 内嵌类,它就会继承父类的 Meta。子类的 Meta 也可以直接继承父类的 Meta 内嵌类,对其进行扩展。

(3) 代理 Model (Proxy models)

当使用多表继承(multi-table inheritance)时,Model 的每个子类都会创建一张新数据表,通常情况下,这正是我们想要的操作。这是因为子类需要一个空间来存储不包含在基类中的字段数据。但有时,你可能只想更改 Model 在 Python 层的行为实现,比如:更改默认的 Manager,或是添加一个新方法。

而这正是代理 Model 继承方式要做的:为原始 Model 创建一个代理(proxy)。你可以创建、删除、更新代理 Model 的实例,而且所有的数据都可以像使用原始 Model 一样被保存。不同之处在于:你可以在代理 Model 中改变默认的排序设置和默认的 Manager,而不会对原始 Model 产生影响。

声明代理 Model 和声明普通 Model 没有什么不同。设置 Meta 内置类中 Proxy 的值为 True,就完成了对代理 Model 的声明。

而这里要使用的,就是抽象基类(Abstract base classes)。

在 Public 目录下,新建一个 models.py 文件,然后在文件中输入以下内容:

https://github.com/aguncn/manabe/blob/master/manabe/public/models.py

```
01    from django.db import models
02
03
04    class CommonInfo(models.Model):
05        name = models.CharField(max_length=100,
06                                unique=True,
07                                verbose_name="名称")
08        description = models.CharField(max_length=100,
09                                       blank=True,
10                                       null=True,
11                                       verbose_name="描述")
12        change_date = models.DateTimeField(auto_now=True)
13        add_date = models.DateTimeField(auto_now_add=True)
14        status = models.BooleanField(default=True)
15
16        def __str__(self):
17            return self.name
18
19        class Meta:
20            abstract = True
21            ordering = ('-change_date',)
```

这个类的目的,就是将以后每个表都会用到的公共字段提取出来,如名称(name)、描述(description)、更新日期(change_date)、创建日期(add_date)、状态(status)等,并且默认显示的字段为名称。这样一来,后面的数据表只要继承自这个基类,就会自动拥有这个字段了,这在避免了不一致命名的同时,加快了开发速度。abstract = True 这一行,表明了这个类为基类,不可以直接用来生成数据表。

4.5 应用数据表

下面就正式进入数据库的表和字段的设计了。希望读者在后面的章节遇到思路跟不上的时候,随时回来温习本节的内容,就会对我们的自动化软件发布平台的数据库设计理解得更深入,那么对于 Python 的业务代码逻辑就能够跟上思路了。

4.5.1 models.py 文件内容

App 数据表位于 appinput\modules.py 文件中,主要是用于 App 应用服务的记录保存。公司的每一个应用,都对应于一条记录,它的字段包括了 Jenkins 任务名称、是否重启、软件包名、管理用户等。

自动化发布的数据库模型

https://github.com/aguncn/manabe/blob/master/manabe/appinput/models.py

```
01  from django.db import models
02  from django.contrib.auth.models import User
03  from public.models import CommonInfo
04  from django.db.models.signals import post_save
05  from django.dispatch import receiver
06  from rest_framework.authtoken.models import Token
07  from django.conf import settings
08
09
10  # This code is triggered whenever a new user has been created and saved to the database
11  @receiver(post_save, sender = settings.AUTH_USER_MODEL)
12  def create_auth_token(sender, instance = None, created = False, **kwargs):
13      if created:
14          Token.objects.create(user = instance)
15
16
17  class App(CommonInfo):
18      """
19      应用:
20      """
21      jenkins_job = models.CharField(max_length = 255,
22                                     verbose_name = "JENKINS JOB 名称")
23      git_url = models.CharField(max_length = 512,
24                                 verbose_name = "Git 地址")
25      dir_build_file = models.CharField(max_length = 512,
26                                        verbose_name = "编译目录")
27      build_cmd = models.CharField(max_length = 512,
28                                   default = "./",
29                                   verbose_name = "编译命令")
30      is_restart_status = models.BooleanField(default = True,
31                                              verbose_name = "是否重启")
32      package_name = models.CharField(max_length = 128,
33                                      blank = True,
34                                      null = True,
35                                      verbose_name = "软件包名")
36      zip_package_name = models.CharField(max_length = 128,
37                                          blank = True,
38                                          null = True,
39                                          verbose_name = "压缩包名")
```

```
40          op_log_no = models.IntegerField(blank = True,
41                                          null = True,
42                                          default = 0)
43          manage_user = models.ForeignKey(User,
44                                          blank = True,
45                                          null = True,
46                                          related_name = "manage_user",
47                                          on_delete = models.CASCADE,
48                                          verbose_name = "App 管理员")
49          script_url = models.CharField(max_length = 128,
50                                        blank = True,
51                                        null = True,
52                                        verbose_name = "App 脚本链接")
53
54          def __str__(self):
55              return self.name
56
57          class Meta:
58              db_table = 'App'
59              ordering = ('-add_date',)
```

代码解释：

第 2 行：由于在后面的数据表里，有一个应用管理员，它对应于 Django 中的用户表，所以我们会提前引入 from django.contrib.auth.models import User。

第 10～14 行：这里实现了每当保存一个用户时，就生成一个 token。这是在第 11 章，做 RESTful API 开发时才会用到的功能，到时再详细解释。

第 17 行：class App(CommonInfo)，表明这个 class 是继承自上一节的 CommonInfo 虚拟类的，同样，App 这个表就有了如名称（name）、描述（description）、更新日期（change_date）、创建日期（add_date）、状态（status）。

第 21～22 行：jenkins_job，这两行表明，在之后生成数据表时，字段名称为 jenkins_job。models.CharField() 表明它用字符串方法来初始化这个字段的属性。max_length=255 表明，jenkins_job 字段的最大长度不超过 255。如果底层的数据引擎是 Mysql，那么，它生成的 SQL 语句对应的字段数据类型就是 varchar(255)。verbose_name="JENKINS JOB 名称"这个参数用于标记字段的详细名称，这个名称在这里可以起到注释的作用，并且这个名称在后台显示和 Form 中，可以作为默认显示名称。jenkins_job 行的主要作用是为每个 App 指定一个 Jenkins 任务，之后编译软件包时，会把这个值取出来，通过 REST API 传递给 Jenkins 服务器进行处理。注意，这里的 job 名称只为单纯的名称，不带有 Jenkins 的服务器地址。服务器地址会统一放在 settings.py 文件中，以避免冗余。

第23～24行：git_url，定义一个项目的Git地址，有了这个Git地址之后，就可以从Jenkins中拉取Git里的源代码了。

第25～26行：dir_build_file，编译命令是在哪个目录下执行。比如，对于Java中的maven项目，就是指pom.xml文件所在目录。

第27～29行：build_cmd，编译命令。如果对于Java的maven项目，就是mvn开头的命令；如果对于Go语言，就是以go build开头的编译命令；如果对于Python、Ruby、Js这些动态语言，那就是zip、tar这种打包的命令。

第30～31行：is_restart_status行，models.BooleanField(…)表示这个字段是boolean型，默认型为True。对应于Mysql的数据类型为tinyint。is_restart_status字段的作用，是设置这个App在软件发布后，是否需要进行重启（比如，在php或一些前端静态项目更新时，就没有必要重启，但在war包、jar包等发布时，就需要重启生效）。在发布软件时，我们将它作为参数之一，发给后面的启动脚本。

第32～35行：package_name，语法在前面都已涉及，不再作解释。这个字段定义软件包的名称。这个软件包名称有多重用途：第一，可作为参数传递给Jenkins；第二，可作为配置正确与否的校验；第三，可加强公司内不同部门的沟通。

第36～39行：zip_package_name，这个字段主要是为了能让自动化部署兼容更多的开发语言而设计的，比如，Go语言生成的可执行文件或是Java编译的jar包。这些软件的环境配置文件，一般会单独放置。将可执行文件和配置文件结合打包，就是一个zip_package_name名称。

第40～42行：op_log_no，models.IntegerField(…)表示这个字段是整数型，默认值为0，针对mysql的数据类型为int。null是针对数据库而言的，如果null=True，则表示数据库的该字段可以为空，那么在新建一个model对象的时候是不会报错的。blank是针对表单的，如果blank=True，表示你的表单填写该字段的时候可以不填，比如在admin界面下增加model一条记录的时候。直观地看到就是该字段不是粗体。op_log_no这个字段的意义，是记录下这个应用的服务器的启停日志。因为我们的自动化软件发布平台不但可以用来发布软件，而且可以用来启停服务器。所以，有了这个操作次数记录，就可以查看所有针对服务器的启停日志。（这里只记录次数，具体日志放置于其他数据库里。）

第43～48行：manage_user，models.ForeignKey(…)表示App管理员和Django用户之间，是一对多的外键关系。ForeignKey必须要一个参数，以表明需要链接到哪个model。on_delete=models.CASCADE，级联删除，也就是当删除主表的数据时，从表中的数据也随着一起删除。related_name项用于反向查找，Django默认每个主表的对象都有一个是外键的属性，可以通过它来查询到所有属于主表的子表的信息。这个属性的名称默认是以子表的名称小写加上_set()来表示，默认返回的是一个querydict对象。related_name可以给这个外键定义好一个别的名称。当我们在后面的代码用到related_name时，会再作语法提示。这个管理员字段，记录的是公司内哪个用户可管理这个 App，这个管理权限包括定义哪些用户可以建发布单，哪些用户可以流转环境，以及不同的环境下，哪些用户有发布和启停服务器的权限。

第 49～52 行：script_url，用来定义每个应用的软件包拉取、启停服务、备份软件包、回滚操作。这个脚本是放在一个 Nginx 服务器的目录下，每次发布软件时，调用 SaltStack 的 script_run 命令，通过 HTTP 协议远程调用此脚本来执行。

第 54～55 行：可定义、可不定义，因为在 CommonInfo 中也定义好了，这里可以进行覆盖。

第 57～59 行：db_table 指出使用我们指定的数据表名称，ordering 指定默认查询数据库时，按 add_date 字段，降序排列。

4.5.2 将应用数据表迁移进数据库

当编辑好上述文件之后，就可以将这个文件的变化反映到数据库中了。

① 在 Windows 命令行里，进入 Manabe 的项目根目录，运行如下命令：

python manage.py makemigrations

这步，是将我们对于 Models 表设计的变化记入文件。

如果输入正确，则输出如下：

Migrations for 'appinput':
appinput\migrations\0001_initial.py
 - Create model App

② 然后，再运行如下命令，将数据表进行变更。

python manage.py migrate

这步，是真正地将变化更新到数据库，同时，会记录下此次更新的内容。
输出如下：

Operations to perform:
Apply all migrations: admin, appinput, auth, contenttypes, sessions
Running migrations:
Applying appinput.0001_initial... OK

③ 更改 admin.py 文件，将此数据表注册进后台管理系统。

将 appinput 下面的 admin.py 文件更新为如下内容：

https://github.com/aguncn/manabe/blob/master/manabe/appinput/admin.py

```
01    from django.contrib import admin
02    # Register your models here.
03    from . import models
04
05    admin.site.register(models.App)
```

这个 admin.py 中还有很多显示和过滤的语法,在这里就不深入展开了,有需要时,会再讲解这个知识点。

④ 进入 Django 后台,进行数据库操作。

通过浏览器,进入 Django 后台管理网址 http://127.0.0.1:8000/admin/,可以看到如图 4-16 所示的数据表,数据表可以在后台进行管理、增删等。

图 4-16 Django 后台的 App 数据表

如果在 Mysql 中看这个数据表,则如图 4-17 所示。

图 4-17 Mysql 中同样的 App 数据表

models.py 生成的相应 SQL 建表语句如下:

```
01  SET FOREIGN_KEY_CHECKS = 0;
02
03  -- ----------------------------
04  -- Table structure for app
```

```
05    -- ----------------------------
06    DROP TABLE IF EXISTS 'app';
07    CREATE TABLE 'app' (
08      'id' int(11) NOT NULL AUTO_INCREMENT,
09      'name' varchar(100) NOT NULL,
10      'description' varchar(100) DEFAULT NULL,
11      'change_date' datetime(6) NOT NULL,
12      'add_date' datetime(6) NOT NULL,
13      'status' tinyint(1) NOT NULL,
14      'jenkins_job' varchar(255) NOT NULL,
15      'is_restart_status' tinyint(1) NOT NULL,
16      'package_name' varchar(128) NOT NULL,
17      'op_log_no' int(11) DEFAULT NULL,
18      'script' longtext DEFAULT NULL,
19      'manage_user_id' int(11) DEFAULT NULL,
20      'git_url' varchar(512) NOT NULL,
21      PRIMARY KEY ('id'),
22      UNIQUE KEY 'name' ('name'),
23      KEY 'App_manage_user_id_17d5f1f8_fk_auth_user_id' ('manage_user_id'),
24      CONSTRAINT 'App_manage_user_id_17d5f1f8_fk_auth_user_id' FOREIGN KEY ('manage_user_id') REFERENCES 'auth_user' ('id')
25    ) ENGINE = InnoDB AUTO_INCREMENT = 221 DEFAULT CHARSET = utf8mb4;
```

4.5.3 生成模拟数据

当一个数据表建好之后,有如下方式为这个数据表增加数据:
- 直接通过 SQL 语句,在数据库提供的 Client 工具中增加。
- 通过 Django 提供的管理后台增加数据。
- 可以自己写前端网页,让用户自助增加。
- 通过 Django 的开发框架,直接运行命令脚本来快速生成模板数据。

最后一种方法在以后进行数据库测试时是相当有用的。在开发期间,数据表的变更是比较频繁的。如果有了快速生成模拟数据的命令,就不用每次辛辛苦苦地增加模拟数据,或是每次都备份还原了。

我们最终想实现的,是用户每次运行 python manage.py fake_data 命令,就可以自动地清空以前的数据表的内容,并将所有模拟数据重新入库。fake_data 是自定义命令参数,那么,自定义命令要如何实现呢?

我们都用过 Django 的 manage.py 的命令,而 manage.py 是在我们创建 Django 项目的时候就自动生成在根目录下的一个命令行工具,它可以执行一些简单的命令,其功能是将 Django project 放到 sys.path 目录中,同时设置 DJANGO_SETTINGS_

MODULE 环境变量为 Manabe 目录下的 settings.py 文件。

manage.py 代码如下:

https://github.com/aguncn/manabe/blob/master/manabe/manage.py

```
01  #!/usr/bin/env python
02  import os
03  import sys
04
05  if __name__ == '__main__':
06      os.environ.setdefault('DJANGO_SETTINGS_MODULE', 'manabe.settings')
07      try:
08          from django.core.management import execute_from_command_line
09      except ImportError as exc:
10          raise ImportError(
11              "Couldn't import Django. Are you sure it's installed and "
12              "available on your PYTHONPATH environment variable? Did you "
13              "forget to activate a virtual environment?"
14          ) from exc
15      execute_from_command_line(sys.argv)
```

在这里脚本会根据 execute_from_command_line() 方法中传入的命令来执行相应的结果。也就是说可以自己去编写这个函数可以识别的命令,这样就可以很大程度上去拓展 manage.py 的功能了。

那么该如何去写这样一个自定义的 Manage 命令呢?

首先,要在 Apps 模块下建立名字为 management 的模块,这样 Django 才能自动发现我们的命令,在新建立的 management 模块中就可以建立我们需要的命令了,当然了,不是所有的 py 文件系统都会识别为命令的,只有引用了 BaseCommand 才能被正确识别,而且我们的命令类要继承于 BaseCommand 才可以。

下面,我们就来一起实现它吧。

① 进入 public 目录,新建一个 management 目录。

② 在 management 目录下,生成一个空白的 __init__.py 文件及一个 commands 目录。

③ 在 public\management\commands 目录下,生成一个空白文件及一个 fake_data.py。

④ 编辑 fake_data.py,内容如下:

https://github.com/aguncn/manabe/blob/master/manabe/public/management/commands/fake_data.py

```
01  from django.core.management.base import BaseCommand
02  from .fake_user import fake_user_data
```

```
03    from .fake_app import fake_app_data
04
05    class Command(BaseCommand):
06        help = 'It is a fake command, Import init data for test'
07
08        def handle(self, *args, **options):
09            self.stdout.write(self.style.SUCCESS('begin fake data'))
10            fake_user_data()
11            fake_app_data()
12            self.stdout.write(self.style.SUCCESS("end fake data"))
```

⑤ 上面的文件，为了将各个模拟数据分开，是从另外两个文件分别建立模拟用户及模拟 App 的。故需要在同级目录下，新建两个文件：fake_user.py 和 fake_app.py。

fake_user.py 文件内容如下，它使用了 Django 的 ORM 来操作用户：

https://github.com/aguncn/manabe/blob/master/manabe/public/management/commands/fake_user.py

```
01    from django.contrib.auth.models import User, Group
02
03
04    def fake_user_data():
05        User.objects.all().delete()
06        Group.objects.all().delete()
07        print('delete all user data')
08        User.objects.create_user(username = 'Dylan', password = "password")
09        User.objects.create_user(username = 'Tyler', password = "password")
10        User.objects.create_user(username = 'Kyle', password = "password")
11        User.objects.create_user(username = 'Dakota', password = "password")
12        User.objects.create_user(username = 'Marcus', password = "password")
13        User.objects.create_user(username = 'Samantha', password = "password")
14        User.objects.create_user(username = 'Kayla', password = "password")
15        User.objects.create_user(username = 'Sydney', password = "password")
16        User.objects.create_user(username = 'Courtney', password = "password")
17        User.objects.create_user(username = 'Mariah', password = "password")
18        User.objects.create_user(username = 'tom', password = "password")
19        User.objects.create_user(username = 'mary', password = "password")
20        admin = User.objects.create_superuser('admin', 'admin@demon.com', 'admin')
21        root = User.objects.create_superuser('root', 'root@demon.com', 'root')
22        admin_group = Group.objects.create(name = 'admin')
23        Group.objects.create(name = 'test')
24        Group.objects.create(name = 'dev')
```

```
25      Group.objects.create(name = 'operate')
26      admin_users = [admin, root]
27      admin_group.user_set.set(admin_users)
28      print('create all user data')
```

代码解释：

可以看到，我们的代码里使用了 Django ORM 来操作数据表，如果对 ORM 操作不熟悉，可以查看前面章节或是官方文档和其他资料来掌握它。

第 5 行:清除所有用户。

第 6 行:清除所有用户组。

第 8～19 行:建立普通用户。

第 20～21 行:建立两个超级用户。

第 22 行:建立一个名为 admin 的用户组。

第 23～25 行:建立三个普通用户组。

第 26～27 行:将 root 和 admin 两个超级用户加入 admin 用户组。

fake_app.py 内容如下：

https://github.com/aguncn/manabe/blob/master/manabe/public/management/commands/fake_app.py

```
01   from random import choice
02   from django.contrib.auth.models import User
03   from appinput.models import App
04
05
06   def fake_app_data():
07       App.objects.all().delete()
08       print('delete all app data')
09       user_set = User.objects.all()
10       app_list = ['ABC-FRONT-APP-ADMIN',
11                   'ABC-FRONT-APP-NGINX',
12                   'ABC-FRONT-APP-VUEJS',
13                   'ABC-FRONT-APP-ANGULAR',
14                   'ABC-FRONT-APP-BOOTSTRAP',
15                   'ABC-BACKEND-NODEJS',
16                   'ABC-BACKEND-JAVA',
17                   'ABC-BACKEND-GO',
18                   'ABC-BACKEND-PYTHON',
19                   'ZEP-BACKEND-SCALA',
20                   'ZEP-FRONT-APP-ADMIN',
21                   'ZEP-FRONT-APP-NGINX',
22                   'ZEP-FRONT-APP-VUEJS',
```

```
23                    'ZEP-FRONT-APP-ANGULAR',
24                    'ZEP-FRONT-APP-BOOTSTRAP',
25                    'ZEP-BACKEND-NODEJS',
26                    'ZEP-BACKEND-JAVA',
27                    'ZEP-BACKEND-GO',
28                    'ZEP-BACKEND-PYTHON',
29                    'ZEP-BACKEND-SCALA',
30                ]
31
32       for app_item in app_list:
33           App.objects.create(name = app_item, jenkins_job = app_item,
34                          git_url = "http://localhost",
35                          package_name = app_item + '.zip',
36                          manage_user = choice(user_set))
37
38       print('create all app data')
```

上面的文件中,也是先删除了所有的 App 组件。然后,模拟了公司四个大的应用组件,都包括了前端和后端项目。在生成模拟数据时,为了方便快速,我们假定生成的 App 的 jenkins_job 和 App 名称一样。软件包名为 App 名称加上 zip 后缀。Random.choice()方法,是随机选择一个用户作为管理用户,并且省去了可填可不填的字段。需要强调的是,当我们需要为一个外键(models.ForeignKey)插入数据时,必须取到外键的实例,才能正确地插入。这一点,可能是新手不太注意的细节,当掌握了这个技巧之后,相对于原生 SQL 的不断 SELECT、不断 UPDATE、不断 DELETE、不断 UPDATE 语句,ORM 才代表了先进的生产力(可以之后优化 ORM,但不要过早优化)。

在上面的代码中,我们准备了一个 App 应用的列表,循环每一个列表元素,可以生成一个 App 应用配置。

⑥ 上述文件准备就绪之后,应先看看有没有 fake_data 命令。在项目根目录下,输入命令 python manage.py,从输出中我们得到了验证:

```
[public]
    fake_app
    fake_data
    fake_user
```

⑦ 下面,我们运行 python manage.py fake_data。若一切正常,则输出如下:

```
begin fake data
delete all user data
create all user data
delete all app data
```

create all app data
end fake data

⑧ 这时,我们再进入管理后台(admin/admin、root/root 都行),就会看到 Django 已为我们生成了用户和 App 应用,如图 4-18、图 4-19 所示。

图 4-18 Django 管理后台查看用户数据表

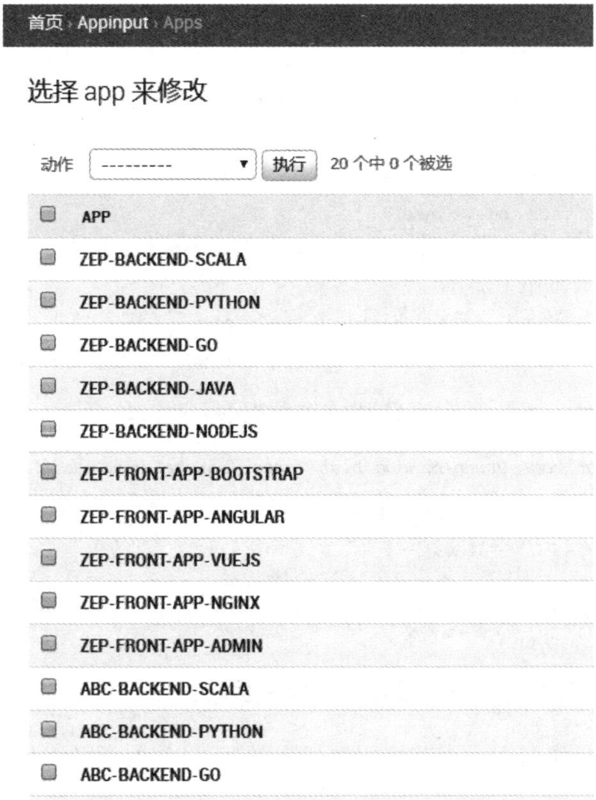

图 4-19 Django 管理后台查看 App 数据表

在完成所有的数据表设计之后，也就有了一份模拟数据。这份模拟数据对于我们理解数据表及整个系统架构都是大有帮助的，并且不用担心辛辛苦苦手工录入的测试数据会突然间被删除。我们之后的一些单元测试，也是基于此进行的，希望读者能够亲手实践。

4.6 环境数据表

环境数据表位于 envx\modules.py 文件中。这个表是为了能让我们的软件自动化平台支持不同的环境而创建的。比如，在一般的 IT 公司里，至少一个 App 应用会有三套环境：程序员本地环境（我们不管理）、内网测试环境、公网生产环境。那么，这里就会涉及到环境的信息了，如应用的发布单发布到哪个环境了，发布到哪个服务器了。这些显示信息都是需要环境数据表来支撑的。

4.6.1 models.py 文件内容

这个 env 的数据表字段很少，几乎标准的 CommonInfo 类的字段就可以满足了。为了将来扩展，以及可能不依赖于 ID，我们新建了一个 eid 的保留字段。

envx\models.py 的内容如下：

https://github.com/aguncn/manabe/blob/master/manabe/envx/models.py

```
01  from django.db import models
02  from public.models import CommonInfo
03  # Create your models here.
04
05  class Env(CommonInfo):
06      eid = models.IntegerField(unique=True,
07                                verbose_name="环境序号")
```

然后，在 envx\admin.py 中，注册这个数据表：

https://github.com/aguncn/manabe/blob/master/manabe/envx/admin.py

```
01  from django.contrib import admin
02  from . import models
03
04  admin.site.register(models.Env)
```

4.6.2 将环境数据表迁移进数据库

这个步骤的操作与上一小节应用数据表类似，操作的意义也相同，只需要按下面步骤操作即可。

① 运行如下命令，将数据表变更反映到 migrations 下的目录中。

```
python manage.py makemigrations evnx
```

注意,这次我们在命令最后加了 App 应用的名称。Django 的这次变更,就会只扫描 envx 的变更。如果在其他 App 中有数据表的更改,则不会变更。这能让我们更灵活地控制数据表的更改。输出如下:

```
Migrations for 'envx':
  envx\migrations\0001_initial.py
    - Create model Env
```

② 运行如下命令,将数据库的变更真正反映到数据库中。

```
python manage.py migrate envx
```

同样,我们在命令最后加了 App 应用的名称。Django 的这次变更只会让 envx 下的 Migrations 目录里的变化提交到数据表,而不会提交整个 Django 项目的所有变化。输出如下:

```
Operations to perform:
  Apply all migrations: envx
Running migrations:
  Applying envx.0001_initial... OK
```

③ 登录到后台管理界面,验证我们的更改生效,如图 4-20 所示。

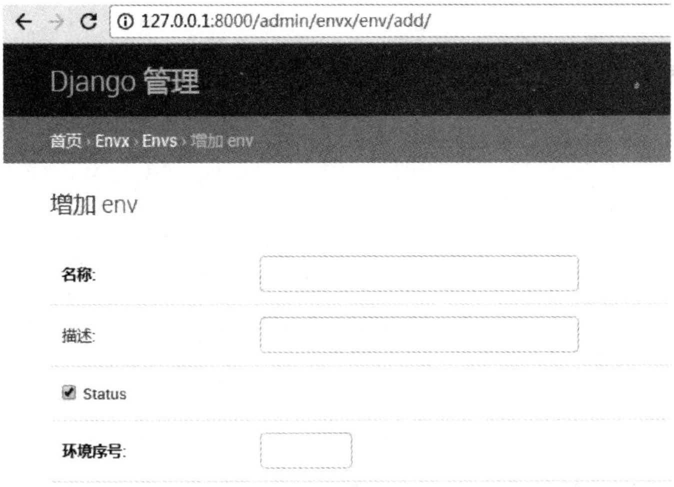

图 4-20　Django 管理后台新增环境数据表条目

models.py 生成的相应 SQL 建表语句如下:

```
01  SET FOREIGN_KEY_CHECKS = 0;
02
03  -- ----------------------------
```

```
04    -- Table structure for envx_env
05    -- ----------------------------
06    DROP TABLE IF EXISTS 'envx_env';
07    CREATE TABLE 'envx_env' (
08      'id' int(11) NOT NULL AUTO_INCREMENT,
09      'name' varchar(100) NOT NULL,
10      'description' varchar(100) DEFAULT NULL,
11      'change_date' datetime(6) NOT NULL,
12      'add_date' datetime(6) NOT NULL,
13      'status' tinyint(1) NOT NULL,
14      'eid' int(11) NOT NULL,
15      PRIMARY KEY ('id'),
16      UNIQUE KEY 'name' ('name'),
17      UNIQUE KEY 'eid' ('eid')
18    ) ENGINE = InnoDB AUTO_INCREMENT = 34 DEFAULT CHARSET = utf8mb4;
```

4.6.3 生成模拟数据

同 4.6.2 小节一样,我们需要为环境数据表生成模拟数据。有了上面的知识之后,操作就比较简单了。

① 在 public\management\commands 目录下,新增 fake_env.py 文件。内容如下:

https://github.com/aguncn/manabe/blob/master/manabe/public/management/commands/fake_env.py

```
01    from envx.models import Env
02
03    def fake_env_data():
04        Env.objects.all().delete()
05        print('delete all env data')
06        Env.objects.create(name = "DEV", eid = 1)
07        Env.objects.create(name = "TEST", eid = 2)
08        Env.objects.create(name = "PRD", eid = 3)
09        print('create all env data')
```

我们假设了三个环境,DEV、TEST 及 PRD,分别代表开发、测试及生产环境。

② 在 public\management\commands\fake_data.py 文件的合适位置,加入下面几行:

https://github.com/aguncn/manabe/blob/master/manabe/public/management/commands/fake_data.py

```
01  ...
02  from .fake_env import fake_env_data
03  ...
04  fake_env_data()
05  ...
```

③ 运行 python manage.py fake_data,生成所有模拟数据。

④ 进入管理后台,查看数据生成情况,如图 4-21 所示。

图 4-21　Django 管理后台查看生成的环境数据表条目

4.7　服务器数据表

4.7.1　models.py 文件内容

Server 数据表位于 serverinput\modules.py 文件中,主要是用于管理公司的服务器。公司的每一个服务器都对应于一条记录,它的字段包括了 IP、服务端口、Salt Minion 的名称、所属环境等。文件内容如下:

https://github.com/aguncn/manabe/blob/master/manabe/serverinput/models.py

```
01  from django.db import models
02  from django.contrib.auth.models import User
03  # Create your models here.
04  from appinput.models import App
05  from envx.models import Env
06  from public.models import CommonInfo
07
```

```
08
09      class Server(CommonInfo):
10          """
11          服务器
12          """
13          ip_address = models.CharField(max_length = 24,
14                                        verbose_name = "IP 地址")
15          salt_name = models.CharField(max_length = 128,
16                                       verbose_name = "SaltStack minion")
17          port = models.CharField(max_length = 100,
18                                  verbose_name = "端口")
19          app_name = models.ForeignKey(App,
20                                       related_name = 'app_name',
21                                       on_delete = models.CASCADE,
22                                       verbose_name = "应用名")
23          env_name = models.ForeignKey(Env,
24                                       blank = True,
25                                       null = True,
26                                       related_name = "server_env_name",
27                                       on_delete = models.CASCADE,
28                                       verbose_name = "环境")
29          app_user = models.CharField(max_length = 24,
30                                      blank = True,
31                                      null = True,
32                                      verbose_name = "执行程序用户")
33          op_user = models.ForeignKey(User,
34                                      blank = True,
35                                      null = True,
36                                      on_delete = models.CASCADE,
37                                      verbose_name = "操作用户")
38          history_deploy = models.CharField(max_length = 512,
39                                            blank = True,
40                                            null = True,
41                                            verbose_name = "已部署版本")
42          deploy_status = models.CharField(max_length = 128,
43                                           blank = True,
44                                           null = True,
45                                           verbose_name = "发布状态(Err,Suc)")
```

代码解释：

第 13~14 行：ip_address，用于记录服务器的 IP 地址。

第 15~16 行：salt_name，用于定义这个服务器的 Salt Minion 的名称。因为不同的公司对于 Salt Minion 的命名规范是不一样的,所以这里最好独立出来。

第 17~18 行:port 行,这个服务器上部署的 App 服务的端口号。

第 19~22 行:app_name,这个服务器上的服务所对应的 App 的名称,是以外键形式关联的。

第 23~28 行:env_name,这个服务器所属的环境。至于环境的意义,我们会在 env 这个表里解释。它也是以外键形式关联的。

第 29~32 行:app_user,服务的应用有可能是以 root 启动的,也可能不是,所以独立出来。

第 33~37 行:op_user,这里主要记录的是谁进行了这个 App 记录的操作(创建和更新),便于做追溯操作。

第 38~41 行:history_deploy,用于记录在此服务器上已部署过多少个发布单,在历史记录和回滚时需要。

第 42~45 行:deploy_status,用于记录发布服务时,是否每一步都执行完成。如果有错误,这里会记录错误,并在网页上反馈给用户。

4.7.2 将服务器数据表迁移进数据库

当编辑好上述文件之后,就可以将这个文件的变化反映到数据库中了。

① 在 Windows 命令行,进入 Manabe 的项目根目录,运行如下命令:

```
python manage.py makemigrations serverinput
```

输出如下:

```
Migrations for 'serverinput':
  serverinput\migrations\0001_initial.py
    - Create model Server
```

② 然后,再运行如下命令,将数据表进行变更。

```
python manage.py migrate serverinput
```

这步,是真正地记录我们的变化更新到数据库,同时,会记录下此次更新的内容。
输出如下:

```
Operations to perform:
  Apply all migrations: serverinput
Running migrations:
  Applying serverinput.0001_initial... OK
```

③ 更改 admin.py 文件,将此数据表注册进后台管理系统。将 appinput 下的 admin.py 文件更新为如下内容:

https://github.com/aguncn/manabe/blob/master/manabe/serverinput/admin.py

```
01    from django.contrib import admin
02    # Register your models here.
03    from . import models
04
05    admin.site.register(models.Server)
```

④ 进入 Django 后台，可以看到，有了 Server 这个数据表。
models.py 生成的相应 SQL 建表语句如下：

```
01    SET FOREIGN_KEY_CHECKS = 0;
02
03    -- ----------------------------
04    -- Table structure for serverinput_server
05    -- ----------------------------
06    DROP TABLE IF EXISTS `serverinput_server`;
07    CREATE TABLE `serverinput_server` (
08      `id` int(11) NOT NULL AUTO_INCREMENT,
09      `name` varchar(100) NOT NULL,
10      `description` varchar(100) DEFAULT NULL,
11      `change_date` datetime(6) NOT NULL,
12      `add_date` datetime(6) NOT NULL,
13      `status` tinyint(1) NOT NULL,
14      `ip_address` varchar(24) NOT NULL,
15      `salt_name` varchar(128) NOT NULL,
16      `port` varchar(100) NOT NULL,
17      `app_user` varchar(24) DEFAULT NULL,
18      `history_deploy` varchar(512) DEFAULT NULL,
19      `deploy_status` varchar(128) DEFAULT NULL,
20      `app_name_id` int(11) NOT NULL,
21      `env_name_id` int(11) DEFAULT NULL,
22      `op_user_id` int(11) DEFAULT NULL,
23      PRIMARY KEY (`id`),
24      UNIQUE KEY `name` (`name`),
25      KEY `serverinput_server_app_name_id_1397f6fe_fk_App_id` (`app_name_id`),
26      KEY `serverinput_server_env_name_id_3f30cefe_fk_envx_env_id` (`env_name_id`),
27      KEY `serverinput_server_op_user_id_cee649a4_fk_auth_user_id` (`op_user_id`),
28      CONSTRAINT `serverinput_server_app_name_id_1397f6fe_fk_App_id` FOREIGN KEY (`app_name_id`) REFERENCES `app` (`id`),
29      CONSTRAINT `serverinput_server_env_name_id_3f30cefe_fk_envx_env_id` FOREIGN KEY (`env_name_id`) REFERENCES `envx_env` (`id`),
30      CONSTRAINT `serverinput_server_op_user_id_cee649a4_fk_auth_user_id` FOREIGN KEY (`op_user_id`) REFERENCES `auth_user` (`id`)
31    ) ENGINE = InnoDB AUTO_INCREMENT = 4401 DEFAULT CHARSET = utf8mb4;
```

4.7.3 生成模拟数据

① 在 public\management\commands 目录下,新增 fake_server.py 文件。内容如下:

https://github.com/aguncn/manabe/blob/master/manabe/public/management/commands/fake_server.py

```
01  from random import choice
02  from django.contrib.auth.models import User
03  from appinput.models import App
04  from envx.models import Env
05  from serverinput.models import Server
06
07
08  def fake_server_data():
09      Server.objects.all().delete()
10      print('delete all server data')
11
12      user_set = User.objects.all()
13      app_set = App.objects.all()
14      env_set = Env.objects.all()
15      for i in range(100):
16          ip_address = salt_name = "192.168.0.{}".format(i)
17          for j in [80, 443, 8080, 8888]:
18              port = j
19              name = "192.168.0.{}_{}".format(i, port)
20              app_user = choice(['root', 'tomcat', 'javauser'])
21              op_user = choice(user_set)
22              app_item = choice(app_set)
23              env_item = choice(env_set)
24
25              Server.objects.create(name = name, ip_address = ip_address, port = port,
26                                    salt_name = salt_name, env_name = env_item,
27                                    app_name = app_item, op_user = op_user,
28                                    app_user = app_user)
29      print('create all server data')
```

以上模拟了 100 个机器,每个机器开放 4 个端口,而 salt_name 都是同一个,IP 地址和 salt_name 相同。这样一来,就可以在同一个机器上发布多个不同端口的应用。至于操作用户,app、env,我们就让它随机选择。

这样，系统在短短几秒内为我们生成了 400 个 Server。这是手工录入所不能比的。

② 在 public\management\commands\fake_data.py 文件的合适位置，加入下面几行：

```
01  ...
02  from .fake_server import fake_server_data
03  ...
04  fake_server_data()
05  ...
```

③ 运行 python manage.py fake_data，生成所有模拟数据。

④ 进入管理后台，查看数据生成的情况，如图 4-22、图 4-23 所示。

图 4-22　Django 管理后台查看生成的服务器数据表条目

图 4-23　Django 管理后台编辑具体的服务器数据表条目

4.8　发布单状态数据表

环境数据表，位于 deploy\modules.py 文件中。这个表的作用，是将发布单的生命周期的各个状态独立出来。这个字段当然也可以合进发布单数据表中，但是就不够灵活了。还有一个原因，一旦合进发布单数据表，那这个字段要么是中文，要么是英文，会让我们在写代码时有所制约。因为我们想实现的最佳实践是：发布单的状态为英文，但在显示时为中文，且不同的应用，可以定义为不同的名称。

基于以上原因，我们决定将发布单状态数据独立出来。它的状态数据分为6个：新建(CREATE)、编译(BUILD)、待发布(READY)、发布中(ING)、发布异常(ERROR)、发布完成(FINISH)。

4.8.1 models.py 文件内容

这个 DeployStatus 的数据表字段很少，几乎标准的 CommonInfo 类的字段就可以满足了。为了将来扩展，以及可能不依赖于 description，我们新建了一个 memo 的保留字段。

deploy\models.py 现在的内容如下（后面，发布单及历史表也建于这个文件）：

https://github.com/aguncn/manabe/blob/master/manabe/deploy/models.py

```
01  from django.db import models
02
03  class DeployStatus(CommonInfo):
04      # 新建,编译,待发布,成功,失败,发布中
05      memo = models.CharField(max_length=1024,
06                              blank=True,
07                              verbose_name="备注")
```

然后，在 deploy\admin.py 中，注册这个数据表。

https://github.com/aguncn/manabe/blob/master/manabe/deploy/admin.py

```
01  from django.contrib import admin
02
03  # Register your models here.
04
05  from . import models
06  admin.site.register(models.DeployStatus)
```

4.8.2 将发布状态数据表迁移进数据库

这个步骤的操作和前面类似，只写步骤，让读者在实战时有所参考。

① 运行如下命令，将数据表变更反映到 migrations 下面的目录中。

```
python manage.py makemigrations deploy
```

输出如下：

```
Migrations for 'deploy':
deploy\migrations\0001_initial.py
  - Create model DeployStatus
```

② 运行如下命令，将数据库的变更真正反映到数据库中。

```
python manage.py migrate deploy
```

输出如下：

```
Operations to perform:
Apply all migrations: deploy
Running migrations:
Applying deploy.0001_initial... OK
```

③ 登录到后台管理界面，验证我们的更改生效，如图 4-24 所示。

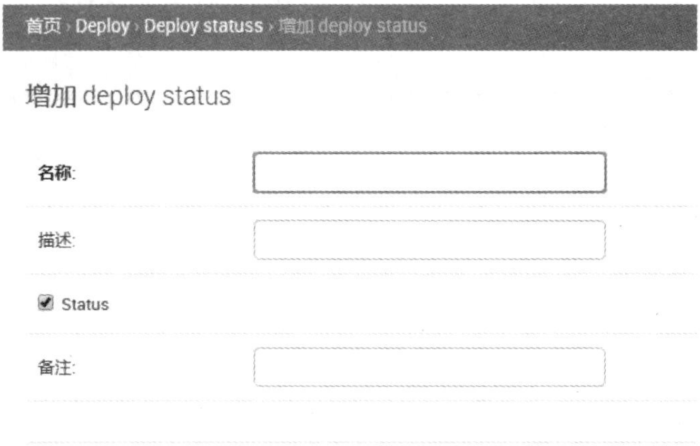

图 4-24　Django 管理后台可新增发布状态

Models.py 生成的相应 SQL 建表语句如下：

```sql
01  SET FOREIGN_KEY_CHECKS = 0;
02
03  -- ----------------------------
04  -- Table structure for deploy_deploystatus
05  -- ----------------------------
06  DROP TABLE IF EXISTS 'deploy_deploystatus';
07  CREATE TABLE 'deploy_deploystatus' (
08    'id' int(11) NOT NULL AUTO_INCREMENT,
09    'name' varchar(100) NOT NULL,
10    'description' varchar(100) DEFAULT NULL,
11    'change_date' datetime(6) NOT NULL,
12    'add_date' datetime(6) NOT NULL,
13    'status' tinyint(1) NOT NULL,
14    'memo' varchar(1024) NOT NULL,
15    PRIMARY KEY ('id'),
16    UNIQUE KEY 'name' ('name')
17  ) ENGINE = InnoDB AUTO_INCREMENT = 61 DEFAULT CHARSET = utf8mb4;
```

4.8.3 生成模拟数据

同 4.8.2 小节一样,我们需要为发布状态数据表生成模拟数据。有了 4.8.2 小节的知识之后,操作就比较简单了。

① 在 public\management\commands 目录下,新增 fake_deploy_status.py 文件。内容如下:

https://github.com/aguncn/manabe/blob/master/manabe/public/management/commands/fake_deploy_status.py

```
01  from deploy.models import DeployStatus
02
03  def fake_deploy_status_data():
04      DeployStatus.objects.all().delete()
05      print('delete all deploy status data')
06      DeployStatus.objects.create(name = "CREATE",
07                                  description = "新建",
08                                  memo = "新建")
09      DeployStatus.objects.create(name = "BUILD",
10                                  description = "编译",
11                                  memo = "新建")
12      DeployStatus.objects.create(name = "READY",
13                                  description = "准备发布",
14                                  memo = "准备发布")
15      DeployStatus.objects.create(name = "ING",
16                                  description = "发布中...",
17                                  memo = "发布中...")
18      DeployStatus.objects.create(name = "FINISH",
19                                  description = "发布完成",
20                                  memo = "发布完成")
21      DeployStatus.objects.create(name = "ERROR",
22                                  description = "发布异常",
23                                  memo = "发布异常")
24      print('create all deploy status data')
```

我们按前面的构思,模拟了 5 个状态值。

② 在 public\management\commands\fake_data.py 文件的合适位置,加入下面几行。

```
01  ...
02  from .fake_deploy_status import fake_deploy_status_data
03  ...
04  fake_deploy_status_data()
05  ...
```

③ 运行 python manage.py fake_data,生成所有模拟数据。

④ 进入管理后台,查看数据生成情况,如图 4-25 所示。

图 4-25 Django 管理后台查看生成的发布状态数据表条目

4.9 发布单数据表

接下来,就会接触到对整个系统来说最重要的表——发布单数据表了。可以说,前面所做的全部铺垫和设计,都是围绕发布单数据表服务的(包括之后的历史表等)。按我们的经验,一般的公司在输入好环境、服务器、应用等数据之后,变化是比较小的。除非是上新项目,新购或是下架机器。但是,在当前互联网浮躁的风气之下,"千破万破,唯快不破""快速试错,小步快跑"的口号此起彼伏,频繁地更新和发布新功能,重构上线才是最重要的。所以,一天发布几十次,甚至上百次、上千次,都不是太夸张的事(规模稍大的公司,涉及几十个项目)。在这样的快节奏下,单靠人工操作或是脚本定制,其成本、其工作状态,都是吃不消的。现在的各种开源软件、各种云、各种微服务(serverless),都是为了快、更快而产生的。我们这套系统的作用,也是希望不让所有工作都卡在运维一个人手里,一个自动自助的平台,有利于平衡 IT 中各个部门的工作量。发布单就在其中起到一个枢纽的作用。研发与测试、运维之间的平常沟通,也是以发布单为主题的。

4.9.1 models.py 文件内容

deployPool 数据表也位于 deploy\modules.py 文件中,主要是用于发布各种软件,每一次的发布,都会形成这条记录,并在新建、构建、流转、发布时,更新其中的字段。其内容如下:

自动化发布的数据库模型

https://github.com/aguncn/manabe/blob/master/manabe/deploy/models.py

```
01  from django.db import models
02  from django.contrib.auth.models import User
03  from public.models import CommonInfo
04  from appinput.models import App
05  from envx.models import Env
06
07
08  IS_INC_TOT_CHOICES = (
09      ('TOT', r'全量部署'),
10      ('INC', r'增量部署'),
11  )
12
13  DEPLOY_TYPE_CHOICES = (
14      ('deployall', r'发布所有'),
15      ('deploypkg', r'发布程序'),
16      ('deploycfg', r'发布配置'),
17      ('rollback', r'回滚'),
18  )
19
20
21  class DeployPool(CommonInfo):
22      name = models.CharField(max_length=100,
23                              blank=True, null=True,
24                              verbose_name="发布单编号")
25      description = models.CharField(max_length=1024,
26                                     blank=True,
27                                     verbose_name="描述")
28      app_name = models.ForeignKey(App,
29                                   related_name='deploy_app',
30                                   on_delete=models.CASCADE,
31                                   verbose_name="APP应用")
32      deploy_no = models.IntegerField(blank=True,
33                                      null=True, default=0)
34      branch_build = models.CharField(max_length=255,
35                                      blank=True, null=True)
36      jenkins_number = models.CharField(max_length=255,
37                                        blank=True, null=True)
38      code_number = models.CharField(max_length=255,
39                                     blank=True, null=True)
40      is_inc_tot = models.CharField(max_length=255,
```

```
41                              choices = IS_INC_TOT_CHOICES,
42                              blank = True, null = True,
43                              verbose_name = "全量或增量部署")
44       deploy_type = models.CharField(max_length = 255,
45                              choices = DEPLOY_TYPE_CHOICES,
46                              blank = True, null = True,
47                              verbose_name = "发布程序或配置")
48       is_build = models.BooleanField(default = False,
49                              verbose_name = "软件是否编译成功")
50       create_user = models.ForeignKey(User,
51                              related_name = 'deploy_create_user',
52                              on_delete = models.CASCADE,
53                              verbose_name = "创建用户")
54       nginx_url = models.URLField(default = None, blank = True, null = True,
55                              verbose_name = "Tengine URL")
56       env_name = models.ForeignKey(Env, blank = True, null = True,
57                              related_name = "deploy_env_name",
58                              on_delete = models.CASCADE,
59                              verbose_name = "环境")
60       deploy_status = models.ForeignKey(DeployStatus,
61                              related_name = 'deploy_pool_status',
62                              blank = True, null = True,
63                              on_delete = models.CASCADE,
64                              verbose_name = "发布单状态")
```

代码解释：

第8～11行：IS_INC_TOT_CHOICES，用于定义全量还是增量发布，这种元组的写法及配置 models.CharField(…choices=IS_INC_TOT_CHOICES…)定义方法，可以让我们限定这个字段可能的值，并在后台以下拉框方式呈现。全量或增量，主要是为了方便研发的开发业务，以及减少软件包，节约带宽。

第13～18行：DEPLOY_TYPE_CHOICES 行，用于定义本次发布是只有软件包、只有配置，还是全部都需要发布。这里需要解释一下设计这个字段的背景：一般来说，规范的开发，软件包和配置是分离的。对于软件包的部署，要么是通过替换软件包实现，要么是通过推送 Docker 镜像实现。但对于配置，则没有统一的实现方案，大公司或许会自研配置管理系统，中小公司可能会用到如携程、百度、小米的开源配置管理系统，当然，有些公司没有成熟的配置管理，全由单个程序员自行决定是否让配置生效。对于我们设计的这套自动化软件发布平台，暂时没有假设配置管理存在（如果存在，则是最精简设计）。为了能让同一个软件包在不同的环境中正常运行起来，对于软件包和定义是有其规范的。程序员会将所有环境的配置打在同一个包里，并且按环境分别存放。当让用户选择其中一个环境部署时，会根据参数来调用对应的配置文件。

经过上述讲解,会发现一个可能泄露密码的问题:如果每一个程序员都可以接触生产上的一些密码,那么公司的对内安全不就很脆弱了吗?

其实,针对这个问题,行业内已有最佳实践:加密。配置文件内敏感信息没有明文密码,都是以加密串的形式存在的。这个实现,已超出本书的内容,在此不作深入扩展。

第22～24行:name,发布单名称,这个名称需要具有唯一性,我们的定义规则是:将当前日期精确到秒,再加上随机数来保证唯一性。这样用户可一眼便知是哪个日期的发布单。

第28～31行:app_name,这个服务器上的服务所对应的App的名称,它是以外键形式关联的。有了这个信息,通过Django ORM,可以很方便地通过发布单,查找对应的App里的配置。

第32～33行:deploy_no,这个字段,表示本发布单自创建以来,一共被发布了多少次。它主要用来追踪用户发布的实时日志读取及历史日志读取。在后面的章节,对于Django Channels实现WebSocket的实时日志读取,主要就是用的这个字段进入联动。

第34～35行:branch_build,本次发布单所对应的Git的版本,每次编译软件时,这个信息会和App里的Git信息组合,形成唯一定位的Git版本,Jenkins就会根据这些信息进行编译。

第36～37行:jenkins_number,这里主要记录的是Jenkins的编译次数,如果在编译过程中有任何问题,都可以快速定位到相关网页进行排错。

第38～39行:code_number,在Jenkins从Git拉取代码的过程中,会有一个唯一的Git内部区别版本号,通过这个版本号,就可以定位Git上唯一的代码版本。(想象一下,如果每次都以Master版本作为发布版本,那么10次之前的Master版本,是哪一版本代码呢?)

第40～43行:is_inc_tot,用于记录本次是全量还是增量发布,选择项已在上文说明。

第44～47行:deploy_type,用于记录本次发布的是配置、程序包,还是项目的所有文件,选择项已在上文说明。

第50～53行:create_user,用于记录创建发布单的用户。

第54～55行:nginx_url,用于记录本次发布单生成的软件位于Nginx的哪个目录下。这个字段存在的意义需要说明一下:由于我们不是用Jenkins同时作ci/cd工具,而只是作ci集成,那么,Jenkins生成的软件包不会直接发布到服务器上进行启停操作,而是先把这个软件包存放在一个Nginx服务器上。在发布单进行环境流转之后,才会在对应的环境上,用发布脚本中的wget将软件推送到对应的服务器上进行发布。这个作用,与Docker镜像的Harbor仓库类似,起一个软件仓库的作用,随时可以查找到以前的安装包。可能在一些追求极速的人眼里,有一些步骤看似多余,但它保证了软件质量,配合了公司流程。毕竟,快是一方面,稳是另一方面。

第 56~59 行:env_name 行,用于记录发布单处于哪个环境,注意,在刚创建发布单和进行软件编译时,还没有环境,所以,这个字段要允许为空。

第 60~64 行:deploy_status,用于记录发布单当前处理哪一个生命周期,当它处于创建和编译时,是独立存在的周期,一旦它在环境流转之后,就可以和环境 env_name 组合,形成诸如"TEST 待发布""DEV 发布异常""PRD 发布中""PRD 发布完成""TEST 发布中""DEV 待发布""PRD 发布异常"等状态,给操作者一个清晰的信息。

4.9.2　将发布单数据表迁移进数据库

当编辑好上述文件之后,就可以将这个文件的变化反映到数据库中了。

① 在 Windows 命令行里,进入 Manabe 的项目根目录,运行如下命令:

`python manage.py makemigrations deploy`

② 然后,再运行如下命令,将数据表进行变更。

`python manage.py migrate deploy`

③ 更改 admin.py 文件,将此数据表注册进后台管理系统。

models.py 生成的相应 SQL 建表语句如下:

```
01   SET FOREIGN_KEY_CHECKS = 0;
02
03   -- ----------------------------
04   -- Table structure for deploy_deploypool
05   -- ----------------------------
06   DROP TABLE IF EXISTS 'deploy_deploypool';
07   CREATE TABLE 'deploy_deploypool' (
08     'id' int(11) NOT NULL AUTO_INCREMENT,
09     'change_date' datetime(6) NOT NULL,
10     'add_date' datetime(6) NOT NULL,
11     'status' tinyint(1) NOT NULL,
12     'name' varchar(100) DEFAULT NULL,
13     'description' varchar(1024) NOT NULL,
14     'deploy_no' int(11) DEFAULT NULL,
15     'branch_build' varchar(255) DEFAULT NULL,
16     'jenkins_number' varchar(255) DEFAULT NULL,
17     'code_number' varchar(255) DEFAULT NULL,
18     'is_inc_tot' varchar(255) DEFAULT NULL,
19     'deploy_type' varchar(255) DEFAULT NULL,
```

```
20      'nginx_url' varchar(200) DEFAULT NULL,
21      'app_name_id' int(11) NOT NULL,
22      'create_user_id' int(11) NOT NULL,
23      'deploy_status_id' int(11) DEFAULT NULL,
24      'env_name_id' int(11) DEFAULT NULL,
25      PRIMARY KEY ('id'),
26      KEY 'deploy_deploypool_app_name_id_77c7f9a0_fk_App_id' ('app_name_id'),
27      KEY 'deploy_deploypool_create_user_id_c028a6d3_fk_auth_user_id' ('create_user_id'),
28      KEY 'deploy_deploypool_deploy_status_id_02f2ea88_fk_deploy_de' ('deploy_status_id'),
29      KEY 'deploy_deploypool_env_name_id_15d618fe_fk_envx_env_id' ('env_name_id'),
30      CONSTRAINT 'deploy_deploypool_app_name_id_77c7f9a0_fk_App_id' FOREIGN KEY ('app_name_id') REFERENCES 'app' ('id'),
31      CONSTRAINT 'deploy_deploypool_create_user_id_c028a6d3_fk_auth_user_id' FOREIGN KEY ('create_user_id') REFERENCES 'auth_user' ('id'),
32      CONSTRAINT 'deploy_deploypool_deploy_status_id_02f2ea88_fk_deploy_de' FOREIGN KEY ('deploy_status_id') REFERENCES 'deploy_deploystatus' ('id'),
33v     CONSTRAINT 'deploy_deploypool_env_name_id_15d618fe_fk_envx_env_id' FOREIGN KEY ('env_name_id') REFERENCES 'envx_env' ('id')
34      ) ENGINE = InnoDB AUTO_INCREMENT = 481 DEFAULT CHARSET = utf8mb4;
```

4.9.3 生成模拟数据

① 在 public\management\commands 目录下，新增 fake_deploy.py 文件。内容如下：

https://github.com/aguncn/manabe/blob/master/manabe/public/management/commands/fake_deploy.py

```
01   import random
02   import time
03   import string
04   from random import choice
05   from django.contrib.auth.models import User
06   from appinput.models import App
07   from envx.models import Env
08   from deploy.models import DeployPool, DeployStatus
09
10
11   def fake_deploy_data():
12       DeployPool.objects.all().delete()
13       print('delete all deploy   data')
```

```python
14
15          app_set = App.objects.all()
16          env_set = Env.objects.all()
17          user_set = User.objects.all()
18          is_inc_tot = ['TOT', 'INC']
19          deploy_type = ['deployall', 'deploypkg', 'deploycfg']
20          deploy_status_set_env = DeployStatus.objects.\
21              filter(name__in = ['READY', 'ING', 'FINISH', 'ERROR'])
22          deploy_status_set_create = DeployStatus.objects.get(name = 'CREATE')
23          deploy_status_set_build = DeployStatus.objects.get(name = 'BUILD')
24
25          for date_no in range(30):
26              random_letter = ''.join(random.sample(string.ascii_letters, 2))
27              time_str = time.strftime("%Y-%m-%d-%H%M%S", time.localtime())
28              fake_time_str = time_str.split("-")
29              fake_time_str[2] = str(date_no)
30              fake_time_str = '-'.join(fake_time_str)
31              name = fake_time_str + random_letter.upper()
32              DeployPool.objects.create(name = name, description = "test",
33                                        branch_build = "master",
34                                        jenkins_number = date_no,
35                                        code_number = date_no + 10,
36                                        is_inc_tot = choice(is_inc_tot),
37                                        deploy_type = choice(deploy_type),
38                                        create_user = choice(user_set),
39                                        app_name = choice(app_set),
40                                        env_name = choice(env_set),
41                                        deploy_status = choice(deploy_status_set_env),
42                                        nginx_url = "http://localhost/"
43                                        )
44          for date_no in range(30):
45              random_letter = ''.join(random.sample(string.ascii_letters, 2))
46              time_str = time.strftime("%Y-%m-%d-%H%M%S", time.localtime())
47              fake_time_str = time_str.split("-")
48              fake_time_str[2] = str(date_no)
49              fake_time_str = '-'.join(fake_time_str)
50              name = fake_time_str + random_letter.upper()
51              if date_no % 2 == 1:
52                  DeployPool.objects.create(name = name,
53                                            description = "test",
54                                            branch_build = "master",
```

```
55                              jenkins_number = date_no,
56                              code_number = date_no + 10,
57                              is_inc_tot = choice(is_inc_tot),
58                              deploy_type = choice(deploy_type),
59                              create_user = choice(user_set),
60                              app_name = choice(app_set),
61                              deploy_status = deploy_status_set_create,
62                          )
63          else:
64              DeployPool.objects.create(name = name,
65                              description = "test",
66                              branch_build = "master",
67                              jenkins_number = date_no,
68                              code_number = date_no + 10,
69                              is_inc_tot = choice(is_inc_tot),
70                              deploy_type = choice(deploy_type),
71                              create_user = choice(user_set),
72                              app_name = choice(app_set),
73                              deploy_status = deploy_status_set_build,
74                              nginx_url = "http://localhost/"
75                          )
76      print('create all deploy data')
```

在上面的模拟数据中,生成了60天的发布单数据,每一个30天的数据,都用来生成已进入环境流转的发布单,所以,它的 deploy_status 的 ORM 语句的过滤写法是 DeployStatus. objects. filter (name _ _ in = ['READY', 'ING', 'FINISH', 'ERROR'])中的一种。第二个30天的数据,一半用来模拟刚创建的发布单,它的 deploy_status 的 ORM 语句的过滤写法是 DeployStatus. objects. get (name = 'CREATE');另一半用来模拟已经创建的发布单 DeployStatus. objects. get (name = 'BUILD')。

为了让各个阶段都有发布单存在,我们模拟了三种发布单:一是已进入环境流转的发布单,二是已编译好的发布单,三是刚刚创新的发布单。每个发布单的状态都是不一样的,希望读者能够明白。下面简要总结:
- 刚新建的发布单,nginx_url 没有数据,deploy_status 只能是 'CREATE';
- 编译通过的发布单,nginx_url 有数据,deploy_status 只能是 BUILD;
- 已流转的发布单,nginx_ 有数据,deploy_status 为 READY、ING、FINISH、ERROR 中的一种。

② 在 public\management\commands\fake_data. py 文件的合适位置,加入下面几行:

```
01    ...
02    from .fake_deploy_status import fake_deploy_data
03    ...
04    fake_deploy_data()
05    ...
```

③ 运行 python manage.py fake_data，生成所有模拟数据。

④ 进入管理后台，查看数据生成的情况，如图 4-26 所示。

图 4-26　Django 管理后台查看生成的发布单数据表条目

4.10　权限管理数据表

权限管理涉及两个主要的数据表：action 及 permission。一个自动化软件发布，是不能缺少权限管理的。如果一个同事能生成一个不属于他的项目，或是发布一个不属于他权限范围的应用，对于公司 IT 系统来说，无疑是埋下了一枚随时会爆的炸弹。权限管理还能防止用户的误操作。所以，我们需要将软件发布的权限进行细分，并且将权限定位到人，进行统一的管理。

我们设计的这个自动化发布平台，权限分为三大类：

① CREATE 权限：指定哪些用户可以拥有新建发布单及编译软件的权限。我们认为发布单新建及编译有同一个权限，谁新建的，当然有权限对它进行打包编译。

这个权限主要是针对研发人员设置的。

② XCHANGE 权限：指定哪些用户可以对应用进行环境流转权限。比如，从编译好的状态流转进 DEV 环境、TEST 环境，或是 PRD 环境。让测试人员知道现在研发的进度，并进行系统测试的配合。这个权限主要是针对测试人员设置的。

③ DEPLOY 权限：指定哪个用户可以对哪个环境进行发布。比如，研发可以发布到 DEV 环境，而 TEST 环境和 PRD 环境谁可以发布，要视公司流程和规模而定。这样，每个人都会对自己的环境负责。在追求速度的公司，这些环境权限当然可以赋予同一组人。我们这套系统设计灵活，可以自由扩展，新建不同的环境，就可以马上针对新环境赋权，而不用更改代码，均可以在 WWW 界面完成。

在这三个权限之前，还有两个额外的系统权限需要用户注意：第一是系统的 Admin 超级权限，属于系统 Admin 组的人，具有应用的所有权限，且可以登录 Django 管理后台。这个 Admin 是 Django 本身的用户组，不用特别数据表支持。第二是每个服务应用的管理员，这个管理员可以进行各自服务内的三类权限分配。通过这样的授权，系统管理员就不会被系统粘住，应用管理员可以自助操作，增加了自动化的能力。这个角色，我们已在前面 App 数据表中的 manage_user 字段设置好了。

由于 Action 及 Permission 这两个数据表关系密切，我们就放在这一节一起操作。

4.10.1 models.py 文件内容

Action 及 Permission 两个数据表都位于 rightadmin\modules.py 文件中，其内容如下：

https://github.com/aguncn/manabe/blob/master/manabe/rightadmin/models.py

```
01   from django.db import models
02   from public.models import CommonInfo
03   from django.contrib.auth.models import User
04   from envx.models import Env
05   from appinput.models import App
06   # Create your models here.
07
08
09   class Action(CommonInfo):
10       aid = models.IntegerField(unique=True,
11                                 verbose_name="权限序号")
12
13
14   class Permission(CommonInfo):
15       app_name = models.ForeignKey(App,
16                                    related_name="pm_app_name",
17                                    on_delete=models.CASCADE,
```

```
18                                   verbose_name = "APP 应用")
19      env_name = models.ForeignKey(Env,
20                                   blank = True,
21                                   null = True,
22                                   related_name = "pm_env_name",
23                                   on_delete = models.CASCADE,
24                                   verbose_name = "环境")
25      action_name = models.ForeignKey(Action,
26                                   related_name = "pm_action_name",
27                                   on_delete = models.CASCADE,
28                                   verbose_name = "操作权限")
29      main_user = models.ManyToManyField(User,
30                                   blank = True,
31                                   related_name = "pm_user",
32                                   verbose_name = "操作用户")
```

代码解释：

第 9～11 行：可以看到 Action 表和前面的 Env 表、deploy_status 表一样，都是为了方便扩展而设计的表，字段用 commoninfo 类里的字段，再加上一个 aid 的权限序号就可以满足。Action 表只是三行数据（CREATE，XCHANGE，DELOPY）。

第 15～18 行：app_name，此字段权限关联的 App 应用。权限必须有 App 作依附，所以这行不能为空。

第 19～24 行：env_name，此字段权限关联的环境。注意，如果我们的 CREATE 及 XCHANGE 是与环境无关的，则应该允许 env_name 为空值。

第 25～28 行：action_name，此字段关联对应的三大类权限，不能为空。

第 28～32 行：main_user，此字段为拥有上面所指定权限的用户。这是一个多对多的字段，表示这个字段里可以放置很多用户。关于 manytomany 字段，这里有必要再次强调一下：Django 会隐式或显式建立第三个表，来关联两个表。由于这里没有使用 through 关键字，所以是隐式创建表。

Name 行，存在于 CommonInfo 基类虚拟表当中，并且定义了 unique 关键字，表示所有的 name 要有唯一性。那么如何保证这个唯一性呢？在后面的代码中，我们将用 App 的 ID、Action 的 ID，以及 Env 的 ID，来保证每个 name 的唯一性（没有 Env 的权限，可以留空）。

4.10.2 将权限数据表迁移进数据库

当编辑好上述文件之后，就可以将这个文件的变化反映到数据库中了。

① 在 Windows 命令行里，进入 Manabe 的项目根目录，运行如下命令：

```
python manage.py makemigrations rightadmin
```

② 再运行如下命令，将数据表进行变更。

```
python manage.py migrate rightadmin
```

③ 更改 admin.py 文件,将此数据表注册进后台管理系统,如图 4-27 所示。

图 4-27　Django 管理后台生成权限管理数据表

models.py 生成的相应 SQL 建表语句如下:

```
01    SET FOREIGN_KEY_CHECKS = 0;
02
03    -- ----------------------------
04    -- Table structure for rightadmin_permission
05    -- ----------------------------
06    DROP TABLE IF EXISTS 'rightadmin_permission';
07    CREATE TABLE 'rightadmin_permission' (
08      'id' int(11) NOT NULL AUTO_INCREMENT,
09      'name' varchar(100) NOT NULL,
10      'description' varchar(100) DEFAULT NULL,
11      'change_date' datetime(6) NOT NULL,
12      'add_date' datetime(6) NOT NULL,
13      'status' tinyint(1) NOT NULL,
14      'action_name_id' int(11) NOT NULL,
15      'app_name_id' int(11) NOT NULL,
16      'env_name_id' int(11) DEFAULT NULL,
17      PRIMARY KEY ('id'),
18      UNIQUE KEY 'name' ('name'),
19      KEY 'rightadmin_permissio_action_name_id_654c22a9_fk_rightadmi' ('action_name_id'),
20      KEY 'rightadmin_permission_app_name_id_dd785a3b_fk_App_id' ('app_name_id'),
21      KEY 'rightadmin_permission_env_name_id_22a1562f_fk_envx_env_id' ('env_name_id'),
22      CONSTRAINT 'rightadmin_permissio_action_name_id_654c22a9_fk_rightadmi' FOREIGN KEY ('action_name_id') REFERENCES 'rightadmin_action' ('id'),
23      CONSTRAINT 'rightadmin_permission_app_name_id_dd785a3b_fk_App_id' FOREIGN KEY ('app_name_id') REFERENCES 'app' ('id'),
24      CONSTRAINT 'rightadmin_permission_env_name_id_22a1562f_fk_envx_env_id' FOREIGN KEY ('env_name_id') REFERENCES 'envx_env' ('id')
```

```
25    ) ENGINE = InnoDB AUTO_INCREMENT = 126 DEFAULT CHARSET = utf8mb4；
```

因为 permission 中的 main_user 与系统用户 USER 是多对多的关系，所以 Django 会自动生成第三张表。内容如下：

```
01   SET FOREIGN_KEY_CHECKS = 0；
02
03   -- ----------------------------
04   -- Table structure for rightadmin_permission_main_user
05   -- ----------------------------
06   DROP TABLE IF EXISTS 'rightadmin_permission_main_user'；
07   CREATE TABLE 'rightadmin_permission_main_user' (
08     'id' int(11) NOT NULL AUTO_INCREMENT，
09     'permission_id' int(11) NOT NULL，
10     'user_id' int(11) NOT NULL，
11     PRIMARY KEY ('id')，
12     UNIQUE KEY 'rightadmin_permission_ma_permission_id_user_id_8781aa9c_uniq' ('permission_id','user_id')，
13     KEY 'rightadmin_permission_main_user_user_id_58d22a4a_fk_auth_user_id' ('user_id')，
14     CONSTRAINT 'rightadmin_permissio_permission_id_dbfc78ac_fk_rightadmi' FOREIGN KEY ('permission_id') REFERENCES 'rightadmin_permission' ('id')，
15     CONSTRAINT 'rightadmin_permission_main_user_user_id_58d22a4a_fk_auth_user_id' FOREIGN KEY ('user_id') REFERENCES 'auth_user' ('id')
16    ) ENGINE = InnoDB AUTO_INCREMENT = 601 DEFAULT CHARSET = utf8mb4；
```

4.10.3 生成模拟数据

① 在 public\management\commands 目录下，新增 fake_action.py 文件。内容如下：

https://github.com/aguncn/manabe/blob/master/manabe/public/management/commands/fake_action.py

```
01   from rightadmin.models import Action
02
03
04   def fake_action_data():
05       Action.objects.all().delete()
06       print('delete all action data')
07       Action.objects.create(name = "CREATE", description = '创建及编译', aid = 1)
08       Action.objects.create(name = "XCHANGE", description = '环境流转', aid = 2)
09       Action.objects.create(name = "DEPLOY", description = '部署', aid = 3)
10       print('create action action data')
```

② 在 public\management\commands 目录下，新增 fake_permission.py 文件。内容如下：

https://github.com/aguncn/manabe/blob/master/manabe/public/management/commands/fake_permission.py

```
01  from random import sample, choice
02  from django.contrib.auth.models import User
03  from rightadmin.models import Action, Permission
04  from appinput.models import App
05  from envx.models import Env
06
07
08  def fake_permission_data():
09      Permission.objects.all().delete()
10      print('delete all permission data')
11      user_set = User.objects.all()
12      app_set = App.objects.all()
13      env_set = Env.objects.all()
14      action_set = Action.objects.all()
15      for action_item in action_set:
16          if action_item.name in ['CREATE', 'XCHANGE']:
17              for app_item in app_set:
18                  name = '{}-{}'.format(app_item.id, action_item.id)
19                  pm = Permission.objects.create(name=name,
20                                                 app_name=app_item,
21                                                 env_name=None,
22                                                 action_name=action_item)
23                  pm.main_user.set(sample(list(user_set), 5))
24                  pm.save()
25          else:
26              for app_item in app_set:
27                  env = choice(env_set)
28                  name = '{}-{}-{}'.format(app_item.id, action_item.id, env.id)
29                  pm = Permission.objects.create(name=name,
30                                                 app_name=app_item,
31                                                 env_name=env,
32                                                 action_name=action_item)
33                  pm.main_user.set(sample(list(user_set), 5))
34                  pm.save()
35      print('create action permission data')
```

在上面的模拟数据中，将所有的 App 应用都循环了一遍，并将权限分为两大类：当权限为 CREATE、XCHANGE 时，env_name 字段为空；当权限为 DEPLOY 时，env_name 需要置入环境实例。这里，大家还要掌握的一个编程技巧是，当为一个 manytomany 的外键赋值时，需要用到 Django 2 以上的新语句：pm.main_user.set(sample(list(user_set), 5))，而 random.sample 函数的作用，是从所有用户中随机取出 5 个用户。

③ 在 public\management\commands\fake_data.py 文件的合适位置,加入下面几行:

```
01  ...
02  from .fake_deploy_status import fake_action_data
03  from .fake_deploy_status import fake_permission_data
04  ...
05  fake_action_data()
06  fake_permission_data()
07  ...
```

④ 运行 python manage.py fake_data,生成所有模拟数据。

⑤ 进入管理后台,查看数据生成情况,如图 4-28 所示。

图 4-28 Django 管理后台可编辑权限数据表条目

4.11 历史记录数据表

操作历史记录，也是一个系统必需的功能。这一功能，能让我们查找一些非法操作及未授权的操作。在我们的自动化发布系统中，主要记录了两类历史操作：第一类是在环境流转中，记录谁在什么时间，将哪个发布单流转到了哪个环境；第二类是在软件发布中，记录了哪些服务器在什么时间发布了哪个版本。这些历史操作，对于以后作数据报表统计也是相当有用的。为了精简数据库，我们将这两类操作历史集成到一个数据表，不同的操作，写入不同的字段。而用一个 content 字段，去记录差异性字段，并在前端进行差异性展示。

4.11.1 models.py 文件内容

历史数据表都位于 deploy\modules.py 文件中，其内容如下：

https://github.com/aguncn/manabe/blob/master/manabe/deploy/models.py

```
01     class History(CommonInfo):
02         user = models.ForeignKey(User, blank = True, null = True,
03                              related_name = 'history_user',
04                              on_delete = models.CASCADE,
05                              verbose_name = "用户")
06         app_name = models.ForeignKey(App, blank = True, null = True,
07                              related_name = 'history_app',
08                              on_delete = models.CASCADE,
09                              verbose_name = "APP应用")
10         env_name = models.ForeignKey(Env, blank = True, null = True,
11                              related_name = "history_env_name",
12                              on_delete = models.CASCADE,
13                              verbose_name = "环境")
14         deploy_name = models.ForeignKey(DeployPool,
15                              blank = True, null = True,
16                              related_name = "history_deploy",
17                              on_delete = models.CASCADE,
18                              verbose_name = "发布单")
19         do_type = models.CharField(max_length = 32,
20                              blank = True, null = True,
21                              verbose_name = "操作类型")
22         content = models.CharField(max_length = 1024,
23                              blank = True, null = True,
24                              verbose_name = "操作内容")
```

代码解释：

第 2～5 行:user,记录是哪位用户做了操作。

第 6～9 行:app_name,此操作涉及的是哪个 App。

第 10～13 行:env_name,此操作涉及到的是哪个环境,因为在环境流转中,可能涉及多个环境,所以会记录在 content 中,这里就会留空,所以允许 null。

第 14～18 行:deploy_name 行:此操作涉及的发布单号,在重启服务器时,不会涉及发布单号,所以这个字段也允许 null。

第 19～21 行:do_type,此字段会记录主要的操作类型,便于数据库的搜索过滤。操作类型主要分为三种,XCHANGE 是在进行环境流转,deploy 是在进行软件发布,operate 是在进行服务器的启停。

第 22～24 行:content 行,操作的差异性记录,以 json 格式加入,如环境流转时,会在 content 内写入类似 content = {'before': 'TEST', 'after': 'PRD'}的信息。在软件发布时,会写入类似 content = {'msg': 'success', 'ip': '1.2.3.4', 'action': 'back'}的信息。

Name 行:存在于 CommonInfo 基类虚拟表当中,并且定义了 unique 关键字,表示所有的 name 要有唯一性。如何保证这个唯一性呢?为了命令的唯一性,使用 uuid4()来生成唯一标识。UUID 是 128 位的全局唯一标识符,通常由 32 字节的字符串表示。它可以保证时间和空间的唯一性,也称为 GUID,全称为 UUID(Universally Unique IDentifier)。

4.11.2 将历史数据表迁移进数据库

当编辑好上述文件之后,就可以将这个文件的变化反映到数据库中了。请进行如下操作:

① 在 Windows 命令行里,进入 Manabe 的项目根目录,运行如下命令:

```
python manage.py makemigrations deploy
```

② 再运行如下命令,将数据表进行变更。

```
python manage.py migrate deploy
```

③ 更改 admin.py 文件,将此数据表注册进后台管理系统,如图 4-29 所示。

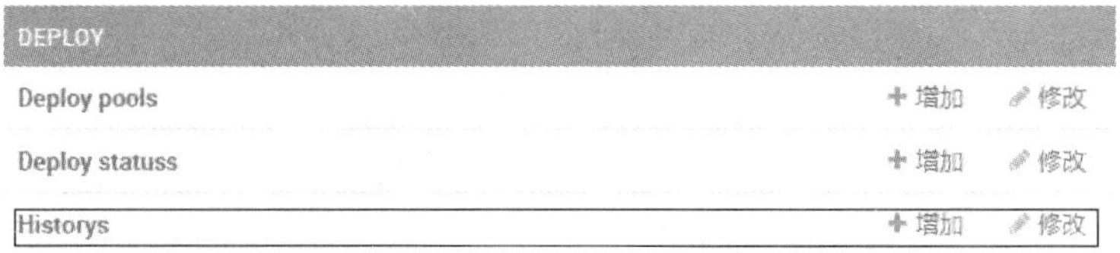

图 4-29　Django 管理后台生成发布历史数据表

Models.py 生成的相应 SQL 建表语句如下:

```
01  SET FOREIGN_KEY_CHECKS = 0;
02
03  -- ----------------------------
04  -- Table structure for deploy_history
05  -- ----------------------------
06  DROP TABLE IF EXISTS 'deploy_history';
07  CREATE TABLE 'deploy_history' (
08    'id' int(11) NOT NULL AUTO_INCREMENT,
09    'name' varchar(100) NOT NULL,
10    'description' varchar(100) DEFAULT NULL,
11    'change_date' datetime(6) NOT NULL,
12    'add_date' datetime(6) NOT NULL,
13    'status' tinyint(1) NOT NULL,
14    'do_type' varchar(32) DEFAULT NULL,
15    'content' varchar(1024) DEFAULT NULL,
16    'app_name_id' int(11) DEFAULT NULL,
17    'deploy_name_id' int(11) DEFAULT NULL,
18    'env_name_id' int(11) DEFAULT NULL,
19    'user_id' int(11) DEFAULT NULL,
20    PRIMARY KEY ('id'),
21    UNIQUE KEY 'name' ('name'),
22    KEY 'deploy_history_app_name_id_1e113ef1_fk_App_id' ('app_name_id'),
23    KEY 'deploy_history_deploy_name_id_e2f86994_fk_deploy_deploypool_id' ('deploy_name_id'),
24    KEY 'deploy_history_env_name_id_5a92a66e_fk_envx_env_id' ('env_name_id'),
25    KEY 'deploy_history_user_id_a64809dc_fk_auth_user_id' ('user_id'),
26    CONSTRAINT 'deploy_history_app_name_id_1e113ef1_fk_App_id' FOREIGN KEY ('app_name_id') REFERENCES 'app' ('id'),
27    CONSTRAINT 'deploy_history_deploy_name_id_e2f86994_fk_deploy_deploypool_id' FOREIGN KEY ('deploy_name_id') REFERENCES 'deploy_deploypool' ('id'),
28    CONSTRAINT 'deploy_history_env_name_id_5a92a66e_fk_envx_env_id' FOREIGN KEY ('env_name_id') REFERENCES 'envx_env' ('id'),
29    CONSTRAINT 'deploy_history_user_id_a64809dc_fk_auth_user_id' FOREIGN KEY ('user_id') REFERENCES 'auth_user' ('id')
    ) ENGINE = InnoDB DEFAULT CHARSET = utf8mb4;
```

历史记录，不用模拟数据，让我们操作系统时自动生成。

4.12 理解Django Migrate(数据迁移)

本节，还有最后一个知识点需要理解，就是Django的Migrate机制，只有理解了这个机制,以后开发 Django 应用,才会显得底气十足! 确实是"底气",因为数据库就是开发应用的底层支撑。

通过前面的实战,读者应该知道,在 Django 中写代码,一般情况下是不用跟 SQL 底层直接打交道的。底层数据的增删查改用的是 Django ORM(Object Relational Mapping,对象关系映射)。而新增数据表时,用的也是 makemigrations 及 migrate 这样的数据迁移命令。Django 的 ORM 操作,读者可以参见第 2 章的相关内容。而 Django 数据迁移,则是接下来的重点内容。

在前面的实战操作中,只讲了在更新的 Django App 中的 models.py 文件之后,都要先后执行两个命令:python manger.py makemigrations[app]和 python manager.py migrate[app],让我们对数据库的更改真正反映到底层数据库中。

那么,这样运行命令的原理是什么? 如果要在已经执行过 migrate 命令的 models.py 文件中更改内容,应该如何操作? 如果操作 models.py 的次数太多,应该如何精简文件,这就是马上要讲述的内容。

4.12.1 Migrate 原理

当我们第一次在 model.py 的内容之后执行下面的命令,python manger.py makemigrations[app]时,相当于在该 App 下建立 migrations 目录,并记录下所有的关于 modes.py 的改动,比如 0001_initial.py,但是这个改动还没有更新到数据中。

你可以手动打开这个文件,看看里面是什么。当 makemigrations 之后产生了 0001_initial.py 文件,你可以使用 python manger.py sqlmigrate app 0001 查看一下该 migrations 会对应于什么样的 SQL 命令。

在 makemigrations 之后执行 python manager.py migrate,将该改动作用到数据库文件,比如产生 Table、修改字段的类型等。同时,Django 会将本次操作记录到 mysql 数据库里的 django_migrations 数据表中。所以,这种数据合并操作,就不会产生重复行为。

下面,就找个 Django 已有的 App 来实践一下。

① 打开 envx\migrations\0001_initial.py 文件,内容如下:

https://github.com/aguncn/manabe/blob/master/manabe/envx/migrations/0001_initial.py

```
01   # Generated by Django 2.1 on 2018-10-20 00:20
02
03   from django.db import migrations, models
04
05
06   class Migration(migrations.Migration):
07
08       initial = True
09
```

```
10         dependencies = [
11         ]
12
13         operations = [
14             migrations.CreateModel(
15                 name = 'Env',
16                 fields = [
17                     ('id', models.AutoField(auto_created = True, primary_key = True, serialize = False, verbose_name = 'ID')),
18                     ('name', models.CharField(max_length = 100, unique = True, verbose_name = '名称')),
19                     ('description', models.CharField(blank = True, max_length = 100, null = True, verbose_name = '描述')),
20                     ('change_date', models.DateTimeField(auto_now = True)),
21                     ('add_date', models.DateTimeField(auto_now_add = True)),
22                     ('status', models.BooleanField(default = True)),
23                     ('eid', models.IntegerField(unique = True, verbose_name = '环境序号')),
24                 ],
25                 options = {
26                     'ordering': ('-change_date',),
27                     'abstract': False,
28                 },
29             ),
30         ]
```

② 运行命令 python manger.py sqlmigrate envx 0001，查看一下此文件对应输出的 SQL：

```
01    BEGIN;
02    --
03    -- Create model Env
04    --
05    CREATE TABLE 'envx_env' ('id' integer AUTO_INCREMENT NOT NULL PRIMARY KEY, 'name'
06    ' varchar(100) NOT NULL UNIQUE, 'description' varchar(100) NULL, 'change_date' d
07    atetime(6) NOT NULL, 'add_date' datetime(6) NOT NULL, 'status' bool NOT NULL, 'e
08    id' integer NOT NULL UNIQUE);
09    COMMIT;
```

③ 接下来，我们执行了 python manager.py migrate envx 命令，应当进入 mysql 数据库，查看 django_migrations 数据表内容。18 envx 0001_initial 2018-09-15 00:10:40.639583 这行内容，就是反映了 envx 在数据内的更新记录，如图 4-30 所示。

14	auth	0009_alter_user_last_name_max_length	2018-09-14 23:50:07.2290
15	sessions	0001_initial	2018-09-14 23:50:07.2690
16	appinput	0001_initial	2018-09-15 00:10:40.5965
17	deploy	0001_initial	2018-09-15 00:10:40.6175
18	envx	0001_initial	2018-09-15 00:10:40.6395
19	serverinput	0001_initial	2018-09-15 00:10:40.8035
20	deploy	0002_deploypool	2018-09-15 00:53:09.8053
21	appinput	0002_app_git_url	2018-09-15 01:19:46.3717

图 4-30　django_migrations 数据表记录每一次数据库合并

4.12.2　理解更新 models.py 文件的原理

从 4.12.1 小节内容继续，假定我们已修改好 envx\models.py 的文件，且已执行好 makemigrations 和 migrate 命令。在没有再次修改这个 models.py 文件之前，无论执行多少次 makemigrations 命令，输出的都是 No changes detected in app 'envx'。无论执行多少次 migrate 命令，输出的都如下所示：

```
Operations to perform：
    Apply all migrations：envx
Running migrations：
    No migrations to apply.
```

这表示，通过数据库里的 migrations 表，这两个命令获得了某种程序幂等性，是可以重复执行的。注意"某种程序"四个字，它的限制前提是：我们没有再次修改这个 models.py 文件。

那么，接下来，想象一种真实的工作场景，随着开发的进行，我们发现，envx\models.py 中的 eid 字段没有用，而我们还需要新增一个 memo 字段，用来存储这个环境的细致说明，以便让公司新的开发者更快地融入公司的开发环境。

那么，我们要如何进行呢？

基于 Django 的 migrations 的文件积累机制，我们不用自己到 MYSQL 数据库里增删字段，也不用自己到 envx\migrations\0001_initial.py 这种文件下修改内容。我们只需按要求修改好 models.py 内容，然后再次执行 makemigrations 及 migrate 命令即可。

接下来，我们也实操一下，加深印象。

① 将 envx\models.py 中的文件内容更新如下：

```
01    from django.db import models
02    from public.models import CommonInfo
03
04    class Env(CommonInfo)：
05        memo = models.CharField(max_length=1024,
```

```
06                    blank = True,
07                    null = True,
08                    verbose_name = "环境说明")
```

② 运行 makemigrations 命令

Python manage.py makemigrations envx

输出如下：

Migrations for 'envx':
  envx\migrations\0002_auto_20180916_0849.py
    - Remove field eid from env
    - Add field memo to env

我们此时查看 envx\migrations\下的文件，会发现多了一个 0002_auto_20180916_0849.py 文件（这个文件命名与日常相关，每次操作会不一样）。内容如下：

```
01   from django.db import migrations, models
02
03   class Migration(migrations.Migration):
04
05       dependencies = [
06           ('envx', '0001_initial'),
07       ]
08       operations = [
09           migrations.RemoveField(
10               model_name = 'env',
11               name = 'eid',
12           ),
13           migrations.AddField(
14               model_name = 'env',
15               name = 'memo',
16               field = models.CharField(blank = True,
17   max_length = 1024,
18   null = True,
19   verbose_name = '环境说明'),
20           ),
21       ]
```

可以看到，Django 的 Migration 机制已记录了这两次动作，RemoveField 删除字段及 AddField 增加字段。

③ 运行 migrate 命令。

```
Python manage.py migrate envx
```

输出如下：

```
Operations to perform：
    Apply all migrations：envx
Running migrations：
    Applying envx.0002_auto_20180916_0849... OK
```

输出显示，已成功地将变更应用到了数据库。此时，我们可以根据 mysql 的 envx_env 数据表及 django_migrations 数据表来检查，如图 4-31、图 4-32 所示。

id	name	description	change_date	add_date	status	memo
31	DEV	(Null)	2018-09-15 12:13:52.3225	2018-09-15 12:13:52.3225	1	(Null)
32	TEST	(Null)	2018-09-15 12:13:52.3255	2018-09-15 12:13:52.3255	1	(Null)
33	PRD	(Null)	2018-09-15 12:13:52.3265	2018-09-15 12:13:52.3265	1	(Null)

图 4-31　环境数据表已产生 memo 字段

17	deploy	0001_initial	2018-09-15 00:10:40.6175
18	envx	0001_initial	2018-09-15 00:10:40.6395
19	serverinput	0001_initial	2018-09-15 00:10:40.8035
20	deploy	0002_deploypool	2018-09-15 00:53:09.8053
21	appinput	0002_app_git_url	2018-09-15 01:19:46.3717
22	deploy	0003_auto_20180915_0937	2018-09-15 01:37:50.3337
23	rightadmin	0001_initial	2018-09-15 11:37:42.8934
24	deploy	0004_history	2018-09-15 13:46:26.8152
25	envx	0002_auto_20180916_0849	2018-09-16 00:53:56.5125

图 4-32　django_migrations 记录了对环境数据表的两次合并

4.12.3　重置 migration

最后，讲一讲如何重置 migration。这个功能是基于这样一种场景：随着开发的不断深入，models.py 的文件可能需要不断的更改。当所有的 models.py 更改达几十次甚至上百次之后，migrations 文件的维护工作就会越来越多。为了能将这所有的变化重新置位，形成单一的一次变更，又不影响已经上线的数据，就成了有必要操作的事情了。这一过程，就是重置 migration。它的操作步骤如下：

① 首先要保证目前的 migration 文件和数据库是同步的，通过执行如下命令：

```
python manage.py makemigrations
```

如果看到这样的提示：No changes detected，则可以继续接下来的步骤。

② 通过执行如下命令：

```
python manage.py showmigrations
```

可以看到当前项目、所有的 App 及对应的已经生效的 migration 文件。

③ 执行命令：

python manage.py migrate-fake [app] zero

这里的 [app] 就是你要重置的 App。

④ 再执行 python manage.py showmigrations，确定与第②步输出的差异。

⑤ 删除 [app] 这个 App 下的 migrations 模块中除 init.py 之外的所有文件。

⑥ 执行如下命令：

python manage.py makemigrations

程序会再次为这个 App 生成 0001_initial.py 之类的文件。

⑦ 最后执行如下命令：

python manage.py migrate-fake-inital

-fake-initial 这个参数会在数据库的 migrations 表中记录当前这个 App 执行到 0001_initial.py，但是它不会真的执行该文件中的代码。这样就做到了既不对现有的数据库改动，而又可以重置 migraion 文件。

4.13 小　结

经过本章的学习，我们已完整地生成了系统的所有数据表。mysql 数据库里的所有表名如图 4-33 所示。

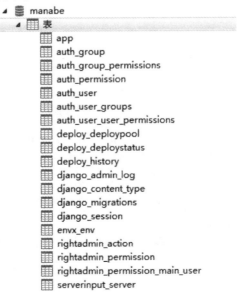

图 4-33　mysql manabe 数据库中已有的数据表

同时，我们用于生成模拟数据的命令也已完成，其 fake_data.py 的完整代码如下：

https://github.com/aguncn/manabe/blob/master/manabe/public/management/commands/fake_data.py

```
01    from django.core.management.base import BaseCommand
02
03    from .fake_user import fake_user_data
04    from .fake_app import fake_app_data
05    from .fake_env import fake_env_data
06    from .fake_server import fake_server_data
07    from .fake_deploy_status import fake_deploy_status_data
08    from .fake_deploy import fake_deploy_data
09    from .fake_action import fake_action_data
10    from .fake_permission import fake_permission_data
11
12
13    class Command(BaseCommand):
14        help = 'It is a fake command, Import init data for test'
15
16        def handle(self, *args, **options):
17            self.stdout.write(self.style.SUCCESS('begin fake data'))
18            fake_user_data()
19            fake_app_data()
20            fake_env_data()
21            fake_server_data()
22            fake_deploy_status_data()
23            fake_deploy_data()
24            fake_action_data()
25            fake_permission_data()
26            self.stdout.write(self.style.SUCCESS("end fake data"))
```

在本章中，主要讲解了怎样从头建立我们的 Manage 项目。然后，基于 Django 原生的项目代码骨架，进行了一些扩展，以便适应我们项目的扩展。

之后，分析了 Manabe 每一个数据表的 models.py 的写法，以及如何将 models.py 的变化写入数据库。最重要的是，我们还介绍了如何快速生成模拟语句，里面的一些测试技巧，需要读者好好领会。

直到本章为止，读者还没有接触到可以看见的网页呢，不要着急，下一章我们将开始软件自动化发布的网站制作实战。因为有前面 4 章的知识和模拟数据，相信读者很快能掌握 Django 设计网站的优势。

第 5 章

用户注册登录及密码管理

谁谓伤心画不成,画人心逐世人情。

——韦庄《金陵图》

在第 4 章中,我们使用 Django 的相关命令,生成了项目框架,且生成了系统的 6 个 App 应用——serverinput、appinput、deploy、envx、rightadmin、public;为每个应用配置好了 URL 路由文件;建好了自动化发布系统要求的所有数据库;在此之后,使用 Django ORM 生成了一批模拟数据。

在本章,我们主要来实现自动化发布系统的用户模块,其主要功能包括用户注册、用户登录、注销、修改邮箱、修改密码、验证码生成等。

5.1 用户管理简介

用户管理是每一个软件系统的基本功能之一(包含用户组)。有了用户,才可以识别每一个浏览器代表的角色,才能对其进行认证的权限管理。如果没有用户管理功能,那么每一个人都是系统管理员,每一个人又都是普通用户,谁操作出了什么问题,谁在进行恶意操作,都无法分辨。这样的系统,相信没有人会愿意使用的。

设计一个好的用户系统往往不是那么容易的,幸好,Django 提供的用户系统可以快速实现基本的功能,并且可以在此基础上继续扩展以满足我们的需求。

在进入本章学习之前,先来理顺一下学习的思路。Django 的用户管理知识点,如果用脑图来表示,如图 5-1 所示。

我们的学习顺序,按以下思路展开:

① 了解在 Web 开发中,Cookie 和 Session 的作用及实现。

② 在 Django 开发中,更方便地使用 Session、框架提供的中间件及 App。

③ 深入了解 Django 中的 User 用户及 Group 用户组、Permission 权限模型。

④ Django 中用户注册、登录和退出功能详解。

⑤ Django 提供的密码更改和密码找回功能实现。

⑥ 了解 Django 中是怎样实现表级权限的。

⑦ 在 Django 日常开发中,在 View 和 Template 中,如何方便地实现用户及权限

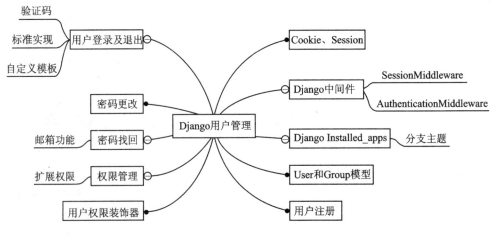

图 5-1　Django 用户管理知识点脑图

管理。

在系统学完以上知识之后,将这些知识点结合来实现自动化发布系统的用户管理功能。

5.2　Web 开发中的 Cookie 及 Session

Cookie 和 Session 在现在主流的 Web 用户功能设计中,就好像是一对有心电感应的连体兄弟,两者要互相配合,才能完整地实现用户认证功能。

Cookie 以文件的形式存在于浏览器端,Session 以数据表记录的形式存在于服务器端,这两者如何互动呢?这就是本节需要学习的内容。

5.2.1　Cookie

要理解 Session,首先要搞清 Cookie 的概念。由于 HTTP 是无状态的,服务器不能"记住"用户的信息状态,因此若同一个客户端发起了多条请求,那么服务器不能辨别这些请求来自哪个用户,服务器不会像人一样有记忆。在你一次请求结束后,它会很快忘掉,对它来说你的每一次请求都是新的。

HTTP 无状态的限制为 Web 应用程序的设计带来了许多不便,电商网站中的"购物篮"功能就是一个很好的例子。当用户把商品放进购物车后,客户端必须要保存购物车的状态,否则当用户下次浏览网站时,购物车拥有的商品状态便不复存在了。

客户端和服务器必须有通信的媒介,方便服务器追踪客户端的状态,于是 Cookie 技术应运而生。Cookie,有时也用其复数形式 Cookies,指某些网站为了辨别用户身份,进行 Session 跟踪而储存在用户本地终端上的数据(通常经过加密)。

Cookie 最早是网景公司的前雇员 Lou Montulli 在 1993 年 3 月发明的。Cookie

由服务器端生成，发送给 User-Agent（一般是浏览器），浏览器会将 Cookie 的 key/value 保存到某个目录下的文本文件内，下次请求同一网站时就发送该 Cookie 给服务器（前提是浏览器设置为启用 Cookie）。Cookie 的名称和值可以由服务器端开发人员自己定义，这样服务器可以知道该用户是否是合法用户以及是否需要重新登录等。服务器可以利用 Cookie 包含信息的任意性来筛选并经常性维护这些信息，以判断在 HTTP 传输中的状态。

在 Django 中，设置 Cookie 的代码片段如下：

```
01    def demo_sc(request):
02        response = HttpResponse('ok')
03        response.set_cookie('ck1', 'django cookie 1')    # 临时 cookie
04        response.set_cookie('ck2', 'django cookie 2')    # 有效期 1 小时
05        return response
```

获取 Cookie 的代码片段如下：

```
01    def demo_gc(request):
02        cookie1 = request.COOKIES.get('ck1')    # 获取指定的 cookie
03        print(cookie1)
04        return HttpResponse('OK')
```

因为 Cookie 是存放于浏览器端的，通过浏览器的 F12 键，也可以看到 Cookie 的值。图 5-2 就显示了浏览器请求一个 URL 时所附带的 Cookie 值。

图 5-2　浏览器查看网页 Cookie

5.2.2　Session

前面介绍了 Cookie 的作用，有了 Cookie，为什么还需要 Session 呢？其实很多情况下，只使用 Cookie 便能完成大部分任务。但是人们发现，只使用 Cookie 往往是不够的，考虑到用户登录信息或一些重要的敏感信息，用 Cookie 存储会带来一些问题，最明显的是由于 Cookie 会把信息保存到本地，因此信息的安全性可能受到威胁。

Session 的出现很好地解决了这个问题，Session 与 Cookie 类似，但它们最明显的区别是，Session 会将信息保存在服务器端，是保存在后台数据或者缓存中的一个键值对，同样存储着用户信息，其实是对前端 Cookie 的一个升级的保护措施。客户端需要一个 session_id，它是一段随机的字符串，类似身份证的功能，服务器端根据这个凭证来获取 Session 信息。而这个 session_id 通常是保存在 Cookie 中的，换句话说，Session 的信息传递一般要借用到 Cookie。

当一个用户登录成功后，会向后台数据库与前端浏览器 Cookie 同时发放一段随机字符串，一边保存在后台的 Session 中，一边写到用户浏览器中。用户下次登录时拿着浏览器存着的 session_id 当作 Key 去后台数据库中匹配进行验证登录，即可拿到用户相关信息，可以防止敏感信息直接暴露在浏览器上。

Django 中的 Session 示例代码片段如下（关于用户认证的 Session，留待后文讲）：

```
01  def index(request):
02      # 获取、设置、删除 Session 中的数据
03      request.session['s1']
04      request.session.get('s1',None)
05      request.session['s2'] = 123
06      request.session.setdefault('s2',123) # 存在则不设置
07      del request.session['s1'] # 删除 s1 这个 Session
08
09      # 所有键、值、键值对
10      request.session.keys()
11      request.session.values()
12      request.session.items()
13      request.session.iterkeys()
14      request.session.itervalues()
15      request.session.iteritems()
16
17
18      # 用户 Session 的随机字符串
19      request.session.session_key
20
21      # 将所有 Session 失效日期小于当前日期的数据删除
22      request.session.clear_expired()
23
24      # 检查用户 Session 的随机字符串是否在数据库中
25      request.session.exists("session_key")
26
27      # 删除当前用户的所有 Session 数据
```

```
28      request.session.delete("session_key")
29      request.session.clear()
30
31      request.session.set_expiry(value)
32      # 如果 value 是个整数,Session 会在数秒后失效。
33      # 如果 value 是 datatime 或 timedelta,Session 就会在这个时间后失效。
34      # 如果 value 是 0,用户关闭浏览器,Session 就会失效。
35      # 如果 value 是 None,Session 会依赖全局 Session 失效策略。
```

5.3　中间件(Middleware)及预安装(INSTALLED_APPS)

通过上一节的讲解,相信读者已了解 Web 开发中的 Cookie 及 Session 的用途及基本实现代码了。但如果在日常开发中,以上一节的代码形式来进行,会显得不够规范,也不能进行很好的封装。

作为一个快速开发 Web 应用的框架,Django 对于 Web 开发的日常动作,都已进行了更好的封装,以便程序员能开发出更高效、更规范的应用。其中,当然包括 Cookie、Session 这方面的功能封装了。

在本节当中,我们就来学习一下 Django 框架中的中间件(Middleware)概念和预安装的 App(INSTALLED_APPS)知识,看看它是如何提高开发速度的。

5.3.1　Django 框架中的 Middleware

中间件是一个钩子框架,可以把它理解为一个过滤器,它可以过滤发送到 Django 视图层的请求,也可以过滤视图层发送给前端的响应。

它是一个轻量级的底层插件系统,用途在于全局修改 Django 的输入或者输出。我们看传统的 Django 视图模式一般是这样的:HTTP 请求→View→HTTP 响应;而加入中间件框架后,则变为 HTTP 请求→中间件处理→View→中间件处理→HTTP 响应。

每个中间件负责特定的功能,例如,Django 包含的一个中间件,名称为 SessionMiddleware,它是将 Session 功能封装进了 Web 框架。而另一个组件 AuthenticationMiddleware,它使用会话将用户和请求关联起来。

在 Django 2.0 版本中,settings.py 文件中关于中间件的默认定义如下:

```
01   MIDDLEWARE = [
02       'django.middleware.security.SecurityMiddleware',
03       'django.contrib.sessions.middleware.SessionMiddleware',
04       'django.middleware.common.CommonMiddleware',
05       'django.middleware.csrf.CsrfViewMiddleware',
06       'django.contrib.auth.middleware.AuthenticationMiddleware',
```

```
07        'django.contrib.messages.middleware.MessageMiddleware',
08        'django.middleware.clickjacking.XFrameOptionsMiddleware',
09    ]
```

上面列表中第一项字符串都代表一个中间件。中间件就像洋葱一样，每个中间件都是一个层，在用户请求阶段，调用定义的 view 函数之前，请求以自上而下的顺序通过所有的层，view 函数处理之后，响应以自下而上的顺序通过所有的层，期间经过的每个中间件都会对请求或者响应进行处理，如图 5-3 所示。

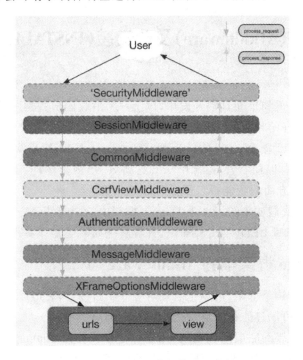

图 5-3 Django 中间件处理流程

默认的几个中间件的具体作用如下：

- SecurityMiddleware：为请求/响应循环提供了几种安全改进。每一种都可以通过一个选项独立开启或关闭。
- SessionMiddleware：开启会话支持。
- CommonMiddleware：通用中间件，用于处理 URL 请求路径等。
- AuthenticationMiddleware：向每个接收到的 HttpRequest 对象添加 User 属性，表示当前登录的用户。
- CsrfViewMiddleware：添加跨站点请求伪造的保护，通过向 POST 表单添加一个隐藏的表单字段，检查请求中是否有正确的值。
- AuthenticationMiddleware：向每个接收到的 HttpRequest 对象添加 User 属性，表示当前登录的用户。

- MessageMiddleware：开启基于 Cookie 和会话的消息支持。
- XframeOptionsMiddleware：通过 X-Frame-Options 协议头进行简单的点击劫持保护。

如果要自定义一个中间件，只需要在 Django 中任一目录下，生成一个 Python 文件，按中间件的规范进行扩展，然后，将这个自己的中间件放到 settings.py 文件中的 Middleware 列表中即可。

```
01  from django.utils.deprecation import MiddlewareMixin
02  from django.shortcuts import HttpResponse
03
04  class CustomMid(MiddlewareMixin):
05      def __init__(self, get_response):
06          self.get_response = get_response
07          # One-time configuration and initialization.
08
09      def __call__(self, request):
10          # Code to be executed for each request before
11          # the view (and later middleware) are called.
12
13          print('中间件1的view前调用')
14          response = self.get_response(request)
15
16          # Code to be executed for each request before
17          # the view (and later middleware) are called.
18
19          print('中间件1的view之后调用')
20
21          return response
```

如果上面这个文件位于项目根目录 Middle 下的 cm.py 文件中，则在 settings.py 文件中的写法就如下所示：

`'Middle.cm.CustomMid',`

经过上面的处理后，每次 HTTP 请求，服务器端的 Console 就会多输出以下字样：

中间件 1 的 View 前调用；
中间件 1 的 View 之后调用。

注意，上面这种继承自 MiddlewareMixin 类的中间件写法，是在 Django 1.10 之后才有的功能。如果读者在网上看到 process_request 这样的方法，是传统的写法，已不再推荐使用了。

除了前面描述的基本请求/响应中间件模式，还可以向基于类的中间件添加三种其他特殊方法：

① process_view(request, view_func, view_args, view_kwargs)

这个方法在调用 View 之前被调用，它应该返回一个 None 或一个 HttpResponse 对象。如果返回 None，Django 将会继续处理这个请求，执行其他的 process_view() 中间件，然后调用对应的视图。如果它返回一个 HttpResponse 对象，也会起到短路作用。

② process_exception(request, exception)

当一个 View 引发异常时，Django 会调用 process_exception() 来处理，返回一个 None 或一个 HttpResponse 对象。如果返回 HttpResponse 对象，会将响应交给处理响应的中间件处理。由于处理响应时是从下到上的，此层以上的 process_exception() 是不会被调用的。

③ process_template_response(request, response)

response 参数应该是一个由 View 或者中间件返回的 TemplateResponse 对像（或等价的对象）。如果响应的实例有 render() 方法，则 process_template_response() 会在 view 刚好执行完毕之后被调用。这个方法必须返回一个实现了 render 方法的响应对象。

上面讲了 Django 中间件的处理顺序及主要中间件的用途。而示例的自定义中间件，只是实践了一下写法，作用不大。日常 Web 开发中自定义的中间件，一般应用于如下三个场景：IP 访问的黑白名单、URL 访问过滤、缓存请求数据。

5.3.2　Django 框架中的 INSTALLED_APPS

在 Django 默认生成的 settings.py 文件中，INSTALLED_APPS 列表中已默认有了一些应用。在此基础之上，开发人员将自建的 App 再加到其中，构成了所有的 Django 项目的 App。我们自建的 App 的作用，肯定是很清楚的。而那个预安装好的 App，它们都是起什么作用的呢？它和我们这章讲的用户管理功能，又有什么联系呢？

这就是本小节要讲解的内容。我们先来看看 Django 默认安装的 App，如下所示：

```
01    INSTALLED_APPS = [
02        'django.contrib.admin',
03        'django.contrib.auth',
04        'django.contrib.contenttypes',
05        'django.contrib.sessions',
06        'django.contrib.messages',
07        'django.contrib.staticfiles',
08    ]
```

django.contrib.admin：实现Django后台管理功能的App。它提供了基于Web的管理工具。关于Django的Web Admin，在第2章有比较详细的讲解。

django.contrib.auth：auth模块是Django提供的标准权限管理系统，可以提供用户身份认证、用户组和权限管理（这就是本章要重点了解的模块）。auth可以和admin模块配合使用，快速建立网站的管理系统。

django.contrib.contenttypes：它对当前项目中所有基于Django驱动的Model提供了更高层次的抽象接口，而且注意django.contrib.contenttypes是在django.contrib.auth之后，这是因为Auth中的Permission系统是根据Contenttypes来实现的。

django.contrib.sessions：实现Django会话管理的App，注意这里必须和中间件联合使用。

django.contrib.messages：实现Django项目的消息管理机制的App。

django.contrib.staticfiles：实现静态文件配置的App，它同时配合在settings.py中定义的STATIC_URL。然后，就可以在模板文件中使用{% load staticfiles %}这样的标签来定位静态资源。

5.4 用户管理

Django的用户模块类定义在Auth应用中，如要直接使用Django的用户类，则在setting配置文件中的INSTALLAPP添加一行django.contrib.auth。我们在前面已涉及到这个配置了。

在使用python manage.py makemigrationss和python manage.py migrate迁移完成数据库之后，根据配置文件settings.py数据库段生成的数据表中已经包含了6张进行认证的数据表，分别是：

- auth_user；
- auth_group；
- auth_group_permissions；
- auth_permission；
- auth_user_groups；
- auth_user_user_permissions。

这些表包含了Django对于用户、用户级及权限的所有管理。进行用户认证的数据表为auth_user。这个表包含了以下字段：

- username：用户名；
- password：密码；
- first_name：姓；
- last_name：名；

- email：邮箱；
- groups：Group 类多对多的关系对象管理器；
- user_permissions：Permission 类多对多的关系对象管理器；
- is_staff：是否为工作人员；
- is_active：是否激活；
- is_superuser：是否为管理员；
- last_login：最近登录时间；
- date_joined：注册时间。

下面就来系统地学习 Django 对用户及权限的功能。

5.4.1 用户注册

下面是 Django 中用户注册的代码片段。

```
01  from django.contrib.auth.models import User
02
03  # 建立 user 对象：
04  user = User.objects.create_user(username, email, password)
05
06  # 需要调用 save()方法才可将此新用户保存到数据库中。
07  user.save()
```

需要注意的是，Auth 模块不存储用户密码明文，而是存储一个 Hash 值，比如迭代使用 Md5 算法。

5.4.2 用户认证

下面是 Django 中用户认证的代码片段。

```
01  from django.contrib.auth import authenticate
02
03  # 使用关键字参数传递账户和凭据：
04  user = authenticate(username = username, password = password)
```

认证用户的密码是否有效，若有效则返回代表该用户的 User 对象；若无效则返回 None。需要注意的是：该方法不检查 is_active 标志位，并且这一步不涉及 Cookie 和 Session 的设置。在 Django 中，认证和登录的动作是分开实现的。

5.4.3 用户登录

下面是 Django 中用户登录的代码片断。

```
01  from django.contrib.auth import login
02
```

```
03    # login 向 session 中添加 SESSION_KEY，便于对用户进行跟踪：
04    login(request, user)
```

login 不进行认证，也不检查 is_active 标志位，一般它需要和 authenticate 及 user.isaceive 配合使用，如下所示：

```
01    user = authenticate(username = username, password = password)
02    if user is not None：
03        if user.is_active：
04            login(request, user)
```

如果用户已登录，在模板中，可以用如下方式来判断用户的状态。

```
01    {% if user.is_authenticated %}
02        <p> Welcome, {{ user.username }}. Thanks for logging in. </p>
03    {% else %}
04        <p> Welcome, new user. Please log in. </p>
05    {% endif %}
```

如果我们有一些视图，只允许登录用户才能访问，则可用装饰器@login_required 来实现；如果是类视图，限制可写在 URL 路由中，代码可为 login_required(IndexView.as_view())。

```
01    from django.contrib.auth.decorators import login_required
02    
03    @login_required(login_url = '/accounts/login/')
04    def create_topic(request)：
05        ...
```

5.4.4 用户退出

下面是 Django 中用户退出的代码片段。

```
01    from django.contrib.auth import logout
02    
03    def logout_view(request)：
04        logout(request)
```

logout 会移除 request 中的 user 信息，并刷新 Session。

5.4.5 修改密码

下面是 Django 中用户密码修改的代码片段。

```
01    user = auth.authenticate(username = username, password = old_password)
02    if user is not None：
```

```
03    user.set_password(new_password)
04    user.save()
```

User 对象的 set_password 方法,即可修改这个用户对象的密码。这个方法会将 password 转成 hash 值,最后,记得再调用 user.save()保存。

这一节讲了 Django 中内置用户用于认证登录的方法。除此之外,一个用户对象还有以下几个主要方法,也是我们平时可能会用到的。

- is_anonymous():是否为匿名用户,如果已经 login,则这个方法返回始终为 false。
- is_authenticated():是否通过验证,也就是通过用户名和密码判断该用户是否存在。
- get_group_permissions():得到所有该用户所属组别的权限。
- get_all_permissions():得到该用户所有的权限。
- has_perm(perm):判断用户是否具有特定权限,perm 的格式是 appname.codename。
- email_user(subject,message,from_email=None):给某用户发送邮件。

5.5 用户组管理

在 django.contrib.auth.models.Group 中定义了用户组的模型,每个用户组拥有 ID 和 Name 两个字段,该模型在数据库被映射为 5.4 节中的 auth_group 数据表。

User 对象中有一个名为 Groups 的多对多字段,多对多关系由 auth_user_groups 数据表维护。Group 对象可以通过 user_set 反向查询用户组中的用户。

通过下面的代码片段和注释,相信读者可以快速了解用户组的一些操作。

```
01    from django.contrib.auth.models import Group
02
03    # 增加一个用户组
04    group = Group.objects.create(name = group_name)
05    group.save()
06
07    # 用户加入用户组
08    user.groups.add(group)
09    # 或者
10    group.user_set.add(user)
11
12    # 用户退出用户组
13    user.groups.remove(group)
14    # 或者
```

```
15    group.user_set.remove(user)
16
17    #用户退出所有用户组
18    user.groups.clear()
19
20    #用户组中所有用户退出组
21    group.user_set.clear()
22
23    # 删除此用户组
24    group.delete()
```

用户组的功能,主要是为了在 Django 权限管理过程中,新增一种更加灵活的权限配置。在同一个用户组的所有用户,可以进行单一授权。

关于 Django 的默认权限管理,接下来马上介绍。

5.6　Django 权限功能

完善的权限机制能够管理用户操作的内容,控制页面的显示内容及菜单,也能使 API 更加安全和灵活;用好权限机制,能让我们开发的系统更加强大和健壮。因此,基于 Django 的开发,学习 Django 权限机制是非常必要的。

5.6.1　权限管理简介

Django 用 User、Group 和 Permission 完成了权限管理机制,这个权限机制是将属于 Model 的某个 Permission 赋予 User 或 Group,可以理解为全局的权限,即如果用户 1 对数据模型(Model)1 有可写权限,那么用户 1 能修改 Model 1 的所有实例(objects)。Group 的权限也是如此,如果为 Group 1 赋予 Model 1 的可写权限,则隶属于 Group 1 的所有用户,都可以修改 Model 1 的所有实例。

这种权限机制只能解决一些简单的应用需求,而大部分应用场景下,需要更细分的权限机制。以 BBS 系统为例,BBS 系统的用户可分为系统管理员,发贴用户和匿名用户多个用户组;系统管理员具有查看、修改和删除 BBS 的所有贴子的权限,具体 BBS 的管理员可以管理自己所属 BBS 的所有贴子,发贴用户只能修改和删除自己的贴子,而匿名用户则只有阅读权限。系统管理员和匿名用户的权限,可以用全局权限做控制,而对于具体 BBS 管理员和发贴用户,全局权限无法满足需求,仅通过全局权限,要么允许发贴用户编辑不属于自己的贴子,要么让发贴用户连自己的贴子都无法修改。

上述的应用场景,Django 自带的权限机制无法满足需求,需要引入另一种更细的权限机制:对象权限(object permission)。针对每一条数据库记录,都能进行精细的权限控制。

Django其实包含了object permission的框架,但没有具体实现,object permission需要借助一些第三方模板来实现。

但在调用了网络上常用的权限管理模块及别人的实现方案之后,还是发现这些方案并不适合我们的自动化发布系统。因为这些实现方案,要么是基于菜单的显示隐藏,要么是基于URL的路由名称,要么是写实际代码时,提前定义好权限分组。这样一来,灵活度不够,不能进行Web界面管理。所以,在本书中,我们自己也实现一种特定的权限方案。

但是,学习并理解Django的内置权限方案及了解对象权限,仍然是学习Django必不可少的内容。或许,在开发下一个系统时,这些就能派上用场了呢!

Django用Permission对象存储权限项,每个Model默认都有三个Permission,即Add Model、Change Model和Delete Model。例如,定义一个『topic』model,定义好topic之后,会自动创建相应的三个Permission:add_topic、change_topic和delete_topic。Django还允许自定义Permission,例如,可以为Topic创建新的权限项:star_topic等。

每个Permission都是django.contrib.auth.permission类型的实例,该类型包含三个字段:name、codename和content_type,其中content_type反映了Permission属于哪个Model;codename就是权限标识,在代码逻辑中检查权限时要用;name是Permission在描述显示时会用到。

需要注意的是,Permission总是与Model对应的,如果一个Object不是Model的实例,就无法为它创建/分配权限。

在Django进行权限管理时,引入了一个名为ContentType的数据表,这个表,是在前面讲解INSTALLED_APPS时引入的。Permission模型中设置了一个对ContentType的外键,这意味着每一个Permission的实例都具有关于一个ContentType的ID作为外键,而ContentType的ID恰恰代表着一个Model。所以Django ContentTypes是由Django框架提供的一个核心功能,它对当前项目中所有基于Django驱动的Model提供了更高层次的抽象接口。

由于默认为Model生成的三个权限,不能很好地演示Django权限的全面操作,所以,下面我们会以自定义权限来讲解基于用户和用户组的权限。

5.6.2　用户权限

假如在Django项目里有一个App应用名为bbs,其models.py里有一个Model,并作了自定义权限:

```
01    class Topic(models.Model):
02        ...
03        class Meta:
04            permissions = (
```

```
05                ("reply_topic", "Can reply topic"),
06                ("close_topic", "Can close a topic"),
07         )
```

那么,我们就可以用如下代码来创建这两个权限:

```
01  from django.contrib.auth.models import Group, Permission
02  from django.contrib.contenttypes.models import ContentType
03
04  content_type_topic = ContentType.objects.get(app_label='bbs', model='Topic')
05  permission_reply = Permission.objects.create(codename='reply_topic',
06                                                name='Can reply topic',
07                                                content_type=content_type_topic)
08  permission_close = Permission.objects.create(codename='close_topic',
09                                                name='Can close topic',
10                                                content_type=content_type_topic)
```

- name:必填。小于 50 个字符。例如:' Can close topic '。
- content_type:必填。一个指向 django_content_type 数据库表,对于每一个 Django 模型,在这个表里面都有一个记录对应。
- codename:必填。小于 100 个字符。例如:' close_topic '。

通过以下代码片断,就可以为用户这两个权限赋权。

```
01  user.user_permissions.add(permission_reply, permission_close)
```

通过以下代码片段,删除用户指定权限。

```
01  user.user_permissions.delete(permission)
```

通过以下代码片段,清空用户所有权限。

```
01  user.user_permissions.clear()
```

使用以下代码片段,判断用户是否拥有权限。

```
01  user.has_perm(bbs.permission_reply ')
02  user.has_perm(bbs.permission_close ')
```

permission_required 修饰器可以代替 has_perm 并在用户没有相应权限时重定向到登录页或者抛出异常。

```
01  # permission_required(perm[, login_url=None, raise_exception=False])
02
03  @permission_required('bbs.permission_reply ')
04  def reply_topic(request):
05      pass
```

在模板中,我们也可以方便地使用用户权限来控制前端显示的内容。

```
01  {% if perms.bbs %}
02      <p> You have permission to do something in the bbs app. </p>
03      {% if perms.bbs.topic_reply %}
04          <p> You can reply this topic! </p>
05      {% endif %}
06      {% if perms.bbs.topic_close %}
07          <p> You can close this topic! </p>
08      {% endif %}
09  {% else %}
10      <p> You don't have permission to do anything in the bbs app. </p>
11  {% endif %}
```

5.6.3 用户组权限

基于用户组的权限管理与用户的权限管理类似。仍以上一小节的自定义权限为例进行讲解。

通过以下代码片段,就可以为用户这两个权限赋权。

```
01  group.permissions.add(permission_reply, permission_close)
```

通过以下代码片段,删除用户指定权限。

```
01  group.permissions.remove(permission_reply, permission_close)
```

通过以下代码片段,清空用户所有权限。

```
01  group.permissions.clear()
```

使用以下代码片段,判断用户是否拥有权限。

```
01  group.has_perm(bbs.permission_reply')
02  group.has_perm(bbs.permission_close')
```

5.7 Manabe 用户注册

关于 Django 内置的用户和权限管理,在本章前面的章节已介绍完毕。读者如果掌握了前面的知识点,再学习接下来的内容,可以说是轻车熟路。

Django 本身也内置了一些快速实现注册登录功能的模板,在快速开发中,只需要定义几个模板文件,就可以实现比较实用的用户管理功能了。

但是,如果用这种方式来实现自动化发布系统的用户管理功能,对有的读者来说,可能程序运行起来了,但对其中的实现机制,还是会一知半解,并且像验证码这种常用的功能,Django 内置的用户登录是没有提供的。

所以,在本章,会用比较底层的方式,从头来实现所有的用户管理功能。如果读者能学习好其中的套路,那么以后面对类似的应用,理解起来就会更透彻,开发效率会更高。

5.7.1 用户注册表单

讲解一个功能的实现,我们可以按表单(如果有的话)、视图、模板、路由的顺序讲解,这样可以让读者从下向上地理解。当然,在有些情况下,从上到下的顺序有可能更好,这取决于当时的具体场景。

下面,建议读者紧跟我们的思路,先粗看一遍书,然后再打开编辑器,一起来写代码。如果想一下子理解更多知识,也可以结合 Github 上的项目同时进行。个人经验,最好不要复制粘贴,而是手打一次,这个过程产生的记忆效果,和简单的复制粘贴是不一样的。

在 manabe/forms.py 文件里(如果没有,则需要新建),输入以下内容,即生成了一用户注册表单。

https://github.com/aguncn/manabe/blob/master/manabe/manabe/forms.py

```
01  # coding:utf8
02  from django import forms
03
04  class RegisterForm(forms.Form):
05      username = forms.CharField(
06          required = True,
07          label = u"用户名",
08          error_messages = {'required': u'请输入用户名'},
09          widget = forms.TextInput(
10              attrs = {
11                  'placeholder': u"账号",
12                  'rows': 1,
13                  'class': 'input-text size-L',
14              }
15          ),
16      )
17      email = forms.EmailField(
18          required = True,
19          label = u"邮箱",
20          error_messages = {'required': u'请输入电子邮箱'},
21          widget = forms.TextInput(
22              attrs = {
23                  'placeholder': u"此邮箱用于密码找回",
```

```
24                    'rows': 1,
25                    'class': 'input-text size-L',
26                }
27            ),
28        )
29    password = forms.CharField(
30            required = True,
31       error_messages = {'required': u'请输入密码'},
32            widget = forms.PasswordInput(
33                attrs = {
34                    'placeholder': u"密码",
35                    'rows': 1,
36                    'class': 'input-text size-L',
37                }
38            ))
39    password2 = forms.CharField(
40            required = True,
41       error_messages = {'required': u'请再次输入密码'},
42            label = 'Confirm',
43            widget = forms.PasswordInput(
44                attrs = {
45                    'placeholder': u"确认密码",
46                    'rows': 1,
47                    'class': 'input-text size-L',
48                }
49            ))
50
51    def pwd_validate(self, p1, p2):
52        return p1 == p2
```

代码解释：

第1行：因为文件中有中文字样，故 # coding:utf8 用于声明此文件的编码是 utf-8。这其实是 Python 2 的写法；在 Python 3 中，可要可不要。甚至网上有人说，千万不要加的。笔者认为，只要没有出问题，加上一个提示编码的信息，有胜于无。

第2行：引入了 Django 中的 form 模块用于表单的定义。关于 Django 表单的内容，在本书 2.9 节中有过简短的介绍。这里有了活生生的例子，相信读者会逐渐深入了解。

第4~52行：整个 RegisterForm 就是一个继承自 form.Form 的类。而 username、email 等就是这个类里的属性，pwd_validate()就是这个类里的方法。请读者在看这类代码时，要从类的视角来理解，而不要一下子就掉入到每一行的细节当中，只见树木,不见森林。

第 5～16 行:定义了一个 username 的输入框。Django 的 form 对象,封装了一系列的 field 供我们使用,在 username 中使用的是 CharField。在这个 CharField 中,传递了 4 个参数:required、error_messages、label、widget。而 widget 又是一个 form 的 TextInput 实例,里面定义了一个字典类型的 attrs 参数。这样一路剖析,主要的 form 代码就在读者眼前呈现了。下面,一个一个参数进行说明。

第 6 行:required 参数为 True,表示这项必须输入,如果不输入,则通不过后面的表单验证。

第 7 行:label 用于显示这个输入项的网页显示标签。

第 8 行:error_messages,如果通不过验证,默认就会输出这个出错信息。

第 9～15 行:定义了一个 widget 参数。这个 widget 的 forms.TextInput 方法和 username 本身的 forms.CharField 有什么关系和区别呢? 原来,表单 field 类型字段负责验证输入并直接在模板中使用,而 Widget 负责渲染网页上 HTML 表单的输入元素和提取提交的原始数据。

第 10～13 行:为 widget 定义了一个 attrs 参数,这是一个字典,定义了三个键值。

第 11 行:placeholder,输入框的占位内容。

第 12 行,rows,输入框只显示一行。

第 13 行,class,此输入框的显示 class 为 input-text size-L。关于这个 class 的解释,读者可以通过附录的 H-ui 前端框架,来得到更多的内容。

第 17～28 行:定义了一个 email 输入框,此 email 用于后面的密码忘记找回功能,所以也是必填内容。为了灵活配置,我们在后面还有一个让用户自助更改自己密码的功能。

第 29～49 行:定义了两个密码输入框。这里,可以清楚地看到 forms.CharField 这样的写法,表示验证时是用的字符型,forms.PasswordInput 前端显示为"*"这样的密码输入框。

第 51～52 行:定义了一个 pwd_validate 方法,用于验证用户注册时的两次密码是否相同,如果相同,则返回 True,注册流程继续往下走;如果两次密码不相同,则返回 False,直接返回错误给浏览器,注册失败。

经过这里一行一行的讲解,相信读者以后看到类似的 Form 表单书写,就可以很快抓住设计者的思路。

下面,再次列举一下 Django Form 表单的主要 field 及核心通用参数。相信这里读者能理解的东西,要比第 2 章时深刻多了。

Django Form 主要 Field 如下:

① charfield:对应单行输入框。

② booleanfield:对应 checkbox 选择框。

③ choicefield:对应下拉菜单选择框重要参数 choice。
④ datafield:对应一个单行输入框,但是会自动转化为日期类型。
⑤ emailfield:对应输入框,自动验证是否是邮件地址。
⑥ filefield:对应文件上传选项。
⑦ ilepathfiled:对应一个(文件组成的下拉菜单)选择,必选参数 path=",选项为这个地址中所有的文件。可选参数 recursive=True 是否包含子文件夹里的文件。
⑧ agefield:图片上传按钮,需要 pillow 模块。
⑨ lfield:对应输入框,自动验证是否为网址格式。

Django Form 核心通用参数如下:
① required:字段是否为必填,默认为 True。
② label:类似于输入框前边的提示信息。
③ initial:初始值(占位符)就是给出一个默认值。
④ help_text:字段的辅助描述。
⑤ error_message={}v 覆盖{{form.name.error}}信息。
⑥ disable:字段是否可以修改。
⑦ widget:重要参数。

5.7.2 用户注册视图

在 manabe/views.py 文件里,输入以下内容,即生成了一用户注册视图。

https://github.com/aguncn/manabe/blob/master/manabe/manabe/views.py

```
01  # coding:utf8
02  # 首先导入系统库,再导入框架库,最后导入用户库
03  import platform
04  import django
05  from django.views.generic.base import TemplateView
06  from django.shortcuts import render, HttpResponseRedirect
07  from django.views.decorators.http import require_http_methods
08  from django.contrib.auth import authenticate, login
09  from django.urls import reverse
10  from django.contrib.auth.models import User
11  from appinput.models import App
12  from serverinput.models import Server
13  from deploy.models import DeployPool
14  from .forms import LoginForm, RegisterForm
15
16
17  @require_http_methods(["GET", "POST"])
```

```
18  def user_register(request):
19      error = []
20      if request.method == 'POST':
21          form = RegisterForm(request.POST)
22          if form.is_valid():
23              data = form.cleaned_data
24              username = data['username']
25              email = data['email']
26              password = data['password']
27              password2 = data['password2']
28              if not User.objects.all().filter(username__iexact = username):
29                  if form.pwd_validate(password, password2):
30                      user = User.objects.create_user(username = username,
31                                                      password = password,
32                                                      email = email)
33                      user.save()
34                      user = authenticate(username = username, password = password)
35                      login(request, user)
36                      return redirect_login(request)
37                  else:
38                      error.append('密码不一致,请确认')
39              else:
40                  error.append('已存在相同用户名,请更换用户名')
41          else:
42              error.append('请确认各个输入框无误')
43          return render(request, 'accounts/register.html', locals())
44      else:
45          form = RegisterForm()
46          return render(request, 'accounts/register.html', locals())
```

代码解释:

第3～14行:引入了本视图文件所需要的外部依赖模板。为了效率,在这里引入了本节尚未涉及的模块,到下次再讲解本文件的其他视图时,不再引入这些代码了。以此为记。

第17行:@require_http_methods(["GET","POST"]),此装饰器限制了请求此视图的request,只能是GET和POST方法。其他的PUT、PATCH、DEL之类的方法,将会被Django拒绝,这样的写法,可以从一定程度上加强代码的安全性。

第18行:定义了一个user_register视图,此行下面的所有内容,都是这个方法的实现代码。这里再强调一下,成为Django视图的条件是:传入方法的第一个参数为request,并且方法最终返回的是一个HttpResponse对象。而这个user_register是满足这样的定义的。

第 19 行:定义一个 error 列表,我们将自己收集出错的列表,然后,将其显示给注册用户,让用户可以根据出错信息更改注册方式,提高成功的机会。在这里,我们没有使用默认的 Django 错误提供方法,而是以自定义的方式,是因为自定义能更细致地定位。

第 20～43 行:如果用户是 POST 请求,提交了注册数据,则在此段代码里进行注册逻辑处理。

第 21 行:form = RegisterForm(request.POST),传入 request.POST,实例化表单对象,用于接下来的数据有效性验证和提取数据。

第 22～40 行:如果用户输入的数据是有效的,需要进行的处理逻辑。form.is_valid()方法会根据 form 中定义的字段的类型以及自定义验证方法来验证提交的数据。验证后的数据保存在实例化后返回的 cleaned_data 中,cleaned_data 是个字典的数据格式,错误信息保存在 form.errors(此处我们没有使用这个字段,完全自定义)中。

第 23～27 行:用于从 form 实例中提取出 username、email、password、password2 这 4 个数据。

第 28～40 行:如果数据库中没有相同用户名,才可以继续处理注册流程;否则,返回错误。

第 29～38 行:如果用户两次输入的密码相同,才可以继续处理注册流程;否则,返回错误。这里,有的开发人员可能会有前端进行两次密码相同的验证,但是,一定要在后端也要做这一步。因为我们不能假定用户只能从浏览器发过来请求,而通过其他脚本方式,也是可能的。如果绕过了前端的密码验证,那后端就很危险了。

第 30～35 行:利用本章前面的知识点,实现用户的创建、验证、登录。相信看过前面章节的读者,可以轻松理解。因为我们前面已层层过滤条件了,所以这里可以放心进行这些操作了。

第 36 行:登录成功之后,跳转到网站首页。这个首页,也会在本章实现。

第 45 行:如果 request 请求为 GET 方法,则实例化一个没有数据的 RegisterForm。

第 46 行:如果 request 请求为 GET 方法,则使用当前视图存在的变量,去渲染一个 accounts 目录下的 register.html 文件,这个注册网页文件,下面会给出代码。locals()的写法,没有指定具体的上下文变量,是将当前视图存在的所有变量进行传递。

5.7.3　用户注册模板

在实现了用户注册的视图之后,接下来,就应该设计网页模板了。本自动化发布应该共有两套网页模板,第一套是主要的网页模板,用于发布单的处理、App 的管理、服务器的管理等。这套模板的代码已详细介绍过了。

第二套模板，就是用于用户管理的模板，包括用户的注册、登录、密码找回等功能。由于在其他章节没有介绍过，故属于首次使用。所以这里详细介绍一下第二套网页模板的代码实现。

至于 Django 网页模板的相关内容，如果读者没有印象了的话，可以参考第 2 章相关内容。

① 基础网页模板。为了发挥模板的独立性，我们将关于用户管理的网页模板放在 templates/accounts 当中。

https://github.com/aguncn/manabe/blob/master/manabe/manabe/templates/accounts/template.html

```
01      {% load staticfiles %}
02      <!DOCTYPE HTML>
03      <html>
04          <head>
05              <meta charset="utf-8">
06              <meta name="renderer" content="webkit|ie-comp|ie-stand">
07              <meta http-equiv="X-UA-Compatible" content="IE=edge,chrome=1">
08              <meta name="viewport" content="width=device-width,initial-scale=1,minimum-scale=1.0,maximum-scale=1.0,user-scalable=no" />
09              <meta http-equiv="Cache-Control" content="no-siteapp" />
10              <!--[if lt IE 9]>
11              <script type="text/javascript" src="lib/html5.js"></script>
12              <script type="text/javascript" src="lib/respond.min.js"></script>
13              <![endif]-->
14              <link href="{% static 'h-ui/css/H-ui.min.css' %}" rel="stylesheet" type="text/css" />
15              <link href="{% static 'h-ui.admin/css/H-ui.login.css' %}" rel="stylesheet" type="text/css" />
16              <link href="{% static 'h-ui.admin/css/style.css' %}" rel="stylesheet" type="text/css" />
17              <link href="{% static 'lib/Hui-iconfont/1.0.8/iconfont.css' %}" rel="stylesheet" type="text/css" />
18              <!--[if IE 6]>
19              <script type="text/javascript" src="http://lib.h-ui.net/DD_belatedPNG_0.0.8a-min.js"></script>
20              <script> DD_belatedPNG.fix('*');</script><![endif]-->
21              {% block css %}
22              {% endblock %}
23              <title>{% block title %}Manabe{% endblock %}</title>
24              <meta name="keywords" content="manabe">
```

```
25        <meta name = "description" content = "manabe">
26    </head>
27    <body>
28        {% block body %}
29        <input type = "hidden" id = "TenantId" name = "TenantId" value = "" />
30        <div class = "header"> </div>
31        <div class = "loginWraper">
32            <div id = "loginform" class = "loginBox">
33                {% block content %}
34                {% endblock %}
35            </div>
36        </div>
37        {% endblock %}
38        <div class = "footer"> Copyright Manabe 1.0 by H-ui.admin.page.v3.0 </div>
39
40        <script type = "text/javascript" src = "{% static 'lib/jquery/1.9.1/jquery.min.js' %}"></script>
41        <script type = "text/javascript" src = "{% static 'h-ui/js/H-ui.js' %}"></script>
42        {% block script %}
43        {% endblock %}
44    </body>
45 </html>
```

代码解释：

可以看到，由于用户管理的网页模板比较简单，我们没有作过多扩展。

第 1 行：{% load staticfiles %}，加载静态文件路径，这样就可以在此网页用使用{% static 'h-ui/css/H-ui.min.css' %}这样的相对路径定位静态资源了。

第 2～20 行：载入本网页加载所需要的一些 CSS 资源和 JS 资源，都是按 H-ui 的规范写的。

第 21～22 行：如果要扩展一个额外的 CSS，则使用 block css 这个 block 来实现。

第 23 行：如果要改写网页 title，则通过 block title 来实现。

第 28～37 行：如果想改写整个 body，则使用 block body 来实现。

第 33～34 行：如果只想改写 form 内容，则通过 block content 来实现（这是主要的使用方式）。

第 42～43 行：如果还要在网页中使用额外的 JS，则通过 block script 实现。

② 注册网页模板。

https://github.com/aguncn/manabe/blob/master/manabe/manabe/templates/accounts/register.html

```
01    {% extends "accounts/template.html" %}
02    {% load staticfiles %}
03    {% block title %} Manabe-注册 {% endblock %}
04
05    {% block content %}
06    <form class="form form-horizontal" action="" method="post">
07        {% csrf_token %}
08        <div class="row cl">
09            <label class="form-label col-xs-3"><i class="Hui-iconfont">&#xe60d;</i></label>
10            <div class="formControls col-xs-8">
11                {{ form.username }}
12            </div>
13        </div>
14
15        <div class="row cl">
16            <label class="form-label col-xs-3"><i class="Hui-iconfont">&#xe63b;</i></label>
17            <div class="formControls col-xs-8">
18                {{ form.email }}
19            </div>
20        </div>
21
22        <div class="row cl">
23            <label class="form-label col-xs-3"><i class="Hui-iconfont">&#xe60e;</i></label>
24            <div class="formControls col-xs-8">
25                {{ form.password }}
26            </div>
27        </div>
28        <div class="row cl">
29            <label class="form-label col-xs-3"><i class="Hui-iconfont">&#xe60e;</i></label>
30            <div class="formControls col-xs-8">
31                {{ form.password2 }}
32            </div>
33        </div>
34        <div class="row cl text-c">
35            {% for item in error %}
36                <font style="color:red;">{{item}}</font>
37            {% endfor %}
```

```
38              <div class = "formControls">
39                  <input type = "hidden" name = "next" value = "{{ request.GET.next }}">
40                  <input type = "submit" class = "btn btn - success radius size - L" value = " 注    册 " />
41                  <input type = "reset" class = "btn btn - default radius size - L" value = " 取    消 " />
42                  <a href = "{% url 'login' %}"><span class = "btn btn - primary - outline radius size - L">登录</span></a>
43              </div>
44          </div>
45      </form>
46 {% endblock %}
```

代码解释：

第1行：{% extends "accounts/template.html" %}，Django 模板中的 extends 关键字，表示这个模板是继承自上一小节讲的 template.html 模板。用这种模板继承的机制，就相当于是面向对象编程里的类继承机制，可以复用母模板的 Html 代码。这样的写法，在 Django 中是相当常用的节约代码，是增加网页灵活性的技术。

第3行：使用 block title 覆盖掉母模板 template.html 中的 title，重新定这个网页的 title。

第5～46行：使用 block content 改写母模板的 content 代码块，实现自己定义的 form。

第7行：form 里的{% csrf_token %}是为了提高安全性，防止 csrf（跨站请求伪造）而设计的。处理 POST 请求之前，Django 会验证这个请求的 cookie 中的 csrftoken 字段的值和提交的表单中的 csrfmiddlewaretoken 字段的值是否一样。如果一样，则表明这是一个合法的请求；否则，这个请求可能是来自于别人的 csrf 攻击，返回 403 Forbidden。

第8～13行：将视图里传过来的 RegisterForm 实例中的 username 字段，以 input 的方式显示出来。{{ form.username }}这样的变量引用，需要仔细理解一下。form 这个是 user_register 视图里的 local()方法中的一个变量。而 username 则是 RegisterForm 中的一个字段。在快速原型中，也可以 form.as_p、form.as_ul、form.as_table 的方式，迅速显示所有的 form 中的字段。但这样一来，就失去了很多自定义 form 样式的能力。所以，在这里选择了只使用 form.username 变量，其他代码以手工实现的灵活方式。

第15～33行：分别实现 email、password、password2 的 form 显示。

第35～37行：如果注册有错误（即视图函数中的 error 列表中有数据），则显示所有错误（使用了 Django 模板中的 for 语句）。

第 40 行：submit 按钮提交，由于第 6 行中 action＝""，所以处理此 POST 的请求，还是同样的 user_register 视图。

第 42 行：登录链接的按钮，这个功能会在后面实现。URL 路由中定义的 name 为 login。

5.7.4 用户注册路由

Django 的路由系统作用就是使 views 中处理数据的函数与请求的 URL 建立映射关系，使请求到来之后，根据 urls.py 中的关系条目，去查找到与请求对应的处理方法，从而返回给客户端 HTTP 页面数据。

在 manabe/urls.py 文件中，加入如下内容，用于注册本节的用户注册路由：

https://github.com/aguncn/manabe/blob/master/manabe/manabe/urls.py

```
01   from django.contrib import admin
02   from django.urls import path, include
03   from django.views.generic import TemplateView
04   from django.contrib.auth.decorators import login_required
05   from django.contrib.auth import views as auth_views
06   from .views import IndexView, user_login, user_register
07   from public.verifycode import verify_code
08   from .password_views import change_token,change_email
09   from .password_views import change_password
10   from django.contrib.auth.views import logout_then_login
11   from rest_framework.authtoken import views
12
13   urlpatterns = [
14       …
16       path('accounts/register/', user_register, name='register'),
17       …
21   ]
```

代码解释：

第 1～11 行：同样，这里引包的模块，包括了本节所有的包，后面的 URL 不再单独罗列。

第 16 行：注册路由，当用户访问/accounts/register/时，处理函数为 user_register，其 name 为 regiter，此 name 用于 Django 系统的反向解析。具体内容可参见第 2 章的相关问题。

用户注册功能即告完成，如果用户启动服务器，在开发环境下，访问 http://127.0.0.1:8000/accounts/register/，则会出现如图 5-4 所示的网页。随便在输入框里输入一个正确或是错误的参数，看是否会有相关提示。由于还没有实现后续功能，所以即使注册信息正确，也不会进行随后的正常跳转。这时，可以登录 Django Admin

管理后台,看是否已有用户生成。

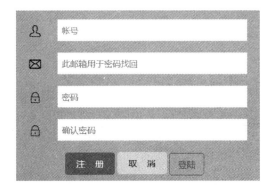

图 5-4　Manabe 用户登录界面

5.8　Manabe 用户登录及退出

在实现了用户注册之后,接下来,需要实现用户的登录及退出功能。有了上一节细致的代码讲解,这里不再用更多的笔墨讲解已知的知识,而会着重讲解不一样的地方。

5.8.1　用户登录表单

代码如下:

https://github.com/aguncn/manabe/blob/master/manabe/manabe/forms.py

```
01    class LoginForm(forms.Form):
02        username = forms.CharField(
03            required = True,
04            label = u"用户名",
05            error_messages = {'required': u'请输入用户名'},
06            widget = forms.TextInput(
07                attrs = {
08                    'placeholder': u"账号",
09                    'rows': 1,
10                    'class': 'input-text size-L',
11                }
12            ),
13        )
14        password = forms.CharField(
15            required = True,
16            label = u"密码",
```

```
17          error_messages = {'required': u'请输入密码'},
18          widget = forms.PasswordInput(
19              attrs = {
20                  'placeholder': u"密码",
21                  'rows': 1,
22                  'class': 'input - text size - L',
23              }
24          ),
25      )
```

代码解释:

由于在登录时,只使用了用户名和密码,所以此 Form 比注册表单少了邮箱的信息。

5.8.2 用户登录视图

代码如下:

https://github.com/aguncn/manabe/blob/master/manabe/manabe/views.py

```
01  @require_http_methods(["GET", "POST"])
02  def user_login(request):
03      error = []
04      if request.method == 'POST':
05          form = LoginForm(request.POST)
06          vc = request.POST['vc']
07          if vc.upper() != request.session['verify_code']:
08              error.append('验证码错误!')
09              return render(request, "accounts/login.html", locals())
10          if form.is_valid():
11              data = form.cleaned_data
12              username = data['username']
13              password = data['password']
14              user = authenticate(username = username, password = password)
15              if user and user.is_active:
16                  login(request, user)
17                  return redirect_login(request)
18              else:
19                  error.append('请输入正确的用户名和密码')
20                  return render(request, "accounts/login.html", locals())
21          else:
22              return render(request, "accounts/login.html", locals())
23      else:
24          form = LoginForm()
25          return render(request, "accounts/login.html", locals())
```

代码解释:

第6~9行:此处实现的是验证码功能,此功能会在本章最后一节来实现。

第14~17行:结合本章前面讲述的内容,此处先使用前端获取的用户名和密码进行认证,如果用户认证通过,且其 is_active 为真,则调用用户登录功能,跳转到网页首页。

后面的登录错误处理,与用户注册类似,不再细讲。

5.8.3 用户登录模板

代码如下:

https://github.com/aguncn/manabe/blob/master/manabe/manabe/templates/accounts/login.html

```
01    {% extends "accounts/template.html" %}
02    {% load staticfiles %}
03    {% block title %} Manabe-登录 {% endblock %}
04
05    {% block css %}
06    <style type="text/css">
07    .Hui-iconfont{
08        font-size: 18px;
09        color: #f00;
10    }
11    </style>
12
13    {% endblock %}
14
15    {% block content %}
16    <form class="form form-horizontal" action="" method="post">
17        {% csrf_token %}
18        <div class="row cl">
19            <label class="form-label col-xs-3"><i class="Hui-iconfont">&#xe60d;</i></label>
20            <div class="formControls col-xs-8">
21                {{ form.username }}
22            </div>
23        </div>
24
25        <div class="row cl">
26            <label class="form-label col-xs-3"><i class="Hui-iconfont">&#xe60e;</i></label>
27            <div class="formControls col-xs-8">
```

```
28              {{ form.password }}
29          </div>
30      </div>
31      <div class = "row cl">
32          <label class = "form-label col-xs-3"></label>
33              <div class = "formControls col-xs-2">
34                  <input type = "text" name = "vc" placeholder = "验证码" rows = "1" class = "input-text size-L" required id = "id_vc">
35              </div>
36              <div class = "formControls col-xs-5">
37                  <img id = 'verify_code' src = "{% url 'verify_code' %}?1" alt = "CheckCode"/>
38                  <span id = 'verify_codeChange'>
39                      <i class = "icon Hui-iconfont">&#xe68f;</i>
40                  </span>
41              </div>
42      </div>
43      <div class = "row cl text-c">
44          {% for item in error %}
45              <p style = "color:red;" class = "text-c">{{item}}</p>
46          {% endfor %}
47          <div class = "formControls">
48              <input type = "submit" name = "login" class = "btn btn-success radius size-L" value = " 登    录 " />
49              <a href = "{% url 'password_reset' %}"><span class = "btn btn-primary-outline radius size-L">忘记密码</span></a>
50              <a href = "{% url 'register' %}"><span class = "btn btn-primary-outline radius size-L">注册账号</span></a>
51          </div>
52      </div>
53  </form>
54  {% endblock %}
55
56  {% block script %}
57  <script type = "text/javascript">
58      $(function(){
59          $('#verify_codeChange').css('cursor','pointer').click(function() {
60              $('#verify_code').attr('src', $('#verify_code').attr('src') + 1)
61          });
62      });
63  </script>
64  {% endblock %}
```

代码解释:

第 18~23 行:实现 username 的输入框。

第 25~30 行:实现密码输入框。

第 31~42 行:验证码框功能实现,专门会讲。

第 57~62 行:实现验证码的刷新功能。

5.8.4 用户登录路由

代码如下:

https://github.com/aguncn/manabe/blob/master/manabe/manabe/urls.py

```
01  urlpatterns = [
02      ...
03      path('accounts/login/', user_login, name = 'login'),
04      ...
05  ]
```

用户登录功能开发完成之后,显示网页如图 5-5 所示。

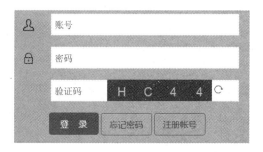

图 5-5　带验证码的 Manabe 用户登录界面

至于用户退出功能,使用 Django 的默认实现,在 URL 路由时,实现如下代码,即可进行用户退出操作,然后,在需要使用退出的网页里,引用这个 URL 即可。

https://github.com/aguncn/manabe/blob/master/manabe/manabe/urls.py

```
01  urlpatterns = [
02      ...
03      path('logout/', logout_then_login, name = 'logout'),
04      ...
05  ]
```

5.9　Manabe 邮箱更改

接下来,实现一下用户管理的两个小功能:邮箱更改和密码更改。作为标配功能,增加用户的自助管理功能。

这一节,先来实现用户邮箱的自助更改。

5.9.1 邮箱更改表单

代码如下:

https://github.com/aguncn/manabe/blob/master/manabe/manabe/forms.py

```
01  class ChangeEmailForm(forms.Form):
02      new_email1 = forms.EmailField(
03          required = True,
04          label = u"新邮箱地址",
05          error_messages = {'required': u'请输入新邮箱地址'},
06          widget = forms.TextInput(
07              attrs = {
08                  'placeholder': u"新邮箱地址",
09                  'rows': 1,
10                  'class': 'input-text size-L',
11              }
12          ),
13      )
14      new_email2 = forms.EmailField(
15          required = True,
16          label = u"新邮箱地址",
17          error_messages = {'required': u'请再次输入新邮箱地址'},
18          widget = forms.TextInput(
19              attrs = {
20                  'placeholder': u"确认新邮箱地址",
21                  'rows': 1,
22                  'class': 'input-text size-L',
23              }
24          ),
25      )
26
27      def clean(self):
28          print(self.cleaned_data, "%%%%%%%%%%%%%%")
29          if not self.is_valid():
30              raise forms.ValidationError(u"所有项都为必填项")
31          elif self.cleaned_data['new_email1'] != self.cleaned_data['new_email2']:
32              print("***************")
33              raise forms.ValidationError(u"两次输入的邮箱地址不一样")
34          else:
```

```
35              cleaned_data = super(ChangeEmailForm, self).clean()
36              return cleaned_data
```

代码解释：

第 27～36 行：form 类里方法的运行顺序是 init、clean、validte、save，在这里重写了类里的 clean 方法，用于判断在更改邮箱时，两次输入的邮箱名是否一模一样，以防止用户输入的手误。记得 clean 返回必须返回 return cleaned_data。

第 28 行：此时一个 print 语句，可以让我们知道 cleaned_data 是长成啥样的，便于书写接下来的代码。

第 32 行：有时，笔者喜欢使用一下这种特殊符号，一眼就能看到是否触发了特殊异常。这只是个人习惯，是否模仿，取决于读者。

5.9.2 邮箱更改视图

为了更好地组建文件，我们将更改用户数据的所有视图单独放在一个 password_views.py 文件中。

https://github.com/aguncn/manabe/blob/master/manabe/manabe/password_views.py

```
01  import os
02  import hashlib
03  from django.shortcuts import render
04  from django.views.decorators.http import require_http_methods
05  from django.contrib.auth import authenticate
06  from django.contrib.auth.models import User
07  from django.contrib.auth.views import PasswordResetView, \
08      PasswordResetForm
09  from rest_framework.authtoken.models import Token
10  from .forms import ChangepwdForm, ChangeEmailForm, PwdResetForm
11
12  @require_http_methods(["GET", "POST"])
13  def change_email(request):
14      if request.method == 'GET':
15          form = ChangeEmailForm()
16          return render(request, 'accounts/change_email.html',
17                         {'form': form,
18                          'current_page_name': '更改邮箱',
19                          'email': User.objects.get(username = request.user.username).email,
20                         })
21      else:
22          error = []
```

```
23            form = ChangeEmailForm(request.POST)
24            if form.is_valid():
25                username = request.user.username
26                new_email1 = request.POST.get('new_email1')
27                User.objects.filter(username = request.user.username).update(email
= new_email1)
28                email = User.objects.get(username = request.user.username).email
29                change_email_success = True
30                return render(request, 'accounts/change_email.html', locals())
31            else:
32              error.append('两次新邮箱不匹配,或是邮箱格式错误,请重新输入')
33                email = User.objects.get(username = request.user.username).email
34                return render(request, 'accounts/change_email.html', locals())
```

代码解释:

第 27 行:在这里使用了 Django ORM 中的 User.objects.filter().update(),这样的链式语句,一行更改用户邮箱。

第 29 行:为了在前端给用户提示,向网页模板多传递了一个 change_email_success 变量。

5.9.3　邮箱更改模板

因为更改邮箱及更改密码,是在用户登录之后的动作,所以这两个功能的网页模板使用了第二套主要的网页模板。其主要模板的构成,见附录 4 中讲 H-ui 前端的部分。

代码如下:

https://github.com/aguncn/manabe/blob/master/manabe/manabe/templates/accounts/change_email.html

```
01    {% extends "manabe/template.html" %}
02    {% load staticfiles %}
03    {% block title %}更改密码{% endblock %}
04    {% block content %}
05    当前邮箱:{{email}}
06    {% if change_email_success %}
07        <div class = "Huialert Huialert-success">
08          <i class = "Hui-iconfont">&#xe6a6;</i>已成功更新邮箱!
09        </div>
10    {% endif %}
11    <form class = "form form-horizontal" action = "" method = "post">
12        {% csrf_token %}
13        <div class = "row cl">
14          <div class = "formControls col-xs-8">
```

```
15              {{ form.new_email1 }}
16          </div>
17      </div>
18
19      <div class = "row cl">
20          <div class = "formControls col - xs - 8">
21              {{ form.new_email2 }}
22          </div>
23      </div>
24      <div class = "row cl text - l">
25          {% for item in error %}
26              <p style = "color:red;" class = "text - l">{{item}}</p>
27          {% endfor %}
28          <div class = "formControls">
29              <input type = "submit" class = "btn btn - success radius size - L" value = "更改邮箱" />
30          </div>
31      </div>
32  </form>
33  {% endblock %}
```

代码解释：

第 6～10 行：如果上下文件传递过来的 change_email_success 为 True，则会在网页上提示用户邮箱更改成功。

5.9.4 邮箱更改路由

代码如下：

https://github.com/aguncn/manabe/blob/master/manabe/manabe/urls.py

```
01  urlpatterns += [
02      ...
03      path('accounts/change_email/',
04          login_required(change_email),
05          name = "change_email"),
06      ...
07  ]
```

代码解释：

第 4 行：login_required 方法，表示此视图必须在用户登录之后才可访问。如果直接在 URL 里访问此网页，将会导向用户登录界面。

此功能完成之后，当用户点击登录右上角的下拉菜单的更改邮箱后，输入两次新的邮箱，更改成功后，会出现如图 5-6 所示的网页提示。

图 5-6　Manabe 用户更新邮件界面

5.10　Manabe 密码更改

这一节，我们来实现用户密码的自助更改。有了上一节的功能实现，此节与之大同小异。

5.10.1　密码更改表单

代码如下：

https://github.com/aguncn/manabe/blob/master/manabe/manabe/forms.py

```
01    class ChangepwdForm(forms.Form):
02        oldpassword = forms.CharField(
03            required = True,
04            label = u"原密码",
05            error_messages = {'required': u'请输入原密码'},
06            widget = forms.PasswordInput(
07                attrs = {
08                    'placeholder': u"原密码",
09                    'rows': 1,
10                    'class': 'input-text size-L',
11                }
12            ),
13        )
14        newpassword1 = forms.CharField(
```

```
15          required = True,
16          label = u"新密码",
17          error_messages = {'required': u'请输入新密码'},
18          widget = forms.PasswordInput(
19              attrs = {
20                  'placeholder': u"新密码",
21                  'rows': 1,
22                  'class': 'input-text size-L',
23              }
24          ),
25      )
26      newpassword2 = forms.CharField(
27          required = True,
28          label = u"确认密码",
29          error_messages = {'required': u'请再次输入新密码'},
30          widget = forms.PasswordInput(
31              attrs = {
32                  'placeholder': u"确认密码",
33                  'rows': 1,
34                  'class': 'input-text size-L',
35              }
36          ),
37      )
38
39      def clean(self):
40          print(self.cleaned_data, "%%%%%%%%%%")
41          if not self.is_valid():
42              raise forms.ValidationError(u"所有项都为必填项")
43          elif self.cleaned_data['newpassword1'] != self.cleaned_data['newpassword2']:
44              print("*****************************")
45              raise forms.ValidationError(u"两次输入的新密码不一样")
46          else:
47              cleaned_data = super(ChangepwdForm, self).clean()
48          return cleaned_data
```

代码解释：

第18行：在作密码输入框的 widget 的 forms.PasswordInput 显示样式时，始终要注意与 forms.CharField 的功能区分：一个用于验证，一个用于显示。

5.10.2 密码更改视图

代码如下:

https://github.com/aguncn/manabe/blob/master/manabe/manabe/password_views.py

```python
01  @require_http_methods(["GET", "POST"])
02  def change_password(request):
03      if request.method == 'GET':
04          form = ChangepwdForm()
05          return render(request, 'accounts/change_password.html', {'form': form, 'current_page_name': '更改密码'})
06      else:
07          error = []
08          form = ChangepwdForm(request.POST)
09          if form.is_valid():
10              username = request.user.username
11              oldpassword = request.POST.get('oldpassword', '')
12              user = authenticate(username=username, password=oldpassword)
13              if user is not None and user.is_active:
14                  newpassword1 = request.POST.get('newpassword1', '')
15                  user.set_password(newpassword1)
16                  user.save()
17                  return render(request, 'accounts/change_password.html', {'changepwd_success': True, })
18              else:
19                  error.append('原密码输入错误,请重新输入')
20                  return render(request, 'accounts/change_password.html', locals())
21          else:
22              error.append('两次新密码不匹配,请重新输入')
23              return render(request, 'accounts/change_password.html', locals())
```

代码解释:

第 12 行:用户输入的旧密码,需要先使用 authenticate 进行验证。如果不进行这一步,用户有可能使用脚本请求的方式,直接发起一个指定用户的密码修改,就能更改掉这个密码。这是不允许发生的。

第 15 行:按本章前面所讲的技术,调用 User 用户对象的 set_password 来修改密码,这样一来,存在数据库里的用户密码就不会是明文的,也是用于加强安全性。

注意,这里没有使用更改邮箱时的 change_email_success 这样的变量传递。那我们在前端作更改成功显示时,就要用其他方法来实现。这里使用不同的方法,是想给读者提个醒:核心功能的实现,有套路可学,而一些用户体验改善方面的功能,可能因时因地而变。

5.10.3 密码更改模板

代码如下:

https://github.com/aguncn/manabe/blob/master/manabe/manabe/templates/accounts/change_password.html

```
01    {% extends "manabe/template.html" %}
02    {% load staticfiles %}
03    {% block title %}更改密码{% endblock %}
04    {% block content %}
05    {% if not changepwd_success %}
06    <form class="form form-horizontal" action="" method="post">
07        {% csrf_token %}
08        <div class="row cl">
09            <div class="formControls col-xs-8">
10                {{ form.oldpassword }}
11            </div>
12        </div>
13    
14        <div class="row cl">
15            <div class="formControls col-xs-8">
16                {{ form.newpassword1 }}
17            </div>
18        </div>
19        <div class="row cl">
20            <div class="formControls col-xs-8">
21                {{ form.newpassword2 }}
22            </div>
23        </div>
24        <div class="row cl text-l">
25            {% for item in error %}
26                <p style="color:red;" class="text-l">{{item}}</p>
27            {% endfor %}
28            <div class="formControls">
29                <input type="submit" class="btn btn-success radius size-L" value="更改密码" />
30            </div>
31        </div>
32    </form>
33    {% else %}
34    <div>密码更改成功,请用 <a href="{% url 'logout' %}">重新登录</a>! </div>
```

```
35      {% endif %}
36  {% endblock %}
```

代码解释：

第 34 行：如果密码成功更改，则直接显示成功，并提醒用户用新密码登录。

5.10.4　密码更改路由

代码如下：

https://github.com/aguncn/manabe/blob/master/manabe/manabe/urls.py

```
01  urlpatterns += [
02      ...
03      path('accounts/change_password/',
04           login_required(change_password),
05           name = "change_password"),
06      ...
07  ]
```

此功能完成之后，当用户点击登录右上角的下拉菜单的更改密码后，会出现如图 5-7 所示网页。

图 5-7　Manabe 用户更改密码界面

5.11　Manabe 通过邮箱重置密码

用户密码找回，也是一个网站的常见功能。可以让用户在忘记自己密码的情况下，通过前面注册的 Email 重置密码。本节，我们就来实现这个功能。

在前面的章节中，都是通过自定义 Form、自定义 View 和 Template 实现的其他功能。在本节，计划通过 Django 的内置 Form 来实现密码找回的功能。在使用内置功能的情况下，我们无须写一个视图，而只需要写好 URL 及相应的模板文件即可。

密码重置过程需要四个模板：

● 带有表单的页面，用于启动重置过程。
● 一个成功的页面，表示该过程已启动，指示用户检查其邮件文件夹等。
● 检查通过电子邮件发送 Token 的页面。
● 一个告诉用户重置是否成功的页面。

而对应的视图是内置的，我们不需要执行任何操作，所需要做的就是将路径添加到 urls.py 并且创建模板。

5.11.1　Django 邮件发送功能启用

如果需要，用户可以通过邮箱找回密码，那么 Django 本身必然需要拥有发送邮箱的功能。在这方面，通过设置 settings.py 文件中的字段，可以轻易地实现。

https://github.com/aguncn/manabe/blob/master/manabe/manabe/settings.py

```
01  …
02  EMAIL_BACKEND = 'django.core.mail.backends.smtp.EmailBackend'
03  EMAIL_USE_TLS = True
04  EMAIL_HOST = 'smtp.163.com'
05  EMAIL_PORT = 25
06  EMAIL_HOST_USER = 'xxx@163.com'
07  EMAIL_HOST_PASSWORD = 'xxx'
08  DEFAULT_FROM_EMAIL = 'xxx@163.com'
09  …
```

代码解释：

第 2 行：使用 smtp 的后端引擎来发送邮箱。

第 3~8 行：发送邮箱的设置，这里是以一个虚构的 163 邮箱来进行设置的。注意其中的密码保护。

上面这个设置，推荐在正式线上环境使用。如果是在测试开发环境，则没有必要使用真正的外部邮箱来进行收发测试。毕竟，测试多了有可能会被邮箱提供商作为垃圾邮箱阻挡。

如果不想使用外部邮箱进行邮箱收发功能测试，有两种选择：将所有电子邮件写入文本文件或仅将其显示在控制台中。在这里，我们使用后一种方式，因为我们已经在使用控制台来运行开发服务器，并且其设置更容易一些。

设置方法很简单，就是将上面这几行注释掉，只用一行来代替它即可。

https://github.com/aguncn/manabe/blob/master/manabe/manabe/settings.py

```
01  …
```

```
02      EMAIL_BACKEND = 'django.core.mail.backends.console.EmailBackend'
03      ...
```

有了这个设置,如果想在代码中调用邮件发送功能,这些邮箱内容就会在开发服务器的控制台中显示邮件内容。我们会在后面进行展示。

5.11.2 密码重置路由注册

在 Manabe 项目的根 urls.py 里,加上 Django 内置的密码重置路由定义。

https://github.com/aguncn/manabe/blob/master/manabe/manabe/urls.py

```
01  ...
02  from django.contrib.auth import views as auth_views
03  ...
04  urlpatterns += [
05      ...
06      path('reset/',
07          auth_views.PasswordResetView.as_view(
08              template_name = 'accounts/password_reset.html',
09              email_template_name = 'accounts/password_reset_email.html',
10              subject_template_name = 'accounts/password_reset_subject.txt'
11          ),
12          name = 'password_reset'),
13      path('reset/done/',
14          auth_views.PasswordResetDoneView.as_view(
15              template_name = 'accounts/password_reset_done.html'),
16          name = 'password_reset_done'),
17      path('reset/<uidb64>/<token>/',
18          auth_views.PasswordResetConfirmView.as_view(
19              template_name = 'accounts/password_reset_confirm.html'),
20          name = 'password_reset_confirm'),
21      path('reset/complete/',
22          auth_views.PasswordResetCompleteView.as_view(
23              template_name = 'accounts/password_reset_complete.html'),
24          name = 'password_reset_complete'),
25  ]
26  ...
```

代码解释:

第 2 行:使用 as 关键字,为此 view 取一个别名,防止和已有的 view 冲突。

第 4~12 行:PasswordResetView 视图,用来生成一次性链接,发给用户注册时填写的电子邮件地址,让用户重设密码。

如果系统中没有用户提供的电子邮件地址,那么这个视图不发送电子邮件,而且用户也不会看到错误消息。这样能防止泄露信息，防止被潜在的攻击者利用。我们为它传递了三个模板参数：template_name 用于显示密码重设表单（password_reset.html）；email_template_name 用于生成带有密码重设链接的电子邮件（password_reset_email.html）；subject_template_name 用于生成密码重设邮件的主题（password_reset_subject.txt）。

这三个模板，会在下一节实现。

第 13～16 行：PasswordResetDoneView 视图，成功地把密码重设链接发送给用户后显示的页面。template_name 参数为 password_reset_done.html，也会在下一节实现。

第 17～20 行：PasswordResetConfirmView 视图，呈现输入新密码的表单。template_name 参数为 password_reset_confirm.html。

第 21～24 行：PasswordResetCompleteView，呈现一个视图，告诉用户成功修改了密码。template_name 参数为 password_reset_complete.html。

5.11.3 密码重置模板

在这一小节，我们来一个一个地实现上一小节的网页模板内容，并同时会呈现模板的截图。

https://github.com/aguncn/manabe/blob/master/manabe/manabe/templates/accounts/password_reset.html

```
01    {% extends "accounts/template.html" %}
02    {% load staticfiles %}
03    {% block title %} Manabe - 重置密码 {% endblock %}
04
05    {% block content %}
06      <form class="form form-horizontal" action="" method="post">
07        {% csrf_token %}
08        <div class="row cl">
09          <label class="form-label col-xs-3"></label>
10          <div class="formControls col-xs-8">
11            <h3> 重置密码 </h3>
12          </div>
13        </div>
14        <div class="row cl">
15          <label class="form-label col-xs-3"></label>
16          <div class="formControls col-xs-8">
17            <p> 输入你的 Email 地址，将会发布一个密码重置链接到你的邮箱里。</p>
18          </div>
```

```
19                    </div>
20                    <div class = "row cl ">
21                        <label class = "form - label col - xs - 3"></label>
22                        <div class = "formControls col - xs - 8">
23                            <input type = "email" class = "input - text size - L" name = "email" maxlength = "254" required id = "id_email">
24                        </div>
25                    </div>
26                    <div class = "row cl text - c">
27                        <input type = "submit" name = "reset" class = "btn btn - success radius size - L" value = "发送密码重置链接到邮箱" />
28                    </div>
29                </form>
30
31            {% endblock %}
```

如果用户点击了忘记密码按钮,则上面这个表单模板显示如图5-8所示。

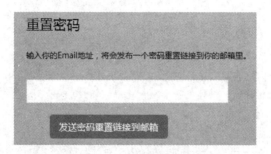

图5-8　Manabe重置密码界面

https://github.com/aguncn/manabe/blob/master/manabe/manabe/templates/accounts/password_reset_email.html

```
01   您好 {{ email }}!
02
03   您已经请求了重置密码,可以点击下面的链接来重置密码。
04
05   {{ protocol }}://{{ domain }}{% url 'password_reset_confirm' uidb64 = uid token = token %}
06   (如果您无法点击这个链接,请将此链接复制到浏览器地址栏后访问)
07
08   你的Manabe系统的登录用户名:{{ user.username }}
09
10   如果您没有请求重置密码,请忽略这封邮件。
11
12   在您点击上面的链接修改密码之前,您的密码将会保持不变。
```

```
13
14    Thanks,
15
16    The Manabe Team
```

https://github.com/aguncn/manabe/blob/master/manabe/manabe/templates/accounts/password_reset_subject.txt

```
01    [Manabe] Please Reset Your Password!
```

上面两个模板,用于定制邮件内容,读者可以根据不同的要求进行更改。如果用户输入的邮件存在且正确,则开发服务器的显示内容如图 5-9 所示;如果在线上环境使用 163 邮箱,则如图 5-10 所示。

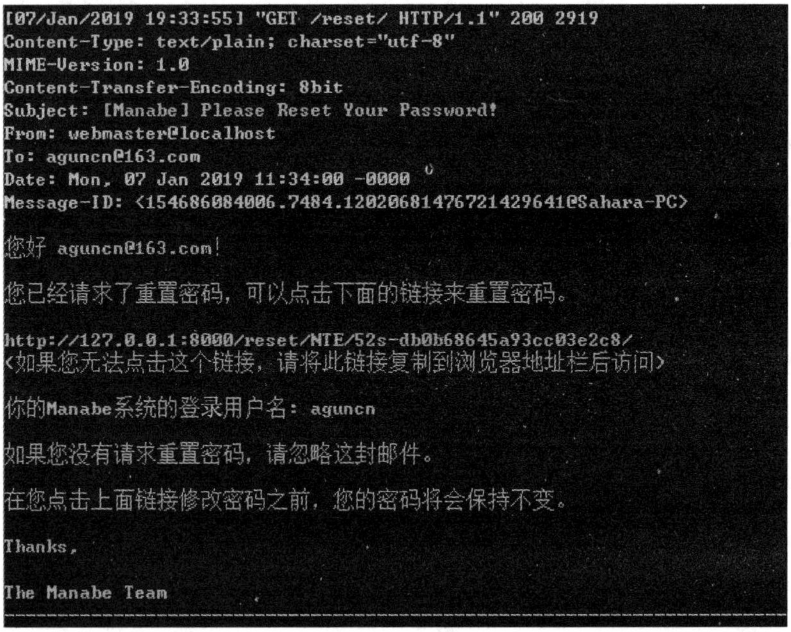

图 5-9 Manabe 控制台测试输出邮件内容

https://github.com/aguncn/manabe/blob/master/manabe/manabe/templates/accounts/password_reset_done.html

```
01    {% extends "accounts/template.html" %}
02    {% load staticfiles %}
03    {% block title %}Manabe-重置密码{% endblock %}
04
05    {% block content %}
06        <div class = "row cl">
07            <label class = "form-label col-xs-3"></label>
08            <div class = "formControls col-xs-8">
```

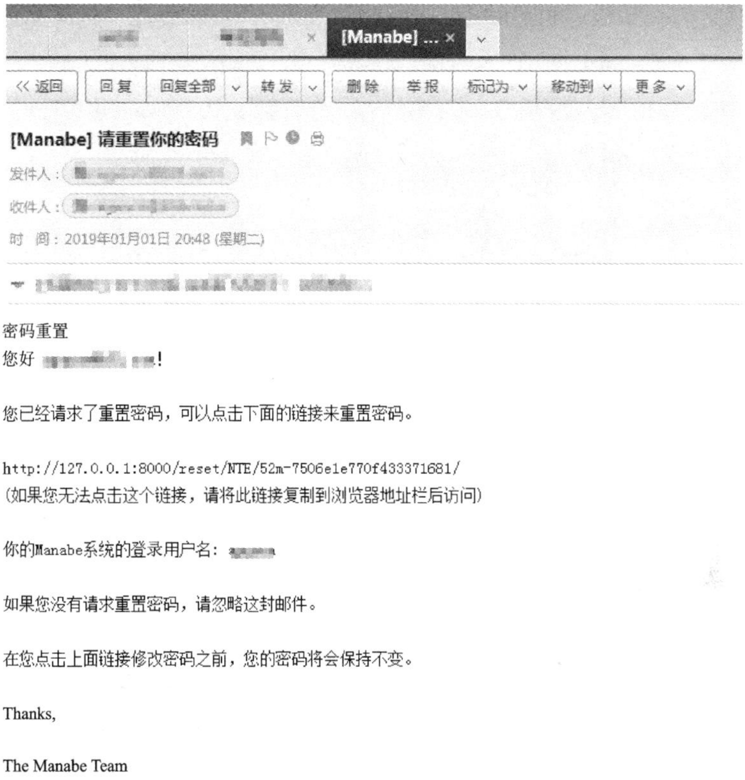

用户注册登录及密码管理 5

密码重置

您好 ！

您已经请求了重置密码，可以点击下面的链接来重置密码。

http://127.0.0.1:8000/reset/NTE/52m-7506e1e770f433371681/
(如果您无法点击这个链接，请将此链接复制到浏览器地址栏后访问)

你的Manabe系统的登录用户名：

如果您没有请求重置密码，请忽略这封邮件。

在您点击上面链接修改密码之前，您的密码将会保持不变。

Thanks,

The Manabe Team

图 5 – 10 Manabe 真实发送邮件内容

```
09              <h3> 重置密码 </h3>
10          </div>
11        </div>
12        <div class = "row cl">
13            <label class = "form – label col – xs – 3"></label>
14            <div class = "formControls col – xs – 8">
15                <p> 请检查你的邮箱里的重置密码的链接邮件,如果一直没有此邮件,试着查看广告或垃圾邮件列表。 </p>
16            </div>
17        </div>
18        <div class = "row cl text – c">
19            <label class = "form – label col – xs – 3"></label>
20            <div class = "formControls col – xs – 8">
21                <a href = "{ % url 'login' % }" class = "btn btn – secondary btn – block"> 返回登录窗口 </a>
22            </div>
23        </div>
24    { % endblock % }
```

上面这个网页模板，可显示用户输入邮箱之后的界面，如图 5-11 所示。

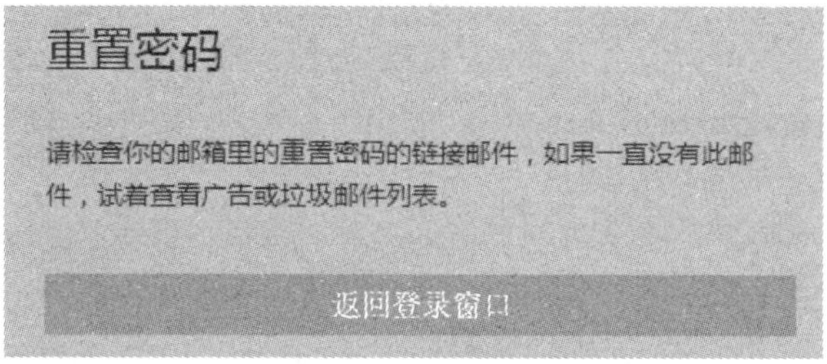

图 5-11　Manabe 密码重置完成界面

https://github.com/aguncn/manabe/blob/master/manabe/manabe/templates/accounts/password_reset_confirm.html

```
01    {% extends "accounts/template.html" %}
02    {% load staticfiles %}
03
04    {% block title %}
05        重置密码
06    {% endblock %}
07
08    {% block content %}
09
10            {% if validlink %}
11              <form class = "form form-horizontal" action = "" method = "post">
12                {% csrf_token %}
13                <div class = "row cl">
14                    <label class = "form-label col-xs-3"></label>
15                    <div class = "formControls col-xs-8">
16                        <h3>重置用户{{ form.user.username }}的密码</h3>
17                    </div>
18                </div>
19                <div class = "row cl">
20                    <label class = "form-label col-xs-3"></label>
21                    <div class = "formControls col-xs-8">
22                        <input type = "password" class = "input-text size-L"
23                            name = "new_password1" maxlength = "254"
24                            required id = "id_new_password1">
25                    </div>
26                </div>
27                <div class = "row cl">
28                    <label class = "form-label col-xs-3"></label>
29                    <div class = "formControls col-xs-8">
```

```
30                    <input type = "password" class = "input - text size - L"
31                            name = "new_password2" maxlength = "254"
32                            required id = "id_new_password2">
33                </div>
34            </div>
35            <div class = "row cl text - c">
36                <input type = "submit" name = "reset"
37                    class = "btn btn - success radius size - L" value = "重置密码" />
38            </div>
39        </form>
40        {% else %}
41            <div class = "row cl">
42                <label class = "form - label col - xs - 3"></label>
43                <div class = "formControls col - xs - 8">
44                    <h3> 重置密码 </h3>
45                </div>
46            </div>
47            <div class = "row cl">
48                <label class = "form - label col - xs - 3"></label>
49                <div class = "formControls col - xs - 8">
50                    <p>你使用了一个无效的链接,请重试。</p>
51                </div>
52            </div>
53            <div class = "row cl text - c">
54                <label class = "form - label col - xs - 3"></label>
55                <div class = "formControls col - xs - 8">
56                    <a href = "{% url 'password_reset' %}"
57                        class = "btn btn - secondary btn - block">
58                        请求新的密码重置链接
59                    </a>
60                </div>
61            </div>
62        {% endif %}
63    {% endblock %}
```

上面这个网页模板,可显示点击重置密码的链接之后的界面,如图 5-12 所示。在开发环境时,这个链接的形式为 http://127.0.0.1:8000/reset/NTE/52s-db0b68645-a93cc03e2c8/。

<https://github.com/aguncn/manabe/blob/master/manabe/manabe/templates/accounts/password_reset_complete.html>

```
01    {% extends "accounts/template.html" %}
02    {% load staticfiles %}
```

图 5-12 Manabe 通过 URL 链接重置密码

```
03
04    {% block title %}密码重置完成{% endblock %}
05
06    {% block content %}
07    <div class = "row cl">
08       <label class = "form - label col - xs - 3"></label>
09    <div class = "formControls col - xs - 8">
10       <h3>密码已更改! </h3>
11    </div>
12    </div>
13    <div class = "row cl">
14       <label class = "form - label col - xs - 3"></label>
15       <div class = "formControls col - xs - 8">
16          <p>你已完成密码更改,请继续登录。 </p>
17       </div>
18    </div>
19    <div class = "row cl text - c">
20       <label class = "form - label col - xs - 3"></label>
21       <div class = "formControls col - xs - 8">
22          <a href = "{% url 'login' %}" class = "btn btn - secondary btn - block">返回登录窗口 </a>
23       </div>
24    </div>
25    {% endblock %}
```

上面这个网页模板,用于显示用户修改完密码之后的界面,如图 5-13 所示。

图 5-13 Manabe 重置密码最终完成界面

5.11.4 Django 内置视图总结

经过本章前面的学习,相信读者对 Django 的用户管理功能已理解清楚,也学习了如何在正式的软件开发中,使用这些功能。

但前面多使用的是自定义的一些功能,在这里,详细罗列一下 Django 用于快速开发的内置用户管理视图,希望读者以后有机会也可以用上这些功能。

1. login 视图

用途:登录用户。

默认 URL:/login/。

可选参数:

- template_name:这个视图使用的模板名称。默认为 registration/login.html。
- redirect_field_name:GET 参数中指定登录后重定向 URL 的字段名称。默认为 next。
- authentication_form:验证身份的可调用对象(通常是一个表单类)。默认为 AuthenticationForm。
- current_app:一个提示,指明当前视图所在的应用。
- extra_context:一个字典,包含额外的上下文数据,随默认的上下文数据一起传给模板。

2. logout 视图

用途:退出用户。

默认 URL:/logout/。

可选参数:

- next_page:退出后重定向的目标 URL。
- template_name:一个模板全名,在用户退出后显示。如果未提供这个参数,则默认为 registration/。
- logged_out.html。
- redirect_field_name:GET 参数中指定退出后重定向 URL 的字段名称。默认为 next。如果提供这个参数,则 next_page 将被覆盖。
- current_app:一个提示,指明当前视图所在的应用。
- extra_context:一个字典,包含额外的上下文数据,随默认的上下文数据一起传给模板。

3. logout_then_login 视图

用途:退出用户,然后重定向到登录页面。

默认 URL:未提供。

可选参数：
- login_url：重定向到的登录页面的 URL。如果未提供，则默认为 login_url。
- current_app：一个提示，指明当前视图所在的应用。详情参见 7.8.1 小节。
- extra_context：一个字典，包含额外的上下文数据，随默认的上下文数据一起传给模板。

4. 让用户修改密码

默认 URL：/password_change/。

可选参数：
- template_name：完整的模板名称，用于显示密码修改表单。如果未提供，则默认为 registration/pass．
- word_change_form.html。
- post_change_redirect：成功修改密码后重定向的目标 URL。
- password_change_form：自定义的修改密码表单，必须接受 user 关键字参数。这个表单负责修改用户的密码。默认为 PasswordChangeForm。
- current_app：一个提示，指明当前视图所在的应用。详情参见 7.8.1 小节。
- extra_context：一个字典，包含额外的上下文数据，随默认的上下文数据一起传给模板。

5. password_change_done 视图

用途：这个页面在用户修改密码后显示。

默认 URL：/password_change_done/。

可选参数：
- template_name：要使用的模板全名。如果未提供，则默认为 registration/password_change_done.html。
- current_app：一个提示，指明当前视图所在的应用。
- extra_context：一个字典，包含额外的上下文数据，随默认的上下文数据一起传给模板。

6. password_reset 视图

用途：生成一次性链接，发给用户注册时填写的电子邮件地址，让用户重设密码。

如果系统中没有用户提供的电子邮件地址，则这个视图不发送电子邮件，而且用户也不会看到错误消息。这样能防止泄露信息，防止被潜在的攻击者利用。如果想为这种情况提供错误消息，可以定义 PasswordResetForm 的子类，把它赋值给 password_reset_form 参数。

密码被标记为不可用的用户，不允许请求重设密码，以防使用外部身份验证源（如 LDAP）时误用。注意，此时用户看不到错误消息，也不会发送邮件，这是为了防止暴露用户账户。

默认 URL：/password_reset/。

可选参数：

- template_name：完整的模板名称，用于显示密码重设表单。如果未提供，则默认为 registration/pass-word_reset_form.html /。
- email_template_name：完整的模板名称，用于生成带有密码重设链接的电子邮件。如果未提供，则默认为 registration/password_reset_email.html。
- subject_template_name：完整的模板名称，用于生成密码重设邮件的主题。如果未提供，则默认使用 registration/password_reset_subject.txt。
- password_reset_form：用于获取请求重设的用户的电子邮件。默认为 PasswordResetForm。
- token_generator：检查一次性链接的类的实例。默认为 default_token_generator，它是 django.con-trib.auth.tokens.PasswordResetTokenGenerator 的实例。
- post_reset_redirect：成功请求重设密码之后重定向的目标 URL。
- from_email：一个有效的电子邮件地址。Django 默认使用 default_from_email。
- current_app：一个提示，指明当前视图所在的应用。
- extra_context：一个字典，包含额外的上下文数据，随默认的上下文数据一起传给模板。
- html_email_template_name：完整的模板名称，用于生成内容类型为 text/html 的多部分（multipart）电子邮件。默认不发送 HTML 格式的电子邮件。

7. password_reset_done 视图

用途：成功把密码重设链接发送给用户后显示的页面。如果 password_reset() 视图没有设定 post_reset_redirect URL，则默认使用这个视图。

默认 URL：/password_reset_done/。

8. password_reset_confirm 视图

用途：呈现输入新密码的表单。

默认 URL：/password_reset_confirm/。

可选参数：

- uidb64：base64 编码的用户 ID。默认为 None。
- token：检查密码是否为有效的令牌。默认为 None。
- template_name：模板的完整名称，显示密码确认视图。默认为 registration/password_reset_con-firm.html。
- token_generator：检查密码的类的实例。默认为 default_token_generator，它是 django.con-trib.auth.tokens.PasswordResetTokenGenerator 的实例。

- set_password_form：用于设定密码的表单。默认为 SetPasswordForm。
- post_reset_redirect：重设密码后重定向的目标 URL。默认为 None。
- current_app：一个提示，指明当前视图所在的应用。
- extra_context：一个字典，包含额外的上下文数据，随默认的上下文数据一起传给模板。

9. password_reset_complete 视图

用途：呈现一个视图，告诉用户成功修改了密码。

默认 URL：/password_reset_complete/。

可选参数：

- template_name：显示这个视图的模板完整名称。默认为 registration/password_reset_com-
- plete.html。
- current_app：一个提示，指明当前视图所在的应用。
- extra_context：一个字典，包含额外的上下文数据，随默认的上下文数据一起传给模板。

10. redirect_to_login 辅助函数

用途：为了便于在视图中实现所需的访问限制，Django 提供了 redirect_to_login 辅助函数。它的作用是重定向到登录页面，成功登录后再返回之前请求的 URL。

必要参数：

- next：成功登录后重定向的目标 URL。

可选参数：

- login_url：重定向的登录页面的 URL。如果未提供，则默认为 login_url。
- redirect_field_name：指定登录后重定向的目标 URL 的 GET 字段名称。如果设定，则覆盖 next。

5.12　Manabe 登录验证码

本节来实现一个登录验证码的功能。笔者印象中，以前的用户注册及登录框，都是不带歪歪斜斜的验证码的。

可能那时的网民们都比较朴实老实。后来，开发及运营网站的人们发现，如果不在网站注册和登录时加上程序难以自动识别的验证码，则网站很容易被别有用心的人暴力脱库，或是在很短时间内，注册一大批无意义的用户。为了加强安全性，验证码技术才应运而生。

下面，就来简单实现一个登录时的验证码功能。由于验证码属于公用功能，所以我们会将生成验证码的核心文件放于 public 目录下。

1. 生成验证码的函数

代码如下：

https://github.com/aguncn/manabe/blob/master/manabe/public/verifycode.py

```
01  from django.http import HttpResponse
02
03  def verify_code(request):
04      from PIL import Image, ImageDraw, ImageFont
05      # 引入随机函数模块
06      import random
07      # 定义变量,用于画面的背景色、宽、高
08      bgcolor = (random.randrange(40, 200), random.randrange(
09          40, 200), 255)
10      width = 200
11      height = 40
12      # 创建画面对象
13      im = Image.new('RGB', (width, height), bgcolor)
14      # 创建画笔对象
15      draw = ImageDraw.Draw(im)
16      # 调用画笔的 point()函数绘制噪点
17      for i in range(0, 100):
18          xy = (random.randrange(0, width), random.randrange(0, height))
19          fill = (random.randrange(0, 255), 255, random.randrange(0, 255))
20          draw.point(xy, fill=fill)
21      # 定义验证码的备选值
22      str1 = 'ABCD123EFGHIJK456LMNOPQRS789TUVWXYZ0'
23      # 随机选取 4 个值作为验证码
24      rand_str = ''
25      for i in range(0, 4):
26          rand_str += str1[random.randrange(0, len(str1))]
27      # 构造字体对象
28      # font = ImageFont.load_default().font
29      font = ImageFont.truetype('C:\Windows\Fonts\Arial.ttf', 23)
30      # 构造字体颜色
31      fontcolor = (255, random.randrange(0, 255), random.randrange(0, 255))
32      # 绘制 4 个字
33      draw.text((20, 10), rand_str[0], font=font, fill=fontcolor)
34      draw.text((70, 10), rand_str[1], font=font, fill=fontcolor)
35      draw.text((120, 10), rand_str[2], font=font, fill=fontcolor)
36      draw.text((170, 10), rand_str[3], font=font, fill=fontcolor)
```

```
37        # 释放画笔
38        del draw
39        # 存入 session,用于做进一步验证
40        request.session['verify_code'] = rand_str
41        # 内存文件操作
42        import io
43        buf = io.BytesIO()
44        # 将图片保存在内存中,文件类型为 png
45        im.save(buf, 'png')
46        # 将内存中的图片数据返回给客户端,MIME 类型为图片 png
47        return HttpResponse(buf.getvalue(), 'image/png')
```

代码解释：

我们在上面主要使用了 Python 的 PIL 绘图库,注释已在代码文件里,无须再过多解释。但需要注意其实现思路：一方面,将生成的字符验证码放于网站 session 中（第 40 行）；另一方面,将此验证码的图片文件返回给前端浏览器显示（第 47 行）。

在验证时,如果这两者相等,则验证码通过。

2. 注册这个验证码的路由

代码如下：

https://github.com/aguncn/manabe/blob/master/manabe/manabe/urls.py

```
01   ...
02   from public.verifycode import verify_code
03   ...
04   urlpatterns = [
05       ...
06       path('verify_code/', verify_code, name='verify_code'),
07       ...
08   ]
```

3. 前端显示及刷新验证码

在 5.8.3 小节中,与验证码有关的网页代码如下：

https://github.com/aguncn/manabe/blob/master/manabe/manabe/templates/accounts/log-in.html

```
01   <div class="row cl">
02       <label class="form-label col-xs-3"></label>
03       <div class="formControls col-xs-2">
04           <input type="text" name="vc" placeholder="验证码" rows="1" class="input-text size-L" required id="id_vc">
05       </div>
```

```
06          <div class = "formControls col - xs - 5">
07              <img id = 'verify_code' src = "{ % url 'verify_code' %}? 1" alt = "Check-Code"/>
08              <span id = 'verify_codeChange'>
09                  <i class = "icon Hui - iconfont"> &#xe68f; </i>
10              </span>
11          </div>
12      </div>
13      ...
14      <script type = "text/javascript">
15          $ (function(){
16              $ ('#verify_codeChange').css('cursor','pointer').click(function() {
17                  $ ('#verify_code').attr('src', $ ('#verify_code').attr('src') + 1)
18              });
19          });
20      </script>
```

代码解释：

第4行：需要让用户手工输入的验证码。

第7行：显示后台传输过来的验证码，注意，那个"？1"，以及第17行的"＋1"，是为了能重新产生后端请求，使能生成新的验证码图片。

第8～10行：定义一个图标，当用户点击时，调用16～18行的js函数，重新产生验证码请求。

4. 后端验证码相等性比较

在5.8.2小节中，与验证码有关的后端验证代码如下：

https://github.com/aguncn/manabe/blob/master/manabe/manabe/views.py

```
01  ...
02  vc = request.POST['vc']
03  if vc.upper() ! = request.session['verify_code']:
04  ...
```

5.13 Manabe 首页

在本节，我们来实现一个网站首页，这个首页，就是用户登录成功之后进入的页面，目的是向用户展示一下服务器的基本信息，如每天新建发布单的数据、服务器、发布单，以及应用组件的总数量、操作系统及浏览器方面的信息。

这个网页首页的信息，读者可以根据自己的设计，自行更改。

5.13.1 网站首页视图

代码如下:

https://github.com/aguncn/manabe/blob/master/manabe/manabe/views.py

```
01    class IndexView(TemplateView):
02        template_name = "manabe/index.html"
03
04        def get_context_data(self, **kwargs):
05            context = super().get_context_data(**kwargs)
06            context['current_page'] = "index"
07            context['app_count'] = App.objects.count()
08            context['server_count'] = Server.objects.count()
09            context['deploy_count'] = DeployPool.objects.count()
10            context['REMOTE_ADDR'] = self.request.META.get("REMOTE_ADDR")
11            context['HTTP_USER_AGENT'] = self.request.META.get("HTTP_USER_AGENT")
12            context['HTTP_ACCEPT_LANGUAGE'] = self.request.META.get("HTTP_ACCEPT_LANGUAGE")
13            context['platform'] = platform.platform()
14            context['python_version'] = platform.python_version()
15            context['django_version'] = django.get_version()
16
17            return context
```

代码解释:

第1行:本类视图,继承自 TemplateView 类,这个类只需要模板文件名称并传递一些上下文即可,而不需要和具体的 Model 绑定,用于首页是比较合适的。

第2行:指定此类视图的模板文件为 index.html 文件,随后就会实现。

第4～17行:get_context_data 方法,用于向网页模板传递更多的上下文参数。

第7行:App.objects.count()这样的 ORM 写法,可以获得 App 数据表中的记录总条数,并将它塞入 context 字典中,其键为 app_count,其值为记录数。

第8行:获取服务器数量。

第9行:获取发布单数量。

第10～12行:用于从用户浏览器中获取其 IP 地址、浏览器版本和语言。

第13～15行:分别用于获取操作系统、Python 版本和 Django 版本。

5.13.2 网站模板

代码如下:

https://github.com/aguncn/manabe/blob/master/manabe/manabe/templates/manabe/index.html

```
01  {% extends "manabe/template.html" %}
02  {% load staticfiles %}
03  {% block title %} index {% endblock %}
04
05  {% block content %}
06  <table class = "table table-border table-bordered table-bg">
07      <thead>
08          <tr>
09              <th scope = "col" colspan = "7"> 发布图表 </th>
10          </tr>
11      <tbody>
12          <tr class = "text-c">
13              <td>
14                  <div id = "main" style = "height:200px;"> </div>
15              </td>
16          </tr>
17      </tbody>
18  </table>
19  <br/>
20
21  <table class = "table table-border table-bordered table-bg">
22      <thead>
23          <tr>
24              <th scope = "col" colspan = "7"> 系统信息 </th>
25          </tr>
26          <tr class = "text-c">
27              <th width = "200"> 应用 </th>
28              <th width = "200"> 服务器 </th>
29              <th width = "200"> 发布单 </th>
30          </tr>
31      </thead>
32      <tbody>
33          <tr class = "text-c">
34              <td> {{app_count}} </td>
35              <td> {{server_count}} </td>
36              <td> {{deploy_count}} </td>
37          </tr>
38      </tbody>
39  </table>
40  <br/>
41  <table class = "table table-border table-bordered table-bg">
```

```
42    <thead>
43        <tr>
44            <th scope = "col" colspan = "7"> 服务器信息 </th>
45        </tr>
46        <tr class = "text - c">
47            <th width = "200"> 系统 </th>
48            <th width = "200"> python </th>
49            <th width = "200"> django </th>
50        </tr>
51    </thead>
52    <tbody>
53        <tr class = "text - c">
54            <td> {{platform}} </td>
55            <td> {{python_version}} </td>
56            <td> {{django_version}} </td>
57        </tr>
58    </tbody>
59 </table>
60 <br/>
61 <table class = "table table - border table - bordered table - bg">
62    <thead>
63        <tr>
64            <th scope = "col" colspan = "7"> 浏览器信息 </th>
65        </tr>
66        <tr class = "text - c">
67            <th width = "200"> IP </th>
68            <th width = "200"> 语言 </th>
69            <th width = "200"> 版本 </th>
70        </tr>
71    </thead>
72    <tbody>
73        <tr class = "text - c">
74            <td> {{REMOTE_ADDR}} </td>
75            <td> {{HTTP_ACCEPT_LANGUAGE}} </td>
76            <td>
77                {% if HTTP_USER_AGENT|length > = 20 %}
78                    {{HTTP_USER_AGENT|slice:"20"}}...
79                {% else %} {{HTTP_USER_AGENT}}
80                {% endif %}
81            </td>
82        </tr>
```

```
83          </tbody>
84        </table>
85        <br/>
86
87  {% endblock %}
88  {% block ext-jss %}
89      <script type="text/javascript" src="{% static 'lib/echarts/echarts.min.js'%}"></script>
90      <script type="text/javascript">
91      {% include "manabe/manabe.js" %}
92      </script>
93  {% endblock %}
```

代码解释:

第1行:此网页模板继承自 template.html 文件,这个 template.html 文件的详细解释,可以参见附录4中的 H-ui 内容。

第2行:{% load staticfiles %},加载静态文件。

第6~18行:用百度 echarts 显示一个月内每天的发布单数量曲线图。它是配合第91行的 manabe.js 代码来实现的。具体的实现,可以看本书第12.2节,在那一节里,详细地讲解了如何结合 Django 和百度 Echarts 组件,进行统计图绘制。

第21~84行:将从视图传递过来的上下文参数显示在一个表示中。

5.13.3 Django 内置视图总结

代码如下:

https://github.com/aguncn/manabe/blob/master/manabe/manabe/urls.py

```
01  urlpatterns = [
02      ...
03      path('', login_required(IndexView.as_view()), name="index"),
04      ...
05  ]
```

代码解释:

第3行:通过"""空的 path,就可以定义网站的默认首页。login_required()这个方法,强制登录用户才能访问首页。如果用户没有登录,则会自动跳转到网站登录页面。

如果用户访问 http://127.0.0.1:8000/,并正确登录之后,则网页实现效果如图5-14所示。

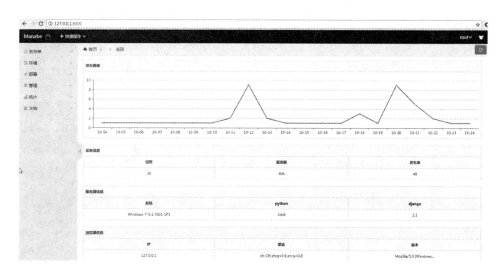

图 5-14 Manabe 登录后首页界面

5.14 小 结

在本章,我们实现了自动化发布系统的用户管理功能。本章过后,用户可以自助进行注册、登录、找回密码、更改邮箱及密码。

在下一章,我们将会进入服务器和应用组件这两个 App 开发,而登录用户的权限,也将会在下一章实现。

后面更精彩,请跟上步伐!

第 6 章

应用录入和服务器录入

> 少年一段风流事，只许佳人独自知。
> ——圆悟克勤《悟道诗》

相信大家通过前面章节的学习，已经了解了如何建立一个 Django 项目、如何生成数据库、如何设置 URL 路由，以及如何通过视图函数将模板与路由结合起来，形成一个网页访问的通路。

用户的注册、登录、注销、更改密码的功能，已在上一章学习过了。而在本章，我们开始构造自动化软件发布系统的应用录入及服务器录入功能模块。

通过本章的学习，读者应该可以进一步掌握 Django 的一些使用方法，并且可以通过网页录入应用和服务器数据，还可以修改、展现这些数据；同时，根据不同用户的权限，网页会显示不同的内容和操作指引。

本章所涉及的知识点如下：
- 使用类视图实现更快速规范的开发代码；
- Django ORM 的字典式 filter；
- Django 2.0 新版的 URL 路由匹配规则；
- zTree js 前端插件的使用；
- Select 2 js 前端插件的使用。

6.1 App 服务录入页面

App 服务的录入是我们自动化发布部署具体功能的开始章节，因为这个数据表本身的字段依赖比较少，可以很清楚地叙述。

将 App 服务的录入、编辑、展示代码实现之后，服务器录入等功能就可以顺理成章地实现了。

6.1.1 App 服务网页功能展示

在本章的 App 服务网页完成之后，有如下功能。这里先给出网页截图，让大家可以将网页与相应的功能点对应起来。

① 系统管理员可以增加 App，指定 App 服务的服务员用户，如图 6-1 所示。

图 6-1　Manabe 新增 App 界面(1)

② 在 App 服务的列表，以每页 10 条记录展示，如图 6-2 所示。

APP应用组件	jenkins job	是否重启	软件包名	管理员
ZEP-FRONT-APP-NGINX	ZEP-FRONT-APP-NGINX	True	ZEP-FRONT-APP-NGINX.zip	Kyle
ZEP-FRONT-APP-ADMIN	ZEP-FRONT-APP-ADMIN	True	ZEP-FRONT-APP-ADMIN.zip	tom
ABC-BACKEND-SCALA	ABC-BACKEND-SCALA	True	ABC-BACKEND-SCALA.zip	Mariah
ABC-BACKEND-PYTHON	ABC-BACKEND-PYTHON	True	ABC-BACKEND-PYTHON.zip	Kyle
ABC-BACKEND-GO	ABC-BACKEND-GO	True	ABC-BACKEND-GO.zip	Marcus
ABC-BACKEND-JAVA	ABC-BACKEND-JAVA	True	ABC-BACKEND-JAVA.zip	root
ABC-BACKEND-NODEJS	ABC-BACKEND-NODEJS	True	ABC-BACKEND-NODEJS.zip	Dylan
ABC-FRONT-APP-BOOTSTRAP	ABC-FRONT-APP-BOOTSTRAP	True	ABC-FRONT-APP-BOOTSTRAP.zip	Sydney
ABC-FRONT-APP-ANGULAR	ABC-FRONT-APP-ANGULAR	True	ABC-FRONT-APP-ANGULAR.zip	admin
ABC-FRONT-APP-VUEJS	ABC-FRONT-APP-VUEJS	True	ABC-FRONT-APP-VUEJS.zip	tom

图 6-2　Manabe 显示 App 界面(1)

③ 系统管理员，或是 App 的管理员，可以对 App 进行编辑，如图 6-3 所示。

图 6-3 Manabe 编辑 App 界面

④ 系统管理员或是 App 的管理员，可以对 App 的相关权限进行管理，如图 6-4 所示。

图 6-4 Manabe 权限管理界面

⑤ 点击每个应用的链接，可以显示每一个应用的具体设置，如图 6-5 所示。下面，我们就来一步一步地实现吧。

图 6-5 Manabe 显示 App 详情

6.1.2 录入、编辑、展示的 URL 设置

打开 appinput\urls.py 文件，将里面的内容替换为如下内容（为了显示好看，将长的 Import 分成了多行）：

https://github.com/aguncn/manabe/blob/master/manabe/appinput/urls.py

```
01  from django.urls import path
02  from django.contrib.auth.decorators import login_required
03
04  from .views import AppInputCreateView, \
05      AppInputUpdateView, \
06      AppInputDetailView, \
07      AppInputListView
08
09  app_name = 'appinput'
10
11  urlpatterns = [
12      path('create/', login_required(AppInputCreateView.as_view()),
13          name='create'),
14      path('list/', login_required(AppInputListView.as_view()),
15          name='list'),
16      path('edit/<slug:pk>/', login_required(AppInputUpdateView.as_view()),
17          name='edit'),
18      path('view/<slug:pk>/', login_required(AppInputDetailView.as_view()),
19          name='detail'),
20  ]
```

代码解释：

仔细看过前面章节的读者，对这一段 URL 路由设置，应该是能看懂的，这就是我们在 2.6.3 小节里讲过的路由分发，manabe\url.py 中包含了 appinput.urls，而在 app\url.py 中，再来实现 appinput 的具体路由。这里再详细讲解一下。

第 4～7 行：from . views import AppInputCreateView 这几行，表示从同级目录的 views.py 文件中，导入了 AppInputCreateView 等四个类视图（类视图后面会细讲）。使用 . views 的好处是，由于使用了相对路径，而没有使用绝对路径来定位，所以，无论 Django 的程序放在何处，只要 views.py 文件和 urls.py 文件处于同一目录，它的文件定位就是准确的。我们还建议，不要使用 from . views import * 这种全导入的方式，因为 Python 之禅里讲过：Explicit is better than implicit（明了胜于晦涩）。"*"包含了未明确的实现，而一个一个地导入视图，看起来可能多了几行代码，前期工作量 MS 大了一点，但请相信，对于后面的维护，绝对是福音呢。

第 9 行：app_name = 'appinput' 行，表示此 Django App 的命名空间（namespace）为 appinput。如果再讲高级一点，这个 app_name 标明的是应用程序命名空间（另一个对应的概念，是在 path 里的实例命名空间）。Urls 路由中，Namespace 的使用，使我们可以在不同的 Django App 中，设计同样的 URL 名称（name），而不会产生混乱。比如，我们的 URL 要引用 appinut 下的 List，使用的方式为{% url 'appinput:list' %}；而要引用 serverinput 下的 list 时，使用的方式为{% url 'serverinput:list' %}。这样的应用示例，大家可以在 manabe\templates\manabe\sidemenu.html 文件中找到。

第 11～20 行：urlpatterns[...]列表，由于在 manabe\urls.py 文件里，包含了各个 App 下的 urls.py 文件，实际上，所有的 urlpatterns 列表组合成了一个全局的列表，Django 在接收到 HTTP 请求后，会搜索并匹配 Urlpatterns 列表中的项。所以，可以大致理解为，Urlpatterns 列表中的每一个元素都和一个 URL 对应。

第 12 行：path 中的 login_required(AppInputCreateView.as_view())项。此项用 login_required()包裹，表示这个 URL 是需要用户名密码登录之后才能访问的。如果没有登录，则 Django 会自动将用户引导至登录页。login_required 是一个装饰器，如果放在函数头上，则用法是@login_required。

第 13 行：path 中的 name='create' 项。此项表示这个 path 的名称。其使用方法，已在第 2 点中结合 App 的名字空间（namespace）讲解过了。相较于直接使用绝对 URL，name 的优势在于，它是一个保持稳定的命名，不会随前 URL 的更改而更改。单纯做运维开发的同事，可能对这个优势无感，因为 URL 的路径一般都是由自己掌控。比如上面的 URL 中，/appinput/create 在网页模板层中，反向解析写法就是对应的{% url 'appinput:create%}，有什么变化呢？但如果读者做过公司的业务程序开发，就会知道，公司每一个做产品的或是做 SEO 优化的，都会在不同的阶段对不同的 URL 做变更，以利于搜索引擎的收录或排名。比如，前面一任 SEO 认为/

appinput/create 这个 URL 语义明确，于是，你在所有网页应用中，都写死了 /appinput/create 这个链接。下一任 SEO 来了之后，说这个名字不伦不类，为什么不改成 /app/create，又简短，同样有表现力，还可接轨原生西文。这时候，作为业务开发的你，是要疯，还是要申请两天专门做 URL 链接更新？是不是对这种 SEO 的专业矫情产生了 NO ZUO NO DIE 的冲动？其实，作为 Django 程序员，我们只要将 manabe/urls.py 中对应的 path 由 appinput 改为 App 即可。如果他还要再加一级 project 目录，我们只需要在 appinput/urls.py 中，将 create 更改为 project/create 即可。其他地方的网页，一概不用更改，自动变成新的链接了。

第 12～19 行：path 中，name 的 create、list、edit、detail 分别对应 App 服务的增加、显示、编辑、详情页，在本章，我们会一一实现。

我们在 edit 和 detail 的 path 中，都看到了类似 <slug:pk> 这样的东西，它是做什么用的呢？看过第 2 章的读者都知道，这个是用来做 URL 中的路径转换器匹配的。比如：edit/<slug:pk>/对应的就是将一个 ID 传入此处，形成类似 edit/23/这样的 URL。而路径转换器，Django 默认的有 str、int、slug、uuid、path 五个类型，在 2.6.2 小节中有详细说明。

6.1.3 App 录入的视图

当 Django 框架定位到 urls.py 中 Urlpatterns 的列表项后，会将前面的请求数据包装成 request 对象，传递给下一步的视图中。视图处理好业务逻辑之后，生成数据，然后将数据和模板文件渲染成 html(json)，在 HttpResponse 中返回给客户端浏览器。

通过前面章节的学习，我们已经知道：Django 的视图分为两种：函数视图和类视图。以函数的方式定义的视图称为函数视图，函数视图便于理解，流程直观。但是遇到一个视图对应的路径提供了多种不同 HTTP 请求方式的支持时，便需要在一个函数中编写不同的业务逻辑，代码可读性与复用性都不佳。以类定义的视图称为类视图，它的代码可读性好，相对于函数视图有更高的复用性，如果其他地方需要用到某个类视图的某个特定逻辑，直接继承该类视图即可。配置路由时，使用类视图的 as_view() 方法来添加，这样的写法，在前一节的 Urls.py 中已涉及到。

关于函数视图，相信读者已经在第 5 章的讲解中学会了。这一章，主要学习一下类视图。类视图有 6 大类，分别是展示对象列表 ListView、展示某个对象的详细信息 DetailView、通过表单创建某个对象 CreateView、通过表单更新某个对象信息 UpdateView、用户填写表单后转到某个完成页面 FormView、删除某个对象 DeleteView。在后面，我们一一会讲解到。

1. App 录入的类视图

代码如下：

https://github.com/aguncn/manabe/blob/master/manabe/appinput/views.py

```python
01  # coding = utf8
02
03  from django.urls import reverse, reverse_lazy
04  from django.http import HttpResponse
05  from django.views.generic import ListView, CreateView, DetailView, UpdateView
06  from django.utils import timezone
07  from django.db.models import Q
08  from django.http import HttpResponseRedirect
09  from .forms import AppForm
10  from .models import App
11  from public.user_group import is_admin_group, is_right
12
13  class AppInputCreateView(CreateView):
14      template_name = 'appinput/create_appinput.html'
15      model = App
16      form_class = AppForm
17
18      def get(self, request, *args, **kwargs):
19          # 定义用户权限
20          if is_admin_group(self.request.user):
21              return super().get(request, *args, **kwargs)
22          else:
23              result = "亲,没有权限,只有管理员才可进入!"
24              return HttpResponse(result)
25
26      def form_invalid(self, form):
27          print(form)
28          return self.render_to_response({'form': form})
29
30      def form_valid(self, form):
31          App.objects.create(
32              name = form.cleaned_data['name'],
33              description = form.cleaned_data['description'],
34              jenkins_job = form.cleaned_data['jenkins_job'],
35              git_url = form.cleaned_data['git_url'],
36              build_cmd = form.cleaned_data['build_cmd'],
37              package_name = form.cleaned_data['package_name'],
38              zip_package_name = form.cleaned_data['zip_package_name'],
39              is_restart_status = form.cleaned_data['is_restart_status'],
40              script_url = form.cleaned_data['script_url'],
```

```
41                    manage_user = form.cleaned_data['manage_user'],
42                )
43                return HttpResponseRedirect(reverse("appinput:list"))
44
45            def get_context_data(self, **kwargs):
46                context = super().get_context_data(**kwargs)
47                context['now'] = timezone.now()
48                context['current_page'] = "appinput-create"
49                context['current_page_name'] = "新增 App 应用"
50                return context
```

代码解释：

第 3～11 行：导入此视图需要使用的外部依赖库（包括整个 App 应用的，后文不再涉及）。

第 13 行：class AppInputCreateView(CreateView)，表示我们的类继承自 CreateView，专门用于创建数据库记录的类视图，这个视图，会有一套自己默认的实现，默认实现的属性和方法，在随后即刻会列出。如果有特殊要求，只需要给一个字段重命名值，或是改写一些默认方法即可。这样的实现方式，是不是比函数视图从头到尾自己一撸到底，显得更像一个 Django 高手程序员的范儿？

第 14 行：template_name= 'appinput/create_appinput.html' 行，表示我们这个视图会渲染到 appinput/create_appinput.html 这个模板文件中。那么，这个模板文件的目录，是相对于哪一级目录的定位呢？如果我们看看 Github 上的 appinput 目录里的文件，会发现 create_appinput.html 文件位于 appinput/templates/appinput 目录下。我们这样部署目录，有什么道理呢？这涉及到 Django 中的模板查找机制，由于我们在 settings.py 文件的 TEMPLATES 中将 'APP_DIRS' 设置为 True，故 Django 查找模板的过程是在每个 App 的 templates 文件夹中找（而不是当前 App 中的代码只在当前 App 的 templates 文件夹中找）。各个 App 的 templates 形成一个文件夹列表，Django 遍历这个列表，一个个文件夹进行查找，当在某一个文件夹找到的时候就停止，所有的都遍历完了还找不到指定的模板的时候就是 Template Not Found（过程类似于 Python 找包）。这样设计有利当然也有弊，有利的地方是一个 App 可以用另一个 App 的模板文件，弊是有可能会找错了。所以我们使用的时候在 templates 中建立一个 App 同名的文件夹，这样，就不用担心模板同名的问题，因为就算模板文件同名，它的上一层的应用目录肯定不会同名，就能区分开了。这就需要把每个 App 的 templates 文件夹中再建一个 App 的名称，将仅和该 App 相关的模板放在 app/templates/app/ 目录下面。这部分更多的内容，请见本书 2.7.2 小节。至于 create_appinput.htm 文件的内容，我们在随后分析。

第 15 行：model=App，表示我们这个继承至 CreateView 的类视图，操作的是 App 这个 Model。而这个 Model 里，根据第 4 章的内容讲解，它是用来存放服务应用而设置的。我们在这个视图中增加的内容,将会增加到 App 数据表中。

第 16 行:form_class=AppForm,表示我们在创建 App 应用的前端网页表单时,将会使用 AppForm 里的字段来渲染。这个 AppForm 中有很多 App Model 里的字段,内容我们也会随后分析。

第 18~24 行:get()方法,用来进行权限控制的函数。如果用户是管理员(admin 用户组)中的一个成员,则可以创建 App。记住,其后一定要是 return super().get(request, * args, * * kwargs),将处理过程再向下传递,这样才能正确地继续处理请求。如果没有权限,将直接返回提示:"亲,没有权限,只有管理员才可进入!"is_admin_group()函数,在本章后面讲到权限时,会详细讲解其实现代码。

第 26~28 行:form_invalid()方法体。当用户通过前端网页表单提供的数据不合法时,会返回创建 App 的页面,而不会进行任何数据库插入的动作。不合法包括但不限于:必填字段未填写、在数字字段输入了字符、输入长度超过限制,等等。

第 30~43 行:form_valid()方法。如果用户提交的表单数据通过了合法性验证,将会执行此方法。在此方法中,调用了 django orm 的 create 方法,在 App 数据表中插入一条记录。记住,orm 中的 create 方法,是会直接保存到数据库中的,而不需要调用 orm 中的 save()方法来保存。name=form.cleaned_data['name']这样的行,表示从前端网页表单的 form 字典对象中,取出 name 键的对应值,插入到数据库的 name 字段。其他字段与此类似。

第 43 行:HttpResponseRedirect(reverse("appinput:list"))行:表示当数据库插入完成之后,Django 会将网页跳转到另一个网页上。这里使用了两个 Django 知识点。第一个,reverse("appinput:list")会进行 URl 的反向解析。第二个,我们已在 6.1.2 小节中学习了,访问路径为/app/list/的网页会被路由到 appinput:list(名字空间:名称)对应的视图中,而 reverse("appinput:list")则是将 appinput:list 反向解析为/app/list/,这样一来,让我们建立好 App 应用之后,网页会被跳转到 App 展示页画(/app/list/)。重定向跳转是由 HttpResponseRedirect 方法实现的。

第 45~50 行:get_context_data()方法。可以为视图增加额外的上下文,在这个方法中,我们先使用 context = super().get_context_data(* * kwargs)行来继承已有的 context 上下文内容,然后在这个 context 中塞入更多的内容,最后再将这个 context 返回给调用方。在这个 context 中,增加了 now、current_page、current_page_name 这三个键值到当前的上下文中,这样一来,就可以在模板 html 文件中,用{{now}}、{{current_page}}、{{current_page_name}}的形式调用这三个键的值了。我们在系统级的模板中,有一个 topnav.html 的导航模板文件,在那里就使用{{current_page_name}}这个上下文,来指示当前操作的内容页。

2. Django 类视图主要属性及方法

下面列出 createview 的常用属性和方法,如表 6-1 所列。读者有需要时,可以有选择地自定义。

表 6-1 createview 的常用属性和方法

类别	名称	用途
属性	tamplate_name	字符串表示的模板名称
	form_class	要实例化的 Form 类
	fields	字段名称列表,其解释方式与 ModelForm 的 Meta.fields 相同,如果是自动生成表单类,那么该属性不能省略
	success_url	表单成功处理后重定向到的 URL
	model	视图要显示的模型
	queryset	表示对象的一个查询集,queryset 的值优先于 model 的值
	context_object_name	指定在上下文中使用的变量的名称
	pk_url_kwarg	URLconf 中,包含逐渐的关键字参数的名称,默认为"pk"
方法	get_queryset()	返回用来获取本视图显示对象的 queryset,如果设置了 queryset 属性,则 get_queryset() 默认返回它的值
	get_object()	返回该视图要显示的单个对象。如果提供了 queryset,则该 queryset 将作为对象的查询源;否则,将使用 get_queryset()。get_object() 从视图的所有参数中查找 pk_url_kwarg 参数。如果找到了这个参数,则该方法使用这个参数的值执行一个基于逐渐的查询。如果这个参数没有找到,则该方法查找 slug_url_kwarg 参数,使用 slug_field 字段执行针对 slug 的查询。当 query_pk_and_slug 为 True 时,get_object() 将使用主键和 slug 执行查询
	form_invalid()	如果表单验证失败,则使用已填充的表单数据和错误信息重新渲染上下文
	form_valid()	在表单验证成功后调用该方法(注意并没有对数据进行操作,例如保存),并重定向到 get_success_url(),可以覆盖该方法在以上行为之间添加额外的动作,该方法必须返回一个 HttpResponse
	get_context_data(**kwargs)	返回显示对象的上下文数据。这个方法的基本实现需要 object 属性被视图赋值(即使是 None),它返回一个字典

6.1.4 App 录入的表单

在上一小节的类视图中,我们用了 appinput/forms.py 时的 AppForm 表单;在这一小节,就来实现这个 Form 吧。

https://github.com/aguncn/manabe/blob/master/manabe/appinput/forms.py

```
01  # coding:utf-8
02
03  from django.contrib.auth.models import User
```

```
04   from django import forms
05   from .models import App
06
07   class AppForm(forms.ModelForm):
08
09       def __init__(self, *args, **kwargs):
10           initial = kwargs.get('initial', {})
11           kwargs['initial'] = initial
12           super().__init__(*args, **kwargs)
13
14       name = forms.CharField(
15           required = True,
16           error_messages = {'required': "不能为空"},
17           label = u"App组件名称",
18           widget = forms.TextInput(
19               attrs = {
20                   'placeholder': "名称",
21                   'class': 'input-text',
22               }
23           ),
24       )
25       description = forms.CharField(
26           required = False,
27           label = u"描述",
28           widget = forms.Textarea(
29               attrs = {
30                   'placeholder': "描述",
31                   'class': 'input-text',
32               }
33           ),
34       )
35       jenkins_job = forms.CharField(
36           error_messages = {'required': "不能为空"},
37           label = u"JENKINS JOB名称",
38           widget = forms.TextInput(
39               attrs = {
40                   'placeholder': "Jenkins Job",
41                   'class': 'input-text',
42               }
43           ),
44       )
```

```
45      git_url = forms.CharField(
46          error_messages = {'required': "不能为空"},
47          label = u"GIT地址",
48          widget = forms.TextInput(
49              attrs = {
50                  'placeholder': "GIT地址",
51                  'class': 'input-text',
52              }
53          ),
54      )
55      dir_build_file = forms.CharField(
56          error_messages = {'required': "不能为空"},
57          label = u"编译目录",
58          widget = forms.TextInput(
59              attrs = {
60                  'placeholder': "./",
61                  'class': 'input-text',
62              }
63          ),
64      )
65      build_cmd = forms.CharField(
66          error_messages = {'required': "不能为空"},
67          label = u"编译命令",
68          widget = forms.TextInput(
69              attrs = {
70                  'placeholder': "编译命令",
71                  'class': 'input-text',
72              }
73          ),
74      )
75      package_name = forms.CharField(
76          label = u"软件包名称",
77          widget = forms.TextInput(
78              attrs = {
79                  'placeholder': "编译后的软件包名称,没有可不填",
80                  'class': 'input-text',
81              }
82          ),
83      )
84      zip_package_name = forms.CharField(
85          label = u"压缩包名称",
```

```
 86            widget = forms.TextInput(
 87                attrs = {
 88                    'placeholder': "软件包和配置文件集成的压缩包,没有可不填",
 89                    'class': 'input-text',
 90                }
 91            ),
 92        )
 93        is_restart_status = forms.CharField(
 94            error_messages = {'required': "不能为空"},
 95            required = False,
 96            label = u"重启服务",
 97            widget = forms.CheckboxInput(
 98                attrs = {
 99                    'class': 'radio-box',
100                }
101            ),
102        )
103        manage_user = forms.ModelChoiceField(
104            queryset = User.objects.all(),
105            label = u"管理员",
106            widget = forms.Select(
107                attrs = {
108                    'style': """width:40%;""",
109                    'class': 'select-box',
110                }
111            ),
112        )
113
114        script_url = forms.CharField(
115            label = u"app 脚本链接",
116            widget = forms.TextInput(
117                attrs = {
118                    'placeholder': "http://[nginx]/scripts/[app_name]/[script_name]",
119                    'class': 'input-text',
120                }
121            ),
122        )
123
124        class Meta:
125            model = App
126            exclude = ['op_log_no']
```

上面这个 forms.py 文件里的 AppForm 类,在上一小节的视图代码中的 form_class 里被引用。Django 中的 Form 对象,分为两大类:Form 和 ModelForm,而我们在上面的代码中,使用的是 ModelForm。顾名思义,它的作用就是将前端网页里的 Form 表单,与 Model 里的数据表字段对应起来,在极端顺利的情况下,不用写一行代码,就能让网页里输入的内容加到数据库中去。但这种方法在我们现在这个应用里还是不行的。我们这个应用,也算是个比较复杂的应用了,所以对于 ModelForm 的应用,还是拆解开来应用它。

有的读者熟悉 HTML,可能会有疑问:使用 Django 提供的 Form 对象,和我们直接在 HTML 前端网页里写 <form></form> 有什么不一样吗?为什么 Django 还要专门提供这样的一个组件对象呢?

在笔者看来,Django 提供的 Form 比起 HTML 网页里自己写的 Form,好处还是有不少的,比如,它的实现很规范,排除了千人千面的代码,且它可以直接和 Model 对接,使用 Model 里的内容输出到模板网页;最重要的是,ModelForm 还可以结合数据库,对表单的输入作合法性验证。这些功能,都是直接写 HTML Form 不具备的,或是要用很多代码来实现的。

下面,就来分析一下上面这个 Form 文件代码,在分析之前,请大家比照图 6-6,此图和图 6-1 是一样的。

图 6-6 Manabe 新增 App 界面(2)

代码解释:

第 7 行:class AppForm(forms.ModelForm)行:表示此类继承自 ModelForm 类。

第 9~12 行:__init__()方法:如果有需要初始化的,在这里进行。

第 14~24 行:name,这对应的就是图 6-6 中的 App 组件名称一栏。forms.CharField()表示此字段为字符串方法。调用 CharField 方法时,我们定义了好几个参数。required=True,表示此字段为必填字段。error_messages={'required':"不能为空"},表示如果此字段不填,会在网页上出现此错误提示。label=u"APP 组件名称"为出现在 input 左右的名称。Widget 给出了 CharField 表单的 Input 的样式。Widget 本身也有几个参数用来定义它的表现形式,forms.TextInput 表示这个 CharField 是输入框(而不是 select 按钮、check 按钮、radio 按钮等),attrs 定义了 TextInput 的样式,'placeholder':"名称"定义占位文字,'class':'input-text'定义输入框 class 类。对照一下 Django 将 name 渲染到前端的代码,相信你会有更深的认识:

```
<label class = "form-label col-xs-4 col-sm-3">
    <label for = "id_name"> APP 组件名称:</label> :
</label>
<div class = "formControls col-xs-8 col-sm-9">
    <input type = "text" name = "name" placeholder = "名称" class = "input-text" required id = "id_name">
</div>
```

上面未涉及的 HTML 代码,会在下面的 HTML 模板文件中讲解。在这一段,我们可以说是将 Form 的设置事无巨细地都讲解到了。以后再遇到类似的表单时,就会一笔带过了。如果读者以后遇到代码阅读障碍,可以返回这段文字,慢慢品味。

第 25~34 行:Description,与 name 行类似,用于描述 App 的文字,但由于不是必填字段,所以定义 required=False。

第 35~44 行:jenkins_job,此行为此 App 对应的 Jenkins 中的任务名称。这个名称以后会和 settings.py 中的 jenkins_url 变量一起,组合成为 Jenkins Job 的绝对定位地址,然后,我们就可以通过 API,向此 Jenkins Job 传递编译任务了。关于 Jenkins API 的操作细节,读者可以回看第 3 章的相关内容。

第 45~54 行:git_url:这行为此 App 对应的 Gitlat 项目的地址。这个地址,我们会在 Jenkins Job 的 Pipeline 脚本中用上,这个字段会让我们的 App 设置更具有灵活性和通用性。

第 55~64 行:dir_build_file,编译命令相对于 git 项目根目录的路径,使用这个参数,我们就可以定义编译命令执行的目录了。如果公司全用 Java 开始,且都是用 maven 作为库管理,而 pom.xml 文件都放在固定目录,则这里是可以不需要 dir_build_file 这个变量的。但作为一个通用强的系统,是不能作这么狭窄的假设的。

第 65～74 行:build_cmd,编译命令,这个命令,也会传给 Jenkins Job。

第 75～83 行:package_name,项目经过编译之后生成的文件名,对于 Java 来说,这个名称即为 war 包或 jar 包名。对于 go 项目,这个名称可能就是一个具体的可执行文件;对于 Python、Node.js、Php 项目,因为 Job 不同,此字段可留空,使用 zip_package_name 来填充。

第 84～92 行:zip_package_name,对于不需要编译的项目,此行即为代码的压缩包。而对于又有编译又有配置文件的项目(go、jar 包),此行即可和编译后的文件及配置一起形成压缩包。

第 93～102 行:is_restart_status,部署包软件之后此 App 是否需要重启。一般来说,Java 的项目都是需要重启的,但有的 JS 项目,却可以不需要重启。这个字段,就是用来控制这个场景的。注意,这个 is_restart_status,我们希望用户使用 check 按钮,所以我们定义的 widget 为 forms.CheckboxInput 显示,这样,它的显示就会是 checkbox 风格的,但我们通过后台服务实际获取的值,还是 CharField 的字符类型:True 或 False。

第 103～112 行:manage_user,我们使用了 forms.ModelChoiceField()来初始化,说明它会是一个通过 Model 里的字段来进行选择的表单项,选项的内容为 queryset=User.objects.all()生成的所有用户。widget=forms.Select()表示这是一个 select 类型的表单项。表单项的 class 为 select-box,大家应该可以看到这个字段的具体样子了。这个 manage_user 是用来定义 App 的管理员的。此管理员我们会在随后的权限管理中使用,管理员可以管理本项目的编译、流转、以及各个环境发布的权限。具体实现,之后可见。

第 114～122 行:script_url,这个脚本链接地址,主要是用来定义软件的启停、备份、发布、回滚的脚本。在我们发布时,通过 HTTP 远程 wget 这个 sh 文件,然后通过 Salt-API 远程推送到服务器上去执行任务。这个脚本的模型,读者可以参考第 3 章的内容。真正可用的脚本,我们会在后面具体实现。

第 125 行:model=App,表明此 modelform 与 App 这个数据表关联,处理的是它的增改。

第 126 行:exclude = ['op_log_no'],这里表示我们修改 App 表里具体字段的能力。有两种语法:fields 和 exclude。通过 fields 来拿指定字段或者通过 exclude 来排除指定字段。上面这个配置表明,在通过 Form 修改 App 时,修改不了 op_log_no 这个字段的值。因为这个字段是用来记录这个 App 启停次数,并定位日志输出的值,我们当然不希望通过手工输入来修改。

6.1.5　App 录入的模板

在实现了 URL 路由注册、View 类视图、Form 表单之后,我们来实现新增应用的最后一步——tempate 模板。create_appinput.html 网页模板内容如下:

https://github.com/aguncn/manabe/blob/master/manabe/appinput/templates/appinput/create_appinput.html

```
01  {% extends "manabe/template.html" %}
02  {% load staticfiles %}
03  {% block title %}应用录入{% endblock %}
04
05  {% block content %}
06  <form action="" method="post" class="form form-horizontal" id="demoform-1">
07      {% csrf_token %}
08      <div class="row cl">
09          <label class="form-label col-xs-4 col-sm-3">
10              {{ form.name.label_tag }}:</label>
11          <div class="formControls col-xs-8 col-sm-9">
12              {{ form.name }}
13              {% for error in form.name.errors %}
14                  <span>{{ error }}</span>
15              {% endfor %}
16          </div>
17      </div>
18      <div class="row cl">
19          <label class="form-label col-xs-4 col-sm-3">
20              {{ form.description.label_tag }}:</label>
21          <div class="formControls col-xs-8 col-sm-9">
22              {{ form.description }}
23              {% for error in form.description.errors %}
24                  <span>{{ error }}</span>
25              {% endfor %}
26          </div>
27      </div>
28      <div class="row cl">
29          <label class="form-label col-xs-4 col-sm-3">
30              {{ form.jenkins_job.label_tag }}:</label>
31          <div class="formControls col-xs-8 col-sm-9">
32              {{ form.jenkins_job }}
33              {% for error in form.jenkins_job.errors %}
34                  <span>{{ error }}</span>
35              {% endfor %}
36          </div>
37      </div>
38      <div class="row cl">
39          <label class="form-label col-xs-4 col-sm-3">
```

```
40              {{ form.git_url.label_tag }}:</label>
41              <div class="formControls col-xs-8 col-sm-9">
42                  {{ form.git_url }}
43                  {% for error in form.git_url.errors %}
44                      <span>{{ error }}</span>
45                  {% endfor %}
46              </div>
47          </div>
48          <div class="row cl">
49              <label class="form-label col-xs-4 col-sm-3">
50                  {{ form.dir_build_file.label_tag }}:</label>
51              <div class="formControls col-xs-8 col-sm-9">
52                  {{ form.dir_build_file }}
53                  {% for error in form.dir_build_file.errors %}
54                      <span>{{ error }}</span>
55                  {% endfor %}
56              </div>
57          </div>
58          <div class="row cl">
59              <label class="form-label col-xs-4 col-sm-3">
60                  {{ form.build_cmd.label_tag }}:</label>
61              <div class="formControls col-xs-8 col-sm-9">
62                  {{ form.build_cmd }}
63                  {% for error in form.build_cmd.errors %}
64                      <span>{{ error }}</span>
65                  {% endfor %}
66              </div>
67          </div>
68          <div class="row cl">
69              <label class="form-label col-xs-4 col-sm-3">
70                  {{ form.package_name.label_tag }}:</label>
71              <div class="formControls col-xs-8 col-sm-9">
72                  {{ form.package_name }}
73                  {% for error in form.package_name.errors %}
74                      <span>{{ error }}</span>
75                  {% endfor %}
76              </div>
77          </div>
78          <div class="row cl">
79              <label class="form-label col-xs-4 col-sm-3">
80                  {{ form.zip_package_name.label_tag }}:</label>
```

```
81          <div class = "formControls col-xs-8 col-sm-9">
82              {{ form.zip_package_name }}
83              {% for error in form.zip_package_name.errors %}
84                  <span> {{ error }} </span>
85              {% endfor %}
86          </div>
87      </div>
88
89      <div class = "row cl">
90          <label class = "form-label col-xs-4 col-sm-3">
91              {{ form.is_restart_status.label_tag }}: </label>
92          <div class = "formControls skin-minimal col-xs-8 col-sm-9">
93              {{ form.is_restart_status }}
94              {% for error in form.is_restart_status.errors %}
95                  <span> {{ error }} </span>
96              {% endfor %}
97          </div>
98      </div>
99      <div class = "row cl">
100         <label class = "form-label col-xs-4 col-sm-3">
101             {{ form.manage_user.label_tag }}: </label>
102         <div class = "formControls col-xs-8 col-sm-9">
103             {{ form.manage_user }}
104             {% for error in form.manage_user.errors %}
105                 <span> {{ error }} </span>
106             {% endfor %}
107         </div>
108     </div>
109     <div class = "row cl">
110         <label class = "form-label col-xs-4 col-sm-3">
111             {{ form.script_url.label_tag }}: </label>
112         <div class = "formControls col-xs-8 col-sm-9">
113             {{ form.script_url }}
114             {% for error in form.script_url.errors %}
115                 <span> {{ error }} </span>
116             {% endfor %}
117         </div>
118     </div>
119     <div class = "row cl">
120         <div class = "col-xs-8 col-sm-9 col-xs-offset-4 col-sm-offset-3">
121             <input class = "btn btn-primary radius" type = "submit" value = "提交">
```

```
122                </div>
123              </div>
124        </form>
125   {% endblock %}
```

代码解释:

我们在前面的 AppInputCreateView 视图类中，已定义了 template_name 为 appinput/create_appinput.html,这个 create_appinput.html 内容如上。经过第 5 章的学习,相信读者已了解了 Django 中的模板嵌套和继承的语法,我们这个 create_appinput.html 也是套用的这种语法。下面逐个讲解重点。

第 1 行:{% extends "manabe/template.html" %},表示我们这个模板是从 manabe/template.html 文件中继承而来的,而 template.html 的具体实现和内容,请看第 5 章,在 template.html 中,我们已实现了整个自动化软件发布的基本网页框架,其他的模板只要从这个文件继承,然后改写几个重要的 block 内容即可。

第 2 行:{% load staticfiles %},表示我们会启动 Django 的静态内容。如果有额外的 CSS 和 JS,Django 标准的 URL 语法就能定位准确。

第 3 行:title block 语句块,我们改写 template.html 里的 title 这个块,写上自己的网页标题。

第 5～125 行:content block 语句块,这个语句块包含了所有余下的内容。主要的内容就是一个 HTML 的 Form 表单。这个表单中很多都是重复性的内容,只要有 HTML 基础,都能看懂,它就是将 forms.py 中的每一个字段,通过一定的形式个性化地显示出来了。这里只挑第一个字段来说明。第 8～17 行,内容如下:

```
<div class = "row cl">
    <label class = "form-label col-xs-4 col-sm-3">
        {{ form.name.label_tag }}:</label>
    <div class = "formControls col-xs-8 col-sm-9">
        {{ form.name }}
        {% for error in form.name.errors %}
            <span>{{ error }}</span>
        {% endfor %}
    </div>
</div>
```

每一个字段,都通过一个 div 标签来分隔,div 的 class 是按 H-ui 前端的标签来制定的。关于 H-ui 前端的内容,可以参看附录部分。每个 div 里定义了三个部分的内容:

① form.name.label_tag,这展示我们在 form.py 中每个字段的 label 属性文字。

② form.name,这里对应每一个 forms.py 中的字段名,如 name、description、git_url 等。

③ for error in form. name. errors 模板语句：如果字段输入有误，则提交后，返回错误信息。

第 7 行：{% csrf_token %}，CSRF(Cross Site Request Forgery——跨站点伪造请求)。举例来讲，某个恶意的网站上有一个指向你的网站的链接，如果某个用户已经登录到你的网站上了，那么当这个用户点击这个恶意网站上的那个链接时，就会向你的网站发来一个请求，你的网站会以为这个请求是用户自己发来的，其实呢，这个请求是那个恶意网站伪造的。Django 第一次响应来自某个客户端的请求时，会在服务器端随机生成一个 token，把这个 token 放在 cookie 里。然后每次 POST 请求都会带上这个 token，这样就能避免被 CSRF 攻击。这个{% csrf_token %}，就是起这个作用的。

6.1.6　App 录入的浏览器验证

经过上面四个文件的编写之后，如果我们启动服务器（python manage.py runserver），访问（http://localhost:8000/app/create/），就可以看到新增 App 的网页了，如图 6-6 所示。

这里要注意的是，由于我们在视图中已加入了权限功能，则这个权限功能要在后面才实现，所以这时启动服务器是会报错的。如果读者要此时就想看到效果，可以只导入已实现的模块，且将权限功能注释掉，服务器才能正常启动。

这样的操作，对于本书后面的章节也存在同样的情况，到时不再一一提示了。

6.2　App 服务编辑页面

有了前面的知识铺垫，如果读者对 Django 类视图已有了解，那么接下来的几个视图、模板、forms.py 文件，就比较简单了。这就是知识的力量，一通百通，永远不会骗人，而且会产生积累效果。

在上一节已定义好了服务编辑的 URL 及类视图 AppInputUpdateView，下面就来实现这个类视图吧。

6.2.1　App 编辑视图

代码如下：

https://github.com/aguncn/manabe/blob/master/manabe/appinput/views.py

```
01    class AppInputUpdateView(UpdateView):
02        template_name = 'appinput/edit_appinput.html'
03        model = App
04        form_class = AppForm
05
```

```
06      def get(self, request, *args, **kwargs):
07          # 定义用户权限
08          app_id = request.path.split("/")[-2]
09          app_item = App.objects.get(id=app_id)
10          if is_admin_group(self.request.user) \
11                  or app_item.manage_user == self.request.user:
12              return super().get(request, *args, **kwargs)
13          else:
14              result = "亲,没有权限,只有管理员才可进入!"
15              return HttpResponse(result)
16  
17      '''
18      # 在提交时,限制非法用户权限
19      def post(self, request, *args, **kwargs):
20          app_id = request.path.split("/")[-2]
21          app_item = App.objects.get(id=app_id)
22          if is_admin_group(self.request.user) 
23                  or app_item.manage_user == self.request.user:
24              return super().post(request, *args, **kwargs)
25          else:
26              result = "亲,没有权限,想用非正规方式修改吧?"
27              return HttpResponse(result)
28      '''
29  
30      def get_context_data(self, **kwargs):
31          context = super().get_context_data(**kwargs)
32          context['current_page'] = "appinput-edit"
33          context['current_page_name'] = "编辑APP应用"
34          context['app_id'] = self.kwargs.get(self.pk_url_kwarg)
35          return context
36  
37      def get_success_url(self):
38          return reverse_lazy("appinput:list")
```

代码解释:

可以看到,我们这次的 AppInputUpdateViewm 继承自 UpdateView 类。这是 Django 专门为更新数据表而设计的通用视图。这个类视图,可以让我们更快速地进行更新,并且我们重用了上一节提到的 AppForm。相信读者已看到,我们在上面这个代码中,根本都没有写保存数据库的语句,而 Django 却自动将我们前端的修改内容保存进了数据库中,神奇吧!

关于 UpdateView 的所有方法,读者可以通过 http://ccbv.co.uk/网站详细了

解。这个网站，专门详细罗列了所有 Django 的视图类的方法、属性、对应的源代码，是我们深入学习视图类的首选站点。

Django 的视图类，主要使用了 Python 的 mixin 机制，这是 Python 实现面向对象编程中多重继承的方法，有兴趣的读者，可以通过网上文档深入了解。

第 17~28 行：其中，为了系统的安全，我们在 get 方法中作了权限限制，而此处注释的内容，意即我们也可以布置到方法中，都加入了权限审核机制，这样就会在保存时，再加一层保护机制。如果没有对应的权限，或是直接通过网页 URL 进入，都会给出相应的非法操作提示。

至于权限管理部分的代码，我们会在随后的章节里给出讲解。

6.2.2 App 编辑模板文件

代码如下：

https://github.com/aguncn/manabe/blob/master/manabe/appinput/templates/appinput/edit_appinput.html

```
01    {% extends "manabe/template.html" %}
02    {% load staticfiles %}
03    {% block title %} 应用编辑 {% endblock %}
04
05    {% block content %}
06    <form action="" method="post" class="form form-horizontal" id="demoform-1">
07        {% csrf_token %}
08        <div class="row cl">
09            <label class="form-label col-xs-4 col-sm-3">
10                {{ form.name.label_tag }}:</label>
11            <div class="formControls col-xs-8 col-sm-9">
12                {{ form.name }}
13                {% for error in form.name.errors %}
14                    <span>{{ error }}</span>
15                {% endfor %}
16            </div>
17        </div>
18        <div class="row cl">
19            <label class="form-label col-xs-4 col-sm-3">
20                {{ form.description.label_tag }}:</label>
21            <div class="formControls col-xs-8 col-sm-9">
22                {{ form.description }}
23                {% for error in form.description.errors %}
24                    <span>{{ error }}</span>
25                {% endfor %}
```

```
26             </div>
27         </div>
28         <div class = "row cl">
29             <label class = "form - label col - xs - 4 col - sm - 3">
30                 {{ form.jenkins_job.label_tag }}:</label>
31             <div class = "formControls col - xs - 8 col - sm - 9">
32                 {{ form.jenkins_job }}
33                 {% for error in form.jenkins_job.errors %}
34                     <span>{{ error }}</span>
35                 {% endfor %}
36             </div>
37         </div>
38         <div class = "row cl">
39             <label class = "form - label col - xs - 4 col - sm - 3">
40                 {{ form.git_url.label_tag }}:</label>
41             <div class = "formControls col - xs - 8 col - sm - 9">
42                 {{ form.git_url }}
43                 {% for error in form.git_url.errors %}
44                     <span>{{ error }}</span>
45                 {% endfor %}
46             </div>
47         </div>
48         <div class = "row cl">
49             <label class = "form - label col - xs - 4 col - sm - 3">
50                 {{ form.dir_build_file.label_tag }}:</label>
51             <div class = "formControls col - xs - 8 col - sm - 9">
52                 {{ form.dir_build_file }}
53                 {% for error in form.dir_build_file.errors %}
54                     <span>{{ error }}</span>
55                 {% endfor %}
56             </div>
57         </div>
58         <div class = "row cl">
59             <label class = "form - label col - xs - 4 col - sm - 3">
60                 {{ form.build_cmd.label_tag }}:</label>
61             <div class = "formControls col - xs - 8 col - sm - 9">
62                 {{ form.build_cmd }}
63                 {% for error in form.build_cmd.errors %}
64                     <span>{{ error }}</span>
65                 {% endfor %}
66             </div>
```

```
67          </div>
68          <div class = "row cl">
69              <label class = "form-label col-xs-4 col-sm-3">
70                  {{ form.package_name.label_tag }}:</label>
71              <div class = "formControls col-xs-8 col-sm-9">
72                  {{ form.package_name }}
73                  {% for error in form.package_name.errors %}
74                      <span>{{ error }}</span>
75                  {% endfor %}
76              </div>
77          </div>
78          <div class = "row cl">
79              <label class = "form-label col-xs-4 col-sm-3">
80                  {{ form.zip_package_name.label_tag }}:</label>
81              <div class = "formControls col-xs-8 col-sm-9">
82                  {{ form.zip_package_name }}
83                  {% for error in form.zip_package_name.errors %}
84                      <span>{{ error }}</span>
85                  {% endfor %}
86              </div>
87          </div>
88
89          <div class = "row cl">
90              <label class = "form-label col-xs-4 col-sm-3">
91                  {{ form.is_restart_status.label_tag }}:</label>
92              <div class = "formControls skin-minimal col-xs-8 col-sm-9">
93                  {{ form.is_restart_status }}
94                  {% for error in form.is_restart_status.errors %}
95                      <span>{{ error }}</span>
96                  {% endfor %}
97              </div>
98          </div>
99          <div class = "row cl">
100             <label class = "form-label col-xs-4 col-sm-3">
101                 {{ form.manage_user.label_tag }}:</label>
102             <div class = "formControls col-xs-8 col-sm-9">
103                 {{ form.manage_user }}
104                 {% for error in form.manage_user.errors %}
105                     <span>{{ error }}</span>
106                 {% endfor %}
107             </div>
```

```
108        </div>
109        <div class = "row cl">
110            <label class = "form - label col - xs - 4 col - sm - 3">
111                {{ form.script_url.label_tag }}:</label>
112            <div class = "formControls col - xs - 8 col - sm - 9">
113                {{ form.script_url }}
114                {% for error in form.script_url.errors %}
115                    <span>{{ error }}</span>
116                {% endfor %}
117            </div>
118        </div>
119        <div class = "row cl">
120            <div class = "col - xs - 8 col - sm - 9 col - xs - offset - 4 col - sm - offset - 3">
121                <input class = "btn btn - primary radius" type = "submit" value = "提交">
122            </div>
123        </div>
124    </form>
125 {% endblock %}
```

代码解释：

对比 create_appinput.html 和 edit_appinput 文件，你会发现，这两个网页模板内容几乎一模一样。但网页呈现的内容却不一样，create_appinput.html 呈现时，Form 内容为空；而 edit_appinput.html 呈现时，却已有了我们需要更改的数据。

这其间的差别，由于编辑类的 URL 有参数，UpdateView 类里的 get_queryset 方法或 get_object 方法，会给模板文件返回我们指定编辑的数据。而新建类的 URL 没有参数，CreateView 类里的 get_queryset 方法或 get_object 方法，会给模板文件返回空白的数据。在这个表单里按规则随便更改一些内容，点击提交按钮，就可以将内容保存到数据库当中了。

6.3 App 服务列表展示

在讲解了 App 服务的录入和编辑之后，接下来，进入服务的展示页面的制作。与 App 录入和编辑的单个 App 数据不一样，服务列表涉及的整个 App 的集合，还会用到分页及搜索的功能。在本节中，这些功能的实现都会同时讲解。

6.3.1 App 服务列表视图

代码如下：

https://github.com/aguncn/manabe/blob/master/manabe/appinput/views.py

```
01    class AppInputListView(ListView):
02        template_name = 'appinput/list_appinput.html'
03        paginate_by = 10
04    
05        def get_queryset(self):
06            if self.request.GET.get('search_pk'):
07                search_pk = self.request.GET.get('search_pk')
08                return App.objects.filter(
09                    Q(name__icontains = search_pk) |
10                    Q(package_name__icontains = search_pk))
11            return App.objects.all()
12    
13        def get_context_data(self, **kwargs):
14            context = super().get_context_data(**kwargs)
15            context['now'] = timezone.now()
16            context['is_admin_group'] = is_admin_group(self.request.user)
17            context['current_page'] = "appinput-list"
18            context['current_page_name'] = "APP应用列表"
19            query_string = self.request.META.get('QUERY_STRING')
20            if 'page' in query_string:
21                query_list = query_string.split('&')
22                query_list = [elem for elem in query_list if not elem.startswith('page')]
23                query_string = '?' + "&".join(query_list) + '&'
24            elif query_string is not None:
25                query_string = '?' + query_string + '&'
26            context['current_url'] = query_string
27            return context
```

代码解释：

第2行：template_name，指明此视图要渲染的模板是 appinput/list_appinput.html。此文件的内容，在下一节马上会讲解。

第3行：paginate_by：指明每页显示10个App服务，更多的服务列表，以分页的方式呈献。

第5～11行：get_queryset 方法，此方法，定义了返回给网页模板的主要的App服务列表项，它以ORM的方式，从数据库中按指定的分页起止项，查询出App服务集合。如果没有指定搜索内容，则会返回数据库中App的全部内容（return app.objects.all()行）。如果我们从前端的网络模板中指定了搜索选项，则先会获取前端的搜索关键字，然后从App数据表返回所有name或package_name字段中含有关键字的 App。实现代码第 7~10 行：

```
search_pk = self.request.GET.get('search_pk')
return App.objects.filter(
    Q(name__icontains = search_pk) |
    Q(package_name__icontains = search_pk))
```

此处使用了 Django ORM 的 Q 查询实现。filter()等方法中的关键字参数查询都是一起进行"AND"的。如果需要执行更复杂的查询(例如 OR 语句)，则可以使用 Q 对象，你可以组合 "&" 和 "|" 操作符以及使用括号进行分组来编写任意复杂的 Q 对象。同时，Q 对象可以使用 "～" 操作符取反，这允许组合正常的查询和取反(NOT)查询。上面的 Q 查询的含义就是：如果用户在前端网页输入了查询关键字，就在名称或是软件包名里查询这个关键字，返回相应的数据条目。

第 13~27 行：get_context_data 方法，在这个方法中，有我们以前讲过的上下文参数，我们就不再讲解了，而只是讲解以下几个新出现的上下文参数：

第 16 行：is_admin_group，用于判断登录用户是否为此 App 的管理员。is_admin_group()函数的实现随后讲到。这个函数返回为 true 或 false，用于控制前端网页是否显示激活相关界面。

第 19 行：query_string 行：用于实现前端正确的分页。这是因为在默认情况下，Django 可以正确显示所有的 listview 类视图模板的分页，但在这里，希望搜索过滤的关键字也和分页一起，组成可用的 URL，所以才会自定义前端分页的 URL 形式。这样的实现逻辑，都是基于标准的多参数 url：http://127.0.0.1:8000/app/list/?search_pk=Z&page=2 这样的形式，进行字符切分逻辑处理。经过这样的处理，在接下来实现搜索和过滤功能时，就可以使用同样一个类来搞定了。

6.3.2　App 服务列表模板文件

代码如下：

https://github.com/aguncn/manabe/blob/master/manabe/appinput/templates/appinput/list_appinput.html

```
01  {% extends "manabe/template.html" %}
02
03  {% load staticfiles %}
04  {% block title %}应用列表{% endblock %}
05
06  {% block content %}
07  <div>
08      <span class = "l">
09          {% if is_admin_group %}
10              <a class = "btn btn-primary radius"
```

```
11                    href = "{% url 'appinput:create' %}">
12                        新建 App 应用
13                    </a>
14                {% endif %}
15            </span>
16            <span class = "select - box inline r">
17                {% include "manabe/search.html" %}
18            </span>
19    </div>
20    <br/>
21    <br/>
22
23    <table class = "table table - border table - bordered table - bg">
24        <thead>
25            <th>
26                App 应用组件
27            </th>
28            <th>
29                jenkins job
30            </th>
31            <th>
32                是否重启
33            </th>
34            <th>
35                软件包名
36            </th>
37            <th>
38                管理员
39            </th>
40            <th>
41                编辑
42            </th>
43            <th>
44                授权
45            </th>
46            <th>
47                时间
48            </th>
49        </thead>
50        <tbody>
51    {% for item in object_list %}
```

```
52          <tr class = "text - 1">
53              <td>
54                      <span data - toggle = "tooltip" data - placement = "bottom"
55                          title = "{{item.description}}">
56                          <a href = "{% url 'appinput:detail' pk = item.id %}">
57                              {{item.name}}
58                          </a>
59                      </span>
60
61              </td>
62              <td>{{item.jenkins_job}}</td>
63              <td>
64                      {{item.is_restart_status}}
65              </td>
66              <td>
67                      <span class = "label label - primary radius">
68                          {{item.package_name}}
69                      </span>
70              </td>
71              <td>{{item.manage_user}}</td>
72              <td>
73                      {% if is_admin_group %}
74                      <a href = "{% url 'appinput:edit' pk = item.id %}">
75                          <button class = "btn btn - warning - outline radius" >
76                              编辑
77                          </button>
78                      </a>
79                      {% else %}
80                          {% ifequal request.user item.manage_user %}
81                          <a href = "{% url 'appinput:edit' pk = item.id %}">
82                              <button class = "btn btn - warning - outline radius" >
83                                  编辑
84                              </button>
85                          </a>
86                          {% else %}
87                          <button class = "btn disabled radius" >
88                              编辑
89                          </button>
90                          {% endifequal %}
91                      {% endif %}
92              </td>
```

```
 93             <td>
 94                 {% if is_admin_group %}
 95                 <a href = "{% url 'rightadmin:list' pk = item.id %}">
 96                     <button class = "btn btn-warning-outline radius">
 97                         授权
 98                     </button>
 99                 </a>
100                 {% else %}
101                     {% ifequal request.user item.manage_user %}
102                     <a href = "{% url 'rightadmin:list' pk = item.id %}">
103                         <button class = "btn btn-warning-outline radius">
104                             授权
105                         </button>
106                     </a>
107                     {% else %}
108                     <button class = "btn disabled radius">
109                         授权
110                     </button>
111                     {% endifequal %}
112                 {% endif %}
113             </td>
114             <td>{{item.change_date}}</td>
115         </tr>
116         {% endfor %}
117         </tbody>
118     </table>
119     <br/>
120     {# pagination #}
121     <div class = "text-r">
122         <ul>
123             {% if page_obj.has_previous %}
124             <a href = "{{current_url}}page = {{ page_obj.previous_page_number }}"
125                 class = "btn btn-primary-outline radius">上一页</a></li>
126             {% else %}
127             <a href = "" class = "btn btn-primary-outline radius">上一页</a></li>
128             {% endif %}
129             <a href = "#">
130                 <span class = "label label-primary radius">
131                     {{page_obj.number}}/{{page_obj.paginator.num_pages}}</span>
```

```
132            </a>
133          {% if page_obj.has_next %}
134            <a href="{{current_url}}page={{ page_obj.next_page_number }}"
135             class="btn btn-primary-outline radius">下一页</a></li>
136          {% else %}
137            <a href="" class="btn btn-primary-outline radius">下一页</a></li>
138          {% endif %}
139        </ul>
140     </div>
141  {% endblock %}
142
143  {% block script %}
144  <script>
145  $(".search_btn").click(function(){
146      var search_pk = $("input[name='search_pk']").val() || "demo";
147      if (search_pk == "demo") {
148         $.Huimodalalert('<span class="c-error">亲,请输入关键字再进行搜索!</span>',3000);
149         return false;
150      }
151      search_pk = search_pk.replace(/(^\s*)|(\s*$)/g, "");
152      var url = "{% url 'appinput:list' %}?search_pk=" + search_pk
153      console.log(url)
154      location.href = url
155  });
156  </script>
157
158  {% endblock %}
```

代码解释:

这个模板文件,通过本章前面章节的介绍,对于结构性的语句,相信读者已可以自行分析拆解了。这里重点介绍一下前面没有涉及的实现要点。

第 17 行:include "manabe/search.html",这里使用的是 Django 的模板技术。为了提高工作效率,为用户提供一个搜索功能,如果用户输入一些关键字,就可以在 App 的名称或是 App 的软件名中查找并显示出来。其后台技术实现,在上一小节的 Q 查询中已讲到。

第 94～112 行:if is_admin_group,如果登录用户为系统管理员,则可以使用新 App;否则,只能查看应用。

第 51～116 行:for item in object_list,默认情况下,listview 传到前端的数据库

记录的名称为 object_list 列表,通过不断循环其中的记录,就会将所有的 App 在网页上显示出来。

第 80～91 行:ifequal request. user item. manage_user,如果是 App 管理员,则有编辑 App 权限;否则,禁用编辑按钮。

第 101～111 行:ifequal request. user item. manage_user,如果是 App 管理员,则可以对 App 进行授权管理;否则,禁用授权按钮。

第 102 行:url 'rightadmin:list' pk=item. id,此模块的实现,会在下一章讲解。

第 123～138 行:if page_obj. has_previous,实现 Django 模板中的模板分页,至于如何结合分页及搜索关键字进行分布,在上一小节的 query_string 中有涉及。

第 144～156 行:block script,为此网页再增加一个 <script> 语句块。

第 145～155 行:$(". search_btn"). click(function()),用 jquery 实现搜索功能。限于本书主题,对于 jquery 的知识技能,需要读者自行学习、领会。

第 152 行:var url = "{% url 'appinput:list' %}? search_pk=" + search_pk 行:进行搜索实现 URL 的关键,{% url 'appinput:list' %}的这种 Django 的 URL 解析写法,就可以避免在开发当中硬编码 URL,Django 会自动解析到对应的 URL 路由上。当这个 URL 路由到 AppInputListView 类视图之后,这个类就会在处理完搜索请求之后,再将内容如同没有搜索一样返回给用户,大大精简了搜索功能的代码实现。

用 Django 就是这么快速!如果管理员登录,则本小节网页显示效果如图 6-7 所示。

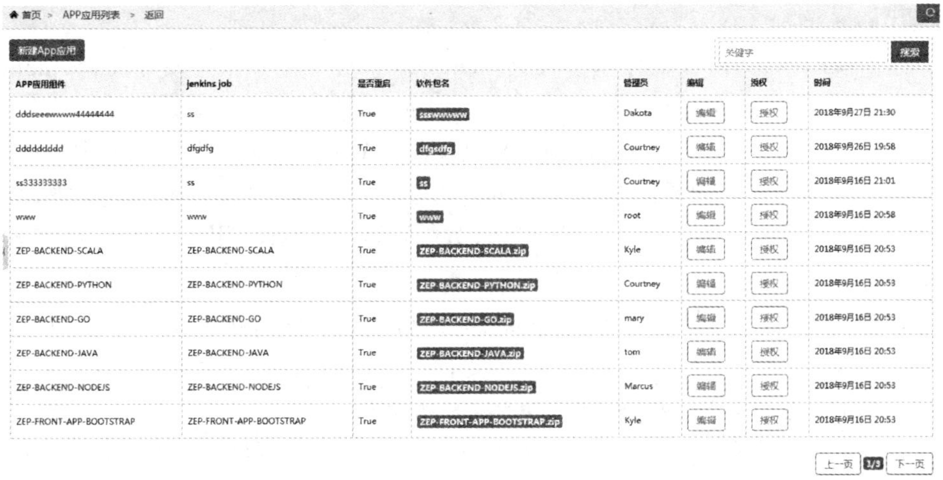

图 6-7 Manabe 显示 App 界面(2)

6.4 App 服务详情页面

经过前面的叙述,关于 Django 中数据的增加、修改、查询,都已讲解到了。由于删除操作是一个相当谨慎的行为,所以暂时不会涉及。接下来,我们来实现一个详情页面,对应于 Django 视图中的 DetailView 类。使用这个类视图,就可以查看一条具体记录的所有内容。而结合 listview 所有数据条目的内容,就可以对所有的 App 有一个由精到细的全面展示,满足日常工作中的各种要求。

6.4.1 App 服务详情视图

AppInputDetailView 内容如下:

https://github.com/aguncn/manabe/blob/master/manabe/appinput/views.py

```
01    class AppInputDetailView(DetailView):
02        template_name = 'appinput/detail_appinput.html'
03        model = App
04
05        def get_context_data(self, **kwargs):
06            context = super().get_context_data(**kwargs)
07            context['current_page_name'] = "App 应用详情"
08            context['now'] = timezone.now()
09            return context
```

代码解释:

这个视图的内容,我们已都涉及到,template_name 用于指定模板文件,model 用于指定 model,而 get_context_data()用于携带额外的上下文信息。

那么,这个 DetailView 如何能显示出具体的一个 App 应用的详细信息呢?如果查看 DetailView 实现的源代码,就会从 get_object 方法和 get_queryset 方法中发现其实现的原理。get_object 用于获取单条数据,get_queryset 用于获取数据列表,URL 如下:

http://ccbv.co.uk/projects/Django/2.0/django.views.generic.detail/DetailView/

在这个页面的 get_queryset 中,有一段叙述如下:

This method is called by the default implementation of get_object() and may not be called if get_object() is overridden.

这就表示,如果使用了 get_object(),则 get_queryset 就不会调用。在显示 App 列表时,由于 URL 中不携带参数,所以,会调用 geet_queryset 方法。在编辑和显示详情及删除时,在 URL 中带有 pk 参数,所以会调用 get_object 方法。

Django 源代码中,get_object 方法如下:

```
01  def get_object(self, queryset = None):
02      """
03      Return the object the view is displaying.
04      Require 'self.queryset' and a 'pk' or 'slug' argument in the URLconf.
05      Subclasses can override this to return any object.
06      """
07      # Use a custom queryset if provided; this is required for subclasses
08      # like DateDetailView
09      if queryset is None:
10          queryset = self.get_queryset()
11      # Next, try looking up by primary key.
12      pk = self.kwargs.get(self.pk_url_kwarg)
13      slug = self.kwargs.get(self.slug_url_kwarg)
14      if pk is not None:
15          queryset = queryset.filter(pk = pk)
16      # Next, try looking up by slug.
17      if slug is not None and (pk is None or self.query_pk_and_slug):
18          slug_field = self.get_slug_field()
19          queryset = queryset.filter( * * {slug_field: slug})
20      # If none of those are defined, it's an error.
21      if pk is None and slug is None:
22          raise AttributeError("Generic detail view % s must be called with "
23                              "either an object pk or a slug. "
24                              % self.__class__.__name__)
25      try:
26          # Get the single item from the filtered queryset
27          obj = queryset.get()
28      except queryset.model.DoesNotExist:
29          raise Http404(_("No % (verbose_name)s found matching the query") %
30                        {'verbose_name': queryset.model._meta.verbose_name})
31      return obj
```

正是在 queryset = queryset.filter(pk=pk);obj = queryset.get();这样的代码中,DetailView 已根据我们提供的 pk 值,从数据库中检索好相关的数据了。

6.4.2 App 服务详情模板

代码如下:

https://github.com/aguncn/manabe/blob/master/manabe/appinput/templates/appinput/detail_appinput.html

```
01  {% extends "manabe/template.html" %}
02  {% load staticfiles %}
03  {% block title %} 应用详情 {% endblock %}
04  
05  {% block content %}
06  <table class = "table table-border table-bordered radius">
07      <tbody>
08      <tr>
09          <td> APP 名称 </td>
10          <td> {{object}} </td>
11      </tr>
12      <tr>
13          <td> Jenkins Job </td>
14          <td> {{object.jenkins_job}} </td>
15      </tr>
16      <tr>
17          <td> 是否需要重启服务 </td>
18          <td> {{object.is_restart_status}} </td>
19      </tr>
20      <tr>
21          <td> 软件包名 </td>
22          <td>
23              <span class = "label label-primary radius">
24                  {{object.package_name}}
25              </span>
26          </td>
27      </tr>
28      <tr>
29          <td> App 服务脚本链接 </td>
30          <td>
31              <pre> {{object.script_url}} </pre>
32          
33          </td>
34      </tr>
35      <tr>
36          <td> 最近操作用户 </td>
37          <td> {{object.op_user}} </td>
38      </tr>
39      </tbody>
40  </table>
41  {% endblock %}
```

对于这个模板文件的理解,经过前面的学习就完全没有难度了。

第 10 行:{{object}}就是 DetailView 为我们准备好的数据条目名称。因为我们查看的是单个数据条目,所以不用 for 循环来显示内容。

在上面的模板中,只是显示了一些字段,如果需要,也可以在这里显示所有字段的内容。

当完成以上模板之后,访问 App 的详情页面,显示如图 6-8 所示。

图 6-8 Manabe 显示 App 详情

其中的 App 服务脚本,我们会在后面的软件发布环节再来丰富这个脚本内容。

6.5 App 服务权限设计

一个没有权限管理的系统是很脆弱的,任意一个用户的随意操作,都有可能造成对系统不可预估的损坏。对于我们的软件自动化发布系统而言,也需要有权限管理模块来增强系统的健壮性。整个权限管理模块应用体现在以下几个方面:

① 超级系统管理员。这些用户,可以登录 Django Admin 后台管理,可以对整个系统的前台及后台任意数据进行增删查改,权限最大。这种用户,一般不会给到开发、测试或普通运维,而只能是给到此运维平台的开发人员,或是备份技能人员。我们定义权限等级为一级。

② 系统管理员。这些用户不可以登录 Django 后台管理,但可以对系统的前台数据进行增删查改,可以增加 App 服务,增加服务器,建立任意系统的发布单,流转任何环境;可发布所有发布单,权限比超级系统管理员要少一些,因为这些用户不可以登录 Django 后台管理。这种用户,一般会给到一些运维管理人员,用于系统的日常管理。我们定义权限等级为二级。

③ App 服务管理员。这些用户不可增加服务器，只可管理某个或某些 App 服务。他可以管理自己名下的 App 服务的修改，对自己名下的 App 服务的各种权限（创建及编译权限、环境流转权限、各个环境的部署权限）进行拆分授权，给到不同的用户。可以建立自己管理的 App 服务的发布单，流转管理的 App 服务的发布单，发布管理的 App 服务的发布单，我们定义权限等级为三级。

④ 普通用户。这些用户则可被前面的三个等级的管理员给到不同的权限，并只能操作相应的权限。按一般的权限设计，创建及编译权限给到开发人员，流转权限给到测试人员，各个环境的部署权限给到运维人员。当然，不同的公司特征和结构组织可以灵活设置。我们定义权限等级为四级。

其中，一级管理权限，Django 已默认完成。只要我们在后台的管理用户中，将其权限中的有效、职员状态、超级用户状态三个勾选框全部勾选，这个用户就是一级管理权限的用户了。所以，我们重点关注后面三个等级的用户的权限实现。

本节，我们就会基于上面的叙述，开发一个适用于自动化软件发布平台的权限模块，在其他模块需要进行权限验证时调用。

6.5.1 Rightadmin 权限模块的路由

Public 模块，是为了将权限验证的公用功能提取出来，供其他模块验证使用。当然，Public 是一个公共模块，除了可以放权限管理模块之外，其他公用的功能，我们都将放在此模块下面。

Rightadmin 模块，则是我们权限管理实现的主要模块。

在第 4 章，我们已建好这两个模块的框架，在 rightadmin\modules.py 的 models 数据表中，每个字段的意义也在第 4 章讲解明白。模拟数据也早已生成。所以，接下来直接进入代码编写环境即可。

如果对这两部分内容还有些陌生，请再回头去看看第 4 章中相关的内容，一定要熟悉那章的内容，在这里，才可能无缝地跟进。

先从路由开始，自顶而下地讲述。rightadmin\urls.py 的内容如下：

https://github.com/aguncn/manabe/blob/master/manabe/rightadmin/urls.py

```
01  from django.urls import path
02  from django.contrib.auth.decorators import login_required
03  from django.views.generic import TemplateView
04
05  from .views import RightAdminView, admin_user, update_permission
06
07  app_name = 'rightadmin'
08
09  urlpatterns = [
10      path('list/ <slug:pk> /',
```

```
11            login_required(RightAdminView.as_view()),
12            name = 'list'),
13       path('admin_user/<slug:app_id> / <slug:action_id> / <slug:env_id> /',
14            login_required(admin_user),
15            name = 'admin_user'),
16       path('update_permission/',
17            login_required(update_permission),
18            name = 'update_permission'),
19       path('default/',
20            TemplateView.as_view(template_name = "rightadmin/default.html"),
21            name = "default"),
22  ]
```

代码解释：

第 10~12 行：List 路由，主要用于展示指定 App 应用的权限。由于要指定 App，所以我们使用了 pk 参数。同时，为了能方面用户导航，使用 HTML 的 iframe 及 zTree 实现了三栏导航。

第 13~15 行：admin_user 路由，用于在指定了 App 应用、action 权限及 env 环境之后，区分出有权限和没有权限的用户，有了这两类用户，就可以在前端网页作针对性显示和选择了。

第 16~18 行：update_permission 路由：当用户要更改每一类权限的用户，点击保存修改按钮之后，将会调用这个 URL，这个路由功能，就是实现用户权限的保存。

第 19~21 行：Default 路由：这只是一个默认显示网页，在用户没有任何选择时，给一个默认的展示。所以，在其实现路由时，没有调用任何 views.py 里的函数，而只是使用 Django 的 TemplateView 技术，直接将 rightadmin/default.html 这个模板展示出来。这个 default.html 内容如下：

https://github.com/aguncn/manabe/blob/master/manabe/rightadmin/templates/rightadmin/default.html

```
01  {% load staticfiles %}
02  <!DOCTYPE html>
03  <html lang = "en">
04  <head>
05      <meta charset = "UTF-8">
06      <title> Default </title>
07  </head>
08  <body>
09  <h1>请选择相应的选项进行授权！</h1>
10  </body>
11  </html>
```

6.5.2 Rightadmin 权限显示

本节,我们来讲解权限显示及编辑功能的实现,它最终实现的效果如图 6-9 所示。

图 6-9 Manabe 权限编辑界面

① 根据路由中的定义,rightadmin\views.py 中的 RightAdminView 类定义如下:

https://github.com/aguncn/manabe/blob/master/manabe/rightadmin/views.py

```
01  class RightAdminView(TemplateView):
02      template_name = 'rightadmin/list_rightadmin.html'
03
04      def get_context_data(self, **kwargs):
05          context = super().get_context_data(**kwargs)
06          app_id = kwargs['pk']
07          context['app'] = App.objects.get(id=app_id)
08          context['action'] = Action.objects.all().order_by('aid')
09          context['env'] = Env.objects.all()
10          context['current_page'] = "rightadmin-list"
11          context['current_page_name'] = "App 权限管理"
12          return context
```

代码解释:

从上面这个类定义可以看到,它的父类是 TemplateView。这个类,只是提供了一个基本模板功能,所以,权限展示页面的更多功能,则由前端的 JS 代码来实现。而上下文内容中,主要就是提供了 App、Action、Env 三个重要数据。其中的 Action 和 Env,都是由数据库中直接查询得到,而 App 需要参数化操作。由 app_id = kwargs['pk']这行代码看来,app_id 需要由外面传入一个 pk 值才能获取。这个 pk 值如何得到呢? 在 6.3.2 小节的 App 服务列表中的{% url 'rightadmin:list' pk=item.id %}这里讲到过,其中 item.id 就是我们提供给这里 pk 的值。

② 接下来,看看这个类引用的 rightadmin/list_rightadmin.html 模板文件,内

容如下：

https://github.com/aguncn/manabe/blob/master/manabe/rightadmin/templates/rightadmin/list_rightadmin.html

```
01  {% extends "manabe/template.html" %}
02  {% load staticfiles %}
03  {% block title %}权限管理列表{% endblock %}
04
05  {% block ext-css %}
06  <link rel="stylesheet" type="text/css"
07        href="{% static 'lib/zTree/css/zTreeStyle/zTreeStyle.css' %}" />
08  <link rel="stylesheet" type="text/css"
09        href="{% static 'lib/select2/css/select2.min.css' %}" />
10  {% endblock %}
11
12  {% block ext-jss %}
13  <script type="text/javascript"
14        src="{% static 'lib/zTree/js/jquery.ztree.all.min.js' %}"></script>
15  <script type="text/javascript"
16        src="{% static 'lib/select2/js/select2.full.min.js' %}"></script>
17  {% endblock %}
18
19  {% block content %}
20
21
22  <div class="pos-a" style="width:250px;left:0;top:0;bottom:0;height:100%;
23        border-right:1px solid #e5e5e5;background-color:#f5f5f5">
24      <ul id="treeDemo" class="ztree">
25      </ul>
26  </div>
27  <div style="margin-left:250px;">
28      <iframe src="{% url 'rightadmin:default' %}" name="myFrame"
29              frameborder="0" style="width:650px;height:400px;"></iframe>
30  </div>
31
32
33
34
35  {% endblock %}
36
37  {% block script %}
```

```
38    <script type = "text/javascript">
39        {% include "rightadmin/rightadmin.js" %}
40    </script>
41    {% endblock %}
```

代码解释:

接下来,用到了本书附录4"附4.4 jQuery、zTree及Select2库的使用"的内容,希望读者提前熟悉。这个模板代码中,熟悉的东西就不再提了,只讲述以前没有涉及过的内容:

第5~10行:通过{% block ext-css %}标签,引入了额外的css,包含zTree和select2。

第12~17行:通过{% block ext-jss %}标签,引入了额外的jss,包含zTree和select2。

第22~26行:网页显示:左边是ID为treeDemo的zTree,右边是name为myFrame的iframe。

第27~30行:右边是myFrame的默认显示,为我们在前面定义的default.html文件内容。

第39行:网页的动态显示由rightadmin/rightadmin.js文件实现。

③ rightadmin.js用于实现ztree结构,内容如下:

https://github.com/aguncn/manabe/blob/master/manabe/rightadmin/templates/rightadmin/rightadmin.js

```
01    // zTree 的参数配置,深入使用请参考 API 文档(setting 配置详解)
02    var setting = {
03    
04    };
05    // zTree 的数据属性,深入使用请参考 API 文档(zTreeNode 节点数据详解)
06    var zNodes = [
07        {name:"应用名称:{{ app.name }}", open:true, children: [
08            {% for single_action in action %}
09                {% ifnotequal single_action.name 'DEPLOY' %}
10                    {name: "{{single_action.description}}",
11                    url:"{% url 'rightadmin:admin_user' app_id = app.id action_id = single_action.id env_id = 0 %}",
12                    target:"myFrame"},
13                {% endifnotequal %}
14                {% ifequal single_action.name 'DEPLOY' %}
15                    {name: "{{single_action.description}}", open:true, children: [
16                        {% for single_env in env %}
17                            {name: "{{ single_env }}环境",
```

```
18                         url:"{% url 'rightadmin:admin_user' app_id=app.id action_id=single_action.id env_id=single_env.id %}",
19                         target:"myFrame"},
20                     {% endfor %}
21                 ]},
22             {% endifequal %}
23         {% endfor %}
24     ]}
25 ];
26 $(document).ready(function(){
27 //页面加载成功后,开始加载树形结构
28 $.fn.zTree.init( $("#treeDemo"), setting, zNodes);
29 });
```

代码解释:

这个 JS 脚本使用了服务端的 JS 渲染技术,也就是说,JS 中的部分内容是由服务器的 Django 模板引擎渲染之后,再传到用户的浏览器上执行的。所以,这个文件中,会有一些{%%}这样的 Django 模板标签。解读如下:

第 18 行:App、Action、Env 都是由 RightAdminView 类 get_context_data()方法传到前端网页的。

第 9~22 行:为了灵活显示,我们将 DEPLOY 权限细分到环境级别,而非 DEPLOY 的 CREATE 和 XCHANGE 权限,直接显示出来。Django 模板的 ifnotequal 用于实现这样的需求。

第 10~12 行:按 zTree 库的规范,name 用于显示树名称,URL 用于超链接(包括参数 app_id 和 env_id),target 用于 iframe,这样就实现了树形导航,每个链接内容都显示在 iframe 里。

6.5.3 Rightadmin 权限显示后端的实现

上面 zTree 的 js 中,使用到了 rightadmin:admin_user 的路由,其附带了 app_id 及 env_id 参数,admin_user 视图函数的内容如下:

https://github.com/aguncn/manabe/blob/master/manabe/rightadmin/views.py

```
01 def admin_user(request, app_id, action_id, env_id):
02     # 将所有用户区别为已有权限和没有权限(users, guests),返回给前端页面作选择。
03     all_user_set = User.objects.all().order_by("username")
04     guests = []
05     users = []
06     filter_dict = dict()
07     filter_dict['app_name__id'] = app_id
```

```
08          filter_dict['action_name__id'] = action_id
09      if env_id != '0':
10          filter_dict['env_name__id'] = env_id
11      try:
12          permission_set = Permission.objects.get(**filter_dict)
13          user_set = permission_set.main_user.all()
14          for user in all_user_set:
15              if user in user_set:
16                  users.append(user)
17              else:
18                  guests.append(user)
19      except Permission.DoesNotExist:
20          guests = all_user_set
21      return render(request, 'rightadmin/edit_user.html',
22                    {'users': users,
23                     'app_id': app_id,
24                     'action_id': action_id,
25                     'env_id': env_id,
26                     'guests': guests})
```

代码解释：

第 9 行：通过 env_id 是否为 0，来判断是否为 DEPLOY 权限（非 DEPLOY 权限不含环境信息）。

第 12 行：Permission 中的用户，我们使用了字典过滤的方法（**filter_dict），更专业和清楚。

第 13 行：通过 permission_set.main_user.all() 实现多对多的所有用户。

第 15~16 行：如果权限已设置，则 users 表示已有此权限的用户，guests 表示没有此权限的用户。

第 19~20 行：如果权限没有设置过，则触发 Permission.DoesNotExist 异常，guests 为所有用户。

第 21 行：这函数渲染的网页模板为 rightadmin/edit_user.html，此模板马上在下一节实现。

第 22~26 行：将 users、guests、app_id、action_id、env_id 回传给网页，为了显示及更新权限时用。

6.5.4　Rightadmin 权限编辑功能模板

代码如下：

https://github.com/aguncn/manabe/blob/master/manabe/rightadmin/templates/rightadmin/edit_user.html

```
01    {% load staticfiles %}
02    <!DOCTYPE html>
03    <html lang="en">
04    <head>
05        <meta charset="UTF-8">
06        <title>Title</title>
07        <link rel="stylesheet" type="text/css"
08              href="{% static 'h-ui/css/H-ui.min.css' %}"/>
09        <link rel="stylesheet" type="text/css"
10              href="{% static 'h-ui.admin/css/H-ui.admin.css' %}"/>
11        <link rel="stylesheet" type="text/css"
12              href="{% static 'lib/Hui-iconfont/1.0.8/iconfont.css' %}"/>
13        <link rel="stylesheet" type="text/css"
14              href="{% static 'h-ui.admin/skin/default/skin.css' %}" id="skin"/>
15        <link rel="stylesheet" type="text/css"
16              href="{% static 'h-ui.admin/css/style.css' %}"/>
17        <link rel="stylesheet" type="text/css"
18              href="{% static 'lib/select2/css/select2.min.css' %}"/>
19        <script type="text/javascript"
20                src="{% static 'lib/jquery/1.9.1/jquery.min.js' %}"></script>
21        <script type="text/javascript"
22                src="{% static 'lib/layer/2.4/layer.js' %}"></script>
23        <script type="text/javascript"
24                src="{% static 'h-ui/js/H-ui.js' %}"></script>
25        <script type="text/javascript"
26                src="{% static 'lib/select2/js/select2.full.min.js' %}"></script>
27    </head>
28    <body>
29    <div class="Huialert Huialert-info">请选择需要授权用户,然后保存。</div>
30    <br/>
31    <form method="post" action="" id="userForm">
32        <select class="select-multiple-user" name="selectUser" multiple="multiple" style="width:100%;",>
33            {% for user in users %}
34                <option value="{{user.id}}" selected>{{user}}</option>
35            {% endfor %}
36            {% for guest in guests %}
37                <option value="{{guest.id}}">{{guest}}</option>
38            {% endfor %}
39        </select>
```

```
40      <input name = "app_id" value = "{{app_id}}" hidden/>
41      <input name = "action_id" value = "{{action_id}}" hidden/>
42      <input name = "env_id" value = "{{env_id}}" hidden/>
43      <br/>
44      <br/>
45      <br/>
46      <div class = "r">
47          <button class = "btn btn-danger radius" id = "saveBtn" type = "button">保存修改</button>
48      </div>
49   </form>
50   <script>
51   $(document).ready(function() {
52       $('.select-multiple-user').select2({
53           placeholder:"点击鼠标,可下拉选择,也可输入再选择",
54           allowClear: true
55       });
56
57       $("#saveBtn").click(function(e){
58           e.preventDefault();
59           var group_data = $("#userForm").serialize();
60           console.log(group_data);
61           $.ajax({
62               type: "POST",
63               data:{
64                   group_data: group_data,
65               },
66               url: "{% url 'rightadmin:update_permission' %}",
67               dataType : "json",
68               success: function(data) {
69                   console.log(data);
70                   if (data['return'] == 'error') {
71                       $.Huimodalalert("<span class = 'c-danger'>亲,没有权限更新哟~</span>",3000);
72                   }
73                   if (data['return'] == 'success') {
74                       $.Huimodalalert("<span class = 'c-success'>权限更改成功!</span>",3000);
75                   }
76               },
77               error : function(){
```

```
            78                      $.Huimodalalert(" <span class = 'c - danger'> 系统出现问题
</span> ",3000);
            79                    }
            80                });
            81            });
            82        });
            83    </script>
            84    </body>
            85    </html>
```

代码解释：

第7～26行：由于这个网页没有使用继承，所以我们手工导入所需CSS和JS文件。

第52～55行：使用了select2库的select-multiple-user来实现多用户选择。

第33～35行：循环users用户为已选择状态。

第36～38行：循环guest用户为下拉未选择状态。

第40～42行：app_id、env_id、action_id为隐藏的input，在Form提交时，同样作为参数传递。

第57～81行：当点击保存修改按钮时，会调用jquery的$("#saveBtn").click(function(e))函数。

第59行：group_data = $("#userForm").serialize();表示将Form中的参数都序列化。

第66行：{% url 'rightadmin:update_permission' %}为后端处理保存的函数，此函数马上在下一节实现。

第70～75行：根据data['return']返回结果来提示用户是否成功修改用户权限。

第74行：$.Huimodalalert("…",3000)是用H-ui的三秒提示功能显示信息。

6.5.5 Rightadmin权限编辑后端的实现

在上面的模板中，调用了update_permission路由，用于更新权限，其内容如下：

https://github.com/aguncn/manabe/blob/master/manabe/rightadmin/views.py

```
01  @csrf_exempt
02  def update_permission(request):
03      select_user = []
04      app_id = 0
05      action_id = 0
06      env_id = 0
07      # 获取并解析前台传过来的ajax参数
```

```python
08      group_data = request.POST.get('group_data')
09      for item in group_data.split('&'):
10          if item.startswith('selectUser'):
11              select_user.append(item.split('=')[1])
12          if item.startswith('app_id'):
13              app_id = item.split('=')[1]
14          if item.startswith('action_id'):
15              action_id = item.split('=')[1]
16          if item.startswith('env_id'):
17              env_id = item.split('=')[1]
18      if not is_app_admin(app_id, request.user):
19          return JsonResponse({'return': 'error'})
20
21      # 判断后来数据库是存已有相关记录,并进行更新。
22      filter_dict = dict()
23      filter_dict['app_name__id'] = app_id
24      filter_dict['action_name__id'] = action_id
25      if env_id != '0':
26          filter_dict['env_name__id'] = env_id
27      try:
28          permission_item = Permission.objects.get(**filter_dict)
29          new_users = User.objects.filter(id__in=select_user)
30          permission_item.main_user.set(new_users)
31          permission_item.save()
32      except Permission.DoesNotExist:
33          new_users = User.objects.filter(id__in=select_user)
34          app = App.objects.get(id=app_id)
35          action = Action.objects.get(id=action_id)
36
37          name = '{}-{}-{}'.format(app_id, action_id, env_id)
38          dic = {'name': name,
39                 'app_name': app,
40                 'action_name': action}
41          if env_id != '0':
42              env = Env.objects.get(id=env_id)
43              dic['env_name'] = env
44
45          permission_item = Permission.objects.create(**dic)
46          permission_item.main_user.set(new_users)
47          permission_item.save()
48
49      return JsonResponse({'return': 'success'})
```

代码解释:

第 1 行:由于使用了 jquery 的 ajax 访问此视图,所以使用@csrf_exempt 允许跨域。

第 8 行:使用 request.POST.get('group_data')获取前端传过来的数据。

第 9~17 行:for item in group_data.split('&')循环,用于拆解数据并赋值。

第 18 行:is_app_admin()函数用于再一次判断是否有权限操作。

第 27~31 行:Try 语句,用于更新已有的权限。

第 28 行:Permission.objects.get(* * filter_dict),字典方式过滤。

第 32~47 行:Except 语句,用于保存新的权限。

第 37 行:name = '{}-{}-{}'.format(app_id, action_id, env_id),保证 name 的唯一性。

至此,我们已实现了权限的显示及修改保存功能。它的入口我们已经知道,是在 App 应用的列表中。

有了这些权限之后,如何使用呢?这就是下一小节的内容。

6.5.6　Rightadmin 权限调用的实现

在 6.5.5 小节,我们已经开发好了权限的实现代码,用于权限的显示、修改、保存。那么,它应该如何被调用呢?

其实,我们已经在本章前面的代码中遇到过权限调用的情况。

6.1.3 小节新增 App 应用的代码:

```
01    if is_admin_group(self.request.user):
02            return super().get(request, * args, * * kwargs)
03    else:
04            result = "亲,没有权限,只有管理员才可进入!"
05            return HttpResponse(result)
```

6.2.1 小节修改 App 应用的代码:

```
01    if is_admin_group(self.request.user) \
02            or app_item.manage_user == self.request.user:
03            return super().get(request, * args, * * kwargs)
04    else:
05            result = "亲,没有权限,只有管理员才可进入!"
06            return HttpResponse(result)
07    ……
08    if is_admin_group(self.request.user) \
09            or app_item.manage_user == self.request.user:
10            return super().post(request, * args, * * kwargs)
11    else:
```

```
12              result = "亲,没有权限,想用非正规方式修改吧?"
13              return HttpResponse(result)
```

6.3.1 小节显示 App 应用列表的代码:

```
01    context['is_admin_group'] = is_admin_group(self.request.user)
```

6.5.2 小节保存用户权限时的代码:

```
01    if not is_app_admin(app_id, request.user):
02            return JsonResponse({'return': 'error'})
```

这些权限,都是按照四级用户权限体系来调用的。当时只是埋下了伏笔,在本小节,就来真正实现权限的调用吧。

用户权限调用的实现,主要是在 public 模板的 user_group.py 文件中。这个文件中,实现了以下几个函数,接下来会一一讲解。在代码的实现过程中,我们始终会围绕四级用户权限进行设计。这个要点,希望读者谨记。

① is_admin_group,这个函数代码如下:

https://github.com/aguncn/manabe/blob/master/manabe/public/user_group.py

```
01    # 判断是否前台管理员组
02    def is_admin_group(user):
03        try:
04            user_group = Group.objects.get(user = user)
05        except Exception as e:
06            return False
07        if "admin" == user_group:
08            return False
09        else:
10            return True
```

在上面这个函数中,先通过 user_group=Group.objects.get(user=user)语句,获取用户所属的用户组,如果用户组为 Admin,则认为这个用户是属于前台管理员组的,返回 True;否则,返回 False。

举例,我们在新增 App 时,只有前台超级管理员才可以有这个权限,所以调用了这个函数 is_admin_group(self.request.user)进行判断,其他几处情况类似。

② is_app_admin,这个函数代码如下:

https://github.com/aguncn/manabe/blob/master/manabe/public/user_group.py

```
01    # 判断是否为 App 管理员
02    def is_app_admin(app_id, user):
03        app = App.objects.get(id = app_id)
04        if user == app.manage_user or is_admin_group(user):
```

```
05            return True
06        return False
```

在上面这个函数中,通过传入一个 app_id 及登录用户来判断这个用户是否为指定 App 的管理员。user == app.manage_user or is_admin_group(user)语句,这时使用了 or 进行联合操作,也即不只是 App 的 model 里的 manage_user 用户为 App 管理员,只要登录用户为前台管理员,那他就是所有 App 的管理员。

③ get_app_admin,这个函数代码如下:

https://github.com/aguncn/manabe/blob/master/manabe/public/user_group.py

```
01   # 获取 App 管理员
02   def get_app_admin(app_id):
03       return App.objects.get(id = app_id).manage_user
```

在软件发布的时候,如果用户没有发布权限,则需要给他一个提示,让他找相关 App 应用的管理员进行权限申请。这时,就需要在网页上根据不同的 App 显示不同的 App 管理员,调用这个函数,就可以实现这个功能。

这种小设计,在代码上实现比较简单,但是却可以将运维开发从日常的权限设置中解放出来,专心于产品功能改进。而日常的这些权限操作,就下放到其他研发或部门领导那里了。让其他人也有参与感,一举多得,何乐而不为?

这个函数,我们之前也没有调用过,在软件发布时,会使用到。

④ get_app_user,这个函数代码如下:

https://github.com/aguncn/manabe/blob/master/manabe/public/user_group.py

```
01   # 获取 App 的各个权限的相关成员
02   def get_app_user(app_id, action_id, env_id):
03       filter_dict = dict()
04       filter_dict['app_name__id'] = app_id
05       filter_dict['action_name__id'] = action_id
06       if env_id != '0':
07           filter_dict['env_name__id'] = env_id
08       permission_set = Permission.objects.get(**filter_dict)
09       user_set = permission_set.main_user.all()
10       return user_set
```

此函数,用于获取 App 的各个权限的相关成员,当需要显示每个 App 的权限列表,以确定每个成员都有合理的权限时,这个函数就可以派上用场。

⑤ is_right,这个函数代码如下:

https://github.com/aguncn/manabe/blob/master/manabe/public/user_group.py

```
01   # 判断是否具有 App 的相关环境的相关权限
02   def is_right(app_id, action_id, env_id, user):
```

```
03        # 是管理员,可直接具有相关权限
04        if is_app_admin(app_id, user):
05            return True
06        filter_dict = dict()
07        filter_dict['app_name__id'] = app_id
08        filter_dict['action_name__id'] = action_id
09        if env_id != '0':
10            filter_dict['env_name__id'] = env_id
11        try:
12            permission_set = Permission.objects.get(**filter_dict)
13            user_set = permission_set.main_user.all()
14            if user in user_set:
15                return True
16        except Permission.DoesNotExist:
17            pass
18        return False
```

这个函数在我们控制发布权限时相当重要。如果非法用户发布了非法操作,则对公司的应用会有不可预料的损失。所以,对这个函数必须引起相当的重视,判断必须准确。

其实现逻辑并不复杂,只需要判断登录用户是否存在于权限的用户列表中即可。这个函数,在新建发布单、环境流转、发布软件时,都会用到。希望读者能熟记。

⑥ 以上内容,就是我们软件发布权限的调用实现,在有了以上技能之后,进行后面的设计时,就更加顺畅。

6.6 服务器的录入、编辑、展示

经过本章前面的学习,相信读者对于 Django 中的类视图的知识点已完全掌握。在实现了 App 服务应用的模块和权限模块之后,接下来,进行服务器模块的代码开发工作。

在软件自动化发布系统中,App 应用和服务器是最重要的两个逻辑实体,有了这两个逻辑实体之后,才可以进行发布单的创建、环境的流转,以及软件的发布动作。

在新建一个服务器时,有几个属性维度是需要我们重点关注的。只有设计好服务器的属性,在随后的软件发布时,才有一个坚实的基础。在服务器的属性中,有以下几个属性是需要重点讲解的。

- 服务器 IP 地址:这个属性的重要性不言而喻,在企业的 IT 环境中,IP 地址几乎是管理服务器资源不可或缺的字段。

- salt_name:这是指 salt stack minion 的名称,这个属性主要是在使用 salt stack 发布时,salt stack master 需要使用这个名称来定位服务器。在有的公

司,会以 IP 地址作为 salt 客户端的名称;而有的公司,会以主机名＋IP 地址来作为 salt 客户端的名称;其他公司,可能又是另一套命名体系。为了兼容这些规范,我们将这个属性专门独立出来。这可能显得冗余,但绝对是有必要的。

- port:服务端口:这个属性单独提出来,是因为在我们日常工作中,服务器上一般会部署多个服务,而不是只有一个服务。当有了 port 这个属性之后,尽管服务器 IP 是同一个,salt_name 是同一个,但只要服务端口不一样,就只将它作为一个单独的"虚拟服务器",用来发布我们的服务应用。注意,这里的虚拟服务器加上了引号,表示此虚拟意义只存在于我们这个软件发布系统的逻辑概念中。在硬件实体层面,它并不存在。
- 服务器名称:这是在自动化发布平台时保证唯一性的属性,我们会以 IP 和端口对它进行命名,它就自动满足了这种唯一性,并且还具有语义性。

其他的字段属性,我们在涉及时再讲述。

6.6.1 服务器模块的 URL 路由设置

serverinput/urls.py 内容如下:

https://github.com/aguncn/manabe/blob/master/manabe/serverinput/urls.py

```
01  from django.urls import path
02  from django.contrib.auth.decorators import login_required
03
04  from .views import ServerInputCreateView, \
05      ServerInputUpdateView, \
06      ServerInputDetailView, \
07      ServerInputListView
08
09  app_name = 'serverinput'
10
11  urlpatterns = [
12      path('create/',
13          login_required(ServerInputCreateView.as_view()),
14          name = 'create'),
15      path(r'list/',
16          login_required(ServerInputListView.as_view()),
17          name = 'list'),
18      path(r'edit/<slug:pk>/',
19          login_required(ServerInputUpdateView.as_view()),
20          name = 'edit'),
21      path(r'view/<slug:pk>/',
```

```
22              login_required(ServerInputDetailView.as_view()),
23              name = 'detail'),
24      ]
```

代码解释:

这个 URL,应该很好理解,就是使用了四个标准的类视图来实现四个标准的数据库功能:ServerInputCreateView 用于服务器录入,ServerInputListView 用于服务器列表展示,ServerInputUpdateView 用于服务器编辑,ServerInputDetailView 用于显示服务器详情页。接下来,这四个视图类会一一讲解到。

如果有对上面代码不理解的读者,可以回过头去看 6.1.2 小节的讲解。

6.6.2 服务器的录入视图类、Form 表单文件及模板

当本小节内容完成后,网页访问新增服务器的截图如图 6-10 所示,读者对应网页和代码,相信能更快地掌握所有知识点。

图 6-10　Manabe 新增服务器界面

① ServerInputCreateView 类的代码如下:

https://github.com/aguncn/manabe/blob/master/manabe/serverinput/views.py

```
01  # coding = utf8
02
03  from django.urls import reverse, reverse_lazy
04  from django.views.generic import ListView, \
05      CreateView, DetailView, UpdateView
06  from django.utils import timezone
```

```
07  from django.db.models import Q
08  from django.http import HttpResponseRedirect, \
09      HttpResponse
10  from .forms import ServerForm
11  from .models import Server
12  from public.user_group import is_admin_group
13
14  class ServerInputCreateView(CreateView):
15      template_name = 'serverinput/create_serverinput.html'
16      model = Server
17      form_class = ServerForm
18
19      def get(self, request, *args, **kwargs):
20          # 定义用户权限
21          if is_admin_group(self.request.user):
22              return super().get(request, *args, **kwargs)
23          else:
24              result = "亲,没有权限,只有管理员才可进入!"
25              return HttpResponse(result)
26
27      def form_invalid(self, form):
28          return self.render_to_response({'form': form})
29
30      def form_valid(self, form):
31          current_user_set = self.request.user
32          app = Server.objects.create(
33              name = form.cleaned_data['name'],
34              description = form.cleaned_data['description'],
35              ip_address = form.cleaned_data['ip_address'],
36              port = form.cleaned_data['port'],
37              salt_name = form.cleaned_data['salt_name'],
38              app_name = form.cleaned_data['app_name'],
39              env_name = form.cleaned_data['env_name'],
40              app_user = form.cleaned_data['app_user'],
41              op_user = current_user_set,
42          )
43          return HttpResponseRedirect(reverse("serverinput:list"))
44
45      def get_success_url(self):
46          return reverse_lazy("serverinput:list")
47
```

```
48        def get_context_data(self, **kwargs):
49            context = super().get_context_data(**kwargs)
50            context['now'] = timezone.now()
51            context['current_page'] = "serverinput-create"
52            context['current_page_name'] = "新增服务器"
53            return context
```

代码解释：

第 17 行：form_class 为 ServerForm，ServerForm 的内容马上介绍。

第 19~25 行：get()方法用于权限控制，只允许二级管理员用户，才能在前台进行服务器录入。

第 30~43 行：form_valid()方法，用于当前端网页数据正确无误后，如何保存数据。

第 32~42 行：[model].objects.create()用于直接插入记录，无须再调用 save()方法。

第 40 行：app_user 指的是 App 服务是以哪个服务器用户启动的。

第 41 行：op_user 指的是自动化部署系统里的哪个用户新增的服务器。

② ServerForm 的内容如下：

https://github.com/aguncn/manabe/blob/master/manabe/serverinput/forms.py

```
01    # coding:utf-8
02
03    from django import forms
04    from .models import Server
05    from appinput.models import App
06    from envx.models import Env
07
08
09    class ServerForm(forms.ModelForm):
10
11        def __init__(self, *args, **kwargs):
12            initial = kwargs.get('initial', {})
13            kwargs['initial'] = initial
14            super().__init__(*args, **kwargs)
15
16        name = forms.CharField(
17            error_messages = {'required': "不能为空"},
18            label = u"服务器名称",
19            widget = forms.TextInput(
20                attrs = {
21                    'placeholder': "名称",
```

```
22                  'class': 'input-text',
23              }
24          ),
25      )
26      description = forms.CharField(
27          required=False,
28          label=u"描述",
29          widget=forms.Textarea(
30              attrs={
31                  'placeholder': "描述",
32                  'class': 'input-text',
33              }
34          ),
35      )
36      ip_address = forms.CharField(
37          error_messages={'required': "不能为空"},
38          label=u"IP",
39          widget=forms.TextInput(
40              attrs={
41                  'placeholder': "ip_address",
42                  'class': 'input-text',
43              }
44          ),
45      )
46      port = forms.CharField(
47          error_messages={'required': "不能为空"},
48          label=u"port",
49          widget=forms.TextInput(
50              attrs={
51                  'placeholder': "port",
52                  'class': 'input-text',
53              }
54          ),
55      )
56      salt_name = forms.CharField(
57          error_messages={'required': "不能为空"},
58          label=u"salt_name",
59          widget=forms.TextInput(
60              attrs={
61                  'placeholder': "salt_name",
62                  'class': 'input-text',
```

```
63              }
64          ),
65      )
66      app_name = forms.ModelChoiceField(
67          required = True,
68          queryset = App.objects.all(),
69          label = u"App",
70          widget = forms.Select(
71              attrs = {
72                  'style': """width:40%;""",
73                  'class': 'select-box',
74              }
75          ),
76      )
77
78      env_name = forms.ModelChoiceField(
79          required = True,
80          queryset = Env.objects.all(),
81          label = u"所属环境",
82          widget = forms.Select(
83              attrs = {
84                  'style': """width:40%;""",
85                  'class': 'select-box',
86              }
87          ),
88      )
89
90      ip_address = forms.CharField(
91          error_messages = {'required': "不能为空"},
92          label = u"IP",
93          widget = forms.TextInput(
94              attrs = {
95                  'placeholder': "ip_address",
96                  'class': 'input-text',
97              }
98          ),
99      )
100
101     app_user = forms.CharField(
102         error_messages = {'required': "不能为空"},
103         label = u"启动用户",
```

```
104            widget = forms.TextInput(
105                attrs = {
106                    'placeholder': "root",
107                    'class': 'input-text',
108                }
109            ),
110        )
111
112        class Meta:
113            model = Server
114            # exclude = ['app_args', 'op_user']
115            fields = ('name', 'description',
116                      'ip_address', 'port',
117                      'salt_name', 'app_name',
118                      'env_name', 'app_user', 'op_user')
```

上面的内容和 6.1.3 小节的 AppForm 写法一样，相信读者也能看懂了，此处不再讲解每个字段的含义及写法。这种 Form 的写法，可以让我们在新增和编辑表单时，重用这些代码，十分便捷。

③ create_serverinput.html 模板内容如下：

https://github.com/aguncn/manabe/blob/master/manabe/serverinput/templates/serverinput/create_serverinput.html

```
01  {% extends "manabe/template.html" %}
02  {% load staticfiles %}
03  {% block title %}服务器录入{% endblock %}
04
05  {% block content %}
06  <form action = "" method = "post" class = "form form-horizontal" id = "demoform-1">
07      {% csrf_token %}
08      <div class = "row cl">
09          <label class = "form-label col-xs-4 col-sm-3">
10              {{ form.name.label_tag }}:</label>
11          <div class = "formControls col-xs-8 col-sm-9">
12              {{ form.name }}
13              {% for error in form.name.errors %}
14                  <span>{{ error }}</span>
15              {% endfor %}
16          </div>
17      </div>
18      <div class = "row cl">
19          <label class = "form-label col-xs-4 col-sm-3">
```

```
20          {{ form.description.label_tag }}:</label>
21          <div class = "formControls col-xs-8 col-sm-9">
22              {{ form.description }}
23              {% for error in form.description.errors %}
24                  <span>{{ error }}</span>
25              {% endfor %}
26          </div>
27      </div>
28      <div class = "row cl">
29          <label class = "form-label col-xs-4 col-sm-3">
30              {{ form.ip_address.label_tag }}:</label>
31          <div class = "formControls col-xs-8 col-sm-9">
32              {{ form.ip_address }}
33              {% for error in form.ip_address.errors %}
34                  <span>{{ error }}</span>
35              {% endfor %}
36          </div>
37      </div>
38      <div class = "row cl">
39          <label class = "form-label col-xs-4 col-sm-3">
40              {{ form.port.label_tag }}:</label>
41          <div class = "formControls col-xs-8 col-sm-9">
42              {{ form.port }}
43              {% for error in form.port.errors %}
44                  <span>{{ error }}</span>
45              {% endfor %}
46          </div>
47      </div>
48      <div class = "row cl">
49          <label class = "form-label col-xs-4 col-sm-3">
50              {{ form.salt_name.label_tag }}:</label>
51          <div class = "formControls col-xs-8 col-sm-9">
52              {{ form.salt_name }}
53              {% for error in form.salt_name.errors %}
54                  <span>{{ error }}</span>
55              {% endfor %}
56          </div>
57      </div>
58      <div class = "row cl">
59          <label class = "form-label col-xs-4 col-sm-3">
60              {{ form.app_name.label_tag }}:</label>
```

```
61          <div class = "formControls col-xs-8 col-sm-9">
62              {{ form.app_name }}
63              {% for error in form.app_name.errors %}
64                  <span>{{ error }}</span>
65              {% endfor %}
66          </div>
67      </div>
68      <div class = "row cl">
69          <label class = "form-label col-xs-4 col-sm-3">
70              {{ form.env_name.label_tag }}:</label>
71          <div class = "formControls col-xs-8 col-sm-9">
72              {{ form.env_name }}
73              {% for error in form.env_name.errors %}
74                  <span>{{ error }}</span>
75              {% endfor %}
76          </div>
77      </div>
78
79      <div class = "row cl">
80          <label class = "form-label col-xs-4 col-sm-3">
81              {{ form.app_user.label_tag }}:</label>
82          <div class = "formControls col-xs-8 col-sm-9">
83              {{ form.app_user }}
84              {% for error in form.app_user.errors %}
85                  <span>{{ error }}</span>
86              {% endfor %}
87          </div>
88      </div>
89
90      <div class = "row cl">
91          <div class = "col-xs-8 col-sm-9 col-xs-offset-4 col-sm-offset-3">
92              <input class = "btn btn-primary radius" type = "submit" value = "提交">
93          </div>
94      </div>
95  </form>
96  {% endblock %}
97
98  {% block script %}
99  <script>
```

```
100
101        </script>
102   {% endblock %}
```

上面这个模板,就是将 ServerForm 中的字段一个一个渲染到 HTML 网页上,也不再赘述。

6.6.3 服务器的编辑视图类及模板

服务器的编辑网页如图 6-11 所示。

图 6-11 Manabe 编辑服务器界面

读者在学习实现代码时,对照这个网页图,就更容易理解了。

① ServerInputUpdateView 内容如下:

https://github.com/aguncn/manabe/blob/master/manabe/serverinput/views.py

```
01   class ServerInputUpdateView(UpdateView):
02       template_name = 'serverinput/edit_serverinput.html'
03       model = Server
04       form_class = ServerForm
05
06       def get(self, request, *args, **kwargs):
07           # 定义用户权限
```

```
08          if is_admin_group(self.request.user):
09              return super().get(request, *args, **kwargs)
10          else:
11              result = "亲,没有权限,只有管理员才可进入!"
12              return HttpResponse(result)
13
14      def get_context_data(self, **kwargs):
15          context = super().get_context_data(**kwargs)
16          context['current_page'] = "serverinput-edit"
17          context['current_page_name'] = "编辑服务器"
18          context['app_id'] = self.kwargs.get(self.pk_url_kwarg, None)
19          return context
20
21      def get_success_url(self):
22          return reverse_lazy("serverinput:list")
```

代码解释:

第6~12行:在上面的代码中,也在get()方法里进行了权限限制,防止有的用户直接通过URL进来。因为在服务器的展示里,使用了权限判断哪些用户可以点击编辑按钮,哪些用户不可以。这里的权限只是第一层的展示功能。要真正防止别有用心的用户直接通过URL编辑,在get()方法里,再作一层权限,才算是真正的保险。

比如:用户直接访问 http://ip 地址/server/edit/1205/,如果不再限制,他就可以进入编辑网页了。

第4行:form_class = ServerForm,这里,直接重用了上一小节的ServerForm,这就是使用Django的表单视图的便利之处。

② edit_serverinput.html 模板内容如下:

https://github.com/aguncn/manabe/blob/master/manabe/serverinput/templates/serverinput/edit_serverinput.html

```
01  {% extends "manabe/template.html" %}
02  {% load staticfiles %}
03  {% block title %}编辑服务器{% endblock %}
04
05  {% block content %}
06  <form action="" method="post" class="form form-horizontal" id="demoform-1">
07      {% csrf_token %}
08      <div class="row cl">
09          <label class="form-label col-xs-4 col-sm-3">{{ form.name.label_tag }}:</label>
10          <div class="formControls col-xs-8 col-sm-9">
11              {{ form.name }}
```

```
12              {% for error in form.name.errors %}
13                  <span>{{ error }}</span>
14              {% endfor %}
15          </div>
16      </div>
17      <div class="row cl">
18          <label class="form-label col-xs-4 col-sm-3">{{ form.description.label_tag }}:</label>
19          <div class="formControls col-xs-8 col-sm-9">
20              {{ form.description }}
21              {% for error in form.description.errors %}
22                  <span>{{ error }}</span>
23              {% endfor %}
24          </div>
25      </div>
26      <div class="row cl">
27          <label class="form-label col-xs-4 col-sm-3">{{ form.ip_address.label_tag }}:</label>
28          <div class="formControls col-xs-8 col-sm-9">
29              {{ form.ip_address }}
30              {% for error in form.ip_address.errors %}
31                  <span>{{ error }}</span>
32              {% endfor %}
33          </div>
34      </div>
35      <div class="row cl">
36          <label class="form-label col-xs-4 col-sm-3">{{ form.port.label_tag }}:</label>
37          <div class="formControls col-xs-8 col-sm-9">
38              {{ form.port }}
39              {% for error in form.port.errors %}
40                  <span>{{ error }}</span>
41              {% endfor %}
42          </div>
43      </div>
44      <div class="row cl">
45          <label class="form-label col-xs-4 col-sm-3">{{ form.salt_name.label_tag }}:</label>
46          <div class="formControls col-xs-8 col-sm-9">
47              {{ form.salt_name }}
48              {% for error in form.salt_name.errors %}
```

```
49                <span>{{ error }}</span>
50              {% endfor %}
51            </div>
52         </div>
53         <div class="row cl">
54            <label class="form-label col-xs-4 col-sm-3">{{ form.app_name.label_tag }}:</label>
55            <div class="formControls col-xs-8 col-sm-9">
56               {{ form.app_name }}
57               {% for error in form.app_name.errors %}
58                  <span>{{ error }}</span>
59               {% endfor %}
60            </div>
61         </div>
62         <div class="row cl">
63            <label class="form-label col-xs-4 col-sm-3">{{ form.env_name.label_tag }}:</label>
64            <div class="formControls col-xs-8 col-sm-9">
65               {{ form.env_name }}
66               {% for error in form.env_name.errors %}
67                  <span>{{ error }}</span>
68               {% endfor %}
69            </div>
70         </div>
71
72         <div class="row cl">
73            <label class="form-label col-xs-4 col-sm-3">{{ form.app_user.label_tag }}:</label>
74            <div class="formControls col-xs-8 col-sm-9">
75               {{ form.app_user }}
76               {% for error in form.app_user.errors %}
77                  <span>{{ error }}</span>
78               {% endfor %}
79            </div>
80         </div>
81
82         <div class="row cl">
83            <div class="col-xs-8 col-sm-9 col-xs-offset-4 col-sm-offset-3">
84               <input class="btn btn-primary radius" type="submit" value="提交">
```

```
85            </div>
86          </div>
87        </form>
88     {% endblock %}
89
90     {% block script %}
91     <script>
92
93     </script>
94     {% endblock %}
```

这个模板文件,与新增服务器,除了按钮,几乎一模一样。这就是掌握了知识点的好处,当你熟悉了这一技能之后,所有的类似的代码就都能看懂了,"代码于我不欺也"。

6.6.4 服务器的展示视图类及模板

服务器列表展示网页如图 6-12 所示。

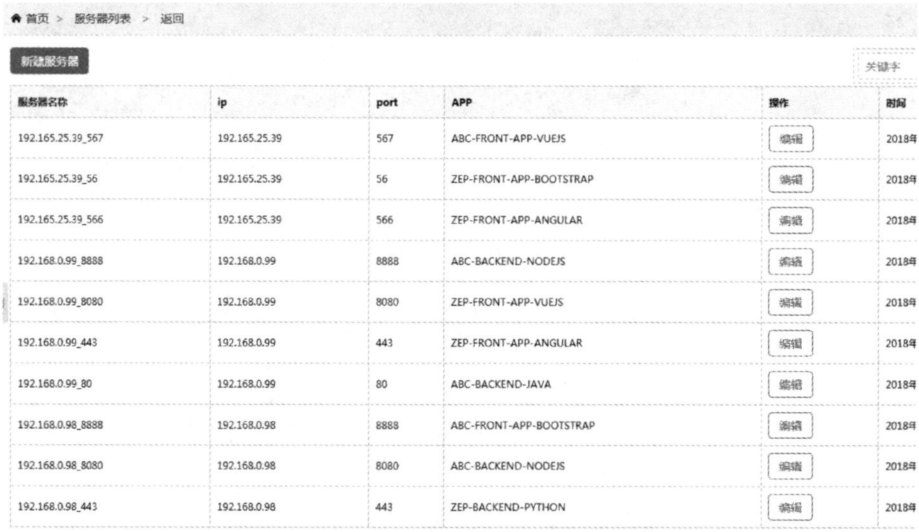

图 6-12 Manabe 显示服务器列表

学习代码时,也需要时时与这个截图作对比,相信就可以快速掌握了。

① ServerInputListView 内容如下:

https://github.com/aguncn/manabe/blob/master/manabe/serverinput/views.py

```
01    class ServerInputListView(ListView):
02        template_name = 'serverinput/list_serverinput.html'
03        paginate_by = 10
```

```
04
05      def get_queryset(self):
06          if self.request.GET.get('search_pk'):
07              search_pk = self.request.GET.get('search_pk')
08              return Server.objects.filter(Q(name__icontains = search_pk) |
09                                            Q(ip_address__icontains = search_pk) |
10                                            Q(port__icontains = search_pk))
11          if self.request.GET.get('app_name'):
12              app_name = self.kwargs['app_name']
13              return Server.objects.filter(id = app_name)
14          return Server.objects.all()
15
16      def get_context_data(self, **kwargs):
17          context = super().get_context_data(**kwargs)
18          context['now'] = timezone.now()
19          context['is_admin_group'] = is_admin_group(self.request.user)
20          context['current_page'] = "serverinput-list"
21          context['current_page_name'] = "服务器列表"
22          query_string = self.request.META.get('QUERY_STRING')
23          if 'page' in query_string:
24              query_list = query_string.split('&')
25              query_list = [elem for elem in query_list if not elem.startswith('page')]
26              query_string = '?' + "&".join(query_list) + '&'
27          elif query_string is not None:
28              query_string = '?' + query_string + '&'
29          context['current_url'] = query_string
30          return context
```

代码解释：

第 2 行：template_name 行：表示此视图类使用的网页模板为 list_serverinput.html。

第 3 行：paginate_by 行：表示网页列表的页显示 10 条记录。

第 5～14 行：get_queryset()方法：返回服务器列表，这里同时支持网页前端的关键字搜索功能。

第 16～30 行：get_context_data()方法：这里的 is_admin_group 用来判断用户是否为二级管理员。

② list_serverinput.html 内容如下：

https://github.com/aguncn/manabe/blob/master/manabe/serverinput/templates/serverinput/list_serverinput.html

```
01  {% extends "manabe/template.html" %}
02
03  {% load staticfiles %}
04  {% block title %}服务器列表{% endblock %}
05
06  {% block content %}
07  <div>
08      <span class="l">
09          {% if is_admin_group %}
10              <a class="btn btn-primary radius" href="{% url 'serverinput:create' %}">
11                  新建服务器
12              </a>
13          {% endif %}
14      </span>
15      <span class="select-box inline r">
16          {% include "manabe/search.html" %}
17      </span>
18  </div>
19  <br/>
20  <br/>
21
22  <table class="table table-border table-bordered table-bg">
23      <thead>
24      <th>
25          服务器名称
26      </th>
27      <th>
28          ip
29      </th>
30      <th>
31          port
32      </th>
33      <th>
34          APP
35      </th>
36      <th>
37          操作
38      </th>
39      <th>
40          时间
```

```
41          </th>
42        </thead>
43        <tbody>
44        {% for item in object_list %}
45        <tr class="text-l">
46            <td>
47                <span data-toggle="tooltip" data-placement="bottom" title="{{item.description}}">
48                    <a href="{% url 'serverinput:detail' pk=item.id %}">
49                        {{item.name}}
50                    </a>
51                </span>
52
53            </td>
54            <td>{{item.ip_address}}</td>
55            <td>
56                {{item.port}}
57            </td>
58            <td>{{item.app_name}}</td>
59            <td>
60
61                {% if is_admin_group %}
62                <a href="{% url 'serverinput:edit' pk=item.id %}">
63                    <button class="btn btn-warning-outline radius">
64                        编辑
65                    </button>
66                </a>
67                {% else %}
68                <button class="btn disabled radius">
69                    编辑
70                </button>
71                {% endif %}
72            </td>
73            <td>{{item.change_date}}</td>
74        </tr>
75        {% endfor %}
76        </tbody>
77    </table>
78    <br/>
79    {# pagination #}
80    <div class="text-r">
```

```
81      <ul>
82          {% if page_obj.has_previous %}
83              <a href="{{current_url}}page={{ page_obj.previous_page_number }}"
84                 class="btn btn-primary-outline radius">上一页</a></li>
85          {% else %}
86              <a href="" class="btn btn-primary-outline radius">上一页</a></li>
87          {% endif %}
88          <a href="#">
89              <span class="label label-primary radius">
90                  {{page_obj.number}}/{{page_obj.paginator.num_pages}} </span>
91          </a>
92          {% if page_obj.has_next %}
93              <a href="{{current_url}}page={{ page_obj.next_page_number }}"
94                 class="btn btn-primary-outline radius">下一页</a></li>
95          {% else %}
96              <a href="" class="btn btn-primary-outline radius">下一页</a></li>
97          {% endif %}
98      </ul>
99  </div>
100 {% endblock %}
101
102 {% block script %}
103 <script>
104 $(".search_btn").click(function(){
105     var search_pk = $("input[name='search_pk']").val() || "demo";
106     if (search_pk == "demo") {
107         $.Huimodalalert('<span class="c-error">亲,请输入关键字再进行搜索!</span>',3000);
108         return false;
109     }
110     search_pk = search_pk.replace(/(^\s*)|(\s*$)/g, "");
111     var url = "{% url 'serverinput:list' %}?search_pk=" + search_pk
112     console.log(url)
113     location.href = url
114 });
115 </script>
116
117 {% endblock %}
```

在这个网页模板中,所有的知识点,前面章节都已涉及到。这里主要讲以下几点:

第 48 行:{% url 'serverinput:detail' pk=item.id %},下一小节,我们就会实现 serverinput:detail 的代码。其中 pk 为传递给 detail 路由的参数。serverinput 为此服务器 App 的 namespace。

第 61 行:{% if is_admin_group %}判断表示,如果用户为前台管理用户,则激活按钮,否则,禁用此按钮。

第 113 行:Js 代码中的 location.href = url 表示:当用户输入关键字并搜索之后,重新加载此网页。

6.6.5 服务器的详情视图类及模板

服务器的详细展示网页截图如图 6-13 所示。

名称	192.165.25.39_567
服务器IP	192.165.25.39
端口	567
salt minion	192.165.25.39
App	ABC-FRONT-APP-VUEJS
最近操作用户	root

图 6-13 Manabe 显示服务器详情

① ServerInputDetailView 内容如下:

https://github.com/aguncn/manabe/blob/master/manabe/serverinput/views.py

```
01    class ServerInputDetailView(DetailView):
02        template_name = 'serverinput/detail_serverinput.html'
03        model = Server
04
05        def get_context_data(self, **kwargs):
06            context = super().get_context_data(**kwargs)
07            context['current_page_name'] = "服务器详情"
08            context['now'] = timezone.now()
09            return context
```

代码解释:

第 2 行:此类视图使用的模板为 detail_serverinput.html,代码随后讲到。
第 3 行:此类视图使用的 Model 为 Server。
第 7 行:上下文关键字中,带有 current_page_name,用来显示一个 title。
② detail_serverinput.html 模板内容如下:

https://github.com/aguncn/manabe/blob/master/manabe/serverinput/templates/serverinput/detail_serverinput.html

```
01  {% extends "manabe/template.html" %}
02  {% load staticfiles %}
03  {% block title %}服务器详情{% endblock %}
04
05  {% block content %}
06  <table class = "table table-border table-bordered radius">
07      <tbody>
08      <tr>
09          <td> 名称 </td>
10          <td> {{object}} </td>
11      </tr>
12      <tr>
13          <td> 服务器 IP </td>
14          <td> {{object.ip_address}} </td>
15      </tr>
16      <tr>
17          <td> 端口 </td>
18          <td> {{object.port}} </td>
19      </tr>
20      <tr>
21          <td> salt minion </td>
22          <td> {{object.salt_name}} </td>
23      </tr>
24      <tr>
25          <td> App </td>
26          <td> {{object.app_name}} </td>
27      </tr>
28      <tr>
29          <td> 最近操作用户 </td>
30          <td> {{object.op_user}} </td>
31      </tr>
32      </tbody>
33  </table>
34  {% endblock %}
```

代码解释:

在上面这个模板中,我们只是显示了名称、IP、端口、Salt-Minion、所属 App 等几个字段。如果要显示更多信息,依据这样的格式,多加几行即可。

6.7 Django Model 测试

又到了请 Django 测试的时候了,本节来学习一下如何为 Django 的 Model 写测试用例。

现在主要盛行两种 Model 的测试用例的写法:一种是自己写构造数据,另一种是用第三方模板自动构造数据。

写 Models 测试用例的目的,就是保证我们的代码正确地插入进了数据库,所以,我们会将插入测试数据库的数据取出,和插入前的构造数据作对比。

有的读者可能不太理解这一行为:既然都插入数据库了,当然会和插入前的数据一样呀。写这样的测试用例,不是多此一举吗?

测试的意义就在于此,我们可以测试有效的数据,也可以测试无效的数据。更有用的是,如果以后更改了 Model 的字段,在测试用例上,也会体现出来。在改进单元测试的过程中,让我们对自己书写的代码更加有信心。

下面以本节的 appinput 的模板为例,分别演示一下。

https://github.com/aguncn/manabe/blob/master/manabe/appinput/tests/test_models.py

```
01    from django.test import TestCase
02    from django.contrib.auth.models import User
03    from model_mommy import mommy
04    from appinput.models import App
05
06    class AppInputModelTest(TestCase):
07        def setUp(self):
08            manage_user = User.objects.create_user(username = 'Samantha',password = "password")
09            self.app_item = App.objects.create(name = "ABC - BACKEND - JAVA",
10                                jenkins_job = "test_jenkins_job",
11                                git_url = "http://tese_git_url/",
12                                dir_build_file = "test_project/",
13                                build_cmd = "mvn package",
14                                is_restart_status = True,
15                                package_name = "package_name.war",
16                                zip_package_name = "zip_package_name.zip",
17                                op_log_no = 88,
18                                manage_user = manage_user,
```

```
19                    script_url = "http://nginx/script_url/test.sh",)
20
21      def test_app_models(self):
22          result = App.objects.get(id = self.app_item.id)
23          self.assertEqual(result.name, "ABC - BACKEND - JAVA")
24
25  class AppInputModelTestMommy(TestCase):
26      def test_app_creation_mommy(self):
27          new_app = mommy.make('appinput.App')
28          self.assertTrue(isinstance(new_app, App))
29          self.assertEqual(new_app.__str__(), new_app.name)
```

代码解释：

第 6～10 行：我们使用的是自己构造数据的方式写测试用例。

第 8 行：在测试类的初始化方法中，先生成一个测试用户。

第 9～19 行：使用 App.objects.create() 方法，在 App 的 Models 中新生成一个实例。

第 23 行：如果 Models 里顺利生成了这个 App 实例，那么，使用 assertEqual() 方法判断数据表里的实例名称和使用 create() 方法中的名称是相等的。

第 25～30 行：我们使用一个叫 model_mommy 的第三方模板来进行自动数据填充（另一个类似的第三方测试模块，名为 factory_boy）。利用这个包可以很方便灵活地提供 Model 测试数据。在这里只使用了其最简单的 make() 方法，更详细的说明，请访问其官方文档：https://model-mommy.readthedocs.io/en/latest/。

第 27 行：我们只使用一个命令，就自动构造了测试数据。

第 28 行：使用 assertTrue() 方法，判断新建的 new_app 为一个 App 实例。

第 29 行：测试此 Model 中的 __str__() 返回的为实例的 name 字段名。

在项目根目录下，使用如下命令进行测试。

```
python manage.py test appinput.tests.test_models -v 2
```

输出如下（为节约篇幅，有删节），表示此 Model 的单元测试通过。

```
D:\GIT\manabe\manabe> python manage.py test appinput.tests.test_models -v 2
Creating test database for alias 'default' ('test_manabe')...
Operations to perform:
  Synchronize unmigrated apps: api,… rest_framework, staticfile
  Apply all migrations: admin, appinput, auth,… deploy,
envx, rightadmin, serverinput, sessions
Synchronizing apps without migrations:
  Creating tables...
    Running deferred SQL...
```

```
Running migrations:
  Applying contenttypes.0001_initial... OK
  Applying auth.0001_initial... OK
  ...
  Applying appinput.0001_initial... OK
  Applying serverinput.0001_initial... OK
  Applying sessions.0001_initial... OK
System check identified no issues (0 silenced).
test_app_models (appinput.tests.test_models.AppInputModelTest)... ok
test_app_creation_mommy (appinput.tests.test_models.AppInputModelTestMommy)...
ok

----------------------------------------------------------------------
Ran 2 tests in 0.097s

OK
Destroying test database for alias 'default' ('test_manabe')...
```

我们使用了-v 2这样的参数,输出的信息会比较详细。从输出可以清晰地看到,Django在进行测试时,新建了数据库,并在测试结束之后,删除了这个测试数据库。

当然,测试Model还有其他方式,请读者多多参考网上其他高手的写法。

6.8 Django View 测试

本节的重点是讲解Django的View测试。View的测试着重于两点:一是确认View对应的URL可以正常访问,并返回200状态码(如果不是View的函数,常规Python测试即可);二是反向解析URL时,其返回的视图与定义这个View的视图相等。

下面同样分别演示这两种测试用例的编写方法。

https://github.com/aguncn/manabe/blob/master/manabe/serverinput/tests/test_views.py

```
01  from django.test import TestCase
02  from django.urls import resolve, reverse
03  from django.contrib.auth.models import User
04  from model_mommy import mommy
05  from serverinput.models import Server
06  from serverinput.urls import ServerInputDetailView
07
08  class ServerInputListTests(TestCase):
09      def setUp(self):
10          self.user = User.objects.create_user(
```

```
11              username = 'test',
12              email = 'test@example.com',
13              password = 'test',)
14        self.client.login(username = 'test', password = 'test')
15        self.new_app = mommy.make(Server)
16
17    def test_list_view_status_code(self):
18        url = reverse('serverinput:list')
19        response = self.client.get(url)
20        self.assertEqual(response.status_code, 200)
21
22    def test_list_url_resolves_home_view(self):
23        view = resolve('/server/list/')
24        self.assertEqual(view.func.__name__,
25                         ServerInputListView.as_view().__name__)
```

代码解释:

这是一个针对 serverinput 应用的 ServerInputListView 类视图编写的测试用例。因为这个视图需要登录用户才能访问,所以我们会在 setup 方法中提前构造好 server 的数据,以及登录一个用户,才能开始接下来的测试。

第 10~13 行:生成了一个名为 test 的用户。

第 14 行:调用 client 的 login 方法,进行登录。

第 15 行:使用前面讲过的 model_mommy 构架一个 Server 数据表实例。

第 17~20 行:测试访问 serverinput:list 这个 URL 时,能得到 200 的返回状态码。

第 22~25 行:证明当反向解析/server/list/这个 URL 时,返回的是 ServerInputListView 视图。这里要注意的是,如果视图是一个函数,写法会与此不同(view.func)。

测试命令与上一个 Django 知识点中的一样,这里不再重复。

6.9 Django Form 测试

Django 的 Form 表单测试,是最为复杂的测试。因为表单输入项众多,有 input、select、check,且涉及有效和无效验证、csrf_token 等。

所以,Django 的表单测试一般要结合 selenium 和手工测试,才能完全覆盖。

在这里,仍以 appinput 的新建 App 应用的 Form 测试为例,讲一下可能涉及的几个常见的表单测试技巧。

https://github.com/aguncn/manabe/blob/master/manabe/appinput/tests/test_forms.py

```
01  from django.test import TestCase
```

```python
02  from django.urls import reverse
03  from django.contrib.auth.models import User, Group
04  from appinput.models import App
05  from appinput.forms import AppForm
06  
07  class AppInputCreateFormTests(TestCase):
08      def setUp(self):
09          self.user = User.objects.create_superuser('root',
10                                                    'root@demon.com',
11                                                    'root')
12          admin_group = Group.objects.create(name='admin')
13          admin_users = [self.user]
14          admin_group.user_set.set(admin_users)
15          self.client.login(username='root', password='root')
16  
17      def test_csrf(self):
18          url = reverse('appinput:create')
19          response = self.client.get(url)
20          self.assertContains(response, 'csrfmiddlewaretoken')
21  
22      def test_contains_form(self):
23          url = reverse('appinput:create')
24          response = self.client.get(url)
25          form = response.context.get('form')
26          self.assertIsInstance(form, AppForm)
27  
28      def test_valid_form(self):
29          data = {
30              'name': 'app_name',
31              'jenkins_job': "jenkins_job",
32              'git_url': "http://localhost",
33              'build_cmd': "mvn package",
34              'dir_build_file': "dir",
35              'package_name': 'app.zip',
36              'zip_package_name': 'app.zip',
37              'manage_user': self.user.id,
38              'script_url': "http://local/"
39          }
40          form = AppForm(data=data)
41          self.assertTrue(form.is_valid())
42  
```

```python
43    def test_invalid_form(self):
44        data = {}
45        form = AppForm(data = data)
46        self.assertFalse(form.is_valid())
47
48    def test_new_app_valid_post_data(self):
49        url = reverse('appinput:create')
50        data = {
51            'name': 'app_name',
52            'jenkins_job': "jenkins_job",
53            'git_url': "http://localhost",
54            'build_cmd': "mvn package",
55            'dir_build_file': "dir",
56            'package_name': 'app.zip',
57            'zip_package_name': 'app.zip',
58            'manage_user': self.user.id,
59            'script_url': "http://local/"
60        }
61        response = self.client.post(url, data)
62        self.assertTrue(App.objects.exists())
63
64    def test_new_app_invalid_post_data(self):
65        url = reverse('appinput:create')
66        response = self.client.post(url, {})
67        form = response.context.get('form')
68        self.assertTrue(form.errors)
69        self.assertEqual(response.status_code, 200)
70
71    def test_form_inputs(self):
72        url = reverse('appinput:create')
73        response = self.client.get(url)
74        self.assertContains(response, '<input', 11)
75        self.assertContains(response, 'type = "checkbox"', 1)
76        self.assertContains(response, '<select', 1)
```

代码解释：

第 9~15 行：新建一个 root 用户，并登录到系统。顺便也演示了如何新增一个用户组，并将用户加入到用户组。

第 17~20 行：测试网页里含有 'csrfmiddlewaretoken' 这样的关键字。

第 22~26 行：测试新增 App 的上下文中含有 App Form 的实例。

第 28~41 行：测试一个正常的 App Form 实例，可以通过 form.is_valid 方法。

第 43~46 行:测试一个空的 App Form 实例,不能通过 form.is_valid 方法。

第 48~62 行:测试一个正常的 App Form 实例,会插入数据库中。

第 64~69 行:测试一个无效的 App Form 实例,会触发 form.errors 错误。

第 71~76 行:一个正常的 appinput:create 网页中,包括 11 个 input 标签、1 个 checkbox 标签、1 个 select 标签。

6.10 小　　结

在本章,主要实现了自动化软件发布系统中的应用 App 的录入、编辑、显示,以及服务器的录入、编辑、显示功能;同时,也实现了权限管理的功能。

通过本章的学习,希望读者已掌握了使用 Django 的类视图来快速开发常见的数据库逻辑功能,且能熟悉使用 Django 的 Form 类进行表单网页的快速开发。

当这些功能完成以后,就可以进入下一章的发布单的创建了。

渐入佳境,感觉到自己的 Django 功力又增强了吗?

第 7 章

生成发布单

> 梦为远别啼难唤,书被催成墨未浓。
> ——李商隐《无题》

在第 6 章中我们了解了应用和服务器的录入,我们目前实现的站点也可提供基本的访问服务。本章继续实现发布系统中和发布密切相关的一个功能:生成发布单的功能。

软件发布的本质就是将代码发布到应用服务器上,发布的内容可能是配置文件(ini、xml、cfg、properties、json 等),可能是程序包(war、ear、zip、rar 等),也可能是二进制文件(exe、dll、so、jar 等),比如发布程序包或者是可执行文件,这就需要涉及到编译和打包环节。编译的作用就是将源代码产生目标程序。打包的作用就是为了更方便地移交。本书采用 Jenkins 进行编译和打包,其实类似 Jenkins 的持续集成工具也有很多,比如 Buildbot、Travis CI、Strider、Integrity、Go 等,本书中采用 GitLab 作为源代码版本控制器,其实有些公司的版本控制器也可能会是 svn、gerrit 等。本章我们主要是实现通过 Jenkins 从 GitLab 内获取代码,在 Jenkins 中使用 maven、ant 等编译打包工具,将编译后的程序包传到物料仓库的功能。最终从物料仓库将程序包发送到应用服务器的过程,是在发布页面实现的,和 Jenkins 进行交互是在新建发布单和编译的页面实现的。首先介绍什么是发布单。本书中发布单是指包含一系列发布信息属性的对象,发布单号指的是发布任务的 ID,发布单号具有唯一性、可识别性的特点,在这里我们使用年月日时分秒+随机两位字母作为发布单号(例如 2018 - 1124 - 165955NF)。在整个发布流中,相关操作人员使用发布单号进行沟通,知道发布单号就可以获取相关的应用信息、编译信息、源码,以及分支信息、版本信息等。

本章所涉及的知识点如下:
- 创建以及编辑发布单;
- 发布单查看和详情;
- 与 Jenkins API 合作编译软件包;
- Maven、Ant、Gradle、Zip 等相关打包软件的介绍;
- 软件包传送到物料仓库。

7.1 发布单介绍

在开始介绍我们要实现的发布系统之前,先了解一下常规情况下一些发布单的相关属性。下面对一个常规手动发布的发布单进行介绍,可能在常规手动发布的过程中我们并不会去移交一张纸质的发布单,但是通常情况下我们也会通过其他沟通方式比如邮件、口述、电话,去沟通信息,如表7-1所列。

表7-1 传统发布单

申请部门	研发部-订单组	申请发布时间	2019-01-02-19:00	发布方式	灰度发布
App应用名称	Manabe-backend-order	发布单号	2019-0102-165955NF	提交人	Zhangsan001
代码路径	git://manabe.com/order.git	版本号	V0.0.01	发布分支	Release-0.0.1
发布介质	http://aa.com/order/20190101120000XD/order.zip				
前置条件	先执行 0001.sql	功能上线检测项	检查启动日志是否有"order start successful"		
测试部门	测试部-订单组	是否完成测试	是	测试接口人	Tony001
部署说明	1. 执行 stop.sh; 2. 停止服务; 3. 清空程序目录/app/order; 4. 解压 order.zip 到/app/order 目录; 5. 启动服务; 6. 检查检测项	发布内容		1. 新增xx功能; 2. 修改xx bug; 3. 其他内容	
发布对象	主机1.1.1.1和1.1.1.2	QA发布意见	已完成测试,可以发布		
发布部门	运维部-订单运维组	实际发布时间	2019-01-02-20:00	发布人	lisi002

这个发布单可能针对不同的业务场景,不同的公司不能完全通用,但是可以大致表示我们在发布过程中需要沟通的细节以及需要注意的事项。按照类似这种发布单进行移交,会使整个软件移交和发布的过程变得流程化。其实上面介绍的内容也就是我们要实现数据库的表结构的大致内容,我们在进行发布单数据表设计时,需要先了解常规的操作流程。只有熟悉常规的流程和操作方式,才能将发布过程流程化、平台化、自动化。

接下来将该发布单在发布平台系统化。在第4章介绍的Models中可以知道已经有如下字段——详细和完整的数据表结构,可以对应到常规发布单的相关字段(manabe/deploy/models.py),我们可以回头看一下第4章。实际上有关发布单的数据表设计也是基于上面手动的发布单精简和扩充而来的。可能在实际中每个公司发布单的信息并不相同,本章只是按照通用的一些发布信息作为示例进行演示和介绍。

新建发布单，包含选择要发布的组件（App），以及源码对应 Git 的分支或版本，同时还提供了部署方式等。按照这种需求，将如下信息发布到对应的数据库的表中。再实现 HTML 等页面展示，整个新增发布单的功能就完成了。本次实现的功能预览如图 7-1 所示。

图 7-1 Manabe 新增发布单

7.2 新建发布单

数据库表结构在第 4 章已经设计完毕，接下来用 Python 和 Django 代码实现具体的新建发布单、发布单列表、发布单详情页等功能。

7.2.1 新建发布单表单

在开始之前，或许我们需要先使用 python manage.py startapp deploy 来新建一个 App 应用。接下来开始构造表单 Form(manabe/deploy/forms.py)。下面这部分主要是渲染一个 Form 表单，然后将表单提交的数据通过 Post 的方法提交到后台。具体的表单控件类型以及样式是在 manabe/deploy/forms.py 中定义的。

https://github.com/aguncn/manabe/blob/master/manabe/deploy/forms.py

```
01   from django import forms
02   from .models import DeployPool
03   from appinput.models import App
04
05   IS_INC_TOT_CHOICES = (
06       ('TOT', r'全量部署'),
07       ('INC', r'增量部署'),
08   )
```

```
09
10  DEPLOY_TYPE_CHOICES = (
11      ('deployall', r'发布所有'),
12      ('deploypkg', r'发布程序'),
13      ('deploycfg', r'发布配置'),
14  )
15
16
17  class DeployForm(forms.ModelForm):
18
19      def __init__(self, *args, **kwargs):
20          initial = kwargs.get('initial', {})
21          kwargs['initial'] = initial
22          super().__init__(*args, **kwargs)
23
24      name = forms.CharField(
25          required=False,
26          error_messages={'required': "不能为空"},
27          label=u"发布单名称",
28          widget=forms.TextInput(
29              attrs={
30                  'placeholder': "名称",
31                  'class': 'input-text',
32              }
33          ),
34      )
35      description = forms.CharField(
36          required=False,
37          label=u"描述",
38          widget=forms.Textarea(
39              attrs={
40                  'placeholder': "描述",
41                  'class': 'input-text',
42              }
43          ),
44      )
45      branch_build = forms.CharField(
46          required=True,
47          label=u"Git版本",
48          widget=forms.TextInput(
49              attrs={
50                  'class': 'input-text',
```

```
51              }
52          ),
53      )
54      app_name = forms.ModelChoiceField(
55          required = True,
56          queryset = App.objects.all(),
57          label = u"App",
58          widget = forms.Select(
59              attrs = {
60                  'style': """width:40%;""",
61                  'class': 'select-box',
62              }
63          ),
64      )
65      is_inc_tot = forms.CharField(
66          error_messages = {'required': "不能为空"},
67          label = u"部署方式",
68          widget = forms.Select(
69              choices = IS_INC_TOT_CHOICES,
70              attrs = {
71                  'class': 'select-box',
72              }
73          ),
74      )
75
76      deploy_type = forms.CharField(
77          error_messages = {'required': "不能为空"},
78          label = u"程序配置",
79          widget = forms.Select(
80              choices = DEPLOY_TYPE_CHOICES,
81              attrs = {
82                  'class': 'select-box',
83              }
84          ),
85      )
86
87      class Meta:
88          model = DeployPool
89          # exclude = ['app_args', 'op_user']
90          fields = ('name', 'description', 'app_name', 'branch_build', 'is_inc_tot', 'deploy_type')
```

代码解释：

第 1~3 行：导入 Form 以及数据库相关的类（DeployPool 和 App）。

第 5~8 行：定义一个二维的二元元组，用来表示部署方式（增量还是全量），会被 69 行的 forms.Select 的 choice 参数引用。其中这个二元元组第一个元素将对应 HTML <option> 标签的 value，第二个元素将对应 HTML <option> 标签下的显示内容。

第 10~14 行：定义一个二维的二元元组，用来表示部署类型（发布程序还是发布配置）。此处将会被第 80 行的 DEPLOY_TYPE_CHOICES 所引用。

第 17 行：定义一个名字为 DeployForm 的表单类即发布单表单类，该类继承 Django 内置的 forms.ModelForm 表单类。其实我们已经在 DeployPool 的 Model 中定义了数据字段类型，这种情况下表单中再去定义字段类型将是多余的。好在 Django 提供了一个帮助程序类，允许 Form 从 Django 模型创建一个类。

第 19~22 行：改写 forms.ModelFormde __init__ 方法。super() 函数是用于调用父类（超类）的一个方法。

第 24~34 行：定义字段 name 发布单单号，以及该控件的响应属性和显示样式。

第 35~44 行：定义字段 description 发布单描述信息，以及该控件的响应属性和显示样式。

第 45~53 行：定义字段 branch_build 发布分支，以及该控件的响应属性和显示样式。

第 54~64 行：定义字段 app_name 应用名称，以及该控件的响应属性和显示样式。

第 65~74 行：定义字段 is_inc_tot 部署方式，以及该控件的响应属性和显示样式。其中第 69 行：当表单字段没有属性时，此属性是可选的 choices。这里被我们之前定义的 IS_INC_TOT_CHOICES 所覆盖。

第 76~85 行：定义字段 deploy_type 发布类型，以及该控件的响应属性和显示样式。

第 87 行：嵌套了一个 Meta 类，主要目的是给上级类（DeployForm）添加一些功能，或者指定一些标准。

第 90 行：只显示 Model 中指定的字段。强烈建议使用 fields 属性显式地设置表单中应该编辑的字段。因为当表单意外地允许用户设置某些字段时，特别是在向模型添加新字段时，不这样做很容易导致安全问题。

以上就是整个发布单 Form 表单的介绍，通过发布单 Form 表单和发布单数据表的介绍，我们了解了发布单的字段信息、数据表信息以及 Form 表单内容。接下来我们就基于这个表单来实现具体的新建发布单功能的视图。

7.2.2 新建发布单视图

在第 2 章我们也了解到了相关的 Django View(包括视图函数和视图类)。在这里可以使用 Django 提供的内置 classview,只需要少量的代码就可以实现我们需要的功能。打开 manabe/deploy/views.py 进行 DeployCreateView 的实现。

https://github.com/aguncn/manabe/blob/master/manabe/deploy/views.py

```
01    import random
02    import time
03    import string
04    from django.urls import reverse, reverse_lazy
05    from django.contrib import messages
06    from django.views.decorators.csrf import csrf_exempt
07    from django.views.generic import ListView, CreateView, DetailView, UpdateView
08    from django.utils import timezone
09    from django.db.models import Q
10    from django.http import HttpResponseRedirect
11    from django.conf import settings
12    from django.http import JsonResponse
13    import jenkins
14    from .forms import DeployForm
15    from .models import DeployPool, DeployStatus
16    from appinput.models import App
17    from rightadmin.models import Action
18    from public.user_group import is_right
19
20    class DeployCreateView(CreateView):
21        template_name = 'deploy/create_deploy.html'
22        model = DeployPool
23        form_class = DeployForm
24
25        def form_invalid(self, form):
26            return self.render_to_response({'form': form})
27
28        def form_valid(self, form):
29            user = self.request.user
30            app = form.cleaned_data['app_name']
31            action = Action.objects.get(name="CREATE")
32            if not is_right(app.id, action.id, 0, user):
33                messages.error(self.request, '没有权限,请联系此应用管理员:' + str(app.manage_user), extra_tags = 'c-error')
```

```python
34            return self.render_to_response({'form': form})
35        random_letter = ''.join(random.sample(string.ascii_letters, 2))
36        deploy_version = time.strftime("%Y-%m-%d-%H%M%S", time.local-
time()) + random_letter.upper()
37        DeployPool.objects.create(
38            name = deploy_version,
39            description = form.cleaned_data['description'],
40            app_name = app,
41            branch_build = form.cleaned_data['branch_build'],
42            is_inc_tot = form.cleaned_data['is_inc_tot'],
43            deploy_type = form.cleaned_data['deploy_type'],
44            deploy_status = DeployStatus.objects.get(name = 'CREATE'),
45            create_user = user,
46        )
47        return HttpResponseRedirect(reverse("deploy:list"))
48
49    def get_success_url(self):
50        return reverse_lazy("deploy:list")
51
52    def get_context_data(self, **kwargs):
53        context = super().get_context_data(**kwargs)
54        context['now'] = timezone.now()
55        context['current_page'] = "deploy-create"
56        context['current_page_name'] = "新建发布单"
57        return context
```

代码解释:

第1~3行:导入相关的Python包,方便后续我们随机生成发布单号。

第4~12行:导入Django相关的Python包。

第13行:导入Jenkins client包。

第14行:从当前目录froms.py导入DeployForm表单类。

第15行:从当前目录models.py导入DeployPool和DeployStatus model类。

第16行:从appinput/models.py导入App model类。

第17~18行:导入我们自定义的相关类,用于处理是否有权限进行操作。

第20行:定义新建发布单的类名为DeployCreateView,继承CreateView。django.views.generic中的CreateView类,是基于View的子类。CreateView可以简单快速地创建表对象。

第21行:这里指定我们设置需要渲染的模板是'manabe/templates/manabe/deploy/create_deploy.html'。如果你在Django设置settings.py中的TEMPLATES

下配置了'APP_DIRS'：True，则 Django 默认会去渲染 manabe/manabe/templates/manabe/deploy_create.html 这个文件。

第 22 行：对应的数据库表名为发布单表，即 Model 为 DeployPool。

第 23 行：对应的表单类为新建发布单表单，即 DeployForm。虽然这里指定了 form_class 字段，而且 form_class 中也有指定 Model，但是还是需要在 22 行代码里指定 Model。

第 25~26 行：Django 内置函数 django.views.generic.edit.FormMixin.form_invalid，最终会被 CreateView 所继承。字段验证失败后会执行这个函数。

第 28 行：Django 内置函数 django.views.generic.edit.FormMixin.form_valid，最终会被 CreateView 所继承。字段验证成功后会执行这个函数，执行完成后会把相应字段存入数据库。

第 29 行：获取当前用户对象。

第 30 行：获取表单提交的 App 名称。

第 31 行：查询 Action 数据表 name＝create。返回一个对象。

第 32~34 行：判断当前用户是否有权限创建这个 App 的发布单，如果没有，则返回提示信息到前端 HTML。

第 35 行：通过 random 函数随机生成两位的字符。

第 36 行：获取当前时间格式为年月日时分秒，并且和上面获取的两位字符经过大写转换后合并成一个字符串。

第 37~46 行：向数据库写入 Form 表单提交的相关数据。

第 47 行：重定向到 deploy/list 页面（目前我们还没实现该页面）。reverse 函数解析视图函数 list 对应的 URL。

这里我们使用 template_name 定义了 HTML 模板文件，使用 Model 对应了具体数据库的数据表，使用 form_class 对应了要使用的 Form 表单。然后使用 form_valid 进行表单验证，验证通过后获取 HTML 模板发送过来的数据，然后 DeployPool.objects.create 将这些数据保存到数据库中。随后通过 Django 的 HttpResponseRedirect 重定向页面到 list 页面。

7.2.3 新建发布单模板

新建发布单的视图基本上已经实现完毕，那么接下来就是需要将后台的数据渲染到 HTML 模板中。编辑 manabe/deploy/templates/deploy/create_deploy.html 这个文件也就是我们上面 Views 中使用 template_name 对应的 HTML 模板文件，目前这个文件可能并不存在，这就需要我们进行手动创建一下该文件。

https://github.com/aguncn/manabe/blob/master/manabe/deploy/templates/deploy/create_deploy.html

```
01    ...
02    <form action="" method="post" class="form form-horizontal" id="demoform-1">
03        {% csrf_token %}
04        <div class="row cl">
05            <label class="form-label col-xs-4 col-sm-3">{{ form.name.label_tag }}:</label>
06            <div class="formControls col-xs-8 col-sm-9">
07                <input type="text" id="name" disabled="disabled" class="input-text" placeholder="自动生成">
08            </div>
09        </div>
10        <div class="row cl">
11            <label class="form-label col-xs-4 col-sm-3">{{ form.description.label_tag }}:</label>
12            <div class="formControls col-xs-8 col-sm-9">
13                {{ form.description }}
14                {% for error in form.description.errors %}
15                    <span>{{ error }}</span>
16                {% endfor %}
17            </div>
18        </div>
19        <div class="row cl">
20            <label class="form-label col-xs-4 col-sm-3">{{ form.app_name.label_tag }}:</label>
21            <div class="formControls col-xs-8 col-sm-9">
22                {{ form.app_name }}
23                {% for error in form.app_name.errors %}
24                    <span>{{ error }}</span>
25                {% endfor %}
26            </div>
27        </div>
28        <div class="row cl">
29            <label class="form-label col-xs-4 col-sm-3">{{ form.branch_build.label_tag }}:</label>
30            <div class="formControls col-xs-8 col-sm-9">
31                {{ form.branch_build }}
32                {% for error in form.branch_build.errors %}
33                    <span>{{ error }}</span>
34                {% endfor %}
35            </div>
36        </div>
```

```
37          <div class = "row cl">
38              <label class = "form-label col-xs-4 col-sm-3">{{ form.is_inc_tot.label_tag }}:</label>
39              <div class = "formControls col-xs-8 col-sm-9">
40                  {{ form.is_inc_tot }}
41                  {% for error in form.is_inc_tot.errors %}
42                      <span>{{ error }}</span>
43                  {% endfor %}
44              </div>
45          </div>
46          <div class = "row cl">
47              <label class = "form-label col-xs-4 col-sm-3">{{ form.deploy_type.label_tag }}:</label>
48              <div class = "formControls col-xs-8 col-sm-9">
49                  {{ form.deploy_type }}
50                  {% for error in form.deploy_type.errors %}
51                      <span>{{ error }}</span>
52                  {% endfor %}
53              </div>
54          </div>
55
56          <div class = "row cl">
57              <div class = "col-xs-8 col-sm-9 col-xs-offset-4 col-sm-offset-3">
58                  <input class = "btn btn-primary radius" type = "submit" value = "新建">
59              </div>
60          </div>
61      </form>
62  …
```

代码解释：

第1行：这里省略了 HTML 的 head 以及部分 JS 和 CSS 加载，主要是展示 From 内的代码。

第2行和61行：一个完整的 Form 标签。

第4～9行：一个完整的 div 标签，用于将发布单 Form 表单的发布单名称 name 显示到 HTML 内。

第10～18行：显示发布单 Form 表单的发布单描述信息 description。

第19～27行：显示发布单 Form 表单的发布单组件名 app_name。

第28～36行：显示发布单 Form 表单的发布单编译分支 branch_build。

第37～45行：显示发布单 Form 表单的发布方式是增量发布还是全量发布 is_

inc_tot。

第46～54行：显示发布单Form表单的发布类型是发布配置还是发布程序deploy_type。

第56～60行：新建发布单的提交按钮。

7.2.4 新建发布单路由

上面我们实现了新建发布单的视图类以及模板。具体完成这个功能还需要先定义好新建发布单的URL路由。打开manabe/deploy/urls.py，增加/create/相关的路由设置。

https://github.com/aguncn/manabe/blob/master/manabe/deploy/urls.py

```
01    from django.urls import path
02    from django.contrib.auth.decorators import login_required
03    from .views import DeployCreateView,
04
05    app_name = 'deploy'
06
07    urlpatterns = [
08        path('create/', login_required(DeployCreateView.as_view()),
09             name = 'create'),
10    ]
```

代码解释：

第3行：从当前Views导入新建发布单视图类DeployCreateView。

第5行：声明当前的应用名称是deploy。

第8行：增加一条path记录，当访问create/的时候路由到新建发布单视图DeployCreateView，也就是当访问http://127.0.0.1:8000/deploy/create/的时候匹配该条规则。这里需要注意：发布单相关的操作都需要登录后方可进行，所以我们添加了login_required()。如果用户没有登录，login_required()会将页面重定向到settings.LOGIN_URL，并将当前访问的绝对路径传递到查询字符串中。

本小节我们通过实现发布单的Form表单，完成发布单创建的视图类以及发布单的模板文件，最后定义了新建发布单的路由。这个过程我们完成了新建发布单的功能，可以通过访问http://127.0.0.1:8000/deploy/create/来预览一下效果，如图7-2所示。

在点击新建后，可能会出现报错页面。这里不要担心，因为我们在点击新建成功后会重定向到发布单列表页面。但是到目前为止，我们只是实现了新建发布单的功能，并没有实现发布单列表的功能。所以接下来我们继续介绍发布单列表功能的实现，在完成下面一节发布单列表的功能后，回过头来再验证这个功能，跳转将会正常报错，也会消失。

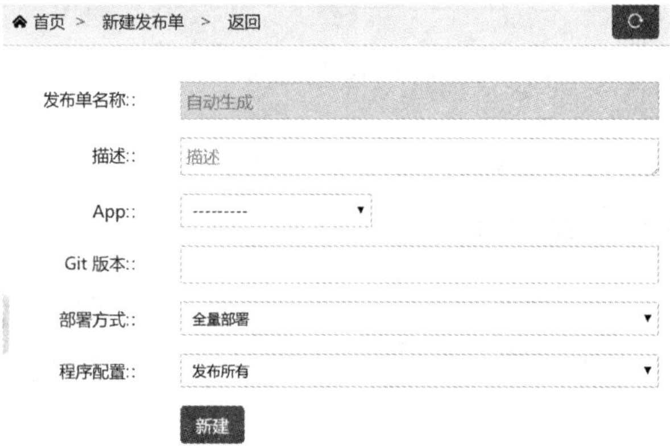

图 7-2　Manabe 新增发布单

7.3 发布单列表

在实现功能之前预览一下要实现的发布单列表的功能，这个页面主要是用一个表格进行展示，其中表格的每一条数据都是从数据库和表单响应过来的数据（下图看到的数据是构造的测试数据）。为了方便过滤和查询，该页面还需要提供过滤和查询的功能（具体会在后续小节进行介绍）。在该页面中最重要的功能其实是编译功能（这个也会在后续介绍），点击编译按钮，触发 Jenkins API 去构建程序包。本小节着重介绍整个页面的展示，具体一些按钮触发的事件和后端的功能代码，我们将会在后续进行介绍。发布单列表效果如图 7-3 所示。

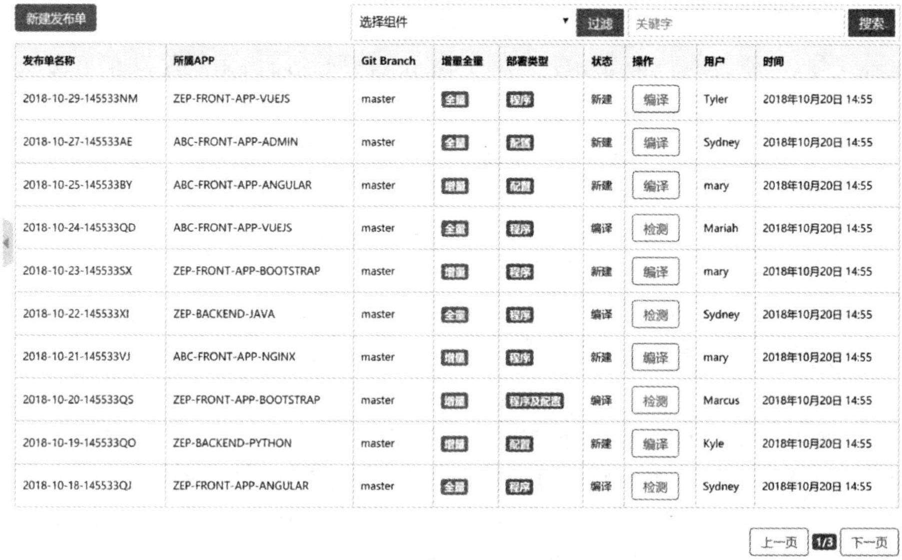

发布单名称	所属APP	Git Branch	增量全量	部署类型	状态	操作	用户	时间
2018-10-29-145533NM	ZEP-FRONT-APP-VUEJS	master	全量	程序	新建	编译	Tyler	2018年10月20日 14:55
2018-10-27-145533AE	ABC-FRONT-APP-ADMIN	master	全量	配置	新建	编译	Sydney	2018年10月20日 14:55
2018-10-25-145533BY	ABC-FRONT-APP-ANGULAR	master	增量	配置	新建	编译	mary	2018年10月20日 14:55
2018-10-24-145533QD	ABC-FRONT-APP-VUEJS	master	全量	程序	编译	检测	Mariah	2018年10月20日 14:55
2018-10-23-145533SX	ZEP-FRONT-APP-BOOTSTRAP	master	增量	程序	新建	编译	mary	2018年10月20日 14:55
2018-10-22-145533XI	ZEP-BACKEND-JAVA	master	全量	程序	编译	检测	Sydney	2018年10月20日 14:55
2018-10-21-145533VJ	ABC-FRONT-APP-NGINX	master	增量	程序	新建	编译	mary	2018年10月20日 14:55
2018-10-20-145533QS	ZEP-FRONT-APP-BOOTSTRAP	master	增量	程序及配置	编译	检测	Marcus	2018年10月20日 14:55
2018-10-19-145533QO	ZEP-BACKEND-PYTHON	master	增量	配置	新建	编译	Kyle	2018年10月20日 14:55
2018-10-18-145533QJ	ZEP-FRONT-APP-ANGULAR	master	全量	程序	编译	检测	Sydney	2018年10月20日 14:55

图 7-3　Manabe 发布单列表

7.3.1 发布单列表视图

首先依然按照新建发布单的风格和顺序通过视图模板和路由的顺序进行介绍，先编辑 manabe/deploy/views.py，增加 DeployListViews 类。其继承 ListView 基类，主要用于实现发布单的 list 功能。

https://github.com/aguncn/manabe/blob/master/manabe/deploy/views.py

```
01  ...
02  class DeployListView(ListView):
03      template_name = 'deploy/list_deploy.html'
04      paginate_by = 10
05
06      def get_queryset(self):
07          if self.request.GET.get('search_pk'):
08              search_pk = self.request.GET.get('search_pk')
09              return DeployPool.objects.filter(Q(name__icontains = search_pk) | Q(description__icontains = search_pk)).filter(
10                  deploy_status__name__in = ["CREATE"])
11          if self.request.GET.get('app_name'):
12              app_name = self.request.GET.get('app_name')
13              return DeployPool.objects.filter(app_name = app_name).filter(deploy_status__name__in = ["CREATE", "BUILD"])
14          return DeployPool.objects.filter(deploy_status__name__in = ["CREATE", "BUILD"])
15
16      def get_context_data(self, **kwargs):
17          context = super().get_context_data(**kwargs)
18          context['now'] = timezone.now()
19          context['current_page'] = "deploy-list"
20          context['current_page_name'] = "发布单列表"
21          context['jenkins_url'] = settings.JENKINS_URL
22          context['nginx_url'] = settings.NGINX_URL
23
24          query_string = self.request.META.get('QUERY_STRING')
25          if 'page' in query_string:
26              query_list = query_string.split('&')
27              query_list = [elem for elem in query_list if not elem.startswith('page')]
28              query_string = '?' + "&".join(query_list) + '&'
29          elif query_string is not None:
30              query_string = '?' + query_string + '&'
```

```
31          context['current_url'] = query_string
32          return context
33      ...
```

代码解释:

第 1 行:这里省略了导入的库,以及前一小节介绍的新建发布单视图类。

第 2 行:定义发布单列表类名为 DeployListView,继承 ListView。django. views. generic 中的 ListView 类,是基于 View 的子类。istView 可以通过你给出的 Model 以及想要展示的 Model 中的 field,在对应的数据库中查询出对应的对象存放在 List 对象中,并传递给 template 渲染。

第 3 行:配置模板名称,用于渲染 deploy/list_deploy. html 模板。

第 4 行:django. views. generic. list. MultipleObjectMixin 的 paginate_by 对返回结果进行分页,最终会被通用视图 ListView 继承。这里设置的是每页显示 10 条数据。

第 6~14 行:django. views. generic. list. MultipleObjectMixin 的 get_queryset() 函数,用于在这个视图中查询指定条件的条目,并返回可迭代的列表,最终也会被通用视图 ListView 继承。这里主要是用作查询指定关键字的发布单对象列表,也就是搜索发布单的功能。其中第 9 行使用了 Django 的 Q ORM 查询语法。

第 16 行:在视图函数中将模板变量传递给模板是通过给 render 函数的 context 参数传递一个字典实现的。在类视图中,这个需要传递的模板变量字典是通过 get_context_data 获得的,所以我们复写该方法,以便能够自己再插入一些自定义的模板变量。

第 17 行:super() 函数是用于调用父类(超类)的一个方法。

第 18~22 行:向 context 字典赋值,然后通过 context 传递给模板文件。

第 24~31 行:通过 URL 参数传递,完成分页功能。

template_name 用于和 deploy/list_deploy. html 模板对应。paginate_by 用于分页,当前表示每页 10 条数据。这里使用的是 Django 分页,并没有使用 JS 分页,好处就是减少服务器响应时间,每点击一次分页请求一下后端,如果使用 JS 分页就需要将现在所有的数据都返回到前端,当数据量较大时是很耗时甚至会超时的。get_queryset() 函数,用于请求查询数据库并返回。

7.3.2 发布单列表模板

代码如下:

https://github.com/aguncn/manabe/blob/master/manabe/deploy/templates/deploy/list_deploy.html

```
01      <table class = "table table-border table-bordered table-bg">
02          <thead>
```

```
03          <th>
04              发布单名称
05          </th>
06          <th>
07              所属APP
08          </th>
09          <th>
10              Git Branch
11          </th>
12          <th>
13              增量全量
14          </th>
15          <th>
16              部署类型
17          </th>
18          <th>
19              操作
20          </th>
21          <th>
22              用户
23          </th>
24          <th>
25              时间
26          </th>
27      </thead>
28      <tbody>
29      {% for item in object_list %}
30          <tr class="text-l">
31              <td>
32                  <span data-toggle="tooltip" data-placement="bottom" title="{{item.description}}">
33                      <a href="{% url 'deploy:detail' pk=item.id %}">
34                          {{item.name}}
35                      </a>
36                  </span>
37
38              </td>
39              <td>{{item.app_name}}</td>
40              <td>
41                  {{item.branch_build}}
42              </td>
```

```
43          <td>
44              {% ifequal item.is_inc_tot "TOT" %}
45                  <span class = "label label-secondary radius">
46                      全量
47                  </span>
48              {% endifequal %}
49              {% ifequal item.is_inc_tot "INC" %}
50                  <span class = "label label-secondary radius">
51                      增量
52                  </span>
53              {% endifequal %}
54          </td>
55          <td>
56              {% ifequal item.deploy_type "deployall" %}
57                  <span class = "label label-primary radius">
58                      程序及配置
59                  </span>
60              {% endifequal %}
61              {% ifequal item.deploy_type "deploypkg" %}
62                  <span class = "label label-primary radius">
63                      程序
64                  </span>
65              {% endifequal %}
66              {% ifequal item.deploy_type "deploycfg" %}
67                  <span class = "label label-primary radius">
68                      配置
69                  </span>
70              {% endifequal %}
71
72          </td>
73          <td>
74              {% ifequal item.deploy_status.name "CREATE" %}
75                  <button class = "btn btn-primary-outline radius buildBtn"
76                          app_name = "{{item.app_name}}"
77                          deploy_version = "{{item.name}}"
78                          jenkins_job = "{{item.app_name.jenkins_job}}">
79                      编译
80                  </button>
81              {% endifequal %}
82              {% ifequal item.deploy_status.name "BUILD" %}
83                  <button  class = "btn btn-success-outline radius checkBtn"
```

```
84                         app_name = "{{item.app_name}}"
85                         deploy_version = "{{item.name}}">
86                         检测
87                     </button>
88                  {% endifequal %}
89              </td>
90              <td>
91                  {{item.create_user}}
92              </td>
93              <td> {{item.change_date}} </td>
94          </tr>
95       {% endfor %}
96       </tbody>
97  </table>
```

代码解释:

第 1 和 97 行:一个完整的 table 标签块。

第 2~27 行:表格的 head 块。

第 28 和 96 行:表格的 body 块。

第 29~95 行:使用 for 循环迭代 object_list 的每条数据。将每条数据的相关字段放到 HTML 的每一列(td)内。

第 44~53 行:通过判断 is_inc_tot 的内容,区别地在页面显示发布方式,如果是 TOT 则显示全量,如果是 INC 则显示增量。

第 56~70 行:通过判断 deploy_type 的内容,区别地在页面显示发布类型,如果是 deployall 显示则发布程序和配置,如果是 deploypkg 显示则发布程序,如果是 deploycfg 显示则发布配置。

第 74~88 行:通过判断 deploy_status.name 的内容,区别地在页面上进行显示。当发布单是新创建时显示编译按钮;当发布单已经编译后,显示检测按钮。同时,点击编译按钮会触发 JS 的类选择器选择 buildBtn 弹出编译页面。具体的编译功能会在 7.4 节进行介绍,这里只需要大致了解有这个触发弹框的步骤即可。

7.3.3 发布单列表路由

上面完成了发布单列表的模板后,接下来需要增加一条 URL 路由用于访问 http://127.0.0.1:8000/deploy/list/,展示发布单的条目。

https://github.com/aguncn/manabe/blob/master/manabe/deploy/urls.py

```
01      path('list/', login_required(DeployListView.as_view()), name = 'list'),
```

代码解释:

第 1 行:在 urlpatterns 内增加一条 path 路由,用于访问 list/ 路由到 DeployList-

View。这里也需要登录后才能访问,所以增加了 required()。

至此,整个发布单的 list 页面也已经完成,可以先通过 runserver 运行整个服务。然后通过浏览器访问 http://127.0.0.1:8000/deploy/list 页面,如图 7-4 所示,整个发布单 list 的页面就出现在我们的眼前了,这个时候上一小节在新建发布单点击提交按钮后的跳转页面也正常了。

图 7-4　Manabe 发布单列表

7.4　编译程序包

在第 3 章详细地介绍了 Jenkins 以及 Jenkins Python 客户端的安装,还介绍了 Jenkins API 以及 Python-Jenkins 的使用方法。同时,介绍了如何将 Python-Jenkins 封装成一个简单的 API 供后续方便使用。通过 Jenkins 结合相关的插件可以编译各种二进制文件,然后生成压缩包,一般情况下可能会在 Jenkins 上直接进行编译打包。但是为了统一入口,希望所有的操作都是在发布系统中进行,所以在发布系统上调用 Jenkins 的 API 实现在发布系统中点击 build 按钮,去触发 Jenkins 进行构建编译,然后将生成的压缩包上传到我们指定的压缩包仓库或者物料仓库中去。

7.4.1　编译视图

接下来先去实现编译功能的视图。这里就不太方便使用视图类了,因为 Django 提供的视图类并不能满足我们这里的需求,所以我们通过定义视图函数的方式实现进行编译的后段逻辑功能,该功能主要是初始化一些参数,然后将这些参数通过

Python-Jenkins 的 API 传给 Jenkins，最后触发 Jenkins 进行构建。我们还是按照先贴出代码，然后逐行解释代码的方式进行介绍。这段代码可能有点长，但是还是希望大家能够耐心地读完。

https://github.com/aguncn/manabe/blob/master/manabe/deploy/views.py

```
01    # 使用 Python-Jenkins 第三方库来提交 Jenkins 任务
02    @csrf_exempt
03    def jenkins_build(request):
04        # 获取前端 ajax 参数
05        app_name = request.POST.get('app_name')
06        deploy_version = request.POST.get('deploy_version')
07        jenkins_job = request.POST.get('jenkins_job')
08        deploy_version_set = DeployPool.objects.get(name=deploy_version)
09        branch_build = deploy_version_set.branch_build
10        app_set = App.objects.get(name=app_name)
11        git_url = app_set.git_url
12        package_name = app_set.package_name
13        dir_build_file = app_set.dir_build_file
14        zip_package_name = app_set.zip_package_name
15        build_cmd = app_set.build_cmd
16
17        # 构造 Jenkins Job 的字典参数，这些参数在 Jenkins 里是字符型参数
18        jenkins_dict = {
19            'git_url': git_url,
20            'branch_build': branch_build,
21            'package_name': package_name,
22            'app_name': app_name,
23            'deploy_version': deploy_version,
24            'dir_build_file': dir_build_file,
25            'zip_package_name': zip_package_name,
26            'build_cmd': build_cmd
27        }
28
29        if all_is_not_null([jenkins_job, app_name, branch_build, deploy_version]):
30            # 按 Python-Jenkins 的 API 要求，生成 Jenkins 服务器实例，并传递参数给 build_job
31            jenkins_url = settings.JENKINS_URL
32            jenkins_username = settings.JENKINS_USERNAME
33            jenkins_password = settings.JENKINS_PASSWORD
34            server = jenkins.Jenkins(url=jenkins_url,
35                                    username=jenkins_username,
36                                    password=jenkins_password)
```

```
37          next_build_number = server.get_job_info(jenkins_job)['nextBuildNumber']
38      try:
39              server.build_job(jenkins_job, jenkins_dict)
40              from time import sleep
41              sleep(10)
42              result = {"return": "success", "build_number": next_build_number}
43              status_code = 201
44      except Exception as e:
45              print(e)
46              result = {"return": "error", "build_number": next_build_number}
47              status_code = 501
48          return JsonResponse(result, status = status_code)
49
50      else:
51              result = {"return": "error"}
52              return JsonResponse(result, status = 501)
53
54
55  def all_is_not_null(*args):
56      for value in args:
57          if value == 'None' or len(value) == 0:
58              return False
59      return True
60
61
62  # 前端通过ajax实时获取Jenkins的编译任务的进度
63  @csrf_exempt
64  def jenkins_status(request):
65      jenkins_job = request.POST.get('jenkins_job')
66      next_build_number = int(request.POST.get('next_build_number'))
67      jenkins_url = settings.JENKINS_URL
68      jenkins_username = settings.JENKINS_USERNAME
69      jenkins_password = settings.JENKINS_PASSWORD
70      server = jenkins.Jenkins(url = jenkins_url,
71                              username = jenkins_username,
72                              password = jenkins_password)
73      # 通过get_build_info方法,可以获取编译状态及结果状态
74      building_info = server.get_build_info(jenkins_job, next_build_number)["building"]
75      build_result = server.get_build_info(jenkins_job, next_build_number)["result"]
```

```python
76      result = {"return": "building",
77                "building_info": building_info,
78                "build_result": build_result}
79      if build_result == 'SUCCESS':
80          git_seg = server.get_build_info(jenkins_job, next_build_number)["actions"][5]
81          git_version = git_seg['lastBuiltRevision']['SHA1']
82          result["git_version"] = git_version
83      return JsonResponse(result, status = 200)
84
85  # 接受前台数据，更新发布单
86  @csrf_exempt
87  def update_deploypool_jenkins(request):
88      current_user = request.user
89      app_name = request.POST.get('app_name')
90      deploy_version = request.POST.get('deploy_version')
91      next_build_number = request.POST.get('next_build_number')
92      git_version = request.POST.get('git_version')
93      # 按 Nginx 服务器地址、App 应用、发布单号的目录层次构建软件包目录
94      nginx_base_url = settings.NGINX_URL
95      nginx_url = "{}/{}/{}".format(nginx_base_url, app_name, deploy_version)
96      try:
97          DeployPool.objects.filter(name = deploy_version).update(
98              jenkins_number = str(next_build_number),
99              code_number = git_version,
100             nginx_url = nginx_url,
101             deploy_status = DeployStatus.objects.get(name = 'BUILD'),
102             create_user = current_user
103         )
104         result = {"return":"success", "build_number": next_build_number}
105         status_code = 201
106     except Exception as e:
107         print(e)
108         result = {"return":"error", "build_number": next_build_number}
109         status_code = 501
110     return JsonResponse(result, status = status_code)
```

代码解释：

第 2 行：使用@csrf_exempt 装饰器，是为了取消当前函数防跨站请求伪造功能，即便 settings 中设置了全局中间件。CSRF（Cross-Site Request Forgery），中文名称：跨站请求伪造。这里需要调用 Jenkins，所以就需要这个视图函数可以被跨域访问。

第 3 行:定义一个视图函数,名字为 jenkins_build,主要功能是初始化参数,然后触发 Jenkins 进行构建和编译。

第 4~7 行:获取浏览器表单传递过来的值,然后分别赋值给各个变量。

第 8~15 行:通过查询数据库不同的数据表来得到一些和编译相关的数据字段信息。

第 18~27 行:构造 Jenkins Job 的字典参数,这些参数在 Jenkins 里是字符型参数。注意 Jenkins 的 Job 配置需要定义好这些参数类型(这里假定大家已经按照第 3 章所述安装好了 Jenkins 和相关的 Job 配置),因为这些参数会在 Jenkins 进行编译的时候使用到。

第 29 和 50 行:判断一些必需的变量(比如发布单号、jenkins_job 名称、App 名称以及编译分支等),如果为空,则进行错误提示;如果不为空,则进行编译相关的后续操作。其中 all_is_not_null() 是我们自己实现的一个判断参数是否为空的函数,具体在第 55 行。

第 31~33 行:获取 Jenkins 的 URL、用户名和密码的配置信息。这里我们并没有把这些配置写到该 view.py 中,而是放到了 settings 配置文件中,主要是考虑到这些配置的可维护性,我们不希望假如修改 Jenkins 密码后,在整个工程中去查找我们需要修改的那些文件。采用配置信息放到 settings 文件中,也方便我们测试环境和生产环境的相关配置差异,后续的还有其他类似的配置信息也是放到 settings 文件中的。在这里提前从 django.conf 导入了 settings。这样通过 settings.JENKINS_URL 就能够回到 settings.py 文件中的 JENKINS_URL 配置项。

第 34~36 行:class jenkins.Jenkins(url, username=None, password=None, timeout=<object object>, resolve=True),是用来创建 Jenkins 实例的句柄。详细信息可以查阅 Python-Jenkins 的 API https://python-jenkins.readthedocs.io/en/latest/api.html。

第 37 行:get_job_info(name, depth = 0, fetch_all_builds = False)获取 Job 的详细信息,返回一个字典。这里我们是获取下一次编译的 Job 编号。

第 39 行:build_job(name, parameters = None, token = None),触发构建作业。这里使用刚才构建的字典参数 jenkins_dict 作为第二个参数,用来传递给 Jenkins 进行参数化构建。

第 48 和 52 行:返回自定义的编译结果和状态码,方便在前端通过 JS 进行处理和显示。

第 55~59 行:自定义的函数,用来处理函数的参数是否为空。

第 64 行:定义一个函数,名字为 jenkins_status,主要是给前端 ajax 调用,用来定时刷新获取编译的进度和状态。

第 65~66 行:获取前端 ajax 传递过来的 Job 名称和 Job 编号,该编号就是 jenkins_build()函数内在编译之前获取的 next_build_number。先传递给前端,然后再传递给后端。

第74～75行:get_build_info(name,number,depth=0)获取构建信息,返回一个字典类型。

第76～82行:构造返回字典,用于返回给模板。这里需要注意,如果编译成功,则获取编译任务 Git 的 SHA1,也返回给前端。这样做的好处是,我们能够在发布系统中知道本次编译的 git commit 编号,也方便以后定位编译和源码问题。

第87行:定义一个视图函数,名字为 update_deploypool_jenkins,给前端 ajax 使用,主要是用来更新数据库中的发布单状态、编译结果、程序包位置等字段。

第88～92:接受前端 ajax 传递过来的数据,分别赋值给各个变量。

第96～109行:编译成功后修改该发布单的数据表字段,如果更新失败,则进行错误异常捕获并进行相关的错误处理。

第110行:使用 JsonResponse 将 result 和 status 以 json 数据格式进行返回。

7.4.2 编译模板

前面在 list_deploy.html 页面加入了编译按钮,但是还没有实现编译的页面。那么现在继续编辑这个页面,完善一下编译功能。

https://github.com/aguncn/manabe/blob/master/manabe/deploy/templates/deploy/list_deploy.html

01	`<div id = "modal - demo" class = "modal fade" tabindex = " - 1" role = "dialog" aria - labelledby = "myModalLabel" aria - hidden = "true">`
02	`<div class = "modal - dialog">`
03	`<div class = "modal - content radius">`
04	`<div class = "modal - header">`
05	`<h3 class = "modal - title">构建程序发布包</h3>`
06	`</div>`
07	`<div class = "modal - body">`
08	`<p>`
09	`APP 名称:<span id = "modal_app_name"></span> `
10	`发布单:<span id = "modal_deploy_version" class = "label label - primary radius"></span> `
11	`Jenkins Job:<span id = "modal_jenkins_job"></span> `
12	`Jenkins Url:<span id = "modal_jenkins_url"></span>  `
13	`<button class = "btn_gen_pkg btn btn - danger">`
14	`开始构建`
15	`</button>`
16	`<span id = "build_progress"></span>`
17	`</p>`

```
18                </div>
19                <div class = "modal-footer">
20                    <button class = "btn" onClick = "modal_close()">关闭</button>
21                </div>
22            </div>
23        </div>
24    </div>
```

代码解释：

第 1 行：定义 id="modal-demo" 的弹框，方便后面通过 JS 的 ID 选择器弹出这个 modal 框。

第 2 和 23 行：一个 modal-dialog 的弹框。

第 4~6 行：modal 框的标题为构建程序发布包。

第 9~12 行：在 modal 的 body 内显示这个发布单的相关信息。

第 13~15 行：增加开始构建的按钮，点击该按钮触发 Jenkins 编译。

第 16 行：编译的进度条显示。

第 19~21 行：modal 的关闭功能。

具体实现的效果如图 7-5 所示。

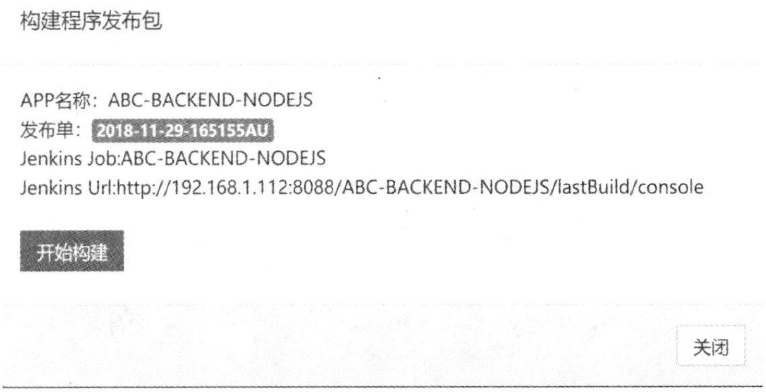

构建程序发布包

APP名称：ABC-BACKEND-NODEJS
发布单：2018-11-29-165155AU
Jenkins Job:ABC-BACKEND-NODEJS
Jenkins Url:http://192.168.1.112:8088/ABC-BACKEND-NODEJS/lastBuild/console

开始构建

关闭

图 7-5 Manabe 编译构建发布单界面

前面实现了编译的页面，但是该页面还需要加入一些 JS 进行触发和调用。由于这段 JS 比较长，所以我们并没有将这段 JS 代码放到 list_deploy.html 页面。新创建一个文本名字为 build.js，这个文件主要放置和编译相关的 JS 代码。

https://github.com/aguncn/manabe/blob/master/manabe/deploy/templates/deploy/build.js

```
01  $(".buildBtn").click(function(e){
02      $("#modal_app_name").html( $(this).attr('app_name'));
03      $("#modal_deploy_version").html( $(this).attr('deploy_version'));
```

```
04      var jenkins_job_console = '{{jenkins_url}}' + $(this).attr('jenkins_job') + '/lastBuild/console'
05      $("#modal_jenkins_job").html($(this).attr('jenkins_job'));
06      $("#modal_jenkins_url").html(jenkins_job_console);
07      $("#modal-demo").modal("show");
08  });
09
10
11  $(".btn_gen_pkg").click(function(){
12      var deploy_version = $("#modal_deploy_version").text();
13      var app_name = $("#modal_app_name").text();
14      var jenkins_job = $("#modal_jenkins_job").text();
15
16      //使用jquery的promise技术来实现前端和后端之间异步的顺序调用
17      //第一步,将任务发送到jenkins
18      var promiseJenkinsA = $.ajax({
19          url:'{% url 'deploy:jenkins_build' %}',
20          type:'post',
21          data:{
22              deploy_version:deploy_version,
23              jenkins_job:jenkins_job,
24              app_name:app_name
25          },
26          dataType:'json',
27          beforeSend:function(){
28              $(".btn_gen_pkg").attr("disabled","disabled");
29              $(".btn_gen_pkg").hide();
30              $("#build_progress").html("亲,正在编译,请耐心等候...<i class='fa fa-spinnerfa-pulse fa-3x'></i>");
31          },
32          error:function(jqXHR, textStatus, errorThrown) {
33              $("#build_progress").html("系统问题,请联系开发同事");
34          },
35          success:function(data){
36              console.log(data);
37          }
38      });
39
40      //第二步,获取Jenkins Job的任务状态,成功之后,更新状态和发布单
41      var promiseJenkinsB = promiseJenkinsA.then(function(data){
42          build_number = data['build_number']
```

```javascript
43          function showStatus() {
44              $.ajax({
45                  url:'{% url 'deploy:jenkins_status' %}',
46                  type:'post',
47                  data:{
48                      jenkins_job:jenkins_job,
49                      next_build_number:build_number
50                  },
51                  dataType:'json',
52                  error:function(jqXHR, textStatus, errorThrown){
53                      $("#build_progress").html("系统问题,请联系开发同事!<i class='fa fa-ban fa-3x'></i>");
54                  },
55                  success:function(data){
56                      //当编译成功或失败之后,清除定时器,成功了就使用ajax post更新发布单状态
57                      if (data['built_result'] == 'SUCCESS') {
58                          clearInterval(intervalKey);
59                          console.log(data['git_version'] + "update")
60                          $.post(
61                              "{% url 'deploy:update_deploypool_jenkins' %}",
62                              {
63                                  git_version:data['git_version'],
64                                  deploy_version:deploy_version,
65                                  next_build_number:build_number,
66                                  app_name:app_name
67                              },
68                              function(data) {
69                                  if (data['return'] == 'success') {
70                                      $("#build_progress").html(
71                                          "<span class='label label-success radius'>完成编译,编译次数:"
72                                          + data['build_number'] + "</span><i class='fa fa-check fa-3x'></i>");
73                                  } else {
74                                      $("#build_progress").html(
75                                          "<span class='label label-error radius'>编译成功,更新发布单错误,编译次数:"
76                                          + data['build_number'] + "</span><i class='fa fa-ban fa-3x'></i>");
77                                  }
```

```
78                              }
79                          );
80                      }
81                      if (data['built_result'] == 'FAILURE') {
82                          clearInterval(intervalKey);
83                          $("#build_progress").html(
84                          "<span class = 'label label - error radius'>编译出错,编译次数:"
85                          + json['build_number'] + "</span><i class = 'fa fa - ban fa - 3x'></i>");
86                      }
87                  }
88              });
89          }
90          //第隔二秒,获取 Jenkins 的编译进度
91          intervalKey = setInterval(showStatus, 2000);
92      });
93
94  });
```

代码解释:

第 1～8 行:在 list_deploy.html 页面中,点击包含 buildBtn 类的按钮时,触发这个函数。主要是将 list_deploy.html 页面中 app_name、deploy_version 等信息传递给 ID 为 modal-demo 的 modal,最后将这个弹框显示出来。弹框的具体显示内容和样式就是 list_deploy.html 页面中 id="modal - demo" 的 div。

这个时候虽然有弹框,但是并没有触发编译。上面我们在 Modal 中添加了一个编译的按钮,但是并没有具体介绍编译的实现。这个时候就可以进一步了解编译的具体实现了。当点击 Modal 的开始构建按钮时,触发 Jenkins API 进行编译和构建。这主要是通过这段 JS 的第 11～54 行进行实现。

第 11 行:class 选择器 modal 弹框的 btn_gen_pkg 按钮也就是开始构建的按钮。当这个按钮被触发的时候执行下面的 JS 代码。

第 12～14 行:通过 ID 选择器获取 App 名、编译分支等编译信息的值,方便后续通过 Jenkins API 进行使用。

第 18～38 行:发送 ajax 请求,主要是为了触发 Jenkins 进行构建。URL 为 {{jenkins_build}} 会触发 Views 的 jenkins_build 视图函数,方法为 post 方法,post 的数据为 App 名、编译分支等编译信息。

第 41～94 行:主要是为了获取 Jenkins 编译的结果和返回值。URL 为 {{jenkins_status}} 会触发 Views 的 jenkins_status 视图函数,方法为 post,post 的数据为 jenkins_job 和 next_build_number,其中 next_build_number 为本次编译的 int 数字。

如果编译成功,则通过 URL 调用 update_deploypool_jenkins 视图函数进行数据库相关编写字段的修改和更新。

7.4.3 编译路由

上面直接调用了一些相关的 URL,但是在调用的时候还没有定义这些 URL。虽然当时没有定义和实现,但是这些 URL 跳转页是在使用前都规划好的。接下来详细介绍一下这些 URL 的跳转。

https://github.com/aguncn/manabe/blob/master/manabe/deploy/urls.py

```
01    from .views import jenkins_build, jenkins_status, update_deploypool_jenkins
02    …
03
04    urlpatterns = [
05        path('jenkins_build/', jenkins_build, name = 'jenkins_build'),
06        path('jenkins_status/', jenkins_status, name = 'jenkins_status'),
07        path('update_deploypool_jenkins/', update_deploypool_jenkins, name = 'update_deploypool_jenkins'),
08    ]
```

代码解释:

第 1 行:从当前 views.py 导入编译相关的视图函数。

第 2 行:省略号代表这里省略了该文件其他的代码部分。

第 4~8 行:增加编译相关 URL 跳转,具体的 URL 路径可以按照自己的风格语义化地进行规划。

第 5 行:开始构建触发的 URL,具体跳转到构建的视图函数。

第 6 行:获取 Jenkins 编译状态的 URL,具体跳转到 jenkins_status 的视图函数。

第 7 行:编译成功后触发修改数据库的 URL,具体跳转到 update_deploypool_jenkins 的视图函数。

截止到现在,编译功能已经完成,这个功能主要涉及前端 JS 弹出编译的 Modal,然后 Modal 的开始构建按钮被点击时通过 ajax 触发 Jenkins 构建,同时使用 ajax 实时获取 Jenkins 的编译状态,最后修改数据库相关字段。这个功能和发布单展示页面是在同一个页面。可以打开发布单页面,点击编译按钮,检查和预览本小节的编译功能。

7.4.4 程序包检测

上面差不多已经实现了发布单 list 页面的所有功能,包括编译的功能,但是还有一点就是之前提到的当编译成功后 list 页面的按钮是检测,那么这个检测是干什么用的呢?为什么要这个按钮呢?其实这个按钮和小功能只是为了方便我们查看和下载编译后的程序包,感兴趣的读者可以在这个页面进行丰富和完善。同样我们继续编辑 list_deploy.html 页面。下面的代码在发布单列表的章节已经进行了展示,接下来进行这段代码的解释和具体的 JS 关联。

https://github.com/aguncn/manabe/blob/master/manabe/deploy/templates/deploy/list_deploy.html

```
01    {% ifequal item.deploy_status.name "BUILD" %}
02        <button class = "btn btn-success-outline radius checkBtn"
03            app_name = "{{item.app_name}}"
04            deploy_version = "{{item.name}}">
05        检测
06        </button>
07    {% endifequal %}
```

代码解释:

第 2 行:定义 button 的 class 为 checkBtn。

https://github.com/aguncn/manabe/blob/master/manabe/deploy/templates/deploy/build.js

```
01    $(".checkBtn").click(function(e){
02        var app_name = $(this).attr('app_name');
03        var deploy_version = $(this).attr('deploy_version');
04        var check_url = '{{nginx_url}}/' + app_name + '/' + deploy_version + '/';
05        openFullScreen(check_url)
06
07    });
08
09    function openFullScreen (url) {
10        var name = arguments[1] ? arguments[1] : "_blank";
11        var feature = "fullscreen = no,channelmode = no,titlebar = no,toolbar = no,scrollbars = no," +
12            "resizable = yes,status = no,copyhistory = no,location = no,menubar = no,width = 1000 " +
13            "height = 400,top = 0,left = 200";
14        var newWin = window.open(url, name, feature);
15    }
```

代码解释:

第 1 行:当 class 为 checkBtn 的按钮被点击时,触发如下代码。

第 2~4 行:获取一些变量,构造出需要访问的 URL。在本项目中规定了编译后的程序包存放路径是 http://nginx_url/app_name/deploy_version/zip_file,所以可以通过 App 名称以及发布单号在制品仓库中找到这个程序包。

第 5 行:调用 openFullScreen 函数。

第9行:定义 openFullScreen 函数,主要作用是在新标签下打开要访问的页面。

最终在 list_deploy.html 页面点击检测按钮,正常情况下就能在新页面看到我们的程序包。如果显示的是 404,那么就有可能是在编译环节出了问题,这时可以去 Jenkins 中查看具体的失败原因。

7.5 发布单详情

前面已经完成了本章的基本功能,包括新建发布单、编译等功能,但是在发布 list 页面,我们看到的发布单信息并不是很全面。有时候我们可能需要查看发布单的额外详细信息,这就需要有查看发布单详情的功能。如图 7-6 所示就是发布单详情页的预览效果。如果还需要展示其他额外的字段或信息,可以参照本节方法进行扩展和修改。

名称	2018-10-25-145533BY
所属APP	ABC-FRONT-APP-ANGULAR
Git Branch	master
Jenkins No	25
部署类型	deploycfg
最近操作用户	mary

图 7-6 Manabe 发布单详情页

7.5.1 发布单详情视图

这里我们和上面一样编辑同一个 views 文件,即 manabe/deploy/views.py 文件。

https://github.com/aguncn/manabe/blob/master/manabe/deploy/views.py

```
01    class DeployDetailView(DetailView):
02        template_name = 'deploy/detail_deploy.html'
03        model = DeployPool
04
05        def get_context_data(self, **kwargs):
06            context = super().get_context_data(**kwargs)
07            context['current_page_name'] = "发布单详情"
08            context['now'] = timezone.now()
09            return context
```

代码解释：

第 1 行：定义发布单详情视图类名为 DeployDetailView，该类继承通用视图类 DetailView。DetailView 和 ListView 很相似，两个类下的属性和方法也都大部分相同，且两个都是 Django 内置的通用视图，原因是这两个类继承的父类大部分相同，除了 MultiObjectMixin 和 SingleObjectMixin 这两个父类。但是两者还是有区别的，ListView 是用来获取 Model 中的所有数据，DetailView 是获取一条数据的每个字段即详细信息。

第 2 行：template_name 是 TemplateResponseMixin 下的属性，TemplateResponseMixin 又是 DetailView 和 ListView 的父类之一，template_name 属性用于定义使用的模板的全名。

第 3 行：Model 是 MultipleObjectMixin 下的属性，MultipleObjectMixin 也是 DetailView 和 ListView 的父类之一，Model 属性用于这个视图将显示数据的模型。

第 5 行：get_context_data() 是 MultipleObjectMixin 下的方法，用于返回显示对象列表的上下文数据。

这块代码虽然很少，但是能够完全实现查看每条发布单的详细信息的功能。使用通用视图能够帮我们快速地实现需要的功能。

7.5.2 发布单详情模板

代码如下：

https://github.com/aguncn/manabe/blob/master/manabe/deploy/templates/deploy/detail_deploy.html

```
01    <table class = "table table-border table-bordered radius">
02        <tbody>
03        <tr>
04            <td> 名称 </td>
05            <td> {{object}} </td>
06        </tr>
07        <tr>
08            <td> 所属 APP </td>
09            <td> {{object.app_name}} </td>
10        </tr>
11        <tr>
12            <td> Git Branch </td>
13            <td> {{object.branch_build}} </td>
14        </tr>
15        <tr>
16            <td> Jenkins No </td>
17            <td> {{object.jenkins_number}} </td>
```

```
18            </tr>
19            <tr>
20                <td>部署类型</td>
21                <td>{{object.deploy_type}}</td>
22            </tr>
23            <tr>
24                <td>最近操作用户</td>
25                <td>{{object.create_user}}</td>
26            </tr>
27        </tbody>
28    </table>
```

这段代码是要通过详情页视图类 DeployDetailView 查询数据库,然后将每条记录渲染到这个 HTML 的模板中。

7.5.3 发布单详情路由

代码如下:

https://github.com/aguncn/manabe/blob/master/manabe/deploy/urls.py

```
01    path('view/<slug:pk>/', login_required(DeployDetailView.as_view()), name='detail'),
```

代码解释:

第 1 行:path()是 django.urls 的一个方法,返回包含的元素 urlpatterns。当访问 view/<slug:pk>/的时候路由到新建发布单视图 DeployDetailView,也就是当访问 http://127.0.0.1:8000/deploy/view/1/ 的时候匹配该条规则。这里的 1 代表的是发布单的 ID,可能在你的项目中该 ID 有所变化。

以上就实现了查看发布单详情的功能,这个功能方便我们查询每个发布的编译信息、操作人等。需要关心的字段都可以通过调整模板文件在前端页面显示出来。

7.6 通过上传方式新建发布单

上面所介绍的新建发布单是通过使用 Jenkins 进行构建编译的方式,可能有些项目没有源代码,或者不需要进行编译,也有可能是我们在本地或者是在其他环境已经进行了编译打包。通常这种情况对接 Git 和 Jenkins 难度又比较大。这种情况可能就会使用到上传程序包的功能,首先将程序包上传到我们的物料仓库。通过本节的学习也可以了解和掌握使用 Django 和 Python 实现上传的功能,后续也可以拓展到其他有需要的功能上。

7.6.1 发布单上传表单

代码如下：

```
01  class UploadFileForm(forms.Form):
02      name = forms.CharField(
03          required = False,
04          error_messages = {'required': "不能为空"},
05          label = u"发布单名称",
06          widget = forms.TextInput(
07              attrs = {
08                  'placeholder': "名称",
09                  'class': 'input-text',
10              }
11          ),
12      )
13      description = forms.CharField(
14          required = False,
15          label = u"描述",
16          widget = forms.Textarea(
17              attrs = {
18                  'placeholder': "描述",
19                  'class': 'input-text',
20              }
21          ),
22      )
23      app_name = forms.ModelChoiceField(
24          required = True,
25          queryset = App.objects.all(),
26          label = u"App",
27          widget = forms.Select(
28              attrs = {
29                  'style': """width:40%;""",
30                  'class': 'select-box',
31              }
32          ),
33      )
34      is_inc_tot = forms.CharField(
35          error_messages = {'required': "不能为空"},
36          label = u"部署方式",
37          widget = forms.Select(
```

```
38              choices = IS_INC_TOT_CHOICES,
39              attrs = {
40                  'class': 'select - box',
41              }
42          ),
43      )
44      deploy_type = forms.CharField(
45          error_messages = {'required': "不能为空"},
46          label = u"程序配置",
47          widget = forms.Select(
48              choices = DEPLOY_TYPE_CHOICES,
49              attrs = {
50                  'class': 'select - box',
51              }
52          ),
53      )
54      file_path = forms.CharField(
55          required = True,
56          label = u"上传文件",
57          widget = forms.TextInput(
58              attrs = {
59                  'rows': 2,
60                  'placeholder': "上传后自动生成",
61              }
62          ),
63      )
64
65      class Meta:
66          model = DeployPool
67          # exclude = ['app_args', 'op_user']
68          fields = ('name', 'description', 'app_name', 'branch_build', 'is_inc_tot', 'deploy_type')
```

代码解释：

第1行：定义发布单上传表单UploadFileForm，该类继承forms.Form表单类。

第2～12行：定义字段name，以及该控件的响应属性和显示样式。

第13～22行：定义字段description，以及该控件的响应属性和显示样式。

第23～33行：定义字段app_name，以及该控件的响应属性和显示样式。

第34～43行：定义字段is_inc_tot，以及该控件的响应属性和显示样式。

第44～53行：定义字段deploy_type，以及该控件的响应属性和显示样式。

第54～63行：定义字段file_path，以及该控件的响应属性和显示样式。

第 64~68 行:嵌套了一个 Meta 类,主要目的是给上级类(UploadFileForm)添加一些功能,或者指定一些标准。这里指定了 fields 包含了哪些字段。

7.6.2 发布单上传视图

首先实现下上传功能的视图函数。这里我们并没有在之前的 View 中添加上传视图,而是新创建了个 py 文件,主要是考虑到方便我们的代码维护。

https://github.com/aguncn/manabe/blob/master/manabe/deploy/upload_views.py

```
01    # coding:utf-8
02    # Create your views here.
03
04    from django.urls import reverse, reverse_lazy
05    from django.views.generic import FormView
06    from django.http import HttpResponseRedirect
07    from django.template import RequestContext
08    from django.http import HttpResponse
09    from django.views.decorators.csrf import csrf_exempt
10    import os
11    import time
12    import random
13    import string
14    import platform
15    import json
16    import shutil
17    import errno
18    from django.conf import settings
19    from .forms import UploadFileForm
20    from .models import DeployPool, DeployStatus
21
22
23    def render_to_json_response(context, **response_kwargs):
24        data = json.dumps(context)
25        response_kwargs['content_type'] = 'application/json'
26        return HttpResponse(data, **response_kwargs)
27
28
29    class DeployVersionUploadView(FormView):
30        template_name = 'deploy/upload_deployversion.html'
31        form_class = UploadFileForm
32
33        def form_invalid(self, form):
```

```python
34          return self.render_to_response(RequestContext(self.request, {'form': form})) 
35
36     def form_valid(self, form):
37
38         current_user = self.request.user
39         random_letter = ''.join(random.sample(string.ascii_letters, 2))
40         deploy_version = time.strftime("%Y-%m%d-%H%M%S", time.localtime()) + random_letter.upper()
41         description = form.cleaned_data['description']
42         app_name = form.cleaned_data['app_name']
43         is_inc_tot = form.cleaned_data['is_inc_tot']
44         deploy_type = form.cleaned_data['deploy_type']
45         file_path = form.cleaned_data['file_path']
46
47         deployversion_upload_done(app_name, deploy_version, file_path)
48         nginx_base_url = settings.NGINX_URL
49         nginx_url = "{}/{}/{}".format(nginx_base_url, app_name, deploy_version)
50
51         DeployPool.objects.create(
52             name = deploy_version,
53             app_name = app_name,
54             branch_build = "upload",
55             is_inc_tot = is_inc_tot,
56             deploy_type = deploy_type,
57             create_user = current_user,
58             nginx_url = nginx_url,
59             description = description,
60             deploy_status = DeployStatus.objects.get(name = 'BUILD'),
61         )
62         return HttpResponseRedirect(reverse("deploy:list"))
63
64     def get_context_data(self, **kwargs):
65         context = super().get_context_data(**kwargs)
66         context['current_page_name'] = "新建发布单(上传)"
67         return context
68
69     def get_success_url(self):
70         return reverse_lazy("version:deployversion-list")
71
```

```python
72
73      @csrf_exempt
74      def fileupload(request):
75          files = request.FILES.getlist('files[]')
76          file_name_list = []
77          for f in files:
78              if platform.system() == "Windows":
79                  destination = 'c://tmp//'
80              elif platform.system() == "Linux":
81                  destination = "/tmp/"   # linux
82              else:
83                  destination = "/tmp/"   # linux
84              if not os.path.exists(destination):
85                  os.makedirs(destination)
86              with open(destination + f.name, 'wb+') as destination:
87                  for chunk in f.chunks(chunk_size = 10000):
88                      destination.write(chunk)
89              file_name_list.append(f.name)
90          return render_to_json_response(','.join(file_name_list))
91
92
93      def deployversion_upload_done(app_name, deploy_version, upload_file):
94          if platform.system() == "Windows":
95              src_file = 'c://tmp//' + upload_file
96              dest_folder = 'c://nfsc//'
97          elif platform.system() == "Linux":
98              src_file = "/tmp/" + upload_file
99              dest_folder = "/nfsc/{}/{}/".format(app_name, deploy_version)
100
101         mkdir_p(dest_folder)
102         dest_file = dest_folder + upload_file
103         shutil.move(src_file, dest_file)
104         # :param site_name:
105         # :param app_name:
106         # :param deploy_version:
107         # :param upload_file:
108         # :return:
109         # post_prismfilesave(app = app_name, file_name = upload_file, dep_version = deploy_version)
110
111
```

```
112    def mkdir_p(path):
113        try:
114            os.makedirs(path)
115        except OSError as exc:  # Python > 2.5 (except OSError, exc: for Python <2.5)
116            if exc.errno == errno.EEXIST and os.path.isdir(path):
117                pass
118            else:
119                raise OSError
```

代码解释：

第 4～9 行：导入 Django 内置的相关包。

第 10～17 行：导入需要的相关 Python 包。

第 19 行：从当前目录 forms.py 导入需要的 Form 表单 UploadFileForm。

第 20 行：从当前目录 models.py 导入需要的 Model 模型 DeployPool 和 DeployStatus。

第 23～26 行：实现返回 Joson 类型的视图函数 render_to_json_response()。

第 29 行：自定义视图类 DeployVersionUploadView()，继承 FormView。FormView 又继承 TemplateResponseMixin、BaseFormView、FormMixin、ModelFormMixin 等。

第 30 行：template_name 定义使用的模板为 deploy/upload_deployversion.html。

第 31 行：form_class 是 FormMixin 的属性，表示要实例化的表单类。

第 33 行：form_invalid() 是 FormMixin 的方法，表示将无效的表单呈现到上下文。

第 34 行：将当前表单 post 过来的数据再返回给表单。效果是发现表单内容错误后，表单数据不被清空，方便修改表单后继续提交。

第 36 行：form_valid() 是 FormMixin 的方法，将会重定向到 get_success_url()。

第 37～45 行：将 Form 表单 post 过来的值分别赋值给各个变量，方便后续使用。

第 47 行：调用自定义的 deployversion_upload_done() 函数，deployversion_upload_done() 函数主要是实现文件的拷贝，具体的实现在后面再进行解释。

第 48～49 行：按照约定的规则组装字符串 nginx_url，也就是声明程序包的具体绝对路径，方便后续将这个路径保存到数据库中。

第 51～61 行：在数据库的发布单表 DeployPool 中新增一条记录，将相关的信息保存到数据库表的对应字段中。注意第 60 行，虽然这个发布单是按照上传的方式完成的，但我们也将当前的部署状态 deploy_status 设置成"BUILD"，这里是通过外键 DeployStatus 数据表的字段。

第 62 行：上传成功后重定向页面到发布单列表页面 deploy/list。

第 64 行：get_context_data() 是 FormMixin 的方法，调用 get_form() 并将结果

添加到名为"form"的上下文数据中。

第 65 行:context 继承超类。

第 66 行:构造 context 上下文。

第 67 行,返回 context 上下文。

第 69 行:get_success_url()是 ModelFormMixin 的方法,确定成功验证表单时要重定向到的 URL。

第 70 行:reverse_lazy 是封装 reverse()后的方法,之前在 7.3.1 小节介绍过 reverse,两者还是有点区别的。一般使用到 reverse_lazy 的时候,是在加载项目的 URLConf 之前。

第 74 行:定义上传文件的视图函数。

第 75 行:获取 request 对象上传的文件。

第 77～89 行:判断服务器操作系统类型。如果是 Windows 主机,则将目标文件夹设置为 C://tmp//。如果是 linux 主机,则将目标目录设置成/tmp。如果目标目录不存在,则创建该目录。

第 93 行:定义视图函数 deployversion_upload_done,主要功能是完成文件上传后的一些操作。这里主要是将上传到临时目录下的文件拷贝到我们指定的生产目录中去。

第 94～99 行:通过操作系统类型来定义临时文件目录。

第 101 行:创建指定目标生产目录。

第 102 行:定义目标文件以及路径。

第 102 行:move 上传到临时目录下的程序包到指定的生产目录中去。

这里的生产程序包目录假定是放在共享存储 nfs 上。这样的好处是方便上传的程序包能和 Jenkins 编译后生成的程序包在一个服务目录下,方便后续将程序包传送到服务器上。上面讲的是将上传的文件先放到临时目录下,上传完成后再移动到指定的 nfs 目录下。

7.6.3 发布单上传模板

完成了上传程序包的视图函数之后,我们继续来实现上传程序包的模板文件。上传程序包主要是先填写或者是选择一些信息,然后通过一个上传按钮选择文件上传后,点击新建发布单的整个动作。

https://github.com/aguncn/manabe/blob/master/manabe/deploy/upload_views.py

```
01    <form action="" method="post" class="form form-horizontal" id="demoform-1">
02      {% csrf_token %}
03      <div class="row cl">
04        <label class="form-label col-xs-4 col-sm-3">{{ form.name.label_tag }}:</label>
```

```
05          <div class = "formControls col - xs - 8 col - sm - 9">
06              <input type = "text" id = "name" disabled = "disabled" class = "input - text" placeholder = "自动生成">
07          </div>
08      </div>
09      <div class = "row cl">
10          <label class = "form - label col - xs - 4 col - sm - 3">{{ form.description.label_tag }}:</label>
11          <div class = "formControls col - xs - 8 col - sm - 9">
12              {{ form.description }}
13              {% for error in form.description.errors %}
14                  <span>{{ error }}</span>
15              {% endfor %}
16          </div>
17      </div>
18      <div class = "row cl">
19          <label class = "form - label col - xs - 4 col - sm - 3">{{ form.app_name.label_tag }}:</label>
20          <div class = "formControls col - xs - 8 col - sm - 9">
21              {{ form.app_name }}
22              {% for error in form.app_name.errors %}
23                  <span>{{ error }}</span>
24              {% endfor %}
25          </div>
26      </div>
27      <div class = "row cl">
28          <label class = "form - label col - xs - 4 col - sm - 3">
29              {{ form.file_path.label_tag }}:
30              {% for error in form.file_path.errors %}
31                  <span>{{ error }}</span>
32              {% endfor %}
33          </label>
34          <div id = "upload - drop " class = "formControls col - xs - 8 col - sm - 9">
35              <span class = "btn btn - success fileinput - button">
36              <span>选择上传文件</span>
37              <input id = "fileupload" name = "files[]" type = "file" multiple = "multiple"
38                      data - url = "{% url 'deploy:file - upload' %}">
39              </span>
40              <span class = "progress_percent"></span>
41              <input type = "text" class = "input - text col - xs - 8 col - sm - 9" id = "file_path">
```

```
42                    name="file_path" value="" hidden readonly/>
43              <div class="progress">
44                  <div class="progress-bar progress-bar-warning">
45                      <span class="sr-only" style="width:0%"></span>
46                  </div>
47              </div>
48          </div>
49      </div>
50      <div class="row cl">
51          <label class="form-label col-xs-4 col-sm-3">{{ form.is_inc_tot.label_tag }}:</label>
52          <div class="formControls col-xs-8 col-sm-9">
53              {{ form.is_inc_tot }}
54              {% for error in form.is_inc_tot.errors %}
55                  <span>{{ error }}</span>
56              {% endfor %}
57          </div>
58      </div>
59      <div class="row cl">
60          <label class="form-label col-xs-4 col-sm-3">{{ form.deploy_type.label_tag }}:</label>
61          <div class="formControls col-xs-8 col-sm-9">
62              {{ form.deploy_type }}
63              {% for error in form.deploy_type.errors %}
64                  <span>{{ error }}</span>
65              {% endfor %}
66          </div>
67      </div>
68
69      <div class="row cl">
70          <div class="col-xs-8 col-sm-9 col-xs-offset-4 col-sm-offset-3">
71              <input class="btn btn-primary radius" type="submit" value="新建">
72          </div>
73      </div>
74  </form>
75
76  <script>
77  $(document).ready(function(){
78
79          $('#fileupload').fileupload({
```

```
80                dataType: 'json',
81                progressall: function (e, data) {
82                    var progress = parseInt(data.loaded/data.total * 100, 10);
83                    $('.progress-bar .sr-only').css(
84                        'width',
85                        progress + '%'
86                    );
87                    $('.progress_percent').text(progress + '%');
88                },
89
90                done: function(e, data) {
91                    uploadfilename = data.files[0].name
92                    $('.progress_percent').text("上传完成");
93                    $("#file_path").attr("value", uploadfilename);
94                    $("#file_path").attr("hidden", false);
95                }
96            });
97        })
98 </script>
```

代码解释：

第43~48行：上传文件的按钮ID为fileupload。

第76~98行：点击选择上传文件按钮触发的JS，主要是实现文件上传和进度条的显示功能。

7.6.4 发布单上传路由

以上完成了上传程序包的模板文件，接下来定义上传程序包的路由跳转。其实我们在模板文件中已经使用到了这些路由跳转，但是在定义url.py文件之前，这些跳转是会报错的。

https://github.com/aguncn/manabe/blob/master/manabe/deploy/urls.py

```
01  from .upload_views import DeployVersionUploadView, fileupload
02  ...
03
04  # upload
05  urlpatterns += [
06      path('upload/', DeployVersionUploadView.as_view(),
07          name='upload'),
08      path('file_upload/', fileupload, name='file-upload'),
09  ]
```

代码解释：

第1行：从当前目录下的 upload_views.py 导入需要使用到的视图函数或者是视图类。

第2行：由于之前介绍过新建发布单以及发布单列表等路由跳转，这里省略了这些路由条目。

第6行：添加跳转到上传视图的 URL，即访问 http://127.0.0.1:8000/deploy/upload/匹配到的规则。

第8行：添加文件上传的路由，被模板文件的选择上传文件的按钮所使用。

7.7 小　　结

本章通过使用 Django 的内置视图类或者是定义视图函数的方式实现发布单的一系列功能，同时使用了大量的 JS 或者是 Jquery 来实现前端交互。最终我们完成了新建发布单、查看发布单以及发布单的编译和上传。或许读者在这里 Django 的功力又提高了一步，接下来我们继续介绍环境流转的功能。

第 8 章

环境流转

> 茂陵不见封侯印,空向秋波哭逝川。
> ——温庭筠《苏武庙》

在前面的章节中我们介绍了发布单的相关功能。试想在什么时候可以进行发布操作？是否在发布单编译成功后就可以进行相关的发布呢？在发布之前,测试回归报告是否完成？测试人员在发布流中扮演什么角色？带着这些问题我们就能很好地理解环境流转的功能了。或许有些读者会有疑问:什么是环境流转？为什么要环境流转呢？其实环境流转主要是流程上的功能,和具体的发布功能关联性不是很大。环境流转具体就是指测试人员将发布单流转到某个环境,允许运维在该环境部署研发提交的发布单,同时表示测试人员完成了上一阶段的相关测试,可以将代码或者是配置发布到下一个环境。

本章主要介绍环境流转的功能,相对前面的章节来说,本章是实现逻辑比较简单、复杂难度较低的一个章节。在环境流转中我们实现了两个主要的功能:环境流转的具体功能和流转历史的查看功能。环境流转这个环节将研发和运维的角色联系在一起,也是不同角色相关工作的衔接。加入环境流转的功能也意味着在某一时刻同一个发布单只允许发布到一个环境,因为该发布单只会存在某一个环境中,只有完成一个环境发布测试无误后,在流程上才允许发布到下一个环境。

8.1 环境流转列表

环境流转的列表页面和我们之前章节介绍的发布单列表页面的实现方式类似,主要是通过 Django 内置的视图类 ListView 查询数据库,将数据和查询结果返回到前端页面,前端页面使用一个 Table 表格展示相关内容。接下来我们先新启动一个 App,名字为 envx,代表我们的环境流转 App,打开命令行切换到我们的工程目录执行如下命令:

```
>python manage.py startapp envx
```

这条命令就不过多介绍了,主要是生成一个 envx 目录以及相关的 py 文件。完成这一步之后,我们接下来实现环境流转列表的视图类。

8.1.1 环境流转列表视图

实现环境列表的视图类需要编辑 envx/views.py,在 views.py 文件中加入继承 ListView 基类的视图类 EnvXListView。新增件的 EnvXListView 主要是用来实现环境流转列表的相关功能。

https:// github.com/aguncn/manabe/blob/master/manabe/envx/views.py

```
01    import time
02    from django.shortcuts import redirect
03    from django.views.generic import ListView
04    from django.utils import timezone
05    from django.db.models import Q
06    from django.contrib import messages
07
08    from deploy.models import DeployPool, DeployStatus, History
09    from .models import Env
10    from rightadmin.models import Action
11    from public.user_group import is_right, get_app_admin
12
13
14    class EnvXListView(ListView):
15        template_name = 'envx/list_envx.html'
16        paginate_by = 10
17
18        def get_queryset(self):
19            if self.request.GET.get('search_pk'):
20                search_pk = self.request.GET.get('search_pk')
21                return DeployPool.objects.filter(
22                    Q(name__icontains = search_pk) | Q(description__icontains = search_pk)).exclude(
23                    deploy_status__name__in = ["CREATE"]).order_by("-change_date")
24            if self.request.GET.get('app_name'):
25                app_name = self.request.GET.get('app_name')
26                return DeployPool.objects.filter(app_name = app_name).exclude(
27                    deploy_status__name__in = ["CREATE"]).order_by("-change_date")
28            return DeployPool.objects.exclude(deploy_status__name__in = ["CREATE"])\
29                .order_by("-change_date")
```

```
30
31          def get_context_data(self, **kwargs):
32              context = super().get_context_data(**kwargs)
33              context['now'] = timezone.now()
34              context['current_page'] = "envx-list"
35              context['current_page_name'] = "环境流转"
36              query_string = self.request.META.get('QUERY_STRING')
37              if 'page' in query_string:
38                  query_list = query_string.split('&')
39                  query_list = [elem for elem in query_list if not elem.startswith('page')]
40                  query_string = '?' + "&".join(query_list) + '&'
41              elif query_string is not None:
42                  query_string = '?' + query_string + '&'
43              context['current_url'] = query_string
44              return context
```

代码解释：

第1行：导入 time 库。

第3行：导入 Django 内置视图 ListView。

第5行：导入 Django 内置库 Q，完成对象的复杂查询。

第8行：从 Deploy 模型中导入相关的 models class。

第9行：从当前的 Models 中导入 Env models class。

第10行：从权限模型中导入 Action models class。

第11行：导入我们自己实现的相关权限 class。

第14行：定义类 EnvXListView 继承 ListView，实现环境流转的列表功能。django.views.generic 中的 ListView 类，是基于 View 的子类。ListView 是用来获取指定 Model 中的所有数据以及想要展示的 Model 中的 field，在对应的数据库中查询出对应的对象存放在 List 对象中，并传递给 template 渲染。

第15行：定义当前视图类的模板文件为 list_envx.html。

第16行：定义当前每页显示10条数据。

第18行：重构 get_queryset 函数。

第19行：判断浏览器是否有 get 传值 search_pk，也就是前端页面搜索框是否有值。

第20行：获取浏览器传递 search_pk 的值。

第21～23行：查询 DeployPool 表返回符合查询条件的查询对象。这里的代表名称或者是描述包含搜索值的对象并且排除发布单状态是新建的对象，然后按照修改时间倒序进行排列。

第24行：判断浏览器是否有 get 传值 app_name，也就是前段页面下拉菜单是否有过滤。

第 25 行：获取浏览器传递 app_name 的值。

第 26~27 行：查询 DeployPool 表返回符合查询条件的查询对象。这里的代表组件名等于下拉菜单值的对象并且排除发布单状态是新建的对象，然后按照修改时间倒序进行排列。

第 28~29 行：返回排除发布单状态是新建的对象，然后按照修改时间倒序进行排列的所有对象。这里代表进入该页面默认返回的值，也就是下拉菜单和搜索框都没有过去的情况。

第 31 行：重构 get_context_data 函数。

第 32 行：使用 super() 函数调用父类(ListView)的 get_context_data 方法。

第 33 行：获取当前时间。然后定义 now 的值为当前时间。

第 34 行：定义当前页面 current_page 的值为 envx-list。

第 35 行：定义当前页面的名字 current_page_name 为环境流转。

第 36 行：定义 query_string 的值为浏览器传递的值，方便后续分页使用到过滤条件。

第 37~44 行：实现分页功能。

以上就完成了流转视图类 EnvXListView 的实现，通过查询数据库 DeployPool 表，将相关字段返回到第 15 行定义的模板文件 envx/list_envx.html。接下来编写 list_envx.html 模板文件。

8.1.2　环境流转列表模板

在完成了流转列表视图之后，我们继续完成流转列表的模板文件。本小节主要是对视图返回到模板的数据进行渲染和排版。编辑 envx/templates/env/list_envx.html 文件(该文件可能不存在，需要手动创建)。

https:// github.com/aguncn/manabe/blob/master/manabe/envx/templates/envx/list_envx.html

```
01    {% extends "manabe/template.html" %}
02
03    {% load staticfiles %}
04    {% block title %}环境流转{% endblock %}
05
06    {% block content %}
07    <div>
08        <span class = "l">
09
10        </span>
11        <span class = "select-box inline r">
12            {% include "manabe/filter.html" %}
```

```
13              <button class="btn btn-success filter_btn" type="submit">过滤</button>
14              {% include "manabe/search.html" %}
15          </span>
16      </div>
17      <br/>
18      <br/>
19      <table class="table table-border table-bordered table-bg">
20          <thead>
21              <th>
22                  发布单名称
23              </th>
24              <th>
25                  所属App
26              </th>
27              <th>
28                  Git Branch
29              </th>
30              <th>
31                  环境
32              </th>
33              <th>
34                  操作
35              </th>
36              <th>
37                  用户
38              </th>
39              <th>
40                  时间
41              </th>
42          </thead>
43          <tbody>
44              {% for item in object_list %}
45                  <tr class="text-l">
46                      <td>
47                          <span data-toggle="tooltip" data-placement="bottom" title="{{item.description}}">
48                              <a href="{% url 'deploy:detail' pk=item.id %}">
49                                  {{item.name}}
50                              </a>
51                          </span>
```

```
52              </td>
53              <td>{{item.app_name}}</td>
54              <td>
55                  {{item.branch_build}}
56              </td>
57              <td>
58                  <span class="label label-primary radius">
59                      {{item.env_name}}
60                  </span>
61              </td>
62              <td>
63                  <span class="select-box inline l">
64                      <select class="select envSelect">
65                          <option value=""> --- </option>
66                      </select>
67                      <button class="btn btn-danger envChange"
68                              deploy_id="{{item.id}}" deploy_name="{{item.name}}"
69                              old_env_id="{{item.env_name.id}}"
70                      > 环境流转 </button>
71                  </span>
72              </td>
73              <td>
74                  {{item.create_user}}
75              </td>
76              <td>{{item.change_date}}</td>
77          </tr>
78          {% endfor %}
79
80      </tbody>
81
82  </table>
83
84
85  {# pagination #}
86  <div class="text-r">
87      <ul>
88          {% if page_obj.has_previous %}
89              <a href="{{current_url}}page={{ page_obj.previous_page_number }}" class="btn btn-primary-outline radius"> 上一页 </a></li>
90          {% else %}
```

```
 91            <a href = "" class = "btn btn-primary-outline radius">上一页</a></li>
 92        {% endif %}
 93            <a href = "#">
 94                <span class = "label label-primary radius">{{ page_obj.number }}/{{ page_obj.paginator.num_pages }}</span>
 95            </a>
 96        {% if page_obj.has_next %}
 97            <a href = "{{current_url}}page = {{ page_obj.next_page_number }}" class = "btn btn-primary-outline radius">下一页</a></li>
 98        {% else %}
 99            <a href = "" class = "btn btn-primary-outline radius">下一页</a></li>
100        {% endif %}
101        </ul>
102    </div>
103 {% endblock %}
104
105 {% block script %}
106 <script>
107 $(".search_btn").click(function(){
108     var search_pk = $("input[name = 'search_pk']").val() || "demo";
109     if (search_pk == "demo") {
110         $.Huimodalalert('<span class = "c-error">亲,请输入关键字再进行搜索!</span> ',3000);
111         return false;
112     }
113     search_pk = search_pk.replace(/(^\s*)|(\s*$)/g, "");
114     var url = "{% url 'envx:list' %}? search_pk = " + search_pk
115     console.log(url)
116     location.href = url
117 });
118
119 $(".filter_btn").click(function(){
120     var filter_app_name = $("select[name = 'App_name']").val();
121     console.log(filter_app_name);
122     if (filter_app_name.length == 0) {
123         $.Huimodalalert('<span class = "c-error">亲,请选择组件再过滤!</span> ',3000);
124         return false;
125     } else {
```

```
126              var url = "{% url 'envx:list' %}?app_name=" + filter_app_name;
127          }
128          console.log(url)
129          location.href = url
130      });
131      {% include "envx/envx.js" %}
132      </script>
133  {% endblock %}
```

代码解释:

第 1 行:继承 template.html 模板文件。

第 3 行:使用 staticfiles 加载静态资源。

第 4 行:定义当前页面的 title 为环境流转。

第 7~16 行:引用之前实现的过滤框和搜索框。

第 19 行:定义 table 及其显示样式。

第 20~42 行:定义 table 表头显示的内容。

第 44 行:使用模板循环标签 for 获取 views 查询数据库返回的对象集。

第 45 行:定义表格的一行内容。

第 46~52 行:定义表格的第 1 列内容为该发布单名称,并设置 href 跳转到发布单详情页面。

第 53 行:定义表格第 2 列显示内容为该发布单对应的组件名。

第 54~56 行:定义表格第 3 列为发布分支。

第 57~61 行:定义表格第 4 列显示内容为该发布单当前所在的环境。

第 62~72 行:定义表格第 5 列,一个下拉菜单显示所有的环境名称以及一个按钮,点击按钮会触发相应的弹出 Modal 操作。具体 JS 我们后续再进行介绍。

第 73~75 行:定义表格第 6 列显示的内容为该发布单的创建用户。

第 76 行:定义表格的第 7 列为该发布单最近的修改时间。

第 78 行:模板 for 的结束标签。

第 86~102 行:前端 HTML 配合后端 views.py 实现分页功能。

第 88 行:判断是否有上一页。

第 89 行:跳转到上一页,URL 为当前的 url+page 参数。

第 105~133 行:搜索框和过滤框的 JS 代码。

第 107 行:当类名为 search_btn 的按钮被点击时触发如下 JS。class="search_btn"的按钮是我们在 manabe/search.html 中进行定义的。

第 108 行:获取搜索框内的文本。

第 109~112 行:如果搜索框内没有文本内容,则弹出警告框。

第 113 行:将搜索框内的文本进行去除空白的操作。

第114行:定义 URL 为环境流转的 URL(该 URL 我们会在后续的 url.py 进行定义),并传递参数 search_pk。

第116行:重新载入上面定义的 URL 页面。

第119行:当类名为 filter_btn 的按钮被点击时触发如下 JS。

第120行:获取 name 为 App_name 的下拉菜单 value,并赋值给 filter_app_name。

第122行:判断是否有选择下拉菜单的值。

第123~124行:如果没有点击下拉菜单,则弹出提示框,然后返回。

第125行:如果点击了下拉菜单,则定义 URL 为当前 URL 加上参数 app_name。

第129行:重新载入上面定义的 URL 页面。

第131行:包含 envx/envx.js。该 JS 主要是点击流转按钮时调用,我们会在后续的小节进行详细介绍。

现在完成了模板文件的实现,但是目前该文件还不能被浏览器访问,因为还没有添加环境流转的路由信息。在接下来的小节中我们来增加环境流转列表的具体路由条目。

8.1.3 环境流转列表路由

虽然上面完成了环境流转的列表视图和环境流转列表模板,但是需要我们添加路由后才能被浏览器访问到。打开 envx/urls.py,增加如下代码:

https://github.com/aguncn/manabe/blob/master/manabe/envx/urls.py

```
01  from django.urls import path
02  from django.contrib.auth.decorators import login_required
03
04  from .views import EnvXListView, change, EnvXHistoryView
05
06  app_name = 'envx'
07
08  urlpatterns = [
09      path('list/', login_required(EnvXListView.as_view()), name='list'),
10  ]
```

代码解释:

第1行:导入 path 内置包。

第2行:导入 Django 内置函数 login_required。

第4行:从当前 Views 导入相关视图函数和视图类。

第6行:定义当前 app_name 为 envx。

第9行:定义 list/ 路由到 EnvXListView 视图类,名字为 list。EnvXListView 视

图类需要登录，所以加入 login_required。该路由规则代表匹配 http://127.0.0.1:8000/envx/list/这条规则。

现在打开命令行，执行 python manage.py runserver 运行服务，然后打开浏览器访问 http://127.0.0.1:8000/envx/list/，我们就会看到访问界面如图 8-1 所示。这个时候整个流转的 list 页面就完成了，搜索框和过滤框内也能达到我们的搜索和过滤效果。目前点击"环境流转"按钮会报错，原因是我们前面还没有完全实现环境流转的功能。

发布单名称	所属APP	Git Branch	环境	操作	用户	时间
2018-1124-165955NF	ZEP-BACKEND-GO	upload	TEST	DEV 环境流转	admin	2018年11月24日 16:59
2018-11-28-165155TO	ZEP-FRONT-APP-ANGULAR	master	None	--- 环境流转	mary	2018年11月24日 16:51
2018-11-26-165155NU	ABC-FRONT-APP-VUEJS	master	None	--- 环境流转	Kayla	2018年11月24日 16:51
2018-11-24-165155TF	ZEP-FRONT-APP-ANGULAR	master	None	--- 环境流转	Dylan	2018年11月24日 16:51
2018-11-22-165155EZ	ABC-BACKEND-PYTHON	master	None	--- 环境流转	tom	2018年11月24日 16:51
2018-11-20-165155IR	ABC-BACKEND-NODEJS	master	None	--- 环境流转	Courtney	2018年11月24日 16:51

图 8-1 Manabe 环境流转界面

8.2 环境流转功能

8.2.1 环境流转功能视图

上面介绍了环境流转列表页面的实现，但是点击"环境流转"按钮报了错。本小节我们就来实现具体的环境流转功能，消除上面的报错。继续编辑 views.py 文件，定义 change 视图函数来处理环境流转，更改数据库相关字段以及其他的功能。

https://github.com/aguncn/manabe/blob/master/manabe/envx/views.py

```
01    ...
02    def change(request):
03        if request.POST:
04            if request.POST.get('deploy_id') is None or request.POST.get('env_id') is None:
05                messages.error(request, '参数错误,请重新选择！', extra_tags='c-error')
06                return redirect('envx:list')
```

```
07          else:
08              deploy_id = request.POST.get('deploy_id')
09              env_id = request.POST.get('env_id')
10              deploy_item = DeployPool.objects.get(id=deploy_id)
11              org_env_name = deploy_item.env_name.name if deploy_item.env_name is not None else "BUILD"
12              action_item = Action.objects.get(name="XCHANGE")
13              app_id = deploy_item.app_name.id
14              action_id = action_item.id
15              if not is_right(app_id, action_id, 0, request.user):
16                  manage_user = get_app_admin(app_id)
17                  messages.error(request, '没有权限,请联系{}'.format(manage_user), extra_tags='c-error')
18                  return redirect('envx:list')
19              env_name = Env.objects.get(id=env_id)
20              deploy_status = DeployStatus.objects.get(name="READY")
21              DeployPool.objects.filter(id=deploy_id).update(env_name=env_name, deploy_status=deploy_status)
22              messages.success(request, '环境流转成功!', extra_tags='c-success')
23              #构建环境流转历史记录参数
24              user = request.user;
25              app_name = deploy_item.app_name
26              content = {'before': org_env_name, 'after': env_name.name}
27              add_history(user, app_name, deploy_item, content)
28              return redirect('envx:list')
29
30
31  def add_history(user, app_name, deploy_name, content):
32      History.objects.create(
33          name=app_name.name + '-xchange-' + deploy_name.name + '-' + time.strftime("%Y-%m%d-%H%M%S", time.localtime()),
34          user=user,
35          app_name=app_name,
36          deploy_name=deploy_name,
37          do_type='XCHANGE',
38          content=content
39      )
40      ...
```

代码解释:

第1行:省略部分在环境流转列表已经实现的代码。

第 2 行:定义 change 函数接收一个 request 对象。

第 3 行:判断是否是 post 请求。

第 4 行:判断前端传递的 deploy_id 或者是 env_id 是否为空的情况。

第 5 行:返回错误信息。

第 6 行:重定向到环境流转列表页面。

第 7 行:如果前端传递的值没有异常。

第 8~14 行:将前端传递的值分别赋值给后端变量。

第 15 行:判断该用户使用有权限操作本次流转。

第 16 行:获取该组件的管理员。

第 17 行:返回错误信息以及该组件的管理员。

第 18 行:重定向页面到环境流转列表页面。

第 19 行:如果该用户有权操作本次流转,将执行下面的代码,通过环境 ID 查询环境名称。

第 20 行:获取名称为 READY 的发布状态对象。READY 字段来自 DeployStatus 数据表代表的准备发布状态。其他我们自定义的发布状态有,错误:ERROR;完成:FINISH;发布中:ING;预发布:READY;编译完成:BUILD;新增:CREATE。

第 21 行:修改 DeployPool 发布单数据表,字段流转到的环境 env_name 和流转后的状态 deploy_status。

第 22 行:返回流转成功的信息。

第 24 行:获取当前用户。

第 25 行:获取当前操作的组件名。

第 26 行:构造 content 字典,包含流转前的环境名称和流转后的环境名称。

第 27 行:使用 add_history 函数在数据库中增加本次流转的历史记录。其中 add_history 在后续进行定义和实现。

第 28 行:流转成功后重定向页面到环境流转列表页面。

第 31 行:定义 add_history 函数。入参有用户、组件名发布单号以及日志内容 content。

第 32 行:通过 objects.create 方式在数据库增加数据。

第 33 行:本条记录的名称为组件名-xchange-发布单-时间,eg:ZEP-BACKEND-GO-xchange-2018-1124-165955NF-2019-0220-202455。

第 34~38 行:对数据库其他字段分别进行赋值。

到目前为止,环境流转的具体后端代码也已经完全实现,这个视图函数主要实现接收 request 对象,然后修改这个发布单的环境和状态以及记录流转历史的功能。接下来我们会实现环境流转功能的模板文件。

8.2.2 环境流转模板

具体的环境流转功能其实是在环境流转列表页面的下拉菜单中弹出来的一个 Modal，点击环境流转确定按钮时，会触发后端修改数据库字段和记录环境流转历史。具体后端修改数据库字段和记录环境流转历史的功能我们在上一小节已经通过视图函数 change() 和 add_history() 实现了，本小节主要是介绍使用 HTML 和 JS 弹框 Modal 的相关代码。

https://github.com/aguncn/manabe/blob/master/manabe/envx/templates/envx/list_envx.html

```
01    <div id="modal-demo" class="modal fade" tabindex="-1" role="dialog" aria-labelledby="myModalLabel" aria-hidden="true">
02        <div class="modal-dialog">
03            <div class="modal-content_radius">
04                <div class="modal-header">
05                    <h3 class="modal-title">确认对话框</h3>
06                    <a class="close" data-dismiss="modal" aria-hidden="true" href="javascript:void();">×</a>
07                </div>
08                <div class="modal-body">
09                    <p>将发布单 <span id="selectDeploy"></span> 转换到 <span id="selectEnv"></span> 环境？</p>
10                </div>
11                <form name="envForm" id="envForm" action="{% url 'envx:change' %}" method="post">
12                    {% csrf_token %}
13                    <input type="text" name="deploy_id" id="deploy_id" hidden/>
14                    <input type="text" name="env_id" id="env_id" hidden/>
15                </form>
16                <div class="modal-footer">
17                    <button class="btn btn-primary" id="changeEnvModal">确定</button>
18                    <button class="btn" data-dismiss="modal" aria-hidden="true">取消</button>
19                </div>
20            </div>
21        </div>
22    </div>
```

代码解释：

第 1 行：定义 div 标签，class="modal"代表这将是一个大的弹框。

第 4～7 行：弹框的 head 内容。

第 8～10 行：弹框的主体内容。其中第 9 行 selectDeploy 和 selectEnv 会使用下一小节的 JS 进行替换。

第 11～15 行：定义一个 Form 表单，并且将其中的表单控件隐藏，主要是方便我们提交表单的时候提交发布单名称和环境 ID 数据。其中提交表单访问的 URL 是 envx/change。这个 URL 会在后面的路由进行添加。

第 16～19 行：该 Modal 的 footer 内容，有一个"确定"和"取消"按钮，其中单击"确定"按钮，会提交表单数据和触发流转的功能。

第 20～22 行：div 的结束标签。

这部分代码预览的效果如图 8-2 所示。

图 8-2 图 8-1 所示的 Manabe 环境流转确认界面

但是仅有这部分 HTML 代码还是不能够完成上图功能的，因为还需要依赖一些 JS 的代码。下面我们就介绍 JS 代码。

8.2.3 环境流转 JS

在之前环境流转列表模板的介绍中，我们省去了 envx/env.js 的介绍，在上小节我们也多次提及需要一些 JS 处理，那么在本小节中我们将展开这段 JS 的介绍。

https://github.com/aguncn/manabe/blob/master/manabe/envx/templates/envx/envx.js

```
01    $(document).ready(function(){
02        $.ajax({
03            type: "GET",
04            url: "{% url 'public:get-env' %}",
05            dataType: "json",
06            success: function(data){
07                console.log(data);
08                $.each(data, function(index,value){
09                    $('.envSelect').append('<option value="' + index + '">' + value + '</option>');
10            });
```

```
11              },
12          error:function(){
13              alert("系统出现问题");
14          }
15      });
16      {% for msg in messages %}
17          $.Huimodalalert(' <span {% if msg.tags %} class = "{{ msg.tags }}"{% endif %}> {{ msg.message }} </span> ',3000);
18      {% endfor %}
19
20      $(".envChange").click(function(){
21          //e.preventDefault();
22          deploy_id = $(this).attr("deploy_id");
23          deploy_name = $(this).attr("deploy_name");
24          old_env_id = $(this).attr("old_env_id");
25          env_id = $(this).prev().find("option:selected").val();
26          env_name = $(this).prev().find("option:selected").text()
27          console.log(old_env_id + ':' + env_id);
28          if (old_env_id == env_id || env_id == "") {
29              $.Huimodalalert(' <span> 环境为空或无效,请重新选择! </span> ',3000);
30              return false;
31          }
32          $("#selectEnv").html(' <span class = "label label - primary radius"> ' + env_name + ' </span> ');
33          $("#selectDeploy").html(' <span class = "label label - primary radius"> ' + deploy_name + ' </span> ');
34          $("#deploy_id").val(deploy_id);
35          $("#env_id").val(env_id);
36          $("#modal - demo").modal("show");
37      });
38
39      $("#changeEnvModal").click(function(){
40          $("#envForm").submit();
41      });
42  });
```

代码解释:

第1~42行:页面加载的时候执行这段JS。

第2~15行:通过ajax get 请求,获取服务端返回的数据。

第4行:{% url 'public:get - env' %}将会解析成/public/get - env/,详情可查

看public/urls.py文件。

第5行:定义返回数据类型为json格式。

第6行:访问成功获取返回值data。假设这里返回值为{"3":"PRD","2":"TEST","1":"DEV"}。

第8～10行:循环遍历data字典,function里面的index代表当前循环到第几个索引,item表示遍历后的当前对象。

第9行:将name为envSelect的所有标签追加<option>下拉选项。其中<option>的value和显示值是从data循环出来的。这三行最后会表现成<option value="1">DEV</option>(假设envx数据表内只有这一个环境)。

第12～14行:请求后端/public/get-env/出现异常的时候回弹框提示。

第20行:使用JS类选择器,选择class为envChange被点击时触发如下事件。

第22～26行:通过JS获取发布单号流转前后的环境ID等。

第28～31行:判断如果没选择环境或者是环境没有变化进行流转的情况,则弹出提示框,并且返回False。

第32～35行:重新改写相应的HTML内容。

第36行:弹出ID为modal-demo的Modal框。

第39行:当ID是changeEnvModal的按钮被点击时,触发提交ID为envForm的表单。

这整段JS结合上一小节的模板文件,就完成了整个环境流转的前端页面。但是这个时候还需要处理一下环境流转路由的相关规则。

8.2.4 环境流转路由

代码如下:

https://github.com/aguncn/manabe/blob/master/manabe/envx/urls.py

```
01      path('change/', login_required(change), name='change'),
```

代码解释:

第1行:增加访问/envx/change/时,请求views.py的change函数,这条规则主要是在前端页面单击"确定"按钮提交Form表单后匹配的URL规则。

到目前为止,我们重新运行Manabe应用,打开浏览器访问http://127.0.0.1:8000/envx/list/,将会看到如图8-3所示的界面。

如果点击操作下面的环境下拉框没有数据,就需要进入后台envs表内加入我们需要使用的环境,如图8-4所示。

这时再点击下拉菜单且环境流转后就会出现一个Modal,提示我们确认进行流转操作。单击"确定"按钮后,整个环境流转就结束了。这时也可去后台查看该发布单的所属环境信息是不是已经改变了。

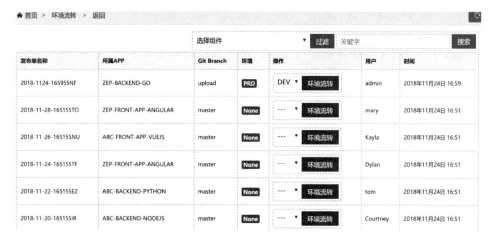

图 8-3　图 8-1 所示的 Manabe 环境流转列表

图 8-4　Manabe 管理后面新增环境条目

8.3　环境流转历史

一般情况下实现了上面的代码后就完成了环境流转的基本功能。实际上有时候我们需要查看是谁在什么时候做了什么事情。这就需要记录下流转的事件。这也是本小节介绍的环境流转历史的功能。

8.3.1　环境流转历史视图

首先实现 views 代码。这时我们依然编辑 envx/views.py 文件，由于之前在进行流转的时候已经向数据库中插入了环境流转的历史记录，所以现在只需要增加环境流转历史查看的功能即可。

https://github.com/aguncn/manabe/blob/master/manabe/envx/views.py

```
01  ...
02  class EnvXHistoryView(ListView):
```

```
03        template_name = 'envx/list_history.html'
04        paginate_by = 20
05
06        def get_queryset(self):
07            if self.request.GET.get('search_pk'):
08                search_pk = self.request.GET.get('search_pk')
09                return History.objects.filter(
10                    Q(name__icontains = search_pk) |
11                    Q(app_name__name__icontains = search_pk)).filter(do_type = 'XCHANGE')
12            if self.request.GET.get('app_name'):
13                app_name = self.request.GET.get('app_name')
14                return History.objects.filter(app_name = app_name).filter(do_type = 'XCHANGE')
15            return History.objects.filter(do_type = 'XCHANGE')
16
17        def get_context_data(self, ** kwargs):
18            context = super().get_context_data(** kwargs)
19            context['now'] = timezone.now()
20            context['current_page'] = "envx - history"
21            context['current_page_name'] = "环境流转历史"
22            query_string = self.request.META.get('QUERY_STRING')
23            if 'page' in query_string:
24                query_list = query_string.split('&')
25                query_list = [elem for elem in query_list if not elem.startswith('page')]
26                query_string = '?' + "&".join(query_list) + '&'
27            elif query_string is not None:
28                query_string = '?' + query_string + '&'
29            context['current_url'] = query_string
30            return context
...
```

代码解释:

第1行:省略掉之前介绍过的代码。

第2行:定义一个视图类 EnvXHistoryView 继承 ListView,主要用作环境流转历史的列表展示功能。

第3行:定义这个视图类是模板文件位置。

第4行:定义当前每页显示20条记录。

第6行:重构 get_queryset 函数,主要是完成搜索框内的关键字和下拉框的搜索。

第 7 行:判断 get 请求是否有 search_pk 传值。该值是从搜索框传递过来的。

第 8 行:获取搜索框内的内容。

第 9~11 行:查询历史数据表匹配含有 search_pk 指定字符串的发布历史条目,并且返回到前端。

第 12 行:判断 get 请求是否有 app_name 传值。该值是从下拉菜单传递过来的。

第 13 行:获取传递过来的组件名。

第 14 行:过滤历史数据表,组件名字段是 get 请求的 app_name 字段的历史条目,并且返回到前端。

第 15 行:默认情况,若 get 没有传值的情况,则返回所有的发布历史对象到前端。

第 17 行:重构 get_context_data 函数。

第 18 行:使用 super()函数调用父类(ListView)的 get_context_data 方法。

第 19 行:获取当前时间,然后定义 now 的值为当前时间。

第 20 行:定义当前页面 current_page 的值为 envx-history。

第 21 行:定义当前页面的名字 current_page_name 为环境流转历史。

第 22 行:定义 query_string 的值为浏览器传递的值,方便后续分页使用到过滤条件。

第 37~44 行:实现分页功能。

至此就实现了环境流转历史的列表功能。接下来完成环境流转的模板页面。

8.3.2 环境流转历史模板

代码如下:

https://github.com/aguncn/manabe/blob/master/manabe/envx/templates/envx/list_history.html

```
01    {% extends "manabe/template.html" %}
02
03    {% load staticfiles %}
04    {% block title %}环境流转{% endblock %}
05
06    {% block content %}
07    <div>
08        <span class = "l">
09
10        </span>
11        <span class = "select - box inline r">
12            {% include "manabe/filter.html" %}
13            <button class = "btn btn - success filter_btn" type = "submit">过滤</button>
```

```
14          {% include "manabe/search.html" %}
15        </span>
16    </div>
17    <br/>
18    <br/>
19    <table class = "table table-border table-bordered table-bg">
20        <thead>
21        <th>
22            时间
23        </th>
24        <th>
25            所属App
26        </th>
27        <th>
28            用户
29        </th>
30        <th>
31            环境流转
32        </th>
33        </thead>
34        <tbody>
35            {% for item in object_list %}
36            <tr class = "text-l">
37                <td>
38                    {{item.add_date}}
39                </td>
40                <td> {{item.app_name}} </td>
41                <td>
42                    {{item.user}}
43                </td>
44                <td>
45                    {{item.content}}
46                </td>
47            </tr>
48            {% endfor %}
49
50        </tbody>
51
52    </table>
53
54    <br/>
```

```
55    {# pagination #}
56    <div class = "text-r">
57        <ul>
58            {% if page_obj.has_previous %}
59                <a href = "{{current_url}}page = {{ page_obj.previous_page_number }}" class = "btn btn-primary-outline radius">上一页</a></li>
60            {% else %}
61                <a href = "" class = "btn btn-primary-outline radius">上一页</a></li>
62            {% endif %}
63            <a href = "#">
64                <span class = "label label-primary radius">{{ page_obj.number }}/{{ page_obj.paginator.num_pages }}</span>
65            </a>
66            {% if page_obj.has_next %}
67                <a href = "{{current_url}}page = {{ page_obj.next_page_number }}" class = "btn btn-primary-outline radius">下一页</a></li>
68            {% else %}
69                <a href = "" class = "btn btn-primary-outline radius">下一页</a></li>
70            {% endif %}
71        </ul>
72    </div>
73    {% endblock %}
74
75    {% block script %}
76    <script>
77    $(".search_btn").click(function(){
78        var search_pk = $("input[name = 'search_pk']").val() || "demo";
79        if (search_pk == "demo") {
80            $.Huimodalalert('<span class = "c-error">亲,请输入关键字再进行搜索!</span>',3000);
81            return false;
82        }
83        search_pk = search_pk.replace(/(^\s*)|(\s*$)/g, "");
84        var url = "{% url 'envx:history' %}?search_pk = " + search_pk
85        console.log(url)
86        location.href = url
87    });
88
89    $(".filter_btn").click(function(){
90        var filter_app_name = $("select[name = 'App_name']").val();
```

```
 91          console.log(filter_app_name);
 92          if (filter_app_name.length == 0) {
 93              $.Huimodalalert(' <span class = "c - error"> 亲,请选择组件再过滤! </span> ',3000);
 94              return false;
 95          } else {
 96              var url = "{ % url 'envx:history' % }? app_name = " + filter_app_name;
 97          }
 98          console.log(url)
 99          location.href = url
100      });
101  </script>
102  { % endblock % }
```

代码解释:

第 19 行:定义一个 table 表格。

第 20~33 行:定义表头显示内容。这里会显示 4 列。

第 34~50 行:定义表格主体显示内容。这里会展示 20 行。其中 20 是在 views 中定义的 paginate_by 数值。

第 35 行:使用 Django 模板 for 循环语句,循环后端返回的数据对象。

第 36 行:定义每行的内容及其样式。

第 37~39 行:定义每行的第一列内容 add_date。

第 40 行:定义每行的第二列内容是 app_name 组件名。

第 41~43 行:定义每行的第三列内容是 user 操作用户。

第 44~46 行:定义每行的第四列内容是具体的操作内容。这里是直接读取数据库内的 json 内容,感兴趣的读者可以将这个字段进行语义化的展示。

第 47 行:行结束标签。

第 48 行:for 循环结束标签。

第 56~72 行:配合后端完成分页功能。

第 77 行:当类名为 search_btn 也就是"搜索"按钮被点击的时候,触发以下事件。

第 78 行:使用 JS 获取输入框的内容。如果为空,则赋值为 demo。

第 79~82 行:如果输入框值为 demo 也就是为空,则弹出提示框。

第 83 行:获取输入框值后进行去除空白操作。

第 84 行:声明 URL 为当前 URL 加上要传递的 search_pk 参数。

第 86 行:刷新刚声明的 URL,也就意味着发送一个 get 请求到后端,eg:/envx/history/? search_pk=xx。后端会接收 search_pk,然后进行相关处理。

第 89 行:当类名是 filter_btn 也就是"过滤"按钮被点击的时候,触发以下事件。

第 90 行:获取下拉菜单的 options 的 value。

第 92 行：判断是否有选择下拉菜单的时候。

第 93～94 行：进行弹框提示，并且退出返回 False。

第 95 行：如果组件过滤下拉菜单选择正常。

第 96 行：声明 URL 为当前的 URL 加上过滤的组件作为参数。

第 99 行：刷新刚声明的 URL，也就意味着发送一个 get 请求到后端，eg:/envx/history/? app_name=2,后端会接收 app_name,然后进行相关处理。

完成了环境流转历史的模板后，让我们对刚实现的功能加个 URL 吧。

8.3.3 环境流转历史路由

代码如下：

https:// github.com/aguncn/manabe/blob/master/manabe/envx/urls.py

```
01      path('history/', login_required(EnvXHistoryView.as_view()), name='history'),
```

代码解释：

第 1 行：匹配 URL 含有 history 的路由条目，路由到 EnvXHistoryView 视图类，并且为这条规则命名为 history。好了，目前环境流转历史的功能也完成了。打开命令行，运行我们的 Manabe 项目 python manage.py runserver，然后打开 url:http://127.0.0.1:8000/envx/history/，大家看到的界面如图 8-5 所示。

图 8-5　Manabe 环境流转历史记录

8.4　小　　结

本章介绍了环境流转和流转历史的具体实现。其实本章可以丰富很多其他功能，比如发布前置操作：程序包传送、脚本发送、发布依赖管理等；流程上的完善：流转附带版本记录、附带测试报告、指定发布人员等。又比如对接测试系统：调用测试接口根据返回测试结果决定是否流转等。这也是我们将这个虽然看起来不复杂的功能拆分成一个独立的 App 应用来实现的原因。

第 9 章

软件发布

> 马上相逢无纸笔,凭君传语报平安。
> ——岑参《逢入京使》

经过前面章节的铺垫、代码的开发,我们已实现了数据库的设计,以及应用和服务器的 Web 页面录入、用户权限管理,可以新建发布单,并将发布单流转到指定的环境。现在,终于到了本书的核心内容——软件发布。经过前面的学习,相信读者已熟悉了 Django 的基本功能,且已了解 Django 如何和一些前端组件配合开发。有了这些知识以后,本章的学习难度就会降低很多。

本章所涉及的知识点:
- Python 线程池实现;
- Django 对 Salt-API 的远程调用;
- Linux Shell 编写技巧;
- 完全自定义 JS 弹出窗口。

9.1 发布首页展示

发布的首页,起到一个导航的作用,当一个发布单经过环境流转之后,就进入到待发布状态了。那么发布人员通过哪个入口进入真正的发布网页呢?那就是发布首页,并且发布首页还会提供过滤和搜索的功能,让发布人员更快地定位到自己的发布单。在发布首页,我们还会展示发布单的发布状态,这个发布单是待发布、发布中、发布完成,还是发布错误,这样的功能可以让发布人员更快地了解发布单的状态,提高工作效率。

9.1.1 发布首页视图类

我们在项目的 Deploy 目录下,新建一个 deploy_view.py 文件,会把相关的逻辑功能都放在这个文件当中实现。首先,我们需要实现的是一个 PublishView 类,它用来展示发布首页。内容如下:

https://github.com/aguncn/manabe/blob/master/manabe/deploy/deploy_views.py

```
01  # coding = utf8
02
03  from django.http import JsonResponse
04  from django.views.decorators.csrf import csrf_exempt
05  from django.views.generic import ListView
06  from django.utils import timezone
07  from django.db.models import Q, F
08  from django.conf import settings
09  from .models import DeployPool, History
10  from serverinput.models import Server
11  from envx.models import Env
12  from appinput.models import App
13  from rightadmin.models import Action
14  from public.user_group import is_right, \
15      get_app_admin, \
16      is_admin_group
17  from .salt_cmd_views import deploy
18
19  class PublishView(ListView):
20      template_name = 'deploy/publish.html'
21      paginate_by = 10
22
23      def get_queryset(self):
24          if self.request.GET.get('search_pk'):
25              search_pk = self.request.GET.get('search_pk')
26              return DeployPool.objects.filter(
27                  Q(name__icontains = search_pk) |
28                  Q(description__icontains = search_pk)).exclude(
29                  deploy_status__in = ["CREATE", "BUILD"])
30          if self.request.GET.get('app_name'):
31              app_name = self.request.GET.get('app_name')
32              return DeployPool.objects.filter(app_name = app_name).\
33                  exclude(deploy_status__name__in = ["CREATE", "BUILD"])
34          return DeployPool.objects.\
35              exclude(deploy_status__name__in = ["CREATE", "BUILD"])
36
37      def get_context_data(self, **kwargs):
38          context = super().get_context_data(**kwargs)
39          context['now'] = timezone.now()
40          context['current_page'] = "deploy-list"
41          context['current_page_name'] = "发布单列表"
```

```
42            query_string = self.request.META.get('QUERY_STRING')
43            if 'page' in query_string:
44                query_list = query_string.split('&')
45                query_list = [elem for elem in query_list if not elem.startswith('page')]
46                query_string = '?' + "&".join(query_list) + '&'
47            elif query_string is not None:
48                query_string = '?' + query_string + '&'
49            context['current_url'] = query_string
50            return context
```

代码解释:

第3~17行:本文件需要导入的外部依赖模块。为了连贯性,我们将此文件的所有导入都在这里列示了。后文不再涉及导入代码了。

第19行:class PublishView(ListView),表示在这个类继承自ListView类。

第20行:template_name 指明了模板文件为 deploy/publish.html。

第21行:paginate_by 指明了每页显示10条记录。

第23~35行:get_queryset 方法用来返回数据记录。

第24~33行:两个if判断,用于当我们在前端网页作过滤和搜索时,只返回包含搜索值的数据记录。Q查询用于在多个数据表字段中进行匹配,如果读者在工作中想实现更多字段的匹配,按代码中的格式进行扩展即可。

第26~29行:DeployPool.objects.exclude(deploy_status__name__in=["CREATE","BUILD"]),这样的ORM语句表明,我们在进行数据表查找时,排除(exclude)了状态为CREATE和BUILD的发布单。因为这样的发布单,从业务逻辑来说,还处于刚刚新建阶段,没有生成软件包,或是还没有经过环境流转,不允许发布,所以应该排除。在写这条语句时,注意一下ORM中对于排除、外键关联,以及对SQL语句中in语句的拟写。

第37~50行:get_context_data 方法中的代码,都是前几章讲过的,不再赘述。

Django提供了一种直观而高效的方式在查询(lookups)中表示关联关系,它能自动确认SQL JOIN的联系。要做跨关系查询,就使用两个下划线来链接模型(Model)间关联字段的名称,直到最终链接到你想要的Model为止。常见写法如表9-1所列。

表9-1 Django查询模型关联语法表

语　　法	含　　义
querySet.filter	表示SQL语句中的 =
querySet.exclude	表示SQL语句中的 ! =

续表 9-1

语　法	含　义
querySet.distinct()	去重复
__exact	精确等于，like 'aaa'
__iexact	精确等于，忽略大小写 ilike 'aaa'
__contains	包含，like '%aaa%'
__icontains	包含，忽略大小写 ilike '%aaa%'
__gt	大于
__gte	大于或等于
__lt	小于
__lte	小于或等于
__in	存在于一个 list 范围内
__startswith	以……开头
__istartswith	以……开头 忽略大小写
__endswith	以……结尾
__iendswith	以……结尾，忽略大小写
__range	在……范围内
__year	日期字段的年份
__month	日期字段的月份
__day	日期字段的日
__isnull=True/False	判断字段是否为空 Null

9.1.2　发布首页模板文件

代码如下：

https://github.com/aguncn/manabe/blob/master/manabe/deploy/templates/deploy/publish.html

```
01    {% extends "manabe/template.html" %}
02
03    {% load staticfiles %}
04    {% block title %} 发布单列表 {% endblock %}
05
06    {% block content %}
07    <div>
08
09        <span class = "select - box inline r">
10            {% include "manabe/filter.html" %}
```

```
11      <button class = "btn btn-success filter_btn" type = "submit">过滤</button>
12          {% include "manabe/search.html" %}
13      </span>
14   </div>
15   <br/>
16   <br/>
17
18   <table class = "table table-border table-bordered table-bg">
19      <thead>
20      <th>
21         发布单名称
22      </th>
23      <th>
24         所属 App
25      </th>
26      <th>
27         部署类型
28      </th>
29      <th>
30         环境
31      </th>
32      <th>
33         状态
34      </th>
35      <th>
36         操作
37      </th>
38      <th>
39         用户
40      </th>
41      <th>
42         时间
43      </th>
44      </thead>
45      <tbody>
46      {% for item in object_list %}
47      <tr class = "text-l">
48         <td>
49            <span data-toggle = "tooltip" data-placement = "bottom" title = "{{item.description}}">
50               <a href = "{% url 'deploy:detail' pk = item.id %}">
```

```
51                    {{item.name}}
52                </a>
53              </span>
54
55          </td>
56          <td> {{item.app_name}} </td>
57          <td>
58              {{item.deploy_type}}
59          </td>
60          <td>
61              {{item.env_name}}
62          </td>
63          <td>
64              <span class = "label radius label-danger">
65              {{ item.deploy_status.description}}
66              </span>
67          </td>
68          <td>
69              <a href = "{% url 'deploy:deploy' app_name = item.app_name deploy_version = item.name env = item.env_name %}">
70                  <button id = "deployBtn" class = "btn btn-primary-outline radius">
71                      部署
72                  </button>
73              </a>
74          </td>
75          <td>
76              {{item.create_user}}
77          </td>
78          <td> {{item.change_date}} </td>
79      </tr>
80      {% endfor %}
81      </tbody>
82  </table>
83  <br/>
84  {# pagination #}
85  <div class = "text-r">
86      <ul>
87          {% if page_obj.has_previous %}
88              <a href = "{{current_url}}page = {{page_obj.previous_page_number}}"
89              class = "btn btn-primary-outline radius"> 上一页 </a></li>
```

```
90          {% else %}
91              <a href="" class="btn btn-primary-outline radius">上一页</a></li>
92          {% endif %}
93              <a href="#">
94                  <span class="label label-primary radius">
95                      {{page_obj.number}}/{{page_obj.paginator.num_pages}}</span>
96              </a>
97          {% if page_obj.has_next %}
98              <a href="{{current_url}}page={{ page_obj.next_page_number }}"
99              class="btn btn-primary-outline radius">下一页</a></li>
100         {% else %}
101             <a href="" class="btn btn-primary-outline radius">下一页</a></li>
102         {% endif %}
103         </ul>
104     </div>
105 {% endblock %}
106
107 {% block script %}
108 <script>
109 $(".search_btn").click(function(){
110     var search_pk = $("input[name='search_pk']").val() || "demo";
111     if (search_pk == "demo") {
112         $.Huimodalalert('<span class="c-error">亲,请输入关键字再进行搜索!</span>',3000);
113         return false;
114     }
115     search_pk = search_pk.replace(/(^\s*)|(\s*$)/g, "");
116     var url = "{% url 'deploy:publish' %}?search_pk=" + search_pk
117     console.log(url)
118     location.href = url
119 });
120
121 $(".filter_btn").click(function(){
122     var filter_app_name = $("select[name='App_name']").val();
123     console.log(filter_app_name);
124     if (filter_app_name.length == 0) {
125         $.Huimodalalert('<span class="c-error">亲,请选择组件再过滤!</span>',3000);
126         return false;
127     } else {
128         var url = "{% url 'deploy:publish' %}?app_name=" + filter_app_name;
```

```
129        }
130        console.log(url)
131        location.href = url
132    });
133    </script>
134
135    {% endblock %}
```

代码解释:

第 1 行:extends 关键字表明这个网页模板继承自 manabe/template.html 网页模板。

第 3 行:load staticfiles 行表明这个网页可以使用 Django 全局的静态文件(CSS 和 JS 文件)。

第 10 行,第 12 行:两个 include 行,表示此网页需要包含 manabe/filter.html 文件和 manabe/search.html 文件,以此达到网页重用的目的。

第 69 行:'deploy:deploy' app_name=item.app_name deploy_version=item.name env=item.env_name,表明我们具体发布单的发布详情页 URL 为 deploy:deploy,这个 URL 同时需要接收三个参数:app_name、deploy_version 和 env。这个发布详情,我们会在接下来的章节里马上实现。到时,请读者记得这三个参数的传递过程。

第 64~66 行:item.deploy_status.description 这个内容,用 span 标签的 label radius label-danger 这个 CSS 类来作强调,让发布状态突出醒目,也提醒发布人员注意这个发布单目前的发布进度。

第 109~132 行:JS 代码中的 $(".search_btn").click() 和 $(".filter_btn").click() 分别用来实现网页搜索和过滤功能,这里不再赘述,和以前章节的代码差不多。只是要注意,在处理过滤和搜索时,其 URL 要随当前网页的视图 URL 改变。比如,此处就是{% url 'deploy:publish' %}。

在搜索和过滤 JS 的末尾,还要有 location.href = url,用来重载当前网页。不然的话,搜索和过滤实现了,但前端却不会显示出来。

9.1.3 发布首页路由设置

在 deploy\urls.py 里,加入以下内容,让前面加入的功能生效。

https://github.com/aguncn/manabe/blob/master/manabe/deploy/urls.py

```
01    ...
02    from .deploy_views import PublishView
03    ...
04    path('publish/', login_required(PublishView.as_view()),
```

```
05              name = 'publish'),
06      ...
```

在这个路由加好之后,更新一下 manabe\templates\manabe\sidemenu.html 链接:

https://github.com/aguncn/manabe/blob/master/manabe/manabe/templates/manabe/sidemenu.html

```
01      ...
02      <li><a href = "{% url 'deploy:publish' %}">发布</a></li>
03      ...
```

经过上述更改之后,发布首页的开发就算完成了。点击链接 http://127.0.0.1:8000/deploy/publish/,浏览器出现如图 9-1 所示的界面,表示一切完成。

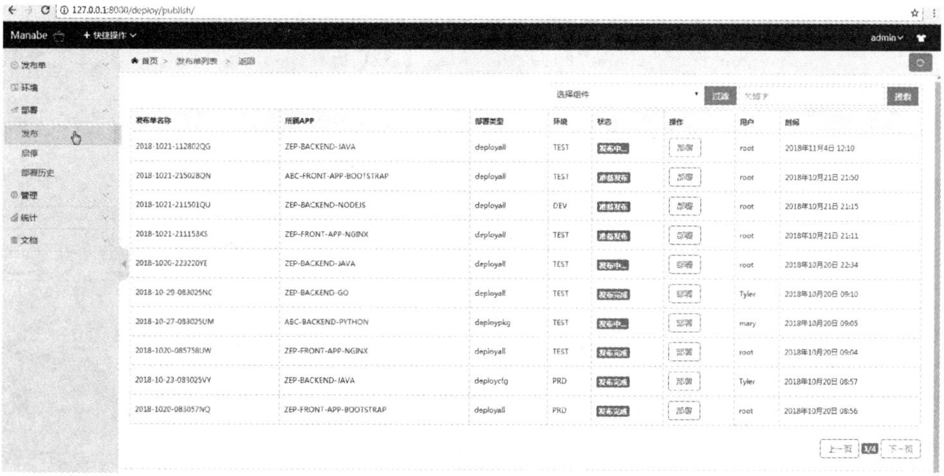

图 9-1 Manabe 软件部署列表界面

9.2　发布详情页展示

发布详情页,是操作人员在点击了发布首页的某个发布单之后,接着出现的链接网页,在这个网页里,发布人员可以看到自己目前操作的是哪个发布单,发布的是哪个环境,并且网页中会列出当前这个发布单所有环境的所有服务器列表,方便勾选想要发布的服务器。这个网页的网页模板比较复杂,如果读者能看懂这个网页模板,那么本书其他的网页模板就都能轻易地看懂了。加油吧!

9.2.1　发布详情页视图类

deploy_view.py 文件中,我们新建一个 DeployView 类,其内容如下:

https://github.com/aguncn/manabe/blob/master/manabe/deploy/deploy_views.py

```
01    class DeployView(ListView):
02        template_name = 'deploy/deploy.html'
03        paginate_by = 10
04
05        def get_queryset(self, **kwargs):
06            return Server.objects.filter(env_name__name=self.kwargs['env']).filter(
07                app_name__name=self.kwargs['app_name'])
08
09        def get_context_data(self, **kwargs):
10            context = super().get_context_data(**kwargs)
11            app_name = self.kwargs['app_name']
12            deploy_version = self.kwargs['deploy_version']
13            context['now'] = timezone.now()
14            context['current_page'] = "deploy-list"
15        context['current_page_name'] = "部署服务器列表"
16            context['app_name'] = app_name
17            context['deploy_version'] = deploy_version
18            context['env'] = self.kwargs['env']
19            deploy_item = DeployPool.objects.get(name=deploy_version)
20            context['is_restart_status'] = deploy_item.app_name.is_restart_status
21            context['deploy_type'] = deploy_item.deploy_type
22            context['deploy_no'] = deploy_item.deploy_no
23            context['is_inc_tot'] = deploy_item.is_inc_tot
24            context['mablog_url'] = settings.MABLOG_URL
25
26            # 用于权限判断及前端展示
27            context['is_right'] = True
28            app_id = deploy_item.app_name.id
29            env_id = deploy_item.env_name.id
30            action_item = Action.objects.get(name="DEPLOY")
31            action_id = action_item.id
32            if not is_right(app_id, action_id, env_id, self.request.user):
33                context['is_right'] = False
34                context['admin_user'] = get_app_admin(app_id)
35
36            query_string = self.request.META.get('QUERY_STRING')
37            if 'page' in query_string:
38                query_list = query_string.split('&')
39                query_list = [elem for elem in query_list if not elem.startswith('page')]
```

```
40              query_string = '?' + "&".join(query_list) + '&'
41          elif query_string is not None:
42              query_string = '?' + query_string + '&'
43          context['current_url'] = query_string
44          return context
```

代码解释:

第 11~12 行、第 18 行:在 9.1.2 小节中,我们说过,有一个 URL 链接如下:

{%url 'deploy:deploy' app_name=item.app_name deploy_version=item.name env=item.env_name%},那么,我们在 'deploy:deploy 路由中,如何接收到些参数呢?答案就是上面视图类中的 self.kwargs['app_name']、self.kwargs['deploy_version']、self.kwargs['env']这样的形式。

第 5~7 行:在 get_queryset 方法中,我们在服务器中过滤出指定 App 名称及环境的服务器。

第 9~44 行:在 get_context_data 方法中,我们向前端传递了比较多的上下文字典,而这些都是我们在发布详情页中需要的参数:

context['app_name']:App 应用的名称;

context['deploy_version']:发布单号;

context['env']:发布环境;

context['is_restart_status']:此应用是否需要重启;

context['deploy_type']:此应用是发布所有、软件包还是配置;

context['deploy_no']:此发布单的部署次数,用于追踪发布日志;

context['is_inc_tot']:此应用是增量还是全量部署;

context['mablog_url']:实时日志的 URL 地址,此参数的含义会在第 10 章重点讲解;

context['is_right']:是否有部署的权限;

context['admin_user']:此应用的管理人员名单。

第 32 行:需要注意的是,我们使用 is_right(app_id、action_id、env_id、self.request.user)这个方法来判断登录用户是否有发布软件的权限。这个函数我们在第 6 章详细讲解过。读者可以结合相关章节,再细细理解一下这样实现的逻辑。

9.2.2 发布详情页模板

deploy\templates\deploy\deploy.html 模板内容如下:

https://github.com/aguncn/manabe/blob/master/manabe/deploy/templates/deploy/deploy.html

```
01    {% extends "manabe/template.html" %}
02
03    {% load staticfiles %}
```

```
04 {% block title %}部署服务器列表{% endblock %}
05
06     {% block content %}
07     <div>
08         <span class = "1">
09         请仔细确认发布信息：
10             <span class = "label label-primary radius" id = "id_app_name"
11     app_name = "{{ app_name }}">
12                 {{ app_name }}
13             </span>
14             <span class = "label label-primary radius" id = "id_deploy_version"
15     deploy_version = "{{ deploy_version }}">
16                 {{ deploy_version }}
17             </span>
18             <span class = "label label-primary radius" id = "id_env"
19     env = "{{ env }}">
20                 {{ env }}
21             </span>
22             <span class = "label label-primary radius">
23                 {% ifequal is_inc_tot "TOT" %}
24         全量部署
25                 {% endifequal %}
26                 {% ifequal is_inc_tot "INC" %}
27         增量部署
28                 {% endifequal %}
29             </span>
30             <span class = "label label-primary radius">
31                 {% ifequal deploy_type "deployall" %}
32         程序及配置
33                 {% endifequal %}
34                 {% ifequal deploy_type "deploypkg" %}
35         程序
36                 {% endifequal %}
37                 {% ifequal deploy_type "deploycfg" %}
38         配置
39                 {% endifequal %}
40             </span>
41             <span class = "label label-primary radius" id = "id_deploy_no"
42     deploy_no = "{{ deploy_no }}" mablog_url = "{{mablog_url}}">
43                 <a href = "{{mablog_url}}/wslog/log_show/?app_name = {{app_name}}&deploy_version = {{deploy_version}}&operation_no = {{deploy_no}}&env_name = Demo" target = "_blank">
```

```
44              部署日志:{{ deploy_no }}
45            </a>
46          </span>
47      </span>
48
49  </div>
50  <br/>
51  <br/>
52  <form action="" method="post" name="serverForm" id="serverForm">
53      <table class="table table-border table-bordered table-bg">
54          <thead>
55          <th>
56              <input type="checkbox" name="SelectAllServer">
57              salt_name
58          </th>
59          <th>
60              IP地址
61          </th>
62          <th>
63              端口
64          </th>
65          <th>
66              App
67          </th>
68          <th>
69              环境
70          </th>
71          <th>
72              当前版本
73          </th>
74          <th>
75              发布状态
76          </th>
77          <th>
78              用户
79          </th>
80          <th>
81              时间
82          </th>
83          </thead>
84          <tbody>
85          {% for item in object_list %}
```

```
86            <tr class = "text-1">
87                <td>
88                    <input type = "checkbox" name = "serverSelect" value = "{{ item.id }}">
89                    {{item.salt_name}}
90                </td>
91                <td> {{item.ip_address}} </td>
92                <td> {{item.port}} </td>
93                <td> {{item.app_name}} </td>
94                <td>
95                    {{item.env_name}}
96                </td>
97                <td>
98                    {% ifequal deploy_version item.history_deploy|slice:"0:18" %}
99                    <span class = "label label-success radius">
100                   {% else %}
101                    <span class = "label label-danger radius">
102                   {% endifequal %}
103                    {{ item.history_deploy|slice:"0:18"}}
104                    </span>
105               </td>
106                <td> {{item.deploy_status}} </td>
107                <td>
108                    {{item.op_user}}
109                </td>
110                <td> {{item.change_date}} </td>
111           </tr>
112       {% endfor %}
113       </tbody>
114   </table>
115
116   <br/>
117   {% if is_right %}
118   <div class = "text-1">
119       <input type = "text" name = "operation_type"  value = "deploy" hidden/>
120       <input type = "text" name = "deploy_version"  value = "{{ deploy_version }}" hidden/>
121       <input type = "text" name = "env"  value = "{{ env }}" hidden/>
122        <input type = "text" name = "app_name"  value = "{{ app_name }}" hidden/>
123        <span class = "select-box inline l">
124            <select class = "select" name = "sp_type" id = "sp_select" onChange
```

```
= "getParallelOptions(this.value)">
125              <option selected value = "serial_deploy"> 串行 </option>
126              <option value = "parallel_deploy"> 并行 </option>
127          </select>
128        </span>
129        <span class = "select-box inline l">
130          <select class = "select" name = "is-restart-server" id = "is-restart-server">
131            {% ifequal is_restart_status True %}
132              <option selected = "true" value = "restart"> 重启服务 </option>
133              <option value = "norestart"> 禁止重启 </option>
134            {% endifequal %}
135
136            {% ifequal is_restart_status False %}
137              <option selected = "true" value = "norestart"> 禁止重启 </option>
138              <option value = "restart"> 重启服务 </option>
139            {% endifequal %}
140          </select>
141        </span>
142        <span class = "select-box inline l">
143          <select class = "select" name = "deploy_type" id = "deploy_type">
144            {% ifequal deploy_type "deployall" %} selected = "true"
145              <option selected = "true" value = "deployall"> 发布所有 </option>
146            {% endifequal %}
147            {% ifequal deploy_type "deploypkg" %} selected = "true"
148              <option selected = "true" value = "deploypkg"> 发布程序 </option>
149            {% endifequal %}
150            {% ifequal deploy_type "deploycfg" %} selected = "true"
151              <option selected = "true" value = "deploycfg"> 发布配置 </option>
152            {% endifequal %}
153
154              <option value = "rollback"> 回滚 </option>
155          </select>
156        </span>
157        <span>
158          <button class = "btn btn-danger radius" id = "btn-deploy"> 立即部署 </button>
```

```
159              </span>
160            </div>
161          {% else %}
162          <div class="Huialert Huialert-error"><i class="Hui-iconfont">&#xe6a6;</i>
     你没有{{ app_name }}的{{ env }}环境的发布权限,请联系管理员:{{ admin_user }}
163          
164          </div>
165          {% endif %}
166      </form>
167      {# pagination #}
168      <div class="text-r">
169          <ul>
170              {% if page_obj.has_previous %}
171              <a href="{{current_url}}page={{ page_obj.previous_page_number }}" class="btn btn-primary-outline radius">上一页</a></li>
172              {% else %}
173              <a href="" class="btn btn-primary-outline radius">上一页</a></li>
174              {% endif %}
175              <a href="#">
176                  <span class="label label-primary radius">{{ page_obj.number }}/{{ page_obj.paginator.num_pages }}</span>
177              </a>
178              {% if page_obj.has_next %}
179              <a href="{{current_url}}page={{ page_obj.next_page_number }}" class="btn btn-primary-outline radius">下一页</a></li>
180              {% else %}
181              <a href="" class="btn btn-primary-outline radius">下一页</a></li>
182              {% endif %}
183          </ul>
184      </div>
185      <style>
186          #deploylogout{
187              padding:10px;
188              background-color:#FF2200;
189              color:#FFFFFF;
190              width:820px;
191              height:460px;
192              border-radius:5px;
193              display:none;
194              position:absolute;
195              top:22%;
```

```
196            left:50%;
197            margin-left:-300px;
198            margin-top:-150px;
199         }
200      </style>
201      <div id="deploylogout">
202         日志输出:
203            <span class="uk-float-right">
204               <button  id="close_deploylogout"  class="btn btn-info" onclick="document.getElementById('deploylogout').style.display='none'">关闭</button>
205            </span>
206            <iframe id="iframe_log"  src=""  width="800px" height="400"></iframe>
207      </div>
208      {% endblock %}
209
210      {% block script %}
211         <script>
212            {% include "deploy/deploy.js" %}
213         </script>
214      {% endblock %}
```

代码解释:

这个模板文件比较复杂,几乎是本软件发布平台中最复杂的模板文件了,只要能彻底理解了这个模板文件,那么其他模板文件的理解就不在话下了。所以这里多花点时间来讲解。

第8~47行:"请仔细确认发布信息"这一段内容,用于发布的同事防呆设计,随便就去点击发布按钮。因为在后面还需要这些前端的信息,所以我们定义了每个span的ID:id="id_app_name",app_name="{{ app_name }}",这样的定义,可以让我们在后面的JS文件中,用 app_name = $("#id_app_name").attr("app_name");这样的写法,在JS中获取app_name的值。

第23行:{% ifequal is_inc_tot "TOT" %}这种Django模板语法,可以把传递到前端的内容转换成中文。

第41~46行:id_deploy_no这个ID是用来生成读取日志的,由于我们的实时发布日志是用Django Channels实现的,故WebSocket推送技术可以节约服务器连接数,这个内容在第10章专门讲解。这里不作深入讲解。

第52~166行:<form action="" method="post" name="serverForm" id="serverForm">…</form> 这个表单,是后端获取发布参数的主要表单。有了这个Form,在后面的JS代码中,就可以用"var group_data = $("#serverForm").serialize();"这样的写法,直接获取所有选中的值,然后送到后端让Django去解析。

第88～89行：<input type="checkbox" name="serverSelect" value="{{ item.id }}">，因为我们主要是用salt stack来向sal-api发送命令，所以这个参数才是我们重点关注的客户端，而不是IP地址。

第98～104行：{% ifequal deploy_version item.history_deploy|slice:"0:18" %}，这条语句，主要是用来给发布用户作个视觉提醒，当前发布单已发布过的服务器，呈绿色；未发布的，呈红色。

第117～160行：{% if is_right %}这段代码，用来提示发布者，如果有权限，则会为发布者呈现发布选项和操作；如果没有权限，则提示此App的管理员信息，让发布者方便联系。

第124～127行：<select class="select" name="sp_type" id="sp_select" onChange="getParallelOptions(this.value)"> 这里使用JS技巧，让用户在选择并行操作时，可以触发getParallelOptions函数，来进一步发布批次定义。

第130～140行：<select class="select" name="is-restart-server" id="is-restart-server"> 这个选项，默认为上下文传递过来的参数，但发布者可以根据实际情况再更改。

<select class="select" name="deploy_type" id="deploy_type"> 这个选项，默认为上下文传递过来的参数，但发布者可以根据实际情况再更改。

第186～199行：Deploylogout这个style和div的定义，是为了实现发布日志的实时输出。在默认情况下，它是隐藏的，即display:none。但当我们点击了发布操作之后，会用JS代码"$('#deploylogout').show();"将此呈现出来。这样，用户在点击发布按钮之后，就可以看到实时的发布动态了。

第212行：{% include "deploy/deploy.js" %}，表示我们将一些具体的JS代码放到这个文件中去了。接下来，我们会讲解这个JS文件的内容。

9.2.3 发布详情页的JS代码

上小节讲到的deploy.js的内容如下：

https://github.com/aguncn/manabe/blob/master/manabe/deploy/templates/deploy/deploy.js

```
01    function getParallelOptions(sp_select_id){
02        if(sp_select_id == "parallel_deploy" && $("#p_select_id").length <= 0){
03            html_str = '<select name="p_value" id="p_select_id" class="select"> \
04                + '<option selected value="1"> 1 </option> \
05                + '<option value="2"> 2 </option> \
06                + '<option value="3"> 3 </option> \
07                + '<option value="4"> 4 </option> \
08                + '<option value="5"> 5 </option> \
09                + '</select> '
```

```
10              $("#sp_select").after(html_str);
11          }
12          if (sp_select_id == "serial_deploy" && $("#p_select_id").length > 0){
13              $("#p_select_id").remove();
14          }
15      }
16
17      $("#close_deploylogout").click(function(){
18          $('#deploylogout').hide();
19          window.location.reload();
20      });
21
22      $("#btn-deploy").click(function(evt){
23          ...
24      });
```

代码解释：

第1~15行：getParallelOptions函数，可以让我们定义发布的批次。在使用发布批次的技巧时，在前端，我们给用户提供了最多5个批次的选项。这个批次传递到后端Django之后，我们会使用线程池的技术来进行发布。这个线程池技术，在本章后面会讲到。而批次的含义举例如下：如果用户选择的是串行，则如果有10台服务器，发布系统会先发布第1个服务器，等这个服务器发布完成之后，再依次进行第2、3、4、…、10台服务器的发布。如果任何一个服务器发布出错，则不再进行后面服务器的发布。同样10台服务器，如果用户选择分2批次发布，则第一次会同时在5台服务器上发布，当前面5台服务器发布完成之后，则会在另外5台服务器上发布。这样，发布的时间能节约很多。如果第一批次发布失败，则不会进行第二批次的发布。串行和并行发布，各有其使用场景。串行用于验证性发布，或是有状态服务发布，时间较慢；而并行发布，则可以加快发布速度。

第17~20行：$("#close_deploylogout").click，此函数用于关闭实时发布日志窗口，并刷新发布详情网页。

第22~24行：$("#btn-deploy").click，此函数，用于实现发布按钮的逻辑，下一小节马上讲解。

9.2.4 发布详情页路由

在deploy\urls.py中，加入以下内容，让前面加入的功能生效。

https://github.com/aguncn/manabe/blob/master/manabe/deploy/urls.py

```
01   ...
02   from .deploy_views import DeployView
```

```
03    ...
04    path('deploy/<slug:app_name>/<slug:deploy_version>/<slug:env>/',
05         login_required(DeployView.as_view()),
06         name = 'deploy'),
07    ...
```

在这个路由加好之后,点击发布单首页显示的发布单,出现如图 9-2 所示界面(如果读者点击的是不同的应用部署,或测试数据与笔者不一样,可能显示条目会不一样,但主要的显示要点则是同样的),表示功能正常。

图 9-2 Manabe 软件部署操作界面

9.3 发布功能实现

在实现了前端网页之后,接下来,当用户点击立即部署之后,系统需要做出动作,将软件包部署到指定的服务器上去。这一步涉及到的动作很多,需要一个一个地分解,这样在实现代码时,才不会迷失方向。

① 浏览器的 JS 代码获取前端网页的参数,并将参数通过 ajax 技术传到 Django 后端 deploy_cmd 函数;同时,开启实时日志输出窗口。

② Django 后端 deploy_cmd 获取参数之后,解析出每个参数的含义,然后送到下一个 deploy 函数。

③ deploy 函数接收到传递过来的参数,启动一个线程池,分批将命令送到 cmd_run 函数。

④ cmd_run 函数会整理好相关参数和命令,然后调用远程的 Salt-API 接口,实现远程服务器的部署启停操作。

⑤ 在实现远程服务器操作的过程中,cmd_run 函数会根据执行结果,分别更新日志、发布单及服务器状态。

⑥ 浏览器实时获取部署日志,将结果展示给用户。

读者了解这一过程之后,就开始一步一步地实现这些代码吧。

9.3.1 浏览器的 JS 获取发布参数,并发布到后端

在 deploy.html 中,立即部署的 HTML 代码为:<button class="btn btn-danger radius" id="btn-deploy">立即部署</button>,现在,我们就来处理 id="btn-deploy"动作。在 deploy.js 中,相关代码如下:

https://github.com/aguncn/manabe/blob/master/manabe/deploy/templates/deploy/deploy.js

```
01  $("#btn-deploy").click(function(evt){
02      evt.preventDefault(); //阻止表单提交,只获取表单内数据
03      var group_data = $("#serverForm").serialize();
04      var _self = this;
05      console.log(group_data);
06
07      if (group_data.indexOf("serverSelect") == -1){
08          $.Huimodalalert('<span class="c-error">请确认所有选项正确!</span>', 3000);
09          return false;
10      }
11
12      $.ajax({
13          url:'{% url "deploy:deploy-cmd" %}',
14          type:'post',
15          data:{
16              group_cmd: group_data,
17          },
18          dataType: 'json',
19          beforeSend: function(){
20              $('#btn-deploy').hide();
21              deploy_version = $("#id_deploy_version").attr("deploy_version");
22              app_name = $("#id_app_name").attr("app_name");
23              mablog_url = $("#id_deploy_no").attr("mablog_url");
24              deploy_no = parseInt($("#id_deploy_no").attr("deploy_no")) + 1;
25              url = mablog_url + "/wslog/log_show/?app_name=" + app_name + "&deploy_version=" + deploy_version + "&operation_no=" + deploy_no + "&env_name=Demo"
26              console.log(url);
27              $('#iframe_log').attr('src', url);
28              $('#deploylogout').show();
29              console.log(group_data);
30          },
31          success: function(json){
```

```
32              console.log(json);
33          },
34          error:function(){
35          },
36          complete:function(){
37          }
38      });
39  });
```

代码解释：

第2行：evt.preventDefault()，用于阻止自动提交表单，我们自己来提供后台数据 ajax 提交。

第3行：var group_data = $("#serverForm").serialize();将 form 里的数据序列化，以便在网上传输。

第5行：Console.log(group_data)：用于调试参数，便于后面的解析。它的输出如：SelectAllServer = on&serverSelect = 801&serverSelect = 662&serverSelect = 784&serverSelect=608&serverSelect=442&serverSelect=436&operation_type=deploy&deploy_version = 2018-1021-112802QG&env = TEST&app_name = ZEP-BACKEND-JAVA&sp_type = serial_deploy&is-restart-server = restart&deploy_type=deployall。

第7~10行：if(group_data.indexOf("serverSelect")==-1)，如果没有选择服务器，则不进行下一步处理。

第12~38行：$.ajax()函数，用于实现 Form 数据提交后台，以及前端实时输出日志窗口显示。

第13行：url:'{% url "deploy:deploy-cmd" %}',用于定义后端处理命令 deploy-cmd，我们在下一节讲述。

第14行：type:'post',传输的方式为 Post。

第15~17行：Data 对象，传递给后端的参数为 group_cmd：group_data，此即传递给 deploy:deploy-cmd 的参数。

第19~30行：beforeSend，在我们将数据发送到后台之前，需要浏览器响应的动作。

第20行：$('#btn-deploy').hide()，将"立即发布"按钮隐藏起来，避免重复点击。

第21行：deploy_version = $("#id_deploy_version").attr("deploy_version")，获取发布单号。

第22行：app_name = $("#id_app_name").attr("app_name")，获取 App 应用名称。

第23行:mablog_url = $("#id_deploy_no").attr("mablog_url"),获取实时日志的基本地址。

第24行:deploy_no = parseInt($("#id_deploy_no").attr("deploy_no"))＋1,发布次数加1,定位日志。

第25行:URL,用于组合成本次实时的 WebSocket 日志 URL,这个 URL 的实现,会在下一章专门讲解。

第27行:$('#iframe_log').attr('src', url):组合好 Django Channels 的 URL,和它建立 WebSocket 连接,并得到实时的发布日志。

第28行:$('#deploylogout').show():准备就绪之后,显示日志发布的窗口。

因为我们是以日志发布窗口来监控发布的实时进度的,所以 success、error、complete 容器都可置为空。

9.3.2 deploy_cmd 函数解析发布参数

在上一小节中,已通过 ajax 的 post 将 group_cmd 参数传到了后端 deploy:deploy-cmd,接下来,我们就来实现这个 deploy:deploy-cmd 函数及路由吧。

deploy\urls.py 的相关路由如下:

https://github.com/aguncn/manabe/blob/master/manabe/deploy/urls.py

```
01  ...
02  path(r'deploy-cmd/', deploy_cmd, name="deploy-cmd"),
03  ...
```

deploy_cmd 代码如下:

https://github.com/aguncn/manabe/blob/master/manabe/deploy/deploy_views.py

```
01  @csrf_exempt
02  def deploy_cmd(request):
03      user_name = request.user
04      group_cmd = request.POST.get('group_cmd')
05      print(group_cmd)
06      is_restart_server = False
07      subserver_list = []
08      p_value = 0
09      deploy_version = ''
10      app_name = ''
11      deploy_type = ''
12      sp_type = ''
13      operation_type = ''
14      for cmd_data in group_cmd.split('&'):
15          if cmd_data.startswith('serverSelect'):
```

```
16            subserver_list.append(cmd_data.split('=')[1])
17        if cmd_data.startswith('operation_type'):
18            operation_type = cmd_data.split('=')[1]
19        if cmd_data.startswith('deploy_version'):
20            deploy_version = cmd_data.split('=')[1]
21        if cmd_data.startswith('app_name'):
22            app_name = cmd_data.split('=')[1]
23        if cmd_data.startswith('deploy_type'):
24            deploy_type = cmd_data.split('=')[1]
25        if cmd_data.startswith('is-restart-server'):
26            if cmd_data.split('=')[1] == 'restart':
27                is_restart_server = True
28        if cmd_data.startswith('sp_type'):
29            sp_type = cmd_data.split('=')[1]
30        if cmd_data.startswith('env'):
31            env = cmd_data.split('=')[1]
32        if cmd_data.startswith('p_value'):
33            p_value = int(cmd_data.split('=')[1])
34
35    # 串行等同于批次多于子服务器数量的并行,在列表分组时,使用了函数表达式
36    if sp_type == "serial_deploy" or p_value > len(subserver_list):
37        p_value = len(subserver_list)
38    deploy_subserver_list = mod_group(subserver_list, p_value)
39    # 为了后面的启停和锁定的代码以及日志一致性,这里重置发布单变量
40    deploy_version = deploy_version if deploy_version != '' else 'Demo'
41
42    if deploy_version == "Demo":
43        App.objects.filter(name=app_name).update(op_log_no=F('op_log_no') + 1)
44        deploy_no = App.objects.get(name=app_name).op_log_no
45    else:
46        DeployPool.objects.filter(name=deploy_version).update(deploy_no=F('deploy_no') + 1)
47        deploy_no = DeployPool.objects.get(name=deploy_version).deploy_no
48    deploy(deploy_subserver_list, deploy_type, is_restart_server,
49           user_name, deploy_version, operation_type)
50
51    result = {'return': "OK"}
52    return JsonResponse(result, status=200)
53
54 # 将传递过来的列表,按指定批次,返回分组列表
55 def mod_group(alist, agroup):
```

```
56          tmp_list = [0] * agroup
57          for i in range(len(alist)):
58              m_value = i % agroup
59              for j in range(agroup):
60                  if tmp_list[j] == 0:
61                      tmp_list[j] = []
62                  if m_value == j:
63                      tmp_list[j].append(alist[i])
64          return tmp_list
```

代码解释:

第 1 行:@csrf_exempt,这个装饰器表明这个视图可以被跨域访问。CSRF (Cross Site Request Forgery,跨站域请求伪造)是一种网络的攻击方式,它在 2007 年曾被列为互联网 20 大安全隐患之一。而如果是 Form 表单,就需要启用 csrf 保护,这里为了简化编码,所以暂时取消了 csrf 保护。

第 3 行:user_name = request.user,用于获取登录用户名。

第 4 行:group_cmd = request.POST.get('group_cmd'):用于获取前端 ajax 传来的参数。

第 5 行:print(group_cmd):用于输出参数,便于接下来进行判断。其形式如下:

SelectAllServer = on&serverSelect = 801&serverSelect = 662&serverSelect = 784&serverSele ct = 608&serverSelect = 442&serverSelect = 436&operation_type = deploy&deploy_version = 20 18 - 1021 - 112802QG&env = TEST&app_name = ZEP - BACKEND - JAVA&sp_type = serial_deploy&is - res tart - server = restart &deploy_type = deployall

可以看到,这个参数和前端输出的完全一样。

第 6 行:is_restart_server = False,因为如果不重启,会没有这个参数,所以先预置为 False。

第 7~13 行:subserver_list = [],p_value = 0,deploy_version = '',app_name = '',deploy_type = '',sp_type = '',operation_type = '',以上几段,先将参数预置为空。

第 14 行:for cmd_data in group_cmd.split('&'),此行开始真正解析参数,并以 & 为分隔符。

第 15~16 行:if cmd_data.startswith('serverSelect'),仔细观察参数,选择的子服务器是以 serverSelect 开头,且是以"="号分隔各个子服务器的,我们就可以用 subserver_list.append(cmd_data.split('=')[1]) 方法,将各个子服务器放入列表中,形成 [1, 2, 3, 4, 5, 6, 7] 这样的服务器列表。

第 17~18 行:operation_type = cmd_data.split('=')[1],用于提取 operation_type 参数,这里要传递 operation_type 参数,是因为我们这个函数是同时支持软件部

署和服务器启停操作的。如果是发布软件,参数就是 deploy;如果是服务启停,参数就是 operate。这样,我们在实时日志输出时,方便做 filter 过滤操作。

第 19～20 行:deploy_version = cmd_data.split('=')[1],提取发布单。

第 21～22 行:app_name = cmd_data.split('=')[1],提取 App 名称。

第 23～24 行:deploy_type = cmd_data.split('=')[1],提取 deploy_type,才知道是发布所有程序,还是配置。

第 25～26 行:if cmd_data.split('=')[1] == 'restart,发布时是否需要重启。

第 27～28 行:sp_type = cmd_data.split('=')[1],如果发布是并行,提取出来。

第 29～30 行:p_value = int(cmd_data.split('=')[1]),如果发布是串行,提取出来。

第 31～32 行:env = cmd_data.split('=')[1],提取发布环境。

第 40 行:deploy_version = deploy_version if deploy_version != '' else 'Demo',为了能区分服务启停和软件发布,而写入日志时又能清晰分界,我们在这里也做了发布单的重构(服务启停是没有发布单的)。这样,在历史发布时,如果发布单为 demo,就知道这是一次服务器的启停操作,而不是软件发布的操作。

第 44、47 行:deploy_no,如果是发布软件,日志次数是写到发布单的 deploy_no 字段。如果是服务启停,日志次数是写入到 App 应用的 op_log_no 字段。

第 48～49 行:deploy 函数,在提取和重构所有参数之后,调用 deploy 函数进行下一步处理。

第 55～64 行:mod_group(subserver_list, p_value)函数,用于将并行发布和串行发布统一,在后面就比较好处理了。这里是如何统一的呢?我们记得,初始的服务器列表形式为[1,2,3,4,5,6,7,8,9,10]。如果是并行三批次,我们转换为[[1、2、3],[4,5,6],[7,8,9,10]],就是将一个列表划分为包含 3 个列表的列表。如果是串行,我们就转换为[[1],[2],[3],[4],[5],[6],[7],[8],[9],[10]],服务器有多少个,我们就把一个列表划分为相同数量的列表。这样,就实现了串行发布。

9.3.3　deploy 函数启动 Python 的线程池

由于 deploy 函数是被调用的,而不需要外网访问,所以不用为它设置 URL 路由。deploy 的内容如下:

https://github.com/aguncn/manabe/blob/master/manabe/deploy/salt_cmd_views.py

```
01    import uuid
02    import time
03    from concurrent.futures import ThreadPoolExecutor
04    from django.http import JsonResponse
05    from django.conf import settings
06
07    from serverinput.models import Server
```

```
08    from .models import DeployPool, DeployStatus, History
09    from public.salt import salt_api_inst
10    from public.mablog import post_mablog
11    import logging
12
13    mylog = logging.getLogger('manabe')
14
15    def deploy(subserver_list, deploy_type, is_restart_server,
16                user_name, deploy_version, operation_type):
17
18        worker_num = len(subserver_list[0])
19        executor = ThreadPoolExecutor(max_workers = worker_num)
20
21        # subserver_list 格式[[1,2,3],[4,5,6],[7,8]]
22        for item in subserver_list:
23            if deploy_type in ['deployall', 'deploypkg', 'deploycfg']:
24                cmd_list = ['prepare', 'backup', 'stop', deploy_type, 'start', 'check']\
25                    if is_restart_server else ['prepare', 'backup', deploy_type, 'check']
26            elif deploy_type == 'rollback':
27                cmd_list = ['stop', 'rollback', 'start', 'check'] \
28                    if is_restart_server else ['rollback', 'check']
29            elif deploy_type == 'stop':
30                cmd_list = ['stop']
31            elif deploy_type == 'start':
32                cmd_list = ['start', 'check']
33            elif deploy_type == 'restart':
34                cmd_list = ['stop', 'start', 'check']
35            else:
36                return False
37            cmd_len = len(cmd_list)
38            for index, cmd in enumerate(cmd_list):
39                # 根据命令的个数,计算每个命令执行完成之后的百分比
40                percent_value = "%.0f%%" % ((index + 1)/cmd_len * 100)
41                # 多线程版本,应用为IO密集型,适合threading模式
42
43                server_id = []
44                for itme_id in item:
45                    server_id.append(itme_id)
46                server_len = len(server_id)
47                for data in executor.map(cmd_run, server_id, [cmd] * server_len,
```

```
48                              [user_name] * server_len,[percent_value] * server_len,
49                              [deploy_version] * server_len,[operation_type] * server_len);
50                   if not data:
51                       return False
52
53              return True
```

代码解释：

第 1~13 行：导入了本文件所有依赖的外部模块，包括日志模块。所以，如果不注释未实现的功能，服务启动同样会报错。前面提示过，这里再强调一下。

在本书第 1 章中，已经介绍过如果用 ThreadPoolExecutor 实现 Python 的线程池，还不熟悉的读者，可以回头再去看看相关内容。在这里，就用上了线程池技术。

第 18 行：worker_num = len(subserver_list[0])，表示我们的初始线程数与单次发布服务器的数量一致。这样就能以最快的速度发布软件了。如果是串行发布，那么线程池的数量就为 1。

第 22~53 行：for item in subserver_list 语句表明，会为每一批次的服务器进行接下来的操作。

第 23~25 行：if deploy_type in ['deployall', 'deploypkg', 'deploycfg']语句表明，如果是发布所有软件或配置，并且定义了应用需要重记，则 cmd_list 系列命令包括['prepare', 'backup', 'stop', deploy_type, 'start', 'check']；如果不需要重启，则 cmd_list 系列命令包括['prepare', 'backup', deploy_type, 'check']。

第 26~28 行：如果我们进行的是回滚操作，且服务需要重启，则命令包括['stop', 'rollback', 'start', 'check']；而不需要重启的话，命令包括['rollback', 'check']。

第 29~30 行：如果我们进行的是服务器停止操作，命令包括['stop']。

第 31~32 行：如果我们进行的是服务器启动操作，命令包括['start']。

第 33~34 行：如果我们进行的是服务器重启操作，命令包括['stop', 'start', 'check']。

接下来，会分解每条命令，然后将其送往每个服务器上去操作。

第 47~51 行：executor.map()函数表明，将参数包装之后，按线程池模式调用 cmd_run 函数。我们的代码是以 True 或 False 定义函数的返回值，当失败之后，即不再继续执行。

9.3.4　cmd_run 函数操作 Salt-API

接下来，cmd_run 就是调用远程 Salt-API 接口，在远程服务器上执行指定的操作。其内容如下：

https://github.com/aguncn/manabe/blob/master/manabe/deploy/salt_cmd_views.py

```
01   # cmd_run 函数是在每一个线程当中运行的
02   def cmd_run(server_id, action, user_name, percent_value,
03               deploy_version = None, operation_type = None):
04       server_set = Server.objects.get(id = server_id)
05       tgt = server_set.salt_name
06       port = server_set.port
07       app_user = server_set.app_user
08       env_name = server_set.env_name.name.lower()
09       app_name = server_set.app_name.name
10       script_url = server_set.app_name.script_url
11       zip_package_name = server_set.app_name.zip_package_name
12       package_name = server_set.app_name.package_name
13       nginx_url = settings.NGINX_URL
14
15       if deploy_version ! = 'Demo':
16           deploypool_set = DeployPool.objects.get(name = deploy_version)
17           is_inc_tot = deploypool_set.is_inc_tot
18           deploy_no = deploypool_set.deploy_no
19       else:
20           deploypool_set = None
21           is_inc_tot = "tot"
22           deploy_no = server_set.app_name.op_log_no
23
24       arg_args = " - a {app_name} - e {env_name} - v {deploy_version} "\
25                  " - z {zip_package_name} - p {package_name} - o {port} " \
26                  " - c {action} - i {is_inc_tot} - u {nginx_url}".format(
27                      app_name = app_name,
28                      env_name = env_name,
29                      deploy_version = deploy_version,
30                      zip_package_name = zip_package_name,
31                      package_name = package_name,
32                      port = port,
33                      action = action,
34                      is_inc_tot = is_inc_tot,
35                      nginx_url = nginx_url
36                  )
37       arg = [script_url, arg_args, 'runas = ' + app_user, 'env = {"LC_ALL": ""}']
38       result = salt_run(tgt = tgt, arg = arg)
39       mylog.debug("deploy argument is: {}.".format(arg))
```

```
40          mylog.debug("deploy result is: {}.".format(result))
41
42          try:
43              result_retcode = result['return'][0][tgt]['retcode']
44              result_stderr = result['return'][0][tgt]['stderr']
45              result_stdout = result['return'][0][tgt]['stdout'].replace("\r\n", "")
46              print(result_retcode, result_stderr, result_stdout, result, "@@@@@@@@@@@@@")
47          except:
48              return False
49          if result_retcode == 0:
50              if "deploy" in action or "rollback" in action:
51                  change_server(server_id, deploy_version, action, "success")
52                  change_deploypool(env_name, deploy_version, app_name, action)
53                  content = {'msg': 'success', 'ip': server_set.ip_address, 'action': action}
54                  log_content = time.strftime("%Y-%m-%d %H:%M:%S",
55                                              time.localtime()) + action + '\n' + tgt + ", deploy progress " + percent_value + '\n'
56                  post_mablog(app_name=app_name, ip_address=tgt, user_name=str(user_name),
57                              operation_type=operation_type, operation_no=deploy_no,
58                              deploy_version=deploy_version, env_name=env_name,
59                              log_content=log_content)
60                  add_history(user_name, server_set.app_name, deploypool_set, server_set.env_name, operation_type, content)
61          else:
62              change_server(server_id, deploy_version, action, "error")
63              change_deploypool(env_name, deploy_version, app_name, action)
64              content = {'msg': 'error', 'ip': server_set.ip_address, 'action': action}
65              log_content = time.strftime("%Y-%m-%d %H:%M:%S",
66                                          time.localtime()) + action + '\n' + tgt + ', error \n' + result
67              post_mablog(app_name=app_name, ip_address=tgt, user_name=str(user_name),
68                          operation_type=operation_type, operation_no=deploy_no,
69                          deploy_version=deploy_version, env_name=env_name,
70                          log_content=log_content)
71              add_history(user_name, server_set.app_name, deploypool_set, server_set.env_name, operation_type, content)
72              return False
```

```
73          time.sleep(2)
74          return True
75
76      # 独立出这个函数,方便后续 mock 测试
77      def salt_run(tgt = None, arg = None):
78          return salt_api_inst().cmd_script(tgt = tgt, arg = arg)
```

代码解释:

这个 cmd_run 函数,作用就是将我们的命令发往远程的 Sal-API,而 Salt-API 会调用 Salt-Master 向指定的 Salt-Minion 上发送指定命令,从而实现软件的拉取、启停、部署及 check 操作;并且将发布过程中的成功/失败信息、发布过程中的日志更新到相应的数据表中。

下面,我们来仔细分析一下其实现原理。

第 4 行:server_set = Server.objects.get(id=server_id),通过传递进来的参数,获取服务器实例。

第 5 行:tgt = server_set.salt_name,通过服务器实例,获取服务器的 Salt 名称。

第 6 行:port = server_set.port,通过服务器实例,获取服务的端口。

第 7 行:app_user = server_set.app_user,通过服务器实例,获取启停服务的用户名。

第 8 行:env_name = server_set.env_name.name,通过服务器实例,获取服务器所属环境。注意这里的 ORM 写法,env_name 是 Server 数据表的一个外键,这种写法,就可以直接得到外键所属的数据表,然后,再通过点号来得到外键所属数据表的其他字段。如果外键数据表中还有外键,则可以用链式写法,一直定位到最终我们感兴趣的数据表上的字段为止。下面几行的写法类似,就不再讲解这个语法了。

第 9 行:app_name = server_set.app_name.name,通过服务器实例,获取服务器的所属应用名。

第 10 行:script_url = server_set.app_name.script_url,通过服务器实例,获取此服务器所属服务的脚本,此脚本内容比较复杂,会在下一小节涉及到。

第 11 行:zip_package_name = server_set.app_name.zip_package_name,通过服务器实例,获取服务器所属应用的压缩包名称。

第 12 行:package_name = server_set.app_name.package_name,通过服务器实例,获取服务器所属应用的软件包名。(前面章节已经讲过,压缩包和软件包这两个参数,是否都需要填写,要根据不同的应用以及打包的形式来判断。如 Go 语言,编译的二进制文件即为软件包名,它和不同的环境一起,就形成一个压缩包;又如 Java 语言,如果是把环境配置也放到 war 包中,则只需要填写软件包名即可。)

第 13 行:nginx_url = settings.NGINX_URL,我们从配置文件中,读取了软件仓库的 URL 地址。这个地址和应用及发布单、软件包名一起,就可以定位到唯一的

软件,然后,在发布服务器上就可以使用 wget 命令,拉取到指定的软件了。这种写法获取全局配置变量的思路是:在 manabe\settings.py 里定位好一行变量 NGINX_URL = http://192.168.1.111,然后,在 deploy\salt_cmd_views.py 文件的开头,导入 Django 配置 from django.conf import settings,接下来,就可以使用 settings.NGINX_URL 这种写法,获取到全局配置的变量了。这种写法的好处是显而易见的,如果我们要将发布系统部署到正式生产使用环境,则 Nginx 的地址只需要统一修改,就可以使用了。

第 15 行:if dep_id! = 'Demo',判断表明,如果是属于软件发布,则需要进行操作。还记得吗,前文描述过相关逻辑,如果是服务启停,则 dep_id 的值就会是 'Demo'。

第 16 行:deploypool_set = DeployPool.objects.get(name=dep_id),如果是软件发布,先获取发布单实例。

第 17 行:is_inc_tot = deploypool_set.is_inc_tot,如果是软件发布,获取软件发布是增量还是全量。

第 18 行:deploy_no = deploypool_set.deploy_no,如果是软件发布,获取发布单发布次数。

接下来,代码描述了如果是属于服务启停操作,则相应变量赋值。

第 20 行:deploypool_set=None,如果是服务启停,将发布单实例置为空。

第 21 行:is_inc_tot = "tot",如果是服务启停,将设置全量发布(此处是为了满足参数需求,无用处)。

第 22 行:deploy_no = server_set.app_name.op_log_no,如果是服务启停,从应用中获取发布次数。

第 24~36 行:构造了一个 arg_args 参数,然后,通过 arg 的包装,最终传递为 Salt-API。在这里,先要提前展示一下我们脚本执行时需要的参数,读者才会理解这样包装参数的原因:

Sh bootstart.sh -a ZEP-BACKEND-JAVA -e test -v 2018-1021-112802QG -z javademo-1.0.tar.gz

-p javademo-1.0.jar -o 8080 -c stop -i TOT -u http://192.168.1.111

对照代码中的 arg_args 参数会发现,这两者是一致的。我们这里用了 Python 3 的 fomat 格式化字符串的写法,而不是用以前的%语法,是因为在代码写法上面,也要与时俱进。

第 37 行:arg = [script_url, arg_args, 'runas='+app_user, 'env={"LC_ALL": ""}'],当我们调用 Salt-API 指定执行用户时,就需要用这样的语法,script_url 指的是服务的执行脚本,它可以是 salt://协议的,也可以是 http://协议的。为了构架上的解耦,我们使用了 HTTP 协议。Runas 用来指明在 Salt-Minion 端执行脚本时是哪个用户执行,这个用户,我们已提前配置好。'env 参数,是为了保证客户端执行时语言环境的一致性。

第 38 行：salt_run(tgt＝tgt，arg＝arg)，前面所有代码都是围绕这个调用来构建的，而这个函数之后的代码，也是以它的执行返回值来作写入数据表的依据的。

深入到 salt_run 这个函数，从函数调用的语义上来看，我们是调用 Salt-API，然后执行了 cmd_script 命令，并且传递了 tgt 和 arg 参数。关于 Salt-API 的调用方法，在第 3 章已有详细描述，此处不再重复。但我们也还是有必要检视一下 salt_api_inst().cmd_script(tgt＝tgt，arg＝arg)的调用关系。

读者查看 public\salt.py 文件，可以看到，在这里实现了第 3 章讲过的 SaltStack 类，它包装了常用的 Sal-API 调用，其中就包括 cmd_script 方法，这个方法的作用，就是指定一个脚本，让这个脚本在指定的 Salt-Minion 上执行，而这个动作，正是软件发布的核心动作。在 salt.py 文件中，我们还定义了一个 salt_api_inst 函数，而它的作用就是返回一个 SaltStack 类的实例。这样梳理一下，相信读者对这一行代码就有了更深入的理解。

当我们将命令发送到 Salt-API 之后，接下来，我们就等候返回结果的变量 result。然后，通过分析 result 的内容，来决定代码的下一步走向。

应用脚本的执行，我们是以标准的 Linux Shell 脚本的执行结果来判断的，如果 Shell 脚本执行成功，返回值为 0；失败，则为非 0。相信读者如果熟识 Linux，这个返回值就是一种共识机制了。而从 Salt-API 的返回结果中，通过 result_retcode＝result['return'][0][tgt]['retcode']这行代码，就可以获取这个值。

第 49 行：if result_retcode＝＝0，下面的代码段，就是当远程命令执行成功之后需要执行的逻辑，而对应的 else 段，就是如果 Sal-API 执行失败之后的逻辑，下面分别讲解。为了讲解方便，分别用 if 段和 else 段来表示。

if 段执行逻辑：

第 50～52 行：如果 Salt-API 远程命令执行成功，if "deploy" in action or "rollback" in action 这段代码，接着判断如果程序执行的部署或回滚的话，先用 change_server()函数，在服务器的 history_deploy 字段写入新的发布单，或是回滚到前一个发布单。此函数下一节详细讲解。接着，调用 change_deploypool()函数，用来更新发布单的状态。这个更新动作比较复杂，我们也会在下一节讲解。

第 53 行：代码接下来先构造一个 content 变量，然后调用 add_history()函数写入发布历史数据表；再构造一个 log_content 变量，调用 post_mablog，将其写入实时发布的日志中。这里要的两个变量其意义是不一样的。Content 只是简单地让我们了解谁在何时发布了什么软件；而 log_content 则是让发布的用户实时知道发布的进度，也便于根据返回值排错。add_history()在下一节中会讲解，而对 post_mablog，则会在下一章专门讲述如何实时读/写 Django Channels 的日志。

else 段执行逻辑：

第 62～72 行：这一段执行的是出错逻辑，如果发布出错，而我们写入服务器、发布单、实时日志的，都是相关的错误信息。其代码和成功的类似，所以不再讲解。

第73行：最后，为了缓解 Salt-API 的压力，每次命令执行完成之后，会暂停2秒。然后，返回 True 或 False 来决定程序是否要继续执行下一条命令。

9.3.5 cmd_run 运行过程中调用的日志读/写及数据表更新

在上一小节中，讲解了 cmd_run() 函数的运行细节，其中涉及到了 change_server()、change_deploypool()、add_history() 这三个函数。这一小节就来讲讲这三个函数的代码实现。

change_server() 函数内容如下：

https://github.com/aguncn/manabe/blob/master/manabe/deploy/salt_cmd_views.py

```
01   # server 的 deploy_status 用于记录在哪一个发布步骤出错或是全部成功
02   # deploypool 的 deploy_status 用于表明发布单的周期状态，创建、编译、准备好发布、
03   # 发布中、发布出错、完成等状态（它不包括环境信息）
04   def change_server(server_id, deploy_version, action, result):
05       server_set = Server.objects.get(id=server_id)
06       server_set.deploy_status = "{}:{}".format(action, result)
07       if "deploy" in action:
08           if server_set.history_deploy:
09               # 最多只保留10个发布单用于回滚
10               temp_list = server_set.history_deploy.split(",")
11               if len(temp_list) > 10:
12                   history_deploy = deploy_version + ',' + ','.join(temp_list[:-1])
13               else:
14                   history_deploy = deploy_version + ',' + server_set.history_deploy
15           else:
16               history_deploy = deploy_version
17           server_set.history_deploy = history_deploy
18       if "rollback" in action:
19           # 首次发布，不能回滚
20           if len(server_set.history_deploy.split(",")) < 2:
21               result = {'return': u'没有可回滚版本'}
22               return JsonResponse(result, status=400)
23           else:
24               server_set.history_deploy = ",".join(server_set.history_deploy.split(",")[1:])
25       server_set.save()
```

代码解释：

这个函数的作用是，当软件发布完之后，会将当前的发布单写到每个服务器数据

表的 history_deploy 字段。

第 5 行:server_set = Server.objects.get(id=server_id),通过传递的参数,获取服务器的实例。

第 6 行:server_set.deploy_status,将 deploy_status 字段的内容填充,其格式在成功时为 prepare:success、stop:success、deploy:success、start:success、check:success 等,在失败时为 prepare:error,stop:error,deploy:error,start:error,check:error。

接下来,判断一下当前操作是部署软件还是回滚软件,如果是部署软件,则执行如下逻辑:

第 8 行:if server_set.history_deploy,如果以前在此服务器上部署过软件,则继续向下进行。

第 10 行:temp_list = server_set.history_deploy.split(","),将以前在服务器上部署的发布单切成列表。

第 12 行:history_deploy=deploy_version+','+','.join(temp_list[:-1]),如果以前的发布单超过 10 条,则将新的发布单加入发布记录,将第一条发布记录挤出去,也即是我们在服务器数据表的 history_Deploy 字段中,只保留 10 条发布单用来追溯。

第 14 行:history_deploy = deploy_version + ',' + server_set.history_deploy,如果发布记录没有超过 10 条,则直接将当前发布单加入到历史发布单当中。

第 16 行:history_deploy = deploy_version,如果是第一次发布,则直接将此发布单记录到历史发布单中。

第 17 行:server_set.history_deploy = history_deploy,整理好的历史发布单放到 history_deploy 字段中。

第 18 行:if "rollback" in action,如果是回滚软件,则执行下面的逻辑。

第 20 行:if len(server_set.history_deploy.split(","))<2,如果只有一条或是没有发布过,不能回滚,报错返回。

第 24 行:server_set.history_deploy = ",".join(server_set.history_deploy.split(",")[1:]),如果在此服务器上已进行过多次发布,则除了在服务器上执行回滚之外,在服务器数据表中,也将 history_deploy 字段里的历史发布数据回滚一条记录,以保持记录和回滚一致。

第 25 行:server_set.save(),最后,保持数据表更新记录,函数返回。

经过上面的分析,相信读者对于发布过程中如何更新服务器的历史发布单记录,已能理解其操作意图了。如果在实际的工作中需求不一样,也可以在此实现自己的特定逻辑。经此实现后,我们在发布时,就可以看到服务器的当前版本和发布状态了,如图 9-3 所示。

change_deploypool()函数内容如下:

图 9-3 Manabe 软件部署显示不同版本和状态

https://github.com/aguncn/manabe/blob/master/manabe/deploy/salt_cmd_views.py

```
01    def change_deploypool(server_env, deploy_version, app_name, action):
02        deploypool_set = DeployPool.objects.get(name = deploy_version)
03        server_env = server_env.upper()
04        server_set = Server.objects.filter(app_name__name = app_name, env_name__name = server_env)
05        svr_his_version_total = []
06        svr_status_total = ""
07
08        if "rollback" in action:
09            # 回滚,只是改变服务器的历史发布单,不影响当前发布单状态
10            pass
11        else:
12            for server_item in server_set:
13                if server_item.history_deploy is not None:
14                    temp_item = server_item.history_deploy.split(",")[0]
15                    if temp_item not in svr_his_version_total:
16                        svr_his_version_total.append(temp_item)
17                    else:
18                        pass
19                else:
20                    svr_his_version_total.append("None")
21                if server_item.deploy_status is not None:
22                    svr_status_total += server_item.deploy_status
23                else:
24                    svr_status_total += "None"
25            # 使用两个条件判断发布单状态:1. 所有服务器的历史发布单是否更新;2. 每一个服务器发布状态有无错误
26
27            if "error" in svr_status_total:
```

```
28                deploy_status = DeployStatus.objects.get(name = "ERROR")
29            elif len(svr_his_version_total) > 1 and ("error" not in svr_status_to-
tal):
30                deploy_status = DeployStatus.objects.get(name = "ING")
31            elif (len(svr_his_version_total) == 1) and ("error" not in svr_status_
total):
32                deploy_status = DeployStatus.objects.get(name = "FINISH")
33            else:
34                deploy_status = DeployStatus.objects.get(name = "ERROR")
35            deploypool_set.deploy_status = deploy_status
36            deploypool_set.save()
```

代码解释：

change_deploypool()函数的作用，是让我们在发布软件的过程中，实时更新发布单的状态。有了这个状态，就可以提示软件发布人员，当前的发布单是待发布、发布中、发布完成还是发布有异常。然后，操作人员就可以根据发布单的状态，进入后续的操作。详细代码讲解如下：

第 2 行：deploypool_set = DeployPool.objects.get(name=deploy_version)，根据传递进来的参数，获取发布单的实例。

第 3 行：server_env = server_env.upper()，将服务器的环境转换为大写，因为我们在数据表中存的环境名称都是大写，这样就能避免中间过程的差错。

第 4 行：server_set=Server.objects.filter(app_name__name=app_name, env_name__name=server_env)，根据传递过来的参数，获取发布单所属环境的所有服务器。这里大家要注意一个细节。Deploy_set 的 ORM 中用的是 get 方法，返回的是一条记录；而 server_set 使用的是 filter 方法，返回的是多条记录。

至此，需要解释一下我们的实现思路，这样才能知道我们为什么用这种方法来实现。在前面的 change_server()函数中，我们已根据部署软件的结果，为每一个发布的服务器的 deploy_status 字段中，写入了 success 或是 error 的记录。这里，就将循环每一个 server_set 中的记录，取出其 deploy_status 中的记录，组成一个名称为 svr_status_total 的字符串，并将每个服务器中的 history_deploy 历史发布单的第一条最新记录拿出来，组成一个名为 svr_his_version_total 的列表。然后，根据 svr_status_total 和 svr_his_version_total 这两个变量，就可以判断当前的发布状态，必为以下三种之一：

- svr_status_total 中含有 error 关键字：发布必有异常，需要介入解决。
- svr_status_total 没有 error 关键字，而 svr_his_version_total 含有多条记录：软件正在发布中。
- svr_status_total 没有 error 关键字，而 svr_his_version_total 只有一条记录：软件已发布完成。

其他未料状态,为保险起见,均为发布异常。

有了以上思路之后,接下来看代码就很简单了。

第 5 行:svr_his_version_total=[],初始化 svr_his_version_total 列表。

第 6 行:svr_status_total="",初始化 svr_status_total 字符串。

第 8 行:if "rollback" in action,如果是回滚,则不影响发布单状态;否则,执行接下来的逻辑。

第 12 行:for server_item in server_set,循环每一个服务器记录。

第 14 行:temp_item=server_item. history_deploy. split(",")[0],取出服务器上最近一次发布单记录。

第 16 行:svr_his_version_total. append(temp_item),如果这个发布单不在列表中,则加入之;否则忽略。

第 20 行:svr_his_version_total. append("None"),如果服务器还没有历史发布记录,也需要写入。因为这些记录,都是后面判断的依据。

第 22 行:svr_status_total+=server_item. deploy_status,如果已有发布状态,则将发布状态文字追加入 svr_status_total 字符串。

第 27 行:if "error" in svr_status_total,如果 svr_status_total 有 error 关键字。

第 28 行:deploy_status=DeployStatus. objects. get(name="ERROR"),deploy_status 为发布出错状态。

余下来的几个逻辑,刚刚分析过,不再重复。

第 35 行:deploypool_set. deploy_status=deploy_status,将发布状态赋予发布单的 deploy_status 字段。

第 36 行:deploypool_set. save(),保存发布单更新记录,退出函数。

经此实现后,我们在发布首页,就可以看到各个发布单当前的发布状态了,如图 9 - 4 所示。

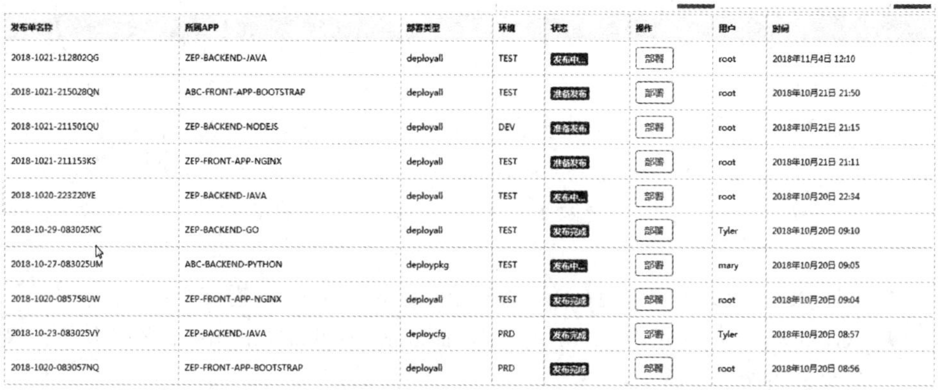

发布单名称	所属APP	部署类型	环境	状态	操作	用户	时间
2018-1021-112802QG	ZEP-BACKEND-JAVA	deployall	TEST	发布中...	部署	root	2018年11月4日 12:10
2018-1021-215028QN	ABC-FRONT-APP-BOOTSTRAP	deployall	TEST	准备发布	部署	root	2018年10月21日 21:50
2018-1021-211501QU	ZEP-BACKEND-NODEJS	deployall	DEV	准备发布	部署	root	2018年10月21日 21:15
2018-1021-211153KS	ZEP-FRONT-APP-NGINX	deployall	TEST	准备发布	部署	root	2018年10月21日 21:11
2018-1020-223220YE	ZEP-BACKEND-JAVA	deployall	TEST	发布中...	部署	root	2018年10月20日 22:34
2018-10-29-083025NC	ZEP-BACKEND-GO	deployall	TEST	发布完成	部署	Tyler	2018年10月20日 09:10
2018-10-27-083025UM	ABC-BACKEND-PYTHON	deploypkg	TEST	发布中...	部署	mary	2018年10月20日 09:05
2018-1020-085758UW	ZEP-FRONT-APP-NGINX	deployall	TEST	发布完成	部署	root	2018年10月20日 09:04
2018-10-23-083025VY	ZEP-BACKEND-JAVA	deploycfg	PRD	发布完成	部署	Tyler	2018年10月20日 08:57
2018-1020-083057NQ	ZEP-FRONT-APP-BOOTSTRAP	deployall	PRD	发布完成	部署	root	2018年10月20日 08:56

图 9 - 4 Manabe 软件部署列表中显示发布单状态

add_history()函数内容如下：

https://github.com/aguncn/manabe/blob/master/manabe/deploy/salt_cmd_views.py

```
01    def add_history(user, app_name, deploy_name, env_name, do_type, content):
02        rid = uuid.uuid4()
03        History.objects.create(
04            name = rid,
05            user = user,
06            app_name = app_name,
07            env_name = env_name,
08            deploy_name = deploy_name,
09            do_type = do_type,
10            content = content
11        )
```

代码解释：

add_history()函数的内容比较简单，就是将部署软件或是停启服务的历史操作写入 History 数据表。由于此数据表兼容于环境流转历史，所以要求的字段比较多。而它的内容都在 content 中呈现。

而根据 cmd_run() 函数的内容，content = {'msg': 'success', 'ip': server_set.ip_address, 'action': action}，这样就已把我们的操作记录得比较清楚了。

第 2 行：为避免命名冲突，我们在此函数的开头，调用 uuid.uuid4() 这个 Python 函数来生成唯一码，作为历史记录的名称。

历史发布记录的显示如图 9-5 所示，如有需要，我们可以美化一下操作记录。

App	环境	发布单	部署类型	操作内容	用户	时间
ZEP-BACKEND-JAVA	TEST	None	OPERATE	{'msg': 'success', 'ip': '192.168.1.112', 'action': 'stop'}	admin	2018年11月4日 12:16
ZEP-BACKEND-JAVA	TEST	None	OPERATE	{'msg': 'success', 'ip': '192.168.1.112', 'action': 'stop'}	admin	2018年11月4日 12:16
ZEP-BACKEND-JAVA	TEST	None	OPERATE	{'msg': 'success', 'ip': '192.168.1.112', 'action': 'stop'}	admin	2018年11月4日 12:15
ZEP-BACKEND-JAVA	TEST	None	OPERATE	{'msg': 'success', 'ip': '192.168.1.112', 'action': 'stop'}	admin	2018年11月4日 12:12
ZEP-BACKEND-JAVA	TEST	2018-1021-112802QG	DEPLOY	{'msg': 'success', 'ip': '192.168.1.112', 'action': 'check'}	admin	2018年11月4日 12:10
ZEP-BACKEND-JAVA	TEST	2018-1021-112802QG	DEPLOY	{'msg': 'success', 'ip': '192.168.1.112', 'action': 'start'}	admin	2018年11月4日 12:10
ZEP-BACKEND-JAVA	TEST	2018-1021-112802QG	DEPLOY	{'msg': 'success', 'ip': '192.168.1.112', 'action': 'deployall'}	admin	2018年11月4日 12:10
ZEP-BACKEND-JAVA	TEST	2018-1021-112802QG	DEPLOY	{'msg': 'success', 'ip': '192.168.1.112', 'action': 'stop'}	admin	2018年11月4日 12:10
ZEP-BACKEND-JAVA	TEST	2018-1021-112802QG	DEPLOY	{'msg': 'success', 'ip': '192.168.1.112', 'action': 'backup'}	admin	2018年11月4日 12:10
ZEP-BACKEND-JAVA	TEST	2018-1021-112802QG	DEPLOY	{'msg': 'success', 'ip': '192.168.1.112', 'action': 'prepare'}	admin	2018年11月4日 12:10
ZEP-BACKEND-JAVA	TEST	None	OPERATE	{'msg': 'success', 'ip': '192.168.1.112', 'action': 'check'}	admin	2018年11月4日 12:01
ZEP-BACKEND-JAVA	TEST	None	OPERATE	{'msg': 'success', 'ip': '192.168.1.112', 'action': 'start'}	admin	2018年11月4日 12:01

图 9-5　Manabe 软件部署历史列表

9.3.6　服务启停脚本的实现

在前面单节，用 Salt-API 调用了远程 Nginx 上的服务启停脚本，来实现远程服务器的软件部署。这个脚本应该如何书写呢？本小节就来实现一个样例，读者以后可以根据这个脚本的原则，写出更好的自己真正实用的服务启停脚本。

Bootstart.sh 脚本内容如下：

```bash
01  #!/usr/bin/env bash
02
03  set -o errexit
04  set -o nounset
05  set -o pipefail
06
07  # a(app)e(env)v(version)z(zip)p(pkg)
08  # o(port)c(act)i(inc_tot)u(url)
09  # -a ZEP-BACKEND-JAVA -e test -v 2018-1021-112802QG -z javademo-1.0.tar.gz \
10  # -p javademo-1.0.jar -o 8080 -c stop -i TOT -u http://192.168.1.111
11  while getopts "a:e:v:z:p:o:c:i:u:" opt
12  do
13    case $opt in
14          a) APP="$OPTARG";;
15          e) ENV="$OPTARG";;
16          v) VER="$OPTARG";;
17          z) ZIP="$OPTARG";;
18          p) PKG="$OPTARG";;
19          o) PORT="$OPTARG";;
20          c) ACT="$OPTARG";;
21          i) INC_TOT="$OPTARG";;
22          u) URL="$OPTARG";;
23          ?) echo "error"
24             exit 1;;
25    esac
26  done
27  echo $APP $ENV $VER $ZIP $PKG $PORT $ACT $INC_TOT $URL
28
29  # App 部署根目录
30  APP_ROOT_HOME="/app"
31  # App 软件包保存根目录
32  LOCAL_ROOT_STORE="/var/ops"
33
34
35  APP_HOME=$APP_ROOT_HOME/$APP
36  LOCAL_STORE=$LOCAL_ROOT_STORE/$APP/$VER
37  LOCAL_BACKUP=$LOCAL_ROOT_STORE/$APP/BACKUP
```

```
38
39
40   psid=0
41
42   # 获取应用的进程号,没有就返回0号
43   pid_of_app() {
44       psid=$(pgrep -f "java.*${PKG}")
45       psid=${psid/$$/}
46       psid=$psid|tr -d " "
47       if [ -z "$psid" ];then
48           psid=0
49       fi
50       echo $psid "@@@@@@@@@@@@"
51   }
52
53   #
54   rm_tmp_file() {
55       rm -rf $LOCAL_STORE/$ZIP
56       rm -rf $LOCAL_STORE/tmp/*
57   }
58
59
60   # 回滚,即将本地保存的软件包cp到应用目录
61   rollback() {
62       rm -rf $APP_HOME/*
63       cp -arp $LOCAL_BACKUP/* $APP_HOME
64       echo "$APP rollback success."
65   }
66
67   # 保存当前版本软件包,以便用于本地回滚操作
68   backup() {
69       mkdir -p $LOCAL_BACKUP
70       rm -rf $LOCAL_BACKUP/*
71       if [ "$(ls -A $APP_HOME)" ];then
72           cp -arp $APP_HOME/* $LOCAL_BACKUP
73       fi
74       echo "$APP backup success."
75   }
76
77   # 先建立相关目录,再从Nginx上获取指定软件包,保存到指定目录
78   prepare() {
79       if [ ! -d $APP_HOME ];then
```

```
80          mkdir -p $APP_HOME
81      fi
82      if [ ! -d $LOCAL_STORE ];then
83          mkdir -p $LOCAL_STORE
84      fi
85
86      if [ -f "$LOCAL_STORE/$ZIP" ];then
87          echo "$LOCAL_STORE/$ZIP found."
88      else
89          wget -P $LOCAL_STORE $URL/$APP/$VER/$ZIP
90          mkdir -p  $LOCAL_STORE/tmp/
91          tar -xzvf $LOCAL_STORE/$ZIP -C $LOCAL_STORE/tmp/
92      fi
93      echo "$APP prepare success."
94
95  }
96
97
98  # 部署所有
99  deployall() {
100     if [ IS_INC_TOT == "TOT" ]; then
101         rm -rf $APP_HOME/*
102         cp -rf $LOCAL_STORE/tmp/* $APP_HOME
103         rm_tmp_file
104         echo "$APP deployall tot success."
105     else
106         cp -rf $LOCAL_STORE/tmp/* $APP_HOME
107         rm_tmp_file
108         echo "$APP deployall inc success."
109     fi
110 }
111
112 # 部署软件包(不同的应用软件包,这里会不同,一个软件包,增量全量一样)
113 deploypkg() {
114     if [ IS_INC_TOT == "TOT" ]; then
115         rm -rf $APP_HOME/$PKG
116         cp -rf $LOCAL_STORE/tmp/$PKG $APP_HOME
117         rm_tmp_file
118         echo "$APP deploypkg tot success."
119     else
120         rm -rf $APP_HOME/$PKG
121         cp -rf $LOCAL_STORE/tmp/$PKG $APP_HOME
```

```
122         rm_tmp_file
123         echo "$APP deploypkg inc success."
124     fi
125 }
126
127 # 部署配置(分环境提取文件)
128 deploycfg() {
129     if [ IS_INC_TOT == "TOT" ]; then
130         rm -rf $APP_HOME/configs/*
131         cp -rf $LOCAL_STORE/tmp/configs/$ENV/* $APP_HOME/configs/
132         rm_tmp_file
133         echo "$APP deploycfg tot success."
134     else
135         cp -rf $LOCAL_STORE/tmp/config/$ENV/* $APP_HOME/configs/
136         rm_tmp_file
137         echo "$APP deploycfg inc success."
138     fi
139 }
140
141
142 # 启动应用,传递了 port 和 env 参数,注意先判断
143 start() {
144     pid_of_app
145     if [ $psid -ne 0 ]; then
146         echo "$APP already started, error."
147       exit 1
148     else
149         nohup java -jar "$APP_HOME/$PKG" \
150         --server.port=$PORT \
151         --spring.profiles.active=$ENV > /tmp/log 2>&1 &
152         pid_of_app
153     if [ $psid -ne 0 ]; then
154         echo "$APP start success."
155     else
156             echo "$APP start error."
157       exit 1
158     fi
159   fi
160
161 }
162
163 # 停止应用,注意先判断
```

```
164  stop() {
165      pid_of_app
166          if [ $psid -ne 0 ]; then
167              kill -9 $psid
168              if [ $? -eq 0 ]; then
169                  echo "$APP stop success."
170              else
171                  echo "$APP stop error."
172                  exit 1
173              fi
174
175              pid_of_app
176              if [ $psid -ne 0 ]; then
177                  stop
178              fi
179
180          else
181              echo "$APP has stoped."
182          fi
183  }
184
185  # 业务应用自实现
186  check() {
187
188      echo "$APP check success."
189  }
190
191  case "$ACT" in
192      backup) backup;;
193      prepare) prepare;;
194      deployall) deployall;;
195      deploypkg) deploypkg;;
196      deploycfg) deploycfg;;
197      rollback) rollback;;
198      start) start;;
199      stop) stop;;
200      check) check;;
201      *)
202          echo $"Usage: $0 {8 args}"
203          exit 1;;
204  esac
```

脚本解释：

这个脚本已有主要的注释，相信有脚本基础的读者，结合前面 cmd_run() 函数传递的参数，就可以理解为什么我们可以远程操作服务器的启停了。下面讲讲几个要点：

第 3～5 行：因为我们是以脚本的执行结果是否为 0 来作为判断成败依据的，所以在脚本的开头，以 set-o errexit、set-o nounset、set-o pipefail 开头。它们都是为了增强 Shell 的健壮性而加上的。这三个命令的作用如下：

set-o errexit：这告诉 bash 一但有任何一个语句返回非真的值，则退出 bash。使用-e 的好处是，避免错误滚雪球般地变成严重错误，能尽早地捕获错误。

set-o nounset：bash 提供了 set-u，当你使用未初始化的变量时，让 bash 自动退出。

set -o pipefail：设置了这个选项以后，包含管道命令的语句的返回值，会变成最后一个返回非零的管道命令的返回值。

第 11～26 行：接着，我们使用了一个 getopts 的 Shell 内置命令来解析传递给脚本的参数。相对于直接传递给 Shell 脚本参数，getopts 命令显得更专业，且不容易出错。参数的样例在脚本中已给出，同时在 cmd_run 中也给出参数。这几个参数的释义如下：

- -a［ZEP-BACKEND-JAVA］：应用服务的名称；
- -e［test］：服务器环境；
- -v［2018-1021-112802QG］：发布单名称；
- -z［javademo-1.0.tar.gz］：压缩包名称；
- -p［javademo-1.0.jar］：软件包名称；
- -o［8080］：服务端口名称；
- -c［stop］：传递给脚本的动作（prepare, stop, backup, deployall, start, check…）；
- -i［TOT］：增量发布还是全量发布；
- -u［http://192.168.1.111］。

在解析出参数之后，脚本先定义几个变量，用于存放应用目录、下载目录、备份目录等。接着，脚本就跳到最末尾，根据传递过来的 $ACT，执行指定的函数。

这里有几个函数要重点提一下：

第 78～95 行：prepare()，我们根据传递进来的参数，定位到 Nginx 软件仓库的地址，然后使用 wget 命令，下载到指定的目录。

第 61～65 行：rollback()，这个操作，就是将我们备份目录里的文件，覆盖掉当前的应用目录。所以这种操作只支持最近一次的回滚。当然，这也是回滚的主要含义。如果用户想支持多次回滚或是指定发布单回滚，则要在这方面加强一下脚本的实现。但在我们这个发布平台上，如果有那么复杂的回滚需求，重新发布一次，是不是更简单呢?

第 43～51 行:pid_of_app(),获取应用进程号的函数,我们这里只是针对 Java 的程序,如果读者在工作中要操作其他语言的软件包,或是有更好的实现,加强这个函数即可。

第 128～139 行:deploycfg(),这几个 deploy 开头的函数,在脚本实现时,都分为增量和全量实现。具体的业务实现因场景而异,但每次操作时作一个全量的备份,总是必需的谨慎态度。

第 186～189 行:check(),这个函数,我们在这里只是简单输出。在实现应用中,需求也是千差万别的。比如,有的研发需要端口打开,有的研发需要进程存在,有的研发需要日志成功,有的研发需要调用 HTTP 返回,有的需要结合多种返回值判断。但只要掌握了思路,实现起来难度都不大,无非多几行特定的代码而已。

完成上述编码以后,将此脚本按相应 App 的配置,放到 Nginx 服务器的相应目录下。对于本书的测试样例来说,就是 http://192.168.1.111/scripts/zep-backend-java/bootstart.sh。读者可以尝试建立一个正式的发布单,经过编译、环境流转之后,进入发布网页,当点击立即发布按钮之后,会跳出一个空白的实时日志发布窗口(这个功能会在下一章实现),软件已真的发布,并且可以访问啦。

示例 App 的配置如图 9-6 所示。

图 9-6　Manabe 发布脚本配置项

9.4 服务启停首页展示

经过 9.3 节的实现,现在可以实现软件的部署了。在实际的工作中,我们发现一个重要的功能,也是研发和运维需要的,那就是服务器的启停操作。有些时候,同事的需求并不是发布新版的软件,而只是简单地把服务器重启一下。

在实现了软件的部署之后,回过头来看看服务的启停就会发现,这只是软件部署中的一两个动作而已。比如,正常的软件部署动作是 prepare、backup、stop、deploy、start、check,而服务启停的动作只是 stop、start。我们完全可以在实现部署软件的同时,提供服务启停的功能。

接下来,就来实现这个功能吧。

服务启停首页,我们是以应用及其环境作为分类操作的,代码完成之后,展示网页如图 9-7 所示。

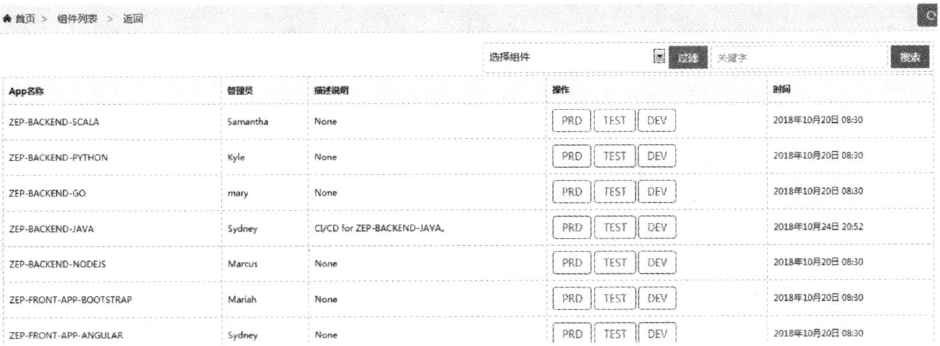

图 9-7 Manabe 服务器启停功能基于 App 应用分类

读者在学习编码实现时,始终记住最终的展示效果,就会更快地理解我们的代码。

9.4.1 服务启停首页视图类

这里还是按前面实现代码的套路来为大家展示实现过程。首先,看看服务启停首页视图类的实现,deploy/deploy_views.py 中的 OperateView 类的代码如下:

https://github.com/aguncn/manabe/blob/master/manabe/deploy/deploy_views.py

```
01  class OperateView(ListView):
02      template_name = 'deploy/operate.html'
03      paginate_by = 10
04
05      def get_queryset(self):
06          if self.request.GET.get('search_pk'):
```

```
07          search_pk = self.request.GET.get('search_pk')
08          return App.objects.filter(name__icontains = search_pk)
09      if self.request.GET.get('app_name'):
10          app_name = self.request.GET.get('app_name')
11          return App.objects.filter(id = app_name)
12      return App.objects.all()
13
14  def get_context_data(self, **kwargs):
15      context = super().get_context_data(**kwargs)
16      context['now'] = timezone.now()
17      context['current_page'] = "operate-list"
18      context['current_page_name'] = "组件列表"
19      context['env_name'] = Env.objects.all()
20      query_string = self.request.META.get('QUERY_STRING')
21      if 'page' in query_string:
22          query_list = query_string.split('&')
23          query_list = [elem for elem in query_list if not elem.startswith('page')]
24          query_string = '?' + "&".join(query_list) + '&'
25      elif query_string is not None:
26          query_string = '?' + query_string + '&'
27      context['current_url'] = query_string
28      return context
```

代码解释：

第 2 行：template_name 变量，我们将会使用 templates 目录下的 deploy/operate.html 作为网页模板。

第 3 行：paginate_by，默认每页显示 10 条 App 记录。

第 5~12 行：get_queryset 方法，如果前端网页使用了 search_pk 搜索功能，则返回 App 名称中包括关键字的所有记录。如果前端网页使用了过滤功能，则返回指定 App 的记录，便于操作者进行下一步操作。默认显示，则返回所有的 App 记录。

第 14~28 行：get_context_data 方法，因为我们在前端，要按环境来分别启停指定服务，所以在上下文函数 context['env_name'] 中，存放了所有的环境记录，这样，通过在前端首页循环这个变量，就可以获取所有的环境记录了。

9.4.2　服务启停首页网页模板

当设计好视图之后，接下来就可以进入网页模板的设计了。deploy\templates\deploy\operate.html 中的 HTML 代码如下：

软件发布

https://github.com/aguncn/manabe/blob/master/manabe/deploy/templates/deploy/operate.html

```
01  {% extends "manabe/template.html" %}
02
03  {% load staticfiles %}
04  {% block title %}组件列表{% endblock %}
05
06  {% block content %}
07  <div>
08
09      <span class="select-box inline r">
10          {% include "manabe/filter.html" %}
11          <button class="btn btn-success filter_btn" type="submit">过滤</button>
12          {% include "manabe/search.html" %}
13      </span>
14  </div>
15  <br/>
16  <br/>
17
18  <table class="table table-border table-bordered table-bg">
19      <thead>
20      <th>
21          App名称
22      </th>
23      <th>
24          管理员
25      </th>
26      <th>
27          描述说明
28      </th>
29      <th>
30          操作
31      </th>
32      <th>
33          时间
34      </th>
35      </thead>
36      <tbody>
37      {% for item in object_list %}
38      <tr class="text-l">
```

```
39          <td>
40              <span>
41                  {{item.name}}
42              </span>
43
44          </td>
45          <td>{{item.manage_user}}</td>
46          <td>
47              {{item.description}}
48          </td>
49          <td>
50              {% for env in env_name %}
51                  <a href="{% url 'deploy:operate_app' app_name=item.id env=env.id %}">
52                      <button id="operateBtn" class="btn btn-primary-outline radius">
53                          {{ env }}
54                      </button>
55                  </a>
56              {% endfor %}
57          </td>
58          <td>{{item.change_date}}</td>
59      </tr>
60      {% endfor %}
61      </tbody>
62  </table>
63  <br/>
64  {# pagination #}
65  <div class="text-r">
66      <ul>
67          {% if page_obj.has_previous %}
68              <a href="{{current_url}}page={{ page_obj.previous_page_number }}" class="btn btn-primary-outline radius">上一页</a></li>
69          {% else %}
70              <a href="" class="btn btn-primary-outline radius">上一页</a></li>
71          {% endif %}
72          <a href="#">
73              <span class="label label-primary radius">{{ page_obj.number }}/{{ page_obj.paginator.num_pages }}</span>
74          </a>
75          {% if page_obj.has_next %}
```

```
76          <a href = "{{current_url}}page = {{ page_obj.next_page_number }}" class = "btn btn-primary-outline radius"> 下一页 </a></li>
77          {% else %}
78              <a href = "" class = "btn btn-primary-outline radius"> 下一页 </a></li>
79          {% endif %}
80      </ul>
81  </div>
82  {% endblock %}
83
84  {% block script %}
85  <script>
86  $(".search_btn").click(function(){
87      var search_pk = $("input[name = 'search_pk']").val() || "demo";
88      if (search_pk == "demo") {
89          $.Huimodalalert(' <span class = "c-error"> 亲,请输入关键字再进行搜索! </span> ',3000);
90          return false;
91      }
92      search_pk = search_pk.replace(/(^\s*)|(\s*$)/g, "");
93      var url = "{% url 'deploy:operate' %}? search_pk = " + search_pk
94      console.log(url)
95      location.href = url
96  });
97
98  $(".filter_btn").click(function(){
99      var filter_app_name = $("select[name = 'App_name']").val();
100     console.log(filter_app_name);
101     if (filter_app_name.length == 0) {
102         $.Huimodalalert(' <span class = "c-error"> 亲,请选择组件再过滤! </span> ',3000);
103         return false;
104     } else {
105         var url = "{% url 'deploy:operate' %}? app_name = " + filter_app_name;
106     }
107     console.log(url)
108     location.href = url
109 });
110 </script>
111
112 {% endblock %}
```

代码解释:

这是一个比较标准的网页模板,经过前面很多网页模板的学习,相信读者可以自己看懂这些实现了,想说明的有以下几点:

第 37 行:for item in object_list,其中的 object_list 是 get_queryset 方法返回的 Model 列表的默认变量名。为了提高可读性,可以在视图类中通过重写 context_object_name 来重新指定新的 object_list 名称。

第 51 行:'deploy:operate_app' app_name=item.id env=env.id,我们会在接下来的小节里,实现一个服务启停的具体详细页,其路由为 deploy:operate_app,这个 URL 指定的视图类会同时接收两个参数:app_name 和 env。用这两个参数,就可以从数据库中查到指定应用的指定环境的服务器了。基于环境操作批量服务器的启停需求,是我们从具体的工作实践中总结出来的常用功能。

接下来,网页实现的分页、过滤及搜索功能,不再赘述。

9.4.3 服务启停首页路由设置

要使此网页可访问,还需要在 deploy/urls.py 中加入路由功能才行。其实现代码如下:

https://github.com/aguncn/manabe/blob/master/manabe/deploy/urls.py

```
01    from .deploy_views import OperateView
02    ...
03    path('operate/', login_required(OperateView.as_view()),
04          name = 'operate'),
05    ...
```

在这个路由加好之后,更新一下 manabe\templates\manabe\sidemenu.html 链接:

https://github.com/aguncn/manabe/blob/master/manabe/manabe/templates/manabe/sidemenu.html

```
01    ...
02    <li><a href = "{% url 'deploy:operate' %}">启停</a></li>
03    ...
```

经过上述更改之后,服务启停首页的开发就算完成了。点击相应链接,浏览器出现本节开头的网页,表示一切完成。

9.5 服务启停详情页展示

在服务启停详情页中,我们将根据 App 名称及环境变量过滤出服务器,然后运维操作人员勾选指定的服务器,就可以指定在这些服务器上的停止、启动、重启的操作,同时会用实时日志的发布,显示服务器的操作进度。

本节最终实现的网页如图 9-8 所示。

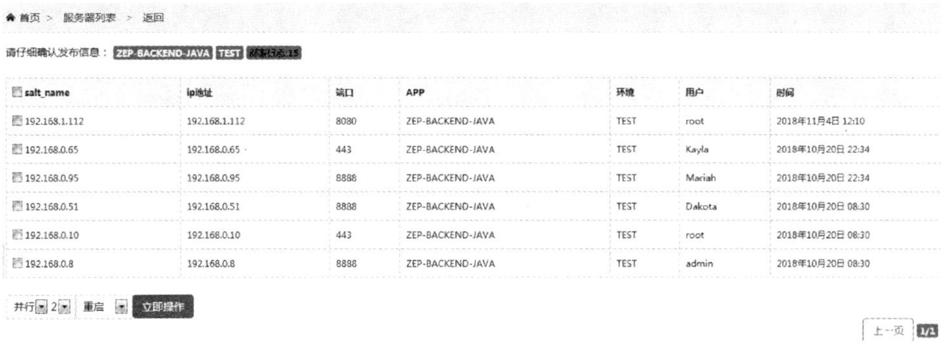

图 9-8 Manabe 服务器启停操作界面

9.5.1 服务启停详情视图类

deploy\deploy_views.py 中的 OperateAppView 视图类的代码如下:

https://github.com/aguncn/manabe/blob/master/manabe/deploy/deploy_views.py

```
01    class OperateAppView(ListView):
02        template_name = 'deploy/operate_app.html'
03        paginate_by = 10
04
05        def get_queryset(self):
06            return Server.objects.filter(app_name = self.kwargs['app_name'], env_name = self.kwargs['env'])
07
08        def get_context_data(self, **kwargs):
09            context = super().get_context_data(**kwargs)
10            context['now'] = timezone.now()
11            context['current_page'] = "operate-app"
12            context['current_page_name'] = "服务器列表"
13
14            app_item = App.objects.get(id = self.kwargs['app_name'])
15            env_item = Env.objects.get(id = self.kwargs['env'])
16            context['op_log_no'] = app_item.op_log_no
17            context['app_name'] = app_item.name
18            context['env'] = env_item.name
19            context['mablog_url'] = settings.MABLOG_URL
20
21            # 用于权限判断及前端展示
```

```
22          context['is_right'] = True
23          app_id = app_item.id
24          env_id = env_item.id
25          action_item = Action.objects.get(name="DEPLOY")
26          action_id = action_item.id
27          if not is_right(app_id, action_id, env_id, self.request.user):
28              context['is_right'] = False
29              context['admin_user'] = get_app_admin(app_id)
30
31          query_string = self.request.META.get('QUERY_STRING')
32          if 'page' in query_string:
33              query_list = query_string.split('&')
34              query_list = [elem for elem in query_list if not elem.startswith
('page')]
35              query_string = '?' + "&".join(query_list) + '&'
36          elif query_string is not None:
37              query_string = '?' + query_string + '&'
38          context['current_url'] = query_string
39          return context
```

代码分析：

第 2 行：template_name 变量，我们将会使用 templates 目录下的 deploy/ operate_app.html 作为网页模板。

第 3 行：paginate_by，默认每页显示 10 条 App 记录。

第 5～6 行：get_queryset 方法，还记得 9.4 节的网页模板中 'deploy:operate_app' app_name=item.id env=env.id 这个 URL 吗？其中的 app_name 及 env 变量，就是在此方法中的 return Server.objects.filter(app_name=self.kwargs['app_name'], env_name=self.kwargs['env'])接收到的。经过这个 filter 的 ORM 操作之后，返回的记录就是我们需要操作的服务器记录了。

第 8～39 行：get_context_data 方法，因为我们在前端，要按环境来分别启停指定服务，所以在上下文函数 context['env_name']中，存放了所有的环境记录，这样，我们通过在前端首页循环这个变量，就可以获取所有的环境记录了。

get_context_dat 方法，如软件发布详情一样，为了后续的服务启停能从网页中获取到相关变量，我们也在方法中传递了 op_log_no、app_name、env、mablog_url 这些变量给浏览器。这里再次强调一下，我们在做实时日志发布时，发布单的操作次数字段是在发布单数据表中，而服务启停次数字段是在服务 App 数据表中。

第 27 行：is_right 调用，服务启停和部署的权限，是同一个权限。想象一下，一个运维人员在部署时，不就需要进行服务的启停吗？所以我们首先用 action_item = Action.objects.get(name="DEPLOY")这样的 ORM 语句来获取权限操作的细节。

然后调用 is_right 函数来验证用户是否具有这个权限。如果读者忘了我们的权限实现细节，可以回过头去看看第 6 章的内容，在那里，我们详细讲解了 is_right 实现的原理及需要的参数。如果用户具有此服务及此环境的启停权限，则可以在网页中正常进行服务器的启停。如果不具有权限，则用户的网页里只会显示服务器，而不会显示操作按钮。其具体是如何实现的呢？请看下一小节"服务启停详情网页模板"。

9.5.2　服务启停详情网页模板

deploy\templates\deploy\operate_app.html 的内容如下：

https://github.com/aguncn/manabe/blob/master/manabe/deploy/templates/deploy/operate_app.html

```
01    {% extends "manabe/template.html" %}
02
03    {% load staticfiles %}
04    {% block title %}部署服务器列表{% endblock %}
05
06    {% block content %}
07    <div>
08        <span class="l">
09            请仔细确认发布信息：
10            <span class="label label-primary radius" id="id_app_name"
11                  app_name="{{ app_name }}">
12                {{ app_name }}
13            </span>
14            <span class="label label-primary radius" id="id_env"
15                  env="{{ env }}">
16                {{ env }}
17            </span>
18            <span class="label label-primary radius" id="id_op_log_no"
19                  op_log_no="{{ op_log_no }}" mablog_url="{{mablog_url}}">
20                <a href="{{mablog_url}}/wslog/log_show/?app_name={{app_name}}&deploy_version=Demo&operation_no={{op_log_no}}&env_name={{env}}" target="_blank">
21                    部署日志:{{ op_log_no }}
22                </a>
23            </span>
24        </span>
25
26    </div>
27    <br/>
28    <br/>
```

```
29      <form action = "" method = "post" name = "serverForm" id = "serverForm">
30          <table class = "table table - border table - bordered table - bg">
31              <thead>
32                  <th>
33                      <input type = "checkbox" name = "SelectAllServer">
34                      salt_name
35                  </th>
36                  <th>
37                      ip 地址
38                  </th>
39                  <th>
40                      端口
41                  </th>
42                  <th>
43                      App
44                  </th>
45                  <th>
46                      环境
47                  </th>
48                  <th>
49                      用户
50                  </th>
51                  <th>
52                      时间
53                  </th>
54              </thead>
55              <tbody>
56              {% for item in object_list %}
57              <tr class = "text - l">
58                  <td>
59                      <input type = "checkbox" name = "serverSelect" value = "{{ item.id }}">
60                      {{item.salt_name}}
61                  </td>
62                  <td>{{item.ip_address}}</td>
63                  <td>{{item.port}}</td>
64                  <td>{{item.app_name}}</td>
65                  <td>
66                      {{item.env_name}}
67                  </td>
68                  <td>
```

```
69                    {{item.op_user}}
70                 </td>
71                 <td>{{item.change_date}}</td>
72             </tr>
73         {% endfor %}
74         </tbody>
75     </table>
76
77     <br/>
78     {% if is_right %}
79     <div class="text-l">
80         <input type="text" name="operation_type" value="operate" hidden/>
81         <input type="text" name="deploy_version" value="{{ deploy_version }}" hidden/>
82         <input type="text" name="env" value="{{ env }}" hidden/>
83         <input type="text" name="app_name" value="{{ app_name }}" hidden/>
84         <span class="select-box inline l">
85             <select class="select" name="sp_type" id="sp_select" onChange="getParallelOptions(this.value)">
86                 <option selected value="serial_deploy">串行</option>
87                 <option value="parallel_deploy">并行</option>
88             </select>
89         </span>
90         <span class="select-box inline l">
91             <select class="select" name="deploy_type" id="deploy_type">
92                 <option value="">请选择</option>
93                 <option value="restart">重启</option>
94                 <option value="start">启动</option>
95                 <option value="stop">停止</option>
96             </select>
97         </span>
98         <span>
99             <button class="btn btn-danger radius" id="btn-operate">立即操作</button>
100         </span>
101     </div>
102     {% else %}
103     <div class="Huialert Huialert-error"><i class="Hui-iconfont">&#xe6a6;</i>
104         你没有操作权限,请联系管理员:{{ admin_user }}
105     </div>
```

```
106            {% endif %}
107        </form>
108        {# pagination #}
109        <div class="text-r">
110            <ul>
111                {% if page_obj.has_previous %}
112                    <a href="{{current_url}}page={{ page_obj.previous_page_number }}" class="btn btn-primary-outline radius">上一页</a></li>
113                {% else %}
114                    <a href="" class="btn btn-primary-outline radius">上一页</a></li>
115                {% endif %}
116                <a href="#">
117                    <span class="label label-primary radius">{{ page_obj.number }}/{{ page_obj.paginator.num_pages }}</span>
118                </a>
119                {% if page_obj.has_next %}
120                    <a href="{{current_url}}page={{page_obj.next_page_number}}" class="btn btn-primary-outline radius">下一页</a></li>
121                {% else %}
122                    <a href="" class="btn btn-primary-outline radius">下一页</a></li>
123                {% endif %}
124            </ul>
125        </div>
126        <style>
127        #deploylogout{
128            padding:10px;
129            background-color:#0022FF;
130            color:#FFFFFF;
131            width:820px;
132            height:460px;
133            border-radius:5px;
134            display:none;
135            position:absolute;
136            top:22%;
137            left:50%;
138            margin-left:-300px;
139            margin-top:-150px;
140        }
141        </style>
142        <div id="deploylogout">
143    日志输出:
```

```
144              <span class = "uk - float - right">
145                  <button id = "close_deploylogout" class = "btn btn - info" onclick = "
document.getElementById('deploylogout').style.display = 'none'">关闭</button>
146          </span>
147          <iframe id = "iframe_log" src = "" width = "800px" height = "400"></iframe>
148     </div>
149  {% endblock %}
150
151  {% block script %}
152      <script>
153          {% include "deploy/deploy.js" %}
154      </script>
155  {% endblock %}
```

代码解释：

如果读者仔细看过软件部署的网页模板，会发现服务启停的网页模板和它很类似。但有以下几点不同，需要强调一下：

软件部署的实时日志 URL：

{{mablog_url}}/wslog/log_show/? app_name={{app_name}}&deploy_version={{deploy_version}}&operation_no={{deploy_no}}&env_name=Demo

服务启停的实时日志 URL：

{{mablog_url}}/wslog/log_show/? app_name={{app_name}}&deploy_version=Demo&operation_no={{op_log_no}}&env_name={{env}}

从上面的日志不同的 URL 可以看出，软件部署是带发布单的，但是不区分环境，因为我们通过 App、deploy_version、operatetion_no 就可以定位到唯一的一次发布了。而服务启停是没有发布单但有环境信息的，这次，我们也能定位到唯一的一次启停操作了。但为了代码的精简，我们用同一个 URL 的不同参数，来区分不同的用途。

软件部署的网页中：

\<input type="text" name="operation_type" value="deploy" hidden/\>

服务启停的网页中：

\<input type="text" name="operation_type" value="operate" hidden/\>

这两个 operation_type 变量的不同，也是为了合用后面的一系列 deploy 函数而作的预置，相信读者在软件部署的函数中，会不时地看到这种区别。

最后的不同，是调用 JS 的函数名称也不同。软件部署中为 \<button class="btn btn - danger radius" id="btn - deploy"\>立即部署\</button\>，服务启停中为 \<button class="btn btn-danger radius" id="btn - operate"\>立即操作\</button\>。

在软件部署章节中，我们已经看过 deploy.js 中 $("#btn - deploy").click() 的

实现,现在我们也来看看$("#btn-operate").click()的实现吧。

https://github.com/aguncn/manabe/blob/master/manabe/deploy/templates/deploy/deploy.js

```
01    $("#btn-operate").click(function(evt){
02        evt.preventDefault();     //阻止表单提交,只获取表单内数据
03        var group_data = $("#serverForm").serialize();
04        var _self = this;
05        console.log(group_data);
06
07        if (group_data.indexOf("serverSelect") == -1){
08            $.Huimodalalert('<span class="c-error">请确认所有选项正确!</span>', 3000);
09            return false;
10        }
11
12        $.ajax({
13            url:'{% url "deploy:deploy-cmd" %}',
14            type:'post',
15            data:{
16                group_cmd: group_data,
17            },
18            dataType:'json',
19            beforeSend:function(){
20                $('#btn-deploy').hide();
21                env_name = $("#id_env").attr("env");
22                app_name = $("#id_app_name").attr("app_name");
23                mablog_url = $("#id_op_log_no").attr("mablog_url")
24                op_log_no = parseInt($("#id_op_log_no").attr("op_log_no")) + 1;
25                url = mablog_url + "/wslog/log_show/?app_name=" + app_name + "&deploy_version=Demo&operation_no=" + op_log_no + "&env_name=" + env_name
26                console.log(url);
27                $('#iframe_log').attr('src', url);
28                $('#deploylogout').show();
29                console.log(group_data);
30            },
31            success:function(json){
32                console.log(json);
33            },
34            error:function(){
35            },
36            complete:function(){
37            }
38        });
```

代码解释：

如果我们对比一下 $("#btn-deploy").click() 函数就会发现，除了处理实时日志时的链接是按照启停日志的方式构造参数之外，其他的代码和部署都是完全一样的。从代码原则上，这里也是可以进行精简的。这一任务，就留给读者练手吧。要知道，完美代码的追求是永无止境的。

服务的启停从这个 JS 开始，调用 ajax 的 deploy：deploy-cmd 路由，到这个路由里，软件部署和服务启停操作又合二为一了。9.3 节的分析流程，对这里也是适用的。

只要注意抓住 operation_type 和 deploy_version 的差异性，就可以理解 9.3 节的代码写法了。

这里，分析一下几个重要的实现差别，以加深读者对两者实现区别的理解。

deploy_cmd 函数中：

operation_type = cmd_data.split('=')[1]，用于获取前端 ajax 传递过来的参数。软件部署时为 deploy，服务启停时为 operate。

deploy_version = deploy_version if deploy_version != '' else 'Demo'，用于为 deploy_version 变量赋值。软件部署时为发布单号，服务启停时为 Demo。

if deploy_version=="Demo"，如果是服务启停，则 deploy_no 为 App 应用中的 op_log_no 字段；如果是软件部署，则 deploy_no 为发布单中的 deploy_no 字段。

deploy(… deploy_version, operation_type)，调用 deploy 函数时，传递了 deploy_version 及 operate_type 参数。

deploy 函数中：

当判断 deploy_type 时，如果前端发送过来的仅为 stop，start，stop 和 start，就是服务启停。其他的 deploy_type 为软件部署。

executor.map(cmd_run, … [deploy_version] * server_len, [operation_type] * server_len)，在线程池执行器中调用 cmd_run 函数时，也会将 deploy_Version 和 operation_type 参数传递过去。

cmd_run 函数中：

判断 deploy_version 时，如果 deploy_version 为 Demo，则为服务启停，同时将 deploypool_set 置为 none，将 is_inc_tot 置为 tot，这两个数据只是为了满足参数定义，另外 deploy_no 是从应用的 op_log_no 中获取值，这个值的意义已在前面讲过。如果 deploy_version 不为 Demo，则会从发布单中获取 is_inc_tot，来判断是增量还是全量发布，同时 deploy_no 是从发布单的 deploy_no 中获取。

在调用 add_history 函数和 post_mablog 函数中，我们都将 operation_type 作为参数传递过去了。

post_mablog 函数中：

保存 operation_type 和 deploy_version 作为以后日志过滤的字段。

Python 3 自动化软件发布系统——Django 2 实战

add_history 函数中：

保存 operation_type 和 deploy_version 作为历史发布记录的显示依据。

9.5.3　服务启停详情路由

在服务启停的最后，通过在 deploy/urls.py 中新增如下代码，实现其路由：

https://github.com/aguncn/manabe/blob/master/manabe/deploy/urls.py

```
01    ...
02    from .deploy_views import OperateAppView
03    ...
04    path('operate/<slug:app_name>/<slug:env>/',
05            login_required(OperateAppView.as_view()),
06            name = 'operate_app'),
07    ...
```

9.6　部署历史实现

作为本章的最后一个功能，展示软件部署和服务启停操作的历史记录。此记录既可以作为日后统计数据的功能用，也可用于发布故障的追溯。其功能是不可或缺的。

为了系统代码精简功能的内聚，我们是将环境流转的历史记录和软件发布的历史记录作为同一个数据表保存的。所以在实现软件发布的历史功能的代码时，也是考虑了环境流转的字段需求的。

本节实现后的网页如图 9-9 所示。

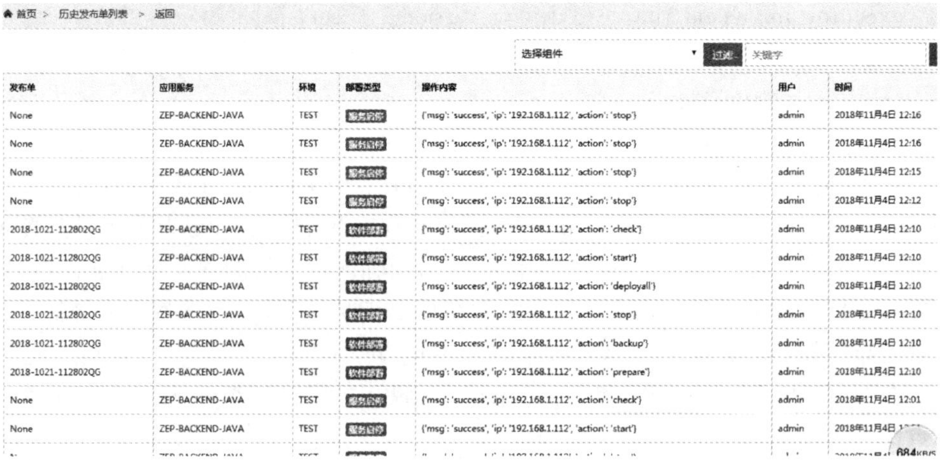

图 9-9　Manabe 服务器启停历史记录

9.6.1 部署历史视图函数

deploy\deploy_views.py 里的 HistoryView 类内容如下：

https://github.com/aguncn/manabe/blob/master/manabe/deploy/deploy_views.py

```python
01  class HistoryView(ListView):
02      template_name = 'deploy/list_history.html'
03      paginate_by = 20
04
05      def get_queryset(self):
06          if self.request.GET.get('search_pk'):
07              search_pk = self.request.GET.get('search_pk')
08              return History.objects.filter(
09                  Q(app_name__name__icontains = search_pk) |
10                  Q(content__icontains = search_pk))\
11                  .filter(do_type__in = ["DEPLOY", "OPERATE"])
12          if self.request.GET.get('app_name'):
13              app_name = self.request.GET.get('app_name')
14              return History.objects.filter(app_name__id = app_name)\
15                  .filter(do_type__in = ["DEPLOY", "OPERATE"])
16          return History.objects.filter(do_type__in = ["DEPLOY", "OPERATE"])
17
18      def get_context_data(self, **kwargs):
19          context = super().get_context_data(**kwargs)
20          context['now'] = timezone.now()
21          context['current_page'] = "deploy-history"
22          context['current_page_name'] = "历史发布单列表"
23          query_string = self.request.META.get('QUERY_STRING')
24          if 'page' in query_string:
25              query_list = query_string.split('&')
26              query_list = [elem for elem in query_list if not elem.startswith('page')]
27              query_string = '?' + "&".join(query_list) + '&'
28          elif query_string is not None:
29              query_string = '?' + query_string + '&'
30          context['current_url'] = query_string
31          return context
```

代码解释：

第 2 行：template_name 变量，我们将会使用 templates 目录下的 deploy/list_history.html 作为网页模板。

第 3 行：paginate_by，因为历史记录一般没有进一步操作，我们默认每页显示

20条App记录。

第5~16行:get_queryset方法,如果用户输入了搜索关键字,则会在服务应用的名称或日志记录的具体内容里搜索其关键字。如果用户使用了过滤功能,则只过滤出用户指定的服务应用的日志记录。同时,为了避免环境流转的内容,再一次使用了filter(do_type__in=["DEPLOY","OPERATE"])这样的过滤后,就只有软件发布和服务启停的日志会被检索出来。默认情况下,返回所有软件发布和服务启停日志。

第17~31行:get_context_dat方法:这里上下文参数最少,因为是纯粹的呈现网页,所以只定义了当前时间、当前网页的中英文名称。

9.6.2 部署历史网页模板

deploy\templates\deploy\list_history.html的内容如下:

https://github.com/aguncn/manabe/blob/master/manabe/deploy/templates/deploy/list_history.html

```
01    {% extends "manabe/template.html" %}
02
03    {% load staticfiles %}
04    {% block title %}发布单历史{% endblock %}
05
06    {% block content %}
07    <div>
08
09        <span class = "select-box inline r">
10            {% include "manabe/filter.html" %}
11            <button class = "btn btn-success filter_btn" type = "submit">过滤</button>
12            {% include "manabe/search.html" %}
13        </span>
14    </div>
15    <br/>
16    <br/>
17
18    <table class = "table table-border table-bordered table-bg">
19        <thead>
20        <th>
21            发布单
22        </th>
23        <th>
24            应用服务
```

```
25          </th>
26          <th>
27              环境
28          </th>
29          <th>
30              部署类型
31          </th>
32          <th>
33              操作内容
34          </th>
35          <th>
36              用户
37          </th>
38          <th>
39              时间
40          </th>
41      </thead>
42      <tbody>
43      {% for item in object_list %}
44          <tr class="text-l">
45              <td>
46                  {{item.deploy_name}}
47              </td>
48              <td>{{item.app_name}}</td>
49              <td>
50                  {{item.env_name}}
51              </td>
52              <td>
53                  {% ifequal item.do_type "DEPLOY" %}
54                  <span class="label radius label-primary">
55                      软件部署
56                  </span>
57                  {% else %}
58                  <span class="label radius label-success">
59                      服务启停
60                  </span>
61                  {% endifequal %}
62
63              </td>
64              <td>
65                  {{ item.content}}
```

```
66              </td>
67              <td>
68                  {{item.user}}
69              </td>
70              <td> {{item.change_date}} </td>
71          </tr>
72      {% endfor %}
73      </tbody>
74  </table>
75  <br/>
76  {# pagination #}
77  <div class = "text-r">
78      <ul>
79          {% if page_obj.has_previous %}
80              <a href = "{{current_url}}page={{ page_obj.previous_page_number }}" class = "btn btn-primary-outline radius"> 上一页 </a></li>
81          {% else %}
82              <a href = "" class = "btn btn-primary-outline radius"> 上一页 </a></li>
83          {% endif %}
84          <a href = "#">
85              <span class = "label label-primary radius"> {{ page_obj.number }}/{{ page_obj.paginator.num_pages }} </span>
86          </a>
87          {% if page_obj.has_next %}
88              <a href = "{{current_url}}page={{ page_obj.next_page_number }}" class = "btn btn-primary-outline radius"> 下一页 </a></li>
89          {% else %}
90              <a href = "" class = "btn btn-primary-outline radius"> 下一页 </a></li>
91          {% endif %}
92      </ul>
93  </div>
94  {% endblock %}
95
96  {% block script %}
97  <script>
98  $(".search_btn").click(function(){
99      var search_pk = $("input[name = 'search_pk']").val() || "demo";
100     if (search_pk == "demo") {
101         $.Huimodalalert(' <span class = "c-error"> 亲，请输入关键字再进行搜索！</span> ',3000);
102         return false;
```

```
103          }
104          search_pk = search_pk.replace(/(^\s*)|(\s*$)/g, "");
105          var url = "{% url 'deploy:history' %}?search_pk=" + search_pk
106          console.log(url)
107          location.href = url
108      });
109
110      $(".filter_btn").click(function(){
111          var filter_app_name = $("select[name='App_name']").val();
112          console.log(filter_app_name);
113          if (filter_app_name.length == 0) {
114              $.Huimodalalert('<span class="c-error">亲,请选择组件再过滤!</span>',3000);
115              return false;
116          } else {
117              var url = "{% url 'deploy:history' %}?app_name=" + filter_app_name;
118          }
119          console.log(url)
120          location.href = url
121      });
122      </script>
123
124      {% endblock %}
```

代码解释:

第1行:extends 关键字表明这个网页模板继承自 manabe/template.html 网页模板。

第3行:load staticfiles 行表明这个网页可以使用 Django 全局的静态文件(CSS 和 JS 文件)。

第10、12行:两个 include 行,表示此网页需要包含 manabe/filter.html 文件和 manabe/search.html 文件,以此达到网页重用的目的。

第53行:ifequal 语句用来从文字和视觉上区分软件部署历史记录和服务启停历史记录。不然,item.do_type 字段仅会显示 DEPLOY 和 OPERATE 字样,无任何强调突出之处。

第98~108、110~121 行:JS 代码中的 $(".search_btn").click()和 $(".filter_btn").click()分别用来实现网页搜索和过滤功能,不再赘述,和以前章节的代码差不多。只是要注意,在处理过滤和搜索时,其 URL 要随当前网页的视图 URL 改变。比如,此处就是{% url 'deploy:history' %}。

第107、120行:在搜索和过滤 JS 的末尾,还要有 location.href=url,用来重载当前网页,不然的话,搜索和过滤实现了,但前端却不会显示出来。

9.6.3 部署历史路由设置

要使此网页可访问,我们还需要在 deploy/urls.py 中加入路由功能才行。其实现代码如下:

https://github.com/aguncn/manabe/blob/master/manabe/deploy/urls.py

```
01    ...
02    from .deploy_views import HistoryView
03    ...
04    path('history/', login_required(HistoryView.as_view()),
05         name = 'history'),
06    ...
```

在这个路由加好之后,我们更新一下 manabe\templates\manabe\sidemenu.html 链接:

https://github.com/aguncn/manabe/blob/master/manabe/manabe/templates/manabe/sidemenu.html

```
01    ...
02    <li><a href = "{% url 'deploy:history' %}">部署历史</a></li>
03    ...
```

经过上述更改之后,部署历史记录的开发就算完成了。点击相应链接,浏览器出现本节开头的网页,表示一切完成。

9.7 Django Mock 测试

关于 Mock 测试,在本书第 1 章中提及过,并且作了比较简单的演示。在本节,我们就将这个 Mock 测试技术正式引入到 Django 中,来实践一下 Django 中的 Mock 测试。

我们准备在自动化软件部署系统中模拟的是 Salt Stack 发布过程,这刚好也是 Mock 最贴切的测试场景。如果每一次测试时都要将 Salt Stack 服务器启动,并且将 Salt Minion 端也启动起来,然后再通过 Manabe 来发送命令和接收返回结果,显然这样的开发效率是很低的。如果流程已跑通了,则可以假定 Salt Stack 返回的是 True 值,在此基础上再来测试其他的功能。

https://github.com/aguncn/manabe/blob/master/manabe/deploy/tests/test_views.py

```
01    from django.test import TestCase
02    from django.contrib.auth.models import User
03    from unittest.mock import patch
```

```
04      from model_mommy import mommy
05      from serverinput.models import Server
06      import deploy.salt_cmd_views
07
08      class DeployFunctionTests(TestCase):
09          def setUp(self):
10              self.user = User.objects.create_user(
11                  username = 'test',
12                  email = 'test@example.com',
13                  password = 'test',)
14              self.client.login(username = 'test', password = 'test')
15              self.new_server = mommy.make(Server, env_name__name = 'fat',
16                                          app_name__script_url = "http://",
17                                          app_user = self.user,
18                                          app_name__name = "hello",
19                                          app_name__zip_package_name = "heh",
20                                          app_name__package_name = "heh",
21                                          port = "3456",
22                                          )
23              self.new_deploy = mommy.make(DeployPool,
24                                          name = "2018--12-24-56XN",
25                                          is_inc_tot = 'tot')
26              DeployStatus.objects.create(name = "FINISH", memo = "FINISH")
27
28          @patch('deploy.salt_cmd_views.cmd_run')
29          def test_deploy_function(self, mock_cmd_run):
30              mock_cmd_run.return_value = True
31              self.assertEqual(deploy.salt_cmd_views.deploy(
32                  subserver_list = [[1, 2, 3], [4, 5, 6]],
33                  deploy_type = "deployall",
34                  is_restart_server = True,
35                  user_name = self.user,
36                  deploy_version = "2018--12-24-56XN",
37                  operation_type = "deploy"
38              ), True)
```

代码解释：

第28行：我们模拟了 deploy.salt_cmd_views.cmd_run 这个函数（这种书写方式，是从 deploy 这个 App 调用的 salt_cmd_views 文件里的 cmd_run 函数）。

第30行：假定 cmd_run 函数返回值为 True。那么，deploy()函数同样会返回 True 值。

9.8 小　结

在本章中,我们实现了软件部署和服务启停的全部代码,并详细地讲解了其视图类、网页模板、路由 URL 的实现。在后面,使用 Python 多线程技术实现了分批次的并行发布;此外,我们实现了一个远程控制服务启停、备份、回滚、部署功能的脚本。

相信经过本章的实践,读者已了解了软件自动化部署的核心操作和内容,并且可以在实现的工作中,根据同事的要求,实现更多自定义的功能。如果看一次没弄懂发布流程,不要紧,建议读者多看几次,多作笔记,多思考,相信是可以理解重点知识的。古人云:"书读百遍,其义自现"。笔者个人在自学各种计算机知识的时候,新的领域的知识,在开始时,看几遍都只是出于惯性,理解不够深入,但随着一次又一次地看相同的内容,再多次实践,不知不觉中,就已掌握了一门新的计算机知识了。

在下一章中,我们要实现的就是部署软件过程中,实时根据日志显示发布进度。有了这个实时进度显示,发布人员在操作的过程中,就会更有信心了。

Come on,来一起进入下一章的学习吧。

第 10 章

使用 Django Channels 实现基于 WebSocket 的实时日志

无边落木萧萧下,不尽长江滚滚来。
——杜甫《登高》

在第 9 章中,我们已在软件自动化部署系统中完成了软件部署和服务启停的功能。但是,那些功能都是在 Django 后端默默进行的。在真正的日常发布工作中,我们还需要将软件部署的进度实时反馈给发布者,让发布者对正在进行的自化动操作心中有数。同时,如果发布有问题,还要提醒发布者实时处理问题,不断提高发布的成功率,实现更快速更有质量的软件交付。

那么,关于软件部署的实时进度反馈,在技术上用什么实现呢?一般来说,业界有两种方案来实现:

① 使用 ajax 技术,在浏览器上使用 JS 代码,每隔固定时间(比如 2 秒),去读取服务器的发布进度,并将读取结果返回到浏览器前端展示。这样的操作,可以收到预期效果,但会让服务器的资源消耗加重,因为每一次连接,都要求服务器进行处理。

② 使用 WebSocket 的技术,在浏览器前端和服务后端,建立固定而持久的连接,当服务器有发布进度更新时,实时地推送到浏览器前端作展示。

下面比较两种技术的优劣,并强调我们已在编译时实现了 ajax,使用微服务构架原型。

本章所涉及的知识点:
- Django Channels 安装配置;
- ASGI 服务规范;
- Daphne 命令;
- 写 Channels 消费者;
- 学习 HTTP 协议和 WebSocket 协议。

10.1 WebSocket 协议简介

WebSocket 协议是基于 TCP 的一种新的网络协议。它实现了浏览器与服务器全双工(full-duplex)通信——允许服务器主动发送信息给客户端,从 HTML 5 标准开始提供这一浏览器新特性。

WebSocket 通信协议于 2011 年被 IETF 定为标准 RFC 6455,并被 RFC 7936 所补充规范。

要了解 WebSocket 为什么会诞生,就要先了解 HTTP 通信协议的实现。HTTP 的生命周期通过 Request 来界定,也就是一个 Request 有一个 Response,那么在 HTTP 1.0 中,这次 HTTP 请求就结束了。从这个描述可以看出,HTTP 是一种无状态的、无连接的、单向的应用层协议。它采用了请求/响应模型。通信请求只能由客户端发起,服务端对请求做出应答处理。

在 HTTP 1.1 中进行了改进,使得有一个 keep-alive,也就是说,在一个 HTTP 连接中,可以发送多个 Request,接收多个 Response。但是请记住 Request = Response,在 HTTP 中永远是这样,也就是说一个 Request 只能有一个 Response。而且这个 Response 也是被动的,不能主动发起。从前面的描述可以看出,这种通信模型有一个弊端:HTTP 协议无法实现服务器主动向客户端发起消息。

那么 WebSocket 协议呢?WebSocket 是基于 HTTP 协议的,或者说借用了 HTTP 的协议来完成一部分握手。但当握手完成之后,浏览器和服务器之间还会完成协议升级(HTTP→WebSocket),完成升级之后,就完成了 WebSocket 连接,除非某一端主动关闭这个连接,浏览器和服务器之间的连接就是长期存在的了,其占用的只是一个网络连接的资源,而不像 ajax 请求那样,每次都要建立新的网络连接来处理请求;并且,此时浏览器和服务器之间就可以双向通信了,浏览器不仅可以发消息向服务器请求数据,服务器也可以主动推送数据到浏览器。这样的通信模型,对于网络聊天、实时社交应用、日志流输出,都是非常合适的。

HTTP 和 WebSocket 处理网络连接的差异,如图 10-1 所示。

由此看来,要实现网络的 WebSocket 连接,需要客户端和服务器端结合起来,才能达到目的。

10.1.1 客户端(浏览器)WebSocket

在客户端,没有必要为 WebSockets 使用 JavaScript 库。实现 WebSocket 的 Web 浏览器将通过 WebSocket 对象公开所有必需的客户端功能(主要指支持 HTML 5 的浏览器)。

使用客户端的 API 创建 WebSocket 对象的 JS 代码很简单,如下所示:

```
var Socket = new WebSocket(url, [protocol] );
```

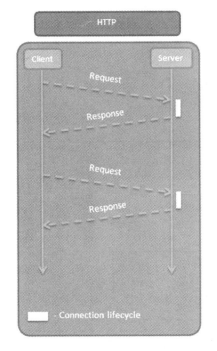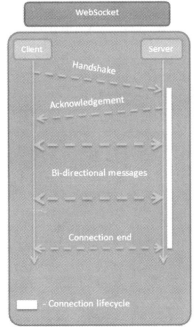

图 10-1　HTTP 和 WebSocket 处理网络连接的差异

客户端的 WebSocket 的属性、事件、方法如表 10-1～表 10-3 所列。

1. WebSocket 属性

以下是 WebSocket 对象的属性。假定我们使用了以上代码创建了 Socket 对象，如表 10-1 所列。

表 10-1　WebSocket 对象的属性

属　　性	描　　述
Socket.readyState	只读属性 ReadyState 表示连接状态，可以是以下值： 0：表示连接尚未建立。 1：表示连接已建立，可以进行通信。 2：表示连接正在进行关闭。 3：表示连接已经关闭或者连接不能打开
Socket.bufferedAmount	只读属性 BufferedAmount 已被 send() 放入，正在队列中等待传输，但是还没有发出的 UTF-8 文本字节数

2. WebSocket 事件

以下是 WebSocket 对象的相关事件。假定我们使用了以上代码创建了 Socket 对象，如表 10-2 所列。

表 10-2 WebSocket 对象的事件

事件	事件处理程序	描述
open	Socket.onopen	连接建立时触发
message	Socket.onmessage	客户端接收服务端数据时触发
error	Socket.onerror	通信发生错误时触发
close	Socket.onclose	连接关闭时触发

3. WebSocket 方法

以下是 WebSocket 对象的相关方法。假定我们使用了以上代码创建了 Socket 对象,如表 10-3 所列。

表 10-3 WebSocket 对象的方法

方法	描述
Socket.send()	使用连接发送数据
Socket.close()	关闭连接

下面给出一个简单的示例,可以快速了解 WebSocket 在客户端浏览器中的用法。代码如下:

```
01  var ws = new WebSocket("ws://localhost:8080");
02
03  ws.onopen = function(){
04      console.log("open");
05      ws.send("hello");
06  };
07
08  ws.onmessage = function(evt){
09    console.log(evt.data)
10  };
11
12  ws.onclose = function(evt){
13    console.log("WebSocketClosed!");
14  };
15
16  ws.onerror = function(evt){
17    console.log("WebSocketError!");
18  };
```

在本章后面的小节,会真正实现一个可用的浏览器端的 WebSocket 连接。而在服务端,我们采用的是 Django Channels 库来实现服务端的 WebSocket 连接。

10.1.2 后台服务端 WebSocket

WebSocket 在服务端的实现非常丰富。Node.js、Java、C++、Python 等多种语言都有自己的解决方案。而在本小节重点讲解的是 Python 语言中,使用 Django 框架的 Channels 模块库实现服务端的 WebSocket 技术。

在 Django 中,默认使用的是 HTTP 通信,不过这种通信方式有个很大的缺陷,就是不能很好地支持实时通信。如果硬是要使用 HTTP 做实时通信,则只能在客户端进行轮询了(ajax 技术),不过这样做的开销太大了。

因此,在 1.9 版本之后,Django 实现了对 Channels 的支持,它所使用的是 WebSocket 通信,解决了实时通信的问题,而且在使用 WebSocket 进行通信的同时依旧能够支持 HTTP 通信。

图 10-2 展示了 Channels 的主要通信机制。它将 Django 分成两个进程类型:一个用来处理 HTTP 和 WebSocket,另一个用来运行视图、WebSocket 的处理和后台任务。它们通过 ASGI(异步服务器网关接口)草案规范进行通信,并允许更多的协议。Channels 不会在代码中加入异步 IO、协程或者其他的异步代码,所有的业务逻辑都会在进程或者线程中运行。

Django Channels 处理连接的示意图如图 10-2 所示。

Channels 的主要特点:
- 能够很轻松地一次为上千个客户端支持 HTTP 轮询长连接;
- 对于 WebSocket 支持 Session 和认证;
- 根据网站的 Cookies 自动登录 WebSocket;
- 大量触发事件的内置原语(聊天、实时博客等);
- 动态刷新;
- 每个基础的 URL 可以选择低级的 HTTP;
- 可扩展到其他协议或事件源(例如 WebRTC、原始 UDP、SMS)。

10.1.3 Django Channels 名词解释

1. Scopes 和 Events

Channels 会将传进来的连接分为两个组件:一个 Scopes 和一系列 Events。Scopes 是一组关于单个传入链接的详细信息。比如 Web 请求的路径、WebSocket 的始发 IP 地址,并且会在整个连接中保留。对于 HTTP,Scopes 仅仅会持续一个单个的链接,但是对于 WebSocket 会持续整个生命周期,如果 Socket 关闭而重新连接,则会改变。在 Scopes 的生命周期期间,会发生一系列的 Events。这些代表用户交互。

HTTP 示例:
- 用户发出一个 HTTP 请求。
- 打开一个新的 HTTP 类型的 Scopes,其中包含请求路径、方法、头等详细

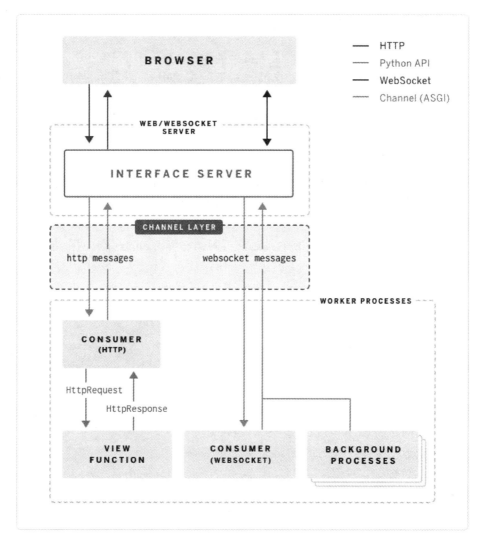

图 10-2 Django Channels 的请求处理流程

信息。
- 发送一个 http.requestEvent 和 HTTP body content。
- Channels 或者 ASGI 应用程序会处理这些事件并且生成 http.response 事件,并发送给浏览器,然后关闭链接。
- HTTP 请求/响应已完成,销毁 Scopes。

Chatbot 的例子:
- 用户向 Chatbot 发送第一条信息。
- 这将打开一个包含用户名、用户 ID 等的 Scope。
- 该应用程序被赋予一个 chat.received_message 事件和事件文本。它不必回应,但可以发送一个、两个或更多其他聊天消息作为 chat.send_message 事件(如果它想)。
- 用户发送更多的消息给 Chatbot 和更多的 chat.received_message 事件被生成。
- 在超时或者应用程序重新启动之后,Scope 将会销毁。

在一个 Scope 的生命周期中,将有一个应用程序实例来处理来自 Scope 的所有事件,并且还可以将其保存到应用程序实例中。

2. 消费者

消费者是 Channels 代码的基本单元。这里称为是消费者,是因为它消耗 Event,如果愿意,你可以认为这是一个小的应用程序。当一个请求或者新的 Socket 进入的时候,Channels 会根据路由表找到正确的消费者,然后启动一个副本。

这意味着,不同于 Django 的视图,消费者是长期运行的;但是也可以短期运行,因为消费者也可以处理 HTTP 请求。

一个基本的消费者,看起来是这样的:

```
01  class ChatConsumer(WebsocketConsumer):
02
03      def connect(self):
04          self.username = "Anonymous"
05          self.accept()
06          self.send(text_data = "[Welcome %s!]" % self.username)
07
08      def receive(self, *, text_data):
09          if text_data.startswith("/name"):
10              self.username = text_data[5:].strip()
11              self.send(text_data = "[set your username to %s]" % self.username)
12          else:
13              self.send(text_data = self.username + ": " + text_data)
14
15      def disconnect(self, message):
16          pass
```

3. 路由和多种协议

你可以将多个消费者组合到一个大的应用中,这个应用有如下路由表现:

```
01  application = URLRouter([
02      url(r"^chat/admin/$", AdminChatConsumer),
03      url(r"^chat/$", PublicChatConsumer),
04  ])
```

4. 跨进程通信

很像标准的 WSGI 服务器，处理协议事件的应用程序代码在服务器进程本身内运行，例如，WebSocket 处理代码在 WebSocket 服务器进程中运行。

您的整个应用程序的每个套接字或连接都由这些服务器中的应用程序实例处理。它们被调用并可以直接发送数据给客户端。

但是，当构建更复杂的应用程序系统时，需要在不同的应用程序实例之间进行通信。例如，如果您正在构建聊天室，则当一个应用程序实例接收到传入消息时，需要将其分发给代表任何其他实例聊天室里的人。

Channel Layer 围绕一组传输的一个低级别的抽象，允许您在不同的进程之间发送消息。每个应用程序实例都有一个唯一的 Channels 名称，并可以加入 Group，允许点对点和广播消息。

Channel Layer 是 Channels 的可选部分，如果不需要，可以将 CHANNEL_LAYERS 设置为空以禁用。

在 Channels 1 版本中，Channel Layer 是必选项，这会增加 Django 项目的设置和难度，而在 Channels 2 版本中，这一部分终于可以不用配置了。

在我们的应用中，只是让服务器实时响应浏览器的请求，并不需要聊天社交类的应用场景，所以我们不会涉及 Channel Layer 的技术点。

有了浏览器端的 JS 及服务端的 Channels，了解了它们的原理之后，接下来，就可以真正使用代码来实现实时日志的输出了。

10.2 Django Channels 项目(mablog)安装配置

我们这次会重新启一个项目，来实现实时日志的写入和读取，项目的名称为 mablog。为什么要重新增加一个 Django 项目来实现呢？

这是因为这个模块相对来说比较独立。在当前业务普通流行微服务框架的时候，我们也来进行一下服务模块的拆分，当进行完这个日志模块的开发及部署之后，就可以分别更新日志模块和部署模板，而相互不受影响，这样就可以实现更快速的功能开发迭代；并且，如果以后项目扩大，也可以让不同的成员维护不同的模块。

10.2.1 Pip 安装 Channels 模块

用 Pip 安装 Channels 模块运行如下命令即可：

```
pip install channels
```

如果网络连接正常，稍等一会儿，Channels 就安装完成。本书示例的 Channels 版本为 2.1.4。

10.2.2 新建 mablog 项目

① 假定我们的项目开发是在 D 盘的 GIT 目录下,运行以下命令新生成一个 Django 项目。

```
django-admin startproject mablog
```

② 在 mablog 项目中,我们会新建一个名为 wslog 的 App 来实现日志的写入和读取。日志的写入,为正常的 Django App;而日志的读取,则用 Django Channels 实现 Websocket。在 mablog 目录下,运行以下命令新建 App。

```
django-admin startapp wslog
```

命令执行完成之后,项目的文件结构如图 10-3 所示。

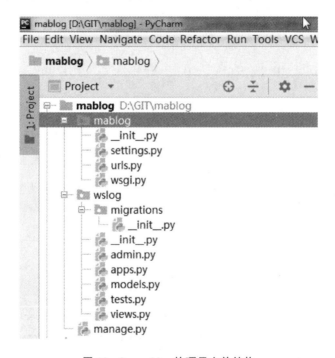

图 10-3 mablog 的项目文件结构

③ 在 mablog 目录下 settings.py 文件的 INSTALLED_APPS 段中,新增一行:

```
'wslog',
```

④ 为在开发期间方便设置密码,删除 mablog 目录下 settings.py 文件中的 AUTH_PASSWORD_VALIDATORS 段。

⑤ 为了在正式生产部署时,能定位到静态 CSS、JS、图片等资源目录,在 mablog 目录下的 settings.py 文件中的 STATIC_URL 这一行后面,新增如下内容:

```
STATICFILES_DIRS = (os.path.join(BASE_DIR, "static"),)
```

⑥ 为了在写入日志时能进行数据库的实时查看,可将 setting.py 文件中 DATABASES 段的默认 sqlite 数据库更改为 mysql 数据库。

```
DATABASES = {
    'default': {
        'ENGINE': 'django.db.backends.mysql',
        'NAME': 'manabelog',
        'HOST': 'localhost',
        'PORT': '3306',
        'USER': 'root',
        'PASSWORD': 'xxxxxx',
    }
}
```

⑦ 为了能正常使用 mysql 驱动,在 mablog 目录下的 __init__.py 里增加以下内容:

https://github.com/aguncn/mablog/blob/master/mablog/__init__.py

```
01    import pymysql
02    pymysql.install_as_MySQLdb()
```

⑧ 在 mablog 项目根目录下面,运行以下命令(注意,这个项目我们是运行在 8888 端口)。

```
python manage.py runserver 8888
Performing system checks...
System check identified no issues (0 silenced).

You have 15 unapplied migration(s). Your project may not work properly until you
apply the migrations for app(s): admin, auth, contenttypes, sessions.
Run 'python manage.py migrate' to apply them.
November 12, 2018 - 20:07:17
Django version 2.1, using settings 'mablog.settings'
Starting development server at http://127.0.0.1:8888/
Quit the server with CTRL-BREAK.
```

⑨ 浏览器访问网址 http://127.0.0.1:8888/,如出现如图 10-4 所示的画面,则表示 Django 项目安装配置完成。到这一步为止,读者会发现,这和我们在前面建立 Manabe 的步骤并无不同。

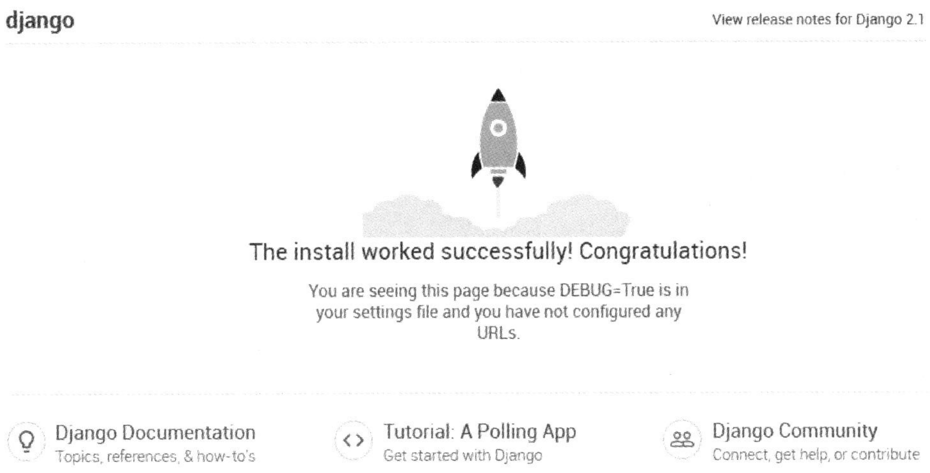

图 10 - 4 mablog 项目首页

10.3 mablog 数据库 Model 简介

同样,在 mablog 项目中,数据库也是必不可少的。这个数据库主要是用来存放发布过程中的实时日志的。

10.3.1 设计 models.py

wslog 目录下的 models.py 内容如下:

https://github.com/aguncn/mablog/blob/master/wslog/models.py

```
01  # coding = utf8
02  from django.db import models
03
04
05  class LogsDB(models.Model):
06      app_name = models.CharField(max_length = 100,
07                                  blank = True, null = True,
08                                  verbose_name = "组件名")
09      deploy_version = models.CharField(max_length = 100,
10                                        blank = True, null = True,
11                                        verbose_name = "发布单号")
12      env_name = models.CharField(max_length = 24,
13                                  blank = True, null = True,
14                                  verbose_name = "环境")
15      ip_address = models.CharField(max_length = 255,
```

```
16                              blank = True, null = True,
17                              verbose_name = "IP 地址")
18      log_content = models.CharField(max_length = 4096,
19                              blank = True, null = True,
20                              verbose_name = "日志内容")
21      operation_no = models.IntegerField(blank = True, null = True,
22                              default = 0,
23                              verbose_name = "操作批次")
24      operation_type = models.CharField(max_length = 24,
25                              blank = True, null = True,
26                              verbose_name = "操作类型")
27      user_name = models.CharField(max_length = 64,
28                              blank = True, null = True,
29                              verbose_name = "用户名")
30      change_date = models.DateTimeField(auto_now = True)
31      add_date = models.DateTimeField(auto_now_add = True)
32      status = models.BooleanField(default = True)
33
34      def __str__(self):
35          return self.add_date
36
37      class Meta:
38          ordering = ('-change_date',)
```

代码解释：

因为我们数据表中每个字段都有 verbose_name，所以每个字段的意义都已比较明了。需要强调的有以下三个字段：

第 18～20 行：log_content 日志内容，它的内容是高度格式化的，这样的格式才更有利于在前端作发布进度展示。它的固定格式为："[时间][操作步骤][Ip 地址], deploy progress [进度百分比]"。

第 21～23 行：operation_no 操作批次，针对软件部署，它是发布单数据表中的发布次数；针对服务启停，它是服务器数据表中的启停次数。这样的设计，在上一章中已有多处体现。

第 24～26 行：operation_type 操作类型，针对软件部署，这个字段的内容为 deploy；针对服务启停，这个字段的内容为 operate。

10.3.2 将 models.py 的内容更新到数据库

① 在 mablog 项目根目录下运行如下命令，将数据库更新反映到 migrates 目录下的文件中。

```
D:\GIT\mablog>python manage.py makemigrations

Migrations for 'wslog':
  wslog\migrations\0001_initial.py
    - Create model LogsDB
```

② 在 mablog 项目根目录下运行如下命令,将数据库变化更新到数据库中。

```
D:\GIT\mablog>python manage.py migrate

Operations to perform:
  Apply all migrations: admin, auth, contenttypes, sessions, wslog
Running migrations:
  Applying contenttypes.0001_initial... OK
  Applying auth.0001_initial... OK
  Applying admin.0001_initial... OK
  Applying admin.0002_logentry_remove_auto_add... OK
  Applying admin.0003_logentry_add_action_flag_choices... OK
  Applying contenttypes.0002_remove_content_type_name... OK
  Applying auth.0002_alter_permission_name_max_length... OK
  Applying auth.0003_alter_user_email_max_length... OK
  Applying auth.0004_alter_user_username_opts... OK
  Applying auth.0005_alter_user_last_login_null... OK
  Applying auth.0006_require_contenttypes_0002... OK
  Applying auth.0007_alter_validators_add_error_messages... OK
  Applying auth.0008_alter_user_username_max_length... OK
  Applying auth.0009_alter_user_last_name_max_length... OK
  Applying sessions.0001_initial... OK
  Applying wslog.0001_initial... OK
```

10.4 日志写入实现

前面讲述过,部署日志的写入,是个常规的 Django App,所以,我们就先来实现这一功能吧。待这一功能实现后,就能通过远程向这个 API 接口写入日志了。

还记得 9.3.4 节 cmd_run 函数操作 Salt-API 吗? 我们在写入日志时,调用了如下代码来实现:

https://github.com/aguncn/manabe/blob/master/manabe/deploy/salt_cmd_views.py

```
01    ...
02    log_content = time.strftime("%Y-%m-%d %H:%M:%S",
03    time.localtime()) + action + '\n' + tgt + ", deploy progress " + percent_value + '\n'
```

```
04      post_mablog(app_name = app_name, ip_address = tgt, user_name = str(user_name),
05                  operation_type = operation_type, operation_no = deploy_no,
06                  deploy_version = deploy_version, env_name = env_name,
07                  log_content = log_content)
08  ...
```

我们进一步看 post_mablog()代码,会发现其实现如下:

https://github.com/aguncn/manabe/blob/master/manabe/public/mablog.py

```
01  from django.conf import settings
02  import requests
03  import json
04
05  PRISMLOGAPI_URL = settings.__getattr__("MABLOG_URL")
06
07
08  def post_mablog(app_name = None, ip_address = None, user_name = None,
09                  operation_type = None, operation_no = None,
10                  deploy_version = None, env_name = None, log_content = None):
11      headers = {'Content-Type': 'application/json;charset = utf-8'}
12      payload = {'deploy_version': deploy_version,
13                 'app_name': app_name,
14                 'ip_address': ip_address,
15                 'env_name': env_name,
16                 'user_name': user_name,
17                 'operation_type': operation_type,
18                 'operation_no': operation_no,
19                 'log_content': log_content}
20
21      try:
22          response = requests.post(PRISMLOGAPI_URL + "/wslog/log_add/", headers = headers, data = json.dumps(payload))
23          print(response.status_code)
24      except Exception as e:
25          print(e)
```

而在 Manabe 项目中的 settings.py 里有一行 MABLOG_URL = http://127.0.0.1:8888,这说明,我们写入日志最终调用的 URL 是 http://127.0.0.1:8888/wslog/log_add/,而传递的格式和数据包,分别在上面函数中的 headers 和 payload 中给出来了。其中,读者可以看到,payload 中的字段和上一节的 models.py 中的字段是高度吻合的。

结合本章前面一节的设置,接下来要实现的就是 Wslog App 中的 log_add 功能了。再次记住,这是一个常规的 Django 应用,目前还不涉及 Django Channels 技术。

10.4.1 wslog 的路由设置

和软件部署的项目一样,我们会将项目路由的 url.py 用层级包含的方法连接起来。

① 在 mablog 下的 urls.py 中,新增如下内容:

https://github.com/aguncn/mablog/blob/master/mablog/urls.py

```
01    path('wslog/', include('wslog.urls')),
```

② 在 wslog 下的 urls.py 中,新增如下内容:

https://github.com/aguncn/mablog/blob/master/wslog/urls.py

```
01   # coding:utf8
02   from django.urls import path
03   from .views import log_add
04
05
06   urlpatterns = [
07       path('log_add/', log_add, name="log_add"),
08   ]
```

10.4.2 wslog 的 log_add 函数

接着,根据 urls.py 中的内容来实现 views.py 中的 log_add 函数。

https://github.com/aguncn/mablog/blob/master/wslog/views.py

```
01   @csrf_exempt
02   def log_add(request):
03       if request.method == 'POST':
04           json_result = json.loads(request.body)
05           print(json_result)
06           try:
07               LogsDB.objects.create(
08                   deploy_version = json_result["deploy_version"],
09                   app_name = json_result["app_name"],
10                   ip_address = json_result["ip_address"],
11                   env_name = json_result["env_name"],
12                   user_name = json_result["user_name"],
13                   operation_type = json_result["operation_type"],
14                   operation_no = json_result["operation_no"],
15                   log_content = json_result["log_content"],
```

```
16                )
17                return JsonResponse({"msg": "ok"})
18        except Exception as e:
19                print("write manabe log error : " + str(e))
20                return JsonResponse({"msg": "failed"})
21    else:
22        print("only POST method is valid")
23        return JsonResponse({"msg": "failed"})
```

代码解释：

第1行：因为软件部署和日志写入，是两个站点了，为了允许跨站访问，这里专门设置了@csrf_exempt 装饰器。

第4行：全盘接收从软件部署的 post_mablog 函数传递过来的参数。

第7～16行：调用 Django ORM 的 create 方法，从 json_result 中解析出每一个具体变量，然后插入到数据库中。

10.4.3　wslog 的 log_add 函数的测试

在 wslog 目录的 tests.py 中，加入以下函数，测试一下前面的代码是否有效。

https://github.com/aguncn/mablog/blob/master/wslog/tests.py

```
01  import requests
02  import json
03
04  headers = {'Content-Type': 'application/json;charset=utf-8'}
05  payload = {'deploy_version': "2018-06-21-12DB",
06             'app_name': "ZIP-BACKEND-JAVA",
07             'ip_address': "1.1.1.1",
08             'env_name': "UAT",
09             'user_name': "sky",
10             'operation_type': "deploy",
11             'operation_no': 8,
12             'log_content': "...2018-07-23 08:43:38deploypkg \
13             cnsz141851-10.25.164.109, deploy progress 60%"}
14  try:
15      result = requests.post("http://localhost:8888/wslog/log_add/", headers=headers, data=json.dumps(payload))
16      print(result.status_code)
17  except Exception as e:
18      print(e)
19  print('ok')
```

在服务器启动的情况下，在 IDE 中运行这个文件，正常情况下，输出为：

C:\Python36\python.exe D:/GIT/mablog/wslog/tests.py

200
ok

Process finished with exit code 0

如果查看数据库,会发现数据库中已有了我们的测试记录。如果用navcat查看mysql数据库,如图10-5所示。

图10-5 mysql里的日志记录

这表明,我们的日志写入函数已能正常工作。如果现在在软件部署中进行发布操作,尽管实时日志还没有实现,但数据库里的记录应该是能实时写入了。

10.5 实时日志读取实现

在本节,我们将实现实时日志的读取。在上一章中,我们在部署软件和服务启停的过程中,会跳出一个窗口来实时读取日志。当时跳出的最终URL如下。

软件部署URL:

{{mablog_url}}/wslog/log_show/? app_name = {{app_name}}&deploy_version = {{deploy_version}}&operation_no = {{deploy_no}}&env_name = Demo

服务启停的实时日志URL:

{{mablog_url}}/wslog/log_show/? app_name = {{app_name}}&deploy_version = Demo&operation_no = {{op_log_no}}&env_name = {{env}}

对应于本地开发环境,mablog_url 即为 http://127.0.0.1:8888。如果是软件部署,则 env_name 为 Demo;如果是服务启停,则 deploy_version 为 Demo。

所以,在实现实时日志读取时,是先写一个 log_show 的普通网页,然后,在网页里调用 WebSocket 与 mablog 后端相连。后端与前端网页里的 WebSocket 建立连接之后,再将日志从数据库里读取出来,实时发送到前端浏览器。最后,前端浏览器获取到这些实时日志,使用JS库解析出相关发布进度,呈现给发布者。

接下来,我们就一步一步地实现这些代码吧。

10.5.1 日志读取的路由设置

将 wslog 下的 urls.py 文件更新为如下内容:

https://github.com/aguncn/mablog/blob/master/wslog/urls.py

```
01  # coding:utf8
02  from django.urls import path
03  from .views import log_add, log_show
04
05
06  urlpatterns = [
07
08      path('log_show/', log_show, name="log_show"),
09      path('log_add/', log_add, name="log_add"),
10  ]
```

10.5.2 日志读取的视图函数

在 wslog 目录下的 views.py 中,log_show 函数内容如下:

https://github.com/aguncn/mablog/blob/master/wslog/views.py

```
01  def log_show(request):
02      app_name = request.GET.get('app_name')
03      env_name = request.GET.get('env_name')
04      deploy_version = request.GET.get('deploy_version')
05      operation_no = request.GET.get('operation_no')
06
07      context = {'app_name': app_name,
08                 'env_name': env_name,
09                 'deploy_version': deploy_version,
10                 'operation_no': operation_no,}
11      return render(request, 'wslog/websocket.html', context)
```

代码解释:

第 2～5 行:在函数中,我们接收到了软件部署或服务启停传递过来的 4 个参数:app_name、env_name、deploy_version、operation_no。

第 7～11 行:将这 4 个参数作为上下文传递给 websocket.html 这个网页模板。

10.5.3 日志读取的网页模板

wslog/templates/wslog/websocket.html 的内容如下:

https://github.com/aguncn/mablog/blob/master/wslog/templates/wslog/websocket.html

```
01  <!doctype html>
02  {% load static %}
03
04  <html>
05  <head>
06
07      <script src = "{% static 'js/jquery-1.11.2.js' %}"></script>
08      <script src = "{% static 'js/jqmeter.min.js' %}"></script>
09      <style type = "text/css">
10          #logoutput{overflow:scroll; white-space:nowrap;}
11      </style>
12  </head>
13  <body>
14      <div id = "procPer"></div>
15      <div id = "jqmeter-container"></div>
16      <span id = "app_name" style = "visibility:hidden">{{ app_name }}</span>
17      <span id = "deploy_version" style = "visibility:hidden">{{ deploy_version }}</span>
18      <span id = "env_name" style = "visibility:hidden">{{ env_name }}</span>
19      <span id = "operation_no" style = "visibility:hidden">{{ operation_no }}</span>
20      <div id = "logoutput" style = "background:#000; color:#FFF">...</div>
21  </body>
22      <script>
23
24          var websocket = null;
25
26          var app_name = document.getElementById("app_name").innerHTML;
27          var deploy_version = document.getElementById("deploy_version").innerHTML || "Demo";
28          var env_name = document.getElementById("env_name").innerHTML || "Demo";
29          var operation_no = document.getElementById("operation_no").innerHTML;
30
31          //判断当前浏览器是否支持WebSocket
32          if('WebSocket' in window){
33              var messageContainer = document.getElementById("logoutput");
34              var percentContainer = document.getElementById("procPer");
35              var hostname = window.location.hostname;
36              var port = window.location.port || 8888;
37              console.log(hostname, port);
38              websocket = new WebSocket("ws://" + hostname + ":" + port + "/channels_ws/");
```

```
39          }
40          else{
41              alert('Not support websocket')
42          }
43
44          //连接发生错误的回调方法
45          websocket.onerror = function(){
46              console.log("error");
47          };
48
49          //连接成功建立的回调方法
50          websocket.onopen = function(evt){
51              console.log("open");
52          }
53
54          //接收到消息的回调方法
55          websocket.onmessage = function(evt){
56              console.log("new msg is: ", evt.data);
57              if (evt.data.length != 0) {
58                  var temp_array = evt.data.split("\n");
59                  for (temp_item in temp_array) {
60                      if (temp_array[temp_item].indexOf("[ERROR]") > 0 ) {
61                          temp_array[temp_item] = " <font color = 'red'> " + temp_array[temp_item] + " </font> "
62                      }
63                      temp_array[temp_item] = temp_array[temp_item].replace(/\\n/g,"</br>");//.replace(/</g, "&lt;").replace(/>/g, "&gt;");;
64                      temp_array[temp_item] = temp_array[temp_item] + " </br> ";
65                      messageContainer.innerHTML += temp_array[temp_item];
66                  }
67              }
68              var d = messageContainer.scrollHeight;
69              messageContainer.scrollTop = d;
70              console.log(messageContainer.innerHTML);
71              var ans = messageContainer.innerHTML.match(/\w+.\w+.\w+.\w+,\sdeploy\sprogress\s\d+/g);
72              var dic = {};
73              for (item in ans){
74                  dic_key = ans[item].split(',')[0];
75                  dic_value = ans[item].split(',')[1].split(" ")[3];
76                  dic[dic_key] = dic_value;
```

```
77              }
78              for (key in dic) {
79                  if(document.getElementById(key + "label") == undefined){
80                      var span = document.createElement('span');
81                      span.setAttribute("id", key + "label");
82                      percentContainer.appendChild(span);
83                      document.getElementById(key + "label").innerHTML =
84                      key + ":" + dic[key] + "%" + "<br>";
85                  } else {
86                      document.getElementById(key + "label").innerHTML =
87                      key + ":" + dic[key] + "%" + "<br>";
88                  }
89                  $('#jqmeter-container').jQMeter({
90                      goal:'100',
91                      raised: dic[key],
92                      width:'200px',
93                      height:'30px',
94                      bgColor: '#CCCCCC',
95                      barColor: '#FF0000'
96                  });
97              }
98          }
99
100         //连接关闭的回调方法
101         websocket.onclose = function(){
102             console.log("close");
103         }
104
105         //监听窗口关闭事件,当窗口关闭时,主动去关闭WebSocket连接,防止连接还没断开就关闭窗口,server端会抛异常。
106         window.onbeforeunload = function(){
107             websocket.close();
108         }
109
110
111         //关闭连接
112         function closeWebSocket(){
113             websocket.close();
114         }
115
116         //发送消息
```

```
117        setInterval(function send(){
118            var message = {
119                "deploy_version": deploy_version,
120                "app_name": app_name,
121                "env_name": env_name,
122                "operation_no": operation_no
123            }
124            websocket.send(JSON.stringify(message));
125        }
126        .2000)
127    </script>
128 </html>
```

代码解释:

这个网页模板比较复杂,复杂的是其中的 JS 代码。其基本思路还是比较简单的,希望读者多花点时间,相信也是很快可以理解的。

第 7~8 行:我们在网页头部,引入了 jqmeter.min.js 这个 JS 库,用来支持动态百分比显示。

第 9~11 行:定义了 ID 为 logoutput 的风格为可滚动。

第 14 行:ID 为 procPer 的用来显示服务器 IP 名称。

第 15 行:ID 为 jqmeter-container 的用来存放百分比进度条。

第 16~19 行:定义了 4 个隐藏的 span,ID 分别 app_name、deploy_version、env_name、operation_no。它用来接收后端传过来的上下文,同时方便后面的 JS 代码读取其中的值。

第 20 行:ID 为 logoutput 的 div,用来显示实时的日志内容。

接下来的 JS 代码,功能分为以下几个部分:

第 26~29 行:获取上面网页中 4 个 span 中的参数(app_name、env_name、deploy_version、operation_no)。

第 32~42 行:与后端的 ws://127.0.0.1:8888/channels_ws/建立 WebSocket 连接。申请一个 WebSocket 对象,参数是需要连接的服务器端的地址,同 HTTP 协议使用 http:// 开头一样,WebSocket 协议的 URL 使用 ws:// 开头;另外,安全的 WebSocket 协议使用 wss:// 开头。

第 117~126 行:每隔 2 秒,浏览器向后端发送一个获取数据的请求(websocket.send())。

第 55~98 行:当后端数据传输过来时,更新网页的百分比显示和日志内容(websocket.onmessage)。

维护 WebSocket 的开关方法。(websocket.onopen、websocket.close…),WebSocket 对象一共支持四个消息:onopen、onmessage、onclose 和 onerror。这些知识

点,已在 10.1.1 小节中学习过。

具体的 JS 代码,待我们在下一节实现了 Django Channels 的 WebSocket 之后,再来进行深入讲解。

现在,读者只需要了解到,后端的 WebSocket 的 URL 为 ws://127.0.0.1:8888/channels_ws/,在我们获取软件部署和服务启停的 4 个参数之后,会通过如下这几行代码,每隔 2 秒,将 4 个参数送到后端 URL,向后端获取数据。

```
01    setInterval(function send(){
02        var message = {
03            "deploy_version": deploy_version,
04            "app_name": app_name,
05            "env_name": env_name,
06            "operation_no": operation_no
07        }
08        websocket.send(JSON.stringify(message));
09    }
10    ,2000)
```

10.6 使用 Django Channels 实现后端 WebSocket

在上一节中,我们已实现了实时日志读取的 HTML 网页,在那个网页中,我们提到,浏览器需要与后端的 ws://127.0.0.1:8888/channels_ws/ 建立 WebSocket 连接。

在本节,我们就来通过 Django Channels 实现这个网页链接吧。由于 Django Channels 本身服务的特殊性,所以需要先从头到尾改造一下当前 mablog 的项目文件,以便让 Django 同时支持正常的 HTTP 请求及 WebSocket 请求。

10.6.1 改造 settings.py 文件

因为 Django Channels 是以 ASGI(Asynchronous Server Gateway Interface)标准运行的程序,不再是 WSGI(Web Server Gateway Interface)标准的程序,所以 settings.py 里的内容以及相应的文件内容,都要作一些更改,才能适应新的程序。本小节,讲述 setting.py 文件内容的变更,其他变更在以后章节涉及。

① 删除文件中的 WSGI_APPLICATION = 'mablog.wsgi.application' 行,增加 WSGI_APPLICATION = 'mablog.wsgi.application' 行。

② 在 INSTALLED_APPS 段时,加入 Channels 应用。

③ 为了支持软件部署的应用跨域读取实时日志网页,作为 iframe 的 URL,在 settings.py 中加入 X_FRAME_OPTIONS = 'allow-from http://127.0.0.1:8888/'。

至此，settings.py 文件改造完毕。完整内容如下：

https://github.com/aguncn/mablog/blob/master/mablog/settings.py

```
01  """
02  Django settings for mablog project.
03  Generated by 'django-admin startproject' using Django 2.1.
04  For more information on this file, see
05  https://docs.djangoproject.com/en/2.1/topics/settings/
06  For the full list of settings and their values, see
07  https://docs.djangoproject.com/en/2.1/ref/settings/
08  """
09
10  import os
11
12  # Build paths inside the project like this: os.path.join(BASE_DIR, ...)
13  BASE_DIR = os.path.dirname(os.path.dirname(os.path.abspath(__file__)))
14
15
16  # Quick-start development settings - unsuitable for production
17  # See https://docs.djangoproject.com/en/2.1/howto/deployment/checklist/
18
19  # SECURITY WARNING: keep the secret key used in production secret!
20  SECRET_KEY = 'og75fj_j7p2i__kdo722@o7&+v2rvn$wl!elx_8)499f#u@~wr'
21
22  # SECURITY WARNING: don't run with debug turned on in production!
23  DEBUG = True
24
25  ALLOWED_HOSTS = []
26
27
28  # Application definition
29
30  INSTALLED_APPS = [
31      'wslog',
32      'channels',
33      'django.contrib.admin',
34      'django.contrib.auth',
35      'django.contrib.contenttypes',
36      'django.contrib.sessions',
37      'django.contrib.messages',
38      'django.contrib.staticfiles',
```

```
39  ]
40
41  MIDDLEWARE = [
42      'django.middleware.security.SecurityMiddleware',
43      'django.contrib.sessions.middleware.SessionMiddleware',
44      'django.middleware.common.CommonMiddleware',
45      'django.middleware.csrf.CsrfViewMiddleware',
46      'django.contrib.auth.middleware.AuthenticationMiddleware',
47      'django.contrib.messages.middleware.MessageMiddleware',
48      'django.middleware.clickjacking.XFrameOptionsMiddleware',
49  ]
50
51  ROOT_URLCONF = 'mablog.urls'
52
53  TEMPLATES = [
54      {
55          'BACKEND': 'django.template.backends.django.DjangoTemplates',
56          'DIRS': [],
57          'APP_DIRS': True,
58          'OPTIONS': {
59              'context_processors': [
60                  'django.template.context_processors.debug',
61                  'django.template.context_processors.request',
62                  'django.contrib.auth.context_processors.auth',
63                  'django.contrib.messages.context_processors.messages',
64              ],
65          },
66      },
67  ]
68
69
70  ASGI_APPLICATION = "mablog.routing.application"
71
72
73  # Database
74  # https://docs.djangoproject.com/en/2.1/ref/settings/#databases
75
76  DATABASES = {
77      'default': {
78          'ENGINE': 'django.db.backends.mysql',
79          'NAME': 'manabelog',
```

```
80          'HOST': 'localhost',
81          'PORT': '3306',
82          'USER': 'root',
83          'PASSWORD': 'password',
84      }
85  }
86
87
88  # Password validation
89  # https://docs.djangoproject.com/en/2.1/ref/settings/#auth-password-validators
90
91  # Internationalization
92  # https://docs.djangoproject.com/en/2.1/topics/i18n/
93
94  LANGUAGE_CODE = 'en-us'
95
96  TIME_ZONE = 'UTC'
97
98  USE_I18N = True
99
100 USE_L10N = True
101
102 USE_TZ = True
103
104
105 # Static files (CSS, JavaScript, Images)
106 # https://docs.djangoproject.com/en/2.1/howto/static-files/
107
108 STATIC_URL = '/static/'
109 STATICFILES_DIRS = (os.path.join(BASE_DIR, "static"),)
110
111 X_FRAME_OPTIONS = 'allow-from http://127.0.0.1:8888/'
```

10.6.2 新增 asgi.py 文件

Web服务器网关接口(Web Server Gateway Interface，WSGI)，是为Python语言定义的Web服务器和Web应用程序或框架之间的一种简单而通用的接口。从语义上理解，貌似WSGI就是Python为了解决Web服务器端与客户端之间的通信问题而产生的，并且WSGI是基于现存的CGI标准而设计的，同样是一种程序(或者Web组件的接口规范)。

异步网关协议接口（ASGI），是一个介于网络协议服务和 Python 应用之间的标准接口，能够处理多种通用的协议类型，包括 HTTP、HTTP 2 和 WebSocket。

然而目前常用的 WSGI 主要是针对 HTTP 风格的请求响应模型做的设计，并且越来越多的不遵循这种模式的协议逐渐成为 Web 的标准之一，例如 WebSocket。

ASGI 尝试保持在一个简单的应用接口的前提下，提供允许数据在任意的时候、被任意应用进程发送和接收的抽象，并且同样描述了一个新的、兼容 HTTP 请求响应以及 WebSocket 数据帧的序列格式，允许这些协议能通过网络或本地 Socket 进行传输，以及让不同的协议被分配到不同的进程中。

在 Django 中，mablog 目录下的 asgi.py 文件内容如下：

https://github.com/aguncn/mablog/blob/master/mablog/asgi.py

```
01  """
02  ASGI entrypoint. Configures Django and then runs the application
03  defined in the ASGI_APPLICATION setting.
04  """
05
06  import os
07  import django
08  from channels.routing import get_default_application
09
10  os.environ.setdefault('DJANGO_SETTINGS_MODULE', 'mablog.settings')
11  django.setup()
12  application = get_default_application()
```

10.6.3 新增 routing.py 文件

routing.py 文件，在 Channels 里实现了 Django 本身的路由功能，同时，支持新增的异步协议。它可以与 Django 类似的 URL 的 include 功能一样实现嵌套包含功能。

我们的实时日志的 WebSocket 应用时，包含两个 routing.py 文件。第一个是根 routing.py 文件，它在 mablog 目录下，文件内容如下：

https://github.com/aguncn/mablog/blob/master/mablog/routing.py

```
01  from channels.routing import ProtocolTypeRouter
02  from channels.routing import URLRouter
03  import wslog.routing
04
05  application = ProtocolTypeRouter({
06
07      # Empty for now (http -> django views is added by default)
08      'websocket': URLRouter(
```

```
09        wslog.routing.websocket_urlpatterns
10      ),
11 } )
```

代码解释:

第 7 行:注释表明,默认的 Django URL 功能已支持。

第 8～10 行:WebSocket 段表明,wslog 目录下的 routing.py 文件里的 websocket_urlpatterns 是一个 WebSocket 应用。

接下来,我们就按根 routing.py 文件的定义,在 wslog 目录下新增另外一个 routing.py 文件,内容如下:

https://github.com/aguncn/mablog/blob/master/wslog/routing.py

```
01
02  from django.urls import path
03
04  from . import consumers
05
06  websocket_urlpatterns = [
07      path('channels_ws/', consumers.MabLogConsumer),
08  ]
```

代码解释:

第 2 行:从当前目录导入 consumers.py 文件。这个 consumer.py 的消费者文件,我们下一节实现。

第 4 行:当用户访问这个 WebSocket 协议链接时,调用的是 consumer.py 文件中的 MabLogConsumer 函数。

读者还记得 10.5.3 小节的那个网页中的 JS 内容吗?我们在那一节提到,浏览器会每隔 2 秒向后来的 URL:ws://127.0.0.1:8888/channels_ws/发送一个更新请求,同时传递 deploy_version、app_name、env_name、operation_no 这 4 个变量。这个 routing.py 中,我们就已定义了这个 URL。在接下来的 consumers.py 文件中的 MabLogConsumer 函数,就会获取这 4 个变量,然后将内容实时返回给浏览器。

10.6.4 新增 consumers.py 文件,实现 Channels 消费者函数

经过 10.6.3 小节的代码解释,读者应该知道,现在需要实现这个最重要的消费者函数了。在 Django Channels 的概念中,消费者用于处理客户端与服务器间的链接,其意义在此处可以解释为:浏览器从前端发来请求,要求消费后面 WebSocket 连接中的数据库内容。

在 wslog 目录下新增 consumers.py 文件,内容如下:

https://github.com/aguncn/mablog/blob/master/wslog/consumers.py

```python
01  import json
02  from channels.generic.websocket import WebsocketConsumer
03
04  from .models import LogsDB
05
06
07  class MabLogConsumer(WebsocketConsumer):
08      org_string = ""
09
10      def connect(self):
11          self.accept()
12
13      def disconnect(self, code):
14          pass
15
16      def receive(self, text_data = None):
17          cur_string = ""
18          log_set = None
19          text_data_json = json.loads(text_data)
20          app_name = text_data_json["app_name"]
21          operation_no = text_data_json["operation_no"]
22          # 用于从日志数据库中找到发布单的发布日志
23          if text_data_json["env_name"] == "Demo":
24              deploy_version = text_data_json["deploy_version"]
25              log_set = LogsDB.objects.filter(app_name = app_name,
26                                              deploy_version = deploy_version,
27                                              operation_no = operation_no,
28                                              operation_type = "deploy")\
29                  .order_by('id')
30          # 用于从日志数据库中找到服务器启停的发布日志
31          if text_data_json["deploy_version"] == "Demo":
32              deploy_version = "Demo"
33              env_name = text_data_json["env_name"]
34              log_set = LogsDB.objects.filter(app_name = app_name,
35                                              deploy_version = deploy_version,
36                                              env_name = env_name,
37                                              operation_no = operation_no,
38                                              operation_type = "operate")\
39                  .order_by('id')
40          if log_set is not None:
41              for log_item in log_set:
```

```
42                 cur_string += log_item.log_content + "\n"
43             if cur_string == self.org_string:
44                 pass
45             else:
46                 if len(cur_string) > len(self.org_string):
47                     send_string = cur_string.replace(self.org_string, "")
48                     self.org_string = cur_string
49                     '''
50                     self.send(text_data = json.dumps({
51                         "message": log_set[0].log_content
52                     }))
53                     '''
54                     self.send(text_data = send_string)
55                 else:
56                     pass
```

代码解释：

第 8 行：org_string 变量置为空，每个浏览器连接到服务器时，没有任何数据。

第 10 行：当连接上时，接收请求。

第 13 行：当断开时，不做任何处理。

第 16 行：Receive() 函数是指当接收到浏览器的请求时，需要进行的业务逻辑处理，是主要的代码实现。

第 20～21 行：operation_no 和 app_name 是软件部署和服务启停都必须获取的参数。

第 23～29 行：如果浏览请求的是软件部署日志，则从 LogsDB 数据表获取本次软件部署的所有日志。

第 31～39 行：如果浏览请求的是服务启停日志，则从 LogsDB 数据表获取本次服务启停的所有日志。

第 40～44 行：如果数据库返回记录，但这些记录已返回给浏览器了，则忽略本次操作。

第 46～54 行：如果数据库返回记录，且这些记录存在新的数据，则将新的数据返回给浏览器。

10.6.5 测试 ASGI 服务器

当前的代码开发已告一段落，接下来，测试一下服务器的运行情况。

① 在 mablog 项目根目录下，运行以下命令，启动 ASGI 测试服务器。

```
python manage.py runserver 8888
```

如果前面代码输入正确，则会输出以下字样，表明是当前 ASGI 服务器。

使用 Django Channels 实现基于 WebSocket 的实时日志

```
Performing system checks...

System check identified no issues (0 silenced).
November 16, 2018 - 22:32:55
Django version 2.1, using settings 'mablog.settings'
Starting ASGI/Channels version 2.1.4 development server at http://127.0.0.1:8888/
Quit the server with CTRL-BREAK.
```

② 如果已按 10.4.3 小节操作运行了写入日志的测试函数,则访问测试网址 http://127.0.0.1:8888/wslog/log_show/?app_name=ZIP-BACKEND-JAVA&deploy_version=2018-06-21-12DB&env_name=Demo&operation_no=8,会出现如图 10 - 6 所示的网页。

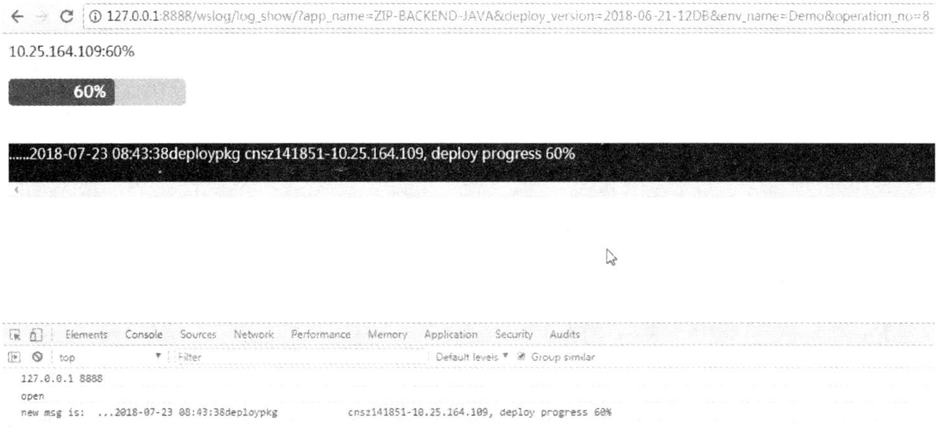

图 10 - 6 发布进度日志实时的输出界面

以上输出表示,我们已实现了通过网页实时读取部署日志了。

10.6.6　分析客户端的 JS 代码

上一小节,我们已实现了日志的读取,相信其他的逻辑处理过程读者已经比较清楚了。那么服务端发送过来的数据,如何转化成前端的样式,向发布者清楚展示软件部署的进度呢? 这就要靠一些前端 JS 代码的运用技巧了。

这一小节,就来分析一下前面展示过的 websocket.html 中的一段代码,让读者了解其中的过程,重点关注的是 websocket.onmessage＝function(evt){ }这段。

https://github.com/aguncn/mablog/blob/master/wslog/templates/wslog/websocket.html

```
01    //接收到消息的回调方法
02    websocket.onmessage = function(evt){
03        console.log("new msg is: ", evt.data);
04        if (evt.data.length != 0) {
```

```javascript
05            var temp_array = evt.data.split("\n");
06            for (temp_item in temp_array) {
07                if (temp_array[temp_item].indexOf("[ERROR]") > 0 ) {
08                    temp_array[temp_item] = "<font color = 'red'>" + temp_array[temp_item] + "</font>"
09                }
10                temp_array[temp_item] = temp_array[temp_item].replace(/\\n/g, "</br>");//.replace(/</g, "&lt;").replace(/>/g, "&gt;");;
11                temp_array[temp_item] = temp_array[temp_item] + "</br>";
12                messageContainer.innerHTML += temp_array[temp_item];
13            }
14        }
15        var d = messageContainer.scrollHeight;
16        messageContainer.scrollTop = d;
17        var ans = messageContainer.innerHTML.match(/\w+.\w+.\w+.\w+,\sdeploy\sprogress\s\d+/g);
18        var dic = {};
19        for (item in ans){
20            dic_key = ans[item].split(',')[0];
21            dic_value = ans[item].split(',')[1].split(" ")[3];
22            dic[dic_key] = dic_value;
23        }
24        for (key in dic) {
25            if(document.getElementById(key + "label") == undefined){
26                var span = document.createElement('span');
27                span.setAttribute("id", key + "label");
28                percentContainer.appendChild(span);
29                document.getElementById(key + "label").innerHTML =
30                    key + ":" + dic[key] + "%" + "<br>";
31            } else {
32                document.getElementById(key + "label").innerHTML =
33                    key + ":" + dic[key] + "%" + "<br>";
34            }
35            $('#jqmeter-container').jQMeter({
36                goal:'100',
37                raised: dic[key],
38                width:'200px',
39                height:'30px',
40                bgColor: '#CCCCCC',
41                barColor: '#FF0000'
42            });
43        }
44    }
```

第 3 行：为了能从容地处理前端展示，我们先在浏览器的调试窗口，输出浏览器获取到的后端返回值（查看这个调试窗口，在浏览器里按 F12 键即会出现）。从 10.6.5 小节的截图中可以看到，返回的字符号为"…2018-07-23 08:43:38deploypkgcnsz141851-10.25.164.109，deploy progress 60%"。

第 5～14 行：如果发布错误，返回字符串有 ERROR 字样时，窗口中会以红色提示发布者，并将服务器返回的内容显示为黑色窗口中。

第 15～16 行：让发布窗口的大小随字符串增加而增加，这样就可以让发布者看到所有输出。

第 17 行：将服务器返回的内容进行正则解析，取出服务器的 IP 地址和发布进度百分比。比如，针对测试数据，即为 10.25.164.109 和 60%。

第 18～23 行：取出所有的 IP 和发布百分比，形成一个 JS 字典。键为 IP 地址，值为百分比。比如，针对测试数据，即为{"10.25.164.109"："60%"}。

第 25～34 行：循环上一步生成的 JS 字典，并在日志网页的头部输出 IP 地址和百分比。这里有个小技巧，即如果同一个 IP 的发布进度不断增加的话，显示 IP 的 span 内容不会改变，但发布的百分比就会不断获取到最新的数值。

第 35～42 行：发布有动态效果，同时将每一步的百分比以 jQMeter 展示出来。关于 jQMeter 的用法，详见 URL：http://www.gerardolarios.com/plugins-and-tools/jqmeter/。

10.7　Django Channels 生产环境运行配置

在 10.6.5 小节中，我们以 python manage.py runserver 8888 这样的命令来运行 ASGI 服务器，在测试时，是没有问题的，并且这个测试服务器还可以动态地反映代码的新功能，加快开发的进度。但如果代码上线，正式面对全公司同事开放时，测试服务器的性能就达不到我们的要求了。这时，就需要使用更为专业的 daphne 命令来运行 Django Channels 代码了。这个 daphne 程序，正好类比于运行 Django 程序的 uwsgi 或是 gunicorn，是为了更快地得到所需性能。这个 daphne 程序，在 Pip 安装 Channels 模块时已一并安装到我们的机器上了。

运行 daphne 程序

接下来，我们就来实操一次吧。进入 mablog 项目根目录，运行以下命令，启动我们的 mablog 应用。

```
daphne -b 0.0.0.0 -p 8888 mablog.asgi:application
```

上面的命令，表示 daphne 以 mablog 目录下的 asgi.py 文件里的 application 作为程序入口。正常输出如下：

```
2018-11-16 23:17:59,614 INFO  Starting server at tcp:port=8888:interface=0.0.0.0
2018-11-16 23:17:59,615 INFO  HTTP/2 support not enabled (install the http2 and tls Twisted extras)
2018-11-16 23:17:59,615 INFO  Configuring endpoint tcp:port=8888:interface=0.0.0.0
2018-11-16 23:17:59,616 INFO  Listening on TCP address 0.0.0.0:8888
```

如果我们再用浏览器访问下面的 URL：

http://127.0.0.1:8888/wslog/log_show/?app_name=ZIP-BACKEND-JAVA&deploy_version=2018-06-21-12DB&env_name=Demo&operation_no=8

则会发现和 10.6.5 小节的输出一样。这表示我们的 daphne 服务器已正常运行了。

关于 daphne 程序更专业的设置和参考，读者可以访问如下网址：

https://github.com/django/daphne。

10.8 Django Channels 测试

mablog 里，常规的 View、Model 测试和正常的 Django 测试用例一样编写。但 Django Channels 的测试不好写，因为它涉及到异步方式。Channels 官方提供了一个 ApplicationCommunicator 抽象，用来实现异步方式的测试连接，主要用来测试自定义的消费者（Consumer）和服务者（Provider）。它重要的两个子类，就是 HttpCommunicator 和 WebSocketCommunicator。下面演示用 WebSocketCommunicator 来实现一个简单的测试。但 Channels 官方也不推荐使用 Django 本身的 testcase，而是使用 Pytest 这个很流行的 Python 世界里的第三方测试框架来进行。

所以在进行下面的测试之前，需要先使用 pip install pytest 命令，安装好 pytest。

https://github.com/aguncn/mablog/blob/master/wslog/tests/pytest_consumers.py

```
01  import json
02  from channels.testing import WebsocketCommunicator
03  import pytest
04  from wslog.consumers import MabLogConsumer
05
06  @pytest.mark.asyncio
07  async def test_log_read_consumer():
08      communicator = WebsocketCommunicator(MabLogConsumer, '/channels_ws/')
09      connected, subprotocol = await communicator.connect()
10      assert connected
```

代码解释：

第 6 行：使用@pytest.mark.asyncio 标注这是一个异步测试。

第 8 行：将/channels_ws/这个消费者 URL 实例化成一个 WebSocketCommunicator 连接。

第 9 行：等待异步连接。

第 10 行：测试连接成功。

使用 pytest 框架，还需要在项目根下新建一个 pytest.ini 文件，里面定义了需要哪些文件进行自动化扫描（在下面的设置中，只对 wslog 下的 pytest_ 开头的文件进行测试）。

https://github.com/aguncn/mablog/blob/master/pytest.ini

```
01  [pytest]
02
03  DJANGO_SETTINGS_MODULE = mablog.settings
04
05  python_files = pytest_*.py
06
07  python_paths = wslog
```

在项目根目录下，运行如下命令进行测试。

pytest

输出如下，表示测试成功。

```
==================== test session starts ====================
platform win32 -- Python 3.6.6, pytest-4.0.1, py-1.7.0, pluggy-0.8.0
Django settings: mablog.settings (from ini file)
rootdir: D:\GIT\mablog, inifile: pytest.ini
plugins: django-3.4.4, asyncio-0.9.0
collected 1 item

wslog\tests\pytest_consumers.py .                      [100%]

================= 1 passed in 0.08 seconds =================
```

10.9 小 结

在本章中，使用 Django Channels 模块，实现了基于 WebSocket 技术的实时发布日志的推送功能。

经过本章的学习，我们已经实现了软件自动化部署系统的核心功能了。用户可以登录此系统进行服务器的新增、应用的配置。之后，新建发布单、环境流转，最后进入软件部署或是服务启停；且在这一过程中，可以实现看到其中的操作进度。

接下来我们将在第 11 章中，学习如何使用 Django REST Framework 开发 REST 风格的 API，让我们的程序可以和公司内外的其他系统进行对接，从而丰富公司的运维平台，加速公司的 DevOps 转型，用持续交付实现更大的价值和生产力。

第 11 章

使用 Django REST Framework 开发 API 接口

> 黄沙百战穿金甲,不破楼兰终不还。
> ——王昌龄《从军行》

在本章中,我们主要来扩展软件自动化发布系统的外接功能——使用 Django REST Framework 开发 API 接口。这些功能主要用于哪些场景呢?

想象一下,如果你公司已有一个 CMDB 系统,里面已有所有的公司服务器的 IP 地址,以及服务端口与服务应用之间的对应关系。这时,我们就可以通过脚本直接调用发布系统的 API 接口,将数据导入到我们的数据库中。每天自动运行一次,以后就不用再手工录入服务器和服务应用数据了。

再想象一下,如果你公司正在使用 JIRA 进行项目管理,公司的领导或产品经理、版本经理也想随时知道软件的部署进度,应该怎么办呢?如果这时我们再开发一个发布系统的 API 接口,将每个服务应用的发布状态通过 RESTful API 的方式暴露出来,JIRA 等其他项目管理系统就可以调用这个 API,直接在项目相关页面显示出来。

当项目扩展之后,自动化发布系统需要进行前后端分离,引入 Vue.js 或是 Angular 作为前端独立开发,这时,也需要将系统的很多功能开发出 API,供前端开发人员调用。

所以,开发一个系统 API 的能力,也是做运维研发必备的一项技能。在这一章,我们就来学习一下如何规范地实现软件自动化发布系统的 API 功能。

在本章实战完成之后,生成的 API 界面如图 11-1 所示。

本章所涉及的知识点:

- RESTful API 开发规范;
- Django REST Framework 安装配置;
- 用户自助 Token 管理;
- 序列化数据库字段;
- 启用用户 Token 认证;

• 通过 API 实现数据表的增删改查。

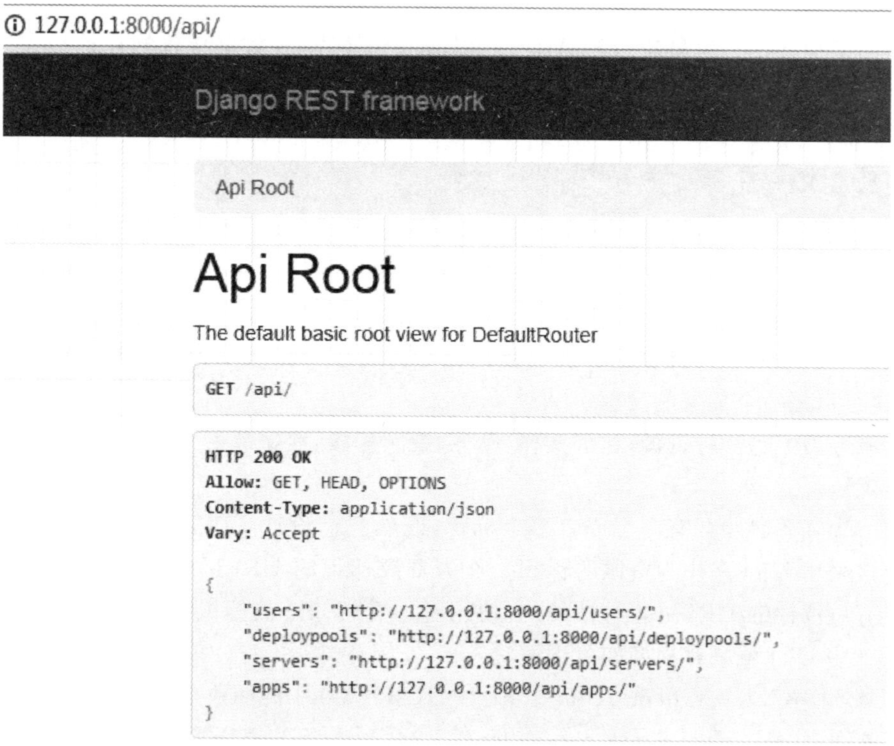

图 11-1 Manabe 的 DRF 首页

11.1 RESTful API 及 Django REST Framework 简介

  REST，即 Representational State Transfer 的缩写。直接翻译，意思是"表现层状态转化"。它首次出现在 2000 年 Roy Fielding 的博士论文中，Roy Fielding 是 HTTP 规范的主要编写者之一。他在论文中提到："我这篇文章的写作目的，就是想在符合架构原理的前提下，理解和评估以网络为基础的应用软件的架构设计，得到一个功能强、性能好、适宜通信的架构。REST 指的是一组架构约束条件和原则。"如果一个架构符合 REST 的约束条件和原则，我们就称它为 RESTful 架构。

  REST 本身并没有创造新的技术、组件或服务，而隐藏在 RESTful 背后的理念就是使用 Web 的现有特征和能力，更好地使用现有 Web 标准中的一些准则和约束。虽然 REST 本身受 Web 技术的影响很深，但是理论上 REST 架构风格并不是绑定在 HTTP 上，只不过目前 HTTP 是唯一与 REST 相关的实例。所以我们这里描述的 REST 也是通过 HTTP 实现的 REST。

11.1.1 RESTful 关键字

RESTful 是目前最流行的 API 设计规范，用于 Web 数据接口的设计。它是一种互联网应用程序的 API 设计理念：URL 定位资源，用 HTTP 动词（GET、POST、DELETE、DETC）描述操作。

1. URI

URI（Uniform Resource Identifier）即统一资源标识符。资源是一个很宽泛的概念，任何寄宿于 Web 可供操作的"事物"均可视为资源。资源可以体现为经过持久化处理保存到磁盘上的某个文件或者数据库中某个表的某条记录，也可以是 Web 应用接收到请求后采用某种算法计算得出的结果。资源可以体现为一个具体的物理对象，也可以是一个抽象的流程。

服务器上每一种资源，比如文档、图像、视频片段、程序都由一个通用资源标识符进行定位。

一个资源必须具有一个或者多个标识，既然我们设计了 Web API，那么很自然地应该采用 URI 来作为资源的标识。作为资源标识的 URI 最好具有"可读性"，因为具有可读性的 URI 更容易被使用，使用者一看就知道被标识的是何种资源，比如如下一些 URI 就具有很好的可读性。

- http://www.demo.com/staff/c001（编号 C001 的职业）。
- http://www.demo.com/sales/2013/（2013 年的销售额）。
- http://www.demo.com/orders/2013/q4（2013 年第 4 季度签订的订单）。

2. HTTP 动词

常用的 HTTP 动词有下面 5 个：

- GET（SELECT）：从服务器取出资源（一项或多项）。
- POST（CREATE）：在服务器新建一个资源。
- PUT（UPDATE）：在服务器更新资源（客户端提供改变后的完整资源）。
- PATCH（UPDATE）：在服务器更新资源（客户端提供改变的属性）。
- DELETE（DELETE）：从服务器删除资源。

示例如表 11-1 所列。

表 11-1 HTTP 动词示例

方 法	URL	释 义
GET	/rest/api/users	获取所有用户
GET	/rest/api/ users /user_id	获取一个具体的用户
POST	/rest/api/ users	添加一个用户
PUT	/rest/api/dusers/user_id	修改一个用户
DELETE	/rest/api/ users /user_id	删除一个用户

3. RESTful 架构

服务器上每一种资源,比如一个文件、一张图片、一部电影,都有对应的 URL 地址,如果客户端需要对服务器上的这个资源进行操作,就需要通过 HTTP 协议执行相应的动作来操作它,比如进行获取、更新、删除。

简单来说就是 URL 地址中只包含名词表示资源,使用 HTTP 动词表示动作,进行资源操作。

11.1.2 Django REST Framework 简介

Django REST Framework 简称 DRF,是在 Django 框架里写 RESTful API 的首选。首选的另外含义就是,你也可以不用 DRF 而使用其他模块来写,或者干脆选择自己从头书写。但在这个效率为王的商业社会,"重复创造轮子"实在算不得是一个最佳实践。

Django REST Framework 是一个强大而灵活的 Web API 工具。使用 REST Framework 的理由有:

- Web Browsable API 对开发者有极大的好处。
- 包括 OAuth1a 和 OAuth 2 的认证策略。
- 支持 ORM 和非 ORM 数据资源的序列化。
- 全程自定义开发——如果不想使用更加强大的功能,可仅仅使用常规的 function-based views。
- 额外的文档和强大的社区支持。

DRF 的处理流程大致如图 11-2 所示。

- 建立 Models。
- 依靠 Serializers 将数据库取出的数据 Parse 作为 API 的数据(可用于返回给客户端,也可用于浏览器显示)。
- ViewSets 是一个 Views 的集合,根据客户端的请求 (GET、POST 等),返回 Serializers 处理的数据(权限 Premissions 也在这一步做处理)。
- ViewSets 可在 Routers 进行注册,注册后会显示在 API Root 页上。
- 在 Urls 里注册 ViewSets 生成的 View,指定监听的 URL。

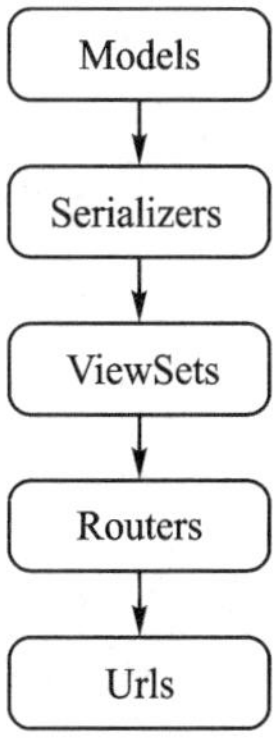

图 11-2 DRF 处理流程

初学者对这些流程、术语会比较陌生,但一直跟随本章实战操作,就会慢慢地熟悉,并能在工作中实现自己的特定应用。关于序列化、Routers、ViewSets 等概念,实践中遇到时,我们再来一个一个地详细解释。DRF 的 API 实现,从低层向更高级抽象,依次为所有方法手工实现、@api_view 注解、APIView 类实现、ViewSets 视图集、ModelViewSet 模型视图集。越低层的书写,代码越多,但对细节把控性越强。越高级的抽象,开发速度越快,代码越容易维护。在本书中,我们就会使用 ModelViewSet 来快速实现几个有用的自动化部署系统的 API。

更多细节文档可参考官网:https://www.django-rest-framework.org/。

11.2 DRF 安装配置

"纸上得来终觉浅,绝知此事要躬行"。经过前面的介绍,下面就需要进入实践环节了。首先,我们就来安装并配置好 DRF 吧。

11.2.1 安装 DRF

运行以下命令,就可以很方便地安装好 DRF 了。

```
pip install djangorestframework
```

```
Requirement already satisfied: djangorestframework in c:\python36\lib\site-packages (3.9.0)
```

本书以目前最新的 3.9.0 版本为操作示范。

11.2.2 配置 DRF

① 在 manable\settings.py 文件的 INSTALLED_APPS 段中,新增如下几行。

https://github.com/aguncn/manabe/blob/master/manabe/manabe/settings.py

```
01    'rest_framework',
02    'rest_framework.authtoken',
03    …
```

② 在 manable\settings.py 文件的 INSTALLED_APPS 段中,新增 REST_FRAMEWORK 段。

https://github.com/aguncn/manabe/blob/master/manabe/manabe/settings.py

```
01    REST_FRAMEWORK = {
02        'DEFAULT_PERMISSION_CLASSES': (
03            'rest_framework.permissions.IsAuthenticatedOrReadOnly',
04        ),
05        'DEFAULT_AUTHENTICATION_CLASSES': (
06            'rest_framework.authentication.TokenAuthentication',
07        ),
08        'DEFAULT_PAGINATION_CLASS': 'rest_framework.pagination.LimitOffsetPagination',
09        'PAGE_SIZE': 10
10    }
```

代码解释：

第 5～7 行：表示我们的 DRF 支持的是 Token 认证。因为采用了这种方式的认证，DRF 会在数据库中新生成一个 authtoken_token 数据表，并且我们需要为已有的用户生成 Token，同时，保证新建的用户都会自动生成 Token。故而才有第③～⑤步的操作。

第 9～10 行：表示我们使用的默认分页类为 LimitOffsetPagination，每页 10 条记录。

③ 在 Windows 的 cmd 命令窗口，进入 Manabe 项目根目录（manage.py 所有目录），按先后顺序运行以下两条命令，将 authtoken_token 数据表更新到数据库中。

```
python manage.py makemigrations
python manage.py migrate
```

④ 同样在第③步操作的目录下，运行以下命令，为已有的用户生成 Token。

```
python manage.py shell
```

```
01  >>> from django.contrib.auth.models import User
02
03  >>> from rest_framework.authtoken.models import Token
04
05  >>> for user in User.objects.all():
06
07  ...     Token.objects.create(user = user)
```

⑤ 在 appinput 目录下的 models.py 中，新增以下文件，保持新建用户自动生成 Token。

https://github.com/aguncn/manabe/blob/master/manabe/appinput/models.py

```
01  ...
02  from rest_framework.authtoken.models import Token
03  ...
04  # This code is triggered whenever a new user has been created and saved to the database
05  @receiver(post_save, sender = settings.AUTH_USER_MODEL)
06  def create_auth_token(sender, instance = None, created = False, **kwargs):
07      if created:
08          Token.objects.create(user = instance)
```

代码解释：

第 5 行：我们在这里使用了 Django 的一个技术 Signal（信号），它使得当一些动作在框架的其他地方发生的时候，解耦的应用可以得到提醒。通俗来讲，就是一些动作发生的时候，信号允许特定的发送者去提醒一些接收者，这是特别有用的设计，因为有些代码对某些事件是特别感兴趣的。在这里，当有用户数据表保存动作发生时，代码就会在 Token 数据表中生成此用户的 Token。

11.3 查看和修改用户 Token

因为第三方应用连接软件自动化部署系统时，需要使用 Token 认证，所以我们也需要为每个用户设计一个查看和修改自己 Token 的网页，让用户可以自助地维护它，减轻运维人员的工作量。

11.3.1 获取和更新 Token 的视图函数

在 Manabe 目录下的 views.py 文件里，新增两个函数，用于获取和更新 Token。

https://github.com/aguncn/manabe/blob/master/manabe/manabe/views.py

```
01    def gettoken(request):
02        if request.method == 'GET':
03            token_key = dict()
04            token_key["username"] = request.user.username
05            token_key["token"] = Token.objects.get(user = request.user).key
06            return JsonResponse(token_key)
07    
08    
09    def token(request):
10        if request.method == 'POST':
11            token_key = hashlib.sha1(os.urandom(24)).hexdigest()
12            Token.objects.filter(user_id = request.user.id).update(key = token_key)
13            context_dict = {
14                'token_str': token_key
15            }
16            return render(request, 'manabe/token.html', context_dict)
17        else:
18            # 获取已有的 token
19            context_dict = {
20                'token_str': Token.objects.get(user = request.user).key
21            }
22            return render(request, 'manabe/token.html', context_dict)
```

代码解释：

第 1～6 行：Gettoken 函数，先获取登录用户名，然后以 json 格式返回获取到的 Token。（这个函数，在当前并未用上，但如果用户想通过前端获取 Token，就会用得上这个函数。）

第 9～22 行：Token 函数，如果前端提交方法为 POST 请求，则按 Token 格式生成一个随机值，然后用此随机值更新登录用户的 Token 数据表，完成设置 Token 的操作。如果前端提交方法为 GET 请求，则将用户 Token 直接返回。

11.3.2 获取和更新 Token 的网页模板

实现查看 Token 的网页模板，在 manabe/templates/manabe/token.html 网页内容如下：

https://github.com/aguncn/manabe/blob/master/manabe/manabe/templates/manabe/token.html

```
01  {% extends "manabe/template.html" %}
02  {% load staticfiles %}
03  {% block title %} 查看 Token {% endblock %}
04
05  {% block content %}
06  您的 Token：<H2 style="color:red"> {{token_str}} </H2>
07  此 Token 主要用于第三方应用调用 API 的认证连接，请妥善保存！ <br>
08  如果此 Token 已泄露而不够安全，请点击以下链接重新生成 Token，
09  <form action="" method="POST" class="form form-horizontal">
10      {% csrf_token %}
11      <button type="submit" class="btn btn-primary">生成的新的 Token </button>
12  </form>
13
14
15  {% endblock %}
```

代码解释：

第 6 行：显示用户当前 Token。

第 9～12 行：如果用户点击了"生成的新的 Token"按钮，则为用户生成新的 Token。

11.3.3 获取和更新 Token 的 URL 路由

在 Manabe 目录下的 urls.py 文件里，新增以下内容，生成新的 URL 路由。

https://github.com/aguncn/manabe/blob/master/manabe/manabe/urls.py

```
01  ...
02  from .views import token, gettoken
03  ...
04  urlpatterns = [
05      ...
06      path('token/', login_required(token), name="token"),
07      path('gettoken/', login_required(gettoken), name="gettoken"),
```

```
08        ...
09    ]
```

代码解释:

无须解释,极为简单和正常的两条路由规则。

11.3.4　增加网页右上角查看 Token 的链接

在 manabe\template\manabe\header.html 里,增加显示用户 Token 的链接。

https://github.com/aguncn/manabe/blob/master/manabe/manabe/templates/manabe/header.html

```
01    {% if user.is_authenticated %}
02        <li>{{ user.last_name }}{{ user.first_name }}</li>
03        <li class="dropDown dropDown_hover"><a href="#" class="dropDown_A">
{{ user }}<i class="Hui-iconfont">&#xe6d5;</i></a>
04            <ul class="dropDown-menu menu radius box-shadow">
05                <li><a href="{% url 'change-password' %}">更改密码</a></li>
06                <li><a href="{% url 'token' %}">查看Token</a></li>
07                <li><a href="{% url 'logout' %}">退出</a></li>
08            </ul>
09        </li>
10    {% else %}
11        <li class="">
12            <a href="">登录</a>
13        </li>
14    {% endif %}
```

代码解释:

第 6 行:即为我们新增的 URL 链接。

11.3.5　通过网页测试查看和修改用户 Token 的功能

① 点击网页右上角下拉菜单中的"查看 Token"导航,如图 11-3 所示。

图 11-3　"查看 Token"导航

② 显示当前用户自己的 Token 值,如图 11-4 所示。

图 11-4　显示用户 Token 值

③ 点击"生成的新的 Token"按钮,即会显示更新后的 Token 值,如图 11-5 所示。

图 11-5　更新用户 Token 值

11.4　手工建立一个 API 的 Django App 应用

在前面的章节,我们都是通过 django-admin startapp 命令来建立一个 Django App 的应用。这个脚手架命令,就是通过一系列的子命令,在固定的文件夹下生成一些固定的文件,其间的过程是不透明的。下面,我们尝试用手工操作,建立一个同样的 App 应用,以便加深我们对 Django 建立 App 过程的理解。

11.4.1　新增 API 的目录及文件

① 在 Manabe 目录下新建一个 API 目录。

② 在 API 目录下新建一个空白的 __init__.py 文件。__init__.py 文件的作用是将文件夹变为一个 Python 模块,Python 中的每个模块的包中都有 __init__.py 文件。

③ 在 API 目录下新建一个 apps.py 文件,放置此应用的元数据,内容如下:

https://github.com/aguncn/manabe/blob/master/manabe/api/apps.py

```
01  from django.apps import AppConfig
02
03
04  class ApiConfig(AppConfig):
05      name = 'api'
```

④ 在 API 目录下，新建一个 url.py 文件，用于 API 应用的路由，内容如下：

https://github.com/aguncn/manabe/blob/master/manabe/api/urls.py

```
01  # coding = utf8
02  from django.urls import path, include
03  from rest_framework.routers import DefaultRouter
04  from rest_framework.authtoken import views as rest_views
05  from . import views
06
07  app_name = 'api'
08  # Create a router and register our viewsets with it.
09  router = DefaultRouter()
10
11  # The API URLs are now determined automatically by the router.
12  # Additionally, we include the login URLs for the browsable API.
13  urlpatterns = [
14      path('', include(router.urls)),
15      path('api-token-auth/', rest_views.obtain_auth_token),
16  ]
```

代码解释：

第 9 行：我们注册了一个默认的 DRF 路由，DRF 中的 Routers 来帮助我们快速实现路由信息。REST Framework 提供了两个路由——SimpleRouter 和 DefaultRouter。

SimpleRouter 路由生成的路由信息如表 11-2 所列。

表 11-2 SimpleRouter 路由信息

URL Style	HTTP Method	Action	URL Name
{prefix}/	GET	list	{basename}-list
	POST	create	
{prefix}/{url_path}/	GET, or as specified by 'methods' argument	'@action(detail=False)' decorated method	{basename}-{url_name}

续表 11 - 2

URL Style	HTTP Method	Action	URL Name
{prefix}/{lookup}/	GET	retrieve	{basename}-details
	PUT	update	
	PATCH	partial_update	
	DELETE	destroy	
{prefix}/{lookup}/{url_path}/	GET, or as specified by 'methods' argument	'@action(detail=True)' decorated method	{basename}-{url_name}

DefaultRouter 路由生成的路由信息如表 11-3 所列。

表 11-3 DefaultRouter 路由信息

URL Style	HTTP Method	Action	URL Name
[.format]	GET	automatically generated root view	api-root
{prefix}/[.format]	GET	list	{basename}-list
	POST	create	
{prefix}/{url_path}/[.format]	GET, or as specified by 'methods' argument	'@action(detail=False)' decorated method	{basename}-{url_name}
{prefix}/{lookup}/[.format]	GET	retrieve	{basename}-details
	PUT	update	
	PATCH	partial_update	
	DELETE	destroy	
{prefix}/{lookup}/{url_path}/[.format]	GET, or as specified by 'methods' argument	'@action(detail=True)' decorated method	{basename}-{url_name}

DefaultRouter 与 SimpleRouter 的区别是，DefaultRouter 会多附带一个默认的 API 根视图，返回一个包含所有列表视图的超链接响应数据。

现在，我们在默认路由下面并没有注册 ViewSet 作为路由信息，当完成相关功能之后，会再回到这里，更新路由信息的。

第 15 行：我们注册了一个 DRF 默认实现的 api-token-auth 路由，随后会对它的功能进行测试。

⑤ 在 API 目录下，再新建一个空的 views.py 文件，内容稍后填充。

11.4.2 在 settings.py 文件里新增应用

经过上一小节手工创建文件的过程，我们的 App 应用框架就快完成了。现在，在 manabe/setting.py 文件的 INSTALLED_APPS 字段中,新增 API 应用,完成最后的配置。

https://github.com/aguncn/manabe/blob/master/manabe/manabe/settings.py

```
01    INSTALLED_APPS = [
02        'rest_framework',
03        'rest_framework.authtoken',
04        ...
05        'api.apps.ApiConfig',
06    ]
```

11.4.3 测试 api-token-auth 功能

在 11.4.2 小节中,我们注册了一个 DRF 默认的 api-token-auth 路由,接下来,就测试一下吧。

在 API 目录下新建一个 tests.py 文件,加入以下内容,然后运行。

https://github.com/aguncn/manabe/blob/master/manabe/api/tests.py

```
01    import requests
02    import json
03
04    url = "http://127.0.0.1:8000/api/api-token-auth/"
05    headers = {'Content-Type': 'application/json;charset=utf-8'}
06    payload = {'username': "ccc",
07              'password': "ccc"}
08    ret = requests.post(url, headers=headers, data=json.dumps(payload))
09    print(str(ret.content, 'utf-8'))
```

正常输出如下(Token 具体值会不同):

```
C:\Python36\python.exe D:/GIT/django-python-auto-deploy-book/ch9/manabe/api/tests.py
{"token":"5d28395b3390414c4967d4dc848665b539e272c8"}

Process finished with exit code 0
```

11.5 实现查看用户的 RESTful API

DRF 的前期安装配置准备工作已完成,接下来,我们会实现 4 个主要的 API 接口:查看用户、查看发布单、查看 App 应用、查看、新增及更新服务器。日常 DRF 中的开发技术,基本上都会涉及到。

现在,先看第一个最简单的 API 接口实现,就是查看所有用户的 API。

11.5.1 序列化和反序列化 User 数据表字段

在前后端分离的 Web 项目中,设计都是基于 RESTful 架构的。前后端交互的数据类型一般为两种:json 和 xml。相对而言,json 是主流数据类型。

在 Python Web 开发中,需要面临的问题是,我们在后端项目中,交互的数据一般为原生的 Python 数据类型,比如 dict、list、str 等,那么要去和前端交互数据,必须要将原生 Python 数据转换为 json 格式的数据。所以在开发 REST API 接口时,在视图中需要做的最核心的事是:将数据库数据序列化为前端所需要的格式并返回;将前端发送的数据反序列化为模型类对象,并保存到数据库中。

DRF 的序列化及反序列化过程,可以从较底层的 Serializer 类开始。这个类可以快速根据 Django ORM 或者其他库自动序列化/反序列化;提供了丰富的类视图、Mixin 扩展类,简化视图的编写;丰富的定制层级:函数视图、类视图、视图集合到自动生成 API,满足各种需要。

DRF 的序列化及反序列化过程,也可以从较高级的 ModelSerializer 封装类开始,ModelSerializer 不但提供了与常规的 Serializer 相同的功能,而且还基于模型类自动生成一系列字段,基于模型类自动为 Serializer 生成 validators,比如 unique_together,包含默认的 create()和 update()的实现等更多功能。

下面,我们就来实现一个继承自 HyperlinkedModelSerializer 的类吧。这个 HyperlinkedModelSerializer 类与 ModelSerializer 类相似,只不过它使用超链接来表示关系而不是主键。默认情况下,此序列化器将包含一个 URL 字段而不是主键字段。URL 字段将使用 HyperlinkedIdentityField 序列化器字段来表示,并且模型上的任何关系都将使用 HyperlinkedRelatedField 序列化器字段来表示。

在 API 目录下新建一个 serializers.py 文件,新增以下内容:

https://github.com/aguncn/manabe/blob/master/manabe/api/serializers.py

```
01    class UserSerializer(serializers.HyperlinkedModelSerializer):
02        # deploy_create_user = serializers.HyperlinkedRelatedField(many=True,
03                              view_name='api:deploypool-detail', read_only=True)
04    
05        class Meta:
06            model = User
07            fields = ('id', 'username',)
08            # fields = ('id', 'username', 'deploy_create_user',)
```

代码解释:

第 6 行:表示 UserSerializer 类继承自 HyperlinkedModelSerializer 类。

第 7~8 行、13 行:注释的部署,是因为我们还没有实现发布单 deploypool 的视图集合类,待本章后面实现以后,取消此注释,就会在此 API 里同时获取每个用户的发布单列表。

第 11~12 行:表明我们序列化的数据表是 User 数据表,字段为 id 和 username。

11.5.2 生成 User 视图集合类

DRF 中的视图 View 的作用与 Django 原生的视图作用一样,都是默认封装了一系列的内置方法和属性,以便让继承的用户自定义视图可以更规范和快速地实现自己的功能。

DRF 中的视图分为多层多类,用脑图的方式展示如图 11-6 所示。

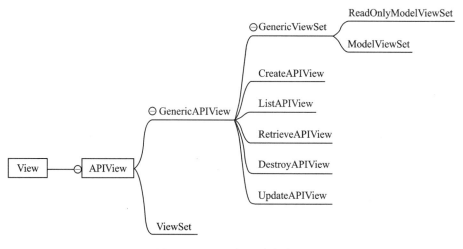

图 11-6 DRF 视图分类脑图

① Django 中的 View(图 11-6 中的最左边方框 View),是所有基于类的 View 的父类,它负责将视图连接到 URL、HTTP 方法调度(GET、POST 等)和其他简单的功能。

② APIView 是 drf 中所有 View 的父类,本身继承于 Django 的 View,只有简单的调度方法和健壮检查。

③ GenericAPIView 继承于 APIView,为标准 list 和 detail 详情提供了常用行为,每个 GenericAPIView 都会和一个或多个 mixin 联合使用。它还拥有以下属性和方法:

- queryset 需要返回的结果集;
- serializer_class 用于序列化的 Serializer;
- lookup_field 查找单个 Model 实例时的字段,默认为 pk(主键);
- lookup_url_kwarg 查找 URL 中的字典参数;
- pagination_class 分页;
- filter_backend 过滤。

④ ListAPIView:除了继承 GenericAPIView 加 ListModelMixin,重写了一下

get 方法,没干别的事。

⑤ GenericViewSet:继承于 GenericAPIView,并提供默认的 get_object、get_queryset 方法和其他通用视图基本行为,但默认情况下不包含任何操作。为了使用 GenericViewSet 类,将覆盖该类并混合所需的 mixin 类,或者显式定义动作实现。

⑥ ReadOnlyModelViewSet:继承于 GenericViewSet,混用 RetrieveModelMixin、ListModelMixin。这样就既可以用它来访问列表,也可以用它来访问详情。

有了上一小节的序列化器 UserSerializer,接下来,我们就可以实现 User 视图集合类了。在 API 的 views.py 文件中,新增如下内容。

https://github.com/aguncn/manabe/blob/master/manabe/api/views.py

```
01  # coding = utf8
02
03  from django.contrib.auth.models import User
04  from rest_framework import viewsets
05  from rest_framework import permissions
06  from .serializers import UserSerializer
07
08
09  class UserViewSet(viewsets.ReadOnlyModelViewSet):
10      """
11      This viewset automatically provides 'list' and 'detail' actions.
12      """
13      queryset = User.objects.all()
14      serializer_class = UserSerializer
15      permission_classes = (permissions.AllowAny,)
```

代码解释:

第 9 行:ReadOnlyModelViewSet 表示这个视图集合类只可用于显示,不可更改。

第 13 行:此 API 返回的结果集为所有用户。

第 14 行:此 API 的序列化器为上一节编写的 UserSerializer。

第 15 行:此 API 的访问权限为 DRF 的一个内置权限 AllowAny(允许所有人)。

11.5.3 为 User 的 API 注册访问路由

① 在 API 目录的 urls.py 文件中 router = DefaultRouter() 行下面,新增以下内容。

https://github.com/aguncn/manabe/blob/master/manabe/api/urls.py

```
01  ...
02  router.register(r'users', views.UserViewSet, base_name = "user")
03  ...
```

代码解释：

第 2 行：在我们注册好这样一个路由之后，结合 base_name，如果以后在其他序列化器中要引用 User 数据表的外键，就可以用 view_name='user-list' 或是 view_name='user-detail' 这样的写法来引用了。这里暂时不理解不要紧，待本章后面序列化更多功能时，还会讲到这种用法。

② 访问新增的链接，测试此节的代码生效。

如果是在本机测试，则依次为如下 URL：

http://127.0.0.1:8000/api/；

http://127.0.0.1:8000/api/users/；

http://127.0.0.1:8000/api/users/?format=json（此链接供第三方应用直接获取数据进行解析）。

截图依次如图 11-7、图 11-8 所示。

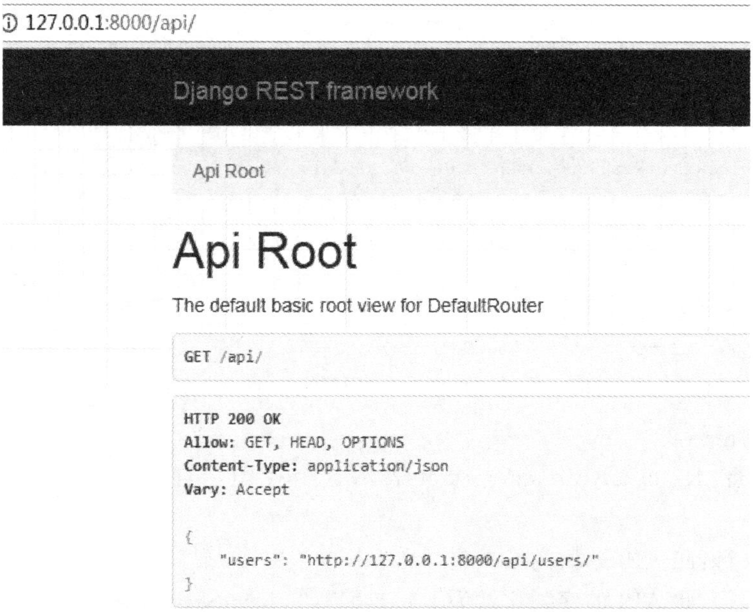

图 11-7　Web 显示用户 API 数据

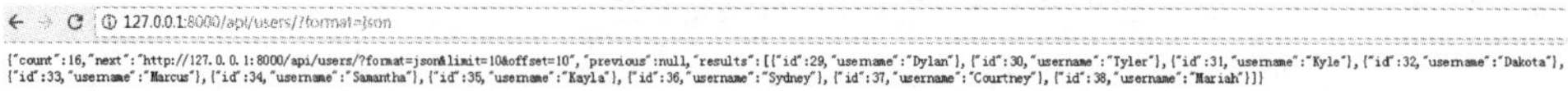

图 11-8　json 显示用户 API 数据

③ 由于这个 API 是允许所有人查看的，所以，可以在 API 目录的 tests.py 文件里新增以下内容用于测试此 API。

```
01    url = "http://127.0.0.1:8000/api/users/?format=json"
```

```
02     headers = {'Content-Type': 'application/json;charset=utf-8'}
03     ret = requests.get(url, headers = headers)
04     print(str(ret.content, 'utf-8'))
```

在本机测试中,输出内容如下:

```
C:\Python36\python.exe D:/GIT/django-python-auto-deploy-book/ch9/manabe/api/
tests.py {"count":16,"next":"http://127.0.0.1:8000/api/users/?format=json&limit=
10&offset=10","previous":null,"results":[{"id":29,"username":"Dylan"},{"id":30,"user
name":"Tyler"},{"id":31,"username":"Kyle"},{"id":32,"username":"Dakota"},{"id":33,
"username":"Marcus"},{"id":34,"username":"Samantha"},{"id":35,"username":"Kayla"},
{"id":36,"username":"Sydney"},{"id":37,"username":"Courtney"},{"id":38,"username":"Ma
riah"}]}

Process finished with exit code 0
```

11.6 实现查看发布单的 RESTful API

上一节的 User API 是比较简单的,几乎没有什么自定义的设置和外键关联。这一节,我们加大点难度,来实现查看发布单的 API。因为发布单里,关联着环境、应用名称、发布状态,都是外键,看看它们如何在序列化时实现吧。另外,我们还会在发布单中进行过滤,让它只显示最近一年的发布单。

11.6.1 序列化 DeployPool 数据表字段

在 API 目录下的 serializers.py 文件中,新增 DeployPoolSerializer,内容如下:

https://github.com/aguncn/manabe/blob/master/manabe/api/serializers.py

```
01    class DeployPoolSerializer(serializers.ModelSerializer):
02        create_user = serializers.ReadOnlyField(source='create_user.username')
03        app_name = serializers.ReadOnlyField(source='app_name.name')
04        is_restart_status = serializers.ReadOnlyField(source='app_name.is_restart_status')
05        deploy_status = serializers.ReadOnlyField(source='deploy_status.description')
06
07        class Meta:
08            model = DeployPool
09            fields = ('id', 'name', 'app_name', 'is_inc_tot', 'create_user',
10                      'deploy_type', 'is_restart_status', 'deploy_status', 'change_date')
```

代码解释:

第 2 行:重写 DeployPool 中的 create_user 字段,用其外键关联数据表 User 的 username 字段代替。这里粗一看,可能有点慌,如果我们结合 deploy 目录下的 models.py 文件,看看我们如何定义 DeployPool 类的 create_user 字段,相信会对这种 source 写法规则会更熟悉。后面几行的实现与此类似,不再详解。

https://github.com/aguncn/manabe/blob/master/manabe/deploy/models.py

```
...
create_user = models.ForeignKey(User, related_name='deploy_create_user',
                                on_delete=models.CASCADE, verbose_name="创建用户")
...
```

第 3 行:重写 DeployPool 中的 app_name 字段,用其外键关联数据表 App 的 name 字段代替。

第 4 行:重写 DeployPool 中的 is_restart_status 字段,用其外键关联数据表 App 的 is_restart_status 字段代替。

第 5 行:重写 DeployPool 中的 deploy_status 字段,用其外键关联数据表 DeployStatus 的 description' 字段代替。

第 8~10 行:表明我们序列化的数据表是 DeployPool 数据表,字段为 DeployPool 数据表的原生字段名及前面定义的关联外键字段名。

11.6.2 生成 DeployPool 视图集合类

此视图集合类和上一小节的 User 视图集合类一样,都是存在于 API 目录的 views.py 文件中。

https://github.com/aguncn/manabe/blob/master/manabe/api/views.py

```
01    class DeployPoolViewSet(viewsets.ModelViewSet):
02        """
03        This viewset automatically provides 'list', 'create', 'retrieve',
04        'update' and 'destroy' actions.
05        
06        Additionally we also provide an extra 'highlight' action.
07        """
08        serializer_class = DeployPoolSerializer
09        
10        def get_queryset(self):
11            filter_dict = dict()
12            current_date = timezone.now()
13            filter_dict['change_date__gt'] = current_date - timedelta(days=365)
14            return DeployPool.objects.filter(**filter_dict)
```

代码解释:

第 1 行:此类继承自 ModelViewSet,所以原则上它可以进行一些修改或新增的操作,因为我们没有进一步实现 create 或 update 方法(这两个方法,下一节会涉及),所以这个 API,也只可用于单纯的查看,不能修改。

第 8 行:指定序列化器为 DeployPoolSerializer。

第 10~14 行:此 API 返回的结果集为 DeployPool 数据表,发布单是一年之内的发布单。注意这里,我们的 filter 写法是通过传入字典实现的。这种字典式过滤,在过滤条件很多、很复杂时,可以让代码变得清晰,更易维护。ORM 中__gt:大于某个时间。

11.6.3 为发布单的 API 注册访问路由

① 在 API 目录下的 urls.py 中加入以下内容注册好路由。

https://github.com/aguncn/manabe/blob/master/manabe/api/urls.py

```
01  ...
02  router.register(r'deploypools', views.DeployPoolViewSet, base_name = "deploy-pool")
03  ...
```

② 打开 http://127.0.0.1:8000/api/,看到我们新的 URL 路由已生效,如图 11-9 所示。

图 11-9 Web 显示发布单 API 数据

③ 点击 http://127.0.0.1:8000/api/deploypools/,会看到 API 的 Web 显示方式,如图 11-10 所示。

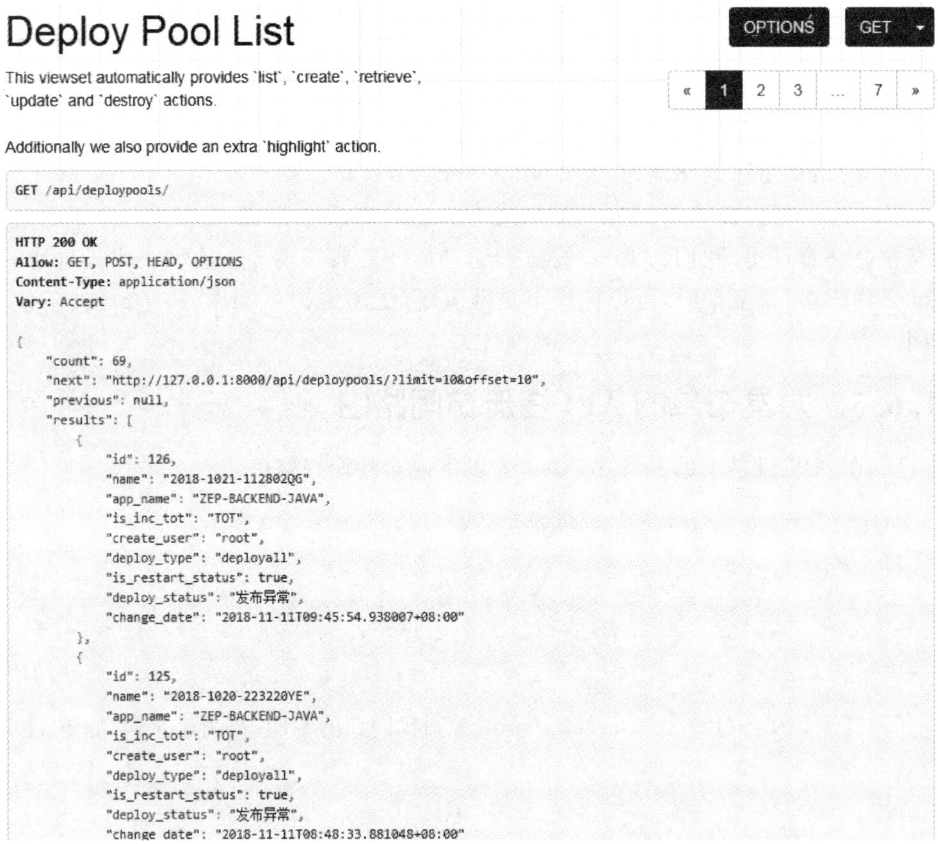

Deploy Pool List

This viewset automatically provides `list`, `create`, `retrieve`, `update` and `destroy` actions.

Additionally we also provide an extra `highlight` action.

```
GET /api/deploypools/
```

```
HTTP 200 OK
Allow: GET, POST, HEAD, OPTIONS
Content-Type: application/json
Vary: Accept

{
    "count": 69,
    "next": "http://127.0.0.1:8000/api/deploypools/?limit=10&offset=10",
    "previous": null,
    "results": [
        {
            "id": 126,
            "name": "2018-1021-112802QG",
            "app_name": "ZEP-BACKEND-JAVA",
            "is_inc_tot": "TOT",
            "create_user": "root",
            "deploy_type": "deployall",
            "is_restart_status": true,
            "deploy_status": "发布异常",
            "change_date": "2018-11-11T09:45:54.938007+08:00"
        },
        {
            "id": 125,
            "name": "2018-1020-223220YE",
            "app_name": "ZEP-BACKEND-JAVA",
            "is_inc_tot": "TOT",
            "create_user": "root",
            "deploy_type": "deployall",
            "is_restart_status": true,
            "deploy_status": "发布异常",
            "change_date": "2018-11-11T08:48:33.881048+08:00"
```

图 11 - 10　Web 显示发布单详细 API 数据

④ 现在请读者再次回看 11.5.1 小节中的代码，如果将注释取消，更改为如下内容，就能获取每个用户的发布单了。

```
01  class UserSerializer(serializers.HyperlinkedModelSerializer):
02      # deploy_create_user = serializers.HyperlinkedRelatedField(many = True,
03                             view_name = 'api:deploypool-detail', read_only = True)
04      class Meta:
05          model = User
06          fields = ('id', 'username',)
07          # fields = ('id', 'username', 'deploy_create_user',)
```

代码解释：

第 2~3 行：获取 DeployPool 数据表中 create_user 的反向查询字段，其关系为一对多的关系，所以 many=True，即一个用户拥有多个发布单。至于 deploy_create_user 这个字段的由来，需要结合 deploy 目录下 DeployPool 数据表的 create_user 字段。可以看到，在 DeployPool 中定义 create_user 时，使用了 related_name='deploy_ create_user' 这个语法。

https://github.com/aguncn/manabe/blob/master/manabe/deploy/models.py

```
...
create_user = models.ForeignKey(User, related_name='deploy_create_user',
                                on_delete=models.CASCADE, verbose_name="创建用户")
...
```

⑤ 如果我们再访问 http://127.0.0.1:8000/api/users/，查看用户明细，就会看到每个用户新建的发布单了。

11.7 实现查看、新增和修改服务器的 RESTful API

在上一节，我们实现发布单的 API。在其中，使用了关联外键显示，以及反向查询一对多的关联。

在本节，我们再加大点难度，来实现通过 Token 认证，以及对通过 RESTful API 来增加或更改服务器数据。

通过本节的学习，希望读者能掌握日常开发中最常用的 API 认证及通过 API 更新后端数据。

11.7.1 序列化 Server 数据表字段

Server 的序列化，也位于 API 目录下的 serializers.py 文件中，内容如下。

https://github.com/aguncn/manabe/blob/master/manabe/api/serializers.py

```
01  class ServerSerializer(serializers.HyperlinkedModelSerializer):
02      create_user = serializers.ReadOnlyField(source='create_user.username')
03      app_name = serializers.ReadOnlyField(source='app_name.name')
04      env_name = serializers.ReadOnlyField(source='env_name.name')
05
06      class Meta:
07          model = Server
08          fields = ('id', 'name', 'ip_address', 'env_name', 'app_name', 'create_user')
```

代码解释：

第 2 行：重写 server 中的 create_user 字段，用其外键关联数据表 User 的 username 字段代替。

第 3 行：重写 server 中的 app_name 字段，用其外键关联数据表 App 的 name 字段代替。

第 4 行：重写 server 中的 env_name 字段，用其外键关联数据表 Env 的 name 字段代替。

第 7～8 行：表明我们序列化的数据表是 Server 数据表，字段为 Server 数据表的原生字段名及前面定义的关联外键字段名。

11.7.2 生成 Server 视图集合类

因为 Server 的 API 要支持 Token 认证，通过 API 进行新增服务器及更改服务器的操作，所以其视图内容稍显复杂。不要被下面这些代码吓坏，随后会带领读者逐行分析。这个 ServerViewSet 和前面几节的类差不多，只是多了 create 方法和 update 方法，分别用于通过 API 新增和更改服务器数据。

https://github.com/aguncn/manabe/blob/master/manabe/api/views.py

```
01  class ServerViewSet(viewsets.ModelViewSet):
02      """
03      This viewset automatically provides 'list' and 'detail' actions.
04      """
05      queryset = Server.objects.all()
06      serializer_class = ServerSerializer
07      authentication_classes = (TokenAuthentication,)
08      permission_classes = (permissions.IsAuthenticatedOrReadOnly,)
09
10      # 如有需要，自定义 update 和 create 方法，以实现外键方面的关联
11      def create(self, request, *args, **kwargs):
12          try:
13              aa = TokenAuthentication()
14              user_name, token = aa.authenticate(request)
15              print(user_name, token)
16          except Exception as e:
17              print(e)
18              result = {'return': 'fail', 'message': "auth fail."}
19              return Response(result, status=403)
20          if user_name != request.user:
21              result = {'return': 'fail', 'message': "others token."}
22              return Response(result, status=403)
23          validated_data = dict()
24          validated_data['name'] = request.data['name']
25          validated_data['ip_address'] = request.data['ip_address']
26          validated_data['port'] = request.data['port']
27          validated_data['salt_name'] = request.data['salt_name']
28          validated_data['app_name'] = App.objects.get(name=request.data['app_name'])
29          validated_data['env_name'] = Env.objects.get(name=request.data['env_name'])
```

```python
30            validated_data['app_user'] = request.data['app_user']
31            validated_data['op_user'] = request.user
32
33        try:
34            Server.objects.create(**validated_data)
35            mylog.debug("create server is {}.".format(validated_data))
36            response_data = {
37                'result': 'success',
38                'message': u'新服务器插入数据库成功!'
39            }
40            return Response(response_data, status=status.HTTP_201_CREATED)
41        except:
42            response_data = {
43                'result': 'failed',
44                'message': u'不能正确插入数据库'
45            }
46             return Response(response_data, status=status.HTTP_400_BAD_REQUEST)
47
48    def update(self, request, *args, **kwargs):
49        try:
50            aa = TokenAuthentication()
51            user_name, token = aa.authenticate(request)
52            print(user_name, token)
53        except Exception as e:
54            print(e)
55            result = {'return': 'fail', 'message': "auth fail."}
56            return Response(result, status=403)
57        if user_name != request.user:
58            result = {'return': 'fail', 'message': "others token."}
59            return Response(result, status=403)
60        validated_data = dict()
61        validated_data['name'] = request.data['name']
62        validated_data['ip_address'] = request.data['ip_address']
63        validated_data['port'] = request.data['port']
64        validated_data['salt_name'] = request.data['salt_name']
65        validated_data['app_name'] = App.objects.get(name=request.data['app_name'])
66        validated_data['env_name'] = Env.objects.get(name=request.data['env_name'])
67        validated_data['app_user'] = request.data['app_user']
```

```
68              validated_data['op_user'] = request.user
69
70          pk_id = kwargs["pk"]
71          try:
72              server_item = Server.objects.filter(pk = pk_id)
73              server_item.update( * * validated_data)
74              mylog.debug("udpate server {} is {}. ".format(pk_id, validated_data))
75              response_data = {
76                  'result': 'success',
77                  'name': pk_id,
78                  'create_user': request.user.username,
79                  'message': u'更新服务器成功!'
80              }
81
82              return Response(response_data, status = status.HTTP_201_CREATED)
83          except:
84              response_data = {
85                  'result': 'failed',
86                  'message': u'更新服务器失败!'
87              }
88              return Response(response_data, status = status.HTTP_400_BAD_REQUEST)
```

代码解释：

第 5 行：此 API 返回的结果集为所有的服务器。

第 6 行：此 API 使用的序列化器为我们上一小节定义的 ServerSerializer。

第 7 行：此 API 使用的认证类为 TokenAuthentication。DRF 的 TokenAuthentication 认证方式，如果成功通过身份验证，TokenAuthentication 将提供以下两个凭据：一个是 request.user，另一个是 request.auth。未经身份验证的响应被拒绝将导致 HTTP 401 Unauthorized 的响应和相应的 WWW-Authenticate header。

第 8 行：此 API 使用的权限为 permissions.IsAuthenticatedOrReadOnly，注册用户可以以任何方法访问，没有注册的用户只能以安全方法（GET、HEAD、OPTIONS）访问。

第 12~22 行：为了安全，将 TokenAuthentication 获取的用户和 request.user 用户作比较，以防止未知验证方法进入。

第 23~31 行：使用一个 validated_data 字典接收所有传递给 API 的参数。

第 33~40 行：调用 ORM 的 create 方法插入数据库，如果成功，则返回 201 给用户，并提醒用户数据插入成功。

第 41~46 行：如果处理失败，则返回 400 状态给浏览器，同时返回失败消息。

第 49~59 行：在 create 方法中做过的验证，在 update 方法中最好也重复实现一下。将 TokenAuthentication 获取的用户和 request.user 用户作比较，以防止未知验证方法进入。

第 60～69 行:使用一个 validated_data 字典接收所有传递给 API 的参数。

第 70 行:这是与 create 方法的不同,在通过 API 进行 udpate 操作时,DRF 会在 kwargs["pk"]中写入待更新的数据记录的 ID 值。

第 72～80 行:先获取待更新记录,然后,执行更新操作,如果成功,则返回给用户 201 代码,同时提醒用户更新完成。

第 83～88 行:如果处理失败,则返回 400 状态给浏览器,同时返回失败消息。

11.7.3 为 Server API 注册访问路由

在 API 目录下的 urls.py 文件中加入以下内容,注册并启用 Server 的路由。

```
01  …
02  router.register(r'servers', views.ServerViewSet, base_name = "server")
03  …
```

此时访问 http://127.0.0.1:8000/api/servers/,返回如下截图,表示功能正常,如图 11-11 所示。

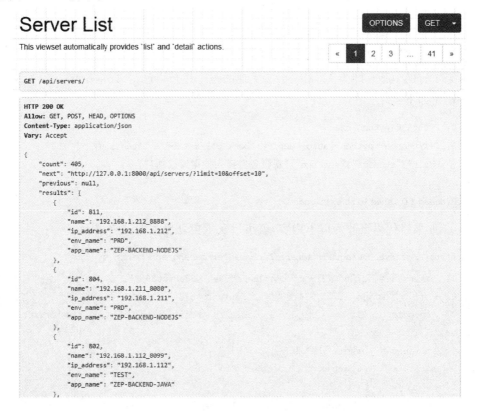

图 11-11　Web 显示服务器列表 API 数据

11.7.4 使用 Requests 库测试 Server API

① 如何来测试这个 API 的新增和更新功能呢？我们在 API 目录下的 tests.py 文件中，输入以下代码，就可以实现新增服务器的测试。

https://github.com/aguncn/manabe/blob/master/manabe/api/tests.py

```
01    mytoken = "f1365072e8bcf884ab9ce9158eb42d53e8fc0368"
02    url = "http://127.0.0.1:8000/api/servers/"
03    headers = {'Content-Type': 'application/json;charset=utf-8', 'Authorization':
'Token {}'.format(mytoken)}
04    payload = {'name': "192.168.1.213_8888",
05               'ip_address': "192.168.1.212",
06               'port': "8888",
07               'salt_name': "192.168.1.213_8888",
08               'app_name': "ZEP-BACKEND-NODEJS",
09               'env_name': "TEST",
10               'app_user': "root"
11              }
12
13    ret = requests.post(url, headers=headers, data=json.dumps(payload))
14    print(str(ret.content, 'utf-8'))
```

第 1 行的 token 即为 11.3.4 小节实现的每个用户自己的 Token 值。

输出如下：

C:\Python36\python.exe

D:/GIT/django-python-auto-deploy-book/ch9/manabe/api/tests.py

{"result":"success","message":"新服务器插入数据库成功！"}

Process finished with exit code 0

② 如果将代码更改为以下内容，就可以实现更新服务器的测试。

https://github.com/aguncn/manabe/blob/master/manabe/api/tests.py

```
01    mytoken = "f1365072e8bcf884ab9ce9158eb42d53e8fc0368"
02    url = "http://127.0.0.1:8000/api/servers/812/"
03    headers = {'Content-Type': 'application/json;charset=utf-8', 'Authorization':
'Token {}'.format(mytoken)}
04    payload = {'name': "192.168.1.213_8888",
05               'ip_address': "192.168.1.213",
06               'port': "8888",
07               'salt_name': "192.168.1.213_8888",
08               'app_name': "ZEP-BACKEND-NODEJS",
```

```
09              'env_name': "PRD",
10              'app_user': "dvpusr"
11          }
12
13  ret = requests.put(url, headers = headers, data = json.dumps(payload))
14  print(str(ret.content, 'utf - 8'))
```

注意,此时 requests 模块使用的是 put 方法。

输出如下:

C:\Python36\python.exe

D:/GIT/django - python - auto - deploy - book/ch9/manabe/api/tests.py

{"result":"success","name":"812","create_user":"mary","message":"更新服务器成功!"}

Process finished with exit code 0

③ 此时如果我们再访问 http://127.0.0.1:8000/api/servers/,会发现数据变化已反映到 API,如图 11 - 12 所示。

```
GET /api/servers/

HTTP 200 OK
Allow: GET, POST, HEAD, OPTIONS
Content-Type: application/json
Vary: Accept

{
    "count": 406,
    "next": "http://127.0.0.1:8000/api/servers/?limit=10&offset=10",
    "previous": null,
    "results": [
        {
            "id": 812,
            "name": "192.168.1.213_8888",
            "ip_address": "192.168.1.213",
            "env_name": "PRD",
            "app_name": "ZEP-BACKEND-NODEJS"
        },
        {
            "id": 811,
            "name": "192.168.1.212_8888",
            "ip_address": "192.168.1.212",
            "env_name": "PRD",
            "app_name": "ZEP-BACKEND-NODEJS"
        },
```

图 11 - 12 测试新增服务器的 API

11.8 实现查看、新增和修改 App 服务应用的 RESTful API

在上一节,我们实现了 Server API 的显示、新增和更新操作,在本章最后一节,我们来实现最后一个 API——对于 App 服务应用的显示、新增和更新。

相信经过前面几节的代码实现,读者对本节的内容应该理解了。

11.8.1 序列化 App 服务应用数据表字段

API 目录下关于 App 服务应用序列化实现的内容如下:

https://github.com/aguncn/manabe/blob/master/manabe/api/serializers.py

```
01    class AppSerializer(serializers.HyperlinkedModelSerializer):
02
03        class Meta:
04            model = App
05            fields = ('id', 'name', 'jenkins_job', 'git_url', 'script_url')
```

此处不用过多解释,我们只是使用了 App 数据表中无外键的字段,所以实现起来很轻巧。

11.8.2 生成 App 服务应用视图集合类

代码如下:

https://github.com/aguncn/manabe/blob/master/manabe/api/views.py

```
01    class AppViewSet(viewsets.ModelViewSet):
02        """
03        This viewset automatically provides 'list' and 'detail' actions.
04        """
05        queryset = App.objects.all()
06        serializer_class = AppSerializer
07        authentication_classes = (TokenAuthentication,)
08        permission_classes = (permissions.AllowAny,)
09
10        # 如有需要,自定义 update 和 create 方法,以实现外键方面的关联
11        def create(self, request, *args, **kwargs):
12            try:
13                aa = TokenAuthentication()
14                user_name, token = aa.authenticate(request)
15                print(user_name, token)
16            except Exception as e:
```

```
17              print(e)
18          result = {'return': 'fail', 'message': "auth fail."}
19          return Response(result, status = 403)
20      if user_name ! = request.user:
21          result = {'return': 'fail', 'message': "others token."}
22          return Response(result, status = 403)
23      validated_data = dict()
24      validated_data['name'] = request.data['name']
25      validated_data['jenkins_job'] = request.data['jenkins_job']
26      validated_data['git_url'] = request.data['git_url']
27      validated_data['script_url'] = request.data['script_url']
28      validated_data['create_user'] = request.user
29
30      try:
31          App.objects.create( * * validated_data)
32          response_data = {
33              'result': 'success',
34              'message': u'新 App 服务应用插入数据库成功!'
35          }
36          return Response(response_data, status = status.HTTP_201_CREATED)
37      except:
38          response_data = {
39              'result': 'failed',
40              'message': u'App 服务应用不能正确插入数据库'
41          }
42          return Response(response_data, status = status.HTTP_400_BAD_REQUEST)
43
44  def update(self, request, * args, * * kwargs):
45      try:
46          aa = TokenAuthentication()
47          user_name, token = aa.authenticate(request)
48          print(user_name, token)
49      except Exception as e:
50          print(e)
51          result = {'return': 'fail', 'message': "auth fail."}
52          return Response(result, status = 403)
53      if user_name ! = request.user:
```

```
54          result = {'return': 'fail', 'message': "others token."}
55          return Response(result, status = 403)
56     validated_data = dict()
57     validated_data['name'] = request.data['name']
58     validated_data['jenkins_job'] = request.data['jenkins_job']
59     validated_data['git_url'] = request.data['git_url']
60     validated_data['script_url'] = request.data['script_url']
61     validated_data['create_user'] = request.user
62
63     pk_id = kwargs["pk"]
64     try:
65
66          app_item = App.objects.filter(pk = pk_id)
67          app_item.update(**validated_data)
68          response_data = {
69              'result': 'success',
70              'name': pk_id,
71              'create_user': request.user.username,
72              'message': u'更新App服务应用成功!'
73          }
74          return Response(response_data, status = status.HTTP_201_CREATED)
75     except:
76          response_data = {
77              'result': 'failed',
78              'message': u'更新App服务应用失败!'
79          }
80          return Response(response_data, status = status.HTTP_400_BAD_REQUEST)
```

此处无须解释,它的实现和 Server API 类似。

11.8.3　为 App 服务应用 API 注册访问路由

最后,我们为 App 服务应用注册好路由,就可以正常访问所有的 API 接口了。在 API 目录下的 urls.py 文件中,加入以下内容:

```
01  ...
02  router.register(r'apps', views.AppViewSet, base_name = "app")
03  ...
```

此时访问 http://127.0.0.1:8000/api/servers/,返回如图 11-13 所示的内容,表示功能正常。

```
{
    "id": 38,
    "name": "ZEP-BACKEND-GO",
    "jenkins_job": "ZEP-BACKEND-GO",
    "git_url": "http://localhost",
    "script_url": null
},
{
    "id": 37,
    "name": "ZEP-BACKEND-JAVA",
    "jenkins_job": "ZEP-BACKEND-JAVA",
    "git_url": "http://192.168.1.112/ZEP-BACKEND/ZEP-BACKEND-JAVA.git",
    "script_url": "http://192.168.1.111/scripts/zep-backend-java/bootstart.sh"
},
{
    "id": 36,
    "name": "ZEP-BACKEND-NODEJS",
    "jenkins_job": "ZEP-BACKEND-NODEJS",
    "git_url": "http://localhost",
    "script_url": null
```

图 11-13 Web 显示 App 应用的 API 内容

11.9 Django REST Framework API 测试

DRF 框架包含一些用于扩展 Django 的测试框架的类，改进对 API 请求的支持。我们会在下面使用 APIRequestFactory，它继承了 Django 的 RequestFactory 类。

APIRequestFactory 几乎支持与 Django 的 RequestFactory 一样的 API。这意味着在网络请求中常用的 .get()、.post()、.put()、.patch()、.delete()、.head() 和 .options() 这些方法，都可以使用。

下面就来演示一下如何测试 API View 中的 Get 请求和 Post 请求。

https://github.com/aguncn/manabe/blob/master/manabe/api/tests/test_views.py

```
01    from django.test import TestCase
02    from django.urls import resolve, reverse
03    from django.contrib.auth.models import User
04    from rest_framework.test import APIRequestFactory
05    from rest_framework.test import APIClient
06    from rest_framework import status
07    from rest_framework.test import APITestCase
08    from rest_framework.authtoken.models import Token
09    from api.views import UserViewSet
10    from api.views import AppViewSet
```

```python
11  from appinput.models import App
12  from envx.models import Env
13  from model_mommy import mommy
14
15  class UserListTests(TestCase):
16      def setUp(self):
17          self.fatory = APIRequestFactory()
18
19      def test_user_list_view_status_code(self):
20          url = reverse('api:user-list')
21          request = self.fatory.get(url)
22          response = UserViewSet.as_view(({'get': 'list'}))(request)
23          self.assertEqual(response.status_code, 200)
24
25      def test_user_list_url_resolves_user_view(self):
26          view = resolve('/api/users/')
27          self.assertEqual(view.func.__name__,
28                           UserViewSet.as_view(({'get': 'list'})).__name__)
29
30  class AppListTests(TestCase):
31      def setUp(self):
32          self.fatory = APIRequestFactory()
33
34      def test_app_list_view_status_code(self):
35          url = reverse('api:app-list')
36          request = self.fatory.get(url)
37          response = AppViewSet.as_view(({'get': 'list'}))(request)
38          self.assertEqual(response.status_code, 200)
39
40      def test_app_list_url_resolves_app_view(self):
41          view = resolve('/api/apps/')
42          self.assertEqual(view.func.__name__,
43                           AppViewSet.as_view(({'get': 'list'})).__name__)
44
45  class AppCreateTests(APITestCase):
46      def setUp(self):
47          self.user = User.objects.create_user(
48              username='test',
49              email='test@example.com',
50              password='test', )
51          token = Token.objects.get(user__username='test')
```

```python
52            self.client = APIClient()
53            self.client.credentials(HTTP_AUTHORIZATION = 'Token ' + token.key)
54
55        def test_create_app(self):
56            """
57            Ensure we can create a new app object.
58            """
59            url = reverse('api:app-list')
60            payload = {'name': "ZEP-BACKEND-JAVA",
61                       'jenkins_job': "jenkins_job",
62                       'git_url': "http://test/",
63                       'dir_build_file': "./target/",
64                       'build_cmd': "mvn packaget",
65                       'script_url': "http://test/script.sh"
66                       }
67            response = self.client.post(url, payload, format = 'json')
68            print(response, "@@@@@@@@@@")
69            self.assertEqual(response.status_code, status.HTTP_201_CREATED)
70            self.assertEqual(App.objects.count(), 1)
71            self.assertEqual(App.objects.get().name, 'ZEP-BACKEND-JAVA')
72
73    class ServerCreateTests(TestCase):
74        def setUp(self):
75            self.new_app = mommy.make(App,
76                                       name = 'ZEP-BACKEND-NODEJS')
77            self.new_env = mommy.make(Env,
78                                       name = 'TEST')
79            self.user = User.objects.create_user(
80                username = 'test',
81                email = 'test@example.com',
82                password = 'test', )
83            token = Token.objects.get(user__username = 'test')
84            self.client = APIClient()
85            self.client.credentials(HTTP_AUTHORIZATION = 'Token ' + token.key)
86
87        def test_server_create_view(self):
88            url = reverse('api:server-list')
89            payload = {'name': "192.168.1.213_8888",
90                       'ip_address': "192.168.1.212",
91                       'port': "8888",
92                       'salt_name': "192.168.1.213_8888",
```

```
93                        'app_name': "ZEP - BACKEND - NODEJS",
94                        'env_name': "TEST",
95                        'app_user': "root"
96                    }
97     response = self.client.post(url, payload, format = 'json')
98     self.assertEqual(response.status_code, 201)
```

代码解释：

从上面的代码中可以看到，我们测试 API 时，套路和常规的 View 一致。主要看 URL 能否正常解析到 View 的视图，访问的返回码是否为 200；在测试新增数据后，看数据库里是否有记录，且返回码是否为 201。

第 1～13 行：导入所需模块，这里使用了前面介绍过的 model_mommy。

第 17 行：构造了一个 APIRequestFactory 的实例 factory，它可像 client 一样请求数据。

第 22 行：UserViewSet.as_view(({'get': 'list'}))(request) 这样的写法，对于 API 的 ViewSet 这种集成度高的视图，只使用 Get 请求其 List 功能。

第 47～51 行：构造一个用户，并获取其 Token。这是因为在新增一个 App 时，是需要用户认证的。

第 52～53 行：构架一个 APIClient 实例，并使用前几行生成的 Token 通过其认证。

第 60～66 行：人工构造 App 数据。

第 67 行：使用 self.client.post()方法，发起新增 App 的请求。

第 69 行：如果 Post 请求成功，则返回码为 201。

第 70 行：如果 Post 请求成功，则数据库行数新增一行。

第 71 行：如果 Post 请求成功，则数据库中的 name 和我们构造的 name 相同。

https://www.django-rest-framework.org/api-guide/testing/ 中有更详细的说明。

11.10 小　结

在本章中，我们通过 Django REST Framework 这个第三方模块，实现了自动化部署系统中常用的 RESTful API 接口的开发。

我们不仅实现了后端数据的展示，而且还加入了外键关联、一对多的反向查询、Token 认证、通过 API 进行新增和更新的操作。

我们没有在 API 中实现删除的操作，一来是因为删除从来都是一个小心的操作，我们在实际工作中也没有直接删除，而是将数据记录加一个删除标记的字段。二来读者也可以将删除功能当作练手，去更深入地了解 DRF。

第 12 章

Django 日志和数据统计及生产环境部署

古人今人若流水,共看明月皆如此。

——李白《把酒问月》

经过前面第 11 章的介绍,一个自动化软件部署系统就在本地开发完成了。在本地开发中,一直是用 python manage runserver 这个命令在测试我们的 Python 代码。这个命令在软件开发时,比较有效率,因为代码的更改可以得到及时的反馈,基于浏览器的测试也得到及到的更新。但它是一个纯用 Python 写的轻量级的 Web 服务器,是为了开发而设计的,不适合在生产环境中部署。

在生产环境中,一般会选择使用 Uwsgi 或是 Gunicorn 这类 WSGI 服务器来运行 Django 程序,以便得到更高的性能和稳定性。同时,在前端我们会部署一个 Nginx 反向代理服务器,Nginx 会从本地请求静态资源,并将 Python 请求发往 Uwsgi 或 Gunicorn 服务器。

随着 Docker 容器化技术的风行,在生产环境中,将 Django 应用打包成 Docker 镜像也是一种很流行的做法。在本章中,我们也会介绍如何将自动化部署平台做成 Docker 镜像,用于分发和部署。

此外,我们还有一个在 Django 开发中的知识点没有介绍,就是关于日志模块的使用。在本章,也会涉及其使用方法。

本章所涉及的知识点:

- Django Logging 模块使用;
- WSGI 协议规范;
- Uwsgi 服务器部署;
- Gunicorn 服务器部署;
- 制作 Docker 镜像及启动 Docker 容器。

12.1 Django Logging 日志模块

日志在程序开发中是相当重要的,通过日志可以分析到代码错误在什么地方,有什么异常。这在生产环境下有很大的用途,很多公司都会用 ELK 这样的平台专门收集和分析查看日志,日志量大时,还会引入 kafka 这些中间件。那么在 Django 中是怎么处理日志的呢? Django 利用的就是 Python 提供的 Logging 模块,但 Django 中要用 Logging,还得有一定的配置规则,需要在 Setting 中设置。

下面就结合软件自动化部署系统来实现一个 Django 基本的日志功能吧。

12.1.1 Logging 日志模块简介

Logging 模块为应用程序提供了灵活的手段来记录事件、错误、警告和调试信息。对这些信息可以进行收集、筛选、写入文件、发送给系统日志等操作,甚至还可以通过网络发送给远程计算机。Logging 主要由 4 部分组成。

1. Logger

Logger 是日志系统的入口。每个 Logger 都是命名了的 Bucket,消息写入 Bucket 以便进一步处理。

Logger 可以配置日志级别。日志级别描述了由该 Logger 处理的消息的严重性。Python 定义了下面几种日志级别:

- DEBUG:排查故障时使用的低级别系统信息;
- INFO:一般的系统信息;
- WARNING:描述系统发生了一些小问题的信息;
- ERROR:描述系统发生了大问题的信息;
- CRITICAL:描述系统发生严重问题的信息。

每一条写入 Logger 的消息都是一条日志记录。每一条日志记录也包含日志级别,代表对应消息的严重程度。日志记录还包含有用的元数据来描述被记录了日志的事件细节,例如堆栈跟踪或者错误码。

当 Logger 处理一条消息时,会将自己的日志级别和这条消息的日志级别做对比。如果消息的日志级别匹配或者高于 Logger 的日志级别,它就会被进一步处理;否则这条消息就会被忽略掉。

当 Logger 确定了一条消息需要处理之后,会把它传给 Handler。

2. Handler

Handler 是决定如何处理 Logger 中每一条消息的引擎。它描述特定的日志行为,比如把消息输出到屏幕、文件或网络 Socket。

和 Logger 一样,Handler 也有日志级别的概念。如果一条日志记录的级别不匹配或者低于 Handler 的日志级别,则对应的消息会被 Handler 忽略。

一个 Logger 可以有多个 Handler,每一个 Handler 都可以有不同的日志级别。这样就可以根据消息的重要性不同来提供不同格式的输出。例如,你可以添加一个 Handler 把 ERROR 和 CRITICA 消息发到寻呼机,再添加另一个 Handler 把所有的消息(包括 ERROR 和 CRITICAL 消息)保存到文件里,以便日后分析。

Handler 的参数如表 12-1 所列。

表 12-1 Handler 关键字参数及描述

关键字参数	描 述
Filename	将日志消息附加到指定文件名的文件
Filemode	指定用于打开文件模式
Format	用于生成日志消息的格式字符串
Datefmt	用于输出日期和时间的格式字符串
Level	设置 Handler 的级别
Stream	提供打开的文件,用于把日志消息发送到文件

其中 Format 日志消息格式如表 12-2 所列。

表 12-2 Format 日志消息格式及描述

格 式	描 述
%(name)s	Handler 的名称
%(levelno)s	数字形式的日志记录级别
%(levelname)s	日志记录级别的文本名称
%(filename)s	执行日志记录调用的源文件的文件名称
%(pathname)s	执行日志记录调用的源文件的路径名称
%(funcName)s	执行日志记录调用的函数名称
%(module)s	执行日志记录调用的模块名称
%(lineno)s	执行日志记录调用的行号
%(created)s	执行日志记录的时间
%(asctime)s	日期和时间
%(msecs)s	毫秒部分
%(thread)d	线程 ID
%(threadName)s	线程名称
%(process)d	进程 ID
%(message)s	记录的消息

3. Filter

在日志记录从 Logger 传到 Handler 的过程中,使用 Filter 来做额外的控制。

默认情况下,只要级别匹配,任何日志消息都会被处理。不过,也可以通过添加 Filter 来给日志处理的过程增加额外条件。例如,可以添加一个 Filter 只允许某个特定来源的 ERROR 消息输出。

Filter 还被用来在日志输出之前对日志记录做修改。例如,可以写一个 Filter,当满足一定条件时,把日志记录从 ERROR 降到 WARNING 级别。

Filter 在 Logger 和 Handler 中都可以添加;多个 Filter 可以链接起来使用做多重过滤操作。

4. Formatter

日志记录最终是需要以文本来呈现的。Formatter 描述了文本的格式。一个 Formatter 通常由包含 ref:'LogRecord attributes '<python:logrecord-attributes>的 Python 格式化字符串组成,不过也可以为特定的格式来配置自定义的 Formatter。

12.1.2　为 Manabe 加上日志功能

① 要在 Django 项目中使用日志功能,应先在 Manabe 目录下的 setting.py 文件里增加以下内容:

https://github.com/aguncn/manabe/blob/master/manabe/manabe/settings.py

```
01    import os
02    import platform
03
04    if platform.system() == "Windows":
05        BASE_LOG_DIR = "D:\\tmp\\"
06    else:
07        BASE_LOG_DIR = "/tmp/"
08
09    LOGGING = {
10        'version': 1,
11        'disable_existing_loggers': False,
12        'formatters': {
13            'standard': {
14                'format': '%(asctime)s [%(process)d] [%(threadName)s:%(thread)d] '
15                          '[%(filename)s:%(lineno)d] [%(module)s:%(funcName)s] '
16                          '[%(levelname)s]- %(message)s'
17            },
18            'simple': {
19                'format': '[%(levelname)s][%(asctime)s][%(filename)s:%(lineno)d]%(message)s'
```

```
20              },
21          },
22          'filters': {
23          },
24          'handlers': {
25              'default': {
26                  'level': 'DEBUG',
27                  'class': 'logging.handlers.RotatingFileHandler',
28                  'filename': os.path.join(BASE_LOG_DIR, "manabe_debug.log"),  #日志输出文件
29                  'maxBytes': 1024 * 1024 * 50,           #文件大小
30                  'backupCount': 5,                        #备份份数
31                  'formatter': 'standard',                 #使用哪种Formatters日志格式
32                  'encoding': 'utf-8',
33              },
34          },
35          'loggers': {
36              'manabe': {
37                  'handlers': ['default'],
38                  'level': 'DEBUG',
39                  'propagate': True,
40              },
41          }
42      }
```

代码解释：

第4～7行：先判断软件运行的操作系统，如果为Windows，则日志放在d:\tmp\目录下；如果是Linux系统，则日志放在/tmp/目录下。

第12～21行：定义了两个Formatters，一个为standard，一个为simple。

第22～23行：此处没有定义filters。

第24～34行：定义了一个default的handlers，使用的Formatter为default。日志文件名为manabe_debug.log，单个文件大小为50 MB，最多保存5份。

第35～39行：配置了一个名为Manabe的日志对象，稍后我们就会使用这个日志对象。这个日志对象使用的是名为default的handlers。

② 在上一小节，我们在settings.py文件中已定义好了一个名为Manabe的日志对象。接下来，演示一下如何在API目录的views.py中使用这个日志对象，它会记录下通过API新增服务器的操作。

https://github.com/aguncn/manabe/blob/master/manabe/api/views.py

```
01  import logging
02
```

```
03    mylog = logging.getLogger('manabe')
04
05    class ServerViewSet(viewsets.ModelViewSet):
06        ....
07        def create(self, request, *args, **kwargs):
08            ....
09            try:
10                Server.objects.create(**validated_data)
11                mylog.debug("create server is {}.".format(validated_data))
12                response_data = {
13                    'result': 'success',
14                    'message': u'新服务器插入数据库成功！'
15                }
16                return Response(response_data, status=status.HTTP_201_CREATED)
17            ...
```

代码解释：

第1行：引入Python中的Logging模块。

第3行：引用上一小节配置的Manabe日志对象，并命名为mylog。

第11行：当服务器数据保存成功时，同时记录一条日志。

③ 如果想测试日志的记录，运行一下11.7.4小节中的测试代码。打开d:\tmp\manabe_debug.log文件，会发现已有如下记录：

2018-11-20 21:01:58,292 [1076] [Thread-17:7948] [views.py:116] [views:create] [DEBUG]- create server is {'name': '192.168.1.213_8888', 'ip_address': '192.168.1.212', 'port': '8888', 'salt_name': '192.168.1.213_8888', 'app_name': <App: ZEP-BACKEND-NODE-JS>, 'env_name': <Env: TEST>, 'app_user': 'root', 'op_user': <User: mary>}.

④ 以上只是示范了如何在代码中使用日志功能来记录重要的程序操作。大家可以在Manabe项目中看到，比较重要的地方，我们都做了日志记录。读者当然也可以根据自己公司及业务的不同，制作更适合的日志记录。

12.2 统计自动化部署系统的数据

我们的自动化发布系统的代码实现已接近尾声，现在来实现一个数据统计的图表功能。有的程序员并不重视这方面的功能，但常言道：一图胜千言！有时，几个折线图或是柱状图，会让系统管理者直观地看到系统是否正常运行。有时，领导也需要一些运维的发布数据来证明部门存在的价值和工作量。所以，在我们的系统上生成一些系统统计数据是绝对有必要的。而用免费开源的JS库（本节使用的是百度的echarts来作示范）来实现一些简单的图表功能，也是一个运维开发人员必备的技能。

在本节中,我们实现两个简单的统计功能:按天统计发布单、Top 10 组件发布单。重点是让读者掌握开发套路,而实用性的统计图表,还是需要在具体的工作需求中产生。

12.2.1 按天统计发布单的视图及路由

因为本节是关于发布单统计的功能,为求方便,在此不再新增 App 来实现,而直接寄生在 Manabe 的 Deploy 目录下。为了区分视图功能,在 Deploy 目录下,新建一个 report_views.py 文件。

① 在 report_views.py 中新建一个 get_deploy_count 函数视图,用于响应统计网页的 ajax 请求,按天返回近两个月的发布单数量。

https://github.com/aguncn/manabe/blob/master/manabe/deploy/report_views.py

```
01  from datetime import datetime, timedelta
02  from django.http import JsonResponse
03  from django.views.generic.base import TemplateView
04  from deploy.models import DeployPool
05  from envx.models import Env
06  from django.db.models import Count
07
08
09  def get_deploy_count(request):
10      return_list = []
11      now = datetime.now()
12      a_month = now - timedelta(days=60)
13      select = {'day': 'date(add_date)'}
14      env = request.GET.get('env', 'All')
15      if env != 'All':
16          env_id = Env.objects.get(name=env).id
17          a_month_deploy_qs = DeployPool.objects. \
18              filter(env_name_id=env_id). \
19              filter(add_date__range=(a_month, now)). \
20              extra(select=select). \
21              values('day'). \
22              distinct(). \
23              order_by("day"). \
24              annotate(number=Count('add_date'))
25      else:
26          a_month_deploy_qs = DeployPool.objects. \
27              filter(add_date__range=(a_month, now)). \
28              extra(select=select). \
```

```
29                values('day'). \
30                distinct(). \
31                order_by("day"). \
32                annotate(number = Count('add_date'))
33      for item in a_month_deploy_qs:
34          item_dict = {}
35          item_key = item['day'].strftime('%m-%d')
36          item_dict[item_key] = item['number']
37          return_list.append(item_dict)
38
39      return JsonResponse(return_list, safe = False)
```

代码解释：

第 12 行：获取 60 天前的日期。

第 15~24 行：如果在前端的 ajax 请求中，携带了环境参数，则只从数据库中取出指定环境的 60 天之内的发布单数量。

第 25~32 行：默认取出所有 60 天之内的发布单数量。

第 33~37 行：为了方便前端快速展示，将获取的发布单数据按日期和数量的方式存为一个列表，而列表的每个元素都是日期和数量的字典，如[{"10-04": 1}, {"10-05": 1}, …, {"10-23": 1}, {"10-24": 1}]。

② 在 Deploy 目录下的 url.py 文件里，加入以下内容，用于 URL 路由（为了显示便捷，我们本节需要实现的 4 个 URL 路由都列于此处，读者在本节需要实现的路由列表，统一参见这里）。

https://github.com/aguncn/manabe/blob/master/manabe/deploy/urls.py

```
01  ...
02  from .report_views import get_app_deploy_count, get_deploy_count
03  from .report_views import DeployCountView, AppDeployCountView
04  ...
05  # report
06  urlpatterns += [
07      path('get_deploy_count/', get_deploy_count,
08          name = 'get_deploy_count'),
09      path('get_app_deploy_count/', get_app_deploy_count,
10          name = 'get_app_deploy_count'),
11      path('deploy_count/', DeployCountView.as_view(),
12          name = 'deploy_count'),
13      path('app_deploy_count/', AppDeployCountView.as_view(),
14          name = 'app_deploy_count'),
15  ]
16  ...
```

12.2.2 按天统计发布单的类视图、网页模板及 echarts 代码

上一小节，我们实现了后端的 ajax 服务响应数据，这一小节，来看看如何构造前端代码来消费显示这些数据。

① 在 deploy_views.py 目录里，新增一个模板类视图，由于我们的数据是通过 ajax 请求的，所以这个类视图继承自 TemplateView，不需要从数据库中查询记录。

https://github.com/aguncn/manabe/blob/master/manabe/deploy/report_views.py

```
01    class DeployCountView(TemplateView):
02        template_name = "deploy/deploy_count.html"
03
04        def get_context_data(self, **kwargs):
05            context = super().get_context_data(**kwargs)
06            context['current_page_name'] = "发布数据"
07            return context
```

② 在 Deploy 目录的 Templates 的 Deploy 目录下，生成一个前面指定的 deploy_count.html 文件，内容如下：

https://github.com/aguncn/manabe/blob/master/manabe/deploy/templates/deploy/deploy_count.html

```
01    {% extends "manabe/template.html" %}
02
03    {% load staticfiles %}
04    {% block title %} 发布数据 {% endblock %}
05
06    {% block content %}
07    <table class = "table table-border table-bordered table-bg">
08        <thead>
09            <tr>
10                <th scope = "col" colspan = "7"> PRD 发布图表 </th>
11            </tr>
12        <tbody>
13            <tr class = "text-c">
14                <td>
15                    <div id = "main_prd" style = "height:200px;"></div>
16                </td>
17            </tr>
18        </tbody>
19    </table>
20    <br>
21    <table class = "table table-border table-bordered table-bg">
```

```
22      <thead>
23          <tr>
24              <th scope = "col" colspan = "7"> TEST 发布图表 </th>
25          </tr>
26      <tbody>
27          <tr class = "text-c">
28              <td>
29                  <div id = "main_test" style = "height:200px;"></div>
30              </td>
31          </tr>
32      </tbody>
33  </table>
34  <br/>
35  {% endblock %}
36  {% block ext-jss %}
37  <script type = "text/javascript" src = "{% static 'lib/echarts/echarts.min.js' %}"></script>
38  <script type = "text/javascript">
39      {% include "deploy/report.js" %}
40  </script>
41  {% endblock %}
```

代码解释:

第 15 行:ID 为 main_prd,用于盛放生产环境的发布单统计数据。

第 29 行:ID 为 main_test,用于盛放测试环境的发布单统计数据。

第 37 行:引入了百度的 echarts.min.js 文件。

第 39 行:具体的实现 JS 文件,是模板目录下 Deploy 下面的 report.js 文件。

③ reports.js 的重点内容如下(这里仅截取获取 TEST 环境的 ajax 请求,PRD 请求一样):

https://github.com/aguncn/manabe/blob/master/manabe/deploy/templates/deploy/report.js

```
01  //指定 TEST 环境获取发布单数据
02  $.ajax({
03      type: "GET",
04      url: "{% url 'deploy:get_deploy_count' %}?env=TEST",
05      dataType: "json",
06      success: function(data) {
07          var xArray = [];
08          var yArray = [];
09          for (var item in data) {
10              for (var i in data[item]) {
```

```
11                    console.log(i,data[item][i])
12                    xArray.push(i);
13                    yArray.push(data[item][i]);
14                }
15            }
16            //基于准备好的dom,初始化echarts实例
17            var myChart = echarts.init(document.getElementById('main_test'));
18
19            //指定图表的配置项和数据
20            var option = {
21                title: {
22                    //text: '30天'
23                },
24                grid:{
25                    left:25,
26                    top:20,
27                    right:0,
28                    bottom:25
29                },
30                tooltip: {},
31                legend: {
32                    data:['记录']
33                },
34                xAxis:{
35                    data: xArray
36                },
37                yAxis: {},
38                series: [{
39                    name:'发布单',
40                    type:'line',
41                    data: yArray
42                }]
43            };
44
45            //使用刚指定的配置项和数据显示图表
46            myChart.setOption(option);
47        },
48        error : function(){
49            alert("系统出现问题");
50        }
51    });
```

代码解释:

第 2~51 行:实现了一个 ajax 的完整请求。

第 4 行:此即我们在 12.2.1 小节中实现的视图。

第 7 行:xArray 用于架构 echarts 的 x 轴数据。

第 8 行:yArray 用于架构 echarts 的 y 轴数据。

第 17 行:echarts 的实例会渲染在浏览器里 ID 为 main_test 的 div 内。

第 34~36 行:填充 x 轴数据。

第 38~42 行:填充 y 轴数据。

④ URL 我们在前端已经实现,现在只需要在 Manabe 目录模板下的 sidemenu.html 文件中加入导航信息即可。代码如下(这里的导航也包括了下一小节的应用组件 Top 10 的链接):

```
01  ...
02  <li><a href = "{ % url 'deploy:deploy_count' % }"> 发布数据 </a></li>
03  <li><a href = "{ % url 'deploy:app_deploy_count' % }"> 应用 Top10 </a></li>
04  ...
```

⑤ 此时,如果访问 URL:http://127.0.0.1:8000/deploy/deploy_count/,即会出现按天生成的发布单数量,如图 12-1 所示。

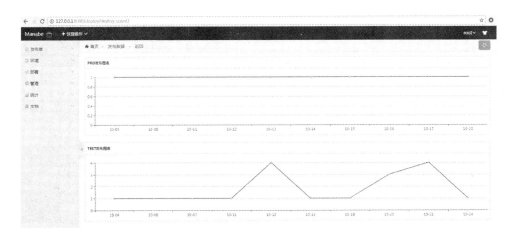

图 12-1 按天生成的发布单数量折线图

12.2.3 Top 10 组件发布单统计

有了上一小节的知识,这一小节及下一小节的实现代码就很好理解了。

① 在 Deploy 目录下的 report_views.py 中,加入以下代码,同时实现后端数据和前端模板类视图。

https://github.com/aguncn/manabe/blob/master/manabe/deploy/report_views.py

```python
01  def get_app_deploy_count(request):
02      return_list = []
03      app_deploy_qs = DeployPool.objects.\
04          values('app_name__name').\
05          distinct().\
06          annotate(number=Count('app_name')).order_by('-number')[:10]
07      print(app_deploy_qs)
08      for item in app_deploy_qs:
09          item_dict = {}
10          item_key = item['app_name__name']
11          item_dict[item_key] = item['number']
12          return_list.append(item_dict)
13      return JsonResponse(return_list, safe=False)
14
15  class AppDeployCountView(TemplateView):
16      template_name = "deploy/app_deploy_count.html"
17
18      def get_context_data(self, **kwargs):
19          context = super().get_context_data(**kwargs)
20          context['current_page_name'] = "应用统计"
21          return context
```

② Deploy 的模板目录,生成 app_deploy_count.html 文件,内容如下:

https://github.com/aguncn/manabe/blob/master/manabe/deploy/templates/deploy/app_deploy_count.html

```html
01  {% extends "manabe/template.html" %}
02
03  {% load staticfiles %}
04  {% block title %} 应用统计 {% endblock %}
05
06  {% block content %}
07  <table class="table table-border table-bordered table-bg">
08      <thead>
09          <tr>
10              <th scope="col" colspan="7"> App 应用统计 </th>
11          </tr>
12      <tbody>
13          <tr class="text-c">
14              <td>
15                  <div id="main_app" style="height:200px;"></div>
```

```
16              </td>
17           </tr>
18        </tbody>
19   </table>
20   <br/>
21   {% endblock %}
22   {% block ext-jss %}
23   <script type="text/javascript" src="{% static 'lib/echarts/echarts.min.js' %}"></script>
24   <script type="text/javascript">
25   {% include "deploy/report.js" %}
26   </script>
27   {% endblock %}
```

代码解释：

第 15 行：ID 为 main_app 的 div，即为图表显示区。

③ reports.js 中 ajax 请求的代码如下：

https://github.com/aguncn/manabe/blob/master/manabe/deploy/templates/deploy/report.js

```
01   //获取 App 应用发布单数据
02   $.ajax({
03       type: "GET",
04       url: "{% url 'deploy:get_app_deploy_count' %}",
05       dataType: "json",
06       success: function(data) {
07           var xArray = [];
08           var yArray = [];
09           for (var item in data) {
10               for (var i in data[item]) {
11                   console.log(i, data[item][i])
12                   xArray.push(i);
13                   yArray.push(data[item][i]);
14               }
15           }
16           // 基于准备好的 dom,初始化 echarts 实例
17           var myChart = echarts.init(document.getElementById('main_app'));
18
19           // 指定图表的配置项和数据
20           var option = {
21               title: {
22                   //text: '30 天'
23               },
24               grid:{
25                   left:25,
```

```
26              top:20,
27              right:0,
28              bottom:25
29          },
30          tooltip:{},
31          legend: {
32              data:['记录']
33          },
34          xAxis: {
35              data: xArray
36          },
37          yAxis:{},
38          series: [{
39              name:'发布单',
40              type:'bar',
41              data: yArray
42          }]
43      };
44
45      // 使用刚指定的配置项和数据显示图表
46      myChart.setOption(option);
47  },
48  error : function(){
49      alert("系统出现问题");
50  }
51 });
```

代码解释：

第 4 行：url 'deploy:get_app_deploy_count'，即为我们前面已注册好的 URL。

④ 此时，如果我们访问 URL：http://127.0.0.1:8000/deploy/app_deploy_count/，即会出现按天生成的发布单数量，如图 12-2 所示。

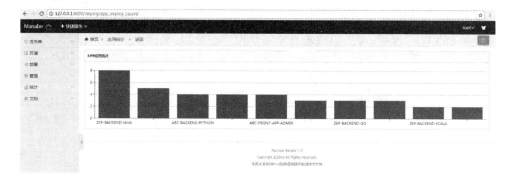

图 12-2　按天生成的发布单数量柱状图

12.3　Django 生产服务器部署

12.3.1　WSGI 协议

首先弄清下面几个概念：

WSGI：全称是 Web Server Gateway Interface。WSGI 不是服务器、Python 模块、框架、API 或者任何软件，它只是一种规范，是描述 Web Server 如何与 Web Application 通信的规范。Server 和 Application 的规范在 PEP 3333 中有具体描述。要实现 WSGI 协议，必须同时实现 Web Server 和 Web Application。当前运行在 WSGI 协议之上的 Web 框架有 Bottle、Flask、Django。

WSGI：与 WSGI 一样是一种通信协议，是 uWSGI 服务器的独占协议，用于定义传输信息的类型（type of information），每一个 uWSGI Packet 前 4 byte 为传输信息息类型的描述，与 WSGI 协议是两种东西，据说该协议的速率是 fcgi 协议的 10 倍。

uwsgi：是一个 Web 服务器，实现了 WSGI 协议、uWSGI 协议、HTTP 协议等。

WSGI 协议主要包括 Server 和 Application 两部分：

- WSGI Server 负责从客户端接收请求，将 Request 转发给 Application，将 Application 返回的 Response 返回给客户端。
- WSGI Application 接收由 Server 转发的 Request，处理请求，并将处理结果返回给 Server。Application 中可以包括多个栈式的中间件（middlewares），这些中间件需要同时实现 Server 与 Application，因此可以在 WSGI 服务器与 WSGI 应用之间起调节作用：对服务器来说，中间件扮演应用程序；对应用程序来说，中间件扮演服务器。

WSGI 协议其实是定义了一种 Server 与 Application 解耦的规范，既可以有多个实现 WSGI Server 的服务器，也可以有多个实现 WSGI Application 的框架，那么就可以选择任意的 Server 和 Application 组合实现自己的 Web 应用。例如 uWSGI 和 Gunicorn 都是实现了 WSGI Server 协议的服务器，Django 是实现了 WSGI Application 协议的 Web 框架，可以根据项目实际情况搭配使用，如图 12-3 所示。

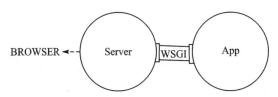

图 12-3　WSGI 协议作为 App 与 WebServer 之间的桥梁

像 Django、Flask 框架都有自己实现的简单的 WSGI Server，一般用于服务器调试，生产环境下建议用其他 WSGI Server。

12.3.2 uWSGI 服务器介绍

uWSGI 旨在为部署分布式集群的网络应用开发一套完整的解决方案，主要面向 Web 及其标准服务。由于其具有可扩展性，故能够被无限制地扩展用来支持更多平台和语言。uWSGI 是一个 Web 服务器，实现了 WSGI 协议、uWSGI 协议、HTTP 协议等。

uWSGI 的主要特点是：
- 超快；
- 低内存占用；
- 多 App 管理；
- 详尽的日志功能（可以用来分析 App 的性能和瓶颈）；
- 高度可定制（内存大小限制，服务一定次数后重启等）。

uWSGI 服务器自己实现了基于 uWSGI 协议的 Server 部分，只需要在 uWSGI 的配置文件中指定 Application 的地址，uWSGI 就能直接和应用框架中的 WSGI Application 通信。

uWSGI 的功能要比 Gunicorn 丰富得多，通过丰富的配置参数就知道了。但根据笔者几个项目的线上测试结果，Gunicorn 要比 uWSGI 稳定。在单笔性能中，Gevent 性能是最好的。推荐的配置是 unix domain socket、多进程、gevent 协程池组合。线程池的方式不太推荐使用，Pyhton 的线程是内核的 pthread 线程，在繁多的线程数目下，对比协程池的消耗可想而知。

12.3.3 uWSGI 服务器部署

这次的部署，我们在 Linux 服务器上来讲行操作。本次使用的 Linux 发行版本是 Centos 7.3。我们先将在 Windows 上的 Manabe 项目打包，并将其移到 Centos 服务器的 /usr/local 目录下，并保证服务器上的 Python 版本为 3.6。接下来，就按如下步骤操作：

① 在 Windows 上导出所有 Python 模块。

```
pip freeze > requirements.txt
```

② 在 Linux 上安装所有 Python 模块。

```
pip install -r requirements.txt
```

遇到 Pywin 32、Pypiwin 32 问题可以删除不安装，遇到 Twisted 需要手工安装。

③ 在 Linux 上安装 uWSGI 模块。

```
pip install uwsgi
```

我们已在 Manabe 的 Github 中准备了两份 requirements.txt，读者可以参考里面的已安装模块。可能有些模块还是要手工安装，比如 Twisted。

④ 制作 uWSGI 配置文件。

在 Manabe 项目根目录下建立 uwsgi.ini 文件，内容如下：

https://github.com/aguncn/manabe/blob/master/manabe/uwsgi.ini

```
01  [uwsgi]
02  socket = 0.0.0.0:9000
03  chdir = /usr/local/manabe
04  module = manabe.wsgi
05  processes = 4
06  threads = 2
07  master = true
08  vhost = true
09  no-stie = true
10  workers = 4
11  reload-mercy = 10
12  vacuum = true
13  max-requests = 1000
14  limit-as = 512
15  buffer-sizi = 30000
```

uwsgi 常用选项如下：

http：协议类型和端口号。

Processes：开启的进程数量。

Workers：开启的进程数量，等同于 Processes（官网的说法是 spawn the specified number of workers/processes）。

Chdir：指定运行目录（chdir to specified directory before apps loading）。

wsgi-file(module)：载入 wsgi-file(load .wsgi file)。

Stats：在指定的地址上，开启状态服务（enable the stats server on the specified address）。

Threads：运行线程。由于 GIL 的存在，因此这个没啥用。（run each worker in prethreaded mode with the specified number of threads）。

Master：允许主进程存在（enable master process）。

Daemonize：使进程在后台运行，并将日志打到指定的日志文件或者 udp 服务器（daemonize uWSGI）。实际上最常用的，还是把运行记录输出到一个本地文件上。

Pidfile：指定 pid 文件的位置，记录主进程的 pid 号（生成 pid 文件，以便 stop uwsgi）。

Vacuum：当服务器退出的时候自动清理环境，删除 unix socket 文件和 pid 文件（try to remove all of the generated file/sockets）。

⑤ 在 Manabe 根目录下，运行以下命令，启动 uWSGI。

```
/usr/local/python3/bin/uwsgi -- ini uwsgi.ini
```

这是一个前台运行命令,如果输出正常,可考虑在 uwsgi.ini 文件中加入 daemonize 放后台运行。

12.3.4 支持 uWSGI 的 Nginx 服务器部署

上一小节的 uWSGI 服务器我们只是用来服务于 Python 程序的运行,在它的前面,还需要部署一个 Nginx 代理服务器,用来对浏览器的请求进行反向代理及对静态资源进行请求。因为本书主题是讲自动化软件部署系统的实现,其他的内容不是本书重点,限于篇幅,本小节只是对生产服务器的运行作一个流程式的讲解,所以不会涉及太细节的配置。如果读者需要真正让这些服务在生产环境运行起来,且要运行得流畅,那么还需要对很多参数进行细致的研究。这方面的文档,网络上也有很多。

① 在 Linux 服务器上运行如下 Yum 命令,安装好 Nginx。

```
Yum install nginx
```

② /etc/nginx/nginx.conf 文件默认内容如下:

```
01    user  nginx;
02    worker_processes  1;
03
04    error_log  /var/log/nginx/error.log warn;
05    pid        /var/run/nginx.pid;
06
07
08    events {
09        worker_connections  1024;
10    }
11
12
13    http {
14        include       /etc/nginx/mime.types;
15        default_type  application/octet-stream;
16
17        log_format main '$remote_addr - $remote_user [$time_local] "$request" '
18                        '$status $body_bytes_sent "$http_referer" '
19                        '"$http_user_agent" "$http_x_forwarded_for"';
20
21        access_log  /var/log/nginx/access.log  main;
22
23        sendfile        on;
24        #tcp_nopush     on;
```

```
25
26      keepalive_timeout  65;
27
28      #gzip  on;
29
30      include /etc/nginx/conf.d/*.conf;
31  }
```

注意最后一行 include /etc/nginx/conf.d/*.conf;意思是/etc/nginx/conf.d 目录下所有的 conf 文件自动包含在配置中。

③ /etc/nginx/conf.d/default.conf 默认内容如下（去掉了 php 的注释）：

```
01  server {
02      listen       80;
03      server_name  localhost;
04
05      #charset koi8-r;
06      #access_log  /var/log/nginx/host.access.log  main;
07
08      location / {
09          root   /usr/share/nginx/html;
10          index  index.html index.htm;
11      }
12
13      #error_page  404              /404.html;
14
15      # redirect server error pages to the static page /50x.html
16      #
17      error_page   500 502 503 504  /50x.html;
18      location = /50x.html {
19          root   /usr/share/nginx/html;
20      }
21  }
```

④ 我们为了能让 Nginx 支持 uWSGI 的 Python 服务器，新增一个 8000 端口，用来对接 uWSGI。将 default.conf 的内容更改如下：

```
01  server {
02      listen       80;
03      server_name  localhost;
04
05      #charset koi8-r;
06      #access_log  /var/log/nginx/host.access.log  main;
```

```
07
08      location / {
09          root    /usr/share/nginx/html;
10          index   index.html index.htm;
11      autoindex on;
12          autoindex_exact_size off;
13          autoindex_localtime on;
14      }
15
16      # error_page   404              /404.html;
17
18      # chengang redirect server error pages to the static page /50x.html
19      #
20      error_page   500 502 503 504  /50x.html;
21      location = /50x.html {
22          root   /usr/share/nginx/html;
23      }
24
25  }
26
27  server {
28      listen       8000;
29      server_name  localhost;
30
31      location / {
32          include  uwsgi_params;
33          uwsgi_pass  192.168.1.111:9000;
34          index   index.html index.htm;
35          client_max_body_size 35m;
36      }
37      location ^~ /static {
38              root /usr/local/manabe;
39      }
40  }
```

代码解释：

第31~32行：这就是 Nginx 支持 uWSGI 的最简配置。

第37~39行：将静态资源的服务交给 Nginx 服务器。

⑤ 启动 uWSGI 和 Nginx 之后，输入 http://192.168.1.111:8000/，即可见如图 12-4 所示的界面。

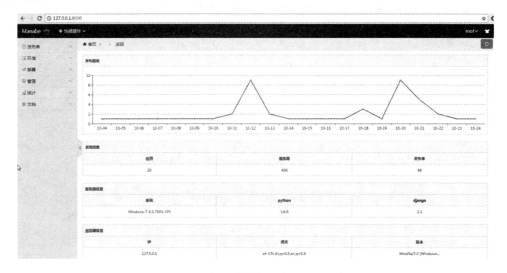

图 12-4　有了统计数据的 Manabe 首页

12.3.5　Gunicorn 服务器介绍

Gunicorn 是一个被广泛使用的高性能的 Python WSGI UNIX HTTP 服务器，移植至 Ruby 的独角兽（Unicorn）项目。pre-fork worker 模式，具有使用非常简单、轻量级的资源消耗以及高性能等特点。

- Gunicorn 是基于 Prefork 模式的 Python WSGI 应用服务器，支持 Unix Like 的系统。
- 采用 epoll（Linux 下）非阻塞网络 I/O 模型。
- 多种 Worker 类型可以选择同步的、基于事件的（gevent tornado 等）、基于多线程的。
- 高性能，较之 uWSGI 不相上下。
- 配置使用非常简单。
- 支持 Python 2.x >= 2.6 或 Python 3.x >= 3.2。

12.3.6　Gunicorn 服务器部署

这一小节，我们可以在前面部署了 uWSGI 的基础之上进行。接下来，就按如下步骤操作：

① 在 Linux 上安装 Gunicorn 模块。

```
pip install gunicorn
```

到本书写作时，Gunicorn 的最新版本为 19.9.0。

② 制作 Gunicorn 配置文件。

在 Manabe 项目根目录下建立 gunicorn.ini 文件，内容如下：

```
01    bind = "0.0.0.0:9000"
02    workers = 4
03    #errorlog = './gunicorn.error.log'
04    #accesslog = './gunicorn.access.log'
05    timeout = 3000
06    loglevel = 'debug'
07    proc_name = 'gunicorn_proc'
08    access_log_format = '%(t)s %(p)s %(h)s "%(r)s" %(s)s %(L)s %(b)s %(f)s" "%(a)s"'
09
10    worker_connections = 1000
11    max_requests = 2000
12    graceful_timeout = 300
13    #loglevel = 'info'
```

Gunicorn 常用选项如下：

-c CONFIG, --config=CONFIG

指定配置文件。

-b BIND, --bind=BIND

指定绑定的 socket host host:port unix。

-w WORKERS, --workers=WORKERS

工作进程数量，通常为系统核心的 2～4 倍，默认为单核的，或使用 WEB_CONCURRENCY 环境变量来设置。

-k WORKERCLASS, --worker-class=WORKERCLASS

工作进程类型：sync、eventlet、gevent、tornado、gthread。gaiohttp 默认使用的工作进程类型就是 sync，还可以通过派生 Gunicorn 的 gunicorn.workers.base.Worker 来构建自己的 Worker。

-n APP_NAME, --name=APP_NAME

制定进程名字 None，此时名称为 Gunicorn。

-backlog INT

等待连接的最大数量，默认为 2 048。

-threads INT

在使用 gthread 时用于设置 threas 的数量。

–max-connections INT

使用 eventlet、gevent 时设置并发的数量。

–max-requests INT

worker 在处理了这么多请求之后就会重启，是为了内存泄漏时的解决办法，默认为 0 是不启用的。

–max-requests-jitter INT

是在重启 Worker 时等待随机值 rand(0, max-requests-jitter)，避免所有 Worker 同时重启，默认是没有延迟的。

–t INT, ––timeout INT

超时时间 默认为 30 s，Nginx 默认为 60 s。

–graceful-timeout INT

在收到了重启信号后剩余的处理时间，默认为 30 s。

–keep-alive INT

keep-alive 的等待链接时间，默认为 2 s。

–limit-request-line INT

HTTP 请求的最大值，默认为 4 094。

–limit-request-fields INT

HTTP 请求头中的最多字段数量，默认为 100。

–limit-request-fields_size INT

单个 HTTP 请求头的最大值，默认为 8 190。

③ 运行 Gunicorn 服务，在 Manabe 项目根目录下运行以下命令。

/usr/local/python3/bin/gunicorn –c gunicorn.ini manabe.wsgi

12.3.7　支持 Gunicorn 的 Nginx 服务器部署

Nginx 的服务器在上面小节里已安装完成，我们只需要更改一下 /etc/nginx/conf.d 目录下 default.conf 文件中 8000 端口服务器的内容即可。

① 将 default.conf 内容中的 8000 端口服务器更改如下：

```
01    server {
02        listen       8000;
03        server_name  localhost;
```

```
04
05      location / {
06          proxy_pass http://192.168.1.111:9000;
07          proxy_set_header Host $ host;
08          proxy_set_header X-Forwarded-For $ proxy_add_x_forwarded_for;
09          # we don't want nginx trying to do something clever with
10          # redirects, we set the Host: header above already.
11          proxy_redirect off;
12      }
13
14      location ~~ /static {
15              root /usr/local/manabe;
16      }
17  }
```

代码解释：

第 6～11 行：这些行即可 Nginx 支持 Gunicorn 的配置。

② 同时启动 Nginx 及 Gunicorn 服务，再次访问 http://192.168.1.111:8000，同样会出现我们熟悉的首页，此处不再展示。

12.4　为 Manabe 应用制作 Docker 镜像

Docker 是一个开源的应用容器引擎，让开发者可以打包他们的应用并放到一个可移植的容器中，然后发布到任何流行的 Linux 机器上，也可以实现虚拟化。

现在很多应用，是以 Docker 镜像的方式提供给用户，在本节，也来实现我们自动化部署系统的 Docker 镜像吧。

在此需要先声明，在本节制作镜像的过程中，为求连续性，并没有考虑到 Django 的数据库连接方式，在读者实操时，可以继续用之前的 Mysql，也可以使用 Mysql 容器，还可以将数据库临时更改为 Sqlite 3。

通过本节的学习，相信读者对于 Docker 镜像的制作过程会更加了解。以后接触到其他镜像时，也可以动手自己来进行二次加工，来实现自己特定的需求。

Docker 由于版本不同，可能配置也会不一样，这就需要读者再多积累一些 Docker 方面的知识了。本节演示的版本为 1.13.1。

如果有可能，笔者会再写一本关于 Docker 及 k8s 的书来讲讲容器的编排调度，但那是后话啦。

12.4.1　制作包含配置及静态资源的 Nginx 镜像

我们在这里会将 12.2 节的制作过程"翻译"成容器技术实现。先制作好两个

Nginx 镜像,一个支持 uWSGI 访问,一个支持 Gunicorn 访问。但这两个镜像都需要 Manabe 的静态文件。

① 在操作用户的 home 目录下,新建一个 nginx-uwsgi 目录。下面的环境,均是在这个目录下操作。

```
cd ~
mkdir nginx-uwsgi
cd nginx-uwsgi/
```

② 将 12.2.4 小节生成的 default.conf 文件、Manabe 目录下的 static 文件夹拷贝到此目录下。

③ 在此目录下,新建一个 dockerfile 文件,内容如下:

```
01  # base image
02  FROM nginx:1.13-alpine
03
04  # MAINTANER
05  MAINTAINER demo@demo.com
06
07  # cp custom nginx config
08  COPY default.conf /etc/nginx/conf.d/default.conf
```

④ 此时,目录下的文件如下:

```
[root@localhost nginx-uwsgi]# ls -lh
total 8.0K
-rw-r--r--. 1 root root 918 Nov 23 08:49 default.conf
-rw-r--r--. 1 root root 200 Nov 23 08:52 Dockerfile
drwxr-xr-x. 8 root root 112 Nov 23 08:48 static
```

⑤ 运行以下命令,生成标签名为 nginx:uwsgi 镜像。

```
docker build -t nginx:uwsgi .
```

如果读者也是运行的 Docker 1.13.1 版本,建议采用国内镜像仓库,下载速度会快很多。改动方法是将 /etc/sysconfig/docker 文件的 OPTIONS 行更改为如下内容:

```
OPTIONS='--selinux-enabled=false --log-driver=journald --signature-verification=false --registry-mirror=https://fzhifedh.mirror.aliyuncs.com'
```

⑥ 如果读者有私有 Harbor 仓库或是 Dockerhub 账号,就可以使用 docker push 命令上传到自己的仓库里了。这里仅使用如下命令,测试镜像生效:

```
docker run --rm -p 8000:8000 -p 80:80 --name=nginx nginx:uwsgi
```

上面这个命令,表示我们运行一个名为 nginx:uwsgi 的 Docker 镜像,--rm 表示运行退出即自行删除,-p 表示我们将容器内的 8000 和 80 端口,分别映射为宿主机的 8000 和 80 端口,并为此临时容器命名为 Nginx。

此时,如果我们在浏览器里访问 http://192.168.1.111:8000/static/img/hcharts_demo.png,就会出现一个示例图片,如图 12-5 所示,这表示我们的静态资源服务已生效。

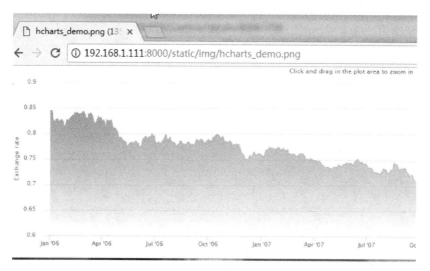

图 12-5　访问 Docker 里 Nginx 服务的静态图片

⑦ 制作支持 Gunicorn 的 Nginx 镜像,和前面的流程是一模一样的,这里不再重复。读者可以到 Manabe 项目下的 Docker 目录里,找到这几个文件。

12.4.2　制作包含 uWSGI 及 Gunicorn、Channels 的镜像

制作一个包括 uWSGI、Gunicorn、Channels 的镜像,如果要从基础镜像开始,从来都不是一件简单的事。但使用一个别人做好的 Docker 镜像是简单的,如果可以忍受一些未知黑盒功能。在此,我们决定努一下力,为读者奉献一个从 Alpine 基础镜像开始构建的 Dockerfile。

① 在操作用户的 home 目录下,新建一个 python-web 目录。下面的环境均是在这个目录下操作。

② 在此目录下生成一个 requirements.txt 文件,用于 Manabe 中用到的 Python 模块的自动化安装。

https://github.com/aguncn/manabe/blob/master/manabe/docker/python-web/requirements.txt

```
01    Django == 2.1.3
02    djangorestframework == 3.9.0
03    channels == 2.1.4
```

```
04    gunicorn==19.9.0
05    PyMySQL==0.9.2
06    python-jenkins==1.4.0
07    uWSGI==2.0.17
08    requests==2.20.1
```

③ 在此目录下,生成一个 Dockerfile 文件,内容如下。这里使用了小巧的 Alphine 基础镜像,使用了国内的 apk 源和 pypi 源用于加速下载,且使用了瘦身技术,生成的镜像为 141 MB。(其秘密就是 apk add --update-cache --virtual=build-dependencies 命令和 apk del --purge build-dependencies 命令首尾一气,不要在两个 RUN 命令中操作。)

```
01    FROM alpine:3.7
02    COPY . /target-dir
03    WORKDIR /target-dir
04
05    RUN sed -i 's/dl-cdn.alpinelinux.org/mirror.tuna.tsinghua.edu.cn/g' /etc/apk/repositories &&\
06        apk add --update-cache --virtual=build-dependencies \
07        mariadb-dev\
08        g++ \
09        build-base libffi-dev python3-dev \
10        libffi openssl ca-certificates \
11        jpeg-dev zlib-dev freetype-dev \
12        lcms2-dev openjpeg-dev tiff-dev tk-dev tcl-dev \
13        linux-headers pcre-dev &&\
14        apk add --no-cache pcre mailcap libuuid libffi py3-lxml py3-pillow python3 && \
15        pip3 install --upgrade pip \
16        --no-cache-dir -i http://mirrors.aliyun.com/pypi/simple/ \
17        --trusted-host mirrors.aliyun.com &&\
18        pip3 install -r /target-dir/requirements.txt \
19        --no-cache-dir -i http://mirrors.aliyun.com/pypi/simple/ \
20        --trusted-host mirrors.aliyun.com &&\
21        apk del --purge build-dependencies && \
22        rm -rf /var/cache/apk/* && \
23        rm -rf /var/lib/apk/* && \
24        rm -rf /etc/apk/cache/* && \
25        rm -rf ~/.cache/ && \
26        rm -rf /root/.cache /tmp/*
27
28    CMD ["/bin/sh"]
```

代码解释:

第 2 行:将宿主机上本目录的 requirements.txt 文件拷贝到容器中。

第 6~13 行:安装编译 Python 时的环境依赖,这在第 21 行是要清除的。(使用 --virtual＝build-dependencies 参数来统一命令这些包。)

第 14 行:安装 Python 3 及运行所需要的软件包。

第 15~17 行:升级 pip。

第 18~20 行:使用 requirements.txt 文件进行 pip 安装。

第 21~26 行:删除不理解的编译环境软件,清除缓存残留文件,进行镜像瘦身。

第 28 行:默认 CMD 为一个 sh,在后面会改写此 CMD。

④ 在此目录下,运行如下命令,生成一个名为 python-web:django-prd 的镜像。(注意最后的一个点必不可少,表示当前目录的 dockerfile 文件。) 如果在 build 阶段出问题,需要有针对性地解决。这一步,往往也是最耗时和最难调试的。

```
docker build -t python-web:django-prd .
```

⑤ 运行 docker images 命令,查看我们的镜像已正常生成。

REPOSITORY	TAG	IMAGE ID	CREATED	SIZE
python-web	django-prd	9e6c8440e832	49 minutes ago	141 MB

12.4.3 制作 Manabe 的 uWSGI 的专用镜像

有了 12.3.2 小节生成的全功能镜像,接下来制作业务镜像就相当方便了。

① 在操作用户的 home 目录下,新建一个 manabe-uwsgi 目录。下面的环境均是在这个目录下操作。

② 将 Manabe 项目的目录拷贝到这个目录。(强调不是 Manabe 下的所有文件,而是 Manabe 这个目录。)

③ 在 manabe-uwsgi 目录下,新建一个 Dockerfile 文件,内容如下:

https://github.com/aguncn/manabe/blob/master/manabe/docker/manabe-uwsgi/Dockerfile

```
01    FROM python-web:django-prd
02
03    # MAINTANER
04    MAINTAINER demo@demo.com
05
06    # cp manabe folder
07    COPY manabe /usr/local/manabe
08
09    WORKDIR /usr/local/manabe
10
11    CMD ["sh", "-c", "/usr/bin/uwsgi -- ini uwsgi.ini"]
```

代码解释:

第1行:我们使用的基础镜像为上一小节才生成的镜像——python-web:django-prd。

第7行:将 Manabe 项目拷贝进镜像的 /usr/local/manabe 目录,这和非镜像部署目录是相同的。

第9行:定义命令的工作目录为 /usr/loca/manabe,这样在下面的 CMD 中,才可以直接定位 uwsgi.ini 文件。

第11行:改写上一小节生成镜像中的 CMD 命令。这一步也是对非镜像部署步骤的翻译。

④ 运行如下命令,生成 manabe:uwsgi 镜像。

docker build -tmanabe:uwsgi .

⑤ 运行以下命令,启动容器。

docker run --rm -itd -p 9000:9000 --name=manabe manabe:uwsgi

如果 12.3.1 小节的 Nginx 容器一直在运行,那么这时再访问 http://192.168.1.111:8000/ 这个 URL,就会看到 Manabe 项目已经完全正常了。(除了发布时 Channels 实时日志功能以外。)

如果此容器运行有问题,我们可以通过下面的命令进入调试。

docker exec -it manabe /bin/sh

12.4.4 制作 Manabe 的 Gunicorn 的专用镜像

① 在操作用户的 home 目录下,新建一个 manabe-gunicorn 目录。下面的环境均是在这个目录下操作的。

② 将 Manabe 项目的目录拷贝到这个目录。(注意,不是 Manabe 下的所有文件,而是 Manabe 这个目录。)

③ 在 manabe-gunicorn 目录下,新建一个 Dockerfile 文件,内容如下:

https://github.com/aguncn/manabe/blob/master/manabe/docker/manabe-gunicorn/Dockerfile

```
01    FROM python-web:django-prd
02
03    # MAINTANER
04    MAINTAINER demo@demo.com
05
06    # cp manabe folder
07    COPY manabe /usr/local/manabe
08
09    WORKDIR /usr/local/manabe
10
```

```
11    CMD ["sh","-c","/usr/bin/gunicorn -c gunicorn.ini manabe.wsgi"]
```

代码解释：

第 11 行：其他行都和 uwsgi 的 Dockerfile 一样。因为我们的基础镜像里，uwsgi 和 Gunicorn 都已安装完成。因此只是在这里使用了 Gunicorn 的启动命令。

④ 运行如下命令，生成 manabe:gunicorn 镜像。

docker build -tmanabe:gunicorn.

⑤ 运行以下命令，启动容器。

docker run --rm -itd -p 9000:9000 --name=manabe manabe:gunicorn

在进行此节的操作前，因为都使用的 9000 端口，我们需要先停止 12.3.3 小节运行的容器，不然会导致端口冲突。如果 12.3.1 小节的 Nginx 容器一直在运行，那么这时再访问 http://192.168.1.111:8000/ 这个 URL，就会看到 Manabe 项目也能正常访问。

12.5 为 Mablog 应用制作 Docker 镜像

经过 12.3 节的实战，相信读者已对制作 Python 应用的 Docker 镜像有了整体的了解。现在，我们就来制作最后一个镜像。在 Manabe 项目中，还有一个独立的子项目 Mablog。它是一个基于 Django Channels 模块的 WebSocket 连接技术，用来实时输出软件部署过程当中产生的日志。

Mablog 所使用的基础镜像，依然为 12.3.2 小节生成的 python-web:django-prd 这个镜像，因为在这个镜像中，我们已安装好了 Channels 模块及 Daphne 程序。

制作 Mablog 的生产镜像

① 在操作用户的 home 目录下，新建一个 Mablog 目录。下面的环境均是在这个目录下操作的。

② 将 Mablog 项目的目录拷贝到这个目录。（注意，不是 Mablog 下的所有文件，而是 Mablog 这个目录。）

③ 在 Mablog 目录下，新建一个 Dockerfile 文件，内容如下：

https://github.com/aguncn/manabe/blob/master/manabe/docker/mablog/Dockerfile

```
01    FROM python-web:django-prd
02
03    # MAINTANER
04    MAINTAINER demo@demo.com
05
```

```
06    # cp manabe folder
07    COPY mablog /usr/local/mablog
08
09    WORKDIR /usr/local/mablog
10
11    CMD ["sh","-c","/usr/bin/daphne -b 0.0.0.0 -p 8888 mablog.asgi:application"]
```

代码解释：

第11行：在生产中，我们不使用python manage.py命令，而使用daphne命令。

④ 运行如下命令，生成mablog:daphne镜像。

docker build -tmablog:daphne.

⑤ 运行以下命令，启动容器。

docker run --rm -itd -p 9000:9000 --name=mablog mablog:daphne

镜像运行起来之后，我们可以先使用10.4.3小节的测试函数插入一条日志，再使用相应的URL访问这条记录。如果返回成功，则说明这个生产镜像的部署成功了。

如果插入函数如下所示：

https://github.com/aguncn/mablog/blob/master/wslog/tests.py

```
01    import requests
02    import json
03
04    url = "http://192.168.1.111:8888/wslog/log_add/"
05    headers = {'Content-Type': 'application/json;charset=utf-8'}
06    payload = {'deploy_version': "2018-06-21-12DB",
07              'app_name': "ZIP-BACKEND-JAVA",
08              'ip_address': "1.1.1.1",
09              'env_name': "UAT",
10              'user_name': "sky",
11              'operation_type': "deploy",
12              'operation_no': 8,
13              'log_content': "...2018-07-23 08:43:38deploypkg \
14              cnsz141851-10.25.164.109, deploy progress 60%"}
15    try:
16        result = requests.post(url, headers=headers, data=json.dumps(payload))
17        print(result.status_code)
18    except Exception as e:
19        print(e)
20    print('ok')
```

则访问 URL 如下所示：

http://192.168.1.111:8888/wslog/log_show/?app_name=ZIP-BACKEND-JAVA&deploy_version=2018-06-21-12DB&env_name=Demo&operation_no=8

网页显示如图 12-6 所示。

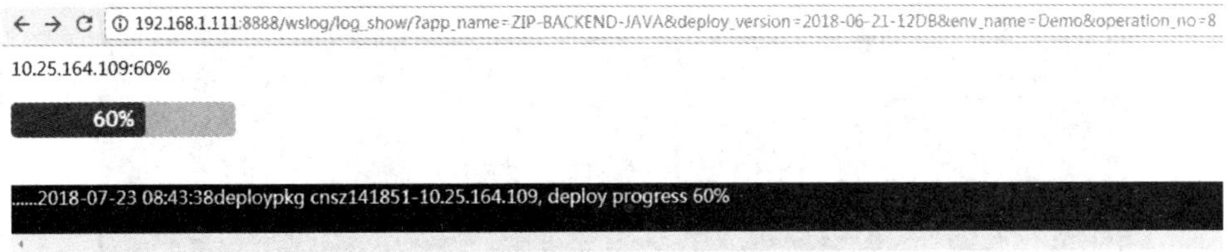

图 12-6 Docker 容器输出的实时部署日志

12.6 Coverage——Django 代码覆盖率测试

Coverage 是一个用来测试 Python 程序代码覆盖率的工具，它能够识别代码的哪些部分已经被执行，并识别有哪些可以执行但未执行的代码。覆盖率测试通常用来衡量测试的有效性和完善性。

本小节，将 Coverage 这个工具实践在我们的 Manabe 项目上。

1. 安　装

安装时运行如下命令：

```
pip install coverage
```

2. 运行测试

在 Manabe 项目根目录下，运行如下命令：

```
coverage run -- source='.' manage.py test -- setting manabe.settings
```

3. 生成 console 报告

在 Manabe 项目根目录下，运行如下命令：

```
coverage report -m
```

输出如图 12-7 所示。

4. 生成 HTML 报告

在 Manabe 项目根目录下，运行如下命令：

```
coverage html
```

这条命令会在 Manabe 的根目录下，生成一个 htmlcov 文件夹，用浏览器打开里面的 index.html 文件，即可测试本项目的代码测试覆盖率。点击某一具体的文件，还可以了解我们到底测试了哪些代码行，如图 12-8、图 12-9 所示。

```
public\urls.py                           5      0    100%
public\user_group.py                    43     29     33%   13, 20-
23, 28, 33-40, 46-60
public\verifycode.py                    29      0    100%
public\views.py                          1      1     0%   1
rightadmin\__init__.py                   0      0    100%
rightadmin\admin.py                      4      0    100%
rightadmin\apps.py                       3      0    100%
rightadmin\migrations\0001_initial.py    7      0    100%
rightadmin\migrations\__init__.py        0      0    100%
rightadmin\models.py                    12      0    100%
rightadmin\tests\__init__.py             0      0    100%
rightadmin\tests\test_models.py         13      0    100%
rightadmin\tests\test_views.py          18      0    100%
rightadmin\urls.py                       6      0    100%
rightadmin\views.py                     79     57     28%   28-46,
56-102
serverinput\__init__.py                  0      0    100%
serverinput\admin.py                     3      0    100%
serverinput\apps.py                      3      0    100%
serverinput\forms.py                    21      3     86%   12-14
serverinput\migrations\0001_initial.py   7      0    100%
serverinput\migrations\__init__.py       0      0    100%
serverinput\models.py                   15      0    100%
serverinput\tests\__init__.py            0      0    100%
serverinput\tests\test_models.py        12      0    100%
serverinput\tests\test_views.py         55      0    100%
serverinput\urls.py                      5      0    100%
serverinput\views.py                    82     25     70%   23, 29,
32-44, 47, 50-54, 63-64, 68-69, 80-82, 108, 114-118, 121
----------------------------------------------------------
TOTAL                                 2514   1038     59%
```

图 12-7　Coverage 控制台显示代码覆盖率报告

← → C ⓘ file:///D:/GIT/manabe/manabe/htmlcov/index.html

Coverage report: 59%

Module ↓	statements	missing	excluded	coverage
api__init__.py	0	0	0	100%
api\\api_tests.py	3	3	0	0%
api\\apps.py	3	0	0	100%
api\\permissions.py	6	3	0	50%
api\\renderer.py	3	0	0	100%
api\\serializers.py	29	0	0	100%
api\\tests__init__.py	0	0	0	100%
api\\tests\\test_views.py	62	0	0	100%
api\\urls.py	11	0	0	100%
api\\views.py	151	79	0	48%
appinput__init__.py	0	0	0	100%
appinput\\admin.py	3	0	0	100%
appinput\\apps.py	3	0	0	100%
appinput\\forms.py	22	0	0	100%
appinput\\migrations\\0001_initial.py	7	0	0	100%
appinput\\migrations\\0002_auto_20181020_2116.py	4	0	0	100%

图 12-8　Coverage 浏览器显示代码覆盖率报告

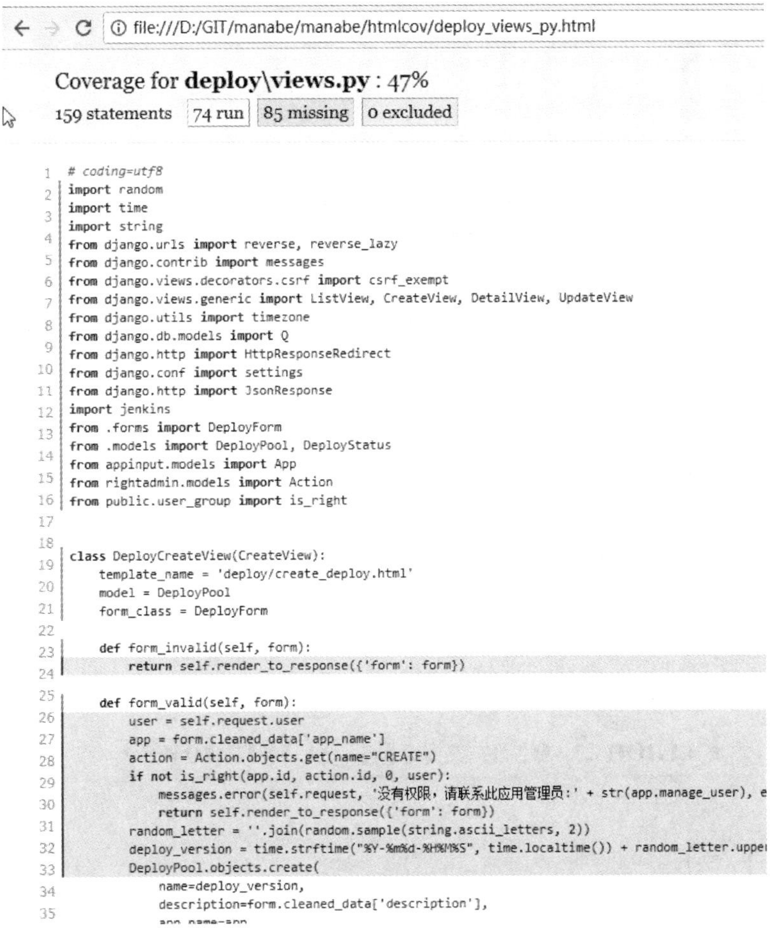

图 12-9　Coverage 显示具体代码的测试覆盖率情况

读者看到了,我们现在这个项目的测试覆盖仅为 59%,大家一起来完善它吧。

12.7　小　结

在本章中,我们先后了解了 Django 的 Logging 记录功能,做简单的数据统计,以及如何将应用进行 Docker 容器化运行。相信经过本章的学习,读者对于自动化部署系统的研发全过程已完全了解了。

这也是本书的最后一章,真心希望读者在学习完本书之后能有所收获。经过自己不断的进取,达到自己的应许之地。

努力,奋斗!

未来再见吧。

附录 1

Django 2.1 开发环境配置

"工欲善其事,必先利其器"。在做 Django 开发时,一套好的开发环境,能提高开发效率,让心情愉悦。要在计算机上安装 Django 开发环境,首先就得把 Python 安装到你的计算机里。安装后,你会得到 Python 解释器(就是负责运行 Python 程序的)一个命令行交互环境,还有一个简单的集成开发环境(IDLE)。

在安装完 Python 之后,在此基础之上,才可以安装 Django 模块。在安装完 Django 模块之后,就可以进入 Django 的 IDE 开发软件的安装了。

有时,我们还需要在同一个计算机上开发不同的 Python 应用。为了隔离相互的开发环境,这时,还需要有一套 Python 虚拟环境管理的机制。

本附录主要讲解的就是上面这些内容。

附 1.1　Python 3.6.6 安装配置(Windows)

附 1.1.1　下　载

前往 Python 官网 https://www.python.org/downloads/windows/下载 Python 3.6.6 的安装包,如图附 1-1 所示选择黑框中的 64 位 exe 安装文件进行下载,然后点击下载好的安装文件进行安装。

图附 1-1　Python 下载网页

附1.1.2 安 装

双击下载的 exe 文件进行安装,请选中 Add Python 3.6 to PATH,把 Python 添加到环境变量,这样以后在 Windows 命令提示符下面也可以运行 Python 并进行自定义安装,如图附 1-2 所示。

图附 1-2 Python 自定义安装选项

选中 Install for all users。安装目录会改变,请根据自己的需求修改安装路径(建议路径为 C:\Python36),如图附 1-3 所示,再单击 Install 按钮进行下一步。

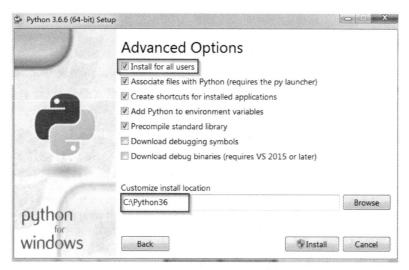

图附 1-3 Python 自定义安装路径

附 1.1.3 运行 Python 3

上述操作完成之后，进入 Windows 命令行操作界面，输入 Python，得到 Python 的交互式操作界面，自此完成 Python 3 安装，如图附 1-4 所示。

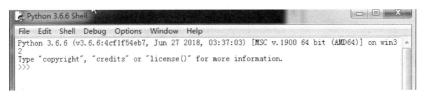

图附 1-4 命令行输出 Python 版本

附 1.1.4 Python IDLE 基本操作

Python IDLE 是 Python 软件包自带的一个集成开发环境，读者可以利用它方便地创建、运行、测试和调试 Python 程序。

安装 Python 后，可以从"开始"菜单→"所有程序"→"Python3.6"→"IDLE(PythonGUI)"来启动 IDLE，如图附 1-5 所示。

图附 1-5 IDLE 界面

启动 IDLE 后首先映入眼帘的是它的 Python Shell，这是一个交互式 Shell，通过它可以在 IDLE 内部执行 Python 命令，输入代码之后，可以立即执行，得到结果。除此之外，IDLE 还带有一个编辑器，用来编辑 Python 程序(或者脚本)；有一个交互式解释器用来解释执行 Python 语句；有一个调试器来调试 Python 脚本。

IDLE 为开发人员提供了许多有用的特性，如自动缩进、语法高亮显示、单词自动完成以及命令历史等，在这些功能的帮助下，能够有效地提高我们的开发效率。

交互式界面可以用于简单的学习，编写较大程序时应将代码写到具体的 Python 文件中，Python 文件默认的后缀为.py。下面就讲一讲如何在 IDLE 中，用文件形式来进行 Python 编程。

1. 新建 Python 文件(如图附 1-6 所示)

要新建一个文件，首先从 File 菜单中选择 New Window 菜单项，这样就可以在出现的窗口中输入程序的代码了。创建好程序之后，从 File 菜单中选择 Save 保存程

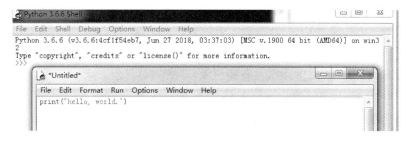

图附 1-6　使用 IDLE 编辑 Python 代码

序。如果是新文件,则会弹出 Save as 对话框,可以在该对话框中指定文件名和保存位置。保存后,文件名会自动显示在屏幕顶部的蓝色标题栏中。如果文件中存在尚未存盘的内容,则标题栏的文件名前后会有星号出现。

2. 执行 Python 代码

要使用 IDLE 执行程序,可以从 Run 菜单中选择 Run Module 菜单项,该菜单项的功能是执行当前文件,快捷键为 F5,如图附 1-7 所示。

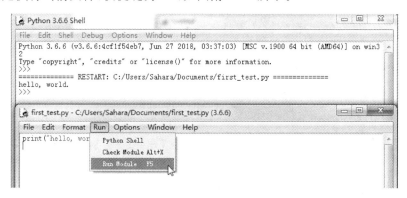

图附 1-7　通过 IDLE 运行程序

3. 常用编辑功能详解

下面将介绍编写 Python 程序时常用的 IDLE 选项,按照不同的菜单分别列出,供初学者参考。对于 Edit 菜单,除了上面介绍的几个选项之外,常用的选项及解释如下所示:

- Undo:撤销上一次的修改;
- Redo:重复上一次的修改;
- Cut:将所选文本剪切至剪贴板;
- Copy:将所选文本复制到剪贴板;
- Paste:将剪贴板的文本粘贴到光标所在位置;
- Find:在窗口中查找单词或模式;
- Find in files:在指定的文件中查找单词或模式;

- Replace：替换单词或模式；
- Go to line：将光标定位到指定行首。

对于 Format 菜单，常用的选项及解释如下所示：
- Indent region：使所选内容右移一级，即增加缩进量；
- Dedent region：使所选内容左移一级，即减少缩进量；
- Comment out region：将所选内容变成注释；
- Uncomment region：去除所选内容每行前面的注释符；
- New indent width：重新设定制表位缩进宽度，范围为 2～16，宽度为 2，相当于 1 个空格；
- Expand word：单词自动完成；
- Toggle tabs：打开或关闭制表位。

附 1.2　Django 2.1 安装

在 Python 安装完之后，就可以在 Windows 的 cmd 命令窗口下，使用 pip 命令了。pip 是 Python 包管理工具，该工具提供了对 Python 包的查找、下载、安装、卸载的功能。pip 也是我们在本书中用来安装 Python 模块的主要命令。

① 进入 Windows 命令行窗口。

② 输入以下命令，然后回车：

```
pip install django==2.1
```

③ 输出如下，最终出现 Successfully installed django-2.1，表示安装成功。

```
Collecting django==2.1
Using cached https://files.pythonhosted.org/packages/51/1a/e0ac7886c7123a03814
178d7517dc822af0fe51a72e1a6bff26153103322/Django-2.1-py3-none-any.whl
Requirement already satisfied: pytz in c:\python36\lib\site-packages
(from django==2.1) (2018.5)
Installing collected packages: django
Successfully installed django-2.1
```

④ 运行 python -m django --version 命令，如果输出 2.1，则表示版本号正确。

附 1.3　Python 虚拟环境管理

为什么需要 Python 的虚拟环境呢？

在日常开发中，一个程序员可能需要同时开发几个不同的项目，由于历史原因，每一个项目的 Python 版本可能都不一样，有的是基于 Python 2 开发的，有的是基于 Python 3 开发的，并且就算 Python 的大版本一样，每个项目所依赖的第三方库及版

附录1　Django 2.1 开发环境配置

本肯定也是不一样的,有的需要 Requests 2.5 版本,有的需要 Requests 2.8 版本,不一而足。这里涉及的每一个项目,都相当于需要有自己单独的一个 Python 虚拟环境,有独立的库 library 和解释器 interpreter。在这样的场景下,为了独立每个项目的 Python 环境,就需要一个用来生成和管理 Python 虚拟环境的工具。

在本节,我们介绍两种常用的 Python 虚拟环境管理工具:内置 venv 模块及 pipenv。

附1.3.1　内置 venv 模块

Python 3.3 以上的版本通过 venv 模块原生支持虚拟环境,可以代替 Python 之前的 virtualenv。

该 venv 模块提供了创建轻量级"虚拟环境",提供与系统 Python 的隔离支持。每一个虚拟环境都有其自己的 Python 二进制(允许有不同的 Python 版本创作环境),并且可以拥有自己独立的一套 Python 包。其最大的好处是,可以让每一个 Python 项目单独使用一个环境,而不会影响 Python 系统环境,也不会影响其他项目的环境。

下面演示一下 venv 的用法。

① 在 D 盘下,新建一个 py_venv 目录,然后在 Windwos 命令窗口下进入此目录。

② 在创建虚拟环境前,先运行 pip list 命令,这时可以看到我们常规环境安装的模块。

③ 运行 python-m venv 命令,稍等片刻,等命令完成。在 py_venv 目录下,会生成 include、lib、scripts 三个目录及一个 pyenv.cfg 文件,如图附 1-8 所示。

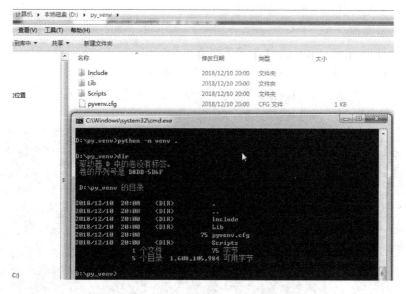

图附 1-8　Python venv 生成目录列表

④ 进入到 Scripts,执行 activate.bat,如图附 1-9 所示表示激活成功。注意,在 Windows 的盘符前面,已有了(py_venv)的标签。

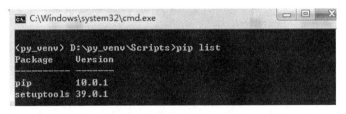

图附 1-9 pip 显示虚拟环境模块列表

⑤ 此时,再运行 pip list 会发现常规环境安装的模块都没有了。因为这是一个新的虚拟环境,这个用于开发的虚拟环境和常规环境是隔离的,需要进行模块的全新安装。

⑥ 如果在虚拟环境中,运行 deactivate.bat 命令,就会退出虚拟环境,回到常规环境。

附 1.3.2 pipenv

pipenv 是 Python.org 正式推荐的 Python 打包工具,其主要特性如下:
- pipenv 集成了 pip、virtualenv 两者的功能,且完善了两者的一些缺陷。
- 过去用 virtualenv 管理 requirements.txt 文件可能会有问题,pipenv 使用 pipfile 和 pipfile.lock,后者存放包的依赖关系,查看依赖关系十分方便。
- 各个地方使用了哈希校验,无论安装还是卸载包都十分安全,且会自动公开安全漏洞。
- 通过加载 .env 文件简化开发工作流程。
- 支持 Python 2 和 Python 3,在各个平台的命令都是一样的。

① pipenv 是基于 Python 开发的包,所以可以直接用 pip install pipenv 安装,输出如图附 1-10 所示。

图附 1-10 安装 pipenv 模块

——附录1 Django 2.1开发环境配置

② 在D盘下新建文件夹project,并进入该文件夹,输入pipenv-python 3.6命令进行虚拟环境创建,如图附1-11所示。

图附1-11 通过pipenv生成虚拟Python环境

初始化好虚拟环境后,会在项目目录下生成2个文件:pipfile和pipfile.lock。其为pipenv包的配置文件,代替原来的requirement.txt。

项目提交时,可将pipfile文件和pipfile.lock文件一并提交,待其他开发克隆下载,根据此pipfile运行命令pipenv install生成自己的虚拟环境。

pipfile.lock文件是通过hash算法将包的名称和版本及依赖关系生成哈希值,可以保证包的完整性。

③ 在project目录里,输入pipenv shell命令,启动虚拟环境。和附1.3.1小节一样,D盘符前一样会出现标签,如图附1-12所示。(注意,project-Vbf8eoYI后面的随机数因人而异,但以后操作时,一定要出现括号,才表示在虚拟环境之中;否则,只是在系统的Python环境中,运行就可能会出问题。)

图附1-12 pipenv进入虚拟Python环境

④ 在虚拟环境中,输入exit,可退出此虚拟环境。下次,需要再启动虚拟目录时,进入此目录,再输入pipenv shell命令即可。

⑤ pipenv常用命令如下:
- pipenv --three:使用当前系统的Python 3创建环境;
- pipenv --python 3.6:指定某一Python版本创建环境;
- pipenv shell:激活虚拟环境;

- pipenv --where：显示目录信息；
- pipenv --venv：显示虚拟环境信息；
- pipenv --py：显示 Python 解释器信息；
- pipenv install requests：安装 requests 最新版本并加入到 pipfile；
- pipenv install django==2.1：安装固定版本模块并加入到 pipfile；
- pipenv graph：查看目前安装的库及其依赖；
- pipenv check：检查安全漏洞；
- pipenv uninstall --all：卸载全部包并从 pipfile 中移除。

附1.4 新建一个 Django 的 demo 项目

为了内容的连贯性，此处，简要提一下如何在 pipenv 环境中用 Django 2.1 新建一个示例项目。具体的细节、相关文件的作用，已在第 2 章里详细表述。

① 在 D 盘新建一个 project 目录，通过 Windows 命令行，进入此目录。

② 不管是常规环境还是虚拟环境，请确认已安装好 Django 模块。

③ 运行 django-admin startproject demo 命令，就会生成一个 demo 目录，里面就是 demo 这个项目的所有文件。

④ 进入 demo 目录。

⑤ 运行 python manage migrate 命令，将系统数据表合并入数据库。

⑥ 运行 python manage.py runserver 命令。

⑦ 使用浏览器访问 http://localhost:8000，能看到小火箭网页，说明项目正确启动。

附1.5 PyCharm 安装配置

PyCharm 是一种 Python IDE，带有一整套可以帮助用户在使用 Python 语言开发时提高其效率的工具，比如调试、语法高亮、Project 管理、代码跳转、智能提示、自动完成、单元测试、版本控制。此外，该 IDE 提供了一些高级功能，以用于支持 Django 框架下的专业 Web 开发。PyCharm 具有以下特点：

编码协助：其提供了一个带编码补全、代码片段、支持代码折叠和分割窗口的智能、可配置的编辑器，可帮助用户更快、更轻松地完成编码工作。

项目代码导航：该 IDE 可帮助用户即时从一个文件导航至另一个，从一个方法至其申明的用法甚至可以穿过类的层次。若用户学会使用其提供的快捷键则能更快。

代码分析：用户可使用其编码语法、错误高亮、智能检测以及一键式代码快速补全建议，使得编码更优化。

附录1 Django 2.1 开发环境配置

Python 重构：有了该功能，用户便能在项目范围内轻松进行重命名，提取方法/超类，导入域/变量/常量，移动和前推/后退重构。

支持 Django：有了它自带的 HTML、CSS 和 JavaScript 编辑器，用户可以更快速地通过 Django 框架进行 Web 开发。此外，其还能支持 CoffeeScript、Mako 和 Jinja 2。

集成版本控制：登录、退出、视图拆分与合并，所有这些功能都能在其统一的 VCS 用户界面（可用于 Mercurial、Subversion、Git、Perforce 和其他的 SCM）中得到。

图形页面调试器：用户可以用其自带的功能全面的调试器对 Python 或者 Django 应用程序以及测试单元进行调整，该调试器带断点、步进、多画面视图、窗口以及评估表达式。

集成的单元测试：用户可以在一个文件夹运行一个测试文件、单个测试类、一个方法或者所有测试项目。

可自定义 & 可扩展：可绑定 Textmate、NetBeans、Eclipse & Emacs 键盘主盘，以及 Vi/Vim 仿真插件。

附 1.5.1 PyCharm 安装

① 到 PyCharm 的官网下载安装包（这里，我们选择免费的社区版进行演示，在写作时，PyCharm 版本为 pycharm-community-2018.2.1.exe），如图附 1-13 所示。下载网址为：

https://www.jetbrains.com/pycharm/download/#section=windows

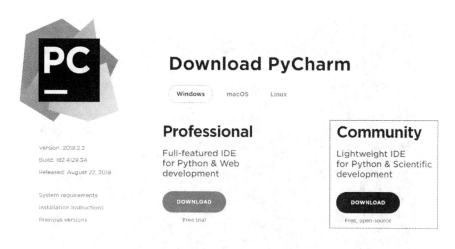

图附 1-13 PyCharm 下载网页

② 双击下载下来的软件进行安装。在安装过程中，根据自己的系统，选择相应的版本，如图附 1-14 所示。如果你的计算机上没有 JRE 环境，需要勾选 Download and install Jre x86 by JetBrains 之后，一路默认设置，即可安装完成。

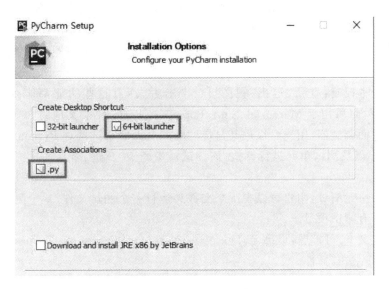

图附 1-14 PyCharm 安装界面

附 1.5.2 PyCharm 配置

① PyCharm 安装完成。接下来对 PyCharm 进行配置，双击桌面上的 PyCharm 图标运行程序，运行界面如图附 1-15 所示。

图附 1-15 PyCharm 启动界面

② 在进入到如下界面时，选择 Open，打开已有的项目，如图附 1-16 所示。

③ 定位到目录 D:\project，如图附 1-17 所示。

●————附录1　Django 2.1开发环境配置

图附1-16　PyCharm中打开或新建项目

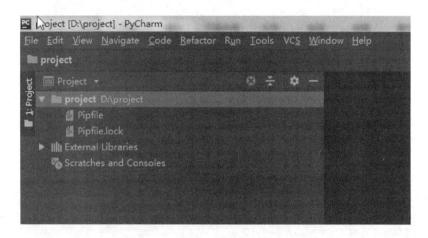

图附1-17　PyCharm中打开已有项目

④ 如果是常规环境,则可以点击左右的项目文件目录导航,进入正式开发。但如果是虚拟环境,则需要通过项目设置来指定虚拟环境的Python解释器,如图附1-18、图附1-19所示。

至此,Django的开发IDE环境已完成配置。

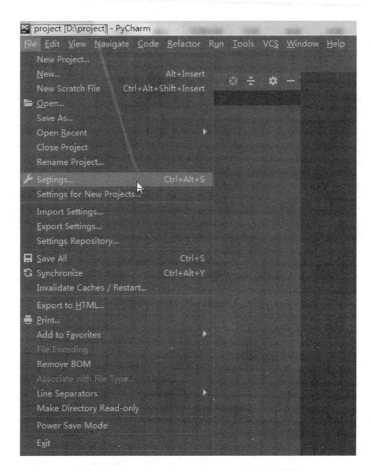

图附 1-18　PyCharm 设置项目参数和特性

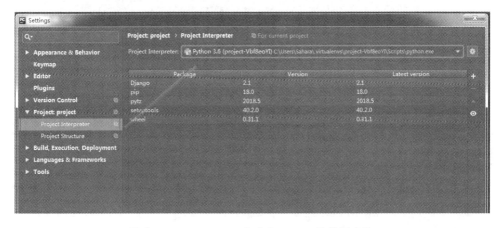

图附 1-19　PyCharm 中定义 Python 的编译环境

附 1.6 Are You Ready

现在,几乎编码的所有外围事宜都已准备就绪。作为附录1的最后一节内容,我们希望能针对一些 Python 的编码规范,作一些小小的提示,希望读者以后少走一些弯路。

附 1.6.1 PEP 8

PEP 8 即 *Python Enhancement Proposal #8*(8 号 Python 增强提案),它是针对 Python 代码格式而编订的风格指南。官网 URL:https://www.python.org/dev/peps/pep-0008/,其内容主要包括以下几个大类:

- Code lay-out:代码布局;
- Whitespace in Expressions and Statements:表达式和语句中的空格;
- Comments:注释;
- Naming Conventions:命名规范;
- Programming Recommendations:编程建议。

其中,关于我们日常开发时的空格、命名、单行长度、import 导入顺序等的内容如下。

1. 空 白

- 使用 space 来表示缩进,而不要用 tab;
- 和语法相关的每一层缩进用 4 个空格来表示;
- 每行的字符数都不应超过 79 个;
- 文件中函数与类之间应该用两个空行隔开;
- 在同一个类中,各方法之间应用一个空行隔开;
- 在使用下拉表来获取列表元素、调用函数或给关键字参数赋值的时候,不要在两旁添加空格;
- 为变量赋值的时候,赋值符号的左侧和右侧应该各自写上一个空格,而且只要一个就好。

2. 命 名

- 函数、变量及属性应该用小写字母来拼写,各单词之间以下划线相连;
- 类与异常,应该以每个单词首字母均大写的格式来命名;
- 类中的实例方法,应该把首个参数命名为 self,以表示该对象的自身;
- 类方法的首个参数,应该命名为 cls,以表示该类自身。

3. 表达式和语句

- 采用内联式的否定词,而不要把否定词放在整个表达式的前面,例如,应该写

if a is not b,而不是写 if not a is b。
- 不要通过检测长度的办法(如 if len(somelist)==0)来判断 somelist 是否为空值,而应该采用 if not somelist 这种写法来判断。它会假定:空值将自动评估为 False。
- 不要编写单行的 if 语句,以及 for 循环、while 循环及 except 复合语句,而应该把这些语句分成多行来书写,以示清晰。
- import 语句应总放在文件开头。
- 文件中的 import 语句应该按照顺序划分为三个部分,分别表示标准库模块、第三方模块以及自用模块。

关于这一条规则:每行的字符数不应超过 79 个。笔者搜索一番后,终于理解了为什么要有这个规定。原来,这个小于 80 的数值,来源于 N 年前的古老的 VT100 终端。当时,这种设备只能作为显示终端,一个 IBM 大型机连了很多这种 VT100 终端(见图附 1-20),让多个终端同时使用这个大型机的资源。而这种 VT100 单行能显示的最大宽度就是 80 个字符。故 PEP8 里有这个规定,以便用老的机器同样能优雅地显示 Python 代码。

可能大家觉得,我们现在的液晶桌面显示器远远超过了这个限制,还有必要遵守这个规则吗?笔者个人觉得,还是尽可能遵守,因为你不可能预料到你的代码在其他人打开时所用的设备。

在 Pycharm 中,对这个规则也是有提示的。在编辑区右边有一条细线,如果你的代码行越过了这条细线,则说明超过 80 个字符啦。

图附 1-20 老式的 VT100 终端

附1.6.2 Pythonic

Pythonic,如果翻译成中文就是很 Python。Pythonic 代码写法简练、明确、优雅,绝大部分时候执行效率高,代码越少也就越不容易出错。好的程序员在写代码时,应该追求代码的正确性、简洁性和可读性,这恰恰就是 Pythonic 的精髓所在。

对于具有其他编程语言经验而初涉 Python 的程序员或是从其他语言转过来的程序员来说,在写 Python 代码时,认识到 Pythonic 的写法,会带来更多的便利和更高的效率。

下面给出几个 Pythonic 的代码写法,希望读者在以后的工作中,多看高手源码,多学习网上优秀的程序员的建议,相信很快就可以进入 Python 高手的行列。

① 数据交换,不需要第三个临时变量:

a,b = b,a

② 连续比较大小,不需要太多的 and、or 参于其间:

1 <= b <= a <10

③ 字符串反转,不需要 for 循环:

s[::-1]

④ 将列表转换成字符串连接,不需要 for 循环:

''.join(someList)

⑤ 类三元符替代,不需要多行 if 判断:

b = 2 if a> 2else 1

⑥ 有机会就使用列表推导式:

Some_list = [x * x for x in range(10) if x % 3 == 0]

⑦ 文件打开,使用 with 上下文管理器,不需要异常判断:

with open("/tmp/foo.txt") as file:
data = file.read()

附录 2

GitLab 安装配置

附 2.1 源代码管理简介

现代 IT 企业的源代码,可以说是一个企业的生命线,其重要性如何强调都不过分。如果一个公司的源代码在一夜之间消失,其离破产也就不远了。所以,源代码的管理是一个相当重要的课题。

笔者经历过互联网前时代的企业,当时所在的公司为了能保全源代码,除了每周每天的在线备份,还需要每个月将离线硬盘备份,放置于一个防火的保险箱内。这在同类企业中,算是做到了万无一失。

源代码的管理,除了预防丢失之外,对于现代大型企业多人合作开发程序,也有很重要的作用。如果只有一个人写代码,或是写一个很短的代码,可能源代码管理的意义不大。而一旦企业扩张,软件系统功能越来越多,越来越复杂,开发团队的规模也会随之扩张。这时,如果不进行源代码管理,就会遇到如下问题:

- 无法后悔:做错一个操作后,没有后悔药可吃;
- 版本备份:费空间、费时间;
- 版本混乱:因版本备份过多造成混乱,难以找回正确的想要的版本;
- 代码冲突:多人操作同一个文件(团队开发中常见的问题);
- 权限控制:无法对源代码进行精确的权限控制。

而源代码管理工具就能解决上面遇到的问题,它能追踪一个项目从诞生一直到定案的过程,记录一个项目的所有内容变化,并且方便查阅特定版本的修订情况。除此之外,它还能进行权限控制,帮助团队进行分支开发及快速代码合并。

现在常见的源代码管理工具有 SVN 和 GIT,最近几年,SVN 的使用率逐年下降,而基于 GIT 的源代码管理越来越受到 IT 公司的追捧。

Git 是一个开源的分布式版本控制系统,可以有效、高速地处理从很小到非常大的项目版本管理。其起源是 Linus Torvalds(Linux 内核发明者)为了帮助管理 Linux 内核开发而开发的一个开放源码的版本控制软件。

Torvalds 开始着手开发 Git 是为了作为一种过渡方案来替代 BitKeeper,后者之前一直是 Linux 内核开发人员在全球使用的主要源代码工具。开放源码社区中的有些人觉得 BitKeeper 的许可证并不适合开放源码社区的工作,因此 Torvalds 决定着手研究许可证更为灵活的版本控制系统。尽管最初 Git 的开发是为了辅助 Linux 内核开发的过程,但是现在 Git 已越来越成为各个 IT 公司进行源代码管理的首选工具。

Git 是一个开源的分布式版本控制系统。分布式相比于集中式(SVN)的最大区别在于开发者可以提交到本地,每个开发者通过克隆(Git Clone),在本地机器上拷贝一个完整的 Git 仓库。

Git 的功能特性如下:
- 从服务器上克隆完整的 Git 仓库(包括代码和版本信息)到单机上。
- 在自己的机器上根据不同的开发目的,创建分支,修改代码。
- 在单机上自己创建的分支上提交代码。
- 在单机上合并分支。
- 把服务器上最新版的代码获取下来,然后跟自己的主分支合并。
- 生成补丁(patch),把补丁发送给主开发者。
- 看主开发者的反馈,如果主开发者发现两个一般开发者之间有冲突(他们之间可以合作解决的冲突),就会要求他们先解决冲突,然后再由其中一个人提交;如果主开发者可以自己解决,或者没有冲突,就通过。
- 一般开发者之间解决冲突的方法,开发者之间可以使用 pull 命令解决冲突,解决完冲突之后再向主开发者提交补丁。

GitLab 是一个源代码管理工作。它是在 Git 之上利用 Ruby on Rails 一个开源的版本管理系统,实现一个自托管的 Git 项目仓库,可通过 Web 界面来访问公开的或者私人的项目。它拥有与 Github 类似的功能,能够浏览源代码,管理缺陷和注释。可以管理团队对仓库的访问,它非常易于浏览提交过的版本并提供一个文件历史库。团队成员可以利用内置的简单聊天程序(Wall)进行交流。它还提供一个代码片段收集功能,可以轻松实现代码复用,便于日后有需要的时候进行查找。

在本附录,我们将带领读者学习 GitLab 最基本的应用技能,让读者对这个管理工具不再陌生,达到快速上手的目的。

附 2.2 GitLab 安装

我们安装 GitLab 是基于 CentOS 7 系统。它是运行在 Oracle VM VirtualBox 中的一个虚拟机,演示的 IP 地址为 192.168.1.112,此附录的安装教程皆是基于这个虚拟机进行演示的,且以 root 身份运行下面的安装。

附 2.2.1 配置 yum 源

使用 vim 编辑/etc/yum.repos.d/gitlab-ce.repo 文件,输入以下内容,加入新的

软件仓库：

[gitlab-ce]
name=Gitlab CE Repository
baseurl=https://mirrors.tuna.tsinghua.edu.cn/gitlab-ce/yum/el$releasever/
gpgcheck=0
enabled=1

附 2.2.2 更新本地 yum 缓存

输入以下内容：

yum makecache

附 2.2.3 安装 GitLab 社区版

输入以下内容：

yum install gitlab-ce

当看到如下输出时，表示安装完成。

```
yum install gitlab-ce
Loaded plugins: fastestmirror
Loading mirror speeds from cached hostfile
 * base: mirrors.nju.edu.cn
 * epel: mirrors.huaweicloud.com
 * extras: mirrors.shu.edu.cn
 * updates: mirrors.163.com
Resolving Dependencies
--> Running transaction check
---> Package gitlab-ce.x86_64 0:11.2.3-ce.0.el7 will be installed
--> Finished Dependency Resolution
Dependencies Resolved
.....(此处省略 N 行)
Installed:
    gitlab-ce.x86_64 0:11.2.3-ce.0.el7 Complete!
```

附 2.2.4 修改外部 URL

将 /etc/gitlab/gitlab.rb 中的 external_url 更改为如下内容：

external_url 'http://192.168.1.112'

附 2.2.5 启动 GitLab

输入以下内容：

```
gitlab-ctl reconfigure
```

首次启动,会进行很多初始化的动作,时间会比较长。

附 2.3　GitLab 服务初始化及 TortoiseGit 客户端使用

在本节,我们将会讲述 GitLab 上的项目管理操作,以及如何用 Windows 下的 TortoiseGit 软件进行代码的提交操作。

附 2.3.1　更改 GitLab 管理员密码,登录系统

① 浏览器打开,输入网址 http://192.168.1.112,如果 GitLab 启动正常,则出现登录界面,如图附 2-1 所示。

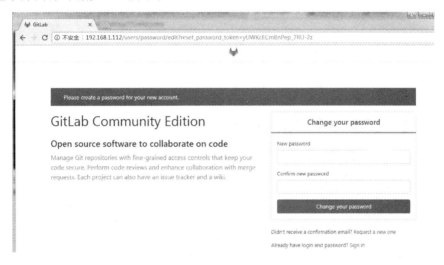

图附 2-1　GitLab 登录界面

② 第一次登录,点击更改管理员密码,点击 Please create a password for you new account,在新出现的界面中设置管理员密码,如图附 2-2 所示。

图附 2-2　GitLab 更改管理员密码

③ 使用用户 root 及刚更新的管理员密码登录系统,如图附 2-3 所示。

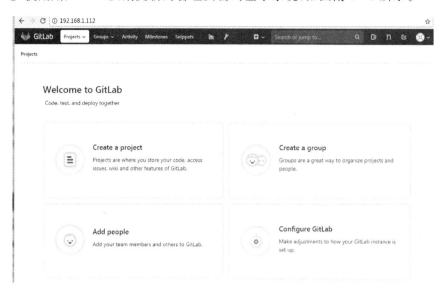

图附 2-3　GitLab 登录进入的首页显示

附 2.3.2　新建一个 GitLab 项目

① 点击 Create a project 链接,进入新建项目的网页。
② 输入相关信息之后,生成新的项目,如图附 2-4、图附 2-5 所示。

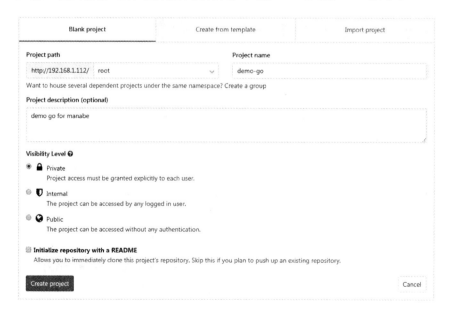

图附 2-4　GitLab 建立新的项目

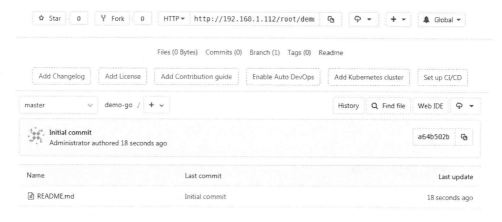

图附 2-5　GitLab 显示项目

③ 多建几个示例项目，以备日后使用。

附 2.3.3　在 Windows 下使用 TortoiseGit 操作 GitLab

相信大多数读者平时的软件开发还是在 Windows 下进行的。而 Windows 下与 GitLab 相互的软件，最好用的非 TortoiseGit 莫属。有了这个软件，日常的操作可以省去 Git 命令的输入，让代码提交速度加快。当然，如果遇到很难处理的 Git 代码冲突，或是很难的图形界面处理的问题，还是可以用 git bash 命令来处理的。

TortoiseGit 简称 tgit，中文名为海龟 Git。海龟 Git 只支持 Windows 系统，有几个前辈海龟 SVN、TortoiseSVN 和 TortoiseGit 都是非常优秀的开源的版本库客户端，分为 32 位版与 64 位版，并且支持各种语言，包括简体中文（Chinese, simplified; zh_CN）。

1. TortoiseGit 的安装

在安装 TortoiseGit 之前，需要先下载 Git for Windows 软件，TortoiseGit 是依托于这个软件才能成功运行的，访问 https://gitforwindows.org/，如图附 2-6 所示。

Git for Windows 的安装采用默认方式即可。

安装完成之后，需要到官网 https://download.tortoisegit.org/tgit/2.7.0.0/下载软件，网页如图附 2-7 所示。

TortoiseGit 的安装也采用默认方式即可。但在其中有一步要定位 git.exe 时，应定位到上面安装的目录，如图附 2-8 所示。

图附 2-6　Git for Windows 下载网页

图附 2-7　TortoiseGit 下载网页

图附 2-8　TortoiseGit 安装时定位 git.exe 文件

2. 将上一节创建的 GitLab 上的项目克隆到本地

先在 GitLab 上获取项目的 HTTP 地址（此处仅以 HTTP 进行演示，而没有使用 ssh），复制下来。然后，在 Windows 下进入 D:\GIT 目录，右击，选择 Git Clone...菜单，如图附 2-9、图附 2-10 所示。

图附 2-9　GitLab 获取项目 Git 地址

图附 2-10　Git Clone 项目代码

在随后出现的界面中，输入 GitLab 上的项目地址，如图附 2-11 所示。

单击 OK 按钮之后，会跳出界面，让你输入有此项目权限的用户名和密码，如图附 2-12 所示。

当一切输入正确之后，小乌龟就会开始从 GitLab 上将此项目克隆到本地的 D:\git\demo-go 目录，如图附 2-13 所示。

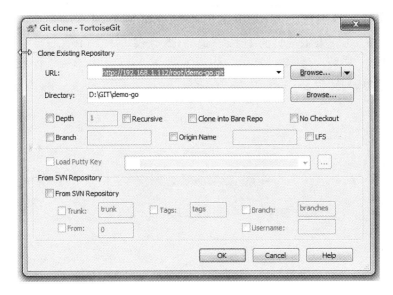

图附 2-11　Git Clone 定位项目代码地址

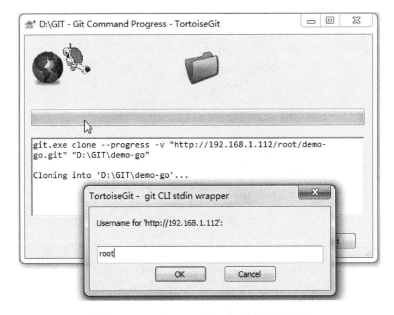

图附 2-12　Git Clone 时输入用户名和密码

3. 新增文件

在本地的 D:\git\demo-go 目录下,新增一个 test.go 文件。

4. 将新增文件提交到本地

在 test.go 所在目录右击,选择 Git Commit→"master",如图附 2-14 所示。

附录 2　GitLab 安装配置

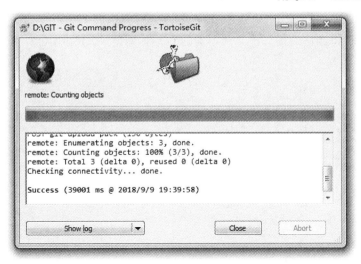

图附 2 – 13　Git Clone 完成

图附 2 – 14　Git 提交更改代码

在随后出现的界面里,确认 test.go 文件已勾选,然后写上合适的注释,单击 Commit 按钮,将文件的变更提交到本地的 Git,如图附 2-15、图附 2-16 所示。

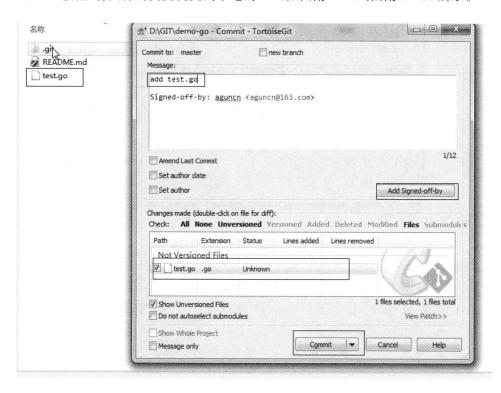

图附 2-15　编写代码提交时的注释信息

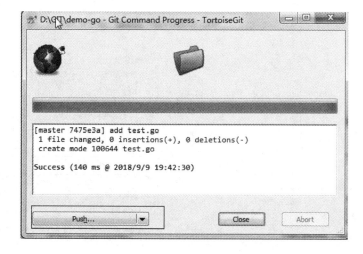

图附 2-16　完成 Git 的本地代码提交

5. 提交新增文件

在将文件提交到本地成功之后,我们需要将新增文件提交到 GitLab,以便其他同事可以看到这样代码的改变。在图附 2-16 中,将本次更改提交到本地 Git 之后,单击 Push 按钮,出现图附 2-17 所示界面,确认信息无误后,单击 OK 按钮,就可以同时将本次更改提交到远程的 GitLab 服务器上。

图附 2-17　将本地仓库代码同步到远程 Git 仓库

6. 验　证

在 GitLab 上验证一下文件已生成。此时,登录到 GitLab,可以看到 test.go 文件已上传到 GitLab 中,这也证明了我们的一切安装配置都是可行的,如图附 2-18 所示。

7. GitLab 多人开发流程

以上,我们演示了一个人如何在项目里进行 clone 和提交文件。如果项目涉及多个人并行开发,那么,日常操作中,除了需要将自己的代码提交到 GitLab 上之外,还有一个操作,就是要将别人提交到 Git 之上的代码,拉取到自己本地,进行联合开发和代码合并。这时,就要有一个 Git Pull 的操作。同样,在项目所有的目录里右击,选择图附 2-19 中的 Pull 即可。

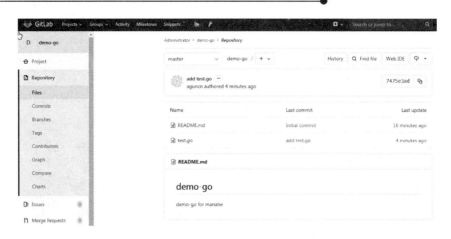

图附 2-18　GitLab 中显示提交的新代码

图附 2-19　从远程代码中更新代码到本地仓库

8. 推荐学习资源

在此,推荐以下两个关于 Git 操作的学习资源,能让你更快地了解 Git 的更多操作。

①《猴子都能懂的 Git 入门》:https://backlog.com/git-tutorial/cn/。

②《Git 简易指南》:http://www.bootcss.com/p/git-guide/。

9. 比较全的 Git 命令,备查

(1) 查看、添加、提交、删除、找回,重置修改文件

- git help <command>:显示 command 的 help;
- git show:显示某次提交的内容 git show $id;
- git co -- <file>:抛弃工作区修改;
- git co . :抛弃工作区修改;
- git add <file>:将工作文件修改提交到本地暂存区;
- git add . :将所有修改过的工作文件提交到暂存区;
- git rm <file>:从版本库中删除文件;
- git rm <file> --cached:从版本库中删除文件;
- git reset <file>:从暂存区恢复到工作文件;
- git reset -- . :从暂存区恢复到工作文件;
- git reset --hard:恢复最近一次提交过的状态,即放弃上次提交后的所有本次修改;
- git ci <file> git ci . git ci -a:将 git add、git rm 和 git ci 等操作都合并在一起做 git ci -am "some comments";
- git ci --amend:修改最后一次提交的记录;
- git revert <$id>:恢复某次提交的状态,恢复动作本身也创建某次提交的对象;
- git revert HEAD:恢复最后一次提交的状态。

(2) 查看文件 diff

- git diff <file>:比较当前文件和暂存区文件的差异;
- git diff <id1> <id1> <id2>:比较两次提交之间的差异;
- git diff <branch1>..<branch2>:在两个分支之间比较;
- git diff --staged:比较暂存区和版本库的差异;
- git diff --cached:比较暂存区和版本库的差异;
- git diff --stat:仅仅比较统计信息。

(3) 查看提交记录

- git log git log <file>:查看该文件每次提交的记录;
- git log -p <file>:查看每次详细修改内容的 diff;

- git log -p -2：查看最近两次详细修改内容的 diff；
- git log --stat：查看提交统计信息。

(4) tig

- Mac 上可以使用 tig 代替 diff 和 log，brew install tig。

(5) Git 本地分支管理

查看、切换、创建和删除分支。

- git br -r：查看远程分支；
- git br <new_branch>：创建新的分支；
- git br -v：查看各个分支最后提交的信息；
- git br --merged：查看已经被合并到当前分支的分支；
- git br --no-merged：查看尚未被合并到当前分支的分支；
- git co <branch>：切换到某个分支；
- git co -b <new_branch>：创建新的分支，并且切换过去；
- git co -b <new_branch> <branch>：基于 branch 创建新的 new_branch；
- git co $id：把某次历史提交记录检测出来，但无分支信息，切换到其他分支会自动删除；
- git co $id -b <new_branch>：把某次历史提交记录检测出来，创建成一个分支；
- git br -d <branch>：删除某个分支；
- git br -D <branch>：强制删除某个分支（未被合并的分支被删除的时候需要强制）。

(6) 分支合并和 rebase

- git merge <branch>：将 branch 分支合并到当前分支；
- git merge origin/master --no-ff：不要 Fast-Foward 合并，这样可以生成 merge 提交；
- git rebase master <branch>：将 master rebase 到 branch，相当于：git co <branch> && git rebase master && git co master && git merge <branch>。

(7) Git 补丁管理(方便在多台机器上开发同步时用)

- git diff > ../sync.patch：生成补丁；
- git apply ../sync.patch：打补丁；
- git apply --check ../sync.patch：测试补丁能否成功。

(8) Git 暂存管理

- git stash：暂存；
- git stash list：列所有 stash；
- git stash apply：恢复暂存的内容；

- git stash drop：删除暂存区。

(9) Git 远程分支管理
- git pull：抓取远程仓库所有分支更新并合并到本地；
- git pull --no-ff：抓取远程仓库所有分支更新并合并到本地，不要快进合并；
- git fetch origin：抓取远程仓库更新；
- git merge origin/master：将远程主分支合并到本地当前分支；
- git co --track origin/branch：跟踪某个远程分支创建相应的本地分支；
- git co -b <local_branch> origin/ <remote_branch> ：基于远程分支创建本地分支，功能同上；
- git push：push 所有分支；
- git push origin master：将本地主分支推到远程主分支；
- git push -u origin master：将本地主分支推到远程（如无远程主分支则创建，用于初始化远程仓库）；
- git push origin <local_branch>：创建远程分支，origin 是远程仓库名；
- git push origin <local_branch> : <remote_branch> ：创建远程分支；
- git push origin ：<remote_branch> ：先删除本地分支（git br -d <branch>），然后再删除远程分支。

附 2.4　GitLab 系统管理

　　做一个开发，只需要了解 Git 客户端的日常操作即可。这些操作包括代码拉取、代码提交、新建分支、代码合并等。但是，如果定位为一个运维开发人员，则需要更多了解一些 GitLab 的系统管理功能。比如，用户的新建、项目的新建、权限的分配等。这样，我们就可以在操作 GitLab 的 API 时，对输出结果有更深入的理解。这些话题是接下来要学习的内容。

附 2.4.1　新增项目组

　　GitLab 中的项目组（project groups）是为了方便管理一个大项目中有不同的小项目而设立的。项目组可以使项目结构和分类更清晰，且在权限的分配上，也比单一的项目更有效率。

　　下面，我们就来建立一个项目组吧。

　　① 选择顶部导航的加号（+）图标，然后点击中间的 New group，如图附 2 - 20 所示。

　　② 在 Group 设置界面里，输入我们定义的项目组的信息，然后，单击 Create group 按钮即可，如图附 2 - 21 所示。

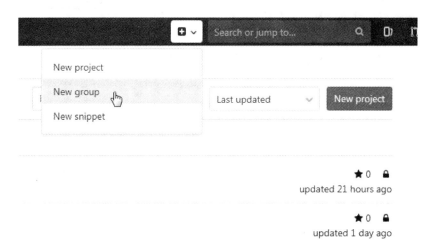

图附 2-20　GitLab 新增项目组

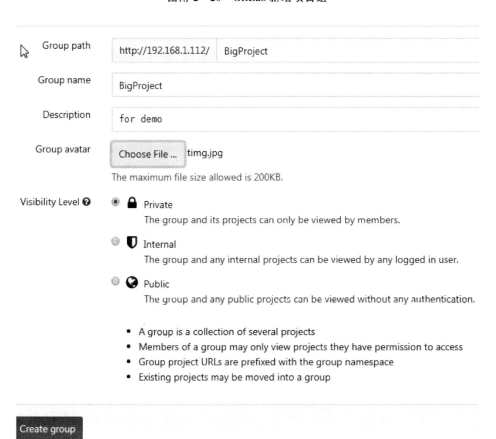

图附 2-21　GitLab 中输入新的项目组信息

附 2.4.2 新增项目

我们在前面建好的项目组下,新增一个项目(上一小节演示过新建项目,那时项目组是一个默认的项目组——administrator)。

① 选择顶部导航的加号"+"图标,然后点击下面的 New project,如图附 2-22 所示。

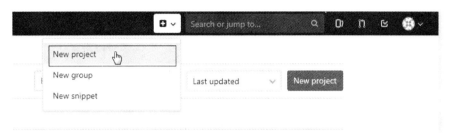

图附 2-22　GitLab 新增项目

② 在这里输入项目信息,尤其应注意项目组的选择。然后,单击 Create project 按钮即可,如图附 2-23 所示。

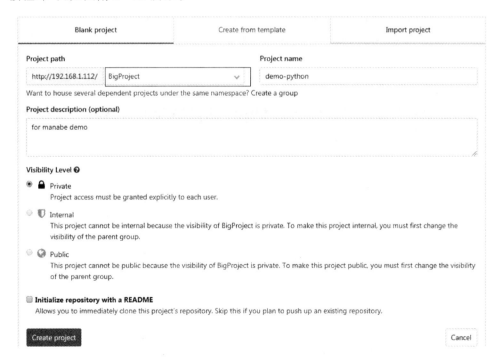

图附 2-23　GitLab 新增项目时选择项目组名称

③ 这时在首页的项目列表里,就可以看到项目在不同的项目组下,如图附 2-24 所示。

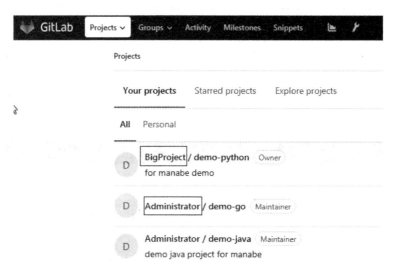

图附 2-24　按项目组显示项目列表

附 2.4.3　新增用户

在企业内的 GitLab 中，一般会禁止用户自行注册，而是让系统管理员新增用户。

1. 禁止用户注册

在管理员界面里，在 Settings 中找到 Sign-up restrictions，然后，去掉 Sign-up enabled，保存即可，如图附 2-25 所示。

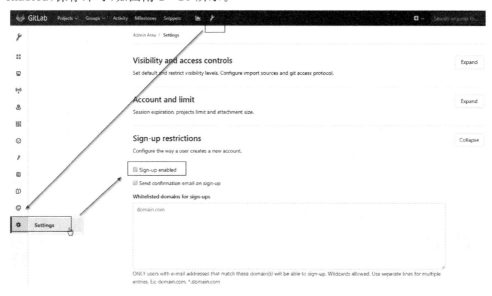

图附 2-25　GitLab 禁止用户注册

2. 新增用户

在管理后台的首页,可以直接新增用户,如图附 2-26 所示。

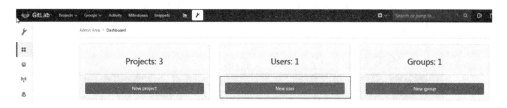

图附 2-26 GitLab 新增用户按钮

在接下来的界面里,输入用户名和邮箱,就新增成功了。用户在收到邮箱,通过链接更改密码之后,就可以登录进 GitLab 平台了,如图附 2-27 所示。

图附 2-27 GitLab 新增用户

附 2.4.4 项目赋权

现在,项目组有了,项目有了,用户有了。接下来,就需要对项目进行赋权了。

赋权分两级:项目组级和项目级。如果在项目组级赋权,则项目组下的所有项目默认都继承了这些权限。这样,就很容易在较大的范围内,为同部门的开发人员赋权。如果在项目级赋权,一般是针对其他部门的管理人员的赋权,它不是由项目组继承来的,所以需要额外在项目一级赋权。

有了这两组的赋权机制,GitLab 就能满足一般公司的权限管理需求了。

1. 项目组赋权

项目组赋权时,只需要在项目组层面,选择 Members 菜单,即可进入设置,如图附 2-28、图附 2-29 所示。

图附 2-28　GitLab 进入项目成员编辑

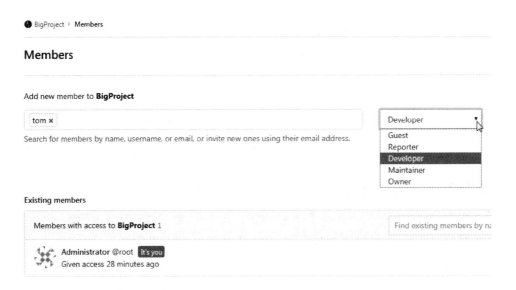

图附 2-29　GitLab 为项目增加成员

2. 项目赋权

进入到项目里,再选择 Settings 里的 Members,即可进行项目的赋权,如图附 2-30 所示。

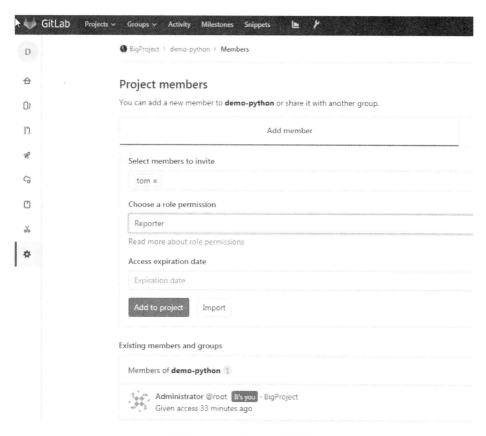

图附 2-30　GitLab 项目赋权

附 2.4.5　权限明细

下面列出 GitLab 上各种用户权限的明细,希望读者对于以下用户逐渐递增的权限,有一个举纲张目的理解。

- Guest(匿名用户):创建项目、写留言簿。
- Reporter(报告人):创建项目、写留言簿、拉项目、下载项目、创建代码片段。
- Developer(开发者):创建项目、写留言簿、拉项目、下载项目、创建代码片段、创建合并请求、创建新分支、推送不受保护的分支、移除不受保护的分支 、创建标签、编写 wiki。
- Master(管理者):创建项目、写留言簿、拉项目、下载项目、创建代码片段、创建合并请求、创建新分支、推送不受保护的分支、移除不受保护的分支 、创建标签、编写 wiki、增加团队成员、推送受保护的分支、移除受保护的分支、编辑项目、添加部署密钥、配置项目钩子。
- Owner(所有者):创建项目、写留言薄、拉项目、下载项目、创建代码片段、创建合并请求、创建新分支、推送不受保护的分支、移除不受保护的分支、创建标签、编写 wiki、增加团队成员、推送受保护的分支、移除受保护的分支、编辑项目、添加部署密钥、配置项目钩子、开关公有模式、将项目转移到另一个名称空间、删除项目。

Git 的客户端命令和 GitLab 的系统管理,都是一些技术性比较强的操作,所以需要开发和运维人员都多学习。因为 Git 的有些操作,可能是永久删除的操作,这就需要平时细心操作。

上面只涉及了 Git 和 GitLab 的日常操作,有些实践的技术,如 Git 总是提示输入用户名和密码,GitLab 数据的备份和还原技术,都需要大家不断地积累经验。

附录 3

Jenkins 安装配置

在 DevOps 开发实践中，我们会经常听说两个技术术语：CI(Continous Integration)和 CD(Continuous Delivery)。其中 CI 指的是持续集成，CD 指的是持续交付。从这种意义上讲，本书的主题就是如何实现一个 CI/CD 的运维平台。

如果按照前 CI/CD 时的软件开发上线模式，每次研发人员开发完新的软件功能之后，就需要动手打包编译成一个可执行应用，然后，再将应用分发到测试服务器上，替换老版的应用，并重新启动进行测试。如果测试通过，到生产环境时，这一套"太极拳"，还得重新打一遍。

这一操作过程看似简单，但如果每周数十次地手工操作，难免会令人生厌，且手工操作的顺序一致性和稳定性都得不到保障。

这时，CI 就出现在了人们的视野里，其实，持续集成是一种软件开发实践，每次集成都通过自动化的构建（包括编译、发布、自动化测试）来验证，从而尽早地发现集成错误。当开发人员定期将代码提交到共享存储库(GitLab)后，使用 CI 工具软件，就可以自动开始编译打包，如果有问题，就会更早地发现并解决；如果没问题，还可以执行一些软件测试，得到测试覆盖率报告。最后，实现将软件发布到指定环境上运行，由此而构成了一个构建生命周期。

什么是 CI，它有哪些内涵呢？

频繁发布：持续实践背后的目标是能够频繁地交付高质量的软件。此处的交付频率是可变的，可由开发团队或公司定义。对于某些产品，一个季度、一个月、一周或一天交付一次可能已经足够频繁了。对于另一些产品来说，一天需要多次交付也是可能的。所谓持续也有"偶尔、按需"的方面。最终目标是相同的：在可重复、可靠的条件下为最终用户提供高质量的软件更新。通常，这可以很少甚至无需通过用户的交互或掌握的知识来完成。

自动化流程：实现此过程的关键是用自动化流程来处理软件生产中的方方面面。这包括构建、测试、分析、版本控制，以及在某些情况下的部署。

可重复：如果我们使用的自动化流程在给定相同输入的情况下始终具有相同的行为，则这个过程应该是可重复的。也就是说，如果把某个历史版本的代码作为输入，则应该得到对应相同的可交付产出。

快速迭代："快速"在这里是个相对术语，但无论软件更新/发布的频率如何，预期的持续过程都会以高效的方式将源代码转换为交付物。

附3.1 Jenkins 特性

Jenkins 是一个开源软件项目,是基于 Java 开发的一种持续集成工具,前身是 Hudson 的一个可扩展的持续集成引擎。它可用于自动化执行各种任务,如构建、测试和部署软件;说得更直白点,就是各种项目的自动化编译、打包、分发部署。Jenkins 可以很好地支持各种语言(比如:Java、Go、Python 等)的项目构建,也完全兼容 ant、maven、gradle 等多种第三方构建工具,同时与 svn、git 能无缝集成,也支持与知名源代码托管网站,比如 github、bitbucket 直接集成。

其主要特性如下:

- 开源免费的 Java 语言开发持续集成工具,支持 CI、CD。
- 易于安装部署配置:可通过 yum 安装或下载 war 包,以及通过 Docker 容器等快速实现安装部署 Web 形式的可视化的管理页面。
- 消息通知及测试报告:集成 RSS/Email 通过 RSS 发布构建结果,或当构建完成时通过 Email 通知,生成 JUnit/TestNG 测试报告。
- 分布式构建:支持 Jenkins 能够让多台计算机一起构建/测试。
- 文件识别:Jenkins 能够识别跟踪哪次构建生成哪些 jar,哪次构建使用哪个版本的 jar 等。
- 丰富的插件支持:支持扩展插件,可以开发适合自己团队使用的工具,如 git、svn、maven、docker 等。

附3.2 安 装

附3.2.1 下 载

本小节以 Linux 的发行版、Centos 7 作为运行 Jenkins 的环境,由于在本节我们示范的是 Docker 镜像安装,所以在安装之前,请先确认 Docker 软件已安装完成,且已启动。Jenkins 的 Docker 下载地址是:https://hub.docker.com/r/jenkins/jenkins/。本书示例选择的 tag 为 2.141-alpine 的最新版,如图附 3-1 所示。

运行如下命令,将这个镜像拉取到本地。

```
docker pull jenkins/jenkins:2.141-alpine
```

如看到如下输出,表示镜像拉取成功。

```
Trying to pull repository docker.io/jenkins/jenkins ...
2.141-alpine: Pulling from docker.io/jenkins/jenkins
```

附录 3　Jenkins 安装配置

lts	321 MB	2 hours ago
latest	322 MB	2 hours ago
2.141-slim	196 MB	9 days ago
2.141-alpine	170 MB	9 days ago
2.141	322 MB	9 days ago

图附 3 - 1　下载 Jenkins 的 Docker 镜像

```
8e3ba11ec2a2：Already exists
311ad0da4533：Pull complete
df312c74ce16：Pull complete
5114d68cc269：Pull complete
26e2b954cc0f：Pull complete
6b61ee4e6498：Pull complete
a7eff1ddff5d：Pull complete
45f03a082b95：Pull complete
a860e0d74051：Pull complete
c34d83757957：Pull complete
03859e18107e：Pull complete
571c0e99fb84：Pull complete
ef66665513ff：Pull complete
6e159f2985d9：Pull complete
Digest：sha256：9b21037b5f077b09dcc3ea3e4e3181f84c242951475f25e24d1ada15c6081ce1
Status：Downloaded newer image for docker.io/jenkins/jenkins：2.141 - alpine
```

附 3.2.2　运　行

输入如下命令，就可以让这个 Jenkins 镜像运行起来。这个命令，挂载了容器卷，映射了端口，并将容器命名为 Jenkins。

docker run - itd - p 8080：8080 - v /jenkins - data：/var/jenkins_home - - name = 'jenkins' jenkins/jenkins：2.141 - alpine

- -p 8080：8080：publishes 发布端口。将发布的 Jenkins 容器的 8080 端口映射到宿主机的 8080 端口。第一个数字代表宿主机的端口，最后一个数字代表容器的端口。因此如果你指定-p 49000：8080，则表示可以通过访问本地主机的 49000 端口来访问 Jenkins。
- -v/jenkins-data：/var/jenkins_home：可选，但是建议使用。将容器的目录/var/jenkins_home 映射到 Docker volume 卷，并命名为 jenkins-data。如果这个卷不存在，那么这个 docker run 命令会自动创建卷。如果你希望每次重启

Jenkins 时能持久化 Jenkins 的状态,则必须使用这个参数。如果没有指定,则每次 Jenkins 重启时都会初始化为新的实例。

运行之后,会输出这个容器的 ID,这个 ID 号每次都会不同。

33c2a28ad67ff837ac9f47f0054dde2ec1eb7e3e2929061ce1c8590887de173b

附 3.2.3 验 证

运行如下命令,查看 Docker 中运行的容器:

docker ps

如果输出中包含以下内容,则表示 Jenkins 容器已启动。

33c2a28ad67f jenkins/jenkins:2.141-alpine   0.0.0.0:8080->8080/tcp...

附 3.3 配 置

附 3.3.1 获取初始管理员密码

在本附录里,演示的 Jenkins 服务器的 IP 地址为 192.168.1.112。所以,在浏览器里访问 http://192.168.1.112:8080/,出现如下网页,开始 Jenkins 的初始化配置,如图附 3-2 所示。

图附 3-2　输入 Jenkins 管理员初始化密码解锁 Jenkins

初始管理员密码可通过如下步骤获取：
① 进入 Jenkins 容器：

docker exec - itjenkins /bin/bash

② 使用 cat 命令，获取初始的管理员密码：

bash - 4.4 $ cat /var/jenkins_home/secrets/initialAdminPassword
66f25aa7244b4f54a3e4a5a8ff2a1a94(读者的密码与此会有不同)

③ 将上面的密码输入密码框，点击继续。

附 3.3.2　安装推荐插件

接下来，会进入自定义页面，选择安装推荐的插件，Jenkins 会自动将 Pipeline、Git 等插件安装进来，如图附 3-3、图附 3-4 所示。

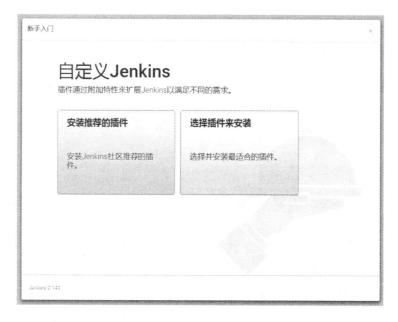

图附 3-3　安装 Jenkins 推荐插件

附 3.3.3　创建管理员

插件安装完成之后，输入新的管理员用户和密码，生成 Jenkins 新的管理员，如图附 3-5 所示。

附 3.3.4　实例配置

接下来，配置好其他计算机访问 Jenkins 的 URL，如图附 3-6 所示。

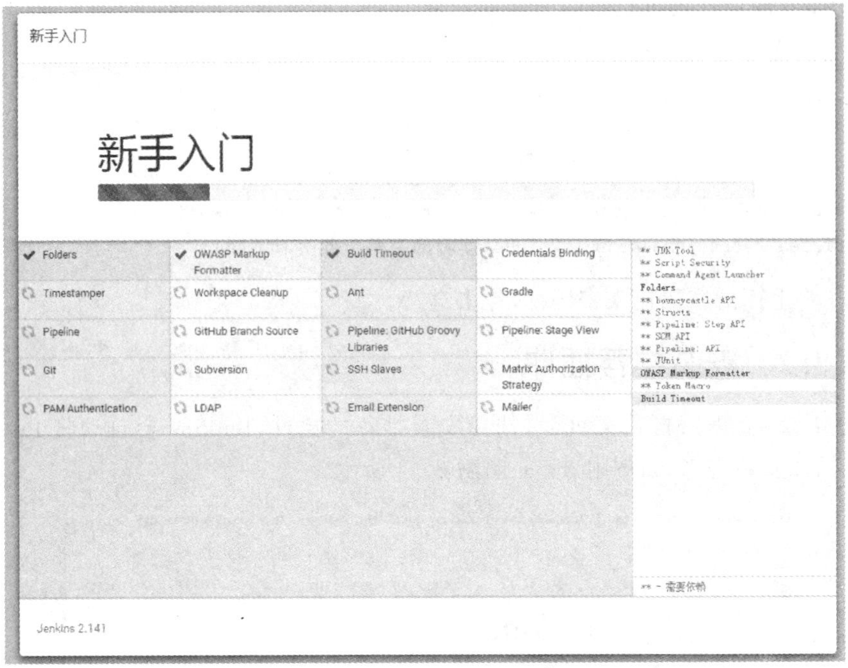

图附 3-4　Jenkins 远程下载及安装插件

图附 3-5　创建 Jenkins 管理员

单击"保存并完成"按钮，Jenkins 配置完成，就可以进入 Jenkins 的日常界面了，如图附 3-7 所示。

附录3 Jenkins 安装配置

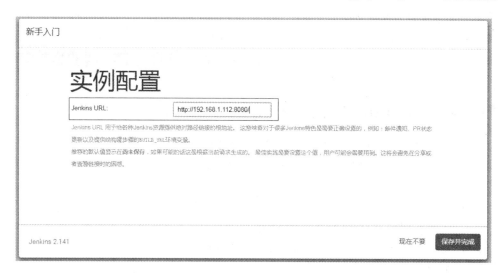

图附3-6　Jenkins 实例配置

图附3-7　Jenkins 首页界面

附 3.4　Jenkins Pipeline

　　Jenkins 以前的任务配置，需要为每一个 Job 配置很多步骤，略显繁琐。自从 Jenkins 2.0 版本升级之后，支持了通过代码（Groovy DSL）来描述一个构建流水线，灵活方便地实现持续交付，大大提升了 Jenkins Job 维护的效率，实现从 CI 到 CD 到的转变。而在 2016 Jenkins World 大会上，Jenkins 发布了 1.0 版本的声明式流水线——Declarative Pipeline，目前已经发布了 1.2 版本，它用一种新的结构化方式定义一个流水线。

附 3.4.1　Pipeline 特性——Pipeline as Code

Jenkins 从根本上讲是一种支持多种自动化模式的自动化引擎。Pipeline 为其添加了一套强大的自动化工具，支持从简单的持续集成到全面的持续交付。Jenkins Pipeline 特性如下：

- 代码：Pipeline 以代码的形式描述，通常存储于源代码控制系统，如 Git，使团队能够编辑、审查和迭代其流程定义。
- 持久性：Pipeline 可以在计划内和计划外重新启动，Jenkins Master 管理时不被影响。
- 可暂停：Pipeline 可以选择停止并等待人工输入或批准，然后再继续 Pipeline 运行。
- 多功能：Pipeline 支持复杂的项目持续交付要求，包括并行分支/连接、循环和执行 Job 的能力。
- 可扩展：Pipeline 插件支持其 DSL 的自定义扩展以及与其他插件集成。
- 基于 Jenkins Pipeline，用户可以在一个 Jenkins File 中快速实现一个项目从构建、测试直到发布的完整流程，并且可以保存这个流水线的定义。

附 3.4.2　Pipeline 基本概念

Node：一个 Node 就是一个 Jenkins 节点，或者是 Master，或者是 Agent，是执行 Step 的具体运行环境，Pipeline 执行中的大部分工作都是在一个或多个声明 Node 步骤的上下文中完成的。

Stage：一个 Pipeline 可以从逻辑上划分为若干个 Stage，每个 Stage 代表一组操作，如 Build、Test、Deploy。注意，Stage 是一个逻辑分组的概念，可以跨多个 Node。

Step：Step 是最基本的操作单元，小到执行一个 Shell 脚本，大到构建一个 Docker 镜像，由各类 Jenkins Plugin 提供，当插件扩展 Pipeline DSL 时，通常意味着插件已经实现了一个新的步骤。

另外在 Jenkins Pipeline 中定义的 Stage(各个阶段的逻辑划分)，Jenkins 提供了 Stage View 插件，按照 Stage 逻辑划分任务，对用户透明化、可视化展示流水线的执行。

附 3.4.3　创建一个 Pipeline 示例

下面创建一个最简单的 Pipeline 示例，让大家了解一下基于 Pipeline 创建任务的基本流程,为下一小节学习 Pipeline 的一些语法细节打下基础。

① 在 Jenkins 中创建一个新任务,选择流水线类型,如图附 3-8 所示。

图附 3-8 建立一个 Jenkins 流水线任务

② 在流水线任务的脚本框里,输入脚本,然后保存,如图附 3-9 所示。在下面的脚本里,我们并没有实际地从 Git 仓库拉取代码,也没有通过 maven 编译软件,最后,也没有生成 Docker 镜像上传,而只是用 echo 语句,象征性地指出了每个步骤需要完成的任务。在正式工作中,这些代码都是需要我们去填充的。在本书中的相关章节,会指出相应的 Pipeline 语句。在这里,是希望读者对 Pipeline 的语句和创建流程有个直观的印象。

代码如下:

```
01    pipeline {
02        agent {
03            node { label "master" }
04        }
05        stages {
06            stage('Prepare Git Code') {
```

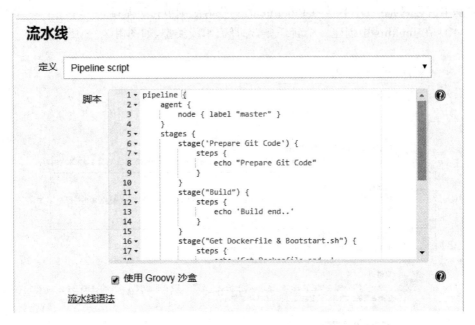

图附 3-9　自定义 Jenkins 流水线

```
07            steps {
08                echo "Prepare Git Code"
09            }
10        }
11        stage("Build") {
12            steps {
13                echo 'Build end..'
14            }
15        }
16        stage("Get Dockerfile & Bootstart.sh") {
17            steps {
18                echo 'Get Dockerfile end..'
19            }
20        }
21        stage("DockerBuild") {
22            steps {
23                echo 'DockerBuild end..'
24            }
25        }
26        stage("DockerPush") {
27            steps {
28                echo 'DockerPush end..'
```

```
29          }
30        }
31      }
```

③ 构建此任务。点击此任务中的"立即构建",Jenkins 就会开始构建这个任务,产生控制台输出,并会通过图表展示每个步骤的执行时间,方便我们对任务进行优化和排错,如图附 3–10、图附 3–11 所示。

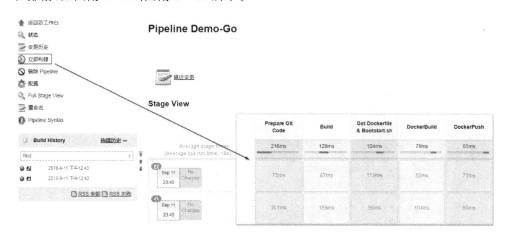

图附 3–10　Jenkins 统计任务完成时间

经过前面这一番操作,相信读者对于 Pipeline、Agent、Node、Stages、Stage、Steps 这些用法,会有些主观的感觉了吧。

下面,我们就来比较全面、系统地了解一下声明式管道语法。

附 3.4.4　Pipeline 语法参考

最开始的 Pipeline plugin,支持的只有一种脚本类型,就是 Scripted Pipeline;Declarative Pipeline 为 Pipeline plugin 在 2.5 版本之后新增的一种脚本类型,与原先的 Scripted Pipeline 一样,都可以用来编写脚本。

受章节篇幅所限,本小节主要讲讲 Declarative Pipeline(声明式管道)的一些语法知识。

声明性 Pipeline 是 Jenkins Pipeline 的一个相对较新的补充,它在 Pipeline 子系统之上提出了一种更为简化和有意义的语法。

1. Pipeline 语句块

所有有效的声明性 Pipeline 必须包含在一个 Pipeline 语句块内,例如:

```
01   pipeline {
02       /* insert Declarative Pipeline here */
03   }
```

控制台输出

```
Started by user root
Running in Durability level: MAX_SURVIVABILITY
[Pipeline] node
Running on Jenkins in /var/jenkins_home/workspace/Demo-Go
[Pipeline] {
[Pipeline] stage
[Pipeline] { (Prepare Git Code)
[Pipeline] echo
Prepare Git Code
[Pipeline] }
[Pipeline] // stage
[Pipeline] stage
[Pipeline] { (Build)
[Pipeline] echo
Build end..
[Pipeline] }
[Pipeline] // stage
[Pipeline] stage
[Pipeline] { (Get Dockerfile & Bootstart.sh)
[Pipeline] echo
Get Dockerfile end..
[Pipeline] }
[Pipeline] // stage
[Pipeline] stage
[Pipeline] { (DockerBuild)
[Pipeline] echo
DockerBuild end..
[Pipeline] }
[Pipeline] // stage
[Pipeline] stage
[Pipeline] { (DockerPush)
[Pipeline] echo
DockerPush end..
```

图附 3-11　Jenkins 控制台任务输出

声明性 Pipeline 中有效的基本语句和表达式遵循与 Groovy 语法相同的规则,但有以下例外:

- Pipeline 的顶层必须是块,具体来说是 pipeline { }。
- 没有分号作为语句分隔符。每个声明必须在自己的一行。
- 块只能包含章节、指令、步骤或赋值语句。
- 属性引用语句被视为无参数方法调用。例如,输入被视为 input()。

2. agent

该 agent 部分指定整个 Pipeline 或特定阶段将在 Jenkins 环境中执行的位置,具体取决于该 agent 部分的放置位置。该部分必须在 Pipeline 块内的顶层定义,此阶段是可选的,支持以下参数。

- any:在任何可用的代理上执行 Pipeline,例如:agent any。
- none:当在 Pipeline 块的顶层应用时,将不会为整个 Pipeline 运行分配全局代理,并且每个 stage 部分将需要包含其自己的 Agent 部分,例如:agent none。
- label:使用提供的标签在 Jenkins 环境中可用的代理上执行 Pipeline 或阶段性执行。例如:agent {label 'my-defined-label'}。
- node:agent {node { label 'labelName'}}行为与 agent {label 'labelName'}相同,但 node 允许更多选项。
- docker:在构建时在管道中指定需要的 docker image。docker 还可以接受一个 args 可能包含直接传递给 docker run 调用的参数。
- dockerfile:使用从 dockerfile 源存储库中包含的构建容器来执行 Pipeline。为了使用此选项,Jenkinsfile 必须从多分支 Pipeline 或 Pipeline SCM 加载。

3. post

该 post 定义将在 Pipeline 结束时运行的操作,支持的条件如下:

- always:运行,无论 Pipeline 运行的完成状态如何。
- changed:只有当前 Pipeline 运行的状态与先前完成的 Pipeline 的状态不同时,才能运行。
- failure:仅当当前 Pipeline 处于"失败"状态时才运行,通常在具有红色指示的 Web UI 中表示。
- success:仅当当前 Pipeline 具有"成功"状态时才运行,通常在具有蓝色或绿色指示的 Web UI 中表示。
- unstable:只有当当前 Pipeline 具有"不稳定"状态时才运行,通常由测试失败、代码违例等引起。通常在具有黄色指示的 Web UI 中表示。
- aborted:只有当当前 Pipeline 处于"中止"状态时才运行,通常是由于 Pipeline 被手动中止。通常在具有灰色指示的 Web UI 中表示。

例如:

```
01  pipeline {
02      agent any
03      stages {
04          stage('Example') {
05              steps {
```

```
06              echo 'Hello World'
07          }
08      }
09  }
10  post {
11      always {
12          echo 'I will always say Hello again!'
13      }
14  }
15 }
```

4. steps

它包含一个或多个阶段指令的序列,该 stages 部分是 Pipeline 描述的大部分"工作"的位置。建议 stages 至少包含一个阶段指令,用于连续交付过程的每个离散部分,如构建、测试和部署。

例如:

```
01  pipeline {
02      agent any
03      stages {
04          stage('Example') {
05              steps {
06                  echo 'Hello World'
07              }
08          }
09      }
10  }
```

5. environment

environment 指令指定一系列键值对,这些键值对将被定义为所有步骤的环境变量或阶段特定步骤,具体取决于 environment 指令位于 Pipeline 中的位置。

该指令支持一种特殊的帮助方法 credentials(),可以通过其在 Jenkins 环境中的标识符来访问预定义的凭据。对于类型为 Secret Text 的凭据,该 credentials()方法将确保指定的环境变量包含 Secret Text 的内容。对于"标准用户名和密码"类型的凭证,指定的环境变量将被设置为 username:password,并且将自动定义两个附加的环境变量:MYVARNAME_USR 和 MYVARNAME_PSW。

例如:

```
01  pipeline {
02      agent any
03      environment {
```

```
04              CC = 'clang'
05          }
06      stages {
07          stage('Example') {
08              environment {
09                  AN_ACCESS_KEY = credentials('my-prefined-secret-text')
10              }
11              steps {
12                  sh 'printenv'
13              }
14          }
15      }
16  }
```

6. stage

该 stage 指令包含在 stages 部分中,是执行步骤的具体部分,在这里,也可以有 agent 或其他支持的指令。实际上,Pipeline 完成的所有实际工作都将包含在一个或多个 stage 指令中。

例如:

```
01  pipeline {
02      agent any
03      stages {
04          stage('Example') {
05              steps {
06                  echo 'Hello World'
07              }
08          }
09      }
10  }
```

7. when

该 when 指令允许 Pipeline 根据给定的条件确定是否执行该阶段。该 when 指令必须至少包含一个条件。如果 when 指令包含多个条件,则所有子条件必须为执行返回 True。这与子条件嵌套在一个 allOf 条件中相同(见下面的例子),内置的条件如下:

- **branch**:当正在构建的分支与给出的分支模式匹配时执行,例如:when {branch 'master'}。请注意,这仅适用于多分支 Pipeline。
- **environment**:当指定的环境变量设置为给定值时执行,例如:when {environment name: 'DEPLOY_TO', value: 'production'}。

- expression：当指定的 Groovy 表达式求值为 True 时执行,例如:when {expression { return params.DEBUG_BUILD}}。
- not：当嵌套条件为 False 时执行。必须包含一个条件,例如:when {not {branch 'master' }}。
- allOf：当所有嵌套条件都为真时执行,必须至少包含一个条件,例如:when {allOf {branch 'master'; environment name: 'DEPLOY_TO', value: 'production' }}。
- anyOf：当至少一个嵌套条件为真时执行。必须至少包含一个条件,例如:when {anyOf {branch 'master'; branch 'staging'}}。

例如:

```
01  pipeline {
02      agent any
03      stages {
04          stage('Example Build') {
05              steps {
06                  echo 'Hello World'
07              }
08          }
09          stage('Example Deploy') {
10              when {
11                  branch 'production'
12              }
13              steps {
14                  echo 'Deploying'
15              }
16          }
17      }
18  }
```

附 3.5 Jenkins 系统配置

如果你拥有 Jenkins 的系统管理员权限,还可以通过点击首页右边的"系统管理"导航,进入 Jenkins 的系统配置页面,如图附 3-12 和图附 3-13 所示。用户管理、插件管理、节点管理等系统任务,都在此处完成。

鉴于附录篇幅,此处不作进一步扩展。有兴趣、有需要的读者可以通过 Jenkins 官方文档或是网络上其他达人的文章进行深入了解。

当然,最关键的还是在自己的公司真正地能用它来提高软件的集成效率。

附录3　Jenkins 安装配置

系统设置
全局设置和路径

全局安全配置
Jenkins安全，定义谁可以访问或使用系统。

凭据配置
配置凭据的提供者和类型

全局工具配置
工具配置，包括它们的位置和自动安装器

读取设置
放弃当前内存中所有的设置信息并从配置文件中重新读取 仅用于当您手动修改配置文件时重新读取设置。

插件管理
添加、删除、禁用或启用Jenkins功能扩展插件。
▲ 可用更新

系统信息
显示系统环境信息以帮助解决问题。

系统日志
系统日志从java.util.logging捕获Jenkins相关的日志信息。

负载统计
检查您的资源利用情况，看看是否需要更多的计算机来帮助您构建。

图附 3-12　Jenkins 系统配置(1)

Jenkins 命令行接口
从您命令行或脚本访问或管理您的Jenkins。

脚本命令行
执行用于管理或故障探测或诊断的任意脚本命令。

节点管理
添加、删除、控制和监视系统运行任务的节点。

关于Jenkins
查看版本以及证书信息。

管理旧数据
从旧的、早期版本的插件中清理配置文件。

管理用户
创建/删除/修改Jenkins用户

Managed files
e.g. settings.xml for maven, central managed scripts, custom files, ...

In-process Script Approval
Allows a Jenkins administrator to review proposed scripts (written e.g. in Groovy)

准备关机
停止执行新的构建任务以安全关闭计算机。

图附 3-13　Jenkins 系统配置(2)

附录 4

H-ui 前端使用入门

单独地使用 Django，是不能写出一个完全的网站的，它只能写出网站的后台程序，完成应用业务的逻辑处理，并与数据库打好交道，妥善保存应用业务的数据。但怎样才能将后台数据以比较好的界面呈现给用户呢？这就需要前端的知识来完成了。

前端的知识点分为三大类，HTML、CSS、JS。每一类都有很多专业的知识点。对于专门写后端程序，但又需要完成一些前端界面的程序员来说，系统专业地学习前端的机会和时间都不会多。就算是专门从事前端设计的程序来说，从头开始一行一行地写 HTML、CSS、JS 的代码，开发效率也是很低的，且可能会忽略业界的最佳实践。在这种情况下，诞生了一批独具优势的前端框架，用来快速开发一些模式化的前端界面，Bootstarp、Jquery、Vue.js、Angula、React 等，都是大家耳熟能详的前端框架的名字。这些前端框架的出现，也让我们专门从事后台管理开发的程序员，可以用比较规范的网页开发后台界面。

这些前端框架，相对于自己完全从头写前端代码，方便快捷了不少。但是，一直进(tou)取(nan)的程序员，又针对不同的前端应用领域，开发出了针对特定类型的前端开箱即用的框架，这些框架整合了前面的基础框架，形成自己页面级的框架（前面介绍的 Bootstrap、Jquery 等，只能算是组件级框架），真正做到了"所见即所得"。看到哪个页面或是导航栏好看，直接拷贝过来即可。毕竟，内部系统也不需要有那么个性化的前端页面，并且公司一般也很少会为运维、研发这样的岗位配置一个专门前端的。

本书使用的前端框架——H-ui.admin，就是一个针对后台管理程序的网页框架，它让我们写自己前端网页的速度可以达到"飞起来"的境界，并且开源、免费、无版权纠纷。

网址如下：

http://www.h-ui.net/（官网）；

http://www.h-ui.net/Hui-overview.shtml（H-ui 组件使用）；

http://demo.h-ui.net/H-ui.admin.page/index.html（H-ui.admin 页面 demo）。

为尊重作者的劳动，下面列出其使用协议：

附录4　H-ui 前端使用入门

> 使用许可：
> 　　H-ui 前端框架是基于 MIT 协议的开源项目,它完全免费。
> 您可以：
> 　　① 自由下载 H-ui 前端框架或提供下载 H-ui 前端框架。
> 　　② 完全免费地使用 H-ui 前端框架来开发自己的个人网站及商业站点。
> 　　③ 您可以无任何限制地创建自己的风格。
> 在享受便利的同时,也请尊重作者的著作权：
> 　　① 不得隐去注释声明、版权所属,如果您对 H-ui 进行修改并发布或出版,请在发行版里包含原许可协议的声明。
> 　　② 不得以任何形式声明拥有 H-ui 前端框架的版权。
> 　　③ 不得镜像、盗用 H-ui 官方网站页面。

接下来的内容分为三大部分。第一部分,讲解 H-ui 的主要组件,在以后的程序开发中,当我们需要某个表格或按钮时,可以直接将代码拷贝过来使用。第二部分,讲解 H-ui.admin 的主要网页,让大家拆解一下 Admin 页面的呈现和 HTML 代码块之间的关系。第三部分,讲解如何将网页拆解为 Django 模板,我们以后开发的程序页面就是在这个基础之上进行一些小小变换而形成的。当然,这里主要只是讲几个典型的知识点,详细的全文,还是建议读者在开发时,自己去 H-ui 的官网上查明。如果在这里拷贝作者官网全文,肯定有偷懒之嫌疑,并且我们假定读者已熟悉基本的 HTML、CSS、JS 语法,所以下面的内容,也不会是一个 baby step 式的引导。

附 4.1　H-ui 的主要组件

附 4.1.1　表格(http://www.h-ui.net/Hui-3.3-table.shtml)

表格主要用于网页里大版面的对齐,调整不同的 Class 类可以获得不同的表格效果,展示效果如图附 4-1 所示。

```
01    <table class = "table table-border table-bordered table-hover">
02    ...
03    </table>
```

.table-hover 鼠标悬停样式

表头	表头	表头
类别	表格内容	表格内容
类别	表格内容	表格内容
类别	表格内容	表格内容

图附 4-1　H-ui 表格样式

附 4.1.2 按钮(http://www.h-ui.net/Hui-3.5-button.shtml)

按钮主要用于提交用户数据,实心按钮(空心按钮,可以在 btn-类里加上 outline)展示效果如图附 4-2 所示。

```
01    <input class = "btn btn - default" type = "button" value = "默认">
02    <input class = "btn btn - default radius" type = "button" value = "圆角效果">
03    <input class = "btn btn - default round" type = "button" value = "椭圆效果">
04    <input class = "btn btn - primary radius" type = "button" value = "主要">
05    <input class = "btn radius btn - secondary" type = "button" value = "次要">
06    <input class = "btn btn - success radius" type = "button" value = "成功">
07    <input class = "btn radius btn - warning" type = "button" value = "警告">
08    <input class = "btn btn - danger radius" type = "button" value = "危险">
09    <input class = "btn btn - link radius" type = "button" value = "链接">
10    <input class = "btn disabled radius" type = "button" value = "禁用">
```

按钮	class=""	描述
默认	btn btn-default	默认按钮
圆角效果	btn btn-default radius	圆角默认按钮
椭圆效果	btn btn-default round	椭圆默认按钮
主要	btn btn-primary radius	提供额外的视觉感,可在一系列的按钮中指出主要操作
次要	btn btn-secondary radius	默认样式的替代样式
成功	btn btn-success radius	表示成功或积极的动作
警告	btn btn-warning radius	提醒应该谨慎采取这个动作
危险	btn btn-danger radius	表示这个动作危险或存在危险
链接	btn btn-link	简化一个按钮,使它看起来像一个链接,同时保持按钮的行为
禁用	btn disabled radius	disabled只是让状态看上去像禁用,但实际并没有真正禁用,需要js代码来禁止链接的行为

图附 4-2 H-ui 按钮样式

附 4.1.3 表单(http://www.h-ui.net/Hui-3.4-form.shtml)

表单在网页中主要用于与用户的简单交互。用户在表单里选择或输入字段,告诉后端需要处理的操作,然后通过按钮来提交选项,展示效果如图附 4-3 所示。

```
01    <div class = "skin - minimal">
02        <div class = "check - box">
03            <input type = "checkbox" id = "checkbox - 1">
```

```
04      <label for = "checkbox - 1"> 复选框 </label>
05    </div>
06    <div class = "check - box">
07      <input type = "checkbox" id = "checkbox - 2" checked>
08      <label for = "checkbox - 2"> 复选框 checked 状态 </label>
09    </div>
10    <div class = "check - box">
11      <input type = "checkbox" id = "checkbox - disabled" disabled>
12      <label for = "checkbox - disabled"> Disabled </label>
13    </div>
14    <div class = "check - box">
15      <input type = "checkbox" id = "checkbox - disabled - checked" checked disabled>
16      <label for = "checkbox - disabled - checked"> Disabled &amp; checked </label>
17    </div>
18  </div>
19  <div class = "mt - 20 skin - minimal">
20    <div class = "radio - box">
21      <input type = "radio" id = "radio - 1" name = "demo - radio1">
22      <label for = "radio - 1"> 单选按钮 </label>
23    </div>
24    <div class = "radio - box">
25      <input type = "radio" id = "radio - 2" name = "demo - radio1" checked>
26      <label for = "radio - 2"> 单选按钮 checked 状态 </label>
27    </div>
28    <div class = "radio - box">
29      <input type = "radio" id = "radio - disabled" disabled>
30      <label for = "radio - disabled"> Disabled </label>
31    </div>
32    <div class = "radio - box">
33      <input type = "radio" id = "radio - disabled - checked" checked disabled>
34      <label for = "radio - disabled - checked"> Disabled &amp; checked </label>
35    </div>
36  </div>
```

图附 4 - 3　H-ui 表单样式

附4.1.4 警告(http://www.h-ui.net/Hui-4.8-alert.shtml)

警告主要用于提示用户需要注意的信息,有可能是用户提交请求之后,返回是成功还是失败,展示效果如图附4-4所示。

```
01    <div class = "Huialert Huialert - success"><i class = "Hui - iconfont">&#xe6a6;</i>成功状态提示</div>
02    <div class = "Huialert Huialert - danger"><i class = "Hui - iconfont">&#xe6a6;</i>危险状态提示</div>
03    <div class = "Huialert Huialert - error"><i class = "Hui - iconfont">&#xe6a6;</i>错误状态提示</div>
04    <div class = "Huialert Huialert - info"><i class = "Hui - iconfont">&#xe6a6;</i>信息状态提示</div>
```

图附4-4　H-ui警告样式

附4.1.5 模态对话框(http://www.h-ui.net/Hui-4.10-modal.shtml)

模态对话框主要用于信息的再次确认,或是在一个网页中显示更多的信息,展示效果如图附4-5所示。

```
01    <div id = "modal - demo" class = "modal fade" tabindex = " - 1" role = "dialog" aria - labelledby = "myModalLabel" aria - hidden = "true">
02        <div class = "modal - dialog">
03            <div class = "modal - content radius">
04                <div class = "modal - header">
05                    <h3 class = "modal - title">对话框标题</h3>
```

```
06              <a class = "close" data-dismiss = "modal" aria-hidden = "true" href = "javascript:void();"> × </a>
07          </div>
08          <div class = "modal-body">
09              <p>对话框内容…</p>
10          </div>
11          <div class = "modal-footer">
12              <button class = "btn btn-primary">确定</button>
13              <button class = "btn" data-dismiss = "modal" aria-hidden = "true">关闭</button>
14          </div>
15      </div>
16  </div>
17 </div>
```

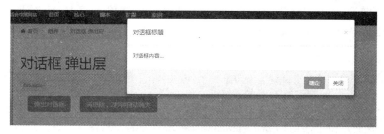

图附4-5　H-ui 模态对话框样式

附4.1.6　便签和标号(http://www.h-ui.net/Hui-4.6-labelBadge.shtml)

便签和标号在网页中主要用于醒目提示，让用户可以轻易导航或是注意到相关信息点，展示效果如图附4-6所示。

```
01  <span class = "label label-default radius">默认</span>
02  <span class = "label label-primary radius">主要</span>
03  <span class = "label label-secondary radius">次要</span>
04  <span class = "label label-success radius">成功</span>
05  <span class = "label label-warning radius">警告</span>
06  <span class = "label label-danger radius">危险</span>
07  <span class = "badge badge-default radius">默认</span>
08  <span class = "badge badge-primary radius">主要</span>
09  <span class = "badge badge-secondary radius">次要</span>
10  <span class = "badge badge-success radius">成功</span>
11  <span class = "badge badge-warning radius">警告</span>
12  <span class = "badge badge-danger radius">危险</span>
```

class=""	标签	标号	描述
label label-default radius	默认	1	默认
label label-primary radius	主要	2	主要
label label-secondary radius	次要	3	次要
label label-success radius	成功	4	成功
label label-warning radius	警告	5	警告
label label-danger radius	危险	6	危险

图附 4-6　H-ui 便签和标号样式

附 4.1.7　tooltip 效果（http://www.h-ui.net/Hui-4.25-tooltip.shtml）

tooltip 在网页中主要用于及时提示用户感兴趣的更多信息，平时是隐藏的，鼠标指到相关位置才提示出来，展示效果如图附 4-7 所示。

```
01    <button class = "btn btn - primary radius" data - toggle = "tooltip" data - place-
ment = "right" title = "右边显示"> 右边显示 </button>
02    <button class = "btn btn - primary radius" data - toggle = "tooltip" data - place-
ment = "top" title = "上边显示"> 上边显示 </button>
03    <button class = "btn btn - primary radius" data - toggle = "tooltip" data - place-
ment = "bottom" title = "下边显示"> 下边显示 </button>
04    <button class = "btn btn - primary radius" data - toggle = "tooltip" data - place-
ment = "left" title = "左边显示"> 左边显示 </button>
```

图附 4-7　H-ui tooltip 样式

附 4.1.8　标题（http://www.h-ui.net/Hui-3.1-typography.shtml）

标题主要用于格式化网页中的各种文字，让用户对信息有个大概印象，且可以规范显示，输送给用户平稳的信息及舒心的阅读体验，展示效果如图附 4-8 所示。

```
01    <h1> h1.大标题 <small> 小标题 </small> </h1>
02    <h2> h2.大标题 <small> 小标题 </small> </h2>
03    <h3> h3.大标题 <small> 小标题 </small> </h3>
04    <h4> h4.大标题 <small> 小标题 </small> </h4>
05    <h5> h5.大标题 <small> 小标题 </small> </h5>
06    <h6> h6.大标题 <small> 小标题 </small> </h6>
```

附录 4　H-ui 前端使用入门

h1. 大标题 小标题

h2. 大标题 小标题

h3. 大标题 小标题

h4. 大标题 小标题

h5. 大标题 小标题

h6. 大标题 小标题

图附 4-8　H-ui 标题样式

附 4.2　H-ui.admin 的主要网页

本书采用的就是 Admin 的网页框架，我们打开网址：http://demo.h-ui.net/H-ui.admin.page/index.html，然后右键查看网页源代码，作者已贴心地标出了网页框架和相关拆解建议。

结合下面的图示和源代码块，相信读者已对网页的结构了然于心了吧。将一个网页的呈现和它的大致源代码对应起来，这是一个 HTML 的基本功，希望不太熟悉的读者要多多练习，相信很快就可以熟悉的。

附 4.2.1　Admin 主页面

Admin 主页面展示效果如图附 4-9 所示。

图附 4-9　H-ui Admin 后台管理页面

附 4.2.2　Admin 网页代码主要框架

```
01    <!-- _meta 作为公共模板分离出去 -->
02    <!DOCTYPE HTML>
03    <html>
04    <head>
05
06    <!-- /meta 作为公共模板分离出去 -->
07
08    <title> H-ui.admin v3.0 </title>
09    <meta name = "keywords" content = "H-ui.admin v3.0,H-u">
10    <meta name = "description" content = "H-ui.admin v3.0,">
11    </head>
12    <body>
13    <!-- _header 作为公共模板分离出去 -->
14    <header class = "navbar-wrapper">
15        <div class = "navbar navbar-fixed-top">
16            <div class = "container-fluid cl">
17            </div>
18        </div>
19    </header>
20    <!-- /_header 作为公共模板分离出去 -->
21
22    <!-- _menu 作为公共模板分离出去 -->
23    <aside class = "Hui-aside">
24
25        <div class = "menu_dropdown bk_2">
26            <dl id = "menu-article">
27
28            </dl>
29
30        </div>
31    </aside>
32    <div class = "dislpayArrow hidden-xs"> </div>
33    <!-- /_menu 作为公共模板分离出去 -->
34
35    <section class = "Hui-article-box">
36        <nav class = "breadcrumb"><i class = "Hui-iconfont"> </i><a href = "/" class = "maincolor"> 首页 </a>
37            <span class = "c-999 en"> &gt; </span>
38            <span class = "c-666"> 我的桌面 </span>
```

```
40          </nav>
41          <div class="Hui-article">
42              <article class="cl pd-20">
43                  <p class="f-20 text-success">欢迎使用H-ui.admin
44                      <span class="f-14"> v2.3 </span>
45                      后台模板！</p>
46                  <p>登录次数:18 </p>
47                  <p>上次登录 IP:222.35.131.79.1 上次登录时间:2014-6-14 11:19:55 </p>
48                  <table class="table table-border table-bordered table-bg">
49
50                  </table>
51                  <table class="table table-border table-bordered table-bg mt-20">
52
53                  </table>
54              </article>
55              <footer class="footer">
56                  <p> H-ui 前端框架 </a> 提供前端技术支持 </p>
57              </footer>
58          </div>
59      </section>
60
61      <!--_footer 作为公共模板分离出去 -->
62      <script type="text/javascript" src="lib/jquery/1.9.1/jquery.min.js"></script>
63      <script type="text/javascript" src="lib/layer/2.4/layer.js"></script>
64      <script type="text/javascript" src="static/h-ui/js/H-ui.js"></script>
65      <script type="text/javascript" src="static/h-ui.admin/js/H-ui.admin.page.js"></script>
66      <!--/_footer /作为公共模板分离出去 -->
67
68      <!--请在下方写与此页面业务相关的脚本 -->
69      <script type="text/javascript">
70
71      </script>
72      <!--/请在上方写与此页面业务相关的脚本 -->
73
74  </body>
75  </html>
```

附4.3 将Admin网页合成进Django模板

Django模板系统(Template System)将页面设计和Python的代码分离,将HTML页面的设计和后端逻辑设计分离,会更简洁、更容易维护开发我们的Web应用。

在Django网页开发中,一个网站的不同页面都存在大量相同的布局,如果在每一个页面都写上相同的代码,那么维护的工作量就太大了。为了减少不必要的重复工作,Django允许开发者定义基本的模板,然后其他的页面继承这个模板的布局。这时,可以使用extend和include关键字,来组合出我们需要的页面。如果下文涉及了一些Django模板的语法,请参见本书第2章内容。

在https://github.com/aguncn/manabe/tree/master/manabe/manabe/templates/manabe目录下可找到下面的文件。

附4.3.1 网页顶部导航header.html

这个网页主要是实现了网页顶部的导航。用户是否登录、更改密码、退出登录、快速导航到常用网页,都是在这个网页里实现的,效果如图附4-10所示。

图附4-10 H-ui Admin顶部导航样式

```
01    {% load staticfiles %}
02    <!-- _header 作为公共模板分离出去 -->
03    <header class="navbar-wrapper">
04        <div class="navbar navbar-fixed-top">
05            <div class="container-fluid cl">
06                <a class="logo navbar-logo f-l mr-10 hidden-xs" href="{% url 'index' %}"> Manabe </a>
07
08                <span class="logo navbar-slogan f-l mr-10 hidden-xs">
09                    <img src="{% static 'favicon.ico' %}" height="20" width="20"/>
</span>
10                    <a aria-hidden="false" class="nav-toggle Hui-iconfont visible-xs" href="javascript:;">&#xe667;</a>
11                    <nav class="nav navbar-nav">
12                        <ul class="cl">
13                            <li class="dropDown dropDown_hover"><a href="javascript:;" class="dropDown_A">
```

```
14                    <i class = "Hui-iconfont">&#xe600;</i> 快捷操作 <i class = "Hui-iconfont">&#xe6d5;</i></a>
15                        <ul class = "dropDown-menu menu radius box-shadow">
16                            <li><a href = "{% url 'deploy:create' %}">新建发布单</a></li>
17                            <li><a href = "{% url 'envx:list' %}">环境流转</a></li>
18                            <li><a href = "{% url 'deploy:publish' %}">发布</a></li>
19                        </ul>
20                    </li>
21                </ul>
22            </nav>
23            <nav id = "Hui-userbar" class = "nav navbar-nav navbar-userbar hidden-xs">
24                <ul class = "cl">
25                    {% if user.is_authenticated %}
26                    <li>{{ user.last_name }}{{ user.first_name }}</li>
27                    <li class = "dropDown dropDown_hover"><a href = "#" class = "dropDown_A">{{ user }}<i class = "Hui-iconfont">&#xe6d5;</i></a>
28                        <ul class = "dropDown-menu menu radius box-shadow">
29                            <li><a href = "{% url 'change-password' %}">更改密码</a></li>
30                            <li><a href = "{% url 'token' %}">查看 Token</a></li>
31                            <li><a href = "{% url 'logout' %}">退出</a></li>
32                        </ul>
33                    </li>
34                    {% else %}
35                    <li class = "">
36                        <a href = "">登录</a>
37                    </li>
38                    {% endif %}
39                    <li id = "Hui-skin" class = "dropDown right dropDown_hover"><a href = "javascript:;" class = "dropDown_A" title = "换肤">
40                        <i class = "Hui-iconfont" style = "font-size:18px">&#xe62a;</i></a>
41                        <ul class = "dropDown-menu menu radius box-shadow">
42                            <li><a href = "javascript:;" data-val = "default" title = "默认(黑色)">默认(黑色)</a></li>
43                            <li><a href = "javascript:;" data-val = "blue" title = "蓝色">蓝色</a></li>
```

```
44                        <li><a href="javascript:;" data-val="green" title="绿色">绿色</a></li>
45                        <li><a href="javascript:;" data-val="red" title="红色">红色</a></li>
46                        <li><a href="javascript:;" data-val="yellow" title="黄色">黄色</a></li>
47                        <li><a href="javascript:;" data-val="orange" title="橙色">橙色</a></li>
48                    </ul>
49                </li>
50            </ul>
51        </nav>
52    </div>
53  </div>
54 </header>
55 <!--/_header 作为公共模板分离出去-->
```

代码解释：

第 1 行：{% load staticfiles %}语法是为了能使用 Django 提供的静态资源文件。

第 9 行：<img src="{% static 'favicon.ico' %}" height="20" width="20" />语法定位静态资源目录下的文件。

第 16 行：<a href="{% url 'deploy:create' %}">语法是为了能使用 Django 提供的 URL 解析。

第 25 行：{% if user.is_authenticated %}语法是为了让不同的用户呈现不同的登录状态。

第 26 行：{{ user.last_name }}Django 的模板语法，解析出后端传给网页的对象数据。

附 4.3.2 侧边导航 sidemenu.html

侧边导航用于导航系统的主要功能。功能分为两级，一级为主要功能区域，二级为具体功能。这个模板，就是由 H-ui.admin 管理模板里的 aside 转换而来的，效果如图附 4-11 所示。

图附 4-11 H-ui Admin 侧边导航样式

```
01    <!--_menu 作为公共模板分离出去-->
02    <aside class="Hui-aside">
```

```
03            <div class="menu_dropdown bk_2">
04                <dl id="menu-deploy-list">
05                    <dt><i class="Hui-iconfont">&#xe604;</i>发布单<i class="Hui-iconfont menu_dropdown-arrow">&#xe6d5;</i></dt>
06                    <dd>
07                        <ul>
08                            <li><a href="{% url 'deploy:list' %}">发布单列表</a></li>
09                            <li><a href="{% url 'deploy:create' %}">新建发布单(编译)</a></li>
10                            <li><a href="{% url 'deploy:upload' %}">新建发布单(上传)</a></li>
11                        </ul>
12                    </dd>
13                </dl>
14                <dl id="menu-envx">
15                    <dt><i class="Hui-iconfont">&#xe6de;</i>环境<i class="Hui-iconfont menu_dropdown-arrow">&#xe6d5;</i></dt>
16                    <dd>
17                        <ul>
18                            <li><a href="{% url 'envx:list' %}">环境流转</a></li>
19                            <li><a href="{% url 'envx:history' %}">流转历史</a></li>
20                        </ul>
21                    </dd>
22                </dl>
23                <dl id="menu-deploy">
24                    <dt><i class="Hui-iconfont">&#xe603;</i>部署<i class="Hui-iconfont menu_dropdown-arrow">&#xe6d5;</i></dt>
25                    <dd>
26                        <ul>
27                            <li><a href="{% url 'deploy:publish' %}">发布</a></li>
28                            <li><a href="{% url 'deploy:operate' %}">启停</a></li>
29                            <li><a href="{% url 'deploy:history' %}">部署历史</a></li>
30                        </ul>
31                    </dd>
32                </dl>
33                <dl id="menu-app-server">
34                    <dt><i class="Hui-iconfont">&#xe61d;</i>管理<i class="Hui-iconfont menu_dropdown-arrow">&#xe6d5;</i></dt>
35                    <dd>
```

```
36                    <ul>
37                        <li><a href = "{% url 'appinput:list' %}">应用列表 </a></li>
38                        <li><a href = "{% url 'appinput:create' %}">应用录入 </a></li>
39                        <li><a href = "{% url 'serverinput:list' %}">服务器列表 </a></li>
40                        <li><a href = "{% url 'serverinput:create' %}">服务器录入 </a></li>
41                    </ul>
42                </dd>
43            </dl>
44            <dl id = "menu-staus">
45                <dt><i class = "Hui-iconfont">&#xe61e;</i>统计 <i class = "Hui-iconfont menu_dropdown-arrow">&#xe6d5;</i></dt>
46                <dd>
47                    <ul>
48                        <li><a href = "{% url 'deploy:deploy_count' %}">发布数据 </a></li>
49                        <li><a href = "{% url 'deploy:app_deploy_count' %}">应用Top10 </a></li>
50                    </ul>
51                </dd>
52            </dl>
53            <dl id = "menu-doc">
54                <dt><i class = "Hui-iconfont">&#xe623;</i>文档 <i class = "Hui-iconfont menu_dropdown-arrow">&#xe6d5;</i></dt>
55                <dd>
56                    <ul>
57                        <li><a href = "admin-role.html"> ChangeLog </a></li>
58                        <li><a href = "admin-permission.html">操作文档 </a></li>
59                        <li><a href = "/api/"> Web API </a></li>
60                    </ul>
61                </dd>
62            </dl>
63        </div>
64    </aside>
65    <div class = "dislpayArrow hidden-xs"><a class = "pngfix" href = "javascript:void(0);" onClick = "displaynavbar(this)"></a></div>
66    <!-- /_menu 作为公共模板分离出去 -->
```

附4.3.3 内部顶部导航 topnav.html

顶部导航是为了能进行一些快速的返回,以及提示当前访问的网页 title,效果如图附 4-12 所示。

图附 4-12 H-ui Admin 内部顶部导航样式

```
01    <nav class = "breadcrumb">
02      <i class = "Hui - iconfont"> σ </i>
03      <a href = "/" class = "maincolor"> 首页 </a>
04      <span class = "c - 999 en"> &gt; </span>
05      <span class = "c - 666"> {{ current_page_name }} </span>
06      <span class = "c - 999 en"> &gt; </span>
07      <span class = "c - 666"><a href = "javascript:history.go( -1)"> 返回 </a></span>
08      <a class = "btn btn - success radius r" style = "line - height:1.6em;margin - top:3px" href = "javascript:location.replace(location.href);" title = "刷新" >
09      <i class = "Hui - iconfont"> &#xe68f; </i></a>
10    </nav>
```

代码解释:

第 5 行:{{ current_page_name }},view 将向不同的网页传递一个 current_page_name 的上下文。如果有时无法明确定义,此处可能为空白。

附4.3.4 统一的页脚本 footer.html

Footer 用于统一的版本提示,或是系统版本提示等信息,效果如图附 4-13 所示。

Manabe Version 1.0
Copyright ©2018 All Rights Reserved.
本后台系统由H-ui前端框架提供前端技术支持

图附 4-13 H-ui Admin 页脚样式

```
01    <footer class = "footer">
02      <p>
03        Manabe Version 1.0 <br>
04        Copyright &copy;2018  All Rights Reserved. <br>
05        本后台系统由 <a href = "http://www.h-ui.net/" target = "_blank" title = "H-ui前端框架"> H-ui 前端框架 </a> 提供前端技术支持
```

```
06         </p>
07     </footer>
```

附 4.3.5　全局基本网页模板 template.html

当有了前面的网页之后,就可以应用 Django 模板中的 include、extend、block 等语法,组合出不同内容的网页了。仔细查看这个网页的结构会发现,它就是由 H-ui Admin 的网页结构,加上 Django 的模板语法组合出来的。读者熟悉这种技巧之后,完全可以自己定义扩展内容的模板。它有以下几个应用事项是需要我们注意的,详见代码解释,模板呈现的网页如图附 4-14 所示。

图附 4-14　Django 改造 H-ui Admin 为模板文件

```
01   {% load staticfiles %}
02   <!DOCTYPE HTML>
03   <html>
04       <head>
05           <meta charset = "utf-8">
06           <meta name = "renderer" content = "webkit|ie-comp|ie-stand">
07           <meta http-equiv = "X-UA-Compatible" content = "IE = edge,chrome = 1">
08           <meta name = "viewport" content = "width = device-width,initial-scale
     = 1,minimum-scale = 1.0,maximum-scale = 1.0,user-scalable = no" />
09           <meta http-equiv = "Cache-Control" content = "no-siteapp" />
10           <link rel = "Bookmark" href = "{% static 'favicon.ico' %}">
11           <link rel = "Shortcut Icon" href = "{% static 'favicon.ico' %}" />
12           <!--[if lt IE 9]>
13           <script type = "text/javascript" src = "{% static 'lib/html5.js' %}"></script>
```

```
14            <script type = "text/javascript" src = "{% static 'lib/respond.min.js' %}"></script>
15            <![endif]-->
16            <!--[if IE 6]>
17            <script type = "text/javascript" src = "http://lib.h-ui.net/DD_belatedPNG_0.0.8a-min.js"></script>
18            <script>DD_belatedPNG.fix('*');</script>
19            <![endif]-->
20            <meta name = "keywords" content = "manabe">
21            <meta name = "description" content = "manabe">
22            <!--上述meta标签*必须*放在最前面,任何其他内容都*必须*跟随其后!-->
23            {% block css %}
24            <link rel = "stylesheet" type = "text/css" href = "{% static 'h-ui/css/H-ui.min.css' %}" />
25            <link rel = "stylesheet" type = "text/css" href = "{% static 'h-ui.admin/css/H-ui.admin.css' %}" />
26            <link rel = "stylesheet" type = "text/css" href = "{% static 'lib/Hui-iconfont/1.0.8/iconfont.css' %}" />
27            <link rel = "stylesheet" type = "text/css" href = "{% static 'h-ui.admin/skin/default/skin.css' %}" id = "skin" />
28            <link rel = "stylesheet" type = "text/css" href = "{% static 'h-ui.admin/css/style.css' %}" />
29            {% endblock %}
30
31            {% block ext-css %}
32            {% endblock %}
33
34            <title>{% block title %}Manabe Index{% endblock %}</title>
35        </head>
36        <body>
37        {% block body %}
38            {% include "manabe/header.html" %}
39            {% include "manabe/sidemenu.html" %}
40            <section class = "Hui-article-box">
41                {% include "manabe/topnav.html" %}
42                <div class = "Hui-article">
43                    <article class = "cl pd-20">
44                    {% block content %}
45
46                    {% endblock %} <!-- end content -->
```

```
47              </article>
48              {% include "manabe/footer.html" %}
49          </div>
50      </section>
51      {% endblock %} <!-- end body -->
52      <!-- _footer作为公共模板分离出去 -->
53      <script type="text/javascript" src="{% static 'lib/jquery/1.9.1/jquery.min.js' %}"></script>
54      <script type="text/javascript" src="{% static 'lib/layer/2.4/layer.js' %}"></script>
55      <script type="text/javascript" src="{% static 'h-ui/js/H-ui.js' %}"></script>
56      <script type="text/javascript" src="{% static 'h-ui.admin/js/H-ui.admin.page.js' %}"></script>
57      <!-- /_footer/作为公共模板分离出去 -->
58
59      <!-- 请在下方写此页面业务相关的脚本 -->
60      {% block ext-jss %}
61      {% endblock %}
62      {% block script %}
63      {% endblock %}
64      </body>
65  </html>
```

代码解释：

第31~32行：{% block ext-css %}，有的网页通过这个block可以导入自己特殊的CSS。

第38行：{% include "manabe/header.html" %}之后，header.html的代码就会在此处插入。

第44~46行：{% block content %}标准网页，只用扩充content这个block即可。

第60~61行：{% block ext-jss %}，有的网页通过这个block可以导入自己特殊的JS。

附4.3.6 继承网页的基本应用，index.html

比如，我们要呈现出全网页登录之后的首页，如图附4-15所示，就可以用如下模板实现。

```
01  {% extends "manabe/template.html" %}
02  {% load staticfiles %}
03  {% block title %} index {% endblock %}
```

附录 4　H-ui 前端使用入门

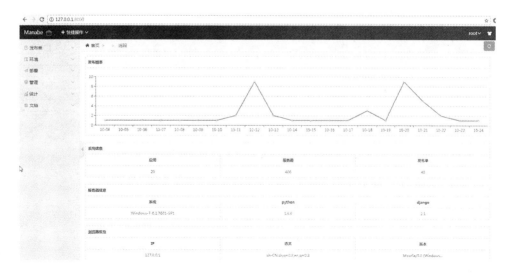

图附 4-15　Django 改造 H-ui Admin 后的首页

```
04
05    {% block content %}
06    <table class = "table table-border table-bordered table-bg">
07        <thead>
08            <tr>
09                <th scope = "col" colspan = "7"> 发布图表 </th>
10            </tr>
11        <tbody>
12            <tr class = "text-c">
13                <td>
14                    <div id = "main" style = "height:200px;"></div>
15                </td>
16            </tr>
17        </tbody>
18    </table>
19    <br/>
20
21    <table class = "table table-border table-bordered table-bg">
22        <thead>
23            <tr>
24                <th scope = "col" colspan = "7"> 系统信息 </th>
25            </tr>
26            <tr class = "text-c">
27                <th width = "200"> 应用 </th>
28                <th width = "200"> 服务器 </th>
```

```html
29             <th width = "200"> 发布单 </th>
30         </tr>
31     </thead>
32     <tbody>
33         <tr class = "text - c">
34             <td> {{app_count}} </td>
35             <td> {{server_count}} </td>
36             <td> {{deploy_count}} </td>
37         </tr>
38     </tbody>
39 </table>
40 <br/>
41 <table class = "table table - border table - bordered table - bg">
42     <thead>
43         <tr>
44             <th scope = "col" colspan = "7"> 服务器信息 </th>
45         </tr>
46         <tr class = "text - c">
47             <th width = "200"> 系统 </th>
48             <th width = "200"> python </th>
49             <th width = "200"> django </th>
50         </tr>
51     </thead>
52     <tbody>
53         <tr class = "text - c">
54             <td> {{platform}} </td>
55             <td> {{python_version}} </td>
56             <td> {{django_version}} </td>
57         </tr>
58     </tbody>
59 </table>
60 <br/>
61 <table class = "table table - border table - bordered table - bg">
62     <thead>
63         <tr>
64             <th scope = "col" colspan = "7"> 浏览器信息 </th>
65         </tr>
66         <tr class = "text - c">
67             <th width = "200"> IP </th>
68             <th width = "200"> 语言 </th>
69             <th width = "200"> 版本 </th>
```

```
70          </tr>
71        </thead>
72        <tbody>
73          <tr class = "text - c">
74            <td>{{REMOTE_ADDR}}</td>
75            <td>{{HTTP_ACCEPT_LANGUAGE}}</td>
76            <td>
77              {% if HTTP_USER_AGENT|length > = 20 %}
78                {{HTTP_USER_AGENT|slice:"20"}}...
79              {% else %}{{HTTP_USER_AGENT}}
80              {% endif %}
81            </td>
82          </tr>
83        </tbody>
84    </table>
85    <br/>
86
87  {% endblock %}
88  {% block ext - jss %}
89    <script type = "text/javascript" src = "{% static 'lib/echarts/echarts.min.js'%}"></script>
90    <script type = "text/javascript">
91      {% include "manabe/manabe.js" %}
92    </script>
93  {% endblock %}
```

代码解释:

第1行:{% extends "manabe/template.html" %}表明这个网页是从template.html模板继承而来的。

第2行:{% load staticfiles %}让此网页可以使用Django的静态资源。

第3行:重写了title和content的block,使此网页呈现不一样的title和主页面内容。

第34行:{{app_count}}这些数据需要从View视图的上下文信息中注入。

第89行:关于echarts作统计图,本书正文已讲解。

附4.4　jQuery、zTree及Select 2库的使用

本自动化发布系统,除了使用H-ui的Admin框架之外,还使用了其他几个库(jQuery、zTree、Select 2)。希望大家也能了解一下,这里只介绍一下这几个库在本次软件开发中的使用。

附4.4.1 jQuery(网址：http://jquery.com/)

以下知识点最好能够掌握。下面结合本书使用的一些代码来作演示。

① 点击按钮时,获取按钮的自定义的属性值。

```
01    <button
02    class = "btn btn-danger envChange"
03    deploy_id = "23" deploy_name = "2018-0901-224117WU"
04    old_env_id = "2">
05    ...
06    $(".envChange").click(function(){
07    deploy_id = $(this).attr("deploy_id");
08    deploy_name = $(this).attr("deploy_name");
09    old_env_id = $(this).attr("old_env_id");
10    });
```

代码解释：

第1~4行：定义了一个按钮,类中加入envChange值,同时加入了deploy_id、deploy_name、old_env_id属性。

第6~10行：当点击此按钮时,激活此函数;同时,获取按钮中自定义属性的值。

② 获取指定输入表单的值,用于过滤和搜索。

```
01    $(".search_btn").click(function(){
02        var search_pk = $("input[name='search_pk']").val() || "demo";
03        if (search_pk == "demo") {
04            $.Huimodalalert('<span class = "c-error">亲,请输入关键字再进行搜索!</span>',3000);
05            return false;
06        }
07        search_pk = search_pk.replace(/(^\s*)|(\s*$)/g, "");
08        var url = "/envx/list/? search_pk = " + search_pk
09        console.log(url)
10        location.href = url
11    });
```

代码解释：

第1~11行：如果类为search_btn的对象被点击,则触发此函数。

第2行：获取表单中input为search_pk的值；如果没有值,则赋予demo默认值。

第3~6行：如果没有获取到值,则报错,不往下执行。

第7行：去除关键字中的空白字符。

第 8 行:重构访问的 URL。
第 9 行:在浏览器 console 中输出此 URL,用于验证。
第 10 行:重新载入此 URL,完成关键字搜索。
③ 基本 ajax 调用。

```
01  $.ajax({
02      url:'{% url "deploy:deploy-cmd" %}',
03      type: 'post',
04      data:{
05          group_cmd: group_data,
06      },
07      dataType: 'json',
08      beforeSend: function(){
09          $('#btn-deploy').hide();
10          url = "/manabelog"
11          console.log(url);
12          $('#iframe_log').attr('src', url);
13          $('#deploylogout').show();
14          console.log(group_data);
15      },
16      success: function(json){
17          console.log(json);
18      },
19      error: function(){
20      },
21      complete: function(){
22      }
23  });
```

代码解释:
第 2 行:定义此 ajax 的后端处理路由。
第 3 行:以 Post 方法请求后端。
第 4~6 行:送往后端的数据。
第 8~15 行:在浏览器请求后端之前,需要进行的动作。
第 16~18 行:如果 ajax 请求成功,需要进行的动作。
第 19~20 行:如果 ajax 请求失败,需要进行的动作。
第 21~22 行:在 ajax 请求完成之后,需要进行的动作。

附 4.4.2 zTree(网址:http://www.treejs.cn/)

zTree 是一个依靠 jQuery 实现的多功能"树插件"。优异的性能、灵活的配置、多种功能的组合是 zTree 的最大优点。它在本次软件开发中,用到的地方就是对于服务应用的权限管理,如图附 4-16 所示。

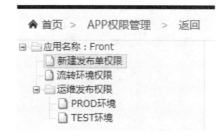

图附 4-16　zTree 实现的树形导航菜单

① View 视图传递网页的数据如下(现在看不懂不要紧,正文章节有详细讲解):

```
01    def admin_user(request, app_id, action_id, env_id):
02        # 将所有用户区分为已有权限和没有权限(users, guests),返回给前端页面作选择。
03        all_user_set = User.objects.all().order_by("username")
04        guests = []
05        users = []
06        filter_dict = dict()
07        filter_dict['app_name__id'] = app_id
08        filter_dict['action_name__id'] = action_id
09        if env_id != '0':
10            filter_dict['env_name__id'] = env_id
11        try:
12            permission_set = Permission.objects.get(**filter_dict)
13            user_set = permission_set.main_user.all()
14            for user in all_user_set:
15                if user in user_set:
16                    users.append(user)
17                else:
18                    guests.append(user)
19        except Permission.DoesNotExist:
20            guests = all_user_set
21        return render(request, 'rightadmin/edit_user.html',
22                      {'users': users,
23                       'app_id': app_id,
24                       'action_id': action_id,
25                       'env_id': env_id,
26                       'guests': guests})
```

② 网页上拿出一块地方来显示树形结构。

```
01    <div class = "pos - a"
02       style = "width:250px;left:0;top:0; bottom:0; height:100%;
03       border - right:1px solid #e5e5e5; background - color: #f5f5f5">
04    <ul id = "treeDemo" class = "ztree">
05    </ul>
06    </div>
```

③ JS 将 View 的数据按 zTree 要求格式化。

```
01    // zTree 的参数配置,深入使用请参考 API 文档(setting 配置详解)
02    var setting = {
03
04    };
05    // zTree 的数据属性,深入使用请参考 API 文档(zTreeNode 节点数据详解)
06    var zNodes = [
07       {name:"应用名称:{{ app.name }}", open:true, children:[
08          {% for single_action in action %}
09             {% ifnotequal single_action.name 'DEPLOY' %}
10                {name: "{{single_action.description}}", url:"{% url 'rightadmin:admin_user' app_id = app.id action_id = single_action.id env_id = 0 %}", target:"myFrame"},
11             {% endifnotequal %}
12             {% ifequal single_action.name 'DEPLOY' %}
13                {name: "{{ single_action.description }}", open:true, children:[
14                   {% for single_env in env %}
15                      {name: "{{ single_env }}环境", url:"{% url 'rightadmin:admin_user' app_id = app.id action_id = single_action.id env_id = single_env.id %}", target:"myFrame"},
16                   {% endfor %}
17                ]},
18             {% endifequal %}
19          {% endfor %}
20       ]}
21    ];
22    $(document).ready(function(){
23       //页面加载成功后,开始加载树形结构
24       $.fn.zTree.init($("#treeDemo"), setting, zNodes);
25    });
```

附 4.4.3 Select 2(网址:https://select2.org/)

在软件自动化发布平台中,我们还用到了一个 Selec 2 的 JS 库,它用来让我们选

择权限用户或操作其他 Select 表单时,有更好的视觉和便利性。在权限用户操作时的界面如图附 4-17、图附 4-18 所示。

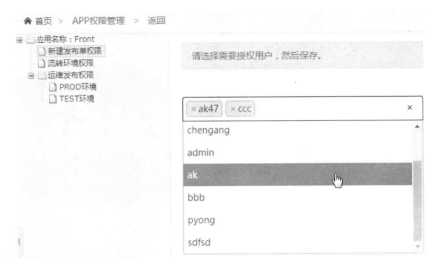

图附 4-17 Select 2 的选择下拉样式

图附 4-18 Select 2 的多个选项样式

Select 2 的操作要点如下:

① 在网页的 Select 表单中指定 Select 2 的相关属性。

```
01   <select class = "select - multiple - user" name = "selectUser" multiple = "multiple" style = "width:100 % ;",>
02       { % for user in users % }
03           <option value = "{{user.id}}" selected> {{user}} </option>
04       { % endfor % }
05       { % for guest in guests % }
06           <option value = "{{guest.id}}"> {{guest}} </option>
07       { % endfor % }
08   </select>
```

② 在 JS 代码中指定类上启用 Select 2 渲染。

```
01  $('.select-multiple-user').select2({
02      placeholder:"点击鼠标,可下拉选择,也可输入再选择",
03      allowClear: true
04  });
```

附4.5 注意事项

前面介绍的库,在应用的网页上需要额外导入才能使用。这就是我们在前面的 template.html 里,留下了两个扩展 CSS 和 JS 标签的原因。当然,如果页面要求十分别致和不兼容主模板,全新写一个不带模板的反模式网页,也是行得通的。

```
01  {% block ext-css %}
02  <link rel="stylesheet" type="text/css" href="{% static 'lib/zTree/css/zTreeStyle/zTreeStyle.css' %}" />
03  <link rel="stylesheet" type="text/css" href="{% static 'lib/select2/css/select2.min.css' %}" />
04  {% endblock %}
05
06  {% block ext-jss %}
07  <script type="text/javascript" src="{% static 'lib/zTree/js/jquery.ztree.all.min.js' %}"></script>
08  <script type="text/javascript" src="{% static 'lib/select2/js/select2.full.min.js' %}"></script>
09  {% endblock %}
```

前端的知识,也是要靠平时不断学习和应用才能熟练掌握的。有不懂的地方,虚心地向公司专业的前端同事请教,可以少走弯路,且可以相互学习切磋,不亦快哉!

附录 5

Harbor 容器私有镜像仓库安装配置

在讲 Harbor 之前，必须先讲 Docker 镜像，而讲 Docker 镜像，则不得不先提 Docker。Docker 是什么呢？

相信现在问任何一个从事 IT 技术的人，几乎没有谁没听说过 Docker 这个英文单词的。它在最近三四年的 IT 圈里，可以说是风头最劲的时髦技术！微服务、DevOps 等技术都因 Docker 而改变了自身的方向去适应这个容器技术。但这个 Docker 是什么意思呢？

Docker 项目的目标是实现轻量级的操作系统虚拟化解决方案。Docker 的前提条件是 Linux 内核对 namespace 及 cgroups 的实现，Docker 的前期基础是 Linux 容器(LXC)等技术。在 LXC 的基础上 Docker 进行了进一步的封装，让用户不需要去关心容器的管理，使得操作更为简便。用户操作 Docker 的容器就像操作一个快速轻量级的虚拟机一样简单。

几年前，我们讲 Docker，是指一家叫 Docker 的公司推出的一款软件。而随着容器技术的发展及其伴随的技术领导力的提升，在全球各大 IT 巨头的角力后，Docker 技术现归于 OCI 规范之下，各个领域开始容器技术的大发展。OCI 由 Docker、Coreos 以及其他容器相关公司创建于 2015 年，目前主要有两个标准文档：容器运行时标准(runtime spec)和容器镜像标准(image spec)。

那么，在 Docker 技术生态圈中，有一个并不是处于 Docker 应用中心地位，但是每个企业都必不可少的 Docker 应用——Docker 镜像的管理。

抛开其他技术点不谈，这里主要讲讲 Docker 镜像的管理工具。Docker 镜像的管理分为公有和私有两个领域。

Docker 镜像的公共管理仓库，最大的是 DockerHub。DockerHub 是一个由 Docker 公司运行和管理的基于云的存储库。它是一个在线存储库，Docker 镜像可以由其他用户发布和使用。有两种库：公共存储库和私有存储库。如果是一家公司，可以在自己的组织内拥有一个私有存储库，而公共镜像可以被任何人使用。由于 Dockerhub 或是 Google 的镜像仓库在国外，国内的用户有时不能访问，或是需要科学上网才能拉镜像，所以国内有的大厂也会做一个同步镜像仓库，用于镜像加速。

除了 Docker 镜像的公共管理仓库之外，另一个领域就是企业级的 Docker 私有仓库。在企业级的运用里，这些 Docker 镜像由于安全或是保密原因，并不会对外开放,而是自己形成一个全功能的 Docker 上传、下载、分类、设置用户权限、复制等管理方法。在企业级私有 Docker 仓库管理领域,Harbor 就是当之无愧的王者!

Harbor 是一个用于存储和分发 Docker 镜像的企业级 Registry 服务器,通过添加一些企业必需的功能特性,例如安全、标识和管理等,扩展了开源 Docker Distribution。作为一个企业级私有 Registry 服务器,Harbor 提供了更好的性能和安全性,提升了用户使用 Registry 构建和运行环境传输镜像的效率。Harbor 支持安装在多个 Registry 节点的镜像资源复制,镜像全部保存在私有 Registry 中,确保数据和知识产权在公司内部网络中的管控。另外,Harbor 也提供了高级的安全特性,诸如用户管理、访问控制和活动审计等。

Harbor 是 Vmvare 中国团队开发的开源 registry 仓库,于 2014 年在公司内部立项和使用,并于 2016 年对社区开源。2018 年 8 月,云原生计算基金会(CNCF)宣布接纳 Harbor 开源镜像仓库项目作为 CNCF 托管的沙箱(Sandbox)项目,对 Harbor 项目来说是里程碑式的事件,其在 Github 上已获得超过 4 700 颗星。

从各种迹象来看,Harbor 将会移交到 CNCF 管理,目前已经接收了 CNCF 的一些赞助资源,并且项目架构和代码都已经开始了调整。这将是云原生社区的一个重大利好,补充了云原生架构中除了 Kubernetes 容器编排管理外的重要部分。

Harbor 的主要特点如下:

- 基于角色的访问控制:用户与 Docker 镜像仓库通过"项目"进行组织管理,一个用户可以对多个镜像仓库在同一命名空间(project)里有不同的权限。
- 镜像复制:镜像可以在多个 Registry 实例中复制(同步)。尤其适合于负载均衡、高可用、混合云和多云的场景。
- 图形化用户界面:用户可以通过浏览器来浏览、检索当前 Docker 镜像仓库,以及管理项目和命名空间。
- AD/LDAP 支持:Harbor 可以集成企业内部已有的 AD/LDAP,用于鉴权认证管理。
- 审计管理:所有针对镜像仓库的操作都可以被记录追溯,用于审计管理。
- 国际化:已拥有英文、中文、德文、日文和俄文的本地化版本。更多的语言将会添加进来。
- RESTful API:RESTful API 提供给管理员对于 Harbor 更多的操控,使得与其他管理软件集成变得更容易。
- 部署简单:提供在线和离线两种安装工具,也可以安装到 vSphere 平台(OVA 方式)虚拟设备。

附 5.1 安装 Docker 及 Docker-Compose

由于 Harbor 本身推荐了全 Docker 安装,所以在进行 Harbor 的安装之后,必须先安装好 Docker 及 Docker-Compose。

附 5.1.1　Docker 的安装

从 2017 年 3 月开始，Docker 在原来的基础上分为两个分支版本：Docker CE 和 Docker EE。Docker CE 即社区版，免费；Docker EE 即企业版，强调安全，付费使用。我们下面基于 CentOS 7 安装 Docker CE。

在安装 Docker 前需要确保操作系统内核版本为 3.10 以上，因此需要 CentOS 7。CentOS 7 内核版本为 3.10。

① 本文基于 yum 方式安装，需要安装以下的依赖包：yum-utils、lvm 2。device-mapper-persistent-data 命令如下（假设以 root 账号安装）：

```
yum install -y yum-utils device-mapper-persistent-data lvm2
```

② 基于 yum 命令配置 Docker CE 仓库，命令如下：

```
yum-config-manager --add-repo \
https://download.docker.com/linux/centos/docker-ce.repo
```

③ 安装 Docker CE，命令如下：

```
yum install docker-ce
```

④ 启动 Docker，命令如下：

```
systemctl start docker
```

⑤ 验证安装，以下命令在第一次安装时会自动下载一个 hello world docker 镜像，若 Docker 安装成功，会在控制台打印相应信息。

```
docker run hello-world
```

附 5.1.2　Docker-Compose 的安装

想当年，Docker 生态有三驾马车：Swarm、Machine 和 Compose，只要学会了这三件套，就可以向人吹嘘自己是个 Docker 专家了。而今，却是 k8s 一统天下的时代，Docker 也沦为打工仔的形象（在 k8s 的容器集群编排调度体系里，Docker 只是一个 Node 上听命于 Kubelet 指令的执行者，rkt 可以替代之）。

令人唏嘘之时，现在唯有 Compose 偶尔用得上。

Compose 项目来源于之前的 fig 项目，使用 Python 语言编写，是 Docker 容器进行编排的工具。对于定义和运行多容器的应用，可以用一条命令启动多个容器，使用 Docker Compose 不再需要使用 Shell 脚本来启动容器。

Compose 通过一个配置文件来管理多个 Docker 容器，在配置文件中，所有的容器通过 Services 来定义，然后使用 Docker-Compose 脚本来启动、停止和重启应用，应用中的服务以及所有依赖服务的容器,非常适合组合使用多个容器进行开发的场景。

Docker-Compose 默认的模板文件是 docker-compose.yml,其中定义的每个服务都必须通过 image 指令指定镜像或 build 指令(需要 Dockerfile)来自动构建。其他大部分指令都跟 docker run 中的类似。

Docker-Compose 只是一个可执行文件,所以其安装还是很简单的。

① 我们这里以 Daocloud 作为 Dcoker-Compose 的下载地址,命令如下:

```
curl -L \
https://get.daocloud.io/docker/compose/releases/download/1.23.2/ \
docker-compose-`uname -s`-`uname -m` > /usr/local/bin/docker-compose
```

输出如下:

```
  % Total    % Received % Xferd  Average Speed   Time    Time     Time  Current
                                 Dload  Upload   Total   Spent    Left  Speed
100   423  100   423    0     0   1337      0 --:--:-- --:--:-- --:--:--  1338
100 11.2M  100 11.2M    0     0  2077k      0  0:00:05  0:00:05 --:--:-- 2381k
```

② 将下载好的文件,增加可执行权限,即完成 Docker-Compose 的安装,命令如下:

```
chmod +x /usr/local/bin/docker-compose
```

③ 安装好 Docker-Compose 之后,输入如下命令,验证安装正确。

```
docker-compose -v
```

输出如下:

```
docker-compose version 1.23.2, build 1110ad01
```

附 5.2　安装 Harbor

在本附录开头,已简单介绍过 Harbor。Harbor 的架构主要由 5 个组件构成。

1. Proxy

Harbor 的 Registry、UI、Token 等服务,通过一个前置的反向代理统一接收浏览器、Docker 客户端的请求,并将请求转发给后端不同的服务。

2. Registry

负责储存 Docker 镜像,并处理 docker push/pull 命令。由于我们要对用户进行访问控制,即不同用户对 Docker Image 有不同的读/写权限,Registry 会指向一个 Token 服务,强制用户的每次 docker pull/push 请求都要携带一个合法的 Token,

Registry 会通过公钥对 Token 进行解密验证。

3. Core Services

这是 Harbor 的核心功能，主要提供以下服务：

① UI：提供图形化界面，帮助用户管理 Registry 上的镜像（image），并对用户进行授权。

② Webhook：为了及时获取 Registry 上镜像状态变化的情况，在 Registry 上配置 Webhook，把状态变化传递给 UI 模块。

③ Token 服务：负责根据用户权限给每个 docker push/pull 命令签发 Token。Docker 客户端向 Registry 服务发起的请求如果不包含 Token，则会被重定向到这里，获得 Token 后再重新向 Registry 进行请求。

4. Database

为 Core Services 提供数据库服务，负责储存用户权限、审计日志、Docker Image 分组信息等数据。

5. Log Collector

为了帮助监控 Harbor 运行，负责收集其他组件的 Log，供日后进行分析。

各个组件之间的关系如图附 5-1 所示。

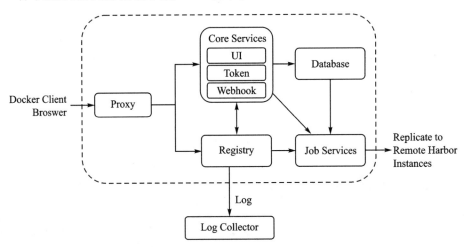

图附 5-1　Harbor 各组件之间的关系

Harbor 下载

① 通过浏览器，访问 Harbor 的 Github 地址 https://github.com/goharbor/harbor/releases，如图附 5-2 所示。

② 下载其离线安装包，并上传到 Harbor 安装服务器进行解压。

图附 5-2　Harbor 下载离线安装包

```
tar zxf harbor-offline-installer-v1.6.2.tgz
```

③ 修改 Harbor 解压目录下的 harbor.cfg 配置文件（假设安装 Harbor 的服务器 IP 为 192.168.1.112），至少要修改 Hostname。更多修改设置，可以参见官方文档。

```
hostname = 192.168.1.112
```

④ 进入解压目录，运行如下命令进行安装及启动。

```
./install.sh
```

输出如下（有省略）：

```
[Step 0]: checking installationenvironment...

Note:docker version: 1.13.1

Note:docker-compose version: 1.23.2

[Step 1]: loading Harborimages...
Loaded image:goharbor/registry-photon:v2.6.2-v1.6.2
Loaded image:goharbor/notary-server-photon:v0.5.1-v1.6.2
...
```

```
[Step 2]: preparingenvironment ...
Generated and saved secret to file: /data/secretkey
...

[Step 3]: checking existing instance ofHarbor ...

[Step 4]: startingHarbor ...
Creating network "harbor_harbor" with the default driver
Creating harbor-log ... done
Creatingredis                    ... done
Creating registry                ... done
Creating harbor-db               ... done
Creating harbor-adminserver ... done
Creating harbor-ui               ... done
Creating harbor-jobservice   ... done
Creatingnginx                    ... done
```

✔----Harbor has been installed and started successfully.----

Now you should be able to visit the admin portal at http://192.168.1.112.
For more details, please visit https://github.com/goharbor/harbor.

从上面的输出,可以看到所有 Docker 镜像的启动。主要的几个镜像及主要作用如下:

- Nginx:Nginx 负责流量转发和安全验证,对外提供的流量都是从 Nginx 中转发,所以开放 HTTP 的 443 端口,它将流量分发到后端的 UI 和正在 Docker 镜像存储的 Docker Registry。
- Harbor-Jobservice:Harbor-Jobservice 是 Harbor 的 Job 管理模块,Job 在 Harbor 中主要是为了镜像仓库之前同步使用的。
- Harbor-Ui:Harbor-Ui 是 Web 管理页面,主要是前端的页面和后端 CURD 的接口。
- Registry:Registry 就是 Docker 原生的仓库,负责保存镜像。
- Harbor-Adminserver:Harbor-Adminserver 是 Harbor 系统管理接口,可以修改系统配置以及获取系统信息。

这几个容器通过 Docker Link 的形式连接在一起,在容器之间通过容器名字互相访问。对终端用户而言,只需要暴露 Proxy(即 Nginx)的服务端口。

- Harbor-Db:Harbor-Db 是 Harbor 的数据库,这里保存了系统的 Job 以及项目、人员权限管理。由于本 Harbor 的认证也是通过数据,因此在生产环节大多对接到企业的 Ldap 中。

附录5　Harbor 容器私有镜像仓库安装配置

- Harbor-Log：Harbor-Log 是 Harbor 的日志服务，统一管理 Harbor 的日志。通过 Inspect 可以看出容器统一将日志输出的 Syslog。

这几个容器通过 Docker Link 的形式连接在一起，这样，在容器之间可以通过容器名字互相访问。对终端用户而言，只需要暴露 Proxy（即 Nginx）的服务端口即可。

⑤ 启动浏览器，访问 http://192.168.1.112 即可到达 Harbor 登录网页，输入默认的用户名密码 admin/Harbor12345 即可进入 Harbor 的管理界面，如图附 5-3、图附 5-4 所示。

图附 5-3　Harbor 登录界面

图附 5-4　Harbor 登录后首页显示

⑥ Harbor 常用启停、重启命令（在 Harbor 解压目录内执行）如下：

启动 Harbor：docker-compose start；

停止 Harbor：docker-compose stop；

重启 Harbor：docker-compose restart。

附5.3　Harbor的日常管理

Harbor的仓库管理，依照不同的公司规模而呈不同的管理难度。小型公司，可能只需要一个Harbor，用户独立管理，项目分类不过十来个。但如果是较大的公司，可能需要多个Harbor进行级联，各个Harbor之间同步复制，用户需要和LDAP集成，项目成千上万个，挂载的目录以TB记量。

在这里，我们只涉及较简单的Harbor管理，更深入的Harbor技能，必定是在特定的应用场景下才能获得。

附5.3.1　用户管理

Harbor的用户管理主要分为两种：LDAP用户认证和本地数据库认证。LDAP需要和公司企业其他的用户系统集成，牵扯比较广泛，不易讲解，这里，我们主要讲述本地数据户认证。

① 点击"用户管理"链接，进入用户管理页面，再点击"创建用户"，如图附5-5所示。

图附5-5　Harbor用户管理

② 在"创建用户"网页里，输入用户名称、密码等信息，即可创建新用户，如图附5-6所示。

③ 选中此用户，即可将其设置为管理员，或是更改密码、删除用户，如图附5-7所示。

附录 5　Harbor 容器私有镜像仓库安装配置

创建用户

用户名 *　　　sky

邮箱 *　　　　sky@demo.com

全名 *　　　　chan

密码 *　　　　••••••••

确认密码 *　　••••••••

注释　　　　　A项目容器管理人员

[取消]　[确定]

图附 5-6　Harbor 新增用户

图附 5-7　Harbor 重置密码或删除用户

附 5.3.2　仓库管理及远程复制

Harbor 可以在多个仓库之间进行手动或自动复制,有了这个功能,就能让 Harbor 的应用更安全高效。

① 点击"仓库管理",就能在 Harbor 中建立一个到其他 Harbor 的仓库连接,如图附 5-8 所示。

·717·

图附 5-8　Harbor 仓库管理

②点击"复制管理",就能在此 Harbor 仓库和指定的远程 Harbor 仓库之间,建立复制的关系,如图附 5-9 所示。

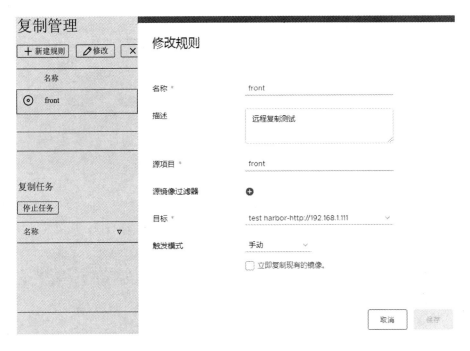

图附 5-9　Harbor 远程仓库之间的复制设置

附 5.3.3　配置管理

在 Harbor 的配置管理页面,可以进行认证模式的更改(但如果已新建本地数据库用户,则不能再更改认证模式,所以在建 Harbor 的开始,就要规划好用户管理的模式)、系统邮箱的设置、项目创建权限的修改等,如图附 5-10 所示。

附录 5　Harbor 容器私有镜像仓库安装配置

图附 5-10　Harbor 的配置管理

附 5.3.4　项目管理

在 Harbor 的项目管理中，可以新建公司的项目，或是删除已有的项目，或是设置每个项目的细节。

① 点击"项目"链接，进入项目管理页面，再点击"新建项目"，如图附 5-11 所示。

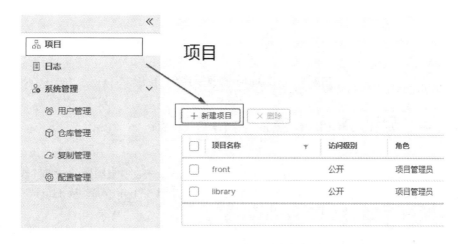

图附 5-11　Harbor 的项目管理

② 在创建用户网页中，输入用户名称、密码等信息后，即可创建新用户，如图附 5-12 所示。

③ 点击一个具体项目名称链接，进入具体的项目设置，在这里，可以设置每个项目的成员（成员分为项目管理人员、开发人员和访问人员）、复制细节，配置是否公开项目（公开项目，即未登录的用户也可以进入镜像的上传、下载操作）等，如图附 5-13 所示。

图附 5-12 Harbor 新建项目

图附 5-13 Harbor 设置项目管理角色

附 5.4 测试 Docker 镜像上传和下载

当一个企业内部的 Harbor 仓库镜像建好之后,应该如何使用呢?下面,我们通过更改 Docker 镜像仓库配置、将制作好的镜像上传到 Harbor 仓库、从 Harbor 仓库获取镜像三个方面来讲解 Harobr 的使用。

附 5.4.1 更改 Docker 仓库配置

① 假定我们的 Harbor 服务器地址为 http://192.168.1.112,而我们用来测试的服务器地址为 192.168.1.111。

② 我们登录到 192.168.1.111 机器,修改 /usr/lib/systemd/system/docker.service 文件,在 ExecStart 中加入 --insecure-registry=192.168.1.112 参数,如下所示:

```
01   ...
02   ExecStart = /usr/bin/dockerd-current \
03          --add-runtime docker-runc = /usr/libexec/docker/docker-runc-current \
04          --default-runtime = docker-runc \
05          --exec-opt native.cgroupdriver = systemd \
06          --userland-proxy-path = /usr/libexec/docker/docker-proxy-current \
07          --init-path = /usr/libexec/docker/docker-init-current \
08          --seccomp-profile = /etc/docker/seccomp.json \
09          --insecure-registry = 192.168.1.112 \
10          $OPTIONS \
11          $DOCKER_STORAGE_OPTIONS \
12          $DOCKER_NETWORK_OPTIONS \
13          $ADD_REGISTRY \
14          $BLOCK_REGISTRY \
15          $INSECURE_REGISTRY \
16      $REGISTRIES
17   ...
```

③ 运行如下命令,重新载入 Docker 的服务配置,并重启 Docker 服务。

```
systemctl daemon-reload
systemctl restart docker.service
```

附5.4.2　上传镜像到 Harbor 仓库

先在 Harbor 服务器上新建一个名为 Manabe 的项目,操作如附 5.3.4 小节所示。

① 假设在 192.168.1.111 上,我们已制作了一个 Nginx:uwsgi 的 Docker 镜像,先将此镜像用如下命令更改 tag:

```
docker tag nginx:uwsgi 192.168.1.112/manabe/nginx:uwsgi
```

② 使用如下命令,登录到 Harbor 服务器上。

```
docker login 192.168.1.112
```

输出会提示输入用户名及密码(如果安装完成后,没有更改过管理员密码,则为 admin/Harbor12345)。

③ 使用如下命令,将本地的镜像推送到 Harbor 服务器上。

```
docker push 192.168.1.112/manabe/nginx:uwsgi
```

输出如下:

```
The push refers to a repository [192.168.1.112/manabe/nginx]
9d03ddcccb2c：Pushed
06a8f67a283c：Pushed
a79fe6dff072：Pushed
87deea508850：Pushed
90c4db1d5ef5：Pushed
cd7100a72410：Pushed
uwsgi：
digest：sha256：043aff81a1c0625a8647b9b9fc7d6ca10637294c8b818aadd8522d32452f3f0c
size：1571
```

④ 如果登录到 Harbor 服务器上，则会看到刚才推送的镜像已在我们的项目里了，如图附 5 - 14 所示。

图附 5 - 14　Harbor 查看 Docker 镜像

附 5.4.3　从 Harbor 仓库获取指定镜像

① 假定我们删除掉 192.168.1.111 上的所有镜像，以下步骤即在 192.168.1.111 上操作。

② 运行如下命令，即可从 Harbor 仓库上下载指定的镜像了。

```
docker pull 192.168.1.112/manabe/nginx：uwsgi
```

输出如下：

```
Trying to pull repository 192.168.1.112/manabe/nginx ...
uwsgi：Pulling from 192.168.1.112/manabe/nginx
ff3a5c916c92：Already exists
b430473be128：Already exists
7d4e05a01906：Already exists
8aeac9a3205f：Already exists
259c4d6da221：Pull complete
```

```
44d7c1a8874f: Pull complete
Digest: sha256:043aff81a1c0625a8647b9b9fc7d6ca10637294c8b818aadd8522d32452f3f0c
Status: Downloaded newer image for 192.168.1.112/manabe/nginx:uwsgi
```

这说明，我们已将 Harbor 仓库中的 192.168.1.112/manabe/nginx:uwsgi 镜像，拉取到 192.168.1.111 服务器上了。